ISBN 978-0-265-66846-7
PIBN 11007985

Jahres-Bericht

über

die Fortschritte

der

physischen Wissenschaften;

von

Jacob Berzelius.

Eingereicht an die schwedische Akademie der Wissenschaften,
den 31. März 1834.

Aus dem Schwedischen übersetzt

von

F. Wöhler.

Vierzehnter Jahrgang.

Tübingen,
bei Heinrich Laupp.
1835.

Inhalt.

Chemie und Physik.

Mineralogie.

Pflanzenchemie.

Thierchemie.

Geologie.

Chemie und Physik.

Schall. Vergleichung der Theorie tönender Saiten, Stäbe und Blase-Instrumente.

Wilh. Weber, dessen Forschungen in der Akustik auf eine so ausgezeichnete Weise zur klareren Entwickelung dieses Zweiges der Wissenschaft beigetragen haben, hat durch eine Vergleichung der Theorie tönender Saiten und Stäbe mit der von tönenden Pfeifen gezeigt, wie viel noch in der letzteren übrig sei, um sie auf denselben Standpunkt wie die erstere zu bringen *). Bei dieser Gelegenheit brachte er, in Betreff der Theorie für Saiten und Stäbe, mehrere früher nicht beobachtete Umstände in's Klare. Bei tönenden Stäben konnte bis jetzt die Lage der Schwingungsknoten nicht anders als nach den von Chladni gegebenen empirischen Regeln bestimmt werden. Diese gaben aber ein sehr unbestimmtes und unsicheres Resultat, so dafs Chladni selbst empfehlen mufste, an einen solchen, zu akustischen Versuchen bestimmten Stab eine weiche Unterlage von Kork oder Kautschuck festzubinden, um einen nur einigermaafsen reinen Ton zu bekommen. Weber zeigt, dafs Euler eine Gleichung gegeben habe, die für alle Fälle die Lage der Schwingungsknoten zeigt, und die zur Befestigung der Stäbe anwendbar ist, so dafs sie reine und

---

*) Poggend. Annal. XXVIII. 1.

Berzelius Jahres-Bericht XIV.

starke Töne geben. Nach dieser Gleichung findet man die Lage der Schwingungsknoten für

den Grundton	0,22440	von jedem Ende
den ersten Falsetton	0,13205	von jedem Ende und in der Mitte
den zweiten Falsetton	0,09435 0,35535	von jedem Ende.

Ferner führt Weber Folgendes als einen Beweis an, welche nützliche Regeln sich aus der Theorie schwingender Saiten für den practischen Gebrauch ableiten lassen:

Wenn eine Saite, wie gewöhnlich, zwischen zwei unveränderlichen Punkten gespannt ist und angeschlagen wird, so nimmt dieselbe zwischen den beiden fixen Punkten eine krumme Lage an, und folglich eine gröſsere Länge, mit der nothwendig eine gröſsere Spannung eintritt. Der Einfluſs dieser gröſseren Spannung muſs um so bemerklicher werden, je gröſsere Weite die Schwingungen der Saite haben, und daraus folgt, daſs der Ton der Saite, wenn er stark ist, höher sein muſs, als wenn er schwach ist. Dieser Unterschied ist besonders dann sehr merkbar, wenn die Spannung der Saite nicht stark ist. Bei den meisten Saiten-Instrumenten ist er indessen für das Ohr nicht bemerklich. Sollte man, sagt Weber, in Zukunft mehr Instrumente nach Art des Kaufmann'schen Harmonichords construiren, wo jede Saite forttönen und jeder Ton für sich anschwellen und abnehmen soll, so würde es zu Dissonanzen führen, wenn man keine Compensation für die mit gröſseren Schwingungen verbundene gröſsere Spannung eintreten lassen wollte. Diese Compensation bewirkt man dadurch, daſs man die Saite in der Art über zwei Stege spannt, daſs sie über den einen und unter den anderen weggeht. Die

Kante dieser Stege braucht nicht scharf zu sein, sondern kann rund sein, und wird die Saite angeschlagen, so dafs die Schwingung in einer auf die Stege verticalen Ebene geschieht, so wird sich bei grofsen Schwingungen ein Stück der Saite auf dem Stege abwickeln, die schwingende Saite dadurch verlängert, und die Spannung damit verringert werden. Dadurch aber wird die Schwingungsdauer der Saite vergröfsert, welche durch die gröfsere Spannung verkleinert worden war, und es bedarf nun keiner schweren Berechnung, um die Verhältnisse zu finden, unter denen sich beide Einflüsse compensiren, und unter denen diese Correction practisch anwendbar ist.

Im Jahresbericht 1831, p. 1., gab ich Weber's einfache Ansichten über die sogenannten Tartinischen oder Combinations-Töne an, und im Jahresbericht 1834, p. 3., erwähnte ich der von Hällström mit der Orgel der Domkirche zu Åbo angestellten Versuche, deren Resultat mit Weber's Ansichten nicht zu harmoniren schien. Weber gibt einen Wink, wie diefs künftig vielleicht zu erklären sei, ohne die einfache Grundansicht von der Entstehung dieser Töne zu widerlegen. Durch neue Forschungen überzeugte er sich, dafs eine und dieselbe Saite (ohne Rücksicht auf Falsettöne) nicht blofs einen Grundton, sondern zwei und vielleicht auch mehrere gibt, die aber nicht unterscheidbar sind. Wenn diese Töne zugleich hervorgebracht werden, so bringen sie auf das Gehör die üble Wirkung hervor, die man mit Unreinheit zu bezeichnen pflegt. Warum diese von der Theorie nicht im Voraus bestimmt worden seien, hat darin seinen Grund, dafs in der Theorie die Saiten als vollkommen beugsame Körper-Fäden betrachtet werden, als Körper, wie sie in der Natur nicht vorkommen, während sie doch, so fein und so lang sie auch sein mögen, zumal wenn sie von Metall sind, streng genommen als elastische gespannte Stäbe zu betrachten sind. Weber stellte einige Versuche mit feineren und gröberen Saiten von Messing und Eisen an, indem er die beobachtete Anzahl von Schwingungen mit derjenigen verglich, die entstehen sollte, wenn sie unelastische, vollkommen biegsame Fäden wären, wobei die Abweichungen mit der Dicke der Saite und Steifheit des Metalls zunahmen. Da sich übrigens, bei Berechnung dieser Resultate, eine gewisse Uebereinstimmung mit wahrscheinlichen Naturgesetzen herausstellt, so vermuthet Weber, dafs ihre nähere Ausführung und strengere theoretische Berechnung eine Erklärung über die Abweichungen geben werde, die sich bei den Tartinischen Tönen, so wie sie vom Baron Blein gefunden wurden, zeigen, und dafs die von Weber bei Saiten entdeckten Schallmodificationen, die so leicht mit Tartinischen Tönen zu verwechseln sind, vielleicht auch bei Orgelpfeifen sich werden nachweisen lassen und die Abweichungen begründen, die durch Hällström's vortreffliche Untersuchungen nachgewiesen worden sind.

Lage der Schwingungsknoten auf elastischen geraden Stäben, die transversal schwingen, wenn beide Enden frei sind.

Ueber die Lage der Schwingungsknoten auf elastischen geraden Stäben, welche transversal schwingen, wenn beide Enden frei sind, hat Strehlke *) eine mathematische Abhandlung mitgetheilt, die zum Zweck hat, die vor ihm von Bernoulli und Riccatti über diesen Gegenstand bekannt gewordenen Arbeiten zu vervollständigen. Die Berechnungen sind von Versuchen begleitet, welche die Uebereinstimmung mit der Theorie zeigen, und von den Stäben

*) Poggend. Annal. XXVII. 505. XXIX. 512.

leitete dann Strehlke her, was bei Scheiben von Glas und Metallen vor sich geht, indem er die Uebereinstimmung durch Versuche nachweiset, und durch Zeichnungen anschaulich macht. In Betreff des Einzelnen mufs ich auf die Original-Arbeit verweisen.

Akustische Resultate von Cagnard Latour's Versuchen.

Cagnard Latour *) hat, ohne Angabe des Einzelnen seiner Versuche, folgende Resultate mitgetheilt: *a*) der Ton, welcher von der Längen-Schwingung eines Metallstabes hervorgebracht wird, wird weder höher noch tiefer durch Härtung des Stabes mittelst Hämmern; *b*) ein durch plötzliche Abkühlung gehärteter Stahldrath gibt bei Längen-Schwingungen einen tieferen Ton, als ein ungehärteter; *c*) eine hart gehämmerte Stimmgabel, die transversal schwingt, gibt einen längeren Ton, als eine ausgeglühte; *d*) die Schnelligkeit des Schalls scheint in Eis und in Wasser von 0° gleich zu sein. — Aufserdem hat Cagnard - Latour eine Abhandlung über die tönende Eigenschaft von Flüssigkeiten mitgetheilt **), von der er sich vorstellt, dafs sie in einer plötzlichen Trennung und Wiederzusammenfallen der kleinsten Theilchen bestehe, welches letztere den Ton hervorbringe. Er nennt diefs *Vibrations globulaires*. Die zur Stütze für diese theoretische Ansicht angeführten Versuche sind, wenn man sie auch nicht ganz ohne Interesse finden kann, doch in Absicht auf diese Theorie nichts weniger als befriedigend.

Pellisor's Beitrag zur

Pellisor ***) hat eine Theorie für einige akustische Instrumente zu bearbeiten gesucht, indem er

*) Journal de Chimie medicale. IX. 309.

**) L'Institut. No. 17. p. 144.

***) N. Jahrbuch der Chemie u. Physik. VII. 169. 227. VIII. 28. 85.

Theorie einiger akustischen Instrumente.

von einem, von älteren Physikern angenommenen, theoretischen Prinzip ausgeht, dafs nämlich der Schall die Wirkung des Zitterns der Molecule oder kleinsten Theilchen des tönenden Körpers sei, und nicht, wie neuere Naturforscher (Chladni, Weber) annehmen, in der Total-Vibration des tönenden Körpers bestehe. Als einen Grundversuch zur Stütze seiner Ansicht führt Pellisor folgenden an: Läfst man eine der längeren Saiten eines Klaviers dadurch tönen, dafs man sie in der Mitte mit den Fingern kneipt, so hört sie bald auf zu tönen, ungeachtet sie noch linienbreite Vibrationen macht; dagegen aber wird der Ton der Saite durch einen Tangent-Schlag ganz stark, obgleich die Vibrationen eine kaum mefsbare Weite haben. — Die Grenzen dieses Berichts gestatten nicht, in die theoretische Discussion einzugehen, in Betreff deren ich auf die Arbeit selbst verweise, die man gewifs nicht ohne Interesse lesen wird, aus welchem Standpunkt man auch die Theorie betrachten mag.

Licht. Einwendungen gegen die Undulationstheorie. Brewster's Linien im prism. Farbenbild von Licht, das durch gewisse Gase gegangen.

Bei Fortsetzung seiner wichtigen Untersuchungen über das Licht hat Brewster *) eine sehr sonderbare Thatsache entdeckt, die er schon bei der Zusammenkunft der englischen Naturforscher in Oxford im Juni 1832 mittheilte, die aber erst im Laufe von 1833 durch einen Bericht von Miller, der die Versuche wiederholte, allgemeiner bekannt geworden ist. Dieses Factum besteht darin, dafs das prismatische Farbenbild von dem Licht, welches durch salpetrigsaures Gas hindurchgegangen ist, von einer Menge schwarzer Linien gestreift wird. Miller stellte den Versuch auf folgende Weise an: das Licht einer Argand'schen Lampe wurde zuerst durch eine mit sal-

*) Poggend. Annal. XVIII. 386.

petrigsaurem Gas gefüllte Flasche, und dann durch eine mit Wasser gefüllte Glasröhre geleitet, um das Licht in einem zu einer Linie ausgezogenen Focus zu bekommen. Die so hervorgebrachte Lichtlinie wurde mit einem Prisma vermittelst eines Fernrohrs betrachtet, welches auf eine solche Weise an das Prisma befestigt war, dafs die einfallenden Strahlen mit der vorderen Fläche des Prisma's denselben Winkel, wie die ausgehenden mit der hinteren Seite, machten. Auf diese Weise zeigte nicht allein das Gas von salpetriger Säure, sondern auch das von Brom, Jod und Chloroxyd diese schwarzen Linien. Wurde die Luft in der Flasche mit ganz wenig Bromgas gefärbt, so zeigte sich das ganze Farbenbild ununterbrochen von mehr als 100 gleich dicken und gleich weit von einander entfernten Linien gestreift. Bei Vermehrung des Bromgases in der Flasche, verschwand das blaue Ende des Farbenbildes, und die schwarzen Linien wurden in dem rothen stärker. Mit Jodgas zeigte sich dasselbe Phänomen; allein die Dichtheit des Jodgases schien auf die sichtbare Ausdehnung des Farbenbildes keinen merkbaren Einflufs auszuüben. Im Farbenbild vom Chloroxydgas waren breite Linien mit unregelmäfsigen Zwischenräumen sichtbar; von Chlorgas wurde ein Farbenbild erhalten, welches das blaue Ende nicht hatte, ohne dafs eine Linie sichtbar wurde. Diese Linien entstehen dadurch, dafs hier kein Licht hindurchgeht; allein die Ursache dieser abwechselnden Ableitung von Licht ist bis jetzt nicht einzusehen.

Brewster ist hierdurch veranlafst worden, dieses Factum, in Verbindung mit mehreren anderen, zu einem Einwurf gegen die Undulationstheorie zu gebrauchen *). Aeufserungen eines Naturforschers,

*) Poggend. Annal. XVIII. 380.

wie Brewster, verdienen alle Aufmerksamkeit, selbst wenn man sich nicht geneigt fühlt, seine Ansichten in ihrer ganzen Ausdehnung zu theilen. Ich werde daher seine Einwürfe mit seinen eigenen Worten hier wiederholen:

»Dafs die Undulationstheorie als *physikalische* Vorstellung der Lichterscheinungen mangelhaft sei, ist selbst von ihren aufrichtigeren Anhängern zugegeben worden; und dieser Mangel, in so weit er sich auf die Lichtzerstreuungskraft der Körper bezieht, hat Sir John Herschel als einen »*der furchtbarsten Einwürfe*« bezeichnet. Dafs sie, als physikalische Theorie noch anderen Angriffen ausgesetzt sei, werde ich nun zeigen, und ich will es dabei der Aufrichtigkeit der Leser überlassen, zu entscheiden, ob sie mehr oder weniger furchtbar als die bereits angegebenen sind.«

»Zufolge der Undulationstheorie besteht das Licht aus Schwingungen eines aufserordentlich lockeren und elastischen Mittels, Aether genannt, welches alle Räume durchdringt, also auch im Innern aller lichtbrechenden Substanzen vorhanden ist, doch hier mit geringerer Elasticität, und zwar mit der schwächsten in den brechbarsten von ihnen.«

»Wie in dem Ton die Höhe durch die Schnelligkeit der Luftpulse bedingt wird, so bedingt beim Licht die Schnelligkeit der Aetherpulse die Farbe. Allgemein gesprochen, weicht, nach dieser Theorie, das Licht vom Schall nur darin ab, dafs die Undulationen beider in Mitteln von sehr verschiedener Elasticität vollzogen werden.«

»Lassen wir weifses Licht durch eine Schicht von durchscheinendem *natürlichen Operment* gehen, so dünn wie sie abgelöst werden kann, so wird das Licht hell grüngelb, und untersuchen wir es mit einem

Prisma, so finden wir, daſs es keine *violetten* Strahlen enthält. Hieraus folgt — und so findet es sich auch wirklich beim Versuche, — daſs diese durchscheinende Schicht *absolut undurchsichtig* für violettes Licht ist, keinem Strahle dieser Art den Durchgang gestattet. Nun enthält diese Schicht Aether, welcher durch *rothes, gelbes* und *grünes* Licht leicht in Schwingung versetzt wird, für die Undulationen des violetten Lichts aber, welche sich von den übrigen nur durch ihre Länge unterscheiden, durchaus unbeweglich ist.«

»In anderen Substanzen schwingt der Aether nur für *violettes* Licht, in anderen nur für *grünes;* erstere werden für alle rothen, letztere für alle violetten absolut opak sein.«

»Eine noch bestimmtere Wirkung auf das Licht übt das merkwürdige Doppelsalz von *oxalsaurem Chrom-(oxyd?)-Kali* aus, von denen ich einige Krystalle Herrn William Gregory verdanke. Während es bei gewisser Dicke für alle Strahlen, mit Ausnahme der rothen, durchaus opak ist, ist es auch opak für einen bestimmten, genau in der Mitte des rothen Raums liegenden Strahl. Das will sagen, es ist vollkommen durchsichtig, oder gestattet dem Aether freie Undulationen erstlich für einen *rothen* Strahl, dessen Brechverhältniſs in Flintglas 1,6272 ist, und zweitens für einen andern *rothen* Strahl, dessen Brechverhältniſs 1,6274 ist; während es durchaus undurchsichtig ist, oder dem Aether durchaus keine Undulationen gestattet für einen *rothen* Strahl von *dazwischenliegender Brechbarkeit*, nämlich dem Brechverhältniſs 1,6273!«

»Erwägen wir, daſs grünes Licht durch eine so dichte Substanz, als ein dünnes Goldblättchen ist, in Menge durchgeht, und daſs Metallsalze von groſser

Dichtigkeit dem Licht einen eben so freien Durchgang gestatten, als Wasser und selbst atmosphärische Luft; so können wir die eben erwähnte Erscheinung nicht davon herleiten, daſs die Theilchen des Körpers der freien Bewegung des zwischen ihnen befindlichen Aethers etwa einen mechanischen Widerstand entgegensetzen. Doch selbst, wenn wir uns, durch einige neue Voraussetzungen, bei dichten Körpern dieses Grundsatzes zu unseren Gunsten bedienen wollten, so wäre er doch nicht mehr anwendbar auf jene seltsamen Erscheinungen, welche ich in dem Absorptionsvermögen des salpetrigsauren Gases entdeckt habe.«

»Wenn wir Licht durch eine sehr dünne Schicht dieses Gases gehen lassen, so giebt es nicht weniger als *zweitausend* verschiedene Portionen des einfallenden Bündels, welchen das Gas den Durchgang durchaus verweigert, während es andere zweitausend Portionen ungehindert durchläſst; und, was eben so seltsam ist, derselbe Körper übt im flüssigen Zustande keine solche Kraft aus, sondern läſst alle jene *zweitausend* Portionen, welche das Gas zurückhielt, frei hindurchgehen. In der Flüssigkeit undulirt also der Aether mit Leichtigkeit für alle Strahlen; in dem Gase dagegen, wo wir glauben sollten, der Aether wäre darin in einem viel freieren Zustande vorhanden, hat derselbe nicht die Macht, die Undulationen von *zweitausend Portionen* des weiſsen Lichts hindurchzulassen.«

»Unter den verschiedenen Erscheinungen des Schalls finden sich keine analogen Thatsachen, und wir können uns kaum ein elastisches Medium vorstellen, so sonderbar beschaffen, daſs es solche ausserordentliche Vorgänge zu zeigen vermöchte. Denkbar wäre wohl ein Medium, das hohe Töne durchliefse, tiefe dagegen auffinge; aber unbegreiflich ist es, wie ein Medium zwei in Höhe wenig unterschiedene Töne durchlassen, und doch einen Ton von dazwischenliegender Höhe zurückhalten könnte.«

Diefs sind die von Brewster gemachten Einwürfe. Alle Thatsachen, die nicht in die grofsen theoretischen Ansichten der Wissenschaft passen, sind von besonderem Werth, und verdienen hervorgehoben und ein Augenmerk des Forschers zu werden. Sie sind entweder von der Art, dafs sie der Theorie geradezu widerstreiten, die alsdann einer anderen weichen mufs, in welche auch das neue Factum pafst; oder auch von der Art, dafs, wiewohl sie keine Beweise gegen das Grundprinzip der Theorie enthalten, man doch nicht einsieht, wie sie davon abzuleiten wären, und wenn sie einmal richtig verstanden werden, sie entweder die angenommene Theorie widerlegen, oder neue Grundpfeiler für sie werden. So scheint es sich im vorliegenden Falle zu verhalten. Bei einer solchen Gelegenheit darf der neuen Thatsache für den Augenblick kein gröfseres Stimmrecht eingeräumt werden, als sie hat. Ihre Erklärung vorläufig zu suspendiren, ist dabei öfters das Richtigste, denn was ein individuelles Vermögen nicht zu erforschen vermag, erklärt ein Anderer, wie wir weiter unten aus einem Beispiel von demselben Gegenstand sehen werden, und was die Kenntnifsstufe einer Zeit nicht zu begreifen gestattet, wird von der einer anderen Zeit verstanden. — Brewster hat nicht diesen Mittelweg eingeschlagen. »Aus diesen Gründen,« sagt er, »habe ich bis jetzt noch nicht gewagt, vor dem neuen Altare niederzuknien, und ich mufs selbst bekennen, an der nationalen Schwäche zu leiden, welche mich antreibt, den fallenden Tempel, der einst Newton's Werkstätte war, zu verehren und zu stützen.« Der neue Altar ist hier die Undulationstheorie, und der fallende Tempel die Emanationstheorie. Diefs hat von Seiten Airy's*) eine, in Form eines Briefes, an Brewster gerichtete Vertheidigung der Undulationstheorie veranlafst, worin ersterer auf eine sehr geistvolle und gründliche Weise die Vorzüge dieser Theorie vor der Emanationstheorie auseinandersetzt, worin er zeigt, wie viele, nach der letzteren nicht begreifliche Erscheinungen von der ersteren *a priori* bestimmt und von der Erfahrung nachher vollkommen bestätiget worden sind, wenn auch die Dispersion, und die von Brewster angeführten Thatsachen bis jetzt noch eine Ausnahme machen. — Einen Umstand läfst jedoch Airy dabei unberührt, nämlich den angenommenen Aether; denn die Undulationstheorie besteht aus zwei Momenten, der Undulationslehre, oder der Erklärung des inneren Verlaufes der Lichtphänomene, die vollkommen mathematisch wahr sein kann, und der Annahme eines besonderen Körpers, des Aethers, in welchem die Undulationen oder Schwingungen vor sich gehen. Die letztere Annahme möchte vielleicht Modificationen erleiden, die auf die Lehren der ersteren keinen Einflufs haben. Vergleicht man die Theorie des Schalls mit der des Lichts, so zeigt sich sogleich der Unterschied, dafs keine besondere Materie angenommen zu werden braucht, welche die Ursache der tönenden Schwingungen ist. Verwebt man ferner die Theorie des Lichts mit der der Wärme, welche beide gewifs nicht von einander getrennt werden dürfen, so findet man bald die Unzulänglichkeit des für die Hypothese geliehenen Aethers.

---

*) Poggend. Annal. XXIX. 329.

Durch eine Vergleichung des Verlaufs von akustischen und von Licht-Undulationen hat Herschel*) die Möglichkeit von akustischen Erscheinungen, die der Lichtabsorption in den optischen analog wären, zu zeigen gesucht.

Potter's Einwürfe gegen die Undulationstheorie.

Potter**) hat einen Versuch angestellt, in welchem ihm die Richtung der durch Interferenz entstandenen Säume von Licht, welches durch ein, in einer gewissen Stellung befindliches Prisma gegangen war, mit den Berechnungen von der Undulationstheorie ganz unvereinbar zu sein schien. Dieser Versuch ist, als Einwurf gegen die Undulationstheorie betrachtet, der Gegenstand einer besonderen Prüfung sowohl von Hamilton***) als von Airy†) geworden, wobei diese, und namentlich der letztere, zeigen, dafs der von Potter angegebene Versuch in vollkommener Uebereinstimmung mit der Undulationstheorie ist, wenn diese von ihrem richtigen Standpunkt aus betrachtet wird.

Absorptionsvermögen verschiedener durchsichtiger Media.

Nach allen diesen, die Theorie des Lichts betreffenden Umständen, komme ich auf Brewster's Versuche über die Linien im Farbenbilde zurück. Brewster beschreibt seinen eigenen Versuch folgendermaafsen ††): Als er durch ein Prisma von Steinsalz mit dem weitesten Brechungswinkel (fast 78°) das durch eine dünne, nur blafs strohgelb gefärbte Schicht von salpetrigsaurem Gas geleitete Licht einer Lampe betrachtete, war er verwundert, das Farbenbild von hunderten von Linien in die Queere durch-

*) Phil. Mag. and Journ. VII. 401.

**) Poggend. Annal. XXIX. 305. Note.

***) A. a. O. 316. 323. 328.

†) A. a. O. 304. 329.

††) Edinb. new Phil. Journ. XVI. 187.

schnitten zu sehen, die weit deutlicher waren, als die von Frauenhofer entdeckten. Diese Linien waren am dunkelsten und schärfsten in dem violetten und dem blauen Raum, schwächer in dem grünen, noch schwächer in dem gelben, und am schwächsten in dem rothen. In dem Maafse, als die Farbe des Gases dunkler gemacht wurde, wurden die Linien nach dem rothen Ende zu immer deutlicher, und nahmen gegen das violette an Breite zu, indem sie zeigten, dafs abnehmend von dem violetten Ende eine allgemeine, und von der Mitte einer jeden Linie, nach deren beiden Seiten zu, eine partielle Lichtabsorption Statt fand. Durch Zufügung neuer Portionen von salpetriger Säure die Farbe so tief zu bekommen, dafs die Linien in dem rothen deutlich wurden, wollte nicht glücken; allein Brewster fand, dafs die Farbe des Gases durch Erhitzen tiefer wird, und auf diese Weise konnte er jede Linie im Roth deutlich sichtbar erhalten. Dabei fand er, dafs Luft, mit so wenig salpetrigsaurem Gas vermischt, dafs es kaum sichtbar war, nach starkem Erhitzen bluthroth wurde, und dafs ein bei +16° blafsgelbes Gas durch Hitze so absolut schwarz gemacht werden konnte, dafs kein Strahl der klarsten Sommersonne hindurchzudringen vermochte *). Vermittelst einer eigenen Vorrichtung berechnete Brewster die Anzahl dieser Linien im Spectrum, und fand deren 2000, während Frauenhofer im Sonnen-Spectrum nur 654 fand. Brewster hält diese letzteren und die von

*) Der Versuch wird ohne Gefahr vor einer möglichen Zersprengung angestellt, wenn man das Gas in ein Glasrohr einschliefst, das man zuschmilzt, dieses dann in ein Futteral von Eisenblech einschliefst, welches der Länge nach zwei schmale, gegen einander über befindliche Einschnitte zum Hindurchsehen hat, in welchem Futteral alsdann das Glasrohr erhitzt wird.

ihm entdeckten Linien für identische Phänomene, indem die Frauenhofer'schen Linien durch das Absorptionsvermögen der Bestandtheile der Luft verursacht würden. Durch häufig wiederholte Versuche über die letzteren Linien fand er dieselben nach ungleichem Zustande der Atmosphäre verschieden *). Stets fand er sie am deutlichsten und im Maximum, wenn sich die Sonne klar unter den Horizont senkte. — Brewster schlägt vor, die Linien im Farbenbilde von salpetrigsaurem Gas zur Bestimmung des Dispersionsvermögens der Körper zu gebrauchen, wozu sich die Frauenhofer'schen weniger bequem anwenden lassen.

Sonnenlicht durch Feuerlicht nachgeahmt.

Vor einigen Jahren entdeckte Drummond, dafs beim Erhitzen von kaustischer Kalkerde in einem brennenden Strahl von Sauerstoffgas und Wasserstoffgas, oder in der durch Sauerstoffgas angefachten Alkoholflamme, eine Lichtentwickelung Statt findet, die alles durch Verbrennung hervorgebrachte Licht übertrifft, und daher zu Signalen anwendbar ist. Daniell **) hat eine Art Knallgasgebläse eingerichtet, vermittelst dessen eine breitere Flamme als mit dem gewöhnlichen erhalten werden kann. Es besteht in einem doppelten Hahn, welcher einen Behälter mit Kohlenwasserstoffgas (Coalgas) mit einem Sauerstoffgas-

---

*) Brewster fügt die Vermuthung hinzu, dafs Verschiedenheiten in der Sonnenatmosphäre und in dem Verbrennungsprozefs, der das Sonnenlicht hervorbringe, ebenfalls darauf influiren. Da man indessen noch keinen entscheidenden Beweis hat, dafs die Sonne von einer Atmosphäre umgeben ist, und da Licht und Wärme, d. h. Glühungsphänomene, durch viele andere Ursachen als Verbrennung hervorgebracht werden können, so möchte eine solche Vermuthung gegenwärtig noch zu unbegründet erscheinen.

**) Phil. Mag. and Journ. II. 57.

behälter verbindet, und so eingerichtet ist, dafs das Sauerstoffgas durch eine Röhre herausgelassen wird, welche auswendig von dem Rohr umgeben ist, durch welches das brennbare Gas ausströmt. Die Gase vermischen sich dann erst vor dem Zapfen, und ohne die geringste Gefahr kann man eine beliebig grofse Feuermasse machen. In dieser Flamme erhitzte Daniell ein Stück kaustischer Kalkerde, das in dem Focus eines Brennspiegels stand, und erhielt dabei ein so farbloses und glänzendes Licht, wie das Sonnenlicht, dessen Strahlen, durch ein gewöhnliches Brennglas concentrirt, Phosphor entzündeten und Chlorsilber schwärzten, zum Beweise also, dafs das gewöhnliche Feuer dem Sonnenlicht um so näher kommt, je höher seine Intensität gesteigert wird.

Stark monochromatisches Licht.

Im Jahresbericht 1831, wurde ein Versuch von Brewster, zur Hervorbringung eines stark monochromatischen Lichts angeführt, der aber einen eigenen Apparat erforderte. Ein weit einfacheres Verfahren ist von Talbot angegeben worden *). Man legt ein Stück Kochsalz auf den Docht einer Spirituslampe, zündet diesen an, und leitet aus einem Sauerstoffgasbehälter einen Strom von Sauerstoffgas auf das Salz, so dafs sich das Gas um dasselbe herum vertheilt, wodurch eine intensive Flamme von einem einfarbigen gelben Licht entsteht. Roth erhält man durch Anwendung von Chlorstrontium statt des Kochsalzes.

Strahlenbrechung in krystallisirten Körpern.

Versuche über Phänomene der Strahlenbrechung, d. h. der Polarisation des Lichts bei seinem Durchgang durch krystallisirte Körper, und die daraus abgeleiteten theoretischen Folgerungen sind von Hamil-

*) Phil. Mag. and Journ. III. 35.

milton*) und von Lloyd**) bekannt gemacht worden; allein es ist unmöglich, mit nur einiger Klarheit die Resultate ihrer Arbeiten mitzutheilen, ohne in weitere Einzelnheiten einzugehen, als es das Gebiet und die Natur dieses Berichtes gestattet, so dafs ich genöthigt bin, auf die Arbeiten selbst zu verweisen.

Marx***) hat gezeigt, dafs im Topas die relative Lage der optischen Axen durch Wärme verändert werde, wobei er zugleich beobachtete, dafs zwischen dem farblosen Topas und dem gelben oder rothen eine Verschiedenheit der Winkel, welche die optischen Axen mit einander machen, Statt findet.

Physiologische Lichtphänomene, a. Retina.

Von Brewster †) sind verschiedene Lichtphänomene beim Auge untersucht worden. Sieht man durch eine schmale, z. B. 0,02 Zoll weite, Oeffnung nach einem hellen Feld, z. B. nach dem stark erhellten Himmel oder einer Lichtflamme, so sieht man darin eine Menge schwarzer Linien, die mit der Oeffnung parallel laufen und stellenweise abgebrochen sind. Man kann diefs auf mehrfache Art abändern, man braucht z. B. nur einen Kamm zu nehmen, und zwischen seinen Zähnen hindurchzusehen, oder zwei Kämme in ungleicher Richtung über einander zu legen. Die dabei entstehenden falschen Bilder rühren, nach Brewster, von durch das Licht hervorgebrachten Undulationen in der Retina her, die eine Art Interferenz-Phänomen erzeugen, ganz so wie die, woraus das Licht selbst besteht. — Eine fast gleiche

*) Report of the first and second Meetings of the Brittish Association for the andvancement of Science, pag. 545.

**) Phil. Mag. and Journ. II. 112. 207.

***) N. Jahrb. d. Ch. u. Ph. IX. 141.

†) Poggend. Annal. XXVII. 490. XXIX. 339.

Erklärung wird auch von Baumgartner *) gegeben. Die Strahlen, die entstehen, wenn man einen stark erleuchteten, entfernten Punkt sieht, wenn man z. B. durch eine, in einem dunklen Grunde befindliche feine Oeffnung nach der Sonne, oder wenn man das von einer Thermometerkugel zurückgeworfene Bild der Sonne sieht, haben, nach Brewster, ebenfalls in solchen, in der Retina entstehenden Undulationen ihren Grund, so wie die, die Strahlen häufig umgebenden Regenbogenfarben in den erwähnten Interferenzen. Smith hatte beobachtet, daſs wenn man einen dicht vor und zwischen beide Augen gehaltenen schmalen Streif von weiſsem Papier auf die Weise betrachtet, daſs er doppelt erscheint, und man dem einen Auge eine Lichtflamme nähert, das mit diesem Auge gesehene Bild grünlich, das mit dem anderen Auge gesehene aber röthlichweiſs erscheint. Brewster zeigt, daſs diese Erscheinung, die Smith durch eine neue Gehirnfunction zu erklären suchte, zu derselben Klasse gehört, indem nämlich die Netzhaut rund um die von der Lichtflamme am stärksten erleuchtete Stelle in dem Grade für anderes Licht weniger empfindlich ist, als dieses in die Nähe dieser Stelle fällt, und die Empfindlichkeit für das in dem Feuerlicht vorherrschende rothe Licht verliert, während dagegen das vor der Flamme geschützte Auge, welches nun dadurch empfindlicher als das andere ist, den Papierstreifen mit der in der Lichtflamme vorherrschenden Farbe sieht. Wiederholt man dagegen den Versuch mit Tageslicht, statt mit Feuerlicht, so wird der Papierstreifen in dem erleuchteten Auge blau, und in dem geschütz-

*) Dessen Zeitschrift für Physik und verwandte Wissenschaften. II. 236.

ten weifs, zum Beweis, dafs es hier nicht auf Complementarfarben ankommt.

Untersuchungen ähnlicher Art sind auch von Plateau*) angestellt worden; in seiner Erklärung geht er von anderen, aber sehr annehmbaren Principien aus. Um aber seine Ansichten allgemein fafslich machen zu können, würde eine ohne Zeichnungen schwer zu verstehende und weit detaillirtere Darstellung, als der Raum hier gestattet, erforderlich sein, weshalb ich mich genöthigt sehe, auf die Abhandlung zu verweisen.

Brewster**) hat gezeigt, dafs die leuchtende Stelle im Innern des Auges der Thiere, welche man Tapetum lucidum nennt, und die so lebhaftes grünes und rothes Licht reflectirt, diese Eigenschaft durch Trocknen verliert, indem sie dabei schwarz wird, sie aber durch Aufweichung wieder erlangt. Er hatte Gelegenheit diefs zu beobachten, nachdem sie in getrocknetem Zustande 20 Jahre lang aufbewahrt worden war. Das Schwarz geht sehr rasch in ein lebhaftes Blau, das Blau in Grün, und dieses in Grüngelb über. Es ist dabei bemerkenswerth, dafs die so hervorgerufenen Farben, ungeachtet sie, dem Ansehen nach, von gleicher Natur, wie die von dünnen Schichten oder Scheiben sind, unmittelbar von Schwarz in Blau und zu Grün der zweiten Ordnung übergehen, und alle zwischenliegende Farben der ersten Ordnung überspringen; ein Verhältnifs, dessen Erforschung Brewster zum Gegenstand einer Untersuchung zu machen beabsichtigt. *b. Tapetum lucidum.*

Brewster***) hat ferner den Krystallkörper *c. Krystallkörper.*

*) Annales de Chimie et de Physique. LIII. 386.

**) Phil. Mag. and Journ. III. 288.

***) Proceedings of the Roy. Soc. Lond. 1832—33. No. 13. p. 194.

von Fischen, namentlich vom Kabeljau, untersucht. Er hat die Form eines Sphäroïds, dessen Axe mit der Sehaxe des Auges zusammenfällt. Er ist in einer sehr dünnen Kapsel eingeschlossen, und besteht aus einem harten Kern, umgeben von einer weicheren Masse. Der Kern ist aus regelmäfsigen, durchsichtigen Lamellen von gleicher Dicke und vollkommen glatten Flächen zusammengesetzt, welche letztere dasselbe Farbenspiel wie Perlmutter, oder wie es auf fein gestreiften Flächen entsteht, darbieten. Diese Streifen haben eine solche Richtung, dafs sie von dem Aequator aus, wo ihr gegenseitiger Abstand am gröfsten ist, gegen die Pole zu convergiren und die Ränder der Fasern in den Lamellen zeigen. Obgleich diese Fasern so fein sind, dafs sie mit den besten Microscopen nicht zu sehen waren, so glaubte er doch den Verlauf und die Endigungsweise derselben, vermittelst der durch Interferenz entstehenden, reflectirten prismatischen Bilder eines leuchtenden Gegenstandes, auszumitteln. Diese Methode gewährte auch ein Mittel zur Bestimmung des Durchmessers der Fasern auf jedem beliebigen Punkt des Sphäroïds. Die gleichförmige Verbreitung des durch die Lamellen gebrochenen Lichtes, und die Deutlichkeit der reflectirten Bilder zeigen, dafs diese Fasern nicht cylindrisch, sondern vollkommen platt sind, und allmälig an Breite vom Aequator nach den Polen der Linse zu abnehmen. Ihre Dicke beträgt höchstens $\frac{1}{5}$ der Breite, welche zunächst dem Aequator, in den äufsersten Schichten, ungefähr einen 5500 Theil eines englischen Zolls beträgt.

Die Beobachtung noch einer anderen optischen Erscheinung, die sich beim Hindurchsehen durch eine dünne Scheibe einer solchen Linse zeigte, nämlich die Erscheinung zweier breiten und blassen prismatischen Farbenbilder, die in einer Linie senkrecht auf die gestellt sind, welche die gewöhnlichen gefärbten Bilder verbindet, leitete Brewster weiter zu entdecken, auf welche Weise diese Fasern oder Bänder seitwärts zusammen verbunden sind, so dafs sie eine zusammenhängende sphärische Fläche bilden können. Indem er eine gut präparirte Lamelle unter einem stark vergröfsernden Microscop betrachtete, sah er, dafs sie vermittelst feiner, in einander greifender Zähne mit einander verbunden waren. Die Breite und Länge eines jeden Zahns betrug ungefähr den fünften Theil der Breite der Faser, aber alle zusammenliegenden Flächen befanden sich in einem optisch vollkommenen Contact. Dieses gezähnte Gefüge fand Brewster in den Linsen aller von ihm untersuchten Fische. In der Linse des Kabeljau's hatte jede Faser 12,500 Zähne; und da die Linse 5 Millionen Fasern enthält, so wird die Anzahl sämmtlicher Zähne 62,500 Millionen.

Eine gleiche Construction findet sich bei den Vögeln; bei den Säugethieren aber fand sie Brewster nicht, auch nicht bei den Walen; bei zwei Eidechsen und dem Ornithorhynchus dagegen fand er sie. Er geht dabei in einige Einzelnheiten ein, in Betreff der doppelt strahlenbrechenden Structur in der Linse des Kabeljau's und einiger anderer Thiere, worin einige besondere Varietäten vorkommen, hinsichtlich der relativen Lage der Schichten, welche positive oder negative doppelte Refractionen geben.

Stampfer's stroboskopische Scheiben.

Ein recht interessantes und wirklich Bewunderung erregendes optisches Spielwerk ist im verflossenen Jahre in den Handel gekommen, ohne dafs eine wissenschaftliche Mittheilung darüber vorausgegangen war *). Es sind diefs die stroboskopischen Tafeln von Stampfer, die sich auf ein ähnliches Prinzip, wie die sogenannten traumatoskopischen Figuren, gründen. Mit diesen Tafeln wird bezweckt, in dem Auge den Eindruck mehrerer auf einander folgender Figuren auf eine solche Weise zu vereinigen, dafs sie eine zusammenhängende Handlung oder Bewegung vorstellen, wie z. B. in Drehung befindliche Räder, Personen die gehen, springen, Wasser pumpen, sägen u. dgl. Eine Tafel stellt eine gewisse Handlung vor. Die Tafel ist zirkelrund und dreht sich um den Mittelpunkt des Kreises. Die Handlung ist in 8 bis 10 Stellungen oder Acte getheilt, wovon eine jede von einer besonderen Person vorgestellt wird. Will man z. B. einen Mann vorstellen, der sich bückt, so ist die erste Stellung ein gerade stehender Mann, in der zweiten hat er eine kleine Biegung, in der dritten noch mehr, und so fort bis zur 6ten, wo er die gröfste Biegung hat; die 4 folgenden richten sich wieder auf, so dafs die 5te und 7te, die 4te und 8te, die 3te und 9te, und die 2te und 10te Figur dieselbe Stellung haben. Zwischen jede dieser Figuren ist am Umkreise der Scheibe eine längliche Oeffnung von $\frac{3}{4}$ Zoll Länge und $\frac{1}{4}$ Zoll Weite, in einer mit den Radien der Scheibe parallelen Richtung und in gleicher Entfernung vom Mittelpunkt angebracht. Hält man das Bild vor einen Spiegel und läfst die Tafel sich um ihren Mittelpunkt schwingen, indem

*) Plateau erklärt in den Annales de Ch. et de Ph. LIII. 304, die erste Idee hierzu gegeben zu haben; er nennt es Phenakistiskop, und sagt, er habe seine Idee im Juniheft 1833 der Corresp. math. et physique de l'Observatoire de Bruxelles mitgetheilt. — Diese Tafeln waren indessen schon zu Anfang August 1833 hier in Stockholm zu sehen.

man sie durch die vor dem Auge vorbeilaufenden Oeffnungen betrachtet, so sieht man von einer jeden der Figuren die beabsichtigte Handlung ausführen, man sieht in dem oben erwähnten Beispiel die Figur sich beständig bücken, mit einer Geschwindigkeit, die von der Umdrehungs-Geschwindigkeit der Scheibe abhängt. Diese Täuschung beruht darauf, dafs die Scheibe zwischen jeder Oeffnung verdeckt wird, während das Bild weiter geht und bis die nächste Stellung an die Stelle der ersten getreten ist. Da der Eindruck des Bildes der zuerst gesehenen Figur im Auge bleibt, bis sich das nächste auf derselben Stelle im Auge malt, so entsteht eine scheinbar zusammenhängende Vorstellung von einem Bilde, das sich bewegt. Um aber die Illusion vollständig zu machen und das Bild mit scharfen Conturen zu erhalten, ist unbedingt nöthig, dafs jeder Theil der Figuren, der nicht in Bewegung sein soll, sich in absolut gleichem Abstande von dem Mittelpunkt der Scheibe und von der Oeffnung in der Peripherie befinde, und aufserdem, dafs alle Figuren gleiche Gröfse und Farbe haben, so dafs sie auf der Retina genau dieselbe Stelle, wie derselbe Theil des verschwundenen Bildes, einnehme; denn im entgegengesetzten Falle würden die Conturen unregelmäfsig und das Bild zitternd werden. Wie das Kaleidoscop wird dieses Spielwerk ebenfalls eine Curiosität für die physikalischen Kabinete werden.

Photometer. a. De Maistre's.

Es sind mehrere Versuche, die Intensität des Lichts durch verschiedene photometrische Methoden zu bestimmen, bekannt gemacht worden. De Maistre *) legt zwei gleichförmige, stark spitzwinklige Prismen auf einander, so dafs sie eine ebene Scheibe

*) Poggend. Annal. XXIX. 187.

bilden. Das eine Prisma ist von dunkelblauem Glase, und da, wo der scharfe Winkel desselben auf der Basis des weifsen Prisma's liegt, ist der Durchmesser des blauen Glases äufserst gering, und nimmt dann beständig zu, bis da, wo die Schneide des weifsen Prisma's auf der Basis des blauen liegt. Durch Vergleichung der ungleichen Stellen des Prisma's, wo das Licht aufhört, sichtbar hindurchzukommen, erhält man eine Vergleichung zwischen ungleich intensivem Licht.

b. Quetelet's. Quetelet *) wendet dasselbe Prinzip an; aber die Prismen sind vermittelst Mikrometerschrauben über einander schiebbar. Eine andere von demselben angewandte Methode besteht darin, dafs er die Anzahl von repetirten Reflectionen bestimmt, die erforderlich sind, um das Licht verschwinden zu machen; ein photometrisches Prinzip, das zuerst von Brewster angewendet wurde. Allein da bei dem Gebrauche dieses Photometers das Sonnenlicht nach 28 bis 29 Reflectionen, das Licht von Fixsternen erster Gröfse aber erst bei der 20sten verschwindet, so findet man bei Betrachtung der Anzahl von Millionen Malen, um welche das Sonnenlicht intensiver als das Fixsternlicht ist, dafs dieses Prinzip für kleine Unterschiede keinen grofsen Ausschlag gibt, und auf eine bis zwei Reflectionen unsicher sein kann.

c. Eines Anonymi Lamprometer. Ferner hat man hierzu gefärbte Flüssigkeiten vorgeschlagen *), z. B. eine blaue Lackmus-Auflösung, in schmalen dünnen Flaschen, die man zusammenstellt, bis der betrachtete helle Gegenstand nicht mehr zu sehen ist, wo dann die Anzahl der Flaschen die relative Licht-Intensität zeigt. Besser wäre

*) Poggend. Annal. XXIX. 187.

**) A. a. O. XXIX. 490.

ohne Zweifel eine Art Tubus gewesen, der an beiden Enden mit planen Gläsern versehen, und aus zwei oder mehreren, mit Flüssigkeit gefüllten und wasserdicht in einander gehenden Röhren zusammengesetzt ist, die verlängert oder verkürzt werden können, während sich das Rohr von Aufsen mit Flüssigkeit füllt oder dieselbe ausleert, auf welche Weise die Dicke der Schicht durch Ausziehen mit mathematischer Genauigkeit gemessen werden könnte. Besteht das Rohr aus Kupfer, so kann man Auflösungen anwenden, die aus bestimmten Gewichten schwefelsauren Kupferoxyds und destillirten Wassers gemacht sind, und auf diese Weise durch Anwendung von Flüssigkeiten von ungleichem, aber stets mit Genauigkeit bestimmbarem Farbenreichthum, nach Bedarf, die Empfindlichkeit des Photometers erhöhen oder vermindern.

Endlich so hat auch Arago *) ein Mittel gefunden, die Vergleichung zwischen der Licht-Intensität des ordentlichen und des aufserordentlichen Bildes von Körpern mit doppelter Strahlenbrechung, zur Lösung der meisten photometrischen Probleme, anzuwenden; aber das Specielle dieser Entdeckung ist noch nicht mitgetheilt worden. *d. Arago's.*

Die unerklärliche Eigenschaft gewisser Körper, nachdem sie dem Sonnenlicht ausgesetzt worden, kürzere oder längere Zeit mit einem mehr oder weniger starken Licht zu leuchten, ist, vor anderen, mehreren hellgefärbten Schwefelmetallen, und ganz besonders denen von Barium, Strontium und Calcium eigenthümlich. Wie bereits Osann (Jahresb. 1827 p. 111) zeigte, kann sie durch gewisse geringe Zu- **Künstliche Phosphore.**

---

*) L'Institut. No. 13. p. 168.

sätze erhöht werden, und von Wach *) sind in dieser Hinsicht kürzlich einige Vorschriften mitgetheilt worden. Schwefelbarium und Schwefelstrontium werden bedeutend leuchtender, wenn man sie auf folgende Weise bereitet: Das feingepulverte natürliche schwefelsaure Salz wird zuerst mit Salzsäure ausgezogen, so dafs sich alles Eisen auflöst, alsdann innig mit 3 bis 4 Procent reiner Talkerde gemengt, dann mit dickem Traganthschleim zu liniedicken Scheiben geformt, die man nach dem Trocknen in einem bedeckten Tiegel oder zwischen Kohlen glüht. Das Schwefelbarium leuchtet mit feuerrothem, das Schwefelstrontium mit smaragdgrünem Licht. Schwefelcalcium von schönem Leucht-Effect erhält man, wenn gut gebrannte Austerschaalen auf der völlig reinen, aber unversehrten Innenseite mit einem Gemenge von 100 Th. Schwefelblumen und 10 Th. eines der Oxyde der folgenden Metalle, nämlich: Zink, Zinn, Kadmium oder Antimon, bestreut worden. Vom Gemenge nimmt man $\frac{1}{3}$ vom Gewicht der gebrannten Austerschaale, legt dieses hinein und glüht $\frac{1}{2}$ Stunde lang in einem bedeckten Tiegel bei einer mäfsigen Hitze. Zinkoxyd gibt die stärkste Leuchtkraft, und das Licht hat eine meergrüne Farbe. Antimonoxyd gibt ein ungefärbtes starkes Licht, aber von geringer Dauer. Zinnoxyd gibt ebenfalls weifses Licht und von gröfserer Dauer. Kadmiumoxyd gibt ein dauerndes, hochgelbes Licht.

Wärme. Wärme-Radiation durch feste Körper.

Melloni hat die interessanten Arbeiten über die Radiation der Wärme durch feste Körper, deren ich im vorigen Jahresbericht, p. 15., erwähnte, fortgesetzt. Er hat nun die Art, wie er diese Untersuchung anstellt, und wie er die durch Abwei-

*) N. Journ. der Chemie u. Physik. VIII. 283.

chungsgrade ausgedrückten Angaben der Magnetnadel in richtige relative Wärmequantitäten verwandelt, mitgetheilt *). Er hat dabei gefunden, daſs die ersten 20 Grade von 0 oder von dem fixen Punkt, zu welchem auch die besten astatischen Nadeln zurückgehen, um in Ruhe zu kommen, gleich groſsen Wärme-Effecten entsprechen, daſs aber darüber hinaus der Wärme-Effect in beständig zunehmendem Verhältniſs gröſser als die Abweichung wird, welches Verhältniſs sich für jeden einzelnen Thermo-Multiplicator leicht durch Versuche bestimmen läſst. Die Operation ist ganz einfach. Die eine Seite des Thermo-Multiplicators, d. h. die eine Ebene seiner Juncturen, wird einer Quelle von Wärme, z. B. einer Argand'schen Lampe, ausgesetzt, wodurch die Magnetnadel um 42 Grade nach der einen Seite geht. Nun wird ein Schirm dazwischen gesetzt, so daſs die Nadel auf 0° zurückgeht. Alsdann läſst man auf die andere Seite eine andere Wärmequelle oder Lampe wirken, so daſs die Nadel 40° nach der anderen Seite geht, was sich durch Entfernung oder Näherung der Lampe leicht reguliren läſst. Dann wird auch hier ein Schirm zwischengesetzt, und die Nadel auf 0° zurückgehen gelassen. Wenn beide Schirme weggenommen werden, so wirkt die eine Lampe mit der Kraft von 42°, und die andere, bei entgegengesetzter Richtung, mit der von 40°, die sich einander aufheben, so daſs nur 2° übrig bleiben; allein diese führen nun die Nadel um mehr als 2° nach der Seite, wo der Ueberschuſs ist. Auf Melloni's Thermo-Multiplicator machte dieſs 7°,4 aus. Auf diese Weise kann man den Werth der ganzen Skala

*) Annales de Ch. et de Ph. LIII. 1—73.

bestimmen. Melloni bediente sich jedoch selten höherer Abweichungen als 22° bis 23°.

Melloni hat verschiedene neue Versuche über den Durchgang der Wärmestrahlen durch gefärbtes Glas mitgetheilt *). Ich muſs hierbei zuvor eines der im vorigen Jahresbericht, p. 14., angeführten, von Melloni erhaltenen Resultate dem Leser in's Gedächtniſs zurückrufen, daſs die, die ungleichen Farben in dem prismatischen Farbenbilde begleitenden Wärmestrahlen ungleiches Vermögen haben, durch Wasser zu gehen, so daſs die Wärmestrahlen des violetten Endes alle, von denen des rothen Endes dagegen keine durch das Wasser gehen. Die procentische Verlustzunahme an Wärmestrahlen, in dem Maaſse, als sie von, dem rothen Ende näher gelegenen, Punkten ausgehen, findet man in jenem Jahresbericht angegeben. Was von Wasser gilt, gilt auch von Scheiben von krystallisirtem Gyps und von Alaun, die also die Wärmestrahlen des violetten Endes frei hindurchlassen, und von den übrigen um so mehr zurückhalten, je näher sie dem rothen Ende angehören. Es konnte nun die Frage entstehen: da gefärbte Gläser nur für Strahlen von einer gewissen Farbe durchsichtig sind, können sie nicht auch bloſs für die Wärmestrahlen diaterman sein (d. h. sie durchgehen lassen), die einer gewissen Stelle im Spectrum, d. h. einer gewissen der 12 Zonen angehören, in welche Melloni in dieser Hinsicht das prismatische Wärmespectrum eingetheilt hat? Um dieſs auszumitteln, verschaffte er sich Glas von allen Farben des Spectrums, lieſs die Strahlen von einer Argand'schen Lampe einzeln hindurchgehen und auf den Thermo-Multiplicator fallen, worauf die Lampe in

*) L'Institut. No. 8. p. 61.

eine solche Entfernung gestellt wurde, dafs die Nadel auf 40° stand. — Als eine Scheibe von Gyps zwischen die Glasscheibe und den Thermo-Multiplicator geschoben wurde, ging die Nadel auf 18°, und bei Zwischenschiebung einer Scheibe von Alaun auf 8° zurück. Diefs fand sowohl mit weifsem Glas als mit Glas von allen Farben, Grün ausgenommen, statt. Mit dem grünen Glas wurde die Nadel von der Gypsscheibe auf 7°, und von der Alaunscheibe auf 1° zurückgeführt. Diefs beweist, dafs das grüne Glas die Eigenschaft hat, den gröfsten Theil der dem violetten Ende im Spectrum angehörenden Wärmestrahlen zu interceptiren, und dagegen in einem gröfseren Verhältnifs diejenigen hindurch zu lassen, die dem rothen Ende angehören, und die von Gyps und Alaun interceptirt werden; während dagegen sowohl das farblose Glas als die übrigen Farben die Wärmestrahlen einigermaafsen gleich vertheilt hindurchlassen; allein ungleich vollständig, je nachdem deren diatermane Eigenschaft durch ungleichen Zusatz der Farbe verändert wird. Melloni führt noch einen anderen Beweis dafür an. Krystallisirte Citronensäure besitzt eine ganz entgegengesetzte Eigenschaft, sie hält die Wärmestrahlen des rothen Endes zurück, und läfst die des violetten Endes hindurch. Werden folglich die Strahlen von einer Argand'schen Lampe durch eine Scheibe von Citronensäure auf den Thermo-Multiplicator geleitet, so dafs er bis zu einem gewissen Grade abweicht, und dann eine Scheibe von grünem Glas zwischen diese beiden gesetzt, so müfste die Abweichung gröfstentheils aufhören, und diefs ist auch in der That der Fall. Glas von anderen Farben verminderte sie zwar mehr oder weniger, aber in keinem Vergleich mit dem grünen Glas. Bei diesem wichtigen Resultat scheint aber

Melloni vergessen zu haben, sich zu überzeugen, ob es die Farbe oder die färbende Substanz ist, welche dem grünen Glase, dessen er sich bediente, diese abweichende Eigenschaft ertheilt. Glas kann von Chromoxyd, Kupferoxyd, Eisenoxydul-Oxyd und Uranoxydul grün gefärbt sein. Es ist keineswegs entschieden, daſs alle diese färbenden Stoffe auf die diatermane Eigenschaft des Glases gleichen Einfluſs haben werden, und es verdient noch eine besondere Untersuchung, um zu bestimmen, ob die beobachtete Abweichung nicht vielleicht eine Wirkung der färbenden Substanz, und nicht an die grüne Farbe gebunden sei.

Melloni *) fand ferner, übereinstimmend mit dem, was ich im vorigen Jahresbericht, p. 19., von Gahn anführte, ein schwarzes, fast ganz undurchsichtiges Glas, welches die Eigenschaft hat, diatermán zu sein. Er versuchte es sowohl mit der Flamme einer Argand'schen Lampe, als mit einer glühenden Spirale von Platin. Folgendes sind seine numerischen Resultate:

Transmission.

Dicke der Glasscheiben.	Argand. Lampe.	Glühendes Platin.
0,47 Millim.	34	38
0,75 -	26	34
1,00 -	19	26
2,00 -	13	20

Die in der zweiten und dritten Columne angeführten Zahlen geben die Procente von den durch das Glas gegangenen Wärmestrahlen an, wobei zu ersehen ist, daſs von dem glühenden Platin die strah-

*) L'Institut. No. 12. p. 103.

lende Wärme in einem gröfseren Verhältnifs durch das Glas gegangen ist.

Interferenz der Wärmestrahlen.

Matteucci *) hat einen Versuch beschrieben, der die Interferenz der strahlenden Wärme beweisen soll. Dieser Versuch ist von der Natur, dafs er unmöglich ein Resultat geben kann; denn es wurde dazu ein Luftthermometer von 12 Millimeter Durchmesser angewendet, welches weder empfindlich genug ist, noch hinreichend kleines Volumen hat, um sich nicht zu viel auf beiden Seiten über den durch Interferenz wärmeren oder kälteren Punkt zu erstrecken. — Uebrigens ist diese Frage von der Beschaffenheit, dafs wenn die Theorie für die Radiation des Lichtes einigermaafsen richtig ist, die Wärmestrahlen nothwendig auch Interferenz haben müssen; um diefs aber anschaulich zu machen, sind aufser scharfer Beurtheilung besonders gut ausgedachte Apparate erforderlich.

Das Vermögen der Körper zu radiiren und Wärme zu absorbiren ist gleich.

Sowohl von Ritchie **) als von Stark ***) ist durch Versuche erwiesen worden, dafs das relative Vermögen der Körper zu strahlen und strahlende Wärme zu absorbiren, völlig gleich ist, so dafs die polirten Körper sowohl am wenigsten radiiren als am wenigsten absorbiren, geschwärzte Oberflächen aber am meisten radiiren und am meisten absorbiren.

Bestimmung der gleich warmen Stellen in einem

Lamé †) hat mathematisch theoretisch die Frage bearbeitet, welche Stellen in einem homogenen soliden Körper eine gleiche Temperatur haben, wenn

---

*) Poggend. Annal. XXVII. 462.

**) A. a. O. XXVIII. 378.

***) Proceedings of the Roy. Soc. 1832—33. p. 208.

†) Annales de Ch. et de Ph. LIII. 190. — Poisson's Bericht darüber findet sich in L'Institut. No. 7. p. 53.

festen Körper von unveränderter Temperatur. er constanten Kälte- und Wärme-Quellen ausgesetzt wird, mit denen seine Oberfläche in Berührung ist, und nachdem er auf eine Temperatur gekommen ist, die nicht mehr verändert wird.

Innere Temperatur der Erde. Eben so hat Libri *) aus mathematisch-theoretischem Standpunkt die innere Temperatur der Erde in Betrachtung gezogen. Aus dieser Deduction folgt: 1) Dafs die Temperatur im Innern der Erde nicht gleichförmig sein könne, sondern entweder in einem abnehmenden, oder, wie die Erfahrung gezeigt hat, in einem zunehmenden Verhältnifs da sein müsse. 2) Dafs unmittelbare Beobachtungen, Berechnungen aus Verfinsterungen und der mathematischen Theorie der Wärme alle darin übereinstimmen, dafs die mittlere Temperatur unserer Erde in dem Zeitraum, den unsere Geschichte umfafst, keine Veränderung erlitten habe. 3) Dafs künftige Beobachtungen am Mond ausweisen werden, ob er eine unveränderliche Temperatur erlangt habe, weil er sich im entgegengesetzten Fall mit zunehmender Geschwindigkeit um seine Axe drehen, und uns also allmälig Theile von seiner Oberfläche zuwenden müfste, die wir vorher nicht gesehen haben; und 4) dafs, da die Abkühlung in einer jeden Schicht der Erdmasse der Wärme-Quantität proportional ist, so wird sie um so merkbarer, in je gröfserer Tiefe man sie untersucht, woraus folgt, dafs wenn man vermittelst Apparaten eine Abnahme in der mittleren Temperatur der Erde bestimmen wollte, dieselben in der gröfsten möglichen Tiefe, und geschützt vor Einflüssen von Oben, aufgestellt werden müfsten.

Radiation der Boussingault **) hat einige ganz einfache Ver-

*) Annales de Ch. et de Ph. LII. 387.

**) A. a. O. pag. 260.

Versuche über die nächtliche Wärmeradiation gegen den klaren Himmelsraum an einigen hochgelegenen Punkten in den Cordilleren angestellt. Er legte ein Thermometer auf den Rasen, hing ein anderes 5 Fuſs darüber in freier Luft auf, und verglich beide, als sie stationär geworden waren. Es wurden dazu nur klare Abende oder Morgen gewählt. Stets war ein Unterschied in dem Stand beider Thermometer. Der gröſste war 6°,1, die meisten hielten sich um 3° herum. — In diesen hohen Regionen fürchtet man, wie bei uns, eine klare und windstille Nacht, die oft die schönste Erndte zerstört. Dabei ist es jedoch merkwürdig, daſs die Indianer, welche vor den Spaniern dieses Land bewohnten, beobachtet hatten, daſs ein bewölkter Himmel den Frost verhindere, und durch künstliche Mittel Wolken nachzumachen suchten, auf die Weise, daſs sie Feuer anzündeten und Mist und nasses Stroh darauf legten, wodurch die Atmosphäre unklar genug wurde, um die zu starke Radiation der Wärme zu verhindern. Diese Nachricht findet sich in Commentarios reales del Peru von Garcelaso de la Vega, geboren zu Cosco, wo er in seiner Jugend jenes Verfahren bei den Indianern sah, welche glaubten, »daſs der Rauch den Frost verhindere, weil er, wie die Wolken, eine vor der Kälte schützende Bedeckung bilde.«

Erde bei klarem Himmel.

Phillips *) hat eine Verbesserung der bisher gebräuchlichen Rutherford'schen Maximum-Thermometer vorgeschlagen. Dieses Instrument hat eine liegende Röhre, worin ein kleiner Eisendrath vom Quecksilber vorgeschoben wird, ohne daſs er

Maximum-Thermometer.

*) Report of the first and second meeting of the Britt. Assoc. for Adv. of Science. pag. 574.

nachher, wenn es zurückgeht, wieder mitfolgt, der aber oft das Quecksilber an sich vorbei gehen, und zuweilen sich nicht zurückbringen läſst. Die Verbesserung besteht darin, daſs in der Quecksilbersäule, in kleiner Entfernung vom Ende, eine Unterbrechung gemacht wird; der getrennte Theil kann dann wohl vorgeschoben werden, bleibt aber stehen, wenn die Temperatur sinkt, und kann durch verticale Stellung der Röhre zurückgeführt werden. Marx *) hat zu einer sicheren Ausführung Vorschriften gegeben, und ein anderes Thermometer beschrieben, welches so eingerichtet werden kann, daſs es für eine gewisse Zeit, z. B. für einen bestimmten Glockenschlag, wo der Beobachter nicht da sein konnte, die jedesmalige Temperatur angibt. Ich verweise im Uebrigen auf die Abhandlung.

Elektricität. A. Frictions-Elektricität, Elektrophor, Theorie desselben.

Hummel **) hat eine theoretische Darstellung des Elektrophors und der von ihm hervorgebrachten Erscheinungen mitgetheilt, worin er mathematisch zu ermitteln sucht, daſs in einem bestimmten Wirkungskreis um so mehr Elektricität vertheilt werden kann, je dichter die Masse des Kuchens ist; daſs aber dagegen die Dicke des Kuchens auf die Gröſse der Wirkungskraft des Elektrophors wenig Einfluſs hat.

B. Contact-Elektricität. Theorie derselben.

Verschiedene Ansichten in der Frage über die Theorie der hydroelektrischen Kette, sind zwischen Fechner ***) und Ohm †) gewechselt worden; in Betreff des Näheren verweise ich auf ihre Aufsätze. Prideaux ††) hat einen Versuch über die

*) N. Jahrbuch d. Chemie u. Physik, IX. 135.

**) Baumgartner's Zeitschrift für Phys. II. 213.

***) N. Jahrb. d. Ch. u. Ph. VI. 127.

†) A. a. O. VII. 341.

††) Phil. Mag. and Journ. II. 210 und 251.

Theorie der elektrischen Säule mitgetheilt, worin er Hare's Ansichten in Betreff der Theorie seines Calorimotors zu widerlegen sucht (Jahresber. 1824, p. 19.). Die Ansichten, die Prideaux als seine eigenen mittheilt, unterscheiden sich nicht von dem, was man allgemein annimmt, wenn man sie in die Sprache der Theorie übersetzt, welche zwei Elektricitäten annimmt. Prideaux schliefst mit folgenden Worten: »Der Leser bemerkt, dafs die Theorie von zwei Fluidis (Elektricitäten) mit diesen Ansichten am meisten in Uebereinstimmung ist. Man besteht nicht darauf, weil sie in diesem Lande nicht völlig angenommen, auch in ihrer Anwendung nicht ganz frei von Zweideutigkeit ist.« Das edle Gefühl von Vaterlandsliebe, das Aeufserungen, wie dieser und der oben angeführten Brewster'schen zu Grunde liegt, wird doch bei der Forschung nach dem, was wahr ist in der Wissenschaft, ein tadelnswerthes Vorurtheil.

Vergleichung der Frictions- und der Contacts-Elektricität.

In der dritten Fortsetzung der Versuche, welche durch seine merkwürdige Entdeckung der magneto-elektrischen Erscheinungen veranlafst worden sind, hat Faraday *) eine Vergleichung angestellt zwischen den Erscheinungen, die durch die Frictions- und die atmosphärische Elektricität, oder überhaupt durch die Elektricität, hervorgebracht werden, welche durch geringe Quantität und hohe Tension charakterisirt ist, und den Erscheinungen der Contacts-Elektricität; bei welchen Versuchen er zu demselben Resultat, wie Andere vor ihm, gekommen ist, dafs nämlich beide dieselbe, unter ungleichen Umständen sich offenbarende elektrische Kraft sind. Als einen charakteristischen, von diesen ungleichen

*) Poggend. Annal. XXIX. 274.

Umständen bedingten Unterschied, bemerkt er dabei, dafs bei der durch Frictions-Elektricität hervorgebrachten chemischen Zersetzung keine Ueberführung der Bestandtheile statt finde, sondern dafs die getrennten Körper gleichzeitig auf beiden Poldräthen frei werden. Er änderte die Versuche mannigfaltig ab, ohne einen Ausweg zu finden, in dieser Hinsicht den Strom der Frictions-Elektricität mit dem der Contacts-Elektricität gleich zu machen. Dagegen fand er Colladon's Versuche (Jahresbericht 1828, p. 46.) vollkommen bestätigt, dafs die Frictions-Elektricität gleiche elektro-magnetische Phänomene wie die Contacts-Elektricität hervorbringe. In Folge seiner Versuche bezweifelt Faraday die Richtigkeit der Angaben, nach denen, bei Anwendung von atmosphärischer Elektricität zur Zersetzung von Flüssigkeiten, die getrennten Körper einzeln an den entgegengesetzten Polen erschienen sein sollen. Aus allen seinen Versuchen zieht er den Schlufs, dafs es dieselben elektrischen Kräfte sind, welche in den Frictions-, Contacts- (hydro- und thermo-elektrischen) und magneto-elektrischen Phänomenen auftreten. Er zeigt dabei, dafs sowohl der Einflufs auf die Magnetnadel, als die chemische Kraft, auf der Quantität der Elektricität und nicht auf deren Tension beruhen, und dafs sie nicht verschieden werden, wenn dieselbe Quantität Elektricität in einem Augenblick oder in einer bestimmbaren Zeitlänge ihren Durchgang macht, was auch schon die elektrische Säule erwiesen hat, wodurch folglich eine Quantitäts-Vergleichung zwischen der Contacts- und der Frictions-Elektricität auf diesem Wege ausführbar wird.

Faraday hat eine solche vorgenommen, und hat gezeigt, dafs ein Platin- und ein Zinkdrath von

$\frac{1}{8}$ Zoll Dicke, in einem Abstand von $\frac{3}{16}$ Zoll an einander gehalten, und $\frac{5}{8}$ Zoll tief in ein Gemische von einer Unze Wasser mit einem Tropfen Schwefelsäure gesenkt, in 6 Sekunden ein gleich grofses Quantum von Elektricität hervorbrachten, wie seine sehr grofse und kräftige Elektrisirmaschine in 30 Umdrehungen.

Bei dieser Gelegenheit will ich ein chemisches Reactionsmittel für den elektrischen Strom besonders erwähnen, das auch für den von Frictions-Elektricität empfindlich ist, und das ihn in den Stand setzte, diese Vergleichung zu machen. Es besteht in einer Lösung von Jodkalium, allein oder gemengt mit einer Lösung von Stärke, in welche ein Papier getaucht wird, gegen welches die Entladungsdräthe in geringem Abstand von einander so gerichtet werden, dafs der Strom durch das nasse Papier gehen mufs. Sogleich zeigt sich Jod um den +Drath, und diefs ist so empfindlich, dafs es in gewissen Fällen den Multiplicator übertrifft.

Ungleiches Leitungsvermögen in ungleichem Aggregatzustande.

In einer vierten Fortsetzung hat Faraday einige besondere Umstände in Betreff des Leitungsvermögens der Körper in ungleichen Aggregatformen abgehandelt. Er fand zufällig, dafs eine Lage von Eis, zwischen den Poldräthen einer elektrischen Säule, die Leitung ganz unterbrach, die erst wieder hergestellt wurde, als sie an einem Punkt zwischen den Dräthen durch flüssiges Wasser bewirkt werden konnte. Elektrische Ströme von stärkerer Tension konnten zwar noch durch das Eis gehen; allein es zeigte sich doch, auch bei den Versuchen mit der Elektrisirmaschine, als einer der schlechteren Nichtleiter. Dieser Umstand, dafs Wasser in fester Form ein Nichtleiter, und in flüssiger Form ein Leiter der Elektricität ist, führte ihn auf die

Idee, auch das Verhalten anderer Körper, unter gleichen Umständen, zu versuchen. Was er zunächst versuchte, war Chlorblei; dieses war ein Nichtleiter in fester, und ein ausgezeichnet guter Leiter in flüssiger Form. Bei den ferneren Versuchen ergab es sich, dafs in geschmolzenem Zustande Leiter waren von Oxyden: Wasser, Kali, Bleioxyd, Antimonoxyd, Vitrum antimonii, Wismuthoxyd; die meisten derselben ungefähr 100 Mal bessere, als reines Wasser. Von Chlorverbindungen, die der Radicale der Alkalien und alkalischen Erden, die von Mangan, Zink, Antimon, Zinn (Chlorür), Blei, Kupfer (Chlorür) und Silber. Von Jodverbindungen, die von Kalium, Zink, Blei, Zinn (Jodür) und Quecksilber (Jodid). Von anderen Salzbildern: Fluorkalium, Cyankalium, Schwefelcyankalium. Von Sauerstoffsalzen: chlorsaures Kali, die salpetersauren Salze von Kali, Natron, Baryt, Strontian, Blei, Kupfer und Silberoxyd; die phosphorsauren Salze von Kali, Natron, Blei, Kupfer und Kalkerde (zweifach); kohlensaures Kali und Natron, Borax, borsaures Blei und Zinnoxyd; chromsaures Kali, saures und neutrales, chromsaures Blei; kieselsaures, mangansaures und essigsaures Kali. — Die hier aufgezählten sind solche, von denen der Versuch zeigte, dafs sie in geschmolzenem Zustand Leiter sind; ihre Anzahl ist natürlicher Weise weit gröfser. — Folgende waren Nichtleiter, sowohl in fester, als in geschmolzener Form: Schwefel, Phosphor, Realgar, Auripigment, Borsäure, Essigsäure, Jodschwefel, Zinnjodid, grünes Bouteillenglas, mehrere organische Stoffe: Zukker, fette Säuren, Fett, Harze, Campher, Naphtalin. Nichtleiter waren auch die bei gewöhnlicher Temperatur liquiden Körper: Zinnchlorid und Chlorarsenik, mit und ohne chemisch gebundenes Wasser.

Wo Leitung war, fand auch Zersetzung statt, und es glückte, aus den geschmolzenen Chlorverbindungen Kalium und Natrium, aus Borverbindungen Bor, u. s. w. abzuscheiden. Dafs also die Zersetzung Leitung erfordert, ist klar; da aber z. B. Quecksilberjodid in geschmolzenem Zustande Leiter war, ohne zersetzt zu werden, so zeigt diefs, dafs Leitung ohne Zersetzung möglich sei. Dagegen zeigt die nichtleitende Eigenschaft des Zinnchlorids, dafs Zersetzung nicht möglich ist ohne Leitung. — Faraday führt ferner einen ganz interessanten Versuch an, der zeigt, dafs Schwefelsilber, so wie auch Silber-Hyposulfantimonit (Rothgülden), die bei gewöhnlicher Temperatur Nichtleiter sind, durch Erhitzung, unter einer Art Zersetzung, zuletzt so gute Leiter wie die Metalle werden, ohne doch dabei geschmolzen zu sein, und diese Eigenschaft beim Abkühlen wieder verlieren.

Faraday's fünfte Fortsetzung *) enthält verschiedene aufklärende Versuche über die chemische Wirksamkeit des elektrischen Stroms. Als er mit Lackmus und mit Curcumä gefärbte Reactionspapiere mit einer Auflösung von schwefelsaurem Natron tränkte, und sie mit einer in dieselbe Flüssigkeit getauchten Schnur mit einander in leitende Verbindung setzte, während ein Metalldrath vom Conductor einer kräftigen Elektrisirmaschine auf das Lackmuspapier, und ein gleicher vom isolirten Reibzeug auf das Curcumäpapier geführt wurde, so entstanden die erwarteten Reactionen, die saure auf dem ersteren, und die alkalische auf dem letzteren, wie grofs auch die Länge des nassen Fadens sein mochte, und ohne dafs die Länge einen Einflufs auf

*) Phil. Transact. 1833. Vol. II. p. 676.

die Schnelligkeit oder die Quantität der Zersetzung zu haben schien. Als die Schnur weggenommen wurde, blieb die Wirkung fast noch dieselbe. Er wechselte dann die Papiere um, so daſs das Curcumä mit dem positiven, und das Lackmus mit dem negativen Drath in Berührung kam. Dadurch wurde entdeckt, daſs in dem nach Auſsen gewandten, freien Ende der Papierstreifen, welcher quer abgeschnitten war und zwei rechtwinklige Spitzen hatte, sich die entgegengesetzte Reaction in diesen Spitzen der Ecken zeigte, indem sie nach rückwärts abnahm, so daſs sich die Säure um den positiven Leiter, und das Alkali in den Spitzen des Reactionspapiers ansammelte, woselbst die Elektricität mit der Luftelektricität ausgetauscht wurde, und die Luft also als der entgegengesetzte Pol zu betrachten war. Als der Versuch auf die Weise wiederholt wurde, daſs spitze Rhomben von Papier, aus zwei spitzwinkligen Dreiecken zusammengesetzt, wovon das eine mit Lackmus, das andere mit Curcumä befeuchtet war, und die beide mit einer Lösung von schwefelsaurem Natron befeuchtet waren, mit den spitzen Winkeln gegen einander, aber mit einem kleinen Zwischenraume zwischen beiden, auf eine Glasscheibe gelegt wurden, und ein elektrischer Strom ohne Funken über diese unterbrochene Reihe von Leitern geleitet wurde, so sammelte sich Säure in dem einen, und Alkali in dem anderen der entgegengesetzten Spitzenwinkel, wie die dadurch entstandenen Reactionen auswiesen. Es war also klar, daſs keine Reaction für sich allein hervorgebracht werden kann (ein Satz, der ehemals bestritten wurde, und gegen welchen neuerlich Hachette Thatsachen vorzubringen suchte), und daſs die Grenze für das Auftreten der geschiedenen Bestandtheile des Salzes aus dem leitenden Körper von anderer Art, gegen welchen sich die Elektricität zur Fortsetzung des Stroms auswechselt, ausgemacht wird. Um ein ähnliches Verhalten auch auf nassem Wege darzuthun, wurde folgender Versuch mit der Entladung der elektrischen Säule gemacht. Auf eine Lösung von schwefelsaurer Talkerde wurde reines Wasser gegossen, mit der Vorsicht, dafs sich die Flüssigkeiten nicht vermischten, und ihre Oberflächen scharf von einander geschieden standen. In die Lösung des Salzes wurde eine Scheibe von Platin eingeführt, die mit einer Vorrichtung zum Auffangen des Gases umgeben war, so dafs es nicht durch die Berührungsfläche der Flüssigkeiten aufsteigen und diese mit einander vermischen konnte; in das Wasser wurde ebenfalls eine Scheibe von Platin gesenkt. Die erstere Scheibe entwickelte Sauerstoffgas, und die letztere Wasserstoffgas; um die erstere sammelte sich Schwefelsäure, und an der Berührungsfläche der Flüssigkeiten Talkerdehydrat, welches diese daselbst unklar machte. Das Wasser war also in diesem Versuch die Grenze für das Auftreten des einen Bestandtheiles, wie die Luft im vorhergehenden.

Faraday hat im Uebrigen gezeigt, dafs das Wasser bei diesen Versuchen keine solche specifische Wirkung habe, wie Viele vermuthen; es wirkt wie jeder andere liquide, zusammengesetzte Körper, der nicht ein Nichtleiter ist, und zwar schlechter als die meisten, da es ein schlechterer Leiter ist; es ist aber bequemer anzuwenden, da es bei gewöhnlichen Temperaturen flüssig ist.

Er nimmt dabei in Betrachtung die verschiedenen Ansichten, die von mehreren Naturforschern zur Erklärung der elektro-chemischen Zersetzung aufgestellt worden sind, so z. B. die von v. Grotthufs, H. Davy, Riffauld und Chompré, Biot, Aug. de la Rive, und welche hauptsächlich ausgingen theils von der Anziehung der Poldräthe, theils von einer Vereinigung des einen Bestandtheils mit der einen E., und des anderen mit der entgegengesetzten E., in welcher sie zu dem entgegengesetzten Leiter geführt und daselbst abgesetzt werden, u. a.; nachdem er das Unbefriedigende dieser Erklärungen gezeigt hat, kommt er zur Entwickelung seiner eigenen Ansicht vom inneren Verlaufe dabei: »Was wir einen elektrischen Strom nennen,« sagt er, »ist eine Axe von Kraft, die in entgegengesetzter Richtung mit entgegengesetzten Kräften zu absolut gleichem Belauf wirkt. Die elektrische Zersetzung beruht auf einer, in der Richtung des elektrischen Stroms ausgeübten, inneren Corpuscular-Action, und rührt von einer Kraft her, die entweder hinzugekommen ist (*supperadded to*), oder der gewöhnlichen chemischen Affinität der vorhandenen Körper blofs Richtung gibt. Der Körper, der zersetzt wird, kann als eine Masse von wirkenden Partikeln betrachtet werden, von denen alle diejenigen, welche innerhalb des Laufes des elektrischen Stromes eingeschlossen sind, zur Endwirkung beitragen. Dadurch, dafs die gewöhnliche chemische Affinität durch den elektrischen Strom in einer mit diesem parallelen Richtung aufgehoben, geschwächt oder bis zu einem gewissen Grade neutralisirt, und in der entgegengesetzten Richtung verstärkt oder hinzugefügt ist, streben die Partikel der Verbindung nach entgegengesetzten Seiten zu gehen.«

»Nach meiner Ansicht,« fügt er hinzu, »entstehen die Wirkungen von inneren Kräften bei dem Körper, welcher zersetzt wird, nicht von äufseren, wie man dafür halten sollte, wenn sie unmittelbar Polen beruhten. Ich setze voraus, dafs die von einer von der Elektricität verur- Modification in den chemischen Verwandt- bei den Partikeln, durch welche der Strom herrühren, welche Modification darin besteht, die chemische Verwandtschaft stärker nach der als nach der anderen Seite wirkt, und sie zwingt, durch eine Reihe von neuen Verei- und neuen Trennungen in entgegengesetz- g zu gehen, und zuletzt an der Grenze setzung stehenden Körpers ihre Expulsion

Theorie ist unstreitig viel annehmbarer, en, welche Faraday widerlegt hat; aber t sie weder neu, noch befriedigend. Diese durch eine Reihe von neuen Verbindun- l neuen Trennungen, als entstanden durch den Polen ausgehenden Attractionen und , habe ich mit einem Diagramm bereits in Delamethrie's Journal de Physique, 1811. (Vet. Acad. Handl. 1812. p. 61.), auf- , und dieselbe Darstellung ist von Henry Mem. of the litt. and Phil. Soc. of Manche- e. Ser. Vol. II. 1812. gemacht worden. Der besteht darin, dafs ich die Kraft von engesetzt elektrischen Metallflächen, zwi- denen sich der in Zersetzung begriffene Kör- findet, ausgehend annehme. Faraday da- nimmt eine in dem letzteren entstandene in- an, was etwas ganz anderes zu sein schei- e. Allein wenn man sich erinnert, dafs von Kraft reciproce Wirkungen zwischen einander Wirkenden voraussetzt, so ist Fa- y's Theorie nichts Anderes, als ein bestimmterer Ausdruck der Reciprocität der Bestandtheile der Flüssigkeit zu den elektrischen Kräften, welche auf zwei verschiedenen Punkten in der Flüssigkeit wirken, und welche Reciprocität wohl von Allen, welche über die Wirkung von Kräften, die von den Polenden ausgehen, als eine nothwendige Bedingung darunter verstanden worden ist. Die von Faraday angenommene Verschiedenheit in der Verwandtschaft nach ungleicher Richtung, zeigt aufserdem nur die Ursache der Wanderung der Körper, und er scheint ganz übersehen zu haben, dafs sie nicht die Expulsion der wandernden Bestandtheile, wenn sie an die Grenze, d. h. an den Punkt gekommen sind, von wo der elektrische Einflufs ausgeht, erklären kann; denn die Verwandtschaft, die aus irgend einer Ursache stärker nach der einen als nach der anderen Seite hin wirkt, ist doch eine Verwandtschaft, und wenn er keinen Gegenstand mehr findet, der zur Wanderung veranlafst, so hört diese auf, aber nicht die Verwandtschaft. In der elektro-chemischen Zersetzung dagegen werden die Wirkungen der stärksten Verwandtschaften vernichtet. Eine solche Wirkung kann nicht durch die Verwandtschaft erklärt werden, sondern setzt etwas Anderes voraus, und sie wird niemals in einer Theorie begreiflich, welche die Betrachtung der Relation der chemischen Verwandtschaft zu dem ursprünglichen, entgegengesetzten, elektrischen Verhalten der Körper, welches bei der elektro-chemischen Zersetzung wieder hergestellt wird, bei Seite setzt. Sonderbarer Weise scheint Faraday in dieser vortrefflichen Arbeit keine Rücksicht auf die Ansichten der elektrochemischen Theorie in diesem Fall genommen zu haben, welche doch den Leitfaden zu einer vollkommneren Entwickelung zu enthalten scheinen, son-

denn er betrachtet seinen Gegenstand nur von einem physikalischen Gesichtspunkt aus, nach welchem die Elektricität eine Kraft, und die chemische Verwandtschaft eine andere Kraft ist.

Bouchardat *) hat einige interessante Versuche angeführt, welche zeigen, daſs die chemischen Phänomene auf der Contacts-Elektricität beruhen. Er lieſs in dieselbe Form 4 Kugeln von destillirtem Zink gieſsen, legte dieselben alsdann in vier gleich groſse Gläser, und übergoſs sie zu gleicher Zeit mit einer gleichen Menge von einer und derselben sehr verdünnten Schwefelsäure. Nach Verlauf von einer Stunde wurden sie herausgenommen und gewogen, wobei es sich ergab, daſs sie alle genau gleich viel an Gewicht verloren hatten. Darauf wurden sie in 4 andere gleichbeschaffene Gefäſse gelegt, wovon das eine aus Platin, das andere aus Gold, das dritte aus Silber, und das letzte aus Glas bestand, und darin mit derselben verdünnten Säure übergossen. Nach Verlauf einer Stunde wurden sie herausgenommen und gewogen. Im Platingefäſs hatte die Zinkkugel 0,79, in dem von Gold [illegible], in dem von Silber 0,51, und in dem von Glas [illegible] verloren. Offenbar also verhielt sich das Zink in denjenigen Gefäſsen, welche dasselbe durch Contact gegen die Säure positiver elektrisch machten, als es aus eigner Kraft ist, wie ein Metall mit gröſserer Verwandtschaft in dem Maaſse seiner gröſseren elektrischen Tension. Als diese Kugeln wieder in Glasgefäſse gelegt und mit einer gleich verdünnten Säure übergossen wurden, so verlor innerhalb [illegible] Stunde die aus dem Platingefäſs 0,11, die aus [illegible] Goldgefäſs 0,08, die aus dem Silbergefäſs 0,05,

*) [illegible] de Ch. et de Ph. LIII. 285.

und die aus dem Glasgefäfs 0,015, zum Beweis, dafs diese Zinkkugeln noch elektrische Tensionen behalten hatten, in Folge der durch die Berührung mit den anderen Metallen hervorgebrachten Steigerung, wie wir aus den, im Jahresb. 1829, p. 15., und 1830, p. 31., angeführten Versuchen gesehen haben. Er zeigte ferner, dafs, welches Lösungsmittel man auch für das Zink anwende, die relative Höhe, auf welche dasselbe durch diese Metalle gesteigert wird, dieselbe bleibt. Er versuchte aufserdem noch mehrere andere Metalle an der Stelle des Zinks. Als er statt dessen Kugeln von Zinn anwandte, so war die Ordnung nicht mehr dieselbe. Von Kupfer wurde der elektro-positive Zustand des Zinns um $3\frac{1}{2}$ Mal mehr als von Silber gesteigert, von Platin $4\frac{1}{4}$, und von Gold 10 Mal so viel. Diese Versuche zeigen, was man auch auf anderem Wege erfahren hatte, dafs die elektrischen Relationen der Körper unter einander, wenn sie auch einem allgemeinen Gesetz unterworfen sind, Abweichungen darbieten, welche in diesem Gesetz noch nicht einbegriffen sind, und dafs folglich die durch den Contact bewirkte elektrische Spannung, wohl ihrer Art nach, aber nicht ihrem relativen Grade nach, vorhergesagt werden kann.

Anomale hydroelektr. Phänomene.

Vor mehreren Jahren hatte Porret gefunden, dafs wenn man den Raum in einem Gefäfse vermittelst einer feuchten Blase in zwei Hälften theilt, diese beiden Räume zur Hälfte mit Wasser füllt, und dann von den beiden Polen einer wirksamen elektrischen Säule den einen Leiter in den einen, und den anderen in den anderen Raum führt, das Wasser allmälig aus dem positiven Raum in den negativen geht, und zwar so lange, bis der positive Raum leer ist; wendet man die Dräthe um, so geht es wieder zurück, bis der vorher angefüllt gewesene Raum leer ist. Man glaubte, diese Erscheinung gehöre zu der Klasse, die man Endosmose genannt hat, indem A. de la Rive gezeigt hatte, dafs sie nicht statt finde, wenn in dem Wasser ein Salz aufgelöst ist. Allein neuerlich hat Becquerel dieselbe Erscheinung unter einer anderen Form entdeckt *). Man nimmt zwei gerade, an beiden Enden offene Röhren, setzt einen mit mehreren kleinen Löchern durchbohrten Kork in die eine Oeffnung, wendet diese nach unten, stopft dann nassen Thon ein Stück weit in die Röhre, stellt beide Röhren so vorgerichtet in ein Glas, giefst Wasser in dieses und in die Röhren, und leitet in das Wasser einer jeden der letzteren den einen der Entladungsdräthe einer mäfsig starken elektrischen Säule. Nach einer kleinen Weile sieht man den Thon durch die Löcher im Korke derjenigen Röhre, in die der negative Drath eingeführt ist, herauskommen und allmälig ausgetrieben werden. In der anderen Röhre bleibt der Thon ruhig; verwechselt man aber die Dräthe, so fängt auch hier der Thon an herauszukommen. In den beiden angeführten Versuchen ist die Wanderung entgegengesetzt. Das reine Wasser geht von der positiven Seite zur negativen, der Thon umgekehrt von der negativen zur positiven.

Hare **) hat ein anderes, wenn ich es so nennen darf, ebenfalls einseitiges Phänomen beschrieben. Wenn man von einer sehr kräftigen, in voller Wirksamkeit befindlichen elektrischen Säule einen dicken Metalldrath von dem positiven Pol aus in eine sehr concentrirte Auflösung von Chlorcal-

---

*) Journal de Ch. med. IX. 365.

**) Silliman's American Journal. XXIV. 246.

cium leitet, und an dem Leiter des negativen Pols einen Platindrath von grofser Feinheit (Hare sagt: »*about* No. 24.«) befestigt und damit die Oberfläche der Flüssigkeit berührt, so erhitzt sich der Drath in dem Grade, dafs er augenblicklich zu Tropfen schmilzt, die dicht auf einander folgen und vollkommen kugelrund auf den Boden der Flüssigkeit fallen; wendet man aber so um, dafs der negative Leiter in der Flüssigkeit steht, und der Platindrath mit dem positiven verbunden ist, so erhitzt sich zwar der Platindrath bis zum Glühen, ohne aber zu schmelzen *).

Elektromagnetische Versuche, a. von Fechner.

Fechner **) hat mehrere aufklärende Versuche mitgetheilt über das Verhältnifs, in welchem die magnetische Polarität in einem mit umsponnenem Messingdrath umwundenen weichen Eisen zunimmt, verglichen mit der Zunahme des elektrischen Stromes. Das allgemeine Resultat davon ist, dafs die Tragkraft eines hufeisenförmig gebogenen, weichen Eisens, das mit umsponnenem Metalldrath umwunden ist, sich direct wie die elektrische Stromkraft verhält, wobei es ganz gleichgültig ist, ob die Veränderungen der letzteren durch Verlängerung oder Verkürzung des Leitungsdrathes, oder durch Veränderung in der Breite oder Anzahl der Paare der Säule hervorgebracht werden. Die Tragkraft ist

*) Böttger fand, dafs Phosphor mit Leichtigkeit entzündet wird, wenn er auf einem mit der äufseren Belegung einer Ladflasche verbundenen Leiter befestigt, die Flasche mit +E. geladen ist, und der Auslader zuerst mit der inneren Belegung in Verbindung gesetzt, und dann gegen den Phosphor geführt wird. Ladet man die Flasche inwendig mit —E., so glückt es nicht. (N. Jahrb. d. Ch. u. Ph. VI. 147.)

**) N. J. d. Ch. u. Ph. IX. 274. 316.

doppelt, dreifach u. s. w., wenn die, vermittelst Multiplicators gemessene, Stromkraft doppelt, u. s. w. ist; für eine Tragkraft von einer ere zwischen dem 4- und 18fachen Gewicht Hufeisens stimmen die Versuche vollkommen überein. Darüber hinaus scheint die Trag- nicht in demselben Verhältnifs zuzunehmen; schreibt aber Fechner Nebenumständen zu, eine scheinbare Abweichung bedingen.

Mit diesen Angaben stimmen die von Dal Ne- nicht überein *). Dieser gibt an gefunden zu , dafs sich die magnetische Tragkraft nicht die Oberfläche der hydroelektrischen Paare, wie ihr Umfang oder Perimeter verhalte, glich runde Metallplatten am wenigsten, qua- mehr, und rectanguläre noch mehr geben, zwar in zunehmendem Verhältnifs, je schmäler Rechteck wird, bei übrigens gleicher Oberfläche. Versuche beschäftigten sich eigentlich mit der 't im Perimeter des Zinks; er überzeugte aber, dafs dasselbe auch von dem des Kupfers Die folgende Tabelle enthält die Resultate Versuche: b. von Dal Negro.

Oberfläche des Zinks.	Dessen Perimeter.	Tragkraft.
6	14	13,85 Kilogramm.
12	16	18,2 -
18	18	22,8
24	20	24,6
30	22	25,8
36	24	30,3
42	26	29,6
48	28	32,8
54	30	33,0
60	32	35,6 -

*) Baumgartner's Zeitschrift, II. 286.

Eine quadratische Zinkscheibe, die dem Elektromagnet eine Tragkraft von 26 Kilogramm ertheilte, wurde so ausgeschnitten, daſs nur ein Rahmen von 3 Linien Breite übrig blieb; sie gab nun dem Elektromagnet die Kraft, 24 Kilogramm zu tragen. Das weggenommene Zinkstück für sich angewendet, gab eine Tragkraft von 22,4 Kilogramm u. s. w. Fernere Versuche zeigten, daſs die übrigen elektrischen Phänomene, z. B. das Wärme erregende Vermögen, diesen Verhältnissen nicht folgte, sondern den früher bekannten, sich nämlich direct wie die Oberfläche des hydroelektrischen Paares zu verhalten. — Als besonders geeignet zu elektromagnetischen Versuchen empfiehlt Dal Negro ein hydroelektrisches Paar, bestehend aus einem mit saurem Wasser gefüllten Kupferrohr, in welches man, mit der Vorsicht, daſs keine Berührung statt findet, eine aus einem Zinkdrath oder einem Zinkblechstreifen gewundene Spirale einsenkt.

Dal Negro *) hat ferner gezeigt, daſs die magnetische Tragkraft in geradem Verhältniſs steht mit der Anzahl von Windungen, womit das Hufeisen umwunden ist; dabei fand er keinen Unterschied zwischen der Kraft, wenn der Drath zusammenhängend oder in zwei Stücke getheilt war. Es war im Uebrigen ganz gleichgültig, auf welcher Stelle des Hufeisens diese Windungen sich befanden, wenn sie nur auf dem Eisen lagen. Es gab dieselbe Kraft, als sie mitten auf der Biegung, an dem einen Ende, oder zwischen beide Enden getheilt angebracht wurden. War das Hufeisen parallelepipedisch, statt cylindrisch, so nahm es nicht $\frac{1}{4}$ von der Tragkraft an, die das cylindrische unter gleichen Umständen er-

*) Baumgartner's Zeitschrift, pag. 92.

Es liegt diefs am Eisen, nicht an dem um-
Drath; denn wurde er um ein Paral-
wunden, dieses herausgenommen, und ein
Eisen eingesetzt, so war zwar die Trag-
t so stark, als wenn der Drath dicht um-
ist, aber doch bedeutend stärker, als mit
parallelepipedischen Eisen. Der Abstand zwi-
den Polen des Hufeisens hat keinen Einflufs,
er mehr als einige Zolle beträgt; vermindert
ihn aber darunter, so wird dadurch die Trag-
um $\frac{1}{15}$ vermehrt. Die Natur des Umwindungs-
ist ebenfalls nicht gleichgültig. Unter übri-
gleichen Umständen gab ein Kupferdrath mehr
3mal gröfsere Tragkraft, als ein gleich dicker
langer Eisendrath. Der Umstand, dafs sich die
en zuweilen in spitzen Winkeln kreuzten,
einen Einflufs zu haben.

ristie *) hat das Leitungsvermögen ver- *c.* von Christie.
Metalle durch Anwendung derselben zu
um das Hufeisen zu bestimmen gesucht. Er
s auf diese Weise in folgendem Verhältnifs:
15,20, Gold 11,06, Kupfer 10, Zink 5,22,
2,53, Platin 2,40, Eisen 2,23, Blei 1,24. Bei
und demselben Metall fand er, dafs sich sein
ermögen direct wie seine Maafse oder sein
verhält, und umgekehrt wie das Quadrat
Länge.

Ritchie **) hat einige Untersuchungen mitge- *d.* von Ritchie.
, aus denen zu folgen scheint, dafs der huf-
e Elektromagnet das Vermögen besitzt,
Grade als er länger ist, seine magnetische
zu behalten. Von 3 Elektromagneten, die

*) Phil. Mag. and Journ. III. 142.

**) A. a. O. pag. 122. 124. 145.

aus demselben Eisenstab verfertigt waren, und von denen der eine 6 Zoll, der andere 1 Fufs, und der dritte 4 Fufs Länge hatte, verlor der erste seine Polarität im Augenblick, als der elektrische Strom aufhörte, der zweite behielt sie länger, und der dritte bedeutend länger. Alle drei hatten unter übrigens gleichen Umständen gleiche Tragkraft. Ritchie fügt hinzu, dafs, wiewohl es im Allgemeinen nicht glücken wolle, vermittelst der Elektromagnete dem Stahl eine bleibende, stärkere Polarität zu ertheilen, so glücke es doch um so besser, je länger der Elektromagnet sei, womit der Versuch geschieht. Er bemerkt noch ferner, dafs wenn ein solcher Elektromagnet durch den elektrischen Strom einige längere Zeit polarisch gewesen sei, es nicht leicht gelinge, ihn durch Umkehrung der Leitung bis zu demselben Grad in anderer Ordnung polarisch zu bekommen; bei neuer Umkehrung aber bekomme man ihn sogleich wieder auf den vorigen Grad von Kraft. Dasselbe soll, nach Ritchie, mit beständigen Stahlmagneten der Fall sein, wenn man versucht ihre Pole umzukehren, nachdem sie bereits polarisch waren.

e. von Watkin's.

Watkin's *) hat durch eine Menge von Versuchen dargethan, dafs die magnetische Polarität, die durch die elektrische Spirale in weichem Eisen erregt werden kann, in einem ziemlich bedeutenden Grade darin erhalten werden kann, wenn man den Anker nicht abnimmt. Er fand z. B., dafs in einem Versuch der Anker, nach Aufhörung des elektrischen Stroms, noch 40 Pfund tragen konnte, und nach Verlauf von 6 Monaten noch dieselbe Tragkraft behalten hatte; wurde aber der Anker abge-

*) Phil. Transactions, 1833. T. II. p. 333.

nommen, so verschwand die Polarität sogleich, so dafs nachher nicht einmal der Anker mehr getragen wurde. Dünne Blätter von Papier oder Glimmer, zwischen den Elektromagnet und den Anker gelegt, verminderten wohl die Tragkraft, verhinderten aber nicht ihr Fortdauern, so lange der Anker daran blieb.

f. von Grohmann.

Grohmann*) ist es geglückt, durch Streichen von Hufeisenmagneten von Stahl an einem in Thätigkeit befindlichen Elektromagnet, eine so starke magnetische Batterie herzustellen, dafs sie ein Gewicht von 80 Pfund trug. Statt des Streichens wäre ein gelindes Hämmern mit einem Hammer zu versuchen gewesen, während der Stahlmagnet als Anker angewendet wurde. Auch mit gewöhnlicher Frictions-Elektricität hat Grohmann einen Elektromagnet hervorgebracht, indem er eine Stange von weichem Eisen mit einem mit Seide umsponnenen Messingdrath umwand, und das eine Ende desselben mit dem Conductor, das andere mit dem Reibzeug in Verbindung setzte. So lange die Maschine ging, trug er ein Gewicht von 1 Pfund, welches abfiel, als man mit Umdrehen aufhörte.

Ein Ungenannter**) behauptet, dafs ein Elektromagnet, der das angehängte Gewicht in dem Augenblick der Umkehrung der Poldräthe und der Polarität gewöhnlich nicht fallen läfst, in diesem Augenblick den mit einem gewissen Gewichte beladenen Anker von einer gröfseren Entfernung, als worin er nachher dasselbe Gewicht tragen kann, anzieht, wenn z. B. ein gleich dickes Stück Holz dazwischen gelegt wird.

*) Baumgartner's Zeitschrift, II. 187.

**) A. a. O. III. 89.

Attraction u. Repulsion zwischen dem elektr. Leitungsdrath und der Magnetnadel.

Von Dove*) sind Versuche angestellt worden über die Anziehung und Abstofsung zwischen einer Magnetnadel und einem Drath, der eine elektrische Säule entladet. Diese Versuche wurden auf die Weise bewerkstelligt, dafs der leitende Drath in den magnetischen Meridian gespannt, und die Nadeln über oder unter den Arm eines Waagbalkens gehängt wurden, so dafs sie, während ihre Stellung von der elektromagnetischen Polarität bestimmt wurde, der Repulsion oder Attraction der Leiter frei gehorchen konnten. Eine einfache Nadel, über den Leiter gehängt, wurde abwärts gezogen, und kam mit ihrem Indifferenzpunkt mit dem Leiter in Berührung; unter den Leiter gehängt, wurde sie auf gleiche Weise in die Höhe gezogen. Eine doppelte Nadel mit gegen einander stehenden ungleichnamigen Polen, bildet mit dem Drath rechte Winkel ohne Attraction, wenn der Drath zwischen den Nadeln hindurchgeht. Diefs mufs jedoch blofs darauf beruhen, dafs die Nadeln, die sich einander zu nähern streben, wie beide sich dem Drathe zu nähern streben, durch das mechanische Hindernifs, das sie in unveränderter Richtung mit einander verbunden hält, abgehalten werden, der doppelten, in entgegengesetzter Richtung wirkenden Attraction zu folgen. Haben dagegen die Nadeln gleichnamige, nach derselben Gegend gewandte, Pole, und es befindet sich der Drath zwischen ihnen, während +E. von Süden nach Norden geht, so zieht der Drath den Indifferenzpunkt der unteren Nadel an, und in entgegengesetzter Richtung den der oberen. Hängt man über oder unter den Leiter eine Magnetnadel auf einen Metalldrath, der keine Drehung gestattet, und in

*) Poggend. Annal. XXVIII. 586.

umgekehrter Ordnung gegen die Richtung, welche er von dem elektrischen Strome annehmen würde, so entstehen dieselben Erscheinungen in umgekehrter Ordnung, dafs nämlich der Indifferenzpunkt der Nadel vom Drath abgestofsen wird. — Diese Verhältnisse stimmen mit dem überein, was sich im Voraus berechnen läfst.

Transversaler Magnetismus.

Fechner *) hat einige Versuche angestellt, die zeigen, dafs Stahl durch den elektrischen Strom transversal magnetisirt werden kann. Es ist bekannt, dafs, nach Ausladung einer elektrischen Säule mittelst einer Uhrfeder, kein Zeichen von transversaler Polarität zu bemerken ist. Diefs ist leicht daraus zu erklären, dafs die untere Seite der Uhrfeder z. B. +M. in derselben Kante hat, wo die obere Seite —M. hat. Fechner band daher zwei Uhrfedern über einander, und entlud damit eine elektrische Säule. Als sie aus einander genommen wurden, waren beide transversal polarisch, mit +M. Pol längs der einen, und —M. Pol längs der anderen Seitenkante. Als 4 Uhrfedern zusammengelegt wurden, waren blofs die zwei äufsersten polarisch. Als eine Uhrfeder und ein gleich beschaffener Streifen von weichem Eisen zusammengelegt wurden, bekam blofs die Uhrfeder transversale Polarität; als aber statt des weichen Eisens ein anderes Metall dazu genommen wurde, entstanden keine so bestimmte Zeichen von Polarität wie vorher.

Magneto-Elektricität. Oersted's Theorie.

Oersted **) erklärt die magnetoelektrischen Phänomene, das heifst die elektrischen Phänomene, die durch Bewegung des Magnets hervorgebracht

---

*) N. Jahrb. d. Ch. u. Ph. VII. 99.

**) Oversigt over det K. Danske Videnskabernes Selskabs Forhandlinger fra 31. Mai 1831. til 31. Mai 1832. p. 20.

werden, für eine nothwendige Folge des von ihm für die elektromagnetischen Phänomene aufgestellten Grundgesetzes. Nach diesem Gesetz ist jeder elektrische Strom von einer magnetischen Circulation umgeben, welche denselben in einer, mit der Richtung des elektrischen Stroms rechtwinkligen Ebene umgibt. Mit dieser Annahme stimmen auch alle elektromagnetischen Phänomene, von den ungleichen Stellungen der Magnetnadel um den Drath an, bis zur Rotation des Magnetpols, überein. Die neue Erfahrung zeigt uns nun umgekehrt, dafs in einem Leiter, um welchen man magnetische Circulationen hervorbringen kann, ein elektrischer Strom entsteht. Die Ursache des elektrischen Funkens, der entsteht, wenn ein mit umsponnenem Kupferdrath umwundener Anker von einem Magnet abgezogen wird, ist nämlich nach Oersted's Annahme ein elektrischer Strom, entstanden von magnetischen Circulationen um den Drath, die der Magnet erregt.

Sturgeon's Theorie. Sturgeon*) hat ebenfalls eine Theorie hierüber versucht, wodurch er die Phänomene dadurch anschaulich zu machen sucht, dafs er magnetisch-polarische Linien von magnetischer Materie in der Umgebung des wirkenden Magnets annimmt, welche die sogenannte magnetische Atmosphäre ausmachen; eine Grundvorstellung, die gewifs eine nähere Entwickelung verdienen möchte. Sturgeon nimmt dabei als Nothwendigkeit an, dafs in einem Körper, in welchem durch Annäherung an den Magnetpol ein elektrischer Strom entsteht, eine magnetische Polarität erregt werden müsse.

Pixii's magneto-elektrisches Instrument. Pixii's Instrument zur Hervorbringung magneto-elektrischer Erscheinungen (Jahresb. 1834, p. 37.)

*) Phil. Mag. and Journ. II. 32. 201. 366 und 446.

scheint den Schlüssel zur Erklärung dieser Phänomene zu enthalten. Dieses schöne Instrument, welches wir von dem Erfinder haben kommen lassen, bringt diese Erscheinungen in einer Vollkommenheit hervor, die in Absicht auf Deutlichkeit nichts zu wünschen übrig läfst; der elektrische Funke ist fast ein anhaltender Strom von elektrischem Licht, sichtbar selbst bei vollem Tageslicht; es gibt die gewöhnlichen Stöfse der elektrischen Säule, bringt die Wirkung der hydroelektrischen Ströme auf die Zunge und auf die geschlossenen Augen hervor, und mit Anwendung von Ampére's Umwechselungs-Apparat, wodurch der elektrische Strom beständig nach derselben Richtung geht, habe ich damit Kali zersetzt, indem Quecksilber der negative Leiter war, und habe ein sehr kaliumhaltiges Quecksilber erhalten, welches unter starker Wasserstoffgas-Entwickelung das Wasser zersetzte. Die Art, wie die Abwechselung geschieht, läfst noch viel zu verbessern übrig, und möchte auf ganz andere Weise ausführbar sein. Es geschieht mit Getöse, Rütteln und Abnutzung des Apparats durch die dicht folgenden Stöfse gegen eine Feder, welche die Umwerfung bewirkt. Das Ganze bekommt durch ein ungleichförmiges Gewicht der beiden Seiten des rotirenden Magnets ein Zittern, das für die Schnelligkeit der Bewegung, so wie für den Apparat selbst, von nachtheiligem Einflufs ist. Es scheint aber ganz leicht zu sein, an dem angewandten Bewegungssystem einen einfachen Apparat anzubringen, welcher, nachdem die Magnetpole das Centrum der Polflächen des angewandten Elektromagnets passirt haben, in einem Augenblick die Leitungsdräthe von der einen mit Quecksilber amalgamirten Metallfläche auf die andere wirft, und dadurch bewirkt, dafs der von der letzteren weggehende Strom nicht die Richtung verwechselt.

Ich habe im vorigen Jahresbericht die Construction dieses Apparats beschrieben. Ich will hier noch einige Worte darüber, so wie über den Verlauf der Erregung des elektrischen Stromes darin, hinzufügen. Der Apparat besteht bekanntlich aus einem Elektromagnet, das heifst aus einem cylindrischen weichen Eisen in Hufeisenform, welches in einer grofsen Zahl von Windungen mit umsponnenem Kupferdrath umwunden und so beschaffen ist, dafs wenn die Enden dieses Draths an den Polen eines starken hydroelektrischen Paares angebracht werden, das Hufeisen ein sehr kräftiger Elektromagnet wird, in welcher Hinsicht der Apparat auch mit Anker und Vorrichtungen zum Tragen von Gewichten versehen ist, im Fall man zwischen elektromagnetischen und magnetoelektrischen Versuchen abwechseln will. Unter dem Elektromagnet steht ein starker Hufeisenmagnet mit nach oben gerichteten Polen, und es ist Alles so abgepafst, dafs die Mittelpunkte der Durchschnittsflächen der Magnetpole den Mittelpunkten des Elektromagnets entsprechen. Der Stahlmagnet ist in einem Räderwerk befestigt, so dafs man ihn mit grofser Geschwindigkeit um seine Axe rotiren lassen kann, und das Ganze ist mit Richtschrauben versehen, so dafs die Polflächen des Magnets denen des Elektromagnets so nahe wie möglich gebracht werden können, ohne sie doch zu berühren.

Faraday's Versuche haben auf eine, wie ich glaube, unbestreitbare Weise gezeigt, dafs der elektrische Strom, der durch Näherung zu, oder Entfernung von einem Magnet entsteht, rechtwinklig auf die Richtung der Bewegung ist. Bei dem ersten

Blick auf Pixii's Instrument ist es klar, dafs sich die Pole des Stahlmagnets in einer Ebene bewegen, die nicht rechtwinklig, sondern im Gegentheil ganz parallel mit den elektrischen Strömen um den Elektromagnet ist; diefs würde entweder eine Ausnahme vom Gesetz sein, oder es wäre nicht die Richtung der Bewegung der Stahlmagnet-Pole, welche sie bestimmt, worin die elektrischen Ströme gehen. Das letztere ist wirklich der Fall. In dem sogenannten Elektromagnet gehen nämlich + M. und — M. unaufhörlich hin und her von dem einen Polende zu dem anderen, mit einer Geschwindigkeit, die von der Rotations-Geschwindigkeit des Magnets abhängt, und um diese in dem Eisen wandernden Pole entsteht ein elektrischer Strom, der mit der Richtung der Bewegungen rechtwinklig ist. Deshalb verwechselt auch der elektrische Strom in jeder halben Umdrehung seine Richtung, für jedes Mal als die magnetischen Pole die Lage und Bewegungs-Richtung in dem Elektromagnet wechseln. Daraus will es scheinen, als beruhe das von Faraday entdeckte Phänomen und das Gesetz dafür auf dem Umstand, dafs magnetisch-polarische Vertheilung von Magnetpolen in allen Körpern hervorgerufen wird, dafs die dabei entstehende Bewegung der polarischen Kräfte einen mit deren Bewegung rechtwinkligen elektrischen Strom um dieselben bildet, welcher zu gleicher Zeit wie die Bewegung anfängt und aufhört. So oft ein Umstand die wachsende Polarität bei dem Körper, auf welchen die Annäherung zu einem Magnetpol einwirkt, verhindert parallel zu werden mit der Richtung, in welcher er sich dem Magnetpol nähert, so entsteht die scheinbare Abweichung von dem gefundenen Gesetz. Wenn diese Ansicht richtig ist, so könnte die Grundursache der elektromagnetischen und der magnetoelektrischen Erscheinungen in Folgendem ausgedrückt werden: Wenn die elektrisch-polarischen Kräfte in Bewegung sind, das heifst, wie wir es nennen, einen elektrischen Strom bilden, so circuliren die magnetisch-polarischen darum herum in einer auf die Richtung der Bewegung rechtwinkligen Ebene, und sind auf gleiche Weise die magnetisch-polarischen Kräfte in Bewegung und bilden einen Strom, so circuliren die elektrisch-polarischen darum herum in einer auf die Richtung der Bewegung rechtwinkligen Ebene. — Eine solche Bewegung der magnetisch-polarischen Kräfte findet wirklich in Pixii's Instrument statt, und die Vermuthung in Betreff des reciprocen Verhältnisses dieser transversal wirkenden Kräfte scheint mir zu verdienen, von denjenigen, die sich mit Untersuchungen in diesem Gebiete beschäftigen, in nähere Betrachtung gezogen zu werden.

Erman's Versuche. Erman *) hat die elektrischen Wirkungen untersucht, die entstehen, wenn ein Magnetpol unbeweglich in die Nähe eines Leiters gestellt wird, der so gestellt ist, dafs der darin entstehende elektrische Strom von einem Multiplicator mit einer astatischen Nadel angezeigt werden konnte, während weiches Eisen, andere Magnete mit gleich- oder ungleichnamigen Polen, und andere Körper dem Leiter genähert wurden. Die Erscheinungen gingen alle so vor sich, als ob der bewegliche Körper befestigt, und der Magnetpol beweglich gewesen wäre. Die stärksten elektrischen Ströme entstehen aus leicht begreiflichen Gründen, wenn der ungleichnamige Pol eines andern Magnets genähert und wieder entfernt wird. Gleichnamige waren ohne Wirkung, wenn

*) Poggend. Annal. XXVII. 471.

sie nicht von so ungleicher Stärke waren, daſs der eine von ihnen durch Zusammenlegung ungleichnamige Polarität erlangen konnte.

Thermo-Elektricität.

Prideaux *) hat einige Versuche angestellt, um den Grund der thermoelektrischen Erscheinungen zu bestimmen. Er bekam indessen nur negative Resultate, woraus er schlieſst, daſs die eigentliche Ursache, warum durch Erwärmung ein elektrischer Strom entsteht, noch völlig unbekannt ist. Bei seinen Versuchen fand er, daſs, wenn Stücke von heiſsem und kaltem Kupfer zusammengelegt werden, +E. von dem heiſsen zu dem kalten gehe; mit Eisen war es umgekehrt. Zink zeigte die Abweichung, daſs es sich unter +200° wie Kupfer verhielt, zwischen 200 und 250° keinen elektrischen Strom gab, und über 250°, besonders bei 400°, einen lebhaften Strom von dem kalten zu dem heiſsen gab.

Versuche von Botto.

Botto **) gibt an, es sei ihm geglückt, mittelst 120 thermoelektrischer Paare von Platin- und Eisendrath und 140 Paare Wismuth-Antimon, woran je die zweite Junctur auf eine ganz ingeniöse Art, etwas analog der Vorrichtung in Nobili's und Melloni's Thermoscop, erhitzt wurde, chemische Zersetzungen und die getrennten Bestandtheile einzeln auf jedem Drathe zu erhalten. — Jeder, welcher Nobili's Thermoscop von 40 bis 50 Paaren besitzt, kann sich von der elektrischen Natur des thermomagnetischen Stroms überzeugen; man braucht nur an die Leitungsdräthe Silberdräthe oder dünne Streifen von Silber zu befestigen, diese in eine Lösung von Salmiak zu leiten und einander

*) Phil. Mag. and Journ. III. 205. 262.

**) Poggend. Annal. XXVIII. 238.

so nahe wie möglich zu stellen, ohne sie jedoch berühren zu lassen. Erhält man dann eine Zeit lang die eine Seite des Thermoscops bei +100°, und die andere bei 0°, so sieht man, nach weniger als ½ Stunde, daſs der eine Silberstreifen angelaufen ist, und der andere nicht. Spült man sie mit reinem Wasser ab und legt sie in das Tageslicht, so schwärzt sich der angelaufene Streifen, zum Beweis, daſs er mit Chlorsilber überzogen war, daſs also an dem positiven Pol allein Chlor abgeschieden war, folglich an dem entgegengesetzten Ammoniak frei geworden sein muſs.

Magnetische Kraft in ihrem gewöhnlichen Verhältniſs. Ist incoërcibel.

Haldat *) hat eine ausführliche Beschreibung über Versuche mitgetheilt, die er anstellte, um auszumitteln, ob die magnetische Kraft von einem Körper oder unter einem Umstande eingeschlossen werden könne. Das Resultat ist, daſs bis jetzt kein Körper bekannt ist, der nicht für die magnetische Polarität so vollkommen durchdringlich wäre, als wenn sich Nichts zwischen dem Magnetpol und dem Körper, auf den er wirkt, befände, und dieſs bleibt gleich, selbst wenn der dazwischen gesetzte Körper bis zum Weiſsglühen erhitzt ist. Wenn man glaubte, das Eisen besitze das Vermögen, die magnetische Kraft einzuschlieſsen, so beruht dieſs nur auf seinem Vermögen, selbst polarisch zu werden, wodurch, unter gewissen Umständen, die polarische Kraft des Magnets neutralisirt wird. Diese Versuche stimmen mit denen von Scoresby überein (Jahresbericht 1833, p. 43.).

Hoffer's Methode

Hoffer **) hat für die Magnetisirung von Hufeisenmagneten ein Streich-Verfahren angegeben, wel-

---

*) Annales de Ch. et de Ph. LII. 303.

**) Baumgartner's Zeitschrift, II. 197.

Aufmerksamkeit verdient. Man legt den zu ma-
, geschmiedeten Stahl, und bringt einen
aran an. Nun setzt man die Pole des Hufeisen-
womit gestrichen werden soll, auf die äußer-
Enden des hufeisenförmigen Stahls, und zieht die
des Magnets den Schenkeln des ersteren ent-
bis über die Biegung hinaus, mit der Vorsicht,
der Streichmagnet stets rechtwinklig auf den
en gehalten werde. Diefs wird einige Male
lt, mit Beobachtung der Vorsicht, dafs nicht
Zurückführen des Magnets der liegende Stahl
berührt werde. Nach einigen Streichungen
der liegende Stahl so viel Polarität erlangt, als
erlangen kann; allein er hat in jedem seiner Pole
selbe Art M., welche in dem Magnetpol war,
er gestrichen wurde. Man kann auch durch
von der Biegung aus nach den Polen zu
en; dann bekommt der neue Magnet un-
e Pole mit dem streichenden. Das beim
ick Paradoxe im Resultat der ersten Strei-
e fällt weg, wenn man sich, statt eines
agnets mit Anker, zwei gerade Stahlstäbe
die an beiden Enden durch Anker verbun-
sind. Nach dem Streichen kann man beliebig
einen oder den anderen Anker wegnehmen, um
Hufeisenmagnet zu haben, und folglich um be-
einen zu bekommen, dessen Pole mit dem
gleichnamig oder ungleichnamig sind.
streichende Pol nimmt stets seinen entgegenge-
en M. nach derselben Seite mit sich, wohin er
bewegt.

durch Streichen zu magnetisiren.

Quetelet*) hat eine Reihe von Versuchen
ellt über die Zunahme der magnetischen Pola-

Ueber die Zunahme der

*) Annales de Ch. et de Ph. LIII. 248.

magnet. Polarität mit der Zahl der Streichungen. rität in einem Magnetstahl mit der Anzahl der Streichungen vermittelst zweier anderer Magnete, die zur Magnetisirung des Magnetstahls angewendet werden. Er kam dadurch zu folgenden Resultaten:

1. Magnetisirt man bis zur völligen Sättigung einen vorher nicht magnetischen Stahl durch Streichen mit zwei Magneten, deren entgegengesetzte Pole mitten auf den Magnetstahl gesetzt, und dann jeder nach einem Ende gezogen werden, so ist die erhaltene magnetische Kraft ein Maximum in Hinsicht der Kräfte, die nachher bei demselben Stahl nach auf einander folgenden Umkehrungen der Pole erregt werden können.

2. Die Kraft, bis zu welcher der Stahl magnetisirt werden kann, nimmt für jedesmal ab, als die Pole umgekehrt werden; allein dabei wird stets die zuerst mitgetheilte Polarität leichter als die entgegengesetzte wiederhergestellt, und diese Verminderung des Polaritäts-Vermögens des Stahls, nach oft erneuerten Umkehrungen der Pole, nimmt mit jeder Umkehrung ab und hat zuletzt eine Grenze.

3. Ein Magnetstahl bekommt nicht alle Kraft, die er bekommen kann, wenn nicht das Streichen über seine ganze Oberfläche geschieht.

4. Die streichenden Magnete geben, unter übrigens gleichen Umständen, eine ihrer eigenen gleiche Kraft einen Magnetstahl von ihrer Gröſse, solchen aber, die verschiedene Dimensionen haben, eine Kraft, die sich wie der Cubus der homologen Dimensionen verhält, wie schon Coulomb gezeigt hat.

5. Streicht man schon magnetische Stahlstäbe mit anderen, die schwächer sind, so verlieren die ersteren an Kraft; wobei es aussieht, als bliebe der Rückstand in ihnen gleich der Kraft, welche sie durch die Magnetisirung mit den letzteren erlangt ha-

haben würden, im Fall die ersteren nicht schon im Voraus magnetisch gewesen wären.

6. Das Verhältnifs der Kraft, welche ein Stahl durch auf einander folgende Streichungen bekommen kann, zur Anzahl der Streichungen, kann mit einer Exponential-Formel, die 3 Constanten enthält, ausgedrückt werden. Eine von diesen scheint den Werth mit der Gröfse des zu magnetisirenden Stahls zu ändern.

7. Sind die Magnete, womit das Streichen geschieht, gröfsere als der zu magnetisirende Stahl, so hat letzterer gewöhnlich seine halbe Kraft bei dem ersten, und seine ganze bei dem zwölften Streichen erlangt, worauf sie kaum merklich höher zu bringen ist.

Magnetische Phänomene der Erde. Theoretische Untersuchungen über die magnet. Polarität der Erde.

In einer Abhandlung *), betitelt: »Ueber eine Methode, die Lage und Kraft des veränderlichen magnetischen Pols kennen zu lernen,« hat Moser durch eine mathematische Deduction zu zeigen gesucht, dafs die Annahme eines veränderlichen Magnetpols, welcher mit dem magnetischen Meridian einen Winkel von 69° 3′ 43″ macht, und dessen Intensität sich zu der des Hauptpols =0,00187:1 verhält, alle die Bedingungen erfüllt, welche die Declinations- und Inclinations-Verhältnisse hervorrufen.

Moser nimmt an, dafs die magnetisch-polarischen Erscheinungen der Erde von dem Einflufs der Sonne abhängen, und dafs sie einem jeden Theil der Erde, aus welcher Materie er auch bestehen mag, angehören. Dieser Einflufs ist nicht analog dem eines Magnets, sondern beruht auf der erwärmenden Kraft der Sonne. Ich will hier einen Auszug aus seinen Ansichten mittheilen: Die Annahme

*) Poggend. Annal. XXVIII. 49. 273.

einer magnetischen Kraft bei anderen Körpern als Eisen und Stahl, hat, nach den neueren Entdeckungen, nichts Befremdendes. Das grofse Phänomen der Zunahme der magnetischen Intensität vom Aequator nach den Polen erklärt sich sogleich; es ist die in derselben Richtung statt findende Abnahme der Temperatur, wodurch sie hervorgebracht wird. Aufser dieser allgemeinen Vertheilung der Intensität kann auch die specielle, an verschiedenen Orten geltende, vorher gesagt werden. Sie mufs in Uebereinstimmung mit der Vertheilung der Wärme sein, welche durch Linien gleicher Wärme (Isothermen) graphisch dargestellt wird, und diese Uebereinstimmung ist in der That überraschend. Von der Ostküste Amerika's steigen die Linien gleicher Wärme, gleich denen gleicher magnetischer Intensität (Isodynamen), bis zur Westküste Europa's, erreichen daselbst ihre nördlichste Lage, und gehen dann zurück bis nach Asien, so dafs diese Linien sowohl in Asien als Amerika eine concave, und auf der Westküste der alten und der neuen Welt eine convexe Gestalt haben. Der südlichste Punkt der isothermen Linien, d. h. der Scheitel ihrer Concavität, fällt bei 110° östlicher Länge von Greenwich; der der isodynamischen Linien fällt auf dieselbe Stelle. Der eine nördlichste Theil der Isothermen, das heifst der Scheitel ihrer Convexität, fällt bei 10° östlicher Länge; der der isodynamischen Linien bei 20° östlicher Länge. Die andere Convexität ist für die Isothermen nicht ermittelt, aber für die isodynamischen Linien fällt sie bei 10° westlich vom Meridian der Behringstrafse. Der Grund dieser Uebereinstimmung liegt darin, dafs Länder, die gleiche Wärme haben, auch gleiche magnetische Intensität haben müssen, wodurch der Parallelismus dieser Linien bestimmt wird. Man kann nicht einwenden, die isothermen Linien seien nur ideale Curven, die keine bestimmte, fortlaufende Gestalt haben, und dafs folglich aus einem Verhältnifs, das sich zu ungleichen Zeiten des Jahres, bis zum entgegengesetzten, veränderlich zeigt, ein anderes erklärt werde, welches zwar der Veränderlichkeit unterworfen ist, die aber doch nicht bis zur Umkehrung geht. Das Dasein der Isothermen ist durch dieselbe Jahrtausende lang wirkende Ursache in der Erdrinde befestigt, und nur die Temperatur dieser letzteren bewirkt die Krümmung der isodynamischen Linien.

Die Linien betreffend, welche gleiche Neigung haben (die Isoklinen), so gilt für sie nicht dasselbe, weil sie auf Ungleichheiten in dem Gange der isothermen Linien beruhen, welche sich sowohl nördlich als südlich von ihnen, auf dem Meridian jeder einzelnen Stelle befinden; aufserdem machen diese Linien nicht so grofse Biegungen, wie die isodynamischen.

Linien von gleich grofser Declination (oder isogonische) können nach den vorhergehenden bestimmt werden. Die Neigung des Compasses, so wie auch die magnetische Intensität, werden, wie eben erwähnt wurde, von wirkenden Kräften nördlich und südlich von dem Ort, wo man sie beobachtet, afficirt; die Declination dagegen von östlich und westlich liegenden. Auf den Summitäten der Convexität oder Concavität der isodynamischen Linien zeigt die Nadel im Allgemeinen richtig nach Norden, weil sie von beiden Seiten gleich von den isothermen Stellen influirt wird, weshalb Linien ohne Abweichung im Allgemeinen durch die Maxima und die Minima der isodynamischen Linien gehen. Nähert man sich aber von einer solchen Linie aus dem auf- oder abwärts steigenden Theil der isothermen Linien, so wird die Nadel auf beiden Seiten ungleich afficirt, weil es auf der Breite des Orts auf der einen Seite wärmer ist, als auf der anderen. Geht man z. B. von einer Linie ohne Abweichung in dem concaven oder südlichen Theil nach einer östlich liegenden Convexität der isodynamischen Linien, so wird, wegen des Uebergewichts der Wärme auf der östlichen Seite, die Declination westlich; auf der Convexität wird sie wieder =0, auf der anderen Seite dagegen östlich.

Eine wichtige Frage bleibt hierbei noch übrig: welches die eigentliche Richtung des Magnetismus auf der Erde sei. Es gibt Orte, wo die Declinationsnadel um 50 und mehrere Grade von der Mittagslinie abweicht. Dafs man die Abweichung von dem Meridian aus zählt, ist also eine willkührliche Annahme, der man nur dann die richtige wird substituiren können, sobald man wüfste, wohin die Polarität der Erdmasse, abgesehen von den climatischen Störungen durch die Wärme, die Nadel richtet. Indessen ist die Beantwortung dieser Frage bereits in dem Obigen enthalten. Da daraus zu folgen scheint, dafs die Abweichung der Nadel ganz allein von jener ungleichen Wärmevertheilung herrührt, und da die Nadel, an allen Orten, wo jene auf beiden Seiten gleich ist, genau von Norden nach Süden zeigt, so wird damit bewiesen, dafs die Richtung der magnetischen Kraft der Erde diejenige ihrer Axe ist.

Ueber die Richtung der magnetischen Polarität der Erde, von Duperrey.

In einer etwas später herausgekommenen Arbeit ist Duperrey *), bei Zusammenstellung seiner auf der Reise mit der Corvette la Coquille gemachten magnetischen Beobachtungen, zu Resultaten gekom-

*) Le Temps, 25. Dec. 1833.

men, welche mit den vorhergehenden, von Moser angegebenen Verhältnissen die gröfste Aehnlichkeit haben. Die Beobachtungen mit dem Inclinationscompafs, aus denen Duperrey die Lage des magnetischen Aequators zu bestimmen suchte, stimmen alle darin überein, dafs sie denselben durch die Stellen der Erde, welche die höchste Mittel-Temperatur haben, gehen lassen, so dafs die wärmste isotherme Linie der magnetische Aequator der Erde ist. Nach einer von Saigey ihm mitgetheilten Idee glaubt Duperrey bestätigt gefunden zu haben, dafs die magnetische Abweichung eines Ortes von der Linie ausgedrückt wird, die man rechtwinklig auf die durch diesen Ort gehende isodynamische Linie zieht. Er fügt hinzu; Wirft man einen Blick auf eine Karte von isodynamischen Linien und zieht in Gedanken rechtwinklig Linien auf diese, so hat man die Abweichung eines jeden Ortes. Ueberall wo die isodynamischen Linien häufige Undulationen machen, findet man auch häufige Veränderungen in den beobachteten Abweichungen. — Nach einigen Darstellungen, die darauf hinausgehen, die Existenz eines Minimum-Punktes in der Temperatur, nordwestlich von Europa, nachzuweisen, der auch das Maximum der Intensität sein soll, fügt er hinzu: »Wir sehen, dafs es eine bemerkenswerthe Uebereinstimmung zwischen den Linien gleicher Temperatur und den Linien gleicher magnetischer Intensität gibt, denn sowohl die convexen als die concaven Scheitel der einen befinden sich genau auf denselben Meridianen mit den convexen und concaven Scheiteln der anderen Linien.« — Duperrey berechnet, dafs sich die magnetische Intensität der beiden Halbkugeln wie die Oberfläche der südlichen magnetischen Halbkugel zur Oberfläche der nördlichen verhält, was nach ihm

= 100 : 101,5 ist, und damit berechnet er zugleich die mittlere Temperatur der südlichen Halbkugel um 0°,85 niedriger, als die der nördlichen.

Aenderung der Declination der Magnetnadel durch bewölkten Himmel.

Aus allen diesen Umständen wird also noch ferner bestätigt, was wir schon längst wufsten, dafs sowohl die jährlichen als täglichen Variationen der Magnetnadel auf der ungleichen Wärmevertheilung während der Jahres- und der Tageszeiten beruht. Dieser, durch die ungleiche Erwärmung der Erdkugel bedingte Einflufs wirkt an jedem Orte in dem Grade auf die magnetische Richtung, dafs es durch genaue Beobachtungen bemerkbar werden kann, wenn der Himmel bedeckt ist, und also der erwärmende Einflufs der Sonnenstrahlen auf einzelne gröfsere Stücke der Erdoberfläche verhindert ist. Schübler *) hat hierüber eine Reihe von Beobachtungen mitgetheilt, woraus hervorgeht, dafs in der wärmsten Zeit des Jahres die Ablenkung an bewölkten Tagen um 4 bis 5 Minuten weniger betragen kann, als an völlig klaren. Im Winter ist die Variation viel geringer, ungefähr $1\frac{1}{2}$ Minute.

Hansteen's Intensitäts-Karte.

Im Jahresb. 1833, p. 48., habe ich angeführt, dafs Hansteen seine Hypothese von zwei magnetischen Nordpolen und zwei Südpolen zurückgenommen hat, und zwar in Folge der Berechnung von Beobachtungen auf seiner Reise in Sibirien, die er zur Erforschung der magnetischen Polarität der Erde angestellt hat. Diese Angaben waren theils aus einem mir freundschaftlichst zugesandten Privatschreiben entnommen, dessen Inhalt ich für geeignet hielt, der königlichen Akademie mitgetheilt zu werden, theils aus einem an das Institut zu Paris addressirten Schreiben, dessen Inhalt in der Zeitung Le Temps, die über

*) N. Jahrb. d. Ch. u. Ph. VII. 94.

was in den Sitzungen des Instituts vorkommt, chtet, mitgetheilt worden war. — Eine später abe Abhandlung des Professor Hansteen *), t von einer Karte, welche die isodynamischen en auf der Erde, so wie sie ihm aus den neue- Beobachtungen zu folgen scheinen, enthält ganz engesetzte Angaben; z. B. **): »*So bestätigt also auf die klarste und befriedigendste Weise, es in der nördlichen Halbkugel zwei magne- Mittelpunkte oder Pole gibt, und daſs der , in Nordamerika, eine merkbar gröſsere ät besitzt, als der östliche in Sibirien.*« In r Abhandlung führt Hansteen ferner als Re- seiner Untersuchungen und Berechnungen an, es in der südlichen Halbkugel zwei Maxima Intensität auf denselben beiden Punkten gebe, die Abweichung und Neigung die Gegenwart eier magnetischen Pole angedeutet haben. Hansteen berechnet, daſs sich der gröſste Intensitäts-Unterschied auf der Erde wie 1:2,4 verhalte. Auch er findet die Intensität auf der nördlichen Halbkugel gröſser, als auf der südlichen. Schon längst hatte er auf das Verhältniſs zwischen der Mitteltemperatur eines Ortes und seiner relativen Lage zum Magnetpol aufmerksam gemacht. Aus den vorhandenen Beobachtungen zieht er den Schluſs, daſs es unzweifelhaft sei, daſs die Temperatur in der Nähe dreier Magnetpole weit niedriger ist, als an anderen Punkten in derselben Breite, und er findet es gegründet, daſs die magnetische Intensität, die niedrige Temperatur und das Polarlicht (Nordlicht), welche er als diesen Punkten angehörend betrachtet, eine

*) Poggend. Annal. XXVIII. 473. 578.

**) A. a. O. pag. 579.

gemeinschaftliche, aber noch unbekannte, dynamische Ursache im Innern der Erde haben. In dem Resultate von Hansteen's Arbeit liegt also ein gewisser Zusammenhang mit dem, was ich oben nach Moser und Duperrey anführte; aber bei Vergleichung der isothermen Linien mit den auf Hansteen's Karte verzeichneten isodynamischen ergibt es sich, daſs je mehr man nach Norden geht, um so gröſser der Unterschied in der Gröſse der Bogen wird; die isodynamischen Linien biegen sich viel mehr als die isothermen, aber stets nach derselben Richtung hin. Der Unterschied in der Biegung ist jedoch auſserordentlich, so daſs dieselbe isodynamische Linie, welche ihren südlichsten Theil in Havanna bei ungefähr 24½ Grad nördlicher Breite hat, über die Ostküste von Island bis zu 72 Grad nördlicher Breite zwischen Bäreneiland und Hammerfest geht, wo sie das Maximum ihrer Convexität erlangt, und dann ihre westlichste Concavität etwas nördlich von Peking bekommt; dieselbe isodynamische Linie, die von der Ostküste von Nord-Carolina, bei 35° Breite, ausgeht, geht gerade hinauf durch die Baffinsbai bei 80° Breite. Wenn also alle diese Angaben hinreichend zuverlässig sind, so scheint daraus zu folgen, daſs in den wärmeren Theilen der Erde die isodynamischen Linien den isothermen ziemlich nahe folgen, aber in der Nähe der Pole in solcher Weise von ihnen abweichen, daſs die Bogen der Isodynamen auſserordentlich an Gröſse zunehmen, dennoch aber in derselben Richtung gehen, bis sie zuletzt wieder oben eine ganz eigene Richtung annehmen, die ovale Linien um zwei Punkte andeutet, von denen der eine in den nördlicheren Theil von Nordamerika, und der andere in den nordöstlichen von Asien fällt. Bemerkenswerth ist, dafs schon vor mehreren Jahren Brewster aus den Biegungen der Isothermen und Parry's Temperatur-Beobachtungen im hohen Norden berechnete, die Erde möchte in der Nähe des Pols zwei Punkte gröfster Kälte haben, welche mit den beiden magnetischen Polen zusammenfallen. — Mit gesteigertem Interesse erwarten wir die schon lange verzögerte Herausgabe von Hansteen's ausführlicher Berichterstattung über die Resultate, welche der Wissenschaft aus der von ihm in den Jahren 1829 und 1830 in dem nördlichen Theil Asiens auf Kosten der Norwegischen Staatskasse angestellten Reise erwachsen sind.

Während eines langen Aufenthalts in Asien und selbst in Peking hat G. Fufs *) die Intensität und Inclination einer Menge von Orten bestimmt, deren geographische Lage auch zugleich näher bestimmt wird.

Die magnetische Intensität der Erde zurückgeführt auf absolutes Maafs.

Im letzten Jahresb., p. 44., erwähnte ich des verbesserten Apparats, dessen sich Gaufs zu Beobachtungen der magnetischen Kraft der Erde bedient. Die von ihm mit diesem Apparat angestellten Versuche haben eine für die Lehre von den magnetischen Erscheinungen der Erde höchst wichtige Arbeit veranlafst, die zum Endzweck hat, die Intensität der erdmagnetischen Kraft, durch Vergleichung mit der Schwerkraft, auf ein absolutes Maafs zurückzuführen. In Betreff der näheren Ausführung mufs ich auf die Abhandlung selbst verweisen **), die gleich ausgezeichnet ist durch ungewöhnliche Klarheit der Darstellung und Tiefe der Ideen.

---

*) Astron. Nachrichten, No. 253.

**) Poggend. Annal. XXVIII. 241. 591.

Verbesserte Construction der Inclinationsnadel.

Christie *) hat eine Verbesserung in der Construction der Inclinationsnadel vorgeschlagen, die zum Endzweck haben soll, die Umtauschung der Pole der Nadel zu vermeiden, um den Fehler zu berichtigen, der durch die Stellung des Oscillations-Centrums in den Schwerpunkt mit genauer Noth vermieden werden kann. Der Vorschlag besteht darin, den Schwerpunkt vor den Oscillationspunkt in eine Linie zu legen, die zugleich rechtwinklig auf die Axe der Nadel, und auf die Axe, um die sie oscillirt, ist, wodurch es, wenn die relative Stellung bekannt ist, möglich wird, durch Rechnung aus dem Resultat der Beobachtungen sowohl die Inclination als die magnetische Intensität ohne Umwendung der Pole zu bestimmen. Weniger möglich auszuführen möchte ein anderer Vorschlag sein, nämlich zwei ganz gleiche Nadeln auf dieselbe Axe zu setzen, im Uebrigen mit Beobachtung desselben Prinzips.

Allgemeine physikalische Verhältnisse. Fall-Versuche über die Umdrehung der Erde.

Ueber die Umdrehung der Erde um ihre Axe sind in den Freiberger Gruben von Reich Fall-Versuche angestellt worden **). Bekanntlich hat die Oberfläche der Erde eine gröſsere Umdrehungs-Geschwindigkeit als ihre inneren Theile, da der Kreis, der in 24 Stunden beschrieben werden soll, um so kleiner wird, je mehr man sich der Erdaxe nähert. Wenn folglich ein Körper von der Erdoberfläche in einige Tiefe hinab in einen Schacht fällt, und dabei seine gröſsere Rotationsgeschwindigkeit behält, so kann er nicht mehr in einer senkrechten Linie fallen, sondern muſs östlich von ihr abfallen. Dieſs zeigte schon Newton zu seiner Zeit. Nach ihm wurden ähnliche Versuche von Guglielmini in

*) Phil. Mag. and Journ. III. 215.

**) Poggend. Annal. XXIX. 494.

und von Benzenberg auf dem Michae-
in Hamburg und einem Kohlenschacht in
angestellt. Ihre Versuche bestätigten die
e fanden aber dabei zugleich eine geringe
nach Süden, welche die Theorie nicht
Benzenberg erneuerte daher seine
in dem Kohlenschacht, wo sie nicht mehr
Reich hat den Versuch in dem Drei-
bei Freiberg bei einer Fallhöhe von
Meter (nahe an 470 Fuſs) wiederholt,
zwar mit all der Genauigkeit, die ein so deli-
Gegenstand der Untersuchung erfordert. Als
seiner Versuche erhielt er eine östliche Ab-
g von der Lothlinie von 28,396 Millimeter;
auch eine südliche von 4,374 Millimeter. Nach
Olbers'schen Formel berechnet, würde die öst-
Abweichung 27,512 Millimeter betragen, was
nur um 0,77 eines Millimeters von dem beob-
en Resultat abweicht; allein, wie schon Ben-
erg bemerkt, ist die bestimmte Tendenz zur
g nach Süden sonderbar.

Versuche über Friction.

Morin *) hat eine Reihe von Untersuchungen
Friction angestellt, die er auf eine Menge ver-
er Körper ausdehnte, die bei den in der
angewandten Instrumenten und Maschinen
nander zu gleiten haben. Da das detaillirte
t dieser Versuche eigentlich mehr technischen
theoretischen Werth hat, so begnüge ich mich
mit der bloſsen Anzeige dieser Arbeit.

Vorsichtsmaaſsregeln bei Bestimmung der

Weber **) hat auf eine Vorsichtsmaaſsregel
sam gemacht, die zu beobachten ist, wenn
e Elasticität der Körper aus den beim An-

*) Annales des Mines, IV. 271. oder Sept. Oct. 1833.

**) Poggend. Annal. XXVIII. 324.

Elasticität der Körper. schlagen entstehenden tönenden Schwingungen bestimmen will. Sie besteht darin, dafs man die Aenderung in der Elasticität des Körpers bemerkt, die in der Richtung entsteht, in der er eingeklemmt ist, und die in keiner anderen Richtung statt findet, die aber veranlassen könnte, eine solche Ungleichheit in der Elasticität in ungleichen Richtungen, wie sie die nicht zum regulären System gehörenden Krystalle zeigen, zu vermuthen. Weber begleitet seine Angabe von Versuchen über die Ungleichheit, die durch Festklemmung in ungleichen Richtungen entsteht.

Haarröhrchenkraft. Link *) hat über die Haarröhrchenkraft Versuche angestellt. Er wendete ebene Scheiben an, die so zusammengestellt wurden, dafs sie einen sehr spitzen Winkel mit einander bildeten, und so Flüssigkeiten in den Winkel aufsogen. Das Resultat seiner Versuche war, dafs bei gleichem Winkel folgende Flüssigkeiten gleich hoch zwischen Scheiben von Glas aufstiegen: reines Wasser, Salpetersäure, eine Lösung von Kalihydrat in dem 6fachen Gewichte Wassers, Spiritus vini rectificatissimus und Aether. Zwischen Scheiben von Glas, Kupfer und Zink stieg das Wasser bei gleichem Winkel gleich hoch. Zwischen mit Talg bestrichenen Scheiben von Holz stieg das Wasser weniger hoch, konnte aber nach dem Eintauchen auf derselben Höhe, auf die es von den anderen aufgezogen wurde, erhalten werden.

Hydrostatische Versuche. Thayer **) beschreibt einige hydrostatische Phänomene, die entstehen, wenn zwei oder mehrere Flüssigkeiten, die sich nicht vereinigen, in ein cylindrisches Gefäfs gegossen werden, und man dieses Gefäfs, welches nicht damit angefüllt sein darf, ent-

---

*) Poggend. Annal. XXIX. 404.

**) L'Institut.

nder wie einen Pendel schwingen, oder um seine sich drehen läſst. Die hierbei beobachteten Er-inungen betreffen die Scheidungsflächen zwischen n ungleichen Flüssigkeiten, von denen ein Theil, wohl auf den ersten Blick unerwartet, mit dem, s aus den Gesetzen der Schwere folgt, überein-mt; andere aber, besonders unter der Rotation, inen nach Thayer's Meinung für eine speci-he Mitwirkung der Ungleichheit in der Natur der igkeiten zu sprechen. Folgendes Beispiel mag ng sein: gieſst man in das Gefäſs zuerst Was-r, darauf Oel und auf dieses Alkohol, und läſst um seine Axe rotiren, so wird die obere Fläche r zwischenliegenden Oelschicht nach oben con-, und die untere nach unten convex; aber mit r Rotationsgeschwindigkeit vergröſsert sich die Ver-ng nach Oben in einem gröſseren Verhältniſs die Convexität nach Unten, so daſs sich endlich sser und Alkohol in der Mitte berühren, und s Oel eine ringförmige Schicht bildet, welche jene dem Umkreise von einander trennt.

Widerstand der Flüssigkeiten gegen die Bewegung von Körpern.

Walker*) hat über den Widerstand von igkeiten gegen Körper, die darin bewegt wer-n, Versuche angestellt. Sie wurden in den Ost-schen Dokken zu London ausgeführt mit einem t von 23 Fuſs Länge und 6 Fuſs Breite, mit vertikalen Vorder- und Hintersteven, wovon der e mit einem Winkel von 42°, und der andere einem von 72° endigte; der Widerstand wurde t einem Dynamometer gemessen. Die Resultate d in tabellarischer Form mitgetheilt, und das all-meine Resultat scheint zu sein, daſs bei leichten zeugen Spitzwinkligkeit am Hintersteven noth-

*) Phil. Transact. 1833. Letzter Theil.

wendiger ist, als am Vordersteven, dafs aber das Verhältnifs umgekehrt ist bei Fahrzeugen, die grofse Lasten tragen. Aus anderen Versuchen schliefst Walker, dafs bei einer flachen Fläche, die sich mit einer Geschwindigkeit von 1 englischen Meile in der Stunde bewegt, der Widerstand des Wassers nicht $1\frac{1}{4}$ englische Pfund auf den englischen Quadratzoll übersteigt, dafs er sich aber bei gröfseren Geschwindigkeiten in einem bedeutend höheren Verhältnifs, als das Quadrat der Geschwindigkeit, vermehrt.

Versuche über einen aus einer runden Oeffnung ausfliefsenden Wasserstrahl.

Savart*) hat Versuche angestellt über die Beschaffenheit eines Wasserstrahls, der durch eine kreisrunde Oeffnung in einer dünnen Wand ausfliefst, und zieht daraus folgende Resultate: Betrachtet man ihn seiner ganzen Länge nach, so sieht man ihn dicht an der Oeffnung klar und allmälig schmaler werdend, darauf wird er unklar, und bei näherer Betrachtung sieht man, dafs er aus einer gewissen Anzahl verlängerter Anschwellungen besteht, deren Durchmesser stets gröfser als der der Oeffnung ist. Der unklare Theil besteht aus nicht zusammenhängenden Tropfen, die in ihrem Fall periodische Form-Veränderungen erleiden, wodurch Anschwellungen entstehen, und in welchen das Auge nichts Anderes als einen continuirlichen Strahl bemerkt, weil die Tropfen in einem kürzeren Zeitmoment auf einander folgen, als der Eindruck von jedem einzelnen Tropfen auf die Netzhaut dauert. Die Bildung dieser Tropfen geschieht durch ringförmige Anschwellungen, die auf dem klaren Strahl ganz nahe an der Oeffnung entstehen, und in gleichen Zeiträumen auf einander folgen. Diese ringförmigen Anschwellun-

---

*) Poggend. Annal. XXIX. 353. L'Institut No. 33. p. 275.

gen entstehen durch eine periodische Folge von Pulsationen, die in der Oeffnung statt finden, so dafs der Ausflufs darin, statt gleichförmig zu sein, periodenweise veränderlich ist. Die Anzahl dieser Pulsationen ist, auch unter schwachem Druck, stets grofs genug, um durch ihre schnelle Aufeinanderfolge hörbare Töne zu geben, die mit einander verglichen werden können. Ihre Anzahl beruht auf der Schnelligkeit des Ausflusses, und steht zu derselben in einem geraden, und zum Durchmesser der Oeffnung in einem umgekehrten Verhältnifs. Sie scheinen für alle Flüssigkeiten gleich zu sein, und nicht von der Temperatur verändert zu werden. Man kann die Weite dieser Pulsationen bedeutend vermehren, wenn man die ganze Masse der Flüssigkeit, so wie auch die Wände des Gefäfses, in Schwingungen von gleicher Periode versetzt, wodurch der Zustand und die Dimensionen des Strahls merkwürdige Veränderungen erleiden können. Die Länge des klaren Theils des Strahls kann auf Nichts reducirt sein, während die Anschwellungen eine Regelmäfsigkeit in der Form, eine Weite und Durchsichtigkeit erlangen, die sie vorher nicht hatten. Ist die Anzahl der mitgetheilten Schwingungen verschieden von der der Pulsationen in der Oeffnung, so kann die der letzteren bis zu einem gewissen Grad von der ersteren verändert werden; aber bei allem dem bleibt die Menge des Ausfliefsenden unverändert. Der Widerstand der Luft hat keinen Einflufs auf den Strahl. Zwischen gerade in die Höhe gehenden Strahlen und solchen, die in schiefer Richtung gehen, bemerkt man keinen anderen Unterschied, als dafs die Anzahl der Pulsationen in der Oeffnung in dem Grade abzunehmen scheint, als sich die Richtung des Strahls der vertikalen nähert. Welche

Richtung ein Strahl haben mag, so nimmt doch sein Durchmesser in einer gewissen Entfernung von der Oeffnung sehr rasch ab. Fällt der Strahl gerade herunter, so reicht die Verschmälerung so weit, bis die Durchsichtigkeit aufhört. Dasselbe ist auch bei einem horizontal gehenden Strahl der Fall. Schiefst er aber schief in die Höhe, unter Winkeln von 25° bis 45° mit dem Horizont, so sind, von der am meisten zusammengezogenen Stelle an, die nun an der Oeffnung liegt, alle auf die vom Strahl beschriebene Curve rechtwinkligen Durchschnitte gleich grofs. Aber für Winkel über 45° hat der Strahl ein durchsichtiges Stück, welches von der zusammengezogendsten Stelle an im Durchmesser zunimmt, so dafs nur in diesem Falle der Strahl eine Stelle hat, die eigentlich zusammengezogen genannt werden kann.

Savart *) hat ferner den senkrechten Fall des liquiden Strahls auf eine ebene Scheibe untersucht. Hierbei vertheilt er sich in eine am Rande gleichsam gefranste runde Scheibe. In Betreff des Einzelnen verweise ich auf die Abhandlung. Als Nebenresultat fand er, dafs Strahle von Flüssigkeiten nicht die Eigenschaft haben, reflectirt zu werden, sondern stets der Oberfläche des Körpers, auf den sie stofsen, folgen; dafs Wasser bei seinem Maximum von Dichtigkeit ein Maximum von Dickflüssigkeit (Viscosité) hat, so wie es ein Minimum davon hat, welches zwischen +1° und 2° fällt. Die dem Strahl eigenthümlichen Schwingungen verschwinden nicht durch Anstofsen, wenn nicht der Druck sehr gering ist. Aufser den periodischen Pulsationen, die den ausfliefsenden Strahlen im Allgemeinen angehören, scheinen sich noch in der Flüssigkeit im Reser-

*) Poggend. Annal. XXIX. 356.

servoir rasche Zustands-Veränderungen zu bilden, die in bestimmten Zwischenzeiten eintreffen, gerade so wie wenn sich periodisch verschiedene Verhältnisse der Geschwindigkeit des Strahls einstellten. Die Form und Gröfse der durch den Anstofs des Strahls gebildeten Scheibe ist durchaus gleich, auch wenn der Anstofs mit dem zusammengezogen aussehenden Theil des Strahls geschieht, woraus Savart schliefst, dafs diese Verminderung im Durchmesser des Strahls nur scheinbar sein möchte.

Druck und Friction von Sand.

Hagen *) hat Untersuchungen angestellt über den Seitendruck, der von trocknem Sand ausgeübt wird, so wie auch über die Friction, welche bei seinem Ueberfliefsen auf die Körper, über und um welche er fliefst, ausgeübt wird. Ich verweise auf die Abhandlung.

Ueber die Diffusion von Gasen.

Die Eigenschaft der Gase, in ungleichen relativen Verhältnissen durch äufserst feine Oeffnungen und poröse Körper zu gehen, deren in den vorhergehenden Jahresberichten zu wiederholten Malen erwähnt worden ist, und worüber Mitchell's ausführliche Untersuchung im Jahresb. 1833, p. 56., angeführt wurde, ist der Gegenstand einer weiteren Untersuchung von Graham **) gewesen, der dabei die Absicht hatte, die relativen Mengen mehrerer Gase zu bestimmen, die in einer gegebenen Zeit sich mit einander auswechseln. Als porösen Körper nahm Graham Pfropfen von Gyps, die er in das eine Ende offener Glascylinder gofs, und die er nach dem Erstarren in der Luft oder durch Erwärmung bei +93° trocknen liefs. Beim Trocknen eines solchen erstarr-

*) Poggend. Annal. XXVIII. 17. 297.

**) Phil. Mag. and Journ. II. 175. 269. 351., und Poggend. Annal. XXVIII. 331.

ten Gypspfropfens geben 26 Proc. seines Gewichts Wasser weg, welches die Zwischenräume zurückläfst, die dann hauptsächlich die Poren des Pfropfens ausmachen, aber nicht grofs genug sind, um das so verschlossene Ende des Cylinders für den gewöhnlichen atmosphärischen Druck undicht zu machen. Wird die Röhre über einer Sperrflüssigkeit mit einem Gas gefüllt, so tauscht sich das Gas gegen atmosphärische Luft aus, welche an seiner Stelle eindringt, und senkt oder erhebt man die Röhre während des Versuchs allmälig, so dafs die Sperrflüssigkeit inwendig und auswendig gleich hoch steht, und der Luftdruck auf beiden Seiten des Gypspfropfens gleich ist, und vergleicht zuletzt, wenn nur atmosphärische Luft in der Röhre zurückgeblieben ist, deren Volum mit dem Volum des ausgewechselten Gases, so erhält man einen Begriff vom Diffusionsvermögen des Gases vergleichungsweise mit dem der Luft. Für ein Volumen atmosphärischer Luft, welches man auf diese Weise nach beendigtem Versuch in der Röhre findet, sind 3,83 Volumen Wasserstoffgas durch den Pfropf weggegangen. Als Graham die verschiedenen Volumen mehrerer verschiedener Gase, die von einem Volumen atmosphärischer Luft ersetzt wurden, verglich, fand er, dafs sich die einander verdrängenden Volumen umgekehrt wie die Quadratwurzel der Dichtigkeit oder des specifischen Gewichts der Gase verhalten. Folgendes ist eine tabellarische Aufstellung seiner Resultate:

Gase	Spec. Gewicht *) $= \delta$.	$\sqrt{\frac{1}{\delta}}$	Gasvolum gegen 1 Volum Luft ausgewechselt.
Wasserstoffgas	0,0688	3,8149	3,83
Kohlenwasserstoffgas .	0,555	1,3414	1,344
Oelbildendes Gas . . .	0,972	1,0140	1,0191
Kohlenoxydgas	0,972	1,0140	1,0149
Stickgas	0,972	1,0140	1,0143
Sauerstoffgas	1,111	0,9487	0,9487
Schwefelwasserstoffgas	1,1805	0,9204	0,95
Stickoxydulgas	1,527	0,8091	0,82
Kohlensäuregas	1,527	0,8091	0,812
Schwefligsäuregas . . .	2,222	0,6708	0,68

Die Uebereinstimmung zwischen der zweiten oder berechneten Columne und der dritten ist sehr befriedigend. Indessen wäre zu wünschen gewesen, dafs die Versuche mit gröfserer Schärfe ausgeführt worden wären. Die meisten Gase wurden über Wasser versucht. Da aber das Wasser nicht an den Pfropfen kommen durfte, wodurch seine Porosität beeinträchtigt worden wäre, so wurde die Röhre mit Luft umgekehrt in das Wasser gestellt, und die Luft, so nahe es möglich war, mit einem umgekehrten Heber ausgesogen, ohne das Wasser an den Pfropfen kommen zu lassen. Das Volumen der zurückbleibenden Luft wurde bestimmt und in Rechnung gebracht. Die Gase waren alle feucht, darum wurde die Röhre um den Gypspfropfen herum mit feuchtem Papier umwickelt, damit auch die eindringende Luft feucht sein sollte. Vorrichtungen der

*) Die meisten derselben sind fehlerhafte Thomson'sche Gewichte, die ich nicht reducirt habe, da hier der Fehler nur sehr geringen Einflufs hat.

Art können zu Probeversuchen recht passend sein; aber es lohnt nicht der Mühe, nach denselben, wie hier geschehen ist, Zehntausendtheile von Volumen zu bestimmen. Es genügt, wenn man in den Hunderttheilen sicher sein kann. In Betreff der Ursache dieser Erscheinung, die ganz analog ist der Endosmose bei den Flüssigkeiten, so sucht Graham zu zeigen, dafs sie nicht auf einer Condensation in den Poren des Gypses beruht; denn bei +14° findet bei den meisten Gasen keine Absorption statt, und bei +25° nur eine geringe, das Ammoniakgas ausgenommen, wovon mehrere Volumen aufgenommen werden. Auch beruht sie nicht auf einem bestimmten Vermögen, vermittelst eines gewissen Luftdrucks geschwinder durch die Poren des Gypses auszufliefsen, da diese Geschwindigkeit in keinem Verhältnifs zu ihren relativen Diffusionsquantitäten stand.

Ueber die innere Structur der unorganischen Körper.

Gaudin *) hat den Anfang seiner Speculationen über die innere Structur der unorganischen Körper mitgetheilt, und hat mit den Gasen begonnen. (Vergl. Jahresb. 1834, p. 53.) Gleichwie man in der Mathematik von gewissen Axiomen ausgeht, so verfährt auch Gaudin. Das Hauptaxiom ist der von Ampère aufgestellte Satz: dafs in allen Gasen der Abstand zwischen den Atomen gleich ist, und fügt man das von Gay-Lussac bestimmte Verhalten hinzu, dafs sich die Gase in geraden Multipeln ihrer Volumen mit einander verbinden, so ist die Basis, von der er ausgeht, aufgerichtet. Was das Axiom betrifft, so hat es eine der Eigenschaften der Axiome, nicht durch Beweise widerlegt werden zu können; es hat aber eine andere, welche die erstere aufhebt, nämlich nicht durch Beweise unter-

*) Annales de Ch. et de Ph. LII. 113.

stützt zu werden. Hierdurch wird aus dem Axiom eine Hypothese, deren Richtigkeit oder Unrichtigkeit mit der Zeit auszumitteln übrig ist. Die Vorstellungen, die wir uns bis jetzt von den Volum-Veränderungen bei der gegenseitigen Vereinigung zweier oder mehrerer Gase gemacht haben, scheinen zu einem anderen Resultat zu führen, dafs sich nämlich der Abstand zwischen den Atomen in zusammengesetzten Gasen verändert, weil auf ein gegebenes Volumen die Anzahl der zusammengesetzten Atome öfters z. B. um die Hälfte geringer wird, als die Anzahl der einfachen Atome auf dasselbe Volumen war. Um diesem Stein des Anstofses zu begegnen, nimmt Gaudin Dumas's Idee von theilbaren Atomen auf, macht sie aber auf folgende Weise viel weniger widerwärtig: Ein Atom ist ein kleiner, sphäroidischer, homogener und wesentlich untheilbarer Körper; aber mehrere Atome legen sich zu zwei-, drei-, vier-, fünf- und vielatomigen Moleculen zusammen. Zwischen diesen Moleculen ist der Abstand in den Gasen gleich grofs. Wenn sich die Gase einfacher Körper ohne Volumveränderung mit einander verbinden, so wird die entsprechende Anzahl Atome des einen Elementes gegen Atome des anderen ausgetauscht, so dafs die Anzahl der Molecule des zusammengesetzten Körpers gleich wird mit der Anzahl der Molecule der einfachen Körper zusammengelegt. Ist dagegen das Gasvolumen der verbundenen Körper nachher geringer, so ist die Anzahl der Molecule des zusammengesetzten Körpers geringer geworden, als die Summe der der einfachen, und das Volumen hat sich zusammengezogen, so dafs der Abstand zwischen den neuen Moleculen derselbe wird. Um diefs durch Beispiele klar zu machen, nimmt Gaudin an, Sauerstoffgas, Wasserstoffgas und Stickgas enthielten zweiatomige Molecule. Wenn sich 2 Volumen Wasserstoffgas und 1 Volumen Sauerstoffgas zu 2 Volumen Wassergas vereinigen, so machen die zusammengesetzten Atome des Wassers dreiatomige Molecule aus, zwischen denen der Abstand in 2 Volumen derselbe wird, wie zwischen den zweiatomigen in 3 Volumen. Das Ammoniakgas, welches das halbe Volumen der Bestandtheile einnimmt, hat aus 4 einfachen zusammengesetzte Atome, die vieratomigen Moleculen entsprechen. Im Salzsäuregas, welches dasselbe Volumen hat, wie das Chlor und Wasserstoffgas, woraus es zusammengesetzt ist, sind die Molecule der beiden einfachen Gase zweiatomige. In einem jeden ihrer Molecule wird ein Molecul Chlor gegen ein Molecul Wasserstoff ausgetauscht, und dadurch bekommt das Salzsäuregas ebenfalls wieder zweiatomige Molecule, wodurch der Abstand derselben und das Volumen des Gases unverändert bleibt. — Diese ganze Darstellung mag gewifs nur ein Spiel der Phantasie sein, aber die Idee von gruppirten Atomen auch in den Gasen der einfachen Körper, hat etwas lockendes. Die bestimmten Krystallformen einfacher Körper, und die Neigung, dieselben anzunehmen, kann nicht erklärt werden ohne Annahme einer bestimmten Neigung, sich vorzugsweise auf eine gewisse Art zu gruppiren, und die im vorigen Jahresb., p. 59 — 63., erwähnten Verhältnisse im specifischen Gewicht des gasförmigen Phosphors und Schwefels scheinen keine andere Erklärung zuzulassen. Besteht dann in dem Quecksilbergas die Gruppe aus einer gewissen Anzahl einfacher Atome, so enthalten die Gruppen im Sauerstoffgas 2, die im Phosphorgas 4, und die im Schwefelgas 6 Mal so viel. Findet eine solche Gruppirung statt, so ist sie natürlich in allen Gasen vor-

und etwas Anderes, als die relative Anzahl omen in den Gruppen, kann nicht bekannt — Gaudin hat diese Speculationen zur der atomistischen Zusammensetzung der und Kieselsäure anzuwenden versucht. Weinten werde ich darauf zurückkommen.

Form der Atome.

Gaudin's Arbeit hat Baudrimont zu einer Mittheilung seiner Hauptresultate veran- *), wie folgt: 1) Alle Atome sind gleich grofs. ie sind Würfel. 3) Der Würfel kann, den y'schen Demonstrationen ganz entgegen, alle en veranlassen. 4) Die Atome sind viel in vollkommener Berührung, als man vermu- 5) Die gewöhnlichen chemischen Formeln drükzuweilen richtig die wirkliche Anzahl von Atoms, zuweilen aber nur die relative. 6) Das geht, in seine Elemente zerlegt, in die Zuder Krystalle ein, und hat auf ihre influfs, so dafs ein wasserhaltiges Salz nicht Form wie das wasserfreie haben kann. 7) esetzte Körper aus mehr als 2 Elemenals Verbindungen von binären Körpern enthalzu repräsentiren, ist durchaus unrichtig, sowohl rganischen als unorganischen Körpern. In jeder ist jedes Atom für seine eigene Rechlten, daher ist die Guyton'sche (jetzt) Nomenclatur eben so unrichtig, wie darauf gegründeten Classificationen. Dasselbe von Berzelius's elektrochemischer Theorie. In Folge hiervon mufs eine grofse Menge Atomwichte verändert werden, womit Baudrimont ist; und 9) sind Elektricität, Licht und Wärme den materiellen Moleculen innewohnend,

*) Journ. de Ch. med. IX. 40. Vgl. Jahresb. 1833, p. 53.

welche davon eine bestimmte Dosis enthalten, gleich wie diefs mit der Schwerkraft der Fall ist. — Ich habe diese Resultate mit Baudrimont's eigenen Worten angeführt. Man sieht, er bedroht uns mit einer vollkommenen Umgiefsung der Wissenschaft.

Ganz neue chemische Theorie.

Aber nicht allein von dieser Seite wird unser altes Lehrgebäude bedroht. Longchamp *) belehrt uns über das, was wir vorher für wahrscheinlich hielten, eines ganz Anderen. Er hat der Wissenschaft eine neue Theorie gegeben, die der Hauptsache nach auf 2 Basen beruht. Die erste: Verbindung ist in nicht mehr als 3 Verhältnissen möglich, nämlich A+B, A+2B und B+2A. Schwefelsäure und Salpetersäure können nach diesem Gesetz nicht die Zusammensetzung haben, die wir ihnen beilegen. Die erstere besteht aus 1 Atom schwefliger Säure und 2 Atomen Wasserstoffsuperoxyd. Verbindet sich eine Basis mit der wasserhaltigen Säure, so nimmt die Basis die halbe Sauerstoffmenge vom Superoxyd, das Wasser wird abgeschieden, und das neugebildete Salz ist die Verbindung von schwefliger Säure mit diesem höheren Oxyd. Daher erhält man dasselbe Salz, wenn Schwefelsäure mit gelbem Bleioxyd, und wenn schweflige Säure mit braunem Bleioxyd gesättigt wird. Longchamp's Theorie erlaubt uns nicht eine wasserfreie Schwefelsäure zu haben. Die Salpetersäure enthält Gay-Lussac's salpetrige Säure ($\dddot{N}$), wovon 1 Atom mit 1 Atom Wasserstoffsuperoxyd verbunden ist. — Diese Theorie beraubt uns noch ferner der wasserfreien salpetrigen Säure und der wasserfreien Jodsäure; an Ueberchlorsäure und Uebermangansäure und deren Salze ist nicht mehr zu den-

*) Journ. de Chimie med. IX. 348.

ken, sie sind daraus ganz verbannt. Die zweite Basis dieser Theorie ist, dafs alle Metalle, welche mit Säuren Wasserstoffgas entwickeln, diesen Wasserstoff als Bestandtheil enthalten in Verbindung mit einem besonderen Radical. Ihre Oxyde sind Verbindungen dieses Radicals mit Wasser. Die übrigen Metalle enthalten wahrscheinlich keinen Wasserstoff, aber vielleicht etwas Anderes Analoges, wie z. B. das Blei, wovon Longchamp nicht zu wissen scheint, dafs es sich mit Wasserstoffgas-Entwikkelung in kochender Salzsäure auflöst. Ich will nur noch hinzufügen, dafs, nach dieser Theorie, das Eisenoxyd aus dem wasserfreien Radical des Eisens mit 2 Atomen Sauerstoff besteht, und also doppelt so viel Sauerstoff als das Oxydul enthalten mufs, dessen Wasserstoffgehalt das eine Sauerstoffatom ersetzt. Daraus folgt, dafs in Longchamp's Atomgewichten 2 Atome Wasserstoff eben so viel wie $\frac{1}{2}$ Atom Sauerstoff wiegen, was gerade 4 Mal so viel ist, als man wirklich gefunden hat. Das Angeführte mag genug sein, den Werth dieser todtgebornen Revolution in der Wissenschaft darzulegen.

Ueber das Verhältnifs des spec. Gewichts der Gase zu bestimmten Proportionen.

Mitscherlich *) hat eine höchst wichtige Untersuchung über das Verhältnifs zwischen dem specifischen Gewicht der Gase und den chemischen Proportionen angestellt, um eine sicherere Kenntnifs über das Verhältnifs der Volumen zum Atomgewicht zu erlangen. Diese Art von Untersuchung wurde bekanntlich zuerst von Dumas begonnen, der bis jetzt der einzige war, der Resultate, auf diesem Wege erhalten, mitgetheilt hat; man findet sie im Jahresberichte 1828, p. 79., zusammengestellt. Mitscherlich hat die Methode etwas abgeändert.

*) Poggend. Annal. XXIX. 193.

Dumas erhitzte seinen Apparat, der aus einem Glaskolben mit einer haarfein ausgezogenen Oeffnung bestand, in einem Bad von Schwefelsäure oder leicht schmelzbarem Metall. Mitscherlich erhitzt in einem cylindrischen Gefäſs, das ebenfalls mit einer haarfein ausgezogenen Oeffnung versehen ist, und, von Luft umgeben, in einem kupfernen Cylinder liegt, und von Auſsen gleichförmig von einem Luftstrom erhitzt wird, so daſs die Wärmequelle so gleichförmig wie möglich wird. Die Temperatur, welche das mit Dampf gefüllte Gefäſs im Augenblick des Zuschmelzens hatte, wurde durch Anwendung eines ganz gleich groſsen und gleich beschaffenen Gefäſses von Glas bestimmt, welches im Cylinder neben dem ersteren liegt und absolut wasserfreie Luft enthält. Dieses Gefäſs wird zu gleicher Zeit mit dem, welches den zum Wägen bestimmten Dampf enthält, zugeschmolzen. Wird dann das mit Luft gefüllte Rohr unter Quecksilber geöffnet, und das alsdann darin enthaltene Luftvolum bestimmt und mit dem verglichen, welches das Rohr ursprünglich bei einem gewissen Wärmegrad und demselben atmosphärischen Druck enthielt, so erhält man durch eine leichte Rechnung aus dem bekannten Ausdehnungsverhältniſs der Luft die Temperatur derselben. In anderen Fällen wandte Mitscherlich theils das leicht schmelzbare Metall, theils ein Bad von Chlorzink an, welches besser als andere Liquida sich zu diesem Zweck eignet, bei allen Temperaturen flüssig bleibt und anfangendes Glühen verträgt, ehe es sich zu verflüchtigen anfängt. Das Metallbad drückt bei höherer Temperatur das Glasgefäſs leicht zusammen. Wird dieses oder das Chlorzinkbad angewendet, so muſs das Liquidum, zur gleichförmigen Vertheilung der Temperatur darin,

... und sorgfältig umgerührt werden. So lange keine ...ere Temperatur als +270° erforderlich war, wur... zur Bestimmung der Temperatur Quecksilber-...ermometer angewendet. **Mitscherlich** hat fol...de Körper in Gasform gewogen:

	Gefunden.	Berechnet.	Anzahl von Atomen, verglichen mit denen vom Sauerstoffgas.
... .	5,54	5,393	1
...wefel.	6,90	6,654	3
...phor	4,58	4,326	2
...nik	10,6	10,365	2
...ksilber	7,03	6,978	$\frac{1}{2}$
...tersaure salpetrige Säure	1,72	1,59	$\frac{1}{8}$
...serfreie Schwefelsäure	3,0	2,763	$\frac{1}{2}$
...phorchlorid, PCl^3 .	4,85	4,79	$\frac{1}{3}$
...nige Säure	13,85	13,3	1
...arsenik, AsI^3	16,1	15,64	$\frac{1}{2}$
...cksilberchlorür . . .	8,35	8,20	$\frac{1}{2}$
— chlorid . . .	9,8	9,42	$\frac{1}{2}$
— bromür . . .	10,14	9,675	$\frac{1}{2}$
— bromid . . .	12,16	12,373	$\frac{1}{2}$
— jodid	15,6 à 16,2	15,68	$\frac{1}{2}$
...nober	5,51	5,39	$\frac{1}{3}$
...monchlorür	7,8	7,32	$\frac{1}{2}$

Außerdem wurde gasförmige selenige Säure ge...gen, deren specifisches Gewicht zu 4,0 ausfiel, ... das nach der Rechnung 3,85 hätte sein müssen. ... gab kein brauchbares Resultat, sein Siede...kt, der nahe bei 700° fällt, ist zu hoch, als ... nicht das Glas beim Erkalten sein Volumen ...derte.

Die obige dritte Columne zeigt das Verhältnifs der Anzahl von Atomen auf ein gegebenes Volumen, verglichen mit der des Sauerstoffs im Sauerstoffgas. Es variirt zwischen 3, 2, 1, $\frac{1}{2}$ und $\frac{1}{3}$. Ein einziges geht bis $\frac{1}{8}$. Dieses gründet sich auf die Formel $\overset{\cdot\cdot\cdot\cdot}{\bar{N}}+\overset{\cdot\cdot\cdot\cdot\cdot}{\bar{N}}$; $\dot{N}+\overset{\cdot\cdot\cdot\cdot\cdot}{\bar{N}}$ gibt $\frac{1}{6}$, aber $\ddot{N}$ gibt $\frac{1}{2}$.

Vergleicht man Mitscherlich's Resultate mit der Berechnung, so sieht man, dafs sie nicht so nahe wie die von Dumas damit übereinstimmen, und dafs sie im Allgemeinen etwas höher als die Rechnung ausfallen. Diese Abweichung von der Berechnung bürgt für ihre Zuverlässigkeit. Absolute Genauigkeit bei Versuchen der Art ist eine absolute Unmöglichkeit; selbst starke Approximationen können nicht erwartet werden; es ist daher klar, dafs uncorrigirte Angaben der reinen Resultate der Versuche Abweichungen enthalten müssen, die dann einen Grund mehr für die Zuverlässigkeit der Angabe werden müssen. Mitscherlich hat aufserdem die Ursachen nachgewiesen, welche veranlassen, dafs die Resultate der Versuche zu hoch ausfallen. Eine derselben ist, dafs die Temperatur in dem Gefäfs oft genug nicht so hoch gekommen sein kann, als das Thermometer auswendig im Bad angibt; die Hauptursache ist aber die, dafs das Glas von den Gasen zersetzt wird, und sein Alkali sich mit ihren Bestandtheilen verbindet, während Kieselerde frei wird. Zinnober z. B. veranlafste die Entstehung von Schwefelkalium und Kieselsäure. Salmiak zersetzt das Glas so, dafs sein specifisches Gewicht in Gasform auf diese Weise nicht ausgemittelt werden kann.

Metalloïde Böttger *) hat folgende Methode angegeben,

*) N. Jahrb. d. Ch. u. Ph. VI. 141.

den Phosphor vollkommen farblos zu erhalten: Man löst Kalihydrat in Alkohol von 70 bis 80 Procent auf, und erhitzt den Phosphor darin, wobei er, unter geringer Gasentwickelung, sehr schnell klar und farblos wird; auch kann er dann, bei gewöhnlicher Temperatur, längere Zeit flüssig erhalten werden, wenn man ihn unter derselben Flüssigkeit aufbewahrt. Giefst man die warme Flüssigkeit ab, und giefst rasch eiskaltes Wasser darauf, so erstarrt er und wird schneeweifs. Er ist dann spröde und unter Wasser leicht zu einem krystallinischen Pulver zerdrückbar. In der alkalischen Flüssigkeit erstarrt er auch, wenn er damit bis einige Grade unter den Gefrierpunkt abgekühlt wird. Wird der Phosphor, nach Abgiefsung der Alkohollauge, mit +15° warmem Wasser übergossen, so erstarrt er nicht so rasch; berührt man ihn aber mit einem Eisendrath, so erstarrt er augenblicklich. War er in der Flüssigkeit in Kugeln vertheilt, so erstarren alle in demselben Augenblick, wenn eine davon berührt wird. Läfst man die Masse langsam abkühlen, ohne einen Eisendrath einzuführen, so erstarrt der Phosphor langsam und nimmt das Ansehen von gebleichtem Wachs an. Wird der Phosphor, nach der Behandlung mit der spirituösen Kalilauge, ungefähr 3 Minuten lang mit einer Lösung von Kalihydrat in Wasser erhitzt, und dann mit möglichst kaltem Wasser abgespült, so geschieht es zuweilen, dafs er mit Beibehaltung seiner Durchsichtigkeit erstarrt. Wird der gereinigte Phosphor unter Wasser geschmolzen, so bilden sich auf seiner Oberfläche weifse Flocken von Phosphor (Jahresb. 1834, p. 69.), welche bei Berührung mit einem Eisendrath sich von der Masse loslösen und im Wasser herumschwimmen, unterdessen sich neue bilden. Auf diese Weise läfst

und deren gegenseitige Verbindungen. Phosphor.

sich in kurzer Zeit der gröfste Theil des Phosphors in diese weifsen Flocken verwandeln. Wird der Phosphor in frischem Urin geschmolzen und damit umgerührt, so verwandelt er sich in äufserst feine Tropfen, die bei Zugiefsung von kaltem Wasser als solche erstarren. Man erhält auf diese Weise den Phosphor in Gestalt eines feinen, farblosen Pulvers. Die einzige Flüssigkeit, welche sich in dieser Eigenschaft dem Urin nähert, war Gummiwasser.

Erhitzt man Phosphor bis zur Entzündung in einer sicheren, mit einem Hahn versehenen Retorte, so verlöscht er, nach J. Davy's Angabe *), sogleich in Folge des vermehrten Druckes; entzündet sich aber wieder, wenn der Hahn geöffnet wird. Im Vacuum der Luftpumpe leuchtet er unvermindert, hört aber auf zu leuchten, wenn die Luft schnell wieder zugelassen wird, was von dem dann vermehrten Druck herrührt.

Phosphorstickstoff.

H. Rose **) hat eine Verbindung von Phosphor und Stickstoff entdeckt. Es ist eine bekannte Angabe von H. Davy, dafs wenn man Chlorphosphor mit Ammoniak sättigt, man eine Verbindung erhält, die nicht mehr flüchtig ist, Glühhitze verträgt, und erst beim Schmelzen mit Kalihydrat, und auch dann nur schwer, das Ammoniak abgibt. Beschäftigt mit Versuchen über dieses Verhalten, entdeckte Rose die früher unbekannte Verbindung. Um sie darzustellen, leitet man Ammoniakgas zu Phosphorsuperchlorür, welches künstlich abgekühlt werden mufs, damit es sich bei der Absorption nicht erhitze, wodurch die Masse braune Flecken bekommt. Der hierbei entstehende Körper ist eine wirkliche

*) Edinb. N. Phil. Journ. XV. 50.

**) Poggend. Annal. XXVIII. 529.

von Ammoniak mit dem Superchlorür, einfache Atome Ammoniak auf 1 einfaches Superchlorür enthält. Nachdem die Masse iakgas gesättigt ist, leitet man Kohlen- ıer dieselbe, um alle atmosphärische Luft ; alsdann erhitzt man sie bis zum Glü- dem Kohlensäuregas, das man so lange strömen läfst, als noch Dämpfe von Sal- mit weggehen. Hierbei wird Ammoniak vom der Verbindung zersetzt, so dafs sich Chlor- um bildet und sublimirt; der Stickstoff da- erbindet sich mit dem Phosphor zu einem s der Luft feuerbeständigen Körper. ist die Zersetzung nicht gleichförmig, son- entwickeln sich zugleich Phosphor, freies und Wasserstoffgas. — Man erhält 11 vom Gewicht der Verbindung an Phosphor- , der, nach Rose's Analyse, aus 52,56 Phos- 47,44 Stickstoff besteht, $=P\dot{N}$, oder einem .Atom Phosphor und einem Doppelatom Die Zusammensetzung wurde durch Oxy- s Phosphors und Verwandelung in phos- Bleioxyd bestimmt. Der Phosphorstick- t folgende Eigenschaften: Er ist ein sehr farbloses Pulver, ohne Geschmack und Ge- in der Glühhitze unschmelzbar, und beim Glü- m der Luft sich nur sehr wenig verändernd, sich Phosphorsäure bildet, die zum Theil weg- Platintiegel nehmen dabei viel Phosphor auf rden sehr verdorben. Dieser Körper zeich- durch eine ganz ungewöhnliche Indifferenz die meisten Reagentien aus. Schwefelsäure Salpetersäure oxydiren im Kochen den Phos- ar schwierig; sind sie im Mindesten verdünnt, sie gar nicht darauf. Salzsäure und Chlor sind, selbst wenn man den Phosphorstickstoff in ihnen glüht, ganz ohne Wirkung auf ihn. Schwefel kann davon abdestillirt werden. Von Alkali wird er im Kochen nicht verändert. Aber beim Schmelzen mit Kalihydrat wird er leicht zersetzt; es bildet sich Phosphorsäure auf Kosten des Wassers, dessen Wasserstoff sich mit dem Stickstoff zu Ammoniak verbindet, welches mit Hinterlassung von phosphorsaurem Kali weggeht, worin alsdann kein Chlor zu entdecken ist, zum Beweis, dafs Chlor nicht zur Zusammensetzung dieses Körpers gehört. Mit Baryterdehydrat wird er unter Feuererscheinung zersetzt, die auch zuweilen mit Kalihydrat zu bemerken ist. Auch von kohlensaurem Alkali wird er bei Luftzutritt zersetzt, wobei Kohlensäuregas und Stickgas unter Aufbrausen weggehen. Mit Salpeter verpufft er. — Beim Glühen in einem Strom von Wasserstoffgas wird er allmälig zersetzt, es wird Phosphor frei und Ammoniakgas gebildet. Wird er in einem Strom von Schwefelwasserstoffgas geglüht, so sublimirt er sich gänzlich in Gestalt einer blafsgelben, nicht krystallisirten Masse, die sich zuweilen von selbst an der Luft entzündet, nach schwefliger Säure riecht und Phosphorsäure zurückläfst. Frisch bereitet hat sie keinen Geruch, wird nicht von Salzsäure oder Ammoniak angegriffen, entzündet sich schon durch die bloßen Dämpfe von Salpetersäure, und wird auf nassem Wege von der verdünnten Säure zersetzt. Von Kalilauge wird sie unter Entwickelung von Ammoniak aufgelöst. Ihre Zusammensetzung ist noch nicht untersucht worden. — In Betreff des Phosphorstickstoffs ist noch zu erwähnen, dafs er auch erhalten wird, wenn man das Doppelsalz ohne Abhaltung der Luft erhitzt; er wird aber dann nach dem Erkalten rothbraun. Dieselbe

Be-

Beschaffenheit bekommt er, wenn sich das Superchlorid beim Einleiten des Ammoniakgases erhitzt, wobei die Masse braun gefleckt wird. Er hat die sonderbare Eigenschaft, beim Erhitzen farblos zu werden, und beim Erkalten seine braune Farbe wieder anzunehmen. Rose fand übrigens, dafs der Phosphorstickstoff auch aus dem mit Ammoniak gesättigten Superchlorid erhalten wird. Das mit Ammoniak gesättigte Phosphorsuperbromür besteht, gleich dem entsprechenden Chlorsalz, aus $PBr^3 + 5NH^3$, und gibt ebenfalls Phosphorstickstoff beim Erhitzen.

Schwefelphosphor.

Nach Böttger's *) Angabe können Schwefel und Phosphor, ohne die Gefahr vor Explosion, wie sie durch Wasser bewirkt wird, zusammengeschmolzen werden, wenn das Zusammenschmelzen unter Alkohol von 80 Procent geschieht. Aber am schönsten soll die Verbindung erhalten werden, wenn Phosphor in einer Lösung von Schwefelkalium in Alkohol erhitzt wird (dabei bildet sich jedoch zugleich Kalium-Sulfophosphat).

Böttger fand, dafs 1 Theil Schwefelkohlenstoff, mit Beibehaltung seiner vollkommenen Flüssigkeit, 20 Theile reinen, farblosen Phosphor auflösen kann; wurde noch 1 Theil zugesetzt, so nahm er die Consistenz von Gänsefett an, und entzündete sich dann leicht von selbst, wenn er auf einen porösen, Wasser einsaugenden Körper gelegt wurde. Wird eine Lösung von 8 Th. Phosphor in 1 Th. Schwefelkohlenstoff, mit Wasser übergossen, dem directen Sonnenlicht ausgesetzt, so bedeckt sie sich mit einem gelben Pulver, und kann, wenn sie einige Wochen lang täglich dem Sonnenschein ausgesetzt wird, gänzlich in ein orangegelbes Pulver verwan-

*) N. Jahrbuch d. Chemie u. Physik, VIII. 136.

delt werden, welches äufserst leicht entzündlich ist. Was dieses Pulver ist, geht aus Böttger's Versuchen nicht hervor.

Chlor, Brom und Jod, ihre Verbindungen mit Schwefel.

Auf Veranlassung der im vorigen Jahresb., p. 74., angeführten Versuche von Dumas, über die Existenz einer Verbindung von Schwefel mit einem Doppelatom Chlor, hat H. Rose *) seine früheren Versuche über denselben Gegenstand wieder aufgenommen (Jahresb. 1833, p. 73.). Bei den Versuchen, den gewöhnlichen Chlorschwefel mit Chlorgas zu sättigen, fand er, dafs derselbe auch nach 14 Stunden lang fortgesetzter Einleitung von Chlorgas noch 40 Procent Schwefel enthielt. Eine noch längere Behandlung mit Chlor brachte den Schwefelgehalt auf $37\frac{1}{2}$ Procent herunter. Als aber von der so erhaltenen Flüssigkeit eine Portion unter raschem Kochen abdestillirt wurde, enthielt diese nur noch $32\frac{1}{2}$ Procent Schwefel. Einen niedrigeren Gehalt konnte er nicht hervorbringen. Ungeachtet sich dieses der bestrittenen Verbindung, welche $31\frac{1}{2}$ Procent Schwefel enthält, so sehr nähert, so wird sie von Rose dennoch nicht dafür gehalten, sondern als eine Auflösung von Chlorgas in Chlorschwefel betrachtet. Als Grund für diese Vermuthung führt er an, dafs Ammoniak davon unter Entwickelung von Stickgas und Bildung von Salmiak zersetzt wird, während sich der Chlorschwefel ohne Zersetzung mit dem Ammoniak verbindet. Diefs ist jedoch eigentlich kein Beweis, denn es ist ganz denkbar, dafs von S€l das eine Chloratom Salmiak bildet, während das andere für einen Augenblick mit dem Chlorschwefel Chlorschwefel-Ammoniak bildet. Ferner bemerkt Rose, dafs beide Verbindungen

*) Poggend. Annal. XXVII. 107.

nder zu ähnlich sind, und dafs sich die chlorigeren in Wasser zu Salzsäure und unterschwefr Säure klar auflösen, und diese Auflösung sich t nachher trüben und Schwefel absetzen müfste. gegen aber kann eingewendet werden, dafs wenn den Versuch mit einem Chlorschwefel macht, ein oder einige Procent Schwefel zu viel ent- dieser abgeschieden und die Flüssigkeit dadurch utend milchig werden mufs. Mir will es scheials sei es unseren gewöhnlichen Ansichten geer, den Versuch zu Gunsten der Existenz eines schwefels = SCl auszulegen; dessen Bestehen auf einer weit schwächeren Verwandtschaft beals Dumas's Versuche vermuthen lassen, und der gerade daher so schwer von niedrigeren indungen zu isoliren ist.

Rose fand, dafs Brom und Schwefel zwar mit der verbunden werden können; aber die Verhaft zwischen beiden ist so schwach, dafs keine bestimmten Verbindungsstufen erhalten n. Als eine Auflösung von Schwefel in Brom lirt und das Destillat in zwei Hälften getheilt so enthielt die erste Hälfte 22 Procent Schwend die zweite 25,6 Procent; um SBr zu sein, sie 29,11 Procent Schwefel enthalten müssen. Rückstand in der Retorte war ein schmieriger, haltiger Schwefel. Aus diesen Versuchen geht hervor, dafs bei der Destillation einer Verbin- von Brom und Schwefel keine bestimmten ndungsstufen erhalten werden, sondern das De- ist zuerst reich an Brom, und nimmt dann g an Bromgehalt ab, ohne auf einem ben Punkt zu bleiben. Weiter unten werde zeigen, dafs dieses Verhalten des Schwefels auch Selen und Tellur nachgeahmt wird.

Jod und Schwefel können nach allen Verhältnissen zusammengeschmolzen werden. Wird die Mischung erhitzt, so sublimiren sich schwarze Krystalle von schwefelhaltigem Jod. Nach einem Versuch enthielten diese Krystalle 11,24 Procent Schwefel, und nach einem anderen 7,44 Procent. Diefs stimmt zwar mit SI^2 und SI^3; allein Rose hält diefs für ganz zufällig.

Jod, fällbar durch Kohle.

Lassaigne *) hat gefunden, dafs aus einer Auflösung in Wasser das Jod durch Blutlaugenkohle weggenommen werden kann.

Bor und Kiesel, ihre Reduction.

Hare **) hat ingeniöse Apparate zur Reduction von Bor und Kiesel aus Fluorbor- und Fluorkieselgas beschrieben. Ich halte es für überflüssig, etwas darüber hier anzuführen, da wir jetzt zur Darstellung dieser brennbaren Körper so leichte und einfache Methoden besitzen, indem man nur etwas Kalium, in einer vor der Lampe ausgeblasenen Kugel von schwerschmelzbarem Glas, in dem hindurchgeleiteten Dampf von Chlorkiesel über einer Spirituslampe zu erhitzen, oder Borfluorkalium in einem kleinen bedeckten Porzellantiegel durch Kalium zu zersetzen braucht.

Oxyde und Säuren der Metalloïde.

Wasser. Funken beim Gefrieren.

Folgendes Factum ist von Julia-Fontenelle mitgetheilt worden ***): »Nimmt man eine kleine Flasche, deren Oeffnung aus einer 1 bis 2 Centimeter langen Röhre besteht, füllt die Flasche und die Röhre mit Wasser, umwickelt sie mit Baumwolle, die man mit Aether tränkt, und setzt sie nun unter die Glocke einer Luftpumpe, so gefriert das Wasser beim Auspumpen der Luft ganz schnell.

*) Journ. de Chim. med. IX. 655.

**) Silliman's American Journal of Science etc. XXIV. 247.

***) Journ. de Ch. med. IX. 429.

tus hat dabei beobachtet, dafs einige Augen- vor dem Gefrieren des Wassers, *aus der der Flasche ein Funke hervorspringt*, *der vollem Tageslicht sichtbar ist*, und diefs findet oft statt, als das Wasser bei dem Versuch ge- : »Auch ich habe,« fügt Julia-Fontenelle , »die Entwickelung eines elektrischen Fun- beim Gefrieren des Wassers beobachtet.« In weit diese Angabe wahr ist, weifs ich nicht. will diese Erscheinung in dieselbe Klasse mit Funken bringen, welche man zuweilen bei den Krystallisation begriffenen Auflösungen von Fluor- oder schwefelsaurem Kali auf dem Boden Flüssigkeit hervorbrechen sieht. Diese letztere erscheinung findet in der Flüssigkeit selbst dauert darin einige Zeit lang, und kann, wenn einmal zu zeigen angefangen hat, von Zeit wieder hervorgerufen werden; es sind diefs keine elektrische Funken, die aus der Flüssig- herausbrechen.

Ueber die höchste Dichtigkeit des Wassers und Temperatur, wobei sie statt findet, sind mehrere bekannt gemacht worden. Hällström*) die von Muncke und von Stampfer ange- Versuche einer Revision unterworfen. Seine ung enthält eine meisterhafte Analyse sowohl ersuche als der Berechnungsweise Muncke's, zu folgen scheint, dafs einerseits des letzte- Einwände gegen Hällström's Verfahren nicht begründet sind, während andererseits die en Data, welche Muncke's Versuche geben, strengerer Berechnung nicht zu den überein- en Verhältnissen leiten, wie sie aus dessen

Höchste Dichtigkeit des Wassers.

*) Kongl. Vet. Acad. Handlingar, 1838. p. 166.

eigenen Berechnungen zu folgen scheinen. Hällström hat übrigens nicht neue Untersuchungen angestellt, sondern nur ein Mittelresultat aus allen seinen eigenen, und aus Stampfer's und Muncke's Versuchen gezogen, und diefs ist +3°,9. Es sieht aber aus, als habe er sich hier selbst Unrecht gethan, da spätere Versuche gezeigt haben, dafs sein Resultat in der That dem richtigen Verhältnifs näher war, als die Resultate von Muncke und von Stampfer; Despretz *) hat dieselbe Bestimmung auf einem anderen Wege, als die Vorhergehenden, gemacht. Er wendete Thermometer an, von denen 7 mit Wasser und 6 mit Quecksilber gefüllt waren; durch Rechnung wurde die Volumveränderung des Glases beseitigt, und so bekam er bei einem Versuch +3,99, und bei einem anderen +4°,0. Rudberg stellte nach derselben Methode, wie Hällström und Stampfer, eine grofse Reihe von Versuchen über die Ausdehnungen des Wassers zwischen 0° und +30° auf einer so grofsen Skale an, dafs er zu genaueren Resultaten als seine Vorgänger gelangen konnte. Ich werde künftig das allgemeine Resultat dieser bis jetzt noch nicht publicirten Versuche mittheilen können, und will hier nur bemerken, dafs Rudberg das Dichtigkeits-Maximum des Wassers bei +4°,02 gefunden hat. Bekanntlich hat es Hällström bei +4°,1 **) und bei +4°,004 ***) gefunden. Despretz fand bei seinen Versuchen über die Contraction von Salzwasser, dafs ein Zusatz von Kochsalz den Punkt des Dichtigkeits-Maximums herabsenkt, wie es schon

*) Journ. de Chim. med. IX. 254.

**) K. Vet. Acad. Handl. 1823. p. 197.

***) A. a. O. 1824. p. 12.

an d. j. vor ihm gefunden hatte. Ein Procent senkt ihn um $1\frac{1}{4}$ Grad, $2\frac{1}{2}$ Procent zum Ge- kt, und mit gröſseren Quantitäten fällt er tiefer, so daſs ihn das Meerwasser bei —3°,67 würde, wenn es sich nicht schon bei —2°,55 Abscheidung einer Portion Wasser in fester zersetzte.

Schmeddink *) hat über das specifische Ge- des Wassergases eine Reihe von Versuchen ellt. Man sollte glauben, dieser Gegenstand, eoretisch geprüft werden konnte, sei hinrei- erforscht; wirft man aber einen Blick auf die Liste abweichender Resultate, welche gute tatoren erhielten, so sieht man, daſs eine e Untersuchung nicht ohne groſsen Werth Verschiedenheiten zwischen den Versuchen, Zuverlässigkeit haben, fallen zwischen 0,60 0,70. Das theoretische Resultat ist die Summe ganzen specifischen Gewichte des Wasserstoff- und dem halben des Sauerstoffgases, =0,6201, also zwischen jenen Zahlen liegt, und der Punkt, welchen herum die Beobachtungsfehler schwan- müſsten. Allein mit Ausnahme von Gay-Lus- welcher 0,6235, und Anderson, der bei ei- Versuch 0,625 fand (bei einem anderen 0,663), die Meisten Resultate erhalten, welche alle Zahlen übersteigen. Bei Durchsicht der ge- en Zahlen ist es also deutlich, daſs sie um Zahl schwanken, die 0,62 übersteigt. Schmed- bekam in 47 Versuchen als niedrigstes Re- 0,62574, und als höchstes 0,6351. Sie waren alle über dem theoretischen Resultat, und die l davon ist 0,6304. Er schlieſst daraus,

Spec. Gewicht des Wassergases.

*) Poggend. Annal. XXVIII. 40.

dafs das specifische Gewicht des mit Luft gemengten Wassergases etwas höher ausfällt, was wohl eigentlich dieselbe Art von Erscheinung ist, die bewirkt, dafs z. B. das specifische Gewicht des Schwefligsäuregases zu 2,247, statt zu 2,21162, wie es die Rechnung gibt, ausfällt, und was davon herrührt, dafs im Verbindungsmoment die Zusammenziehung der Bestandtheile der Gase durch den Luftdruck bei coërcibleren oder unbeständigen Gasen etwas gröfser wird, als die Theorie voraussetzt.

Tension des Wassergases bei ungleichen Temperaturen.

Eine Revision aller Beobachtungen über den Druck des Wassergases bei ungleichen Temperaturen, und der Formeln, durch welche verschiedene Verfasser denselben auf eine für jede Temperatur passende Weise auszudrücken suchten, ist von Egen vorgenommen worden *). Er zeigt, dabei, dafs die seither angewendeten Formeln sich nicht so vollständig dem Resultat der Beobachtung nähern, und er selbst theilt andere mit, von denen besonders eine, vor allen früher angewendeten, mit den Beobachtungen übereinstimmt. Er glaubt, dafs diese Formel mit voller Sicherheit 230 Grade umfasse, so dafs ihre Resultate sicherer sind als die Beobachtungen selbst. Er hält sie aufserdem unzweifelhaft bis zu +350° und so weit unter den Gefrierpunkt, als irdische Temperaturen gehen, anwendbar. In Betreff des Einzelnen mufs ich auf die Abhandlung verweisen.

Hygrometrie.

Ein Ungenannter **) hat Tabellen über die eigentliche Lage des Thaupunktes mitgetheilt, wenn zu hygrometrischen Beobachtungen zwei Thermometer angewendet werden, wovon die Kugel des einen

*) Poggend. Annal. XXVII. 9.

**) Ed. N. Phil. Journ. XV. 233.

stets nafs erhalten wird. Diefs ist zuerst von Leslie vorgeschlagen, und auch von August in Ausführung gebracht worden (Jahresb. 1827, p. 67.), der mit Sicherheit zu finden glaubte, dafs der Thaupunkt gerade in die Mitte zwischen den Stand der beiden Thermometer falle. Die in den hier citirten Tabellen mitgetheilten Resultate weichen höchst bedeutend von August's Angabe ab.

Luft. Eudiometrie.

Brunner*) hat eine neue Methode, eudiometrische Untersuchungen anzustellen, versucht. Sie ist analog der von ihm zu hygrometrischen Versuchen angewendeten (Jahresb. 1832, p. 67.), und besteht aus einer mit Quecksilber gefüllten Glaskugel von bekanntem Inhalt, aus welcher man das Quecksilber unten langsam auslaufen läfst, während sie oben Luft einsaugt, die durch eine, an einem Punkt mit einer Erweiterung versehenen Röhre geht, welche mit einem völlig trockenen Gemenge von Asbest und metallischem Eisen, in dem Zustand wie es in Glühhitze durch Reduction mit Wasserstoffgas erhalten wird, gefüllt ist. Ehe die Luft in diese Röhre kommt, passirt sie, zur Absetzung aller Feuchtigkeit, durch eine mit Chlorcalcium gefüllte Röhre. Die erweiterte Stelle der mit Asbest und Eisen gefüllten Röhre wird mit einer Spirituslampe erhitzt, wobei das Eisen der Luft bei ihrem Durchgang allen Sauerstoff entzieht und sie in Stickgas verwandelt, das sich also auf diese Weise leicht und wohlfeil bereiten läfst. Bei einem fünf Minuten lang dauernden Durchgang kann 530 Cub. Centimeter Luft der Sauerstoff mit völliger Sicherheit entzogen werden. Die mit Eisen gefüllte Röhre wird vorher und nachher gewogen, und gibt das Gewicht

*) Poggend. Annal. XXVII. 1., XXXI. 1.

des Sauerstoffs. Das Volumen des Stickstoffs ist bekannt; das des Sauerstoffs wird zu derselben Temperatur und demselben Druck, welche der Stickstoff hat, berechnet. Zwischen jedem Versuch wird das Eisenoxyd in der Oxydationsröhre wieder mit Wasserstoffgas reducirt. Da er indessen keine ganz genügende Uebereinstimmung bei verschiedenen Versuchen mit derselben Luft zu finden glaubte, indem er Abweichungen um $\frac{4}{10}$ eines Procents vom Volumen bekam, so nahm er als Sauerstoff entziehende Substanz Phosphor, den er in das eine Ende einer 4 Zoll langen und $4\frac{1}{2}$ Linie weiten Röhre einschmolz, die an eine schmälere, 7 Zoll lange angelöthet war; diese war mit locker eingestopfter Baumwolle gefüllt, die sich auch ein Stück in die weitere Röhre erstreckte, und daselbst durch Asbest gegen die Berührung mit dem Phosphor geschützt war. Im Uebrigen wurde dann der Versuch wie mit dem Eisen ausgeführt. Die Röhre wurde vor dem Versuche, und nachdem der Sauerstoff darin verzehrt war, gewogen. Baumwolle und Asbest dienten gleichsam als Filtrirapparat, zur Zurückhaltung der rauchigen phosphorigen Säure. Durch einen besonderen Versuch hatte er gefunden, daſs der bei gewöhnlicher Temperatur im reinen Stickgas enthaltene Phosphordampf das Volumen des ersteren nicht in einem bestimmbaren Grade ausdehnt, wenn auch das Gas wirklich darnach riecht. Die auf diese Weise angestellten Versuche variirten höchstens um $\frac{2}{10}$ Procent vom Volumen; die Mittelzahl gab den Sauerstoffgas-Gehalt der Luft zu 0,210705. Bei Versuchen, die auf dem Faulhorn, 8020 Pariser Fuſs über der Meeresfläche, angestellt wurden, und die zwischen 20,79 und 21,08 Procent variirten, wurde als Mittel von 14 Versuchen 20,915 er-

...ten, woraus also zu folgen scheint, dafs der Sauer-...gehalt des Luftkreises sich nicht bemerklich ver-...dert, wenigstens nicht bis zu dieser Höhe.

Degen *) hat eine einfache Methode beschrie-...n, den Platinschwamm, ohne Gefahr vor Explo-...n, bei eudiometrischen Versuchen anzuwenden. ... an einem kleinen Platindrath befestigte Platin-...wamm wird in eine kleine, an dem einen Ende ...chlossene Glasröhre, nahe an diesem Ende so ...tigt, dafs er das Glas nicht berührt. Das Ge-...ge von atmosphärischer Luft und Wasserstoff-... befindet sich über Wasser in einer graduirten ...re. Die kleine Röhre kann nun, an einen he-...förmigen Drath befestigt und mit der Oeffnung ... Unten gewendet, durch das Sperrwasser in die ...öhre geführt werden, ohne dafs der Platin-...wamm nafs wird. Man läfst sie so lange darin, ... keine Absorption mehr statt findet. Der Luft-...alt der kleinen Röhre mufs in Rechnung gebracht ...den. Auf diese Weise wurden 21,17, 20,88, ...89, 20,80 Procent Sauerstoffgas erhalten.

Verbrennung mit erhitzter Luft.

... In den letzten Jahren ist man darauf aufmerk-... geworden, dafs beim Verbrennen in warmer ... eine höhere Temperatur entsteht, als beim Ver-...nen in kalter. Von diesem Umstand hat Dun-... auf dem Eisenwerk von Clyde in Schottland ... Art Anwendung gemacht, dafs er die Luft ... Gebläses vor ihrem Eintritt in den Hohofen ... eiserne Röhren gehen liefs, die in einem Ofen ...itzt wurden. Die Folge hiervon war, dafs die ...peratur im Hohofen vermehrt, dafs mit dersel-... Kohlenmenge mehr Eisenerz reducirt und zu ...isen geschmolzen wurde, und dafs dieses Eisen

*) Poggend. Annal. XXVII. 557.

auch besser ausfiel als zuvor. Diese Versuche sind nachher in mehreren Ländern, namentlich auch bei uns in Schweden, nachgemacht worden, und es ist nun entschieden, dafs die Anwendung von warmer Luft eine wichtige Verbesserung in dem Eisenschmelzprozefs ausmacht. Es werden daher auch gegenwärtig auf Kosten des Eisencomtoirs (Jerncontoret) Versuche angestellt, um auszumitteln, wie weit die Vortheile gehen können, und wie man sie mit den geringsten Schwierigkeiten erreichen kann. Das Theoretische bei dieser Frage besteht darin, dafs die Luft, in welcher Kohlen verbrennen, bis zu derselben Temperatur erhitzt werden mufs, welche das Brennmaterial auf der brennenden Oberfläche bekommt, wodurch also diese um eben so viel abgekühlt wird, als zur Erwärmung des darüber gehenden Luftstroms erforderlich ist. Je heifser dieser bei seiner Berührung mit der Kohle ist, um so weniger Wärme entzieht er der verbrennenden Oberfläche, deren Verbrennung dann eine um so höhere Temperatur hervorbringt, d. h. eine um so gröfsere Quantität der aufgegebenen Beschickung schmelzen kann.

Salpetersäure.

Auf Veranlassung der von Pelouze angestellten Versuche über den Einflufs des Wassers auf chemische Verwandtschaften (Jahresb. 1834, p. 67.) hat Braconnot *) verschiedene Versuche über das Verhalten von höchst concentrirter Salpetersäure angestellt, und dabei gefunden, dafs sie auf alle die Körper ohne Wirkung ist, deren Verbindungen damit nicht in der Säure auflöslich sind. So z. B. wurden wasserfreies kohlensaures Natron oder kohlensaurer Kalk nicht im Mindesten von der Säure

*) Annales de Ch. et de Ph. LII. 286.

; kohlensaures Kali aber wird unter Auf-
davon zersetzt. Mit wasserfreiem Alkohol
, löst sie dagegen kohlensauren Kalk auf,
er kohlensaures Kali; denn das in der Säure
e Kalksalz wird vom Alkohol gelöst, der
Säure lösliche Salpeter aber wird vom Al-
nicht gelöst. Zinn, Silber, Blei und Eisen
selbst bei Siedhitze nicht davon angegriffen,
ihre salpetersauren Salze in der Säure unlös-
sind; aber Kupfer, Zink, Quecksilber und Wis-
werden davon aufgelöst.

Verschiedenheit der Wirkung von Salpeter- und von salpetriger Säure auf organische Stoffe.

Liebig*) hat darauf aufmerksam gemacht, wie
reine Salpetersäure und salpetrige Säure
organische Stoffe wirken. Nach seinen Versu-
oxydirt die Salpetersäure mehrentheils nur den
ff, weshalb sich mit dem Stickoxydgas kein
entwickelt; die salpetrige Säure aber
n Kohlenstoff, und es entwickelt sich ein
e von Stickgas und Kohlensäure. Löst man
es Silber in Alkohol auf, so erhält man
knallsaures Silberoxyd, selbst nicht beim Ko-
dieser Auflösung; setzt man aber salpetrige
hinzu, so scheidet sich entweder sogleich oder
einigen Minuten, ohne dafs dabei in der Flüs-
ein Aufbrausen entsteht, knallsaures Silber-
in grofsen Nadeln ab. Addirt man C^2H^4,
man im Alkohol mit Wasser verbunden ankann, zu einem Atom $\dot{\dot{N}}$, so erhält man
= einem Atom Knallsäure, und $2\dot{H} = 2$ Ato-
Wasser. — Aus einem Gemenge von Mekon-
und salpetersaurem Silberoxyd erzeugt salpe-
Säure Cyansilber, wie bei der Mekonsäure ge-
werden soll.

*) Annalen der Pharmacie, V. 285.

Stickoxyd, dessen Verbindung mit Eisenoxydulsalzen.

Peligot*) hat das Verhältnifs untersucht, nach welchem sich das Stickoxydgas mit Eisenoxydulsalzen verbindet. Diese Verbindung findet mit allen Eisenoxydulsalzen und allen denselben entsprechenden Haloïdsalzen von Eisen statt. Die Verbindung geht in einem solchen Verhältnifs vor sich, dafs das Stickoxyd halb so viel Sauerstoff als das Oxydul enthält, d. h. 2 Atome Salz verbinden sich mit einem Atom Stickoxyd, $=2\dot{Fe}\dddot{S}+\ddot{N}$, oder $2Fe\,Cl+\ddot{N}$. Diese Verbindungen können nicht durch Abdampfung, selbst bei Ausschlufs der Luft oder im luftleeren Raum, in fester Form erhalten werden, weil dann immer das Gas mit dem Wasser weggeht. Peligot bestimmte seine Menge auf die Weise, dafs er das Salz in einer solchen Röhre, wie sie Liebig bei den organischen Analysen zur Aufsaugung des Kohlensäuregases anwendet, auflöste, und durch diese Lösung das Gas bis zur völligen Sättigung hindurchleitete. Die Gewichtszunahme der Röhre gab dann die Quantität des absorbirten Gases an. Ein Zusatz von freier Säure änderte nicht das Verhältnifs, in welchem das Gas aufgesogen wurde. Er versuchte nicht, wie sich das Pulver von krystallisirtem Salz verhält; er fand aber, dafs in einer mit Gas gesättigten Lösung eines Eisenoxydulsalzes, phosphorsaures Alkali und Cyaneisenkalium rothbraune Niederschläge hervorbrachten, welche die ganze Menge des mit dem Oxydulsalze verbundenen Stickoxyds enthielten. Selbst Kalihydrat schien das Oxydulhydrat in Verbindung mit Stickoxyd zu fällen; es verwandelte sich aber bald in Eisenoxyd unter Entwickelung von Stickgas.

---

*) L'Institut, No. 21. p. 182.

Isomerische Phosphorsäuren.

Graham *) hat zu zeigen gesucht, dafs es nicht weniger als drei verschiedene Varietäten von Phosphorsäure gibt. Zwar gibt es nach ihm eigentlich nur eine einzige Phosphorsäure, die aber, einmal mit einem basischen Körper, zu 1, 2 oder 3 Atomen verbunden, denselben nicht zu mehr Atomen aufnimmt, und die Anzahl Atome von Basis, welche sie hat, mit einer gleichen Anzahl Atome einer anderen Basis austauscht. Die längst bekannte Phosphorsäure ist in freiem Zustande eine Verbindung von 1 Atom Phosphorsäure mit 3 Atomen Wasser, $\dot{H}^3\dddot{\dot{P}}$; wird sie mit einem kohlensauren Alkali, z. B. Natron, gesättigt, so werden aus der Verbindung 2 Atome Wasser ausgetrieben, das dritte aber bleibt zurück, und macht in dem gewöhnlichen phosphorsauren Natron ein additionelles Atom Basis aus; daher wird es nicht bei derselben Temperatur, welche die übrigen 24 Atome Krystallwasser austreibt, ausgetrieben, sondern erfordert dazu Glühhitze. Alsdann bleiben nur 2 Atome Basis zurück, nämlich nur das Natron, und die Säure befindet sich nun in dem Zustand, worin sie 2 Atome Basis aufnimmt. — Zersetzt man eine Lösung von gewöhnlichem phosphorsauren Natron mit Metallsalzen, so enthalten die entstehenden Niederschläge 3 Atome Basis, entweder in der Art, dafs sich darin 1 Atom basisches Wasser befindet, oder dafs dieses Wasseratom von einem Atom der Basis ersetzt ist, wie z. B. im Silber-Niederschlag. Wird die Phosphorsäure mit kaustischem Natron gesättigt und ein Ueberschufs davon hinzugesetzt, so entsteht ein Salz, worin das Wasseratom durch Natron ersetzt ist (siehe das Weitere bei den Salzen).

*) Phil. Transactions, 1833. Vol. II. p. 280.

Clarke's Pyrophosphorsäure ist diejenige, welche 2 Atome Basis sättigt. Auf nassem Wege kann sie nicht das dritte Atom aufnehmen, und gleich der vorhergehenden fehlt ihr die Eigenschaft, das Eiweifs zu fällen.

Die dritte dieser Säuren, diejenige, welche nur von 1 Atom Basis gesättigt wird, nennt Graham Metaphosphoric Acid. Sie entsteht, wenn Phosphor in Sauerstoffgas verbrannt, oder wenn Phosphorsäure oder das gewöhnliche zweifach-phosphorsaure Natron geglüht wird. Diese Säure wird von Barytwasser gefällt; sie fällt das Eiweifs, und nimmt, so lange sie nicht durch langen Einflufs von kaltem Wasser, oder durch Kochen damit, in die gewöhnliche übergegangen ist, nur 1 Atom Basis in ihren Verbindungen auf. Diese Säure ist es, welche in den klebrigen, terpenthinartigen Salzen enthalten ist, welche zuweilen bei den Versuchen über die Verbindungen der Phosphorsäure erhalten wurden. — Auf die Verbindungen dieser Säuren werde ich ausführlicher bei den Salzen zurückkommen.

Graham hat seine Arbeit mit grofser Klarheit ausgeführt, und seine Schlüsse, so weit sie richtige Ausdrücke von Thatsachen sind, scheinen vollkommen annehmbar zu sein. Indessen da die bei der Phosphorsäure beobachteten Verhältnisse bei den meisten anderen Säuren nicht statt finden, selbst nicht bei der Arseniksäure, und da es eine Ursache geben mufs, warum eine Säure, die mehr von einer Basis aufnehmen kann, diefs nicht thut, wenn ihr die Basis dargeboten wird, so möchte diese Ursache in einer veränderten gegenseitigen Lage der einfachen Säure-Atome zu suchen sein, und es also wirklich verschiedene isomerische Modificationen der phosphorsäure geben.

Mag-

Magnus *) und Ammermüller haben eine der Ueberchlorsäure proportional zusammen- Säurestufe des Jods entdeckt. Um sie zu löst man jodsaures Natron in Wasser auf, stisches Natron hinzu, und leitet Chlorgas , während man die Flüssigkeit gelinde er- Dabei schlägt sich nach und nach ein wei- ktpulver nieder, welches basisches überjod- Natron ist. Dieses Salz wird in Salpeter- aufgelöst und die Auflösung mit salpetersau- ilberoxyd gefällt, welches einen grünlich roth- Niederschlag von basischem überjodsauren Sil- d gibt. Dasselbe wird ausgewaschen, in Sal- e aufgelöst, und die Auflösung im Was- abgedampft, wobei ein neutrales Salz in farbenen Krystallen anschiefst. Wird dieses Wasser behandelt, so zieht letzteres die Hälfte Säure aus und läfst das basische Salz ungelöst; Lösung enthält kein Silber. Beim gelinden Ver- krystallisirt daraus die Säure. Dieselbe sich nicht in der Luft; beim Erhitzen wird setzt, zuerst in Sauerstoffgas und Jodsäure, dann in Sauerstoffgas und Jod. Ihre wäfsrige verträgt Siedhitze. Von Salzsäure wird sie Chlorentwickelung in Jodsäure verwandelt. ist Alles, was wir bis jetzt von dieser Säure em Zustande wissen. Unter den Salzen h einige ihrer Verbindungen mit Salzbasen

Ueberjodsäure.

Zusammenhang mit seinen Speculationen über ng und Vertheilung der Atome in zu- tzten Gasen, hat Gaudin **) aus dem

Borsäure, ihre Zusammensetzung.

*) Poggend. Annal. XXVIII. 514.

**) Annales de Ch. et de Ph. LII. 124.

specifischen Gewichte des Chlorborgases zu beweisen gesucht, dafs die Borsäure nothwendig aus 2 Atomen Bor und 3 Atomen Sauerstoff zusammengesetzt sein müsse. Das Gas enthält bekanntlich eine Gewichtsmenge Chlor, welche seinem $1\frac{1}{2}$fachen Volumen entspricht. Gaudin sucht nun durch Rechnung zu zeigen, dafs es sein halbes Volumen gasförmiges Bor enthalte, oder richtiger, dafs es das Bor in keinem anderen Volumen enthalten könne. Ich gebe gern zu, dafs diese Vermuthung sehr wahrscheinlich ist und das einfachste Verhältnifs gibt; allein es ist daraus nicht bewiesen, dafs das in dem Gas enthaltene, seinem Gewicht nach gekannte Bor nicht eben so gut ein dem Gase gleiches Volumen, oder auch nur $\frac{1}{4}$ davon ausmachen könne. Mit Wahrscheinlichkeiten wird nichts bewiesen. Dafs die Borsäure auf 3 Atome Sauerstoff 1 oder 2 Atome Bor enthalten müsse, kann als sicher angenommen werden; allein eine entscheidende Thatsache zu Gunsten der einen oder anderen Ansicht kenne ich nicht. Mitscherlich *) hält $\ddot{\text{B}}$ aus dem Grunde für wahrscheinlicher, weil sich die Borsäure, gleich der arsenigen Säure und dem Antimonoxyd, welche auf 3 Atome Sauerstoff 2 Atome Radical enthalten, mit der Weinsäure verbindet. Allein die Weinsäure verbindet sich auch mit Wolframsäure, Molybdänsäure, Titansäure, Zinnoxyd u. a. ungleichartig zusammengesetzten Oxyden und Säuren. Eine Zeit lang glaubte ich für dieselbe Ansicht einen gültigen Grund in der Menge von Verbindungsstufen zu finden, welche die Borsäure analog mit der Oxalsäure hat, die ebenfalls aus 2 Atomen Radical und 3 Atomen Sauerstoff besteht. Allein da ich ganz dieselben

*) Poggend. Annal. XXIX. 201.

e sowohl bei der Tellursäure als der en Säure fand, von denen die erstere 3, und letztere 2 Atome Sauerstoff in Verbindung mit Atom Radical enthält, so zeigte es sich bald, dafs man versucht, vorurtheilsfrei für ein Urtheil Grund zu finden, man dennoch oft mit Vermuthung schliefsen mufs. Den Umstand nd, dafs bis jetzt noch keine borsauren Salze t waren, in denen sich der Sauerstoff der zu dem der Base = 3 : 1 verhält, die also Salzen von anderen Säuren, die 3 Atome ff enthalten, entsprechen, so habe ich gedafs es in der That solche gibt, und werde davon unter den Salzen erwähnen.

Kieselsäure, ihre Zusammensetzung.

Bei Betrachtung der Zusammensetzung des Gra-, im vorigen Jahresb. p. 173., zeigte ich die eit, dafs die Kieselsäure ebenfalls aus 2 Radical und 3 Atomen Sauerstoff zusamt sein könne. Ich zeigte zugleich, dafs die tzung des Fluorkiesels auf eine ganz Zusammensetzung deute, nämlich auf 1 Atom und 2 Atome Sauerstoff. Gaudin*) hat Ansicht geltend zu machen gesucht, und erdafs die Kieselsäure aus 1 Atom Radical und n Sauerstoff bestehe. Da wir in diesem keine andere Richtschnur haben, als die rela-Verhältnisse, in denen der Kiesel mit ande-Körpern Verbindungen eingeht, und da seine en mit Chlor und Fluor auf eine ganz Verbindungs-Ordnung deuten, als seine Vermit Sauerstoff, so können nicht beide zu richtigen Resultate führen; sie sind entweder irreführend, oder es ist diefs eines von bei-

*) Annales de Ch. et de Ph. LII. 125.

den. Sind beide irreführend, so kann die Kieselsäure weder 2 noch 3 Atome Sauerstoff enthalten; es bleibt dann übrig, 1. Atom zu vermuthen. Wäre aber die Kieselsäure $=\dot{Si}$, so wäre die Zusammensetzung in der auf der Erde am Allgemeinsten vorkommenden Verbindung, nämlich in dem Feldspath, eine ungewöhnliche Ausnahme von dem Verbindungs-Verhalten, er enthielte eine Verbindung von 1 Atom Thonerde mit 9 Atomen Kieselsäure $=\dddot{A}\dot{S}^9$. Man müſste sehr gültige Gründe haben, um eine Verbindungsart für wahrscheinlich zu halten, die das einzige Beispiel unter allen bis jetzt bekannten wäre, und solche Gründe haben wir doch nicht. — Geben wir dann $\ddot{Si}$ den Vorzug, wie aus den Fluorkiesel-Verbindungen angedeutet wird, so paſst dieſs vortrefflich auf die Zusammensetzung des Tafelspaths $=\dot{Ca}\ddot{Si}$, des Leucits $=\dot{K}\ddot{Si}+\dddot{Al}\ddot{Si}^3$, und des Analcims $=\dot{Na}\ddot{Si}+\dddot{Al}\ddot{Si}^3$, diese ganz selten vorkommenden Verbindungen; allein wie paſst es zum Feldspath? Seine Zusammensetzung würde dann durch $\dot{K}^2\ddot{Si}^3+\dddot{Al}^2\ddot{Si}^9$ vorgestellt werden, und er würde ein aus 2 Atomen Thonerde und 9 Atomen Kieselsäure bestehendes Thonerdesalz enthalten. Dieſs ist aber so ganz ohne Analogie mit unseren bisherigen Erfahrungen, daſs man es für eine Absurdität halten muſs; und folglich kann nicht die aus den Fluorkiesel-Verbindungen entnommene Andeutung den richtigen Weg zeigen. Es bleibt dann noch übrig, die Sauerstoff-Verbindungen zu vergleichen, die auf $\ddot{Si}$ oder auf $\dddot{Si}$ deuten. Was von beiden das richtigste sei, kann gegenwärtig nicht entschieden werden. Die Aehnlichkeit in der Zusammensetzung zwischen Alaun und Feldspath spricht für die erstere, die Krystallform des Granats für die zweite Zusammensetzung. Dafs übrigens bei Annahme derselben die Zusammensetzung der Fluorkiesel-Verbindungen, die des Tafelspaths, des Leucits u. a., unter einfache und gewöhnliche Formeln gebracht werden, ist bekannt.

Metalle. Kalium, Bereitung.

Pleischl *) hat die Bereitung des Kaliums und alle dabei vorkommenden Umstände ausführlich beschrieben. Wenn auch in dieser Abhandlung eigentlich nichts Neues vorkommt, so ist sie doch für alle, welche diese Operation vornehmen wollen, sehr lehrreich. Pleischl hat seiner Vorlage eine eigene Form gegeben, die ihre Bequemlichkeiten, aber auch den wesentlichen Mangel hat, dafs man sie nicht in Wasser stellen kann, und daher unaufhörlich begossen werden mufs. Er verkohlt den Weinstein, vermengt ihn dann in Pulverform mit $\frac{1}{6}$ feinem Kohlenpulver, macht daraus mit Wasser eine dicke Masse, formt sie in kleine Kugeln, und legt sie noch feucht in den zur Reduction bestimmten eisernen Cylinder (eiserne Quecksilber-Flasche), worin sie anfangs bei gelinder, nachher bei Glüh-Hitze getrocknet werden. Vom angewandten Weinstein bekommt man 8 bis 9 Procent gereinigtes Kalium. Die Reinigung geschieht durch Auspressen in einem leinenen Tuch unter +65° warmem Steinöl mittelst einer hölzernen Zange, und durch Destillation des ausgeprefsten Rückstandes in einer aus einander schraubbaren eisernen Retorte. Das Rohr der Retorte darf nicht unmittelbar in das Steinöl reichen, weil es dadurch angezündet werden könnte, sondern ist vermittelst eines Korks in einen weiteren Glascylinder eingesetzt, dessen Mündung in das Steinöl taucht.

---

*) Baumgartner's Zeitschrift, II. 307.

Hare *) hat ebenfalls einige Bemerkungen in Betreff der Kalium-Bereitung mitgetheilt. Er wendet eine weite cylindrische Vorlage von Gufseisen ohne Steinöl an, weil die gewöhnliche, von mir vorgeschlagene Vorlage häufige Explosionen veranlassen soll. Diese haben indessen bei den Versuchen, an denen ich Theil genommen, nicht statt gefunden.

Natrium. Ducatel **) hat gezeigt, dafs Natrium, wenn es auf Kohle oder vermittelst Kohle mit Wasser in Berührung gesetzt wird, sich stets entzündet, was mit Metall oder Glas nicht der Fall ist. Serullas zeigte schon, dafs es sich auf Holz, so wie auch auf dickem Gummiwasser entzündet.

Gibt man, nach Wagner***), auf Natrium, indem es auf Wasser herumkreiset, mittelst eines hölzernen Spatels einen harten Schlag, so entsteht eine starke Explosion, wodurch leicht das Gefäfs zertrümmert wird. Dasselbe soll auch mit Kalium der Fall sein.

Antimon, seine Krystallform. Hessel †) hat die Krystallform des Antimons untersucht, und dabei die Angabe von Marx (Jahresbericht 1832, p. 108.), dafs es ein dem Würfel sehr nahe kommendes Rhomboëder zur Grundform hat, vollkommen bestätigt gefunden. Hessel hat einen Krystall beschrieben, der eine sechsseitige Tafel von $4\frac{1}{2}$ Linie Durchmesser und $\frac{1}{2}$ Linie Dicke bildete.

Kermes. Liebig ††) hat den Kermes neuen Untersuchungen unterworfen, zur Entscheidung der Frage, ob er Antimonoxyd enthält oder nicht. Diese Un-

*) Silliman's American Journ. of Sc. XXIV. 312.

**) A. a. O. XXV. 90.

***) Journ. de Pharmac. XIX. 225.

†) N. Jahrb. d. Ch. u. Ph. VII. 273.

††) Annalen der Pharmacie, VII. 1.

tersuchung, die sich eigentlich auf die Zusammensetzung des gewöhnlichen pharmaceutischen Präparats bezog, gab das Resultat, dafs der auf gewöhnliche Weise durch Kochen oder Schmelzen von Schwefelantimon mit kohlensaurem Alkali bereitete Kermes Antimonoxyd enthält, dafs aber dieser Oxydgehalt für den Kermes nicht wesentlich ist, und dafs derselbe ohne Oxyd erhalten werden kann. Hierzu gibt es mehrere Wege, z. B. Kochen von Kalium-Sulfantimoniat mit Antimonpulver, Glühen von Schwefelantimon mit schwarzem Flufs, Auflösen in kochendem Wasser, und Vermischen der Auflösung mit kohlensaurem Kali, welches die Fällung von Kermes veranlafst, die ohne diefs nicht statt gefunden hätte. Folgende Bereitungsmethode hält Liebig für die beste: 4 Th. gepulvertes Schwefelantimon werden mit 1 Theil wasserfreiem kohlensauren Natron zusammengeschmolzen, bis die Masse ruhig fliefst, dann auf ein kaltes Blech ausgegossen, zu Pulver gerieben, und dieses dann eine Stunde lang mit einer Lösung von 2 Th. kohlensaurem Natron in 16 Th. Wasser gekocht und kochendheifs filtrirt; beim Erkalten setzt sich ein schöner, schwerer Kermes ab. Das Ungelöste wird zu wiederholten Malen mit der klar abgegossenen Flüssigkeit gekocht, wodurch noch mehr Kermes erhalten wird. Zuletzt bleibt nur Crocus ungelöst. — So viel sich aus sämmtlichen Versuchen Liebig's beurtheilen läfst, ist der gewöhnliche Kermes der Pharmaceuten ein gemischter Niederschlag aus einem Schwefelsalz und einem Sauerstoffsalz, welcher die elektronegativen Bestandtheile in grofsem Ueberschufs enthält. Ob diese gemeinschaftliche Fällung auf einer Verwandtschaft zwischen beiden Salzen beruht, oder nur gleichzeitig ist, wird schwer zu entscheiden sein; allein gewifs ist es, dafs es für den medicinischen Behuf keineswegs gleichgültig sein kann, ob der Kermes Antimonoxyd enthält oder nicht.

Verbindung von Schwefelantimon mit Chlorantimon.

Duflos *) hat eine Beobachtung von L. Gmelin wieder in Erinnerung gebracht, dafs nämlich Chlorantimon, in einem Gemische von Salzsäure und Weinsäure aufgelöst, beim Fällen mit Schwefelwasserstoff nicht reines Schwefelantimon gibt, sondern einen Niederschlag, der Chlorantimon in Verbindung enthält, analog den Verbindungen des Schwefelquecksilbers mit mehreren Quecksilbersalzen. Duflos theilte den Niederschlag in zwei Perioden. Der erste, dessen Farbe ziemlich hell war, enthielt 5,242 Procent Chlor; der zweite war dunkel rothbraun, ähnlich dem Kermes, und enthielt 2,745 Procent Chlor. Duflos berechnet darnach den ersteren zu $\acute{S}b\,Cl^3 + 10\dddot{S}b$, und den letzteren zu $\acute{S}b\,Cl^3 + 20\dddot{S}b$, und gibt von diesem an, dafs er nicht weiter zersetzt werde, wie lange man auch Schwefelwasserstoff hindurchleite. H. Rose dagegen gibt an, dafs derselbe von diesem Gas zersetzt werde, besonders wenn die mit Gas gesättigte Flüssigkeit eine Zeit lang damit zusammen stehen bleibe, und führt Beispiele mit Versuchen an, wo er durch Fällung mit hinreichend viel Schwefelwasserstoff ein chlorfreies Schwefelantimon erhalten habe.

Titan, seine Flüchtigkeit.

Zinken **) gibt einige Thatsachen an, die zu zeigen scheinen, dafs das Titan in sehr hoher Temperatur verflüchtigt werden kann. Krystallisirtes metallisches Titan, welches in einem Tiegel dem Feuer eines Stahlofens ausgesetzt wurde, verschwand, und

---

*) N. Jahrb. d. Ch. u. Ph. VII. 269.

**) Poggend. Annal. XXVIII. 160.

…m Probiren eines titanhaltigen Eisenerzes wurde …der Probirtute Titan sublimirt gefunden.

Fuchs *) hat einige neue Erfahrungen über Goldpurpur. …n Goldpurpur mitgetheilt. In Beziehung auf die …er von ihm „gegebene Ansicht von der Natur …es Präparats **), gegen welche sowohl von mir … von Poggendorff der Einwurf gemacht wurde, … nach derselben der Purpur im Glühen Sauer…gas entwickeln müfste, führt Fuchs als Gegen…d an, dafs der Purpur nicht im Glühen zersetzt …de, was sich auch dadurch bestätige, dafs er sich … derselben Farbe in Glasflüssen und in Ammo…k auflöse. Inzwischen nimmt er nun an, dafs er … Zusammensetzung $= \dot{A}u\ddot{S}n + \dot{S}n\ddot{S}n + 3\dot{H}$ habe, … Uebereinstimmung mit einem Goldgehalt, welcher … Gay-Lussac's Analyse nähert und 28,3 Pro… metallisches Gold voraussetzt. Uebrigens führt … zwei Thatsachen an, die für den oxydirten Zu…d des Goldes im Purpur zu sprechen scheinen. …) Mischt man zu einer sehr verdünnten Lösung …n Zinnchlorür Goldchlorid, so entsteht nicht Pur…r, sondern eine schwarzbraune, undurchsichtige …igkeit, die wahrscheinlich eine Legirung von …ld und Zinn in sehr vertheiltem Zustand enthält. Wird diese Flüssigkeit, die sich schwer klärt, an …r Luft gelassen, so sieht man, wie sich allmälig …n der Oberfläche an nach dem Boden zu ein …ner Purpur bildet. 2) Wird eine Auflösung …n Goldpurpur in Ammoniak in einer verschlosse…n Flasche einige längere Zeit hindurch täglich von …r Sonne beschienen, so fängt sie an einen Stich …'s Violette zu bekommen, wird dann lasurblau,

*) Poggend. Annal. XXVII. 634.

**) Jahresb. 1834. p. 104.

und es fällt alles Gold metallisch nieder, während Zinnoxyd-Ammoniak in der Flüssigkeit aufgelöst bleibt. Diese letztere Thatsache scheint mehr als die erste zu beweisen, die durch eine allmälig geschehende Oxydation, blofs des Zinns, erklärt werden kann. — Ich habe einige Versuche mit dem nach der Methode von Fuchs bereiteten und in Ammoniak aufgelösten Goldpurpur angestellt. Nach einem Versuche enthielt er 16, und nach einem anderen 18 Procent Gold; einige Bemerkungen in Beziehung auf diese Zusammensetzung sind im III. Bde. der neuesten Auflage meines Lehrbuchs enthalten.

Platin. Boussingault *) hat das schwarze brennbare Pulver untersucht, welches zurückbleibt, wenn ein mit Wasserstoffgas reducirtes Gemenge von Platinoxyd und Eisenoxyd in Salzsäure aufgelöst wird. Dieser Rückstand ist brennbar, und brennt gewöhnlich mit einer Art Explosion ab; man glaubte, er könne vielleicht eine Verbindung von Wasserstoff mit Platin sein. Boussingault verbrannte 2,687 Grm. davon in Sauerstoffgas, und sammelte das Wasser in Chlorcalcium auf. Es wog 0,032 und entspricht $\frac{1}{10}$ Procent Wasserstoff, im Fall man dieses Wasser als gebildet betrachten will, was er nicht für wahrscheinlich hält. Dagegen fand er, dafs das brennbare Pulver an Gewicht zunahm, und dafs es alsdann nach dem Auskochen mit verdünnter Salpetersäure $\frac{4}{5}$ seines Gewichts Platin zurückliefs, während Eisen aufgelöst wurde, woraus also zu folgen scheint, als wäre diese Substanz nichts Anderes, als eine brennbare Legirung von Eisen und Platin. Indessen bleibt es doch stets sonderbar, dafs Salzsäure nicht das Eisen ausziehen soll, wenn es sich

*) Annales de Ch. et de Ph. LIII. 441.

in einem zum Verbrennen so geneigten Zustande befindet.

Döbereiner *) gibt an, dafs bei Behandlung des Platinoxyd-Natrons mit Essigsäure das Natron ausgezogen und nur sehr wenig vom Oxyd aufgelöst werde, welches dabei mit okergelber Farbe zurückbleibe. Wenn es dabei völlig frei von Natron ist und auch keine Essigsäure aufnimmt, so wäre dies die beste und leichteste Darstellungsmethode dieses Oxyds. Platinoxyd.

Döbereiner gibt ferner an, dafs wenn der Niederschlag, den Kalkwasser in Platinchlorid hervorbringt (Jahresb. 1834, p. 141.), in einem bedeckten Platintiegel bis zum Rothglühen erhitzt wird, er sich in ein dunkel violettes Pulver umändert, welches sich mit Wasser stark erhitzt, und woraus Salpetersäure Chlorcalcium und Kalkerde auszieht, mit Hinterlassung eines dunkel violetten Pulvers, welches Platinoxydul ist. Döbereiner analysirte dasselbe mit Ameisensäure, wodurch es sogleich reducirt wird. In diesem Zustand ist es in Sauerstoffsäure nicht auflöslich; nur die Oxalsäure löst nach langem Erhitzen etwas davon auf. Platinoxydul.

H. Rose **) macht darauf aufmerksam, dafs in einigen natürlichen Hyposulfantimoniten (Fahlerzen), namentlich im Polybasit, das niedrigste Schwefelkupfer, Ću, vom Schwefelsilber vertreten werde, ohne dafs dadurch eine Aenderung in der Krystallform bemerkbar wird, und stellt es als wahrscheinlich auf, dafs dieser Umstand vielleicht beweise, dafs das Gewicht, welches wir gegenwärtig für 1 Atom Silber nehmen, eigentlich 2 Atome ausmache, dafs Silber, sein Atomgewicht.

*) Poggend. Annal. XXVIII. 181.

**) A. a. O. pag. 156.

man also das Schwefelsilber als eine Verbindung von 2 Atomen Metall und 1 Atom Schwefel betrachten müsse. Einen neuen Grund für eine solche Meinung entnimmt auch Gust. Rose*) aus der Krystallform des Silber-Kupferglanzes, $= \acute{C}u + \acute{A}g$, welcher, so viel man bis jetzt beobachten konnte, die Krystallform des Kupferglanzes oder $\acute{C}u$ hat, so dafs also die beiden ihn bildenden Verbindungen isomorph sein müssen. Zwar seien die beiden Schwefelmetalle für sich nicht mit einander isomorph, diefs könne aber in einer Dimorphie seinen Grund haben, zumal da man künstlich das $\acute{C}u$ in derselben Form wie das Schwefelsilber krystallisirt erhalten könne. Diese Bemerkungen verdienen alle Aufmerksamkeit. Inzwischen kann man hinzufügen, dafs wasserfreies schwefelsaures Natron und schwefelsaures Silberoxyd isomorph sind. Wäre das Silberoxyd $\dot{A}g$, so wäre das Natron $\dot{N}a$; dann aber bestände sein Superoxyd aus 4 Atomen Natron und 3 Atomen Sauerstoff. Wie wir uns also bei dieser Frage wenden mögen, kommen wir doch nicht mit Sicherheit auf das Reine.

Quecksilber, Zertheilung desselben. Nach der Angabe von Böttger**) zerfällt das Quecksilber, wenn man es mit concentrirter Essigsäure schüttelt, zu dem feinsten Mehl, und ohne dafs die Kügelchen zusammengehen.

Zinnober. Wenn man, nach der Angabe von Wehrle***), gewöhnlichen geschlämmten Zinnober innig mit 1 Procent Schwefelantimon vermischt, umsublimirt, fein reibt, und darauf zuerst mit Schwefelkalium, und

*) Poggend. Annal. XXVIII. 427.

**) N. Jahrb. d. Ch. u. Ph. VIII. 142. Note.

***) Baumgartner's Zeitschrift, II. 27.

mit Salzsäure digerirt, und ihn nachher vor Trocknen mit einer Leimauflösung vermischt, $\frac{1}{8}$ vom Gewicht des Zinnobers an Leim enthält, erhält man ihn von derselben Schönheit und Farbennüance, wie der schönste chinesische hat.

Liebig*) hat folgende Bildungsweise eines schönen Zinnobers auf nassem Wege angegeben: Man übergiefst Mercurius praecipitatus albus mit Schwefelammonium (Hydrothion-Ammoniak, mit Schwefel gesättigt durch Digestion in einer verschlossenen Flasche), und stellt das Gefäfs an einen +40° bis 50° warmen Ort. Je concentrirter die Flüssigkeit ist, um so schneller röthet sich das gebildete Schwefelquecksilber, und um so schöner wird die Farbe. Wenn sie den höchsten Ton erreicht hat, wird die Flüssigkeit abgegossen und der Zinnober, zur Entfernung von niedergefallenem Schwefel, mit etwas kaustischem Kali digerirt, worauf er ausgewaschen und getrocknet wird. Diese Methode hat hauptsächlich den Vortheil, dafs man die Bildung des Zinnobers auf nassem Wege in wenigen Minuten in der Vorlesung zeigen kann.

Nach Becquerel's Angabe **) kann Schwefelblei folgendermaafsen auf nassem Wege krystallisirt erhalten werden: In eine unten verschlossene Glasröhre legt man Zinnober, steckt in dieselbe einen Bleistreifen, so dafs er den Zinnober berührt, giefst eine Lösung von Chlormagnesium darauf und verschliefst die Röhre luftdicht. Nach Verlauf einiger Wochen sieht man auf der inneren Seite der Röhre, zunächst über dem Zinnober, kleine tetraëdrische, graue, metallglänzende Krystalle sich bilden Schwefelblei.

*) Annalen d. Pharmac. V. 289., VII. 49.

**) Annales de Ch. et de Ph. LIII. 106.

und allmälig an Gröſse zunehmen; sie sind Schwefelblei. Das Blei ist hier gegen das Magnesiumsalz negativ, es wird etwas Magnesium reducirt, und Blei ersetzt dessen Stelle in Verbindung mit Chlor, so daſs die Flüssigkeit bleihaltig wird; zuletzt aber wird auch der Zinnober zersetzt, das Blei in der Flüssigkeit nimmt seinen Schwefel auf und krystallisirt damit, während das mit dem Zinnober in Berührung stehende Ende des Bleistreifens amalgamirt wird.

Arseniknickel. G. Rose *) hat die Krystallform des von Wöhler beschriebenen und untersuchten Arseniknickels (Jahresb. 1834, p. 119.) näher bestimmt. Es ist ein spitzes Quadratoctaëder, dessen Winkel von Rose angegeben werden. Es ist dieſs bis jetzt die einzige Verbindung zwischen Nickel und Arsenik, deren Krystallform mit Sicherheit bestimmt werden konnte.

Stickstoff-Eisen. Im Jahresbericht 1831, p. 86., erwähnte ich der Versuche von Despretz über die Veränderungen, welche Kupfer und Eisen beim Glühen in Ammoniakgas erleiden, so wie auch seiner Gründe für die Vermuthung, daſs sich dabei die Metalle mit Stickstoff verbinden. Zufolge eines späteren Versuchs**) erklärt er, Eisen und Kupfer durch Erhitzen in wasserfreiem Stickgas direct mit Stickstoff verbunden zu haben. Es ist dieſs, sagt er, das erste Beispiel einer Vereinigung mit Stickstoff durch unmittelbare Einwirkung zwischen Metall und Stickstoff. Ueber das Verhalten des Stickstoff-Metalles ist übrigens nichts weiter bekannt geworden, ungeachtet diese Entdeckung bereits im November 1832 in der Aka-

*) Poggend. Annal. XXVIII. 433.

**) Journ. de Ch. med. IX. 48.

mie der Wissenschaften zu Paris mitgetheilt worden ist.

Berthier *) hat eine Untersuchung über die Zusammensetzung des Roheisens und des Stahls angestellt. Er geht die meisten der gewöhnlicheren analytischen Methoden durch, nämlich: 1) Die Auflösung in Salpetersäure, wodurch in Wasser lösliche, kohlehaltige Substanzen gebildet werden. 2) Schmelzen des gepulverten Metalles mit Salpeter und Bestimmung der Kohlensäure aus der alkalischen Masse, was unbequem ist. 3) Verbrennen in Sauerstoffgas; geht recht gut, das Metall muſs aber sehr fein zertheilt sein; das Gas wird in Kalkwasser aufgefangen. 4) Glühen mit anderen Metalloxyden, namentlich mit Quecksilberoxyd, und Messen des erhaltenen Kohlensäuregases, welches mit kaustischem Kali absorbirt wird. Diese Methode ist von Gay-Lussac angewendet worden. Berthier hält Bleioxyd für am geeignetsten dazu. Ein Uebelstand ist wiederum die Nothwendigkeit, das Metall zu pulverisiren. 5) Oxydation auf nassem Wege mit chlorigsaurer Kalkerde. Nach einigen Tagen ist das Eisen in Oxydhydrat verwandelt, welches bei der Auflösung in Salzsäure die Kohle ungelöst läſst; gibt Verlust an Kohlenstoff, besonders wenn das Eisen Kiesel enthält. 6) Oxydation in Wasser auf einem Kuchen von geschmolzenem Chlorsilber; geht gut, enthält aber das Eisen Kiesel, so verliert man Kohlenstoff, wie weiter unten angeführt ist. 7) Erhitzen in Chlorgas; unsicher, weil durch die Feuchtigkeit Kohlensäure entsteht, die verloren geht. 8) Oxydation mit Chlorwasser geht zu langsam. 9) Oxydation von 1 Th. Eisen mit 3,5 Th. Brom und

Roheisen und Stahl, Analyse derselben.

*) Annales des Mines, II. 209. März, April 1833.

30 Th. Wasser. 10) Oxydation mit reinem, unsublimirtem Jod, $4\frac{1}{2}$ Th. auf 1 Th. Eisen. Die Methoden mit Chlorsilber, Brom und Jod gelingen alle gleich gut und gehen ziemlich rasch. Sie sind bei solchem Roheisen anwendbar, welches mit Holzkohlen erblasen wird und nur sehr wenig Kiesel enthält. Aber das mit Coaks erblasene, welches 1 bis 4 Proc. Kiesel enthält, kann auf diese Weise nicht analysirt werden, aus dem Grunde, weil der Kiesel, der sich nicht mit dem Salzbilder verbindet, sich stets unter Wasserstoffgas-Entwickelung auf Kosten des Wassers oxydirt, wobei bis zu $1\frac{1}{2}$ Procent Kohlenstoff verloren gehen können, in einer neugebildeten Verbindung, welche wahrscheinlich dieselbe ist, die der Masse den bituminösen Geruch ertheilt. 11) Erhitzen mit Salmiak glückt unvollständig. 12) Die Methode, der Berthier den Vorzug gibt, ist folgende: Man zerstöfst das Roheisen oder feilt den ungehärteten Stahl auf einer harten Feile zu feinem Pulver, und läfst dieses in einem weiten Gefäfs, z. B. in einem Porzellanmörser, mit ganz wenigem destillirten Wasser übergossen, sich oxydiren, indem man die Masse täglich mit einem Pistill umrührt, den oxydirten Theil abgiefst, sammelt und auf den Rückstand neues Wasser gibt. Der Zusatz eines aufgelösten Eisensalzes, oder selbst von etwas Kochsalz, beschleunigt die Operation, die 8 bis 10 Tage erfordert. »Zuletzt,« sagt er, »wenn alles Eisen vollständig oxydirt ist, sammelt man alles gebildete abgegossene Oxyd, setzt Salzsäure in Ueberschufs zu, verdunstet zur Trockne, übergiefst den Rückstand mit etwas sauer gemachtem Wasser, wäscht das Ungelöste aus, glüht es in einer Glasröhre, wägt es, glüht es so, dafs alle Kohle oxydirt wird, und bestimmt nun aus dem Gewichtsverluste

den

Kohlenstoffgehalt. Der Rückstand ist ein Gevon Kieselsäure und Schlackenpulver; die
kann durch eine kochende Lauge von koh-
Kali ausgezogen werden, und die Schlacke
zurück und kann gewogen werden.« Bei die-
Verfahren kann Verschiedenes eingewendet wer-
Berthier verwirft das Glühen in Sauer-
oder mit Metalloxyden aus dem Grunde,
dazu die Pulverisirung des Metalles erforderlich
was auch in der That den schwierigsten Theil
Analyse ausmacht; dafür aber geben diese Me-
den Kohlenstoff als kohlensauren Kalk, —
zige sichere Art den Kohlenstoffgehalt zu be-
; auch kann der Versuch in einigen Stun-
geführt werden. Die von Berthier vor-
e Methode hat denselben Uebelstand, dafs
Pulverisirung des Metalles erfordert, und
zuerst 8 bis 10 Tage zur Oxydation, aufser
tion zur Bestimmung des Kohlenstoffs, wel-
dem Glühen in einer Glasröhre, zur Ent-
der Feuchtigkeit, durch den geringsten Ge-
an zurückgebliebenem Eisenoxyd, so wie auch
den Luftgehalt der Röhre selbst, Veranlas-
zu Verlust an Kohlenstoff geben mufs.

Folgendes sind die Resultate der angestellten
:

Roheisen mit Holzkohle erblasen, von

,0323|0,0380|0,0312|0,0400|0,0470|0,0410|0,0395

Roheisen mit Coaks erblasen, von

	Firmy	Janon	Charleroy	England	Fine-Metall von Firmy		
Kohlenstoff . .	0,0300	0,0430	0,0230	0,0220	0,0170	0,0110	0,0100
Kiesel	0,0450	0,0350	0,0350	0,0250	0.0050	0,0025	0,0015
	0,0750	0,0780	0,0788	0,0470	0,0223	0,0135	0,0115

Stahlarten.

	Engl. Brennstahl	Wootz	Gufsstahl	Hausmanns-stahl
Kohlenstoff . . .	0,0187	0,0150	0,0165	0,0133
Kiesel	0,0010	0,0060	0,0010	0,0005
	0,0197	0,0210	0,0175	0,0138

Im Jahresb. 1832, p. 128., führte ich Analysen von Roheisen und Stahl an, die unter Gay-Lussac's Leitung von Wilson angestellt worden waren, und worin die Kohlenstoffgehalte ungefähr nur halb so grofs sind, als in den obigen Analysen. Hieraus scheint hervorzugehen, dafs auf der einen oder der anderen Seite die Bestimmungsmethode fehlerhaft war. Ich habe Grund zu vermuthen, dafs Berthier's Angaben dem richtigen Verhältnifs näher kommen, wenigstens stimmen sie mehr mit den von mir in Roheisen gefundenen Kohlenstoffgehalten überein.

Proportionirtes Kohlenstoffeisen.

Bei dieser Untersuchung fand Berthier, dafs, wenn Gufsstahl mit einer, zur völligen Ausziehung des Eisens unzureichenden Menge Jods oder Broms behandelt wurde, eine graphitartige Masse zurückblieb, welche die Form des Eisens hatte, aber zwischen den Fingern zerdrückt werden konnte. Die Beschreibung davon stimmt ganz mit den Characteren der Masse überein, die von eisernen Kanonen übrig bleibt, wenn sie lange auf dem Boden des Meeres gelegen haben. Die Masse wurde durch mehr Brom oder Jod in Kohle und in sich auflösendes Eisensalz zersetzt. Sie bestand aus 81,7 Eisen und 18,3 Kohle = FeC; sie wird vom Magnet gezogen. So lange noch im Innern eine Portion Stahl unzersetzt übrig war, wurde diese Masse vom Salzbilder nicht zersetzt.

Schwefeleisen.

In einer Abhandlung über das Verhalten der Schwefelmetalle zu ihrem Radical, zu anderen Metallen und zu einander auf trocknem Wege, hat Fournet*) zu erweisen gesucht, dafs das Schwefeleisen, mit einer hinlänglichen Menge Kohlenpulvers gemengt, in Roheisen verwandelt werden könne, — eine Angabe, die denen Anderer widerstreitet. Aus seinen übrigen Versuchen kann ich nichts anführen, weil sie auf die leichte Art angestellt sind, dafs die Zusammensetzung der Schmelz-Producte nach dem Wägen vermuthet, und nicht durch Versuche bestimmt wurde.

Cerium. Leichte Reductionsart desselben.

Göbel **) gibt an, dafs wenn man in einem Destillationsgefäfs ameisensaures Ceroxydul der Weifsglühhitze aussetzt, ein stahlgraues Pulver zurückbleibt, welches durch Druck Metallglanz annimmt. Es enthalte etwas Ceroxydul, welches sich durch Salzsäure oder Salpetersäure ausziehen lasse, von denen das Metall nicht angegriffen werde. Von Königswasser werde es aufgelöst, und beim Verdunsten erhalte man Cerchlorür. Göbel gibt nicht an, wie sich sein Cerium beim Erhitzen an der Luft verhält. Bekanntlich hat das von Mosander reducirte Cerium ganz andere Eigenschaften. Das zu seinen Versuchen angewandte ameisensaure Cer-

*) Annales des Mines, IV. 1. u. 225.

**) N. Jahrb. d. Ch. u. Ph. VII. 78.

oxydul war ein sehr schwerlösliches, strohgelbes Pulver.

Cerium, angeblicher Bestandtheil von Meteorsteinen.

Bei einer Analyse des bei Stannern gefallenen Meteorsteins hat v. Holger*), aufser solchen Bestandtheilen, wie sie bei seinen Analysen gewöhnlich sind, als z. B. metallisches Calcium, Magnesium und Aluminium, noch zwei andere, der uranischen Mineralogie fremde gefunden, nämlich Zinn und Cerium. Die Art ihrer Auffindung war folgende: Das Meteorsteinpulver wurde in Salzsäure aufgelöst, wobei sich Schwefelwasserstoffgas entwickelte, die Auflösung abgegossen, neutralisirt und mit benzoësaurem Kali gefällt. Der Niederschlag war nicht roth, sondern weifs, war also nicht blofs Eisen. Nun suchte v. Holger nach, welche Basen von benzoësaurem Alkali gefällt werden können; es waren diefs die Salze von Eisen, Silber, Kupfer, Blei, Zinn, Quecksilber und Cerium. Da sich bei der Auflösung Schwefelwasserstoffgas entwickelte, so konnte in dem Niederschlage nicht Kupfer, Silber, Quecksilber oder Blei enthalten sein. Es bleiben also Eisen, Cerium und Zinn übrig, die darin enthalten sein müssen. Der Niederschlag wurde geglüht und mit Chlor gekocht (was damit gemeint ist, wird nicht erklärt), wobei sich Eisenoxyd und Ceroxydul auflösten und das Zinnoxyd, welches durch das Glühen seine Löslichkeit verloren hatte, zurückblieb. Dafs diefs Zinnoxyd war, bewies v. Holger nicht dadurch, dafs es vor dem Löthrohr mit kohlensaurem Natron Zinnkugeln gab, sondern dadurch, dafs es von kaustischem Kali aufgelöst und daraus gefällt wurde (wie, ist nicht ange-

*) Baumgartner's Zeitschrift, II. 293.

...), worauf es blendend weiſs wurde; nach dem ...hen wurde es als Zinnoxyd berechnet. Einen ...eren Beweis, daſs es Zinnoxyd war, fand er ..., daſs es von Zink als eine weiſse gelatinöse ... gefällt wurde. v. Holger scheint es unbe... gewesen zu sein, daſs auch Thonerde aus ... neutralen Auflösungen von benzoësaurem Al... gefällt wird, und daſs daher ausdrücklich vor...rieben ist, daſs, vor der Anwendung des letz... bei einer Analyse, die Thonerde mit kausti... Kali abgeschieden sein muſs. — In der sau... Auflösung bildete schwefelsaures Kali einen be...den weiſsen Niederschlag; dieser wurde mit ...ischem Kali gekocht, der Rückstand als Cer...dul betrachtet, und darnach der Ceriumgehalt ...net. Hierbei scheint v. Holger nicht be... zu haben, daſs, auſser dem Cerium, noch meh... andere Körper auf diese Weise abgeschieden ... können, und daſs, wenn ein Ceroxydulsalz ... Kali gekocht wird, in Folge der raschen Oxy... an der Luft gelbes Ceroxydhydrat, und beim ... unvermeidlich ziegelrothes Oxyd entsteht. ... hat es als Oxydul berechnet; daraus kann ... schlieſsen, daſs sein Niederschlag weiſs geblie...ist, und daſs er kein Cerium war.

Mangansuperoxyd. Probe auf dessen Sauerstoffgehalt.

Nach Göbel's Angabe *) kann man das Man...peroxyd künstlich darstellen, wenn man koh...res Manganoxydul vorsichtig mit chlorsaurem ... erhitzt. Beim Behandeln der Masse mit Was... bleibt das Superoxyd in Gestalt eines glänzen... schwarzen Pulvers zurück. — Als eine gute ... auf den Sauerstoffgehalt des käuflichen Braun-

*) N. Jahrb. d. Ch. u. Ph. VII. 77.

steins gibt Göbel folgendes Verfahren an: Man vermischt ihn als feines Pulver mit verdünnter Schwefelsäure und Ameisensäure, erhitzt die Masse, bis alle Gasentwickelung aufgehört hat, sammelt das Gas auf (oder läfst es, nach Liebig's Methode, von kaustischem Kali aufsaugen), und berechnet darnach den Sauerstoffgehalt, indem die Hälfte des Sauerstoffs in der Kohlensäure vom Superoxyd herrührt.

Salze. Verbindungen von Chlorüren mit Chromsäure.

Peligot *) hat eine neue Klasse von salzartigen Verbindungen entdeckt, worin die Chromsäure mit Chlorüren verbunden ist. Sie werden sehr leicht erhalten, wenn man die Bichromate in Salzsäure von einer gewissen Concentration auflöst (zu starke Säure zersetzt, unter Entwickelung von Chlor, die Chromsäure), und bei gelinder Wärme verdunstet, wobei die neue Verbindung krystallisirt. Das Kaliumsalz wird am leichtesten erhalten; es krystallisirt in geraden Prismen mit rechtwinkliger Basis, von derselben Farbe wie das zweifach-chromsaure Kali, und ist in der Luft unveränderlich. Es enthält kein Wasser, und besteht, nach Peligot's Analyse, aus 41,29 Chlorkalium und 58,21 Chromsäure (Verlust 0,5), was $KCl + 2\dot{C}r$ entspricht. Bei der Bildung dieses Salzes zersetzt die Salzsäure nicht die Chromsäure, sondern das Kali, und deshalb entsteht Chlorkalium, welches mit der Chromsäure verbunden bleibt. Von Wasser wird das Salz wieder zersetzt, es bildet sich wieder Salzsäure und Bichromat, und zur Bildung des Salzes ist nothwendig erforderlich, dafs die Flüssigkeit, woraus es sich absetzt, einen Ueberschufs an Salzsäure enthalte. Peligot hat analoge Verbindungen mit Natrium, Ammonium, Calcium und

*) Annales de Ch. et de Ph. LII. 267.

Magnesium hervorgebracht; sie sind alle zerfliefslich, mit Ausnahme des Ammoniumsalzes. Mit Barium und Strontium konnten sie nicht hervorgebracht werden; Chlorbarium und Chlorstrontium schieden sich dabei ohne Chromsäure ab. Peligot betrachtet in diesen Verbindungen das Chlorür als Basis in Beziehung zur Chromsäure, und nach seiner Meinung ist die Sache so einfach und entschieden, dafs man bald Verbindungen zwischen Sauerstoffsäuren und Fluorüren, Cyanüren, Sulfüren u. a. entdecken werde, ohne dafs er jedoch selbst Versuche zur Hervorbringung noch anderer Verbindungen der Art gemacht zu haben scheint. Dafs sich eine Sauerstoffsäure mit einem Haloïdsalz zu einem sauren Salz verbindet, möchte wohl bei dem ersten Blick nicht sonderbarer erscheinen, als dafs sie sich mit einem Sauerstoffsalz verbindet; allein bis jetzt haben wir doch in den beiden Klassen von Salzen kein Beispiel, dafs ein Salz durch eine andere als seine eigene Säure sauer wird, z. B. schwefelsaures Kali durch Schwefelsäure, Fluorkalium durch Fluorwasserstoffsäure. Es ist daher die von Peligot entdeckte Verbindungsweise ungewöhnlich und bemerkenswerth, wie man sie auch nehmen mag.

Eine hierher gehörende, besonders interessante Verbindung war schon vor Peligot von H. Rose nachgewiesen worden *), ohne dafs man aber daraus auf eine gröfsere Allgemeinheit dieser Verbindungsart hätte schliefsen können. Dieser Körper war nämlich die Verbindung der Chromsäure mit dem Superchlorid des Chroms. Rose fand, dafs dieser gasförmige, leicht coërcibele Körper, der durch

*) Poggend. Annal. XXVII. 570.

Destillation eines Gemisches von chromsaurem Kali, Kochsalz und Schwefelsäure erhalten wird, und den man für ein der Chromsäure proportionales Chlorchrom hielt, Sauerstoff enthält, und viel weniger Chlor, als der vermutheten Zusammensetzung entspricht. Bei der Analyse fand er 35,38 Chlor, 44,51 Chrom und 20,11 Sauerstoff, was 3 At. Chrom, 6 At. Chlor und 6 Atomen Sauerstoff entspricht, und also die Formel $CrCl^6 + 2\ddot{C}r$ gibt, oder ein Atom von einem der Chromsäure proportionalen Chromsuperchlorid, verbunden mit 2 At. Chromsäure. In isolirtem Zustand konnte dieses Superchlorid nicht hervorgebracht werden. Entsprechende Verbindungen mit Jod und Brom wurden nicht erhalten. Das bekannte Chromsuperfluorid enthielt keine Chromsäure; es enthielt aber, entweder chemisch gebunden oder blofs eingemengt, eine Portion Fluorwasserstoffsäure, deren Wasserstoffgehalt Rose für nicht sicher erwiesen glaubt, indem er es für wahrscheinlicher hält, dafs dieser Körper eine Verbindung von 1 At. Chrom und 5 At. Fluor sei. Allein Dieses Verhältnifs kann nicht angenommen werden; denn die abgekühlte und condensirte Verbindung wird von Wasser in Fluorwasserstoffsäure und Chromsäure ohne alle Entwickelung von Sauerstoffgas zersetzt, welches letztere sich doch in Menge entwickeln müfste, wenn $\frac{2}{5}$ des Fluors sich auf Kosten des Wassers in Fluorwasserstoffsäure verwandeln würden. Eben so wenig findet man, dafs das Platin der Gefäfse Fluor aufnimmt.

Tripel-Cyanüre.

Im Jahresb. 1833, p. 147., erwähnte ich der Entdeckung von Mosander, dafs sich das Kaliumeisencyanür mit anderen Doppelcyanüren verbinden könne. Mosander hat nun eine Abhandlung über

Versuche mitgetheilt *), welche die Verbindun-
des Kaliumeisencyanürs mit Calcium-,
gnesium-, Barium-, Mangan-, Zink-, Sil-
- und Kupfer-Eisencyanür betreffen. Diese
ndungen entstehen, wenn etwas concentrirte
en der Salze dieser Basen zu überschüssigem
meisencyanür gemischt werden, wobei sich die
indung entweder sogleich niederschlägt, oder
nach und nach abzusetzen anfängt. Das ge-
te Zusammensetzungs-Verhältnifs ist ein
von jedem Doppelsalze. Die meisten enthal-
ein Wasser. Das Bariumsalz enthält jedoch
auf jedes Atom Eisencyanür. Das Zink-
steht aus 1 Atom Kaliumeisencyanür und 3
Zinkeisencyanür mit 3 Atomen Wasser für
Atom Eisencyanür. Das Silbersalz enthält 2
Silbereisencyanür ohne Wasser. Aus einem
chufs vorhandenen Silbersalze fällt reines
cyanür. Dieser Niederschlag wird von
urem Silberoxyd auf eine verwickelte Art

Die p. 111. angeführten Ansichten von Gra- *Graham's Versuche üb. phosphors. u. arseniksaure Salze.*
über die drei verschiedenen Zustände der Phos-
e, gründen sich auf Versuche über Eigen-
keiten im Verhalten verschiedener phosphor-
Salze, die alle Aufmerksamkeit verdienen **).

Wenn man zur Auflösung von gewöhnlichem *Phosphors. u. arseniks. Natron mit Ueberschufs an Basis.*
rsauren oder arseniksauren Natron eine Auf-
von Natronhydrat mischt, welches wenigstens
so viel betragen mufs, als das Salz schon ent-
(wovon aber ein Ueberschufs nicht schadet),
verdunstet diese Auflösung unter einer Glocke

*) Kongl. Vet. Acad. Handl. 1833. p. 199.
**) Phil. Transactions, 1833. Vol. II. p. 253.

über Schwefelsäure, oder auch durch rasches Einkochen bis zum Salzhäutchen, so dafs das Alkali keine Kohlensäure anziehen kann, so krystallisirt ein basisches Salz in sechsseitigen Prismen, zuweilen mit schiefer Abstumpfung der Enden, in welchem 1 Atom Säure mit 3 Atomen Natron verbunden ist. Die alkalische Mutterlauge enthält wenig oder kein Salz mehr aufgelöst, wenn sie durch Kochen concentrirt war; durch Auflösen in dem doppelten Gewichte siedenden Wassers und Umkrystallisiren beim Erkalten kann man das Salz reinigen. An der Luft verändert sich das trockene Salz nicht, aber das feuchte oder aufgelöste zieht Kohlensäure an. Beide Salze sind vollkommen gleich im Ansehen, in Krystallform und übrigen Verhältnissen. Sie schmecken alkalisch, werden auf nassem Wege von den schwächsten Säuren, selbst Kohlensäure, zersetzt, entbinden Ammoniak aus Ammoniaksalzen, und verhalten sich zu Chlor, Brom und Jod, als wäre $\frac{1}{3}$ vom Alkali frei. 100 Th. Wasser von +15°,5 lösen vom phosphorsauren Salz 19,6 Th., und vom arseniksauren 28 Th. auf. Das erstere schmilzt bei +76°,5, und das letztere bei +82°,25. Diese Salze enthalten Krystallwasser, welches sie nicht ganz beim Trocknen bis zum Glühen verlieren, sondern wovon sie ungefähr $\frac{1}{2}$ Procent zurückhalten, welches nicht eher weggeht, als bis das Ňatron mit einem anderen Körper gesättigt wird, z. B. durch Zusatz von zuvor geschmolzenem und wasserfreiem Biphosphat oder Biarseniat. Das ohne diesen Zusatz weggehende Wasser entspricht genau 23 Atomen. Was nachher wegging, entsprach bei Graham's Versuchen $\frac{1}{2}$ Atom; er glaubt aber, dafs es ein ganzes sein müsse, und dafs das Salz 24 Atome enthalte, wovon 23 vor anfangendem Glühen weggeben, das 24ste aber, welches dann dem Natronhydrat angehört, erst bei dessen Sättigung mit einer Säure. Nach dieser Ansicht, nämlich 24 Atome, enthält das phosphorsaure Salz 56,03, und das arseniksaure 50,82 Procent Wasser. — Hat dieses Salz Gelegenheit Kohlensäure in geringer Menge aufzunehmen, so hält das krystallisirte Salz alsdann eine kleine Menge kohlensaures Natron hartnäckig zurück. — Selbst durch das stärkste Glühen wird dieses Salz nicht in Clarke's Pyrophosphat verwandelt, und diefs gilt im Allgemeinen für alle Salze, in denen die Phosphorsäure mit 3 Atomen einer nicht flüchtigen Basis verbunden ist.

Dagegen kann auch nicht das Pyrophosphat durch Vermischen mit Natronhydrat und Kochen in das vorhergehende basische Salz verwandelt werden, so lange nicht das Gemische eingetrocknet wird; denn alsdann geschieht der Uebergang leicht, selbst bei Anwendung von kohlensaurem Natron. Aus der, mehrere Stunden lang gekochten, alkalischen Flüssigkeit krystallisirt das Pyrophosphat unverändert. Diefs ist natürlicher Weise eines der Grundverhalten, auf welchen Graham's Ansicht von der Ungleichheit der Säuren beruht.

Basische Phosphate u. Arseniate von Baryt, Kalk, Silber und Blei.

Das basische phosphorsaure oder arseniksaure Natron fällt die Silber-, Blei-, Baryt-, Kalk- und andere Salze, in der Art, dafs die Lösung neutral, und ein Phosphat oder Arseniat gefällt wird, worin die Säure 3 Atome von der Erde oder dem Metalloxyd aufnimmt. Besonders analysirt wurden das Blei- und das Barytsalz; das einzige aber, das Zweifeln unterworfen sein konnte, das Kalksalz, hat er nicht analysirt, und hat das mit seiner Theorie nicht recht wohl harmonirende Verhalten unberücksichtigt gelassen, dafs nämlich gewöhnliches phosphorsaures Natron (welches sich übrigens durch das eine basische Wasseratom, bei der Fällung mehrerer Metallsalze, wie das basische Salz verhält) beim Eintropfen in eine Lösung von Chlorcalcium ein ganz anderes Kalksalz gibt, als das ist, welches man erhält, wenn man umgekehrt die Chlorcalcium-Lösung in das phosphorsaure Natron eintropft. Das letztere ist das gewöhnliche Knochenerdesalz. Dafs das, welches von dem basischen Natronphosphat gefällt wird, 3 Atome Basis enthält, ist eben sowohl möglich als glaublich; allein Grahm hat die Sache ganz ununtersucht gelassen, und hat sich blofs an das arseniksaure Salz gehalten. — In Betreff des Osteophosphats stellt er als möglichen Anlafs zum Zweifel an der von mir gegebenen Zusammensetzung das Resultat meiner Analyse der Ochsenknochen auf, worin zugleich Osteophosphat und kohlensaurer Kalk aufgenommen ist, indem er es für möglich hält, dafs die Kohlensäure im letzteren bei dem Glühen zu einem gewöhnlichen basischen Kalkphosphat hinzugekommen sei. Hierbei habe ich zu erläutern, dafs in meiner Abhandlung über die Analyse der Knochen ausdrücklich angegeben ist, dafs die Kohlensäure durch Auflösung von zerstofsenen, trocknen, noch ungebrannten Knochen, und Wägung des durch das Entweichen der Kohlensäure entstandenen Verlustes bestimmt, das Knochenphosphat durch kaustisches Ammoniak gefällt, und ohne allen Zusammenhang mit den übrigen Bestandtheilen der Knochen analysirt wurde. — Graham führt controlirende Versuche mit gebrannten Knochen an, woraus er ungewisse Resultate bekam, die nicht auf meine Versuche anwendbar sind, deren Einzelnheiten ihm nicht bekannt geworden zu sein scheinen.

Basisches

Auch mit Kali sollen entsprechende Salze erhlten werden; Graham hat sie aber nicht näher untersucht. Das Phosphat wurde durch Schmelzen des neutralen Salzes mit kohlensaurem Kali, Auflösen in Wasser und Krystallisiren erhalten. Es ist äufserst leicht löslich, aber nicht zerfliefslich. Es krystallisirt in Nadeln.

Phosphors. u. arseniks. Kali.

Graham's Untersuchungen über das zweifach-phosphorsaure Natron haben gezeigt, dafs dieses Salz in 5 bestimmt verschiedenen Zuständen erhalten werden kann.

Zweifach-phosphors. Natron.

1) In dem gewöhnlichen, welches entsteht, wenn phosphorsaures Natron mit Phosphorsäure übersättigt und krystallisirt wird. Dieses Salz ist $=\dot{N}a\ddot{\ddot{P}}+4\dot{H}$. Setzt man es einer Temperatur von $+100^{\circ}$ aus, so verliert es die Hälfte seines Wassers und nicht im Mindesten mehr. Es besteht nun aus Phosphorsäure, verbunden mit 1 Atom Natron und 2 Atomen Wasser als Basis, es gibt also noch mit Silberauflösung das gelbe basische Salz, in welchem Silberoxyd sowohl die Natron- als die Wasseratome ersetzt *).

2) Wird dieses, im Wasserbade getrocknete Salz bis zu 190° oder etwas darüber, nur nicht bis zu 204°, erhitzt, so verliert es noch 1 Atom Wasser, und die Säure ist darin mit 1 Atom Natron und 1 Atom Wasser, oder zusammen mit 2 Atomen verbunden. Es ist nun Bipyrophosphat, reagirt auf freie Säure, enthält dieselbe Säure, wie

*) Ich habe gefunden, dafs mit Hülfe der Wärme das Silberoxydsalz in Phosphorsäure aufgelöst und in farblosen Krystallen angeschossen erhalten werden kann; diese werden von Wasser unter Abscheidung des gelben Salzes zersetzt. Graham wird dieselben als ein Salz mit Silberoxyd und Wasser betrachten, worin 1 oder 2 Atome vom Oxyd durch basisches Wasser verdrängt sind.

Clarke's Pyrophosphat, und gibt mit Metallsalzen dieselben Niederschläge, wie dieses. Es ist in Wasser leichtlöslich, und bekommt durch Kochen damit seine früheren Eigenschaften nicht wieder. Es kann zu einer weiſsen Salzkruste eingetrocknet und wieder unverändert aufgelöst werden; es ist nicht krystallisirbar, und fällt das salpetersaure Silber weiſs, pulverförmig, wie das Pyrophosphat, in welches es durch Sättigung mit Natron übergeht.

3) Wird das Salz bis zwischen + 204° und 250° erhitzt, so verliert es mehr oder weniger von dem letzten Wasseratom, und es ist nun ein Gemenge von zwei Modificationen von Salz, von denen die eine leichtlöslich, und die andere unlöslich oder fast unlöslich ist. Das ungelöste ist das Metaphosphat von Natron. Die Lösung hat nun ihre saure Reaction verloren und ist neutral. Sie gibt aber mit Erd- und Metall-Salzen dieselben Niederschläge, wie das Pyrophosphat.

4) Wird das Salz über + 250°, aber nicht bis zu völlig anfangendem Glühen erhitzt, so hat man die Verbindung derselben Säure mit Natron in der Modification, wobei die ganze Menge des Salzes in Wasser unlöslich oder fast unlöslich ist. Das entsprechende phosphorsaure Kali wird stets in dieser unlöslichen Form erhalten, wie stark es auch erhitzt sein mag.

5) Wird dasselbe Salz bis zum anfangenden Glühen erhitzt, so wird es in seiner 5ten Modification erhalten, wiewohl es dennoch nichts Anderes als Metaphosphat von Natron ist; aber es ist in Wasser löslich, und kann verdunstet werden, ohne daſs es sich dann ändert, und ohne daſs es krystallisirt zu erhalten ist. Die wäſsrige Lösung dieses Salzes in diesem Zustande röthet schwach Lack-

papier; sie wird aber durch einen geringen Zu- von Alkali neutralisirt, so-dafs, durch Zusatz 4¼ Procent vom Gewicht des geschmolzenen es an kohlensaurem Natron, die Lösung ent- ieden alkalisch wird; beim Concentriren wird es rig, und trocknet zuletzt zu einer durchsichti-, gummiartigen Masse ein. In Alkohol ist es lich. Es enthält, in völlig trockner Form, 1 m Krystallwasser, aber dieses ist nicht basisch. d das Salz bis zu +205° erhitzt, so wird das ser basisch darin, und das Salz enthält nun lbe Säure, wie Clarke's Pyrophosphat, d. h. ibt mit Silbersalzen dieselben Niederschläge, wie s, und ist zur anderen Modification übergegan-. Wird das Natron-Metaphosphat mit kausti- m Natron vermischt und damit gekocht, oder t man sie auch nur bei gelinder Wärme zu- m zur Trockne ab, so verändert sich die Mo- tion der Säure darin nicht, und man erhält kein ches Salz. Trocknet man es aber auf einer erhitzten Sandkapelle ein, so wird es, wenn Alkali hinreichte, in gewöhnliches basisches phos- saures Natron verwandelt.

Wird die Phosphorsäure durch Verbrennen des phors bereitet, oder glüht man die gewöhnliche nge, dafs weniger als 2 Atome Wasser zurück- en, so ist nun viel Metaphosphorsäure darin, ist blofs 1 Atom oder noch weniger übrig, so m die reine Säure, welche durch Sättigung Basen die Metaphosphate hervorbringt. Diese n auch durch doppelte Zersetzung mit dem nsalz erhalten werden. Die unlöslichen Salze n aus einer verdünnten Auflösung schwierig t. Die Flüssigkeit sieht aus, als wäre sie mit m sich schwer abscheidenden flüchtigen Oele ge- Metaphosphate.

mengt. Viele von ihnen sind im angesammelten Zustande halbliquid, terpenthinartig. Graham erklärt die von mir beschriebenen klebrigen Phosphate von Silber und Kalkerde für Metaphosphate. Werden sie lange mit Wasser gekocht, so nehmen sie zuletzt basisches Wasser auf, die Flüssigkeit wird sauer und fällt die Silbersalze mit gelber Farbe. Barytwasser, in eine Lösung von Metaphosphorsäure getropft, fällt sogleich Metaphosphat in Gestalt weifser, in überschüssiger Säure unlöslicher, aber in Natron - Metaphosphat löslicher Flocken. Nach dem Auswaschen und Trocknen bei + 310° bildet dieses Salz spröde Massen, die im Glühen Wasser geben und halb schmelzen; nachher ist es in reiner Salpetersäure sehr schwerlöslich (was jedoch auf zu geringer Verdünnung beruht haben kann). Das Kalksalz ist ein farbloser, halb liquider, klebriger, in Wasser unlöslicher Körper. — Fernere Verbindungen dieser höchst interessanten Modification der Phosphorsäure hat Graham nicht untersucht. Es wäre z. B. wichtig gewesen zu wissen, wie sich Kali auf nassem Wege sowohl zu der Säure als zum Natron-Metaphosphat verhalten hätte. Auch das Verhalten des Ammoniaks wäre vielleicht aufklärend gewesen. Indessen halte ich diese Arbeit für eine der wichtigeren, welche im Laufe des Jahres bekannt gemacht worden sind.

Borsaure Salze. In einer an die Königl. Akademie der Wissenschaften eingereichten, noch ungedruckten Abhandlung habe ich gezeigt, dafs die Borsäure eine eigene Klasse von Salzen hat, in denen sich der Sauerstoff der Säure zu dem der Basis = 3:1 verhält. — Wird eine Lösung von Borax mit kohlensaurem Natron vermischt und gekocht, so wird während des Kochens beständig Kohlensäuregas entbunden. Diefs [illegible] beweist also, daſs der Borax nicht als die [illegible] Verbindung der Borsäure mit Natron be[illegible] werden kann. Werden Borax und kohlen[illegible] Natron zu gleichen Atomgewichten innig mit [illegible] vermischt und erhitzt, so erhält man eine [illegible] Masse, die selbst bei Weiſsglühhitze [illegible] schmilzt, und welche alles Wasser des Borax [illegible] alle Kohlensäure des Natrons verloren hat. Sie [illegible] Na$\ddot{\bar{B}}$. Sie löst sich leicht in Wasser, und [illegible] aus einer concentrirten Auflösung in groſsen [illegible] Krystallen angeschossen erhalten wer[illegible] die 8 Atome Wasser enthalten. Dieses Salz [illegible] kaustisch alkalisch und zieht aus der Luft [illegible] an. Es schmilzt bei + 57° in seinem [illegible]wasser, erstarrt aber nicht beim Erkalten, [illegible] kann mehrere Tage bei 0° erhalten wer[illegible] die Krystallisation wieder beginnt, wobei [illegible] erstarrt. Die dabei sich bildenden Kry[illegible] enthalten nur 6 Atome Wasser.

[illegible] Kali gibt die Borsäure ein entsprechendes [illegible] in Wasser zu leichtlöslich ist, als daſs es [illegible] krystallisirt zu erhalten wäre. Es schmilzt [illegible] Rothglühhitze. — Die wäſsrige Auflösung [illegible] Salze schlägt aus den Auflösungen der Salze [illegible] Basen borsaure Salze von derselben Sätti[illegible] nieder.

Wöhler*) erhielt das entsprechende Talk[illegible] auf folgende Art krystallisirt: Eine Lö[illegible] von schwefelsaurer Talkerde wurde mit einer [illegible] von Borax vermischt und erhitzt, wodurch [illegible] Niederschlag entstand, der sich beim [illegible] der Flüssigkeit wieder vollständig auflöste. [illegible] blieb im Winter mehrere Monate lang an

*) Poggend. Annal. XXVIII. 525.

einem Orte stehen, wo die Temperatur öfters bis fast zu 0° sank. Unterdessen schofs ein Salz in, dem Mesotyp ähnlichen, Gruppen feiner, langer, nadelförmiger Krystalle an. Dieses Salz war in kaltem und kochendem Wasser ganz unlöslich. Von Salzsäure wurde es aufgelöst, und von Ammoniak daraus wieder in feinen Krystallnadeln gefällt. Es war $\dot{Mg}\dddot{B}+8\dot{H}$.

Aus der Auflösung, woraus sich dieses Salz abgesetzt hatte, krystallisirte nachher ein Doppelsalz in grofsen Krystallen, welche 52½ Procent Krystallwasser, aber keine Schwefelsäure enthielten. Beim Erhitzen trübt sich die Auflösung dieses Salzes und läfst eine weifse, pulverförmige Verbindung fallen, die sich beim Erkalten der Flüssigkeit wieder auflöst. Weder das Doppelsalz, noch dieser weifse Niederschlag sind analysirt worden. Der letztere schien ein basisches Salz zu sein, welches beim Auswaschen einen grofsen Theil der Borsäure verliert.

Tellurigsaure Salze.

In den vorhergehenden Jahresberichten habe ich einige der Resultate angeführt, die ich bei meinen Untersuchungen über das Tellur erhalten habe, deren erste Abtheilung, enthaltend die Verbindungen des Tellurs mit Sauerstoff und seine Salze, in den Kongl. Vetenskaps-Academiens Handlingar för 1833, p. 227., enthalten ist. Aus dem Inhalt dieser Abhandlung habe ich noch in der Kürze und im Allgemeinen der Salze des Tellurs zu erwähnen.

Die *tellurigsauren Salze* mit den Alkalien sind in Wasser löslich, die mit den alkalischen Erden höchst schwer löslich, so dafs sie gefällt, beim Auswaschen aber aufgelöst werden; die mit den eigentlichen Erden und Metalloxyden sind unlöslich. Mit den Alkalien und den alkalischen Erden gibt die

rige Säure Salze in drei Sättigungsgraden: neu-
, zweifach- und vierfach-tellurigsaure Salze. Die
ralen, aus 1 Atom Basis und 1 Atom Säure,
lt man am besten durch Zusammenschmelzen
wogener Quantitäten der Säure und des koh-
uren Alkali's. Im Glühen wird die Kohlen-
e ausgetrieben, das Salz schmilzt und schiefst
hnlich beim Erstarren in sehr regelmäfsigen
allen an. In Wasser ist es leicht löslich, es
ckt kaustisch alkalisch, und zieht aus der Luft
säure und Wasser an, indem sich kohlen-
s und saures tellurigsaures Alkali bildet. Bei
ung der Kohlensäure können sie während
ach dem Abdampfen krystallisirt erhalten wer-
Die zweifach-tellurigsauren Alkalien können
f trocknem Wege erhalten werden; auch sie
llisiren beim Erkalten. Von kaltem Was-
rden sie, unter Abscheidung von telluriger
, zersetzt; von kochendem Wasser aber wer-
sie unzersetzt aufgelöst, aus welcher Auflösung
Erkalten, mehrentheils in schuppigen Krystal-
als vierfach-tellurigsaures Salz mit Krystallwas-
chiefst. Dieses Salz ist dann weder in kal-
och warmem Wasser löslich. Ersteres zieht
das Salz aus, unter Abscheidung von telluri-
ure, welche die Form der Schuppen behält,
etzteres löst zweifach-tellurigsaures Salz auf,
nterlassung einer fein zertheilten tellurigen
, die in die *Modification übergegangen ist,
aus der erkaltenden Auflösung schiefst wieder
ortion vierfach-tellurigsaures Salz an. Dieses
aber die Eigenschaft, sich beim Erhitzen unter
t von Wasser wie Borax aufzublähen, leicht
melzen und nach dem Schmelzen ein wasser-
s Glas zu bilden, welches von Wasser wie

das krystallisirte Salz zersetzt wird. Das Angeführte gilt für die Salze der Alkalien. In Betreff der speciellen Charactere der übrigen Salze verweise ich auf die Abhandlung.

Die *tellursauren Salze* haben dieselben Sättigungsgrade wie die tellurigsauren. Im Glühen werden sie zersetzt und geben Sauerstoffgas. Neutrales *tellursaures Kali* ist in Wasser leicht löslich, in Alkohol unlöslich, schmeckt kaustisch alkalisch, zieht aus der Luft Kohlensäure an, und ist krystallisirbar. Das zweifach-tellursaure Salz ist in kaltem Wasser schwer löslich, leichter löslich in kochendem, woraus es beim Erkalten erdig niederfällt. Das vierfach-tellursaure ist noch schwerer löslich und schlägt sich beim Erkalten der Lösung nieder. Beim Verdunsten derselben im Wasserbade bildet sich eine Portion weifses, pulveriges, schweres Salz, welches sowohl in kaltem als kochendem Wasser durchaus unlöslich ist; von Säuren wird es aber noch aufgelöst. Wird es bis zu ungefähr +200° erhitzt, so verliert es sein gebundenes Wasser, wird dunkel rothgelb, und nach dem Erkalten citronengelb. Auf nassem Wege ist es in allen Lösungsmitteln unlöslich. Es enthält die Tellursäure. Dasselbe Salz entsteht beim Erhitzen der tellurigen Säure mit Salpeter, bis zu einer noch nicht zum Glühen reichenden Temperatur, in welcher man die Masse so lange erhält, als sich noch Stickoxydgas entwickelt. *Tellursaures Natron.* Das neutrale ist in Wasser äufserst schwerlöslich. Das zwei- und vierfach-saure sind leicht löslich und trocknen zu gesprungenen, gummiähnlichen Massen ein. Gibt, wie das Kalisalz, ein in Wasser unlösliches weifses und gelbes vierfach-tellursaures Salz. Das *tellursaure Lithion* ist in Wasser leicht löslich. Die beiden

Salze sind gummiähnlich. Gibt, wie die vor-
en, ein weifses und ein gelbes unlösliches
llursaures Ammoniak kann in denselben
den erhalten werden wie jene, wenn
centrirte Salmiaklösung mit einem der vorden Salze von dem verlangten Sättigungs-
illt, und der Niederschlag mit Alkohol aus-
wird; in Wasser sind sie löslich, wer-
durch Abdampfen alle in vierfach-tellur-
alz verwandelt, welches in Gestalt eines
en Gummi's zurückbleibt. Es hat nicht
e. Modification. — Die Salze mit den alka-
Erden bekommt man in denselben Sättigungs-
sie sind aber fast unlöslich, und die sauren
beim Auswaschen in der Art zersetzt, dafs
e Auflösung durch das Filtrum geht. Sie
icht in der gelben Modification erhalten.
e Metalloxyde und eigentliche Erden sind
Sie geben basische Salze. Das *tellur-
lberoxyd* ist das merkwürdigste darunter.
Silberoxydsalze sind hellgelb, das neu-
braungelb. Es wird von Wasser zersetzt, welle Auflösung von vierfach-tellursaurem Sil-
in Tellursäure bildet, bis ein basisches Salz
, welches dunkelbraun und $= \dot{A}g^3 \dddot{T}e^2$
ird tellursaures Silberoxyd in kaustischem Am-
aufgelöst und die farblose Lösung verdun-
so schlägt sich ein schwarzbraunes basisches
nieder, welches $\dot{A}g^3 \dddot{T}e$ ist. — Die Salze, worin
Tellur Basis ist, werde ich bei den Metallsal-

Chlorsaures Kali.

Fee *) hat folgende wohlfeile Bereitungsme-
des chlorsauren Kali's angegeben: Man be-

*) Journ. de Pharm. XIX, 270.

reitet chlorigsauren Kalk durch Einleitung von Chlorgas in Kalkmilch, und löst in der erhaltenen Auflösung bei Siedhitze Chlorkalium auf, dampft ab und läfst krystallisiren. Im Jahresb. 1833, p. 133., führte ich die von Liebig angegebene Bereitungsart dieses Salzes aus Pottasche und chlorigsaurem Kalk an. Wenn Vee's Angabe gegründet ist, so braucht man, bei Anwendung der Methode von Liebig, nur einen Theil der in der Auflösung befindlichen Kalkerde durch Pottasche zu fällen, und so auf die wohlfeilste Art Chlorkalium zu erzeugen.

Ueberjodsaures Kali.

Magnus und Ammermüller *) haben ein neutrales und ein basisches überjodsaures Kali beschrieben. Das erstere wird erhalten, wenn eine Lösung von jodsaurem Kali mit kaustischem oder kohlensaurem Kali versetzt und Chlor eingeleitet wird, wobei sich das überjodsaure Salz in kleinen, weifsen Krystallen niederschlägt, die dem überchlorsauren sehr ähnlich sind. Werden sie in siedendem Wasser gelöst, die Lösung mit kaustischem Kali versetzt und abgedampft, so krystallisirt ein basisches Salz von ungefähr derselben Löslichkeit wie das neutrale. Das neutrale ist $\dot{K}\overset{\cdots\cdots}{I}$, das basische $\dot{K}^2\overset{\cdots\cdots}{I}$.

Ueberjodsaures Natron.

Dieselben Chemiker haben auch die entsprechenden Natronsalze hervorgebracht. Das neutrale erhält man durch Sättigung des basischen mit Ueberjodsäure. Es ist leicht löslich, krystallisirt, enthält kein Wasser, ist in der Luft unveränderlich. Das basische entsteht, wenn aufgelöstes jodsaures Natron mit kaustischem oder kohlensaurem Natron versetzt und Chlor eingeleitet wird, wobei es sich niederschlägt. In kaltem Wasser ist es fast unlöslich,

*) Poggend. Annal. XXVIII. 521.

r löst es sich in kochendem, woraus es sich m Erkalten krystallinisch absetzt. Es enthält Krywasser, $= \dot{N}a^2 \dddot{I} + 8\dot{H}$. Es hat die Eigenthümkeit, dafs es, nachdem es bei der Glühhitze, die s aushalten kann, einen Theil seines Sauerstoffs loren hat, den Ueberrest alsdann erst bei Weifshitze verliert. Dabei gehen zuerst 6 Atome weg, die 2 übrigen werden erst bei der stärksten e ausgetrieben. Der Rückstand löst sich schwiein Wasser, und die Auflösung ist bleichend. t man die Masse an der Luft, so zieht sie beg Feuchtigkeit an, und es setzt sich auf der fläche Jod ab. Wird das Salz mit Wasser ocht, so wird es aufgelöst, bleicht nicht mehr enthält jodsaures Natron. Dieses geglühte Salz t aus 2 At. Natrium, 1 Doppelatom Jod und Sauerstoff. Man kann sich diese Elemente folgende Art gepaart denken: $NaI + \dot{N}^3\dddot{I}$, in chem Falle die Verbindung in der Zusammenng mit dem Chlorkalk Analogie hat; man könnte aber auch als ein basisches Jodoxyd-Natron betrachten $= \dot{N}a^2 \dot{I}$. Welche von beiden Ansichten richtige ist, hat noch nicht durch Versuche entschieden werden können.

Kohlensaures Natron.

Prückner *) hat eine neue Fabricationsmede des kohlensauren Natrons aus Kochsalz beschrieben. Dieses wird in schwefelsaures Natron wandelt, letzteres mit Sägespähnen oder Kohlenpulver zu Schwefelnatrium geschmolzen, in Wasser gelöst, mit feingeriebenem Kupferoxyd, 60 Th. 100 Th. wasserfreies Glaubersalz, zersetzt, filt, in einem eisernen Kessel eingekocht, vor dem

*) N. Jahrb. d. Ch. u. Ph. VII. 102.

Eintrocknen mit Kohlenpulver vermischt, und die trockene Masse zur Wegbrennung der Kohle calcinirt, wobei sich das Natron mit Kohlensäure verbindet. Das kohlensaure Natron wird alsdann aufgelöst und krystallisirt. Das gewonnene Schwefelkupfer wird zu schwefelsaurem Kupferoxyd geröstet, dieses ausgelaugt, das Kupfer auf Eisen niedergeschlagen (wobei der reinste Eisenvitriol als Nebenproduct gewonnen wird), und das gefällte Kupfer im Calcinirofen wieder zu Oxyd oxydirt.

Phosphorsaurer Baryt.

Bischof *) hat eine ausführliche Untersuchung über die Löslichkeit des phosphorsauren Baryts in Säuren angestellt. Er fand, dafs er in dem Zustand, in welchem er erhalten wird, wenn man phosphorsaures Natron in Chlorbarium tropft, ohne dieses auszufällen, sich in dem 20500 fachen Gewicht Wassers auflöst; dafs starke Salpetersäure Phosphorsäure daraus auszieht und salpetersauren Baryt ungelöst läfst; dafs Salpetersäure von 1,27 spec. Gewicht, mit dem 10 fachen Gewicht Wassers verdünnt, ihr halbes Gewicht phosphorsauren Baryt auflöst, und dafs im Allgemeinen, je verdünnter die Säure, um so gröfser die Menge von phosphorsaurem Baryt ist, die relativ zum Gewicht der Säure vor der Verdünnung aufgelöst wird. Essigsäure von 1,032 spec. Gewicht löst sehr wenig von diesem Salz auf, $\frac{1}{367}$ bis $\frac{1}{403}$ ihres Gewichts.

Phosphorsaurer Kalk.

Mit phosphorsaurem Kalk (aus den Knochen) war das Verhalten anders; das Lösungsvermögen der Säure vermehrte sich bis zu einem gewissen Grad durch Verdünnung, und nahm dann bei weiterer Verdünnung ab. 100 Th. Salpetersäure von 1,23 spec. Gewicht lösten 36,8 Th. phosphorsauren Kalk auf. Mit dem

*) N. Jahrb. d. Ch. u. Ph. VII. 39.

..34fachen Gewicht Wassers verdünnt, löste sie ..69 Th. auf; mit 30,64 Th. Wasser, 56,94; mit ..8 Th. Wasser 46,37; mit 128 Th. Wasser 32 Th. ..n Kalksalz.

Schwefelsaurer Kalk.

.. Emmet *) hat beobachtet, dafs feingeriebener ..gebrannter Gyps, wenn man ihn mit der Lösung ..es Kalisalzes, z. B. schwefelsaurem, kohlensaurem, ..nsaurem Kali, oder selbst auch weinsaurem Kali-..tron und kaustischem Kali, anrührt, wie mit Was-..r angemachter Gyps erhärtet, so dafs die Masse ..gleichen Zwecken anwendbar ist. Die Menge ..n Salz, welche die gröfste Härte gibt, wurde nicht ..timmt; es scheint darauf nicht so genau anzu-..men, denn wird die erhärtete Masse zerstofsen ..mit einer neuen Portion Salzlösung angerührt, so ..tet sie von Neuem. Schwefelsaures und koh-..ures Kali, in hinreichend verdünnter Auflösung, ..inen sich am besten dazu zu eignen, und erfor-..n eine gewisse Zeit, ehe sie die Erhärtung be-..ken. Weinsaures Kali-Natron bewirkt augen-..klich Erhärtung. Wie sich die erhärtete Masse ..Wasser verhalte, ist nicht angegeben. Salpeter ..d Chlorkalium veranlassen die Erhärtung des Gyp-..nicht, eben so wenig die Natronsalze. Ammo-..salze wurden nicht versucht **).

Kohlensaurer Kalk.

.. Fuchs ***) hat gefunden, dafs reine, aus Is-..ischem Doppelspath gewonnene, wasserfreie kau-

*) Edinb. N. Phil. Journ. XV. 69.

**) Diese Erscheinung hängt ohne Zweifel mit einer gegen-..gen Zersetzung des Gypses und des anderen Salzes zu-..men, in der Art, dafs, wo sie statt findet, ein unlösliches ..salz, vielleicht auch mitunter, mit einem Theil unzersetz-.. Gyps, ein unlösliches oder schwerlösliches schwefelsaures ..ppelsalz gebildet wird. *W.*

***) Poggend. Annal. XXVII. 603.

stische Kalkerde, wenn man sie so lange der Luft aussetzt, bis sie nicht mehr an Gewicht zunimmt, sich nicht in gewöhnlichen kohlensauren Kalk, sondern in ein wasserhaltiges basisches Salz verwandelt, welches 63,8 Kalkerde, 24,0 Kohlensäure und 12,2 Wasser enthält, also $= \dot{C}a^2 \ddot{C} + \dot{H}$ oder $\dot{C}a \ddot{C} + \dot{C}a \dot{H}$, eine bis jetzt nicht bekannte Verbindung ausmacht. Auch gibt er an, dafs wenn man kohlensauren Kalk in mäfsiger Glühhitze brennt, oder wenn man kaustischen Kalk gelinde zwischen Kohlen glüht, ein basisches Salz $= \dot{C}a^2 \ddot{C}$ erhalten wird.

Kieselsaurer Kalk.

Fuchs *) hat ferner die Natur verschiedener Mörtelarten untersucht, und hat gezeigt, dafs ihre Erhärtung auf der Bildung von Kalk- und zuweilen auch Thonerde-Silicaten beruht, die Wasser binden und zu steinigen Massen erhärten, während sich das überschüssige Kalkhydrat allmälig mit Kohlensäure vereinigt, so dafs der erhärtete Mörtel als ein Gemenge von kohlensaurem Kalk und einem Zeolith zu betrachten ist. Opal, Bimsstein, Obsidian und Pechstein geben, ohne andere vorhergegangene Präparation als Pulverisirung, mit Kalkhydrat ein gutes Cement; allein Quarz und Sand geben nur auf der Oberfläche eines jeden Korns ein wasserhaltiges Silicat, das zwar die Masse verbindet, aber doch nicht so schnell recht fest wird. Je feiner die Zertheilung des Quarzes dabei ist, um so fester wird die Masse. Wird der Quarz, mit $\frac{1}{4}$ Kalk gemengt, gut gebrannt, so dafs die Masse zusammensintert, diese alsdann gepulvert und mit $\frac{1}{5}$ Kalk gemengt, so erhält man einen hydraulischen Mörtel, der so erhärtet, dafs man ihn nachher poliren kann. Feldspath erhärtet langsam, erst nach

*) Poggend. Annal. XXVII. 591.

Monaten, mit Kalk; aber mit ein wenig Kalk gemengt, zeigt er sich viel wirksamer. Aus diesem Mörtel zieht Wasser 10 Procent Kali aus. Gewöhnlicher Töpferthon, der in ungebranntem Zustand ganz untauglich ist, gibt in gebranntem, besonders wenn er nicht sehr eisenhaltig ist, mit Kalk ein ganz vortrefflich erhärtendes Cement. Auch hierbei wird Kali abgeschieden (vgl. vorigen Jahresbericht, p. 166.). Da Fuchs fand, dafs der Speckstein nach dem Glühen die Kalkerde nicht zu binden vermochte, und daraus auf eine ausgezeichnet grofse Verwandtschaft der Talkerde zur Kieselsäure schlofs, so versuchte er gebrannten Dolomit, statt des gewöhnlichen gebrannten Kalks, zu Cement anzuwenden, und fand, dafs er letzteren sowohl in Betreff der Bereitung des gewöhnlichen, als auch des hydraulischen Mörtels übertrifft. Selbst aus gebranntem Thonmergel bekam er einen guten hydraulischen Mörtel.

Oxalsaurer u. essigsaurer Kalk mit Chlorcalcium.

Fritsche*) hat zwei ganz merkwürdige, leicht zu erhaltende Doppelsalze entdeckt und beschrieben, welche das Chlorcalcium einerseits mit oxalsaurem, andrerseits mit essigsaurem Kalk bildet. Löst man mit Hülfe von Wärme in mäfsig concentrirter Salzsäure oxalsauren Kalk bis zur völligen Sättigung auf, so schiefsen beim Erkalten Krystalle an, die man zwischen mehrere Male erneuertem Löschpapier trocknen und von überschüssiger Säure befreit erhält. Dieses Salz besteht, nach Fritsche's Analyse, aus $CaCl + Ca\ddot{C} + 7\dot{H}$. Von Wasser wird es zersetzt, indem dasselbe Chlorcalcium auszieht und oxalsauren Kalk abscheidet. Beim Erhitzen bis zu +100° verliert es 5 Atome Wasser, wobei die Krystalle

*) Poggend. Annal. XXVIII. 121.

undurchsichtig werden, ohne zu zerfallen. Erst bei +200° fangen die übrigen beiden Atome an wegzugehen; bei +250° geschieht diefs vollständig. Das zurückbleibende Salz nimmt wohl in der Luft an Gewicht zu, zerfliefst aber nicht und zerfällt nicht, zum Beweis, dafs es auch in wasserfreiem Zustande seine Natur als Doppelsalz beibehält.

Die Verbindung von Chlorcalcium und essigsaurem Kalk erhält man, wenn man gleiche Proportionen beider Salze zusammen in Wasser auflöst und die Lösung verdunstet, wobei das Doppelsalz in grofsen Krystallen anschiefst. Es besteht aus $Ca\,Cl + Ca\,\bar{A} + 10\dot{H}$. Es ist in der Luft unveränderlich, verliert bei +100° all sein Wasser, und ist leicht auflöslich.

Doppelsalz von kohlensaurem Zinkoxyd.

Wöhler *) hat beobachtet, dafs sich blankes Zink in einer heifsen Auflösung von neutralem kohlensauren Natron unter Wasserstoffgas-Entwickelung auflöst, und dafs die Flüssigkeit, wenn man sie mehrere Stunden lang mit Zink hat kochen lassen, nach einigen Tagen kleine, sehr glänzende, octaëdrische und tetraëdrische Krystalle absetzt, welche eine in Wasser vollkommen unlösliche Verbindung von kohlensaurem Natron mit kohlensaurem Zinkoxyd sind. Glüht man dieses Salz, so zieht Wasser nachher das kohlensaure Natron aus, und es bleibt Zinkoxyd zurück. Aus einer Lösung von Zinkoxyd in kaustischem Natron setzten sich, während das Alkali Kohlensäure aus der Luft anzog, ebenfalls kleine, glänzende, in Wasser unlösliche Krystalle ab; aber diese waren die Verbindung von kohlensaurem Zinkoxyd mit Zinkoxydhydrat. Aus einer mit kohlensaurem Ammoniak versetzten Auflösung von Chlorzink in kau-

*) Poggend. Annal. XXVIII. 615.

chem Ammoniak setzen sich, wenn sie zum frei-
gen Verdunsten hingestellt wird, schöne, stern-
ig gruppirte Krystalle ab, welche in Wasser
lich sind, und aus kohlensaurem Ammoniak und
lensaurem Zinkoxyd bestehen. An der Luft ver-
tern sie unter Verlust von Ammoniak; was zu-
zt übrig bleibt, ist ein Doppelsalz mit geringerem
oniakgehalt.

Salpetersaures Wismuthoxyd, basisches.

Duflos *) hat über die Bereitung und Zusam-
setzung des basischen salpetersauren Wismuth-
yds (Magisterium Bismuthi) Untersuchungen an-
tellt. Nach ihm besteht die beste Bereitungsme-
de dieses Salzes darin, daſs man das neutrale
petersaure Wismuthoxyd krystallisiren läſst, und
es dann mit seinem 24fachen Gewicht kochen-
Wassers zersetzt, wobei 100 Th. Krystalle
Th. basisches Salz geben. Unter 16 Th. Was-
bekommt man nicht ganz 45 Th. Gröſsere
gen Wassers können ebenfalls, wenn auch nur
deutend, die Ausbeute verringern; aber 128 Th.
ser gaben noch 45 Th. basisches Salz. Geht die Zersetzung mit 8 bis 10 Th. kalten Was-
, und wird die Flüssigkeit dann erhitzt, so schlägt
eine Portion des basischen Salzes in glänzen-
Schuppen nieder. Auch das mit 24 Th. Was-
erhaltene Salz besteht, unter dem Microscop be-
chtet, aus weiſsen Krystallschuppen; es ist leicht
locker, ungefähr wie Magnesia. Nach der Ana-
e von Duflos besteht es aus 80,0 Wismuthoxyd,
58 Salpetersäure und 6,42 Wasser, $=\dot{Bi}^4\overset{\cdot\cdot\cdot\cdot\cdot}{\overline{N}}+3\dot{\overline{H}}$
r $\dot{Bi}\overset{\cdot\cdot\cdot\cdot\cdot}{\overline{N}}+3\dot{Bi}\dot{\overline{H}}$. In kaltem Wasser ist es ganz
lich, und von kochendem wird es allmälig zer-
zt. Ich erinnere hierbei, daſs Phillips die Zu-

*) N. Jahrb. d. Ch. u. Ph. VIII. 191.

sammensetzung dieses Salzes $= \dot{B}i^{3}\dddot{N}$, ohne Wasser, gefunden hat (Jahresb. 1832, p. 187.). Es war durch Fällung mit Wasser aus der sauren Wismuthauflösung bereitet. Es kann hierbei die Frage entstehen, ob die von Duflos vorgeschlagene Bereitungsmethode ein anderes als das gewöhnlich angewandte liefere? Die Flüssigkeit, woraus das basische Salz abgeschieden war, enthielt, nach Duflos, $\dot{B}i\dddot{N}^{4}$, eine Verbindung, die nicht in fester Form zu erhalten ist.

Quecksilber-Chlorid u. Jodid.

Mitscherlich *) hat gezeigt, daſs sowohl das Jodid als das Chlorid vom Quecksilber isomorph sind. Letzteres schieſst aus seiner kochendheiſs gesättigten Lösung in Wasser anders als bei der Sublimation an. Aus einer freiwillig verdunstenden Lösung in Alkohol erhält man regelmäſsige Krystalle, deren Grundform ein gerades rhombisches Prisma ist. Die Grundform des sublimirten ist ein rectanguläres Octaëder, welches jedoch von ersterem ableitbar ist.

Eben so kann das Jodid auf nassem und auf trocknem Wege in zwei ungleichen Formen erhalten werden. Auf nassem Wege erhält man es krystallisirt, wenn man eine mäſsig concentrirte Lösung von Jodkalium mit Quecksilberjodid bis zur völligen Sättigung kocht und dann langsam erkalten läſst. Das Jodid schieſst in rothen quadratischen Tafeln an, die durch Abstumpfung der Endspitzen eines Quadratoctaëders entstanden sind. Die sublimirten Krystalle sind bekanntlich blaſsgelb, und ihre Grundform ist ein gerades rhombisches Prisma. Ihre bekannte Farbenveränderung, die oft in Folge der bloſsen Ab-

*) Poggend. Annal. XXVII. 116.

kühlung eintritt, beruht auf einer inneren Umsetzung von der letzteren Krystallform in die erstere.

Ueberjodsaures Silberoxyd.

Magnus und Ammermüller *) haben zwei Arten von überjodsaurem Silberoxyd beschrieben. Wird das basische, überjodsaure Natron in Salpetersäure aufgelöst, und diese Lösung mit salpetersaurem Silberoxyd vermischt, so erhält man einen hell grünlichgelben Niederschlag von basischem überjodsauren Silberoxyd. Wird dieser wieder bis zur Sättigung in warmer verdünnter Salpetersäure aufgelöst und erkalten gelassen, so krystallisirt das Salz daraus in hellgelben, glänzenden Krystallen, die aus $\dot{A}g^2\overset{\cdot\cdot\cdot\cdot\cdot\cdot\cdot}{I} + 3\dot{H}$ bestehen. Erhitzt man diese Krystalle in Wasser, so löst dieses nichts davon auf, das Salz wird aber dunkelbraun, fast schwarz, und gibt dann ein schönes, rothes Pulver. Es hat hierbei 2 Atome Wasser verloren, sich aber im Uebrigen nicht verändert. Wird die Auflösung des basischen Salzes in Salpetersäure im Wasserbade abgedampft, so dafs die Lösung während des Verdunstens krystallisirt, so erhält man das neutrale überjodsaure Silberoxyd in orangefarbenen Krystallen, die kein Krystallwasser enthalten. Mit warmem Wasser behandelt, wird es in freie Säure und in das rothbraune basische Salz zerlegt.

Salpetersaures Platinoxyd.

Döbereiner **) hat gezeigt, dafs sich das Platinoxyd-Natron in Salpetersäure vollkommen zu einer dunkelgelben Flüssigkeit auflöst. Wie sich dieses Doppelsalz beim Abdampfen verhält, hat er nicht untersucht. Salpetersaures Silberoxyd erzeugt darin einen gelben Niederschlag, der ein schwerlös-

*) Poggend. Annal. XXVIII. 516.

**) A. a. O. pag. 182.

liches, neutrales oder basisches Doppelsalz von Platinoxyd und Silberoxyd zu sein scheint.

Oxalsaures Platinoxydul. Wird Platinoxyd-Natron mit aufgelöster Oxalsäure digerirt, so entwickelt sich Kohlensäure, und die Flüssigkeit bekommt eine dunkle Farbe. Beim Erkalten wird sie zuerst grün, dann prächtig dunkelblau, und darauf setzen sich bald kleine, nadelförmige Krystalle von dunkel kupferrother Farbe und starkem Metallglanz ab. Döbereiner gibt an, dafs diese Krystalle oxalsaures Platinoxydul, $\dot{P}t\dddot{C}$, seien. Beim Erhitzen zersetzen sie sich mit Geräusch, geben Platin, Wasser und Kohlensäure. Die Mutterlauge ist blau, wird durch Verdünnung gelb, und beim Concentriren wieder blau, bis dunkelblau.

Antimonsuperchlorid. Mitscherlich *) hat gezeigt, dafs die Superchloride des Antimons grofse Neigung haben, bei der Destillation zersetzt zu werden. Schon bei $+25°$ kocht die gesättigte Verbindung und gibt blofs Chlorgas; erst bei $+140°$ geht die Flüssigkeit über. Die Temperatur in der Retorte steigt bis zu $+200°$, wo dann blofs Chlorid zurückbleibt. Das Antimon scheint darin mit dem Schwefel Aehnlichkeit zu haben, dafs seine höchste Chlorstufe nicht ohne Zersetzung eine höhere Temperatur verträgt.

Pulvis Algarothi. Nach einer Analyse von Duflos **) besteht das Algarothpulver aus $SbCl^3 + 5\dddot{S}b$. Ich habe Ursache zu vermuthen, dafs dieses Präparat niemals zweimal hinter einander von gleicher Beschaffenheit erhalten wird, und dafs diefs von der angewandten Wassermenge abhängt. Duflos hatte sein Präparat mit Wasser ausgewaschen, bis das Waschwasser

*) Poggend. Annal. XXIX. 227.

**) N. Jahrb. d. Ch. u. Ph. VII. 268.

ser keine Salzsäure mehr aufnahm. Es verdiente untersucht zu werden, wie das krystallinische basische Salz zusammengesetzt ist, welches aus einem mit kochendem Wasser vermischten Chlorantimon sich abscheidet.

Tellur-Haloïdsalze.

Ich habe die Verbindungen des Tellurs mit Salzbildern, so wie auch die Salze, worin die tellurige Säure als Basis betrachtet werden kann, die sogenannten Telluroxydsalze, untersucht*). Das Tellur hat dieselbe Eigenschaft, wie Selen und Schwefel, sich mit den Salzbildern nach solchen Verhältnissen zu verbinden, daſs es fast aussieht, als wäre es nicht den Gesetzen der bestimmten Proportionen unterworfen. Das Tellur kann sich im Schmelzen nach allen Verhältnissen mit Salzbildern verbinden, und ist das Metall in gröſserem Ueberschuſs vorhanden, so behält es sein gewöhnliches Aussehen, seinen Metallglanz, seinen krystallinischen Bruch etc. Es kann dann eine Zeit lang in vollem Glühen erhalten werden, ohne den damit verbundenen Salzbilder zu verlieren, und die einzige Art, wodurch sich dieser verräth, ist, daſs es feuchtes Lackmuspapier entweder sogleich, oder doch nach einiger Zeit röthet. Das Tellur kann sogar mit Haloïdsalzen zusammengeschmolzen werden; so giebt es z. B. mit Chlorsilber einen zähen, harten, silberweiſsen Regulus, der im Bruch krystallinisch ist. Diese Eigenschaften zeigen hinreichend, daſs es nur die Aehnlichkeit im Aussehen ist, wodurch das Tellur mit den anderen eigentlich so genannten Metallen Aehnlichkeit hat.

Chlortellur. Ich habe das Tellur nicht mit mehr Chlor, als der tellurigen Säure entspricht, verbinden können. Diese Verbindung ist ein farbloser,

---

*) Kongl. Vet. Acad. Handl. 1833. p. 227.

krystallinischer Körper, der leicht schmilzt, dabei gelb und bei höherer Temperatur dunkelroth wird, in's Sieden geräth und destillirbar ist. Zu Wasser verhält er sich ganz wie das Antimonchlorid, gibt aber mit Wasser keine krystallisirte Verbindung, sondern zerfliefst zu einer klaren, gelben Flüssigkeit, die zuletzt so viel Wasser aufnimmt, dafs sie unklar wird und sich in ein basisches Salz verwandelt. — Bekanntlich hat H. Rose ein Tellurchlorür entdeckt, welches Te Cl ist. Dieses entsteht, wenn man ein Atomgewicht Chlorid mit 1 At. gepulverten Metall vermischt und zusammenschmilzt. Beide Chlorverbindungen können nach allen Verhältnissen zusammengeschmolzen werden. Beide können mit anderen Chlorüren zu Doppelsalzen verbunden werden. Die des Chlorids sind gelb, die des Chlorürs schwarz, und geben ein grünes Pulver. Beide Arten werden von Wasser zersetzt.

Bromtellur. Tellurpulver kann in liquidem Brom aufgelöst werden. Die Masse erhitzt sich dabei, und mufs daher abgekühlt werden. Der Ueberschufs von Brom kann im Wasserbade abdestillirt werden. Das zurückbleibende Tellurbromid ist dunkelgelb, schmelzbar, nach dem Erstarren krystallinisch. Bei langsamer Sublimation bildet es Krystallnadeln, bei rascher ein gelbes Pulver; wird an der Luft langsam feucht; ist ohne Zersetzung in einer geringeren Menge Wassers löslich. Die Lösung ist dunkelgelb, und gibt, beim Verdunsten über Schwefelsäure, rothgelbe Krystalle von wasserhaltigem Tellurbromid, welche zuletzt zu einem gelben Pulver verwittern. An der Luft zerfliefsen sie sehr rasch. Von mehr Wasser werden sie zersetzt, und geben, je nach dem Grade der Verdünnung, krystallinisches und gelbliches basisches Salz oder tel-

Säure. Mit alkalischen Chlorüren entstehen
he Doppelsalze. Es gibt ein schwarzes
r, von dem Alles, was vom Chlorür ge-
, gilt. Es ist nach allen Verhältnissen
lzenem Tellur löslich.

ltellur. Das Jodid entsteht durch Behand-
tellurigen Säure mit Jodwasserstoffsäure.
ein schwarzes, in kaltem Wasser unlösliches
, welches bei der Destillation zersetzt wird.
ochendem Wasser wird es mit Abscheidung
unen basischen Salzes und Bildung einer
Lösung zersetzt, welche sehr wenig Jo-
wasserstoffsäure aufgelöst enthält. Beim
in der Wärme verflüchtigt sich allmälig
zuletzt bleibt das Jodid als schwarzes Pul-
. Im luftleeren Raum verdunstet, bilden
ue, metallglänzende Krystalle, eine Ver-
on Tellurjodid mit Jodwasserstoffsäure.
gibt stahlgraue, metallglänzende Doppel-
Durch Erhitzen von Tellur mit überschüssi-
erhält man das Tellurjodür. Zuerst geht Jod
wenig Tellur enthält, dann setzt sich,
an den unsublimirten Theil, das schwarze,
ystallinische Tellurjodür ab. Es ist in kal-
kochendem Wasser unlöslich; von Ammo-
Salzsäure aber wird es unter Abscheidung
llur zersetzt.

luortellur ist farblos und äufserst zerfliefs-
Mit Wasser gibt es eine basische krystallisi-
Verbindung.

Telluroxyd-Salze.

tellurige Säure gibt mit den Säuren Salze.
den Mineralsäuren werden von Wasser zer-
welches basische Salze abscheidet. Mit Oxal-
Weinsäure und Citronensäure bildet es kry-
e Salze, welche beim Wiederauflösen in

Wasser nicht zersetzt werden. Mit zweifach-weinsaurem Kali bildet sie ein, zu einer gummiähnlichen Masse eintrocknendes, in kochendem Wasser wieder lösliches Salz, welches von kaltem Wasser unter Abscheidung von telluriger Säure zersetzt wird. Mit Essigsäure verbindet sie sich nicht.

Der Tellursäure fehlt gänzlich die Eigenschaft, sich mit anderen Säuren in der Art, wie z. B. die Molybdänsäure, Wolframsäure, Vanadinsäure, zu verbinden.

Chemische Analyse. Quantitative Scheidung des Jods von Chlor und Brom.

Fuchs *) hat folgende Methode angegeben, um Jod quantitativ von Chlor und Brom zu scheiden. Man löst Chlorsilber in einem solchen Ueberschufs von kaustischem Ammoniak, dafs es beim Verdünnen nicht niedergeschlagen wird. Diese Auflösung tropft man in die Auflösung, welche die Chlor-, Jod- und Brom-Verbindungen enthält, und welche zuvor mit etwas kaustischem Ammoniak versetzt sein mufs und keine dadurch fällbare Basen enthalten darf. Hierdurch wird nur Jodsilber gefällt. Will man dann eine Controle haben, so schlägt man das in der Flüssigkeit zurückbleibende Chlorsilber nieder, wenn die Quantität des angewandten bekannt ist, und wägt, wo man dann, sobald alles Silber ausgefällt ist, findet, ob das Gewicht des Jodsilbers der Quantität Silber entspricht, die darin enthalten sein mufs.

Chlorometrie.

Penot **) hat eine neue Methode vorgeschlagen, in den chlorigsauren Salzen den Gehalt an chloriger Säure zu bestimmen. Sie besteht in der Anwendung einer dosirten Quantität von in Wasser aufgelöstem Schwefelbarium, welches man zu der Auflösung einer bestimmten Quantität des chlo-

*) N. Jahrb. d. Ch. u. Ph. VIII. 278.

**) Journ. de Ch. med. IX. 679.

...uren Salzes setzt, bis die Flüssigkeit ein hin-
...getauchtes, mit Bleiauflösung bestrichenes Papier
...schwärzen anfängt.

Quantitative Bestimmung des Ammoniaks.

Der kürzlich verstorbene Tünnermann *) hat ...e Methode angegeben, die Menge von freiem Am-...iak in Wasser, z. B. in dem von einem Am-...iaksalz und kaustischem Kali erhaltenen Destil-... zu bestimmen. Sie besteht darin, dafs man mit ...er Flüssigkeit eine neutrale Auflösung von sal-...ersaurem Bleioxyd fällt, nachdem man zu dieser ...its so viel Ammoniak gemischt hatte, dafs der ...derschlag beständig zu werden anfing. Nach dem ...iren wird diese Flüssigkeit mit dem ammoniak-...igen Liquidum vermischt, der Niederschlag abfil-..., ausgewaschen, im Wasserbade getrocknet und ...wogen. Bei Berechnung des Ammoniakgehalts wird ...von ausgegangen, dafs das Ammoniak dem Blei-... ¼ der Salpetersäure entzieht und dafs $\dot{Pb}^2 \dddot{N}$ ...rückbleibt. — Tünnermann hat hierüber Ver-...che angestellt, die, nach seiner Meinung, auf das ...schiedenste die Sicherheit dieser Methode bewei-... Um aber einen Begriff von ihrer Zuverlässig-... zu bekommen, wäre zu erinnern, dafs, wenn ...petersaures Bleioxyd mit einer so geringen Menge ...stischen Ammoniaks vermischt wird, dafs nicht ...r ganze Gehalt des neutralen Salzes zersetzt wird, ... basisches Salz niederfällt, welches aus $\dot{Pb}^2 \dddot{N}$, ...e Wasser, besteht, und welches in reinem Was-...r ziemlich löslich ist, sô dafs es sich beim Aus-...schen sehr vermindert. Das Salz aber, aus wel-...em, nach Tünnermann's Meinung, der Nieder-...schlag bestehen sollte, entsteht nur, wenn ein Ueber-...schufs von Ammoniak in der Flüssigkeit enthalten

*) Trommsdorff's Journ. XXVI. 1, 44.

ist. Zwar hat er seinen Niederschlag in sofern untersucht, als er den Bleigehalt darin bestimmte, und da derselbe, wenn auch ganz gewiſs nicht richtig, doch annähernd mit dem stimmte, wie er nach der richtigen Beschaffenheit des Salzes sein sollte, so nahm er kein Bedenken zu erklären, daſs ich mich im Wassergehalt des von mir analysirten $\dot{\text{Pb}}^3 \overset{\therefore}{\text{N}} + 3\dot{\text{H}}$ geirrt habe, und daſs dessen Wassergehalt doppelt so groſs sein müsse. Da er also einen in Wasser löslichen Niederschlag wog, der nicht ohne groſsen Verlust ausgewaschen werden kann, und der $\frac{1}{2}$ Salpetersäure mehr enthält, als er darin annahm, welche Fehler in derselben Art auf das Resultat wirken, beide nämlich auf die Verminderung der Ammoniak-Quantität im Resultat, so bekam er dennoch eine Quantität Ammoniak, die mit der Rechnung stimmte. — Vielleicht wäre Tünnermann's Methode bei Anwendung einer Lösung von Chlorblei brauchbar; aber die Zusammensetzung des basischen Chlorblei's, das niederfällt, wenn die Auflösung noch Chlorblei im Ueberschuſs enthält, ist noch nicht mit Sicherheit bestimmt. Im Uebrigen würde ein geringer Kohlensäuregehalt im Ammoniak einen groſsen Fehler im Resultat geben.

Abscheidung der Phosphorsäure aus Auflösungen von phosphors. Eisen u. phosphors. Thonerde.

Otto *) hat ein einfaches Verfahren angegeben, um aus Auflösungen von phosphorsaurem Eisenoxyd und phosphorsaurer Thonerde die Phosphorsäure abzuscheiden. Man versetzt die Auflösung mit Weinsäure, so daſs sie nicht von Ammoniak gefällt wird, macht sie mit Ammoniak hinreichend alkalisch, und schlägt mit einer Lösung von Chlormagnesium die Phosphorsäure als basisches Doppelsalz nieder. Enthält die Flüssigkeit nur sehr

*) N. Jahrb. d. Ch. u. Ph. VI. 148.

Phosphorsäure, so zeigt sich der Niederschlag nach einigen Augenblicken. Enthält die Auflösung Kalkerde, so wird diese schon vorher vom Ammoniak als phosphorsaures Salz niedergeschlagen. Diese Methode löst also auch noch ein anderes schwieriges Problem, nämlich in einem Gemische von vielem phosphorsauren Eisenoxyd und sehr wenigem phosphorsauren Kalk, den letzteren zu entdecken und abzuscheiden. Ich habe diese Methode versucht. Kleinere Mengen Phosphorsäure werden davon gar nicht angegeben, was auch zu erwarten war, da das Talk-Ammoniaksalz nur in einer Flüssigkeit, die phosphorsaures Alkali enthält, unlöslich ist.

Scheidung von phosphors. Kalk u. phosphors. Eisen.

Der Ordnung wegen erinnere ich hier noch an die von Berthier, pag. 127, beschriebene Methode, den Kohlenstoffgehalt im Roheisen und Stahl zu bestimmen.

Trennung des Kohlenstoffs vom Eisen.

Im Jahresb. 1833, p. 164., führte ich die Methode von Fuchs an, vermittelst kohlensauren Kalks Eisenoxyd und Eisenoxydul von einander zu trennen. Diese Methode wurde nachher von v. Kobell zu Analysen von Eisenoxyd-Oxydul und Granaten angewandt, und damit Resultate erhalten, die mit denen Anderer, so wie mit der Zusammensetzung, auf welche ihre Krystallform hindeutete, nicht in Übereinstimmung waren. Derselbe Chemiker *) hat nun gezeigt, auf welche Weise er sich durch die Unsicherheit der Methode geirrt haben konnte, indem er nämlich gefunden habe, daſs wenn eine, Oxyd und Oxydul enthaltende Auflösung mit kohlensaurem Kalk gekocht werde, sich im Niederschlag Eisenoxyd-Oxydul bilde, welches sich dann mit

Eisenoxydul unter Umständen fällbar durch kohlens. Kalk.

*) N. Jahrb. d. Ch. u. Ph. IX. 161.

dem Magnet vom Eisenoxydhydrat ausziehen lasse. Sind die relativen Mengen im richtigen Verhältnifs vorhanden, so kann die ganze Quantität in Eisenoxyd-Oxydul verwandelt werden.

Trennung von Osmium u. Iridium.

Persoz *) hat folgende Methode angegeben, das Osmium-Iridium zu zersetzen: Man schmilzt das Osmium-Iridium, oder der Rückstand von der Auflösung des Platins, mit 2 Th. kohlensaurem Natron und $2\frac{1}{2}$ Th. Schwefel in einem bedeckten Tiegel zusammen, zieht das Schwefelsalz mit Wasser aus, schlägt die Schwefelmetalle daraus nieder, und destillirt sie mit ihrem 3fachen Gewicht schwefelsauren Quecksilberoxyds, wobei das Osmium theils als blaues schwefelsäurehaltiges Oxyd, und theils mit Quecksilber und Sauerstoff verbunden übergeht, und nun durch Wasserstoffgas leicht reducirt werden kann. Das Iridium bleibt oxydirt in der Retorte zurück. — Gewifs wird diese Methode Niemand zum zweiten Male versuchen, der diese Metalle aus Osmium-Iridium bereiten will. Diese Verbindung wird nur sehr unbedeutend von Schwefel-Alkali zersetzt; bei der Scheidung der beiden Metalle erhält man osmiumhaltiges Iridium, und, bei der Reduction der blauen Masse mit Wasserstoffgas, schwefelhaltiges Osmium, woraus sich der Schwefel durch das Wasserstoffgas nur äufserst schwierig und vielleicht nie vollständig austreiben läfst.

Arsenik in gerichtlich-medicin. Fällen.

Ein Arzt in Frankreich, der bei einer gerichtlich-medicinischen Untersuchung Spuren von Arsenik in der Leiche eines Verstorbenen gefunden hatte, hielt sein Urtheil aus dem Grunde zurück, weil er es für möglich hielt, das Arsenik könne aus dem bei der Untersuchung angewandten Glase

*) Journ. de Chim. med. IX. 420.

. Hierdurch wurde Pelletier*) veranere Glassorten zu untersuchen, bei deren Arsenik angewendet wird; er fand aber davon. Ein Glas, welches absichtlich war, dafs es Arsenik enthalten mufste, enthielt aber nur Spuren von Arsenik, jedoch kein Reagens einwirkte, so lange nicht zersetzt war. Also kann das bei -medicinischen Untersuchungen gefundene niemals vom Glase herrühren.

Apparate und Instrumente. Apparate für hohe Temperatur.

iniell hat einen neuen Apparat beschrieben, t dessen man ohne Gefahr und mehr im die Hitze vom verbrennenden Knallgas ankann; er wurde bereits pag. 15. erwähnt.

Gelegenheit seiner Versuche über das spe-Gewicht verschiedener Körper in Gasform, scherlich**) zwei vortreffliche Apparate, vermittelst deren man die zu untersu-Körper in einer bestimmten höheren Temhalten kann. Der eine ist ein Luftbad; der ein Bad von leichtflüssigem Metall, oder von concentrirten Auflösung von Chlorzink, oder bei weniger hohen Temperaturen von einer g. Diese Apparate können nicht ohne beschrieben werden, weshalb ich auf die ung verweise.

rryweather***) hat zur Unterhaltung eiänderlichen Temperatur eine Art Lampeneingerichtet. Das Prinzip davon besteht darin, e Erhitzung mit einer gewissen Anzahl von en geschieht, die auf den baumwollenen

*) Poggend. Annal. XXXI. 128.
**) A. a. O. XXIX. 216.
***) Ed. N. Phil. Journ. XIV. 360.

Dochten eines Spiritusbehälters glühen. Die Anzahl der Spirale bestimmt die Höhe der Temperatur. Durch einen doppelten Schirm sind sie von Aufsen geschützt, so dafs zufällige Luftströme keine Veränderung bewirken können. Ich mufs auf die, mit einer Abbildung versehene nähere Beschreibung des Verfassers verweisen.

rocken - Apparat.

Liebig *) hat einen zum Trocknen bei + 100° bestimmten Apparat beschrieben. Er besteht in einem Glasgefäfs, welches sich in einem Kessel befindet, worin Wasser kocht. Durch das Glasgefäfs wird langsam ein Luftstrom geleitet, auf die Art, dafs man vermittelst eines Hebers Wasser aus einer Flasche auslaufen läfst, die mit einer Röhre mit dem Trockengefäfs in Verbindung steht, aus dem also beim Auslaufen des Wassers die Luft ausgesaugt wird; es ist ganz dieselbe Einrichtung, die Brunner bei seinen hygrometrischen und eudiometrischen Versuchen anwendet. Hat man eine höhere Temperatur als 100° nöthig, so senkt man das Trockengefäfs in eine kochende Lösung von Chlorcalcium.

Real'sche Presse.

Boullay **), Vater und Sohn, haben über die Wirkungen der Real'schen Extractionspresse Untersuchungen angestellt, und haben gezeigt, dafs der Druck ohne alle wesentliche Wirkung ist, und dafs man viel vollständiger den Zweck erreicht, wenn man bei der Extraction gerade so viel Liquidum zusetzt, als zur Bildung eines Magma's mit dem zu extrahirenden Pulver erforderlich ist, und dieses Magma in einen Trichter oder sonst ein Gefäfs bringt, aus dem man die Flüssigkeit nach Belieben ablaufen

---

*) Annalen d. Pharmacie, V. 139.

**) Journal de Pharmacie, XIX. 281. 393.

kann. Sobald diese die Masse gehörig be-
hat, gieſst man von Neuem eine kleine Menge
it der Vorsicht, daſs sie sich nicht mit der er-
mische, die man nun ausflieſsen läſst. Diese
un von der neu aufgegossenen ausgedrückt,
jetzt an ihre Stelle tritt, und ihrer Seits wie-
chdem sie eine Zeit lang eingewirkt hat, durch
setzt werden kann. Nur hat man hierbei
ig zu verhüten, daſs sich nicht die aufgegos-
lüssigkeit in der Masse einen kürzeren Ka-
le.

Florentiner Vorlage.

e für die Destillation flüchtiger Oele so be-
Florentiner Vorlage hat man nicht immer
heit, sich anzuschaffen. Reiser *) ersetzt
folgende einfache Weise: Man sammelt das
t in einem cylindrischen Glas auf; wenn es
voll zu werden, setzt man einen Heber mit
ngeren Schenkel ein, und saugt an dem kür-
Die Flüssigkeit läuft dann so lange ab, bis
Gefäſse mit dem kürzeren Schenkel in gleiöhe steht, und so läuft sie dann fortwährend
den Maaſse als sie überdestillirt.

---

*) Journ. d. Ch. u. Ph. IX. 333.

Mineralogie.

G. Rose's Elemente der Krystallographie.

Zum Studium der Mineralogie wird unbedingt die Kenntnifs der Krystallographie erfordert, einer Wissenschaft, die von Haüy gegründet, und nach ihm von Weifs und von Mohs bedeutend erweitert und vereinfacht worden ist. Es fehlt uns nicht an Lehrbüchern darin; unter allen zeichnet sich aber durch Einfachheit, Kürze und Deutlichkeit das von G. Rose, zu Berlin 1833, unter dem Titel Elemente der Krystallographie, herausgegebene aus. Diese Arbeit ist als ein Prodromus zu einem vollständigen Lehrbuch der Mineralogie zu betrachten, welches vermuthlich alle die höheren wissenschaftlichen Ansichten der Mineralogie enthalten wird, zu denen gemeinschaftlich die äufsere Form und innere Zusammensetzung führen, und welche den älteren Mineralogen nicht zu Gebote stand, da eben sowohl die Kenntnifs der chemischen Constitution der Mineralien, als die ausgebildete Krystallographie erst als das Werk der beiden letzten Decennien zu betrachten sind. Gewifs hat noch kein Verfasser beide in dem Grade mit einander vereint, als der, dessen mineralogischen Lehrkursus wir nun mit grofsem Interesse erwarten. Seine Elemente der Krystallographie enthalten am Schlufs eine Anordnung der Mineralien nach der Krystallform, worin alle von gleicher Form zusammengestellt sind.

Neue Mineralien.

Hausmann und Stromeyer*) haben ein neues, zuerst von ihrem Schüler Volkmar beob-

*) N. Jahrb. d. Ch. u. Ph. IX. 77.

Antimonnickel.

...tes Mineral beschrieben, welches sie nach sei... Hauptbestandtheilen Antimonnickel nennen. ... kommt bei Andreasberg mit Kalkspath, Bleiglanz ... Speiskobalt vor. Es hat eine hell kupferrothe ...be, ähnlich der des Kupfernickels, dabei aber ...einem Stich in's Bläuliche oder Purpurfarbene. ...bildet Zusammenhäufungen kleiner sechsseitiger ...n. Sein Pulver ist braun, dunkler als das des ...n Minerals. Nach der Analyse besteht es aus ...6 Nickel, 63,734 Antimon, 0,866 Eisen und ... Schwefelblei. Nach Abzug des letzteren bleibt ... Verbindung von 1 At. Nickel und 1 At. Anti..., NiSb, es ist gleichsam Kupfernickel, dessen ...k durch Antimon ersetzt ist. Eine ganz ähn... Verbindung kann durch Zusammenschmelzen ... Metalle erhalten werden. In dem Augenblick ...Vereinigung entsteht eine Feuererscheinung.

Plagionit.

G. Rose *) hat ein neues, krystallisirtes Mi... von Wolfsberg am Harz beschrieben, welches ...lagionit, von πλάγιος schief, nennt, um da... die Schiefheit in der Form anzudeuten. Es ist ...Zinken entdeckt, und von H. Rose analy... worden, welcher Blei 40,52, Antimon 37,94, ...fel 21,53 darin fand, und daraus die Formel ...b^3 berechnet, so dafs sich also der Schwefel ...Schwefelantimon zu dem im Schwefelblei = 9:4 ...alten würde. Es ist nicht wahrscheinlich, dafs ...eine solche chemische Zusammensetzung gibt. ... der Beschreibung des Minerals, nach welcher ...selbe aus kleinen Krystalldrusen besteht, die auf ... mit ihnen verwachsenen derben Masse sitzen, ...te man vermuthen, die Analyse sei mit einem ...enge von zwei Verbindungen in ungleichen Sät-

*) Poggend. Annal. XXVIII. 421.

tigungsgraden, von denen nur die eine in Krystallen angeschossen wäre, vorgenommen worden; allein H. Rose hat mir privatim versichert, daſs zur Analyse nur ausgebildete Krystalle genommen worden seien.

Voltzin. Fournet *) hat ein neues Mineral gefunden, das jedoch von neuer Entstehung zu sein scheint. Es bildet eine Art stalaktitischen Ueberzugs auf den meisten anderen Mineralien in der Grube Rosiers bei Pont Gibaud (Puy de Dôme), und besteht aus kleinen, ziegelfarbenen Warzen. Zuweilen ist die Farbe schmutzig rosenroth, oder gelb, mit braunen Rändern. Seine Oberfläche hat Perlmutterglanz, sein Querbruch Glasglanz. Es besteht aus 81,0 Schwefelzink, 15,0 Zinkoxyd, 1,8 Eisenoxyd und 2,2 organischer Materie, welche die Ursache der Farbe ist. Dieſs entspricht $\dot{Z}n + 4\acute{Z}n$, und ist also dieselbe Verbindung, die man zu Freiberg zuweilen in den Ofenbrüchen findet (vgl. Jahresb. 1831, p. 119.). Essigsäure zersetzt nicht dieses Mineral, und zieht nicht das Zinkoxyd aus. Verdünnte Salzsäure löst es unter Entwickelung von Schwefelwasserstoffgas und Zurücklassung der organischen Substanz auf, die eine harzähnliche Beschaffenheit hat und eine Portion Zinkoxyd in chemischer Verbindung behält. Das Mineral hat den Namen *Voltzin* erhalten, nach Herrn Voltz, Ingenieur en Chef des mines.

Melanochroit. Unter dem chromsauren Bleioxyd von Beresofsk in Sibirien hat Hermann *) ein anderes, ähnliches Mineral gefunden, welches sich jedoch durch seine dunklere Farbe und eine andere Krystallform von jenem unterscheidet. Es decrepitirt nicht vor'm

*) Annales des Mines, III. 519. Mai—Juni, 1833.

**) Poggend. Annal. XXVIII. 162.

Löthrohr, sondern behält seine Form bis es schmilzt. Es wird aufserdem von Bleiglanz, Vauquelinit und Quarz begleitet. Die Matrix ist ein kalkiges Gestein. Nach der Analyse besteht es aus 79,69 Bleioxyd und 23,31 Chromsäure, $= \dot{P}b^3 \ddot{C}r^2$, es ist also dasselbe basische Salz, welches in Verbindung mit basischem chromsauren Kupferoxyd im Vauquelinit enthalten ist. Hermann nennt dieses Mineral *Melanochroit*, von μελανόχροος, dunkelfarben.

Jackson *) hat einen Zeolith vom Cap Blomidon in Neu-Schottland beschrieben. Er kommt mit Mesotyp, Stilbit und Analcim in einer basaltischen Gebirgsart vor, und sitzt gewöhnlich in Stilbit oder Analcim. Er ist daran erkennbar, dafs er aufserordentlich glänzende, durchsichtige, farblose, 6seitige Prismen, mit 6flächiger Zuspitzung und gerade angesetzter 6seitiger Endfläche bildet. Manche Krystalle sind blafsroth und nur durchscheinend. Der Krystallform nach wurde dieses Mineral von den Mineralogen bald für Apatit, bald für Nephelin, bald für Davyn gehalten. Bei einer, dem Anschein nach sehr gut ausgeführten Analyse dieses Minerals fand Hayes folgende Bestandtheile: Kieselerde 49,47, Thonerde 21,48, Kalkerde 11,48, Natron 3,94, Phosphorsäure 3,48, Eisenoxyd 0,14, Wasser 8,58 (Matrix 0,03, Verlust 1,4). Berechnet man dieses Resultat, und nimmt die Phosphorsäure als einer Portion Apatit angehörig an, so folgt daraus ganz ungezwungen die Formel $\left.\begin{matrix}C\\N\end{matrix}\right\} S^2 + 3AS^2 + 2Aq$; man könnte es also einen Kalk-Analcim nennen. In Betreff des Apatits, so ist der Sauerstoff der Kalkerde, die er enthalten mufs, $\frac{1}{3}$ von dem der

Ledererit.

*) Silliman's American Journal, XXV. 78.

ganzen Kalkerde und gleich mit dem des Natrons, also $\frac{1}{3}$ vom Sauerstoffgehalt der Basis im ersten Glied, daher es wohl möglich wäre, dafs das Mineral eine Verbindung in bestimmter Proportion von 1 At. Apatit mit 3 At. Kalk-Analcim wäre. Nach dem Oestreichischen Minister v. Lederer ist es *Ledererit* genannt worden.

Brevicit. Von P. Ström habe ich ein Mineral aus der Gegend von Brevig in Norwegen erhalten, welches aus einer weifsen, blättrig-strahligen Masse besteht, und eine Blasen-Ausfüllung in einer trachytischen Gebirgsart zu bilden scheint. Nach der Höhlung zu geht es, mit zunehmender Durchsichtigkeit, in regelmäfsigere, prismatische Krystalle über. Dabei findet es sich mit breiten, dunkelrothen Streifen eingefafst und selbst schmutzig grauroth. Sondén hat es in meinem Laboratorium analysirt, und hat es zusammengesetzt gefunden aus: Kieselsäure 43,88, Thonerde 28,39, Natron 10,32, Kalkerde 6,88, Talkerde 0,21, Wasser 9,63 (Verlust 0,79). Diefs gibt die Formel $\left.\begin{matrix}N\\C\end{matrix}\right\} S^2 + 3AS + 2Aq$. Es ist also ein neuer Zeolith, der im Mineralsystem natürlich vor den Prehnit zu stehen kommt. Ich habe ihn *Brevicit* genannt.

Hydroboracit. Hefs *) hat ein neues Mineral vom Kaukasus untersucht, welches ein weifser oder röthlicher Strahlgyps ist, ungefähr 1,9 spec. Gewicht hat, und ähnlich einem wurmstichigen Holz, stellenweise mit Löchern durchbohrt ist, die mit einem salzhaltigen Thon erfüllt sind. Das Mineral ist in geringer Menge in Wasser löslich, welches nach dem Kochen damit al-

*) Privatim mitgetheilt. (Nachher in Poggend. Annalen, 1834. No. 4.)

reagirt. In Säuren ist es löslich, und aus der Lösung krystallisirt beim Erkalten Borsäure. t aus 49,922 Borsäure, 13,298 Kalkerde, Talkerde, 26,330 Wasser, und ist also ein wases Doppelsalz von borsaurer Talkerde und borKalkerde, in dem ungewöhnlichen Sättigungswie im Boracit, dafs nämlich der Sauerstoff der das 4fache von dem der Base ist, $= \dot{C}a^3 \dddot{B}^4 \dot{H}^9$ $\dddot{B}^4 \dot{H}^9$. In Beziehung auf seinen Wassergehalt daher den Namen *Hydroboracit* erhalten.

Früher bekannte, nicht oxydirte Mineralien. Platin in Europa.

kanntlich wollte man schon vor mehreren das Platin in Spanien bei Guadalcanal gehaben. Haüy, welcher in seiner Sammlung lich platinhaltige Stufe besafs, theilte mir von dem Theil mit, der Platin enthalten Allein ich fand kein Platin darin. Kürzlich D'Argy *) in der Pariser Akademie der ften die Mittheilung gemacht, dafs er in von zwei Orten im westlichen Frankreich n Gruben Consolens und d'Alloue im De de la Charente) Platin gefunden habe. z soll $\frac{22}{100000}$ seines Gewichts Platin , oder in einem Centner Blei 1 Unze, 7 und 14 Gran enthalten sein. Und da tägCentner Blei gewonnen werden können, so diefs täglich 1 Livre, 4 Unzen, 2 Grofs und Platin ausmachen. Die Zukunft wird zeisich diese Quantität bestätigt. Nach einer Angabe *) ist das Platin nicht im Bleiglanz, im Eisenerz von Alloue und Melle enthal-, nach Becquerel's und Boussingault's ung, nur zu $\frac{1}{100000}$ vom Gewicht des Erzes.

No. 26. p. 218.

A. a. O. No. 46. p. 103.

Osmium-Iridium.

Ich habe eine Untersuchung über die Zusammensetzung des Osmium-Iridiums aus den Sibirischen Goldwäschereien angestellt *). Die Veranlassung dazu war, daſs G. Rose unter dem Platinerz von Nischne-Tagilsk Körner von Osmium-Iridium gefunden hatte, die sich in Farbe und Verhalten von dem früher bekannten unterscheiden. Von diesen Körnern hatte er mir schon im Jahre 1830 einige gegeben, mit dem Wunsche, daſs ich sie analysiren möge, und mit der Bemerkung, daſs sich ihr spec. Gewicht dem des reinen Platins nähere, indem es nämlich 21,118 sei, und daſs sie beim Glühen den Geruch nach flüchtigem Osmiumoxyd verbreiten. Bei Durchsuchung einer kleinen Partie Platinerzes von Ekaterinenburg, welches hauptsächlich aus Gold und Osmium-Iridium bestand, fand ich nachher einige Körner von derselben Art. — Ich unternahm daher die Analyse sowohl vom gewöhnlichen Osmium-Iridium, als auch die von jenen eigenthümlichen Körnern. Das in platten glänzenden Körnern vorkommende gewöhnliche Osmium-Iridium aus Sibirien **) hat 19,255 spec. Gewicht, und wird im Glühen nicht verändert. Es bestand aus: Osmium 49,34, Iridium 46,77, Rhodium 3,15 und Eisen 0,74. Da Osmium und Iridium gleiches Atomgewicht haben, und das Rhodium sich mit anderen

*) Kongl. Vet. Acad. Handl. 1833. p. 313.

**) In Sibirien kommen Körner von Osmium-Iridium vor, die rund sind, keine abgeplatteten Seiten und keinen so starken Glanz als die platten haben. Gleichwohl fand ich ihr spec. Gewicht 19,242 bei einer, und 18,651 bei einer anderen Probe, welche letztere kleinere Körner enthielt. Osmium-Iridium aus Amerika, in viel kleineren und weiſseren Körnern, hatte nur 16,445 spec. Gewicht, wodurch ohne Zweifel eine Verschiedenheit in der Zusammensetzung angezeigt wird.

nach Doppelatomen verbindet, und sein
m fast gleich wiegt 1 Atom Osmium, so
s dieser Analyse, dafs das Mineral aus IrOs
gemengt mit einer kleinen Menge ROs. Die
ese erhaltenen blättrigen Körner hatten eine
bleigraue Farbe, und waren alle sechsseitige
Da eine Analyse von mehreren solcher Blät-
von bestimmten Proportionen abweichendes
t gab, so versuchte ich die Blätter einzeln
ysiren, da sie 3 bis 5 Centigrammen Gewicht
Es gelang, zuerst viel Osmium in einem
Tiegel wegzubrennen; nachher wurde das
in einer Atmosphäre von Terpenthinöl erhitzt,
es sich unter Feuererscheinung mit Kohle
; das Kohlenmetall verbrannte dann beim
ler Luft, unter Bildung von flüchtigem Os-
d. Diefs wurde so lange fortgesetzt, als
eine Gewichtsverminderung des Metallkornes
fand. Das zurückbleibende Iridoxyd wurde
Wasserstoffgas reducirt. Das Gewicht des
gab das Gewicht des verbrannten Osmiums.
Versuchen ergab es sich, dafs manche
nau $\frac{1}{4}$ ihres Gewichts Iridium, andere $\frac{1}{5}$
, ohne dafs ich Zwischenstufen finden
Diefs sind also zwei verschiedene Verbin-
, nämlich $IrOs^3$ und $IrOs^4$. Die letztere
wie die erstere aus, liefs sich aber in viel
Zeit zersetzen. Wir haben also drei Spe-
Osmium-Iridium, worin 1 Atom Iridium
ist mit 1, 3 und 4 Atomen Osmium.
en ein wenig Rhodium, aber kein Pla-
Rose *) hat gezeigt, dafs diese 3 Species
Krystallform haben, wodurch sich die Iso-

*) Poggend. Annal. XIX. 452.

morphie der beiden Metalle noch ferner bestätigt. Sie war schon vorher durch die isomorphe Beschaffenheit der entsprechenden Salze von Iridium und Osmium nachgewiesen. — Das hohe specifische Gewicht dieses Minerals scheint zu zeigen, dafs das Osmium ein weit höheres spec. Gewicht habe, als man es bei Wägung desselben in seinem schwammigen Zustand erhält, und dafs es wahrscheinlich dasselbe spec. Gewicht wie das Platin habe.

Gediegen Iridium. Breithaupt *) macht auf besondere Körner aufmerksam, die im Platinerz von Nischne-Tagilsk vorkommen. Sie sind im Rückstand von der Auflösung des Platinerzes enthalten; sie sind abgeschliffen, unregelmäfsig rund, weifs mit einem starken Stich in's Gelbe, sehr hart, so dafs sie die Feile abschleifen, und sehr fest, so dafs sie schwer zu zerschlagen sind. Bei der Analyse verschiedener Platinerze habe ich unter dem Rückstand dieselben Körner erhalten, und habe aus Breithaupt's Beschreibung gesehen, dafs die von ihm gefundenen ganz von derselben Art sind, wie die meinigen. Da mir die sämmtlichen Analysen nur ein Paar geliefert haben, so liefs ich sie vorläufig unbeachtet, in der Hoffnung, künftig mehr zu bekommen. Breithaupt hat die, welche er fand, näher untersucht. Diese Körner, wovon er ebenfalls nur ein Paar oder drei besafs, hatten ein sehr hohes specifisches Gewicht, welches Breithaupt zu 23,55 annimmt, als Mittelzahl aus mehreren Versuchen, bei denen er jedoch nicht mehr als einige Centigrammen, bei einem als Höchstes 10 Centigrammen, zum Wägen hatte. Er glaubt in diesem Mineral den schwersten aller bekannten Körper entdeckt zu haben, und

*) N. Jahrb. d. Ch. u. Ph. IX. 1, 92, 105.

...t sich zu beweisen, dafs er seine Entdeckung ...r gemacht habe, als von Rose das oben be...iebene Osmium-Iridium gefunden worden sei. ...n ist er einige Jahre zu spät gekommen; aber ...e sind nicht dasselbe, und der kleinliche Priori...treit ist also ganz zwecklos. Nach den Ver...n, die Breithaupt gemeinschaftlich mit Lam...ius angestellt hat, scheinen diese Körner ge...n Iridium zu sein. Eine Spur von Osmium, ...es dabei angeblich erhalten wurde, ohne aber ...h den Geruch erkennbar zu sein, ist möglicher ...e ein wenig Iridium gewesen, welches bei der ...llation leicht übergesprützt sein kann. Aus ...ithaupt's Entdeckung geht hervor, dafs das ...m, gleich dem Osmium, ein gröfseres spec. Ge...t besitzt, als es, in dem Zustande gewogen, in ...m man es aus seinen Chlorverbindungen er... zu haben schien. Dafs es übrigens ein so ... habe, wie Breithaupt angibt, möchte um ...r zu bezweifeln sein, da er auch vom ge...lichen Osmium-Iridium von Nischne-Tagilsk ...pec. Gewicht zu 21,511 bis 21,698 angibt, wäh... sowohl Rose, als ich, dasselbe zu 19,25 bis ...8 gefunden haben.

Gediegen Palladium.

Breithaupt gibt ferner an, unter dem Sibiri...n Platinerz weifse Körner von 12,926 bis 13,2 ... Gewicht gefunden zu haben, von denen er ...thet, dafs sie hauptsächlich aus gediegen Pal...m bestehen. Eine chemische Untersuchung ist ...ch nicht damit angestellt worden.

Kupfer in Meteorsteinen.

Stromeyer *) hat 0,1 bis 0,2 metallisches ...fer in allem von ihm neuerlich auf einen Ku...gehalt untersuchten Meteoreisen gefunden, näm-

*) Poggend. Annal. XXVII. 689.

lich in dem von Agram, Cenarto, Elbogen, Bitburg, Gotha, Sibirien, Lovisiana, Brasilien, Buenos-Ayres und dem Cap, woraus es also wahrscheinlich wird, dafs Kupfer in diesen Mineralien ein eben so beständiger Begleiter als Nickel oder Chrom ist. Spuren von Molybdän dagegen konnten nicht entdeckt werden (vergl. Jahresb. 1834, p. 158.).

Tellursilber. Hefs *) hat durch folgende Operation das Tellur aus dem in Sibirien vorkommenden Tellursilber dargestellt: Das mit Gangart gemengte Erz wird in einem feuerfesten Thontiegel mit dem gleichen Gewicht Pottasche geschmolzen, in der Absicht, durch die Pottasche die Gangart wegzunehmen und das Tellursilber rein ausgeschmolzen zu bekommen. Etwas Tellur wird dabei oxydirt und verbindet sich mit Kali, während eine entsprechende Menge Silber sich auf dem Boden als ein Regulus abscheidet. Zwischen diesem und der Salzmasse befindet sich nachher das geschmolzene Tellursilber. Dieses wird zerstofsen, mit Salpeter gemengt, und in einzelnen Portionen in einen Tiegel geworfen, in welchem sich Pottasche im Schmelzen befindet. Nachdem Alles zugesetzt ist und die Masse nicht mehr aufbraust, bringt man sie zum Schmelzen, wobei das Silber zu einem Regulus zusammenfliefst. Das geschmolzene Salz wird gepulvert und mit Kohlenpulver zu Tellurkalium reducirt, welches aufgelöst und durch Einwirkung der Luft zersetzt wird. Dasselbe geschieht mit der ersten Schmelze. Auch ich habe dieselbe Methode, nur wenig abgeändert, angewendet **).

---

*) Poggend. Annal. XXVIII. 407.

**) Kongl. Vet. Acad. Handl. 1833. p. 232.

Zippe *) hat den Sternbergit von Joachims- analysirt, und ihn aus 33,2 Silber, 36,0 Eisen 30,0 Schwefel (Verlust 0,8) zusammengesetzt den. Diese Analyse gibt kein berechenbares ltat, sie gibt zu viel Eisen und zu wenig Schwe- Nach Zippe gibt sie 1 Atom Silber, 4 Atome und 6 Atome Schwefel, und die Formel +3FeS+FeS²; allein dazu ist der Eisenge- ungefähr um 3 Procent zu hoch. Nimmt man dafs der Silbergehalt fast richtig bestimmt ist, die anderen Zahlen Approximationen sind, so t man die Formel ÁgF⃛e. Diese gibt 32,9 , 32,8 Eisen und 34,3 Schwefel. Breit- pt **) hat gefunden, dafs dieses seltene Mine- ch bei Schneeberg und Johann-Georgenstadt mt, wo es unter dem Namen bunter Kies sein soll. Sternbergit.

Berthier ***) hat vom Eisen-Hyposulfanti- zwei neue Varietäten untersucht (vgl. Jah- richt 1829, p. 197.). Die eine kommt bei Ma- , unfern Chazelles in der Auvergne, vor, und aus 84,3 Schwefelantimon und 15,7 Schwe- $=\acute{F}e^{3}\dddot{S}b^{4}$, — eine wenig wahrscheinliche ensetzung, abgeleitet aus der Analyse eines reinen Minerals, dafs es 60 Proc. Gangart ein- enthielt. Die andere Varietät kommt bei r, Departement de la Creuse, vor, und be- aus 80,6 Schwefelantimon und 19,4 Schwefel- $=\acute{F}e\dddot{S}b$. Es enthielt 7 Proc. Gangart. — Da Mineralien nicht in reinem Zustande zur Ana- Berthierit.

*) Poggend. Annal. XXVII. 690.

**) N. Jahrb. d. Ch. u. Ph. VIII. 289. 397.

***) Poggend. Annal. XXIX. 458.

lyse angewendet werden konnten, so möchte auf die angegebene Zusammensetzung kein großer Werth zu legen sein.

Oxydirte Mineralien. Opal.

Fuchs *) macht auf die Verschiedenheit in den Eigenschaften aufmerksam, welche die Kieselsäure in Gestalt von Opal und von Quarz zeigt, namentlich in Betreff der ungleichen Leichtigkeit, womit sie von chemischen Reagentien angegriffen werden. Er hebt dabei hervor, wie ungleich sich gewisse Körper darin verhalten, daſs sie zuweilen bestimmte krystallinische Formen annehmen, und in anderen Fällen wieder die vollkommenste Gestaltlosigkeit behalten, wie es eben mit Quarz und Opal der Fall sei. Daraus schlieſst er, daſs die Annahme fester Form oder das Festwerden von zweierlei Art sei; nämlich die Annahme einer bestimmten Gestalt und die Annahme eines gestaltlosen Zustandes, und diese beiden könnten unter Feuererscheinung in einander übergehen. Man sieht, daſs Fuchs hiermit dasselbe meint, was wir unter verschiedenen isomerischen Zuständen verstehen; allein damit fällt auch das hauptsächlich Wichtige im Unterschied zwischen krystallisirend und gestaltlos weg, denn es gibt verschiedene isomerische Modificationen, die beide krystallisiren.

Neues Eisenoxydhydrat.

In den Jahresberichten 1827, p. 72., und 1829, p. 231., erwähnte ich einer Art mineralischen Kerns, welcher in, bei Sterlitamak in Sibirien gefallenen, Hagelkörnern enthalten gewesen sein soll. G. Rose**) hat nun die Erklärung gegeben, daſs diese platt gedrückten, krystallinischen Körper für nichts weiter als in Eisenoxydhydrat verwandelte Schwefelkies-

*) N. Jahrb. d. Ch. u. Ph. VII. 491.

**) Poggend. Annal. XXVIII 576.

zu halten sind, welche die Form eines ab- Octaëders oder Leucitoëders haben. Ein fienes Eisenoxydhydrat ist von Ehren- von El Gisan in Arabien mitgebracht wor- Ihr meteorischer Ursprung ist wenig wahr- Man fand sie auf einem, dem im Flusse legenen Dorfe Lewaschowska angehörenden , an einem sehr warmen Tage nach einem Hagelschauer. Da man sie nicht vorher hatte, vermuthete man, sie seien mit dem erabgefallen. Sie lagen in einem Umkreis efähr 200 Klaftern. Man hat kein Hagelkorn solchen Kern gefunden. Hermann *) , dafs diese Krystalle eine ganz andere tzung haben, als sie nach Neljubin's (Jahresb. 1829, p. 231.) haben sollen, und neues Eisenoxydhydrat ausmachen, zusam- aus 90,02 Eisenoxyd und 10,19 Wasser , also analog dem Thonerdehydrat im Dias- Das gewöhnliche Eisenoxydhydrat ist $\dddot{F}e^2\dot{H}^3$. ann suchte vergebens nach anderen Metal- er Erden; eben so wenig fand er Schwefel- Borsäure oder Phosphorsäure darin. Ich habe elben Mineral 10,31 Proc. Wasser gefun- s mit der berechneten Zusammensetzung noch stimmt.

Wismuthblende.

ersten **) hat die Wismuthblende von g analysirt (Jahresb. 1829, p. 198; 1830, Er nahm dazu eine ganz reine Probe. d aus 69,38 Wismuthoxyd, 22,23 Kiesel- 0 Eisenoxyd, 0,30 Manganoxyd, 3,31 Phos- , 1,01 Fluorwasserstoffsäure und Wasser

Poggend. Annal. XXVIII. 576.

) A. a. O. XXVII. 81.

(Verlust 1,37, wovon ein Theil Fluorwasserstoffsäure). Aus dieser Analyse geht also hervor, dafs das Mineral aus kieselsaurem Wismuthoxyd besteht, gemengt mit phosphorsaurem Eisenoxyd und Manganoxyd, nebst Fluorwismuth. Die Sättigungsstufe des Silicats kann nicht bestimmt werden, da die Quantität des Fluors nicht vollständig bestimmt ist; bedenkt man aber, dafs ein Proc. Fluorwasserstoffsäure 4½ Proc. Wismuthoxyd aufnimmt, so möchte nicht zu bezweifeln sein, dafs die Verbindung ein Bisilicat ist, wie Kersten angenommen hat. Er hat dabei nachgewiesen, dafs es dasselbe Mineral ist, welches Werner zu seiner Zeit Arsenikwismuth nannte, und was vielleicht auch beweist, dafs die Phosphorsäure darin zuweilen durch Arseniksäure ersetzt wird, wie Hünefeld gefunden hat.

Rhyakolith u. glasiger Feldspath.

Im Jahresb. 1831, p. 174., führte ich an, dafs G. Rose zwischen dem glasigen Feldspath und dem Adular, oder dem Prototyp des Feldspaths, Winkelverschiedenheiten gefunden habe, welche ihn veranlafsten, den glasigen Feldspath als eine andere Species zu betrachten, die er Rhyakolith nannte. Spätere analytische Untersuchungen *), die er mit glasigem Feldspath von verschiedenen Fundorten anstellte, haben jedoch gezeigt, dafs auch solche Arten desselben, welche die bemerkten Winkelverschiedenheiten haben, wirklicher Feldspath, d. h. $KS^3 + 3AS^3$, sein können. Von der Art ist der glasige Feldspath vom Drachenfels und ein mit Hornblende vorkommender glasiger Feldspath vom Vesuv. Dagegen fand er, dafs eine, mit Nephelin, schwarzem Glimmer und grünlichem krystallisirten Augit an demselben Orte vorkommende Art glasigen Feldspaths nicht

*) Poggend. Annal. XXVIII. 143.

...mmensetzung des Feldspaths habe; eben so ...lt es sich mit einem, mit Hauyn und Augit ...mmenden glasigen Feldspath vom Laacher See, ...elcher Gelegenheit Rose die Beobachtung mit..., dafs Augit gewöhnlich mit Mineralien vor...e, die nicht vollkommen mit Kieselsäure gesät...nd. Dieser Feldspath erhält also den Namen ...olith. Vom Feldspath ist er dadurch zu un...iden, dafs er von Säuren stark angegriffen ... wenn auch die vollständige Zersetzung dadurch ...hwierig geschieht. Er besteht aus 50,31 Kie...re, 29,44 Thonerde, 0,28 Eisenoxyd, 1,07 Kalk... 0,23 Talkerde, 5,92 Kali, 10,56 Natron (Ver...19) $= \left.\begin{matrix}N\\K\end{matrix}\right\} S^3 + 3AS$. Es ist also eine Art ...-Labrador, da der Sättigungsgrad derselbe ...d der Kalk des Labradors hier durch Kali ...tron ersetzt ist. Rose macht auf die Aehn...t aufmerksam, die zwischen den Krystallfor... des Feldspaths, Albits, Labradors und Rhya...s, ungeachtet der Verschiedenheit in der Zu...nsetzung, besteht, eine Aehnlichkeit, welche ... veranlafste, alle vier für Feldspath zu halten, ...wodurch man nun geneigt wird, sie als iso... zu betrachten. »Man sieht,« fügt er hinzu, ... ein Zusammenhang zwischen ihnen statt fin...es fehlt uns aber noch das Band, welches sie ...l in chemischer als krystallographischer Hin... mit einander in Verbindung setzt. Eine Hy...e zu wagen, ist noch zu früh.«

Berthier *) hat den glasigen Feldspath vom ...dore und vom Drachenfels analysirt, und ihn ...gewöhnlichen Feldspath zusammengesetzt gefun-

*) Annales des Mines, T. III. 11.

den, aber einen Theil vom Kali durch Natron und Talkerde ersetzt.

Leucit und Analcim

Fuchs *) betrachtet auch den Leucit als ein verglastes Mineral, welches sich jetzt nicht mehr in seinem ursprünglichen Zustande befinde. »Er ist,« sagt er, »gestaltlos, glasig, in Krystallflächen eingeschlossen, welche sich durch die Unschmelzbarkeit der Verbindung erhalten konnten.« Den Würfel, den Haüy als seine Grundform annahm, finde man keinesweges darin, und vergleiche man den Leucit mit dem Analcim, so könne man sich nicht des Gedankens enthalten, daſs der Leucit ursprünglich Kali-Analcim gewesen sei, mit demselben Wassergehalt wie der Natron-Analcim (beide haben nämlich dieselbe Zusammensetzungsformel, mit Ausnahme des Wassergehalts). Deshalb müſste auch der Leucit, wenn er jetzt krystallisiren würde, eine andere Krystallform annehmen. Man finde keinen Natron-Leucit in den Laven, weil die Verbindung zu schmelzbar sei; umgebe man aber Analcim mit feuerfestem Thon und glühe ihn nach dem Trocknen bei mäſsiger Hitze, so verwandele er sich in Natron-Leucit.

Davyn ist Nephelin.

Mitscherlich **) hat gefunden, daſs der Davyn nichts Anderes als Nephelin ist (vgl. Jahresb. 1828, p. 181.; 1829, p. 212., und 1830, p. 205.). Er enthält kein Wasser, aber Spuren von Kalk und Chlor.

Cancrinit.

Das in der zirkonführenden Gebirgsart von Miask am Ilmensee vorkommende blaue Mineral, welches man Cancrinit genannt hat, ist von Hofmann ***) analysirt worden. Er fand darin Na-

*) N. Jahrb. d. Ch. u. Ph. VII. 426.

**) G. Rose's Elemente der Krystallographie, p. 160.

***) A. a. O. p. 156.

tron 24,47, Kalkerde 0,32, Thonerde 32,04 und Kieselerde 38,40 (Verlust 4,73). Der Sauerstoff der Kieselerde und der der Basen sind gleich. Das Mineral enthält keine Schwefelsäure, wie es mit Hauyn und Lasurstein der Fall ist.

Gmelinit.

Im Jahresbericht 1827, p. 217., wurde angeführt, dafs Brewster einem, dem sogenannten Sarkolith aus dem Vicentinischen ähnlichen, rothen, zeolithartigen Mineral den Namen Gmelinit gegeben habe, weil es andere optische Eigenschaften als der Sarkolith oder Analcim besafs. Dieses Mineral, von Glenarm bei Antrim in Irland, ist von Thomson*) analysirt worden; nach ihm besteht es aus: Kieselerde 39,896, Thonerde 12,968, Eisenoxydul 7,443, Kali 9,827, Wasser 29,866. Ich führe diese Analyse nicht darum an, weil ich glaube, dafs sie Vertrauen verdient, sondern nur um darauf aufmerksam zu machen, dafs das Mineral eine bessere Analyse verdient. 7½ Procent Eisenoxydul in einem rothen Mineral aus der Klasse der Zeolithe, spricht gewifs nicht zu Gunsten des analytischen Resultates, eben so wenig wie der Umstand, dafs die Analyse mit 5,3 Engl. Gran gebranntem Steinpulver angestellt wurde, und dieses zweimal mit kohlensaurem Baryt geglüht werden mufste, weil es bei dem ersten Glühen nicht zersetzt war.

Wollastonit.

Der Name Wollastonit, der früher dem Tafelspath von Capo di Bove gegeben worden war, ist nun auf ein anderes Mineral aus der Klasse der Zeolithe, von Corstorphine Hill in Schottland, übertragen worden. Dieses Mineral ist farblos, vor dem Löthrohr unter Aufblähen schmelzbar, und mit Säuren unvollkommen gelatinirend. Es ist von Lord

*) Poggend. Annal. XXVIII. 418.

Greenoch gefunden, und von Walker analysirt worden *). Es besteht aus Kieselerde 54,00, Kalk 30,79, Natron 5,55, Talkerde 2,59, Thonerde und Eisenoxyd 1,8, Wasser 5,43 (Verlust 0,46). Auch dieses Mineral verdient hinsichtlich seiner Zusammensetzung Aufmerksamkeit, indem sie auf eine apophyllitartige Verbindung hindeutet, wiewohl das obige Resultat keine wahrscheinliche Berechnung zuläfst.

Uralit. G. Rose **) gibt zwei neue Fundorte für die Augitart an, welche von ihm Uralit genannt worden ist, und welche die Durchgänge der Hornblende hat (Jahresb. 1833, p. 185.). Diese Fundorte sind Tyrol und Arendal. An letzterem Orte kommt das Mineral mit Epidot, gelbem Sphen und Zirkon vor. Rose hat übrigens den von Glocker gegen die Vereinigung von Augit und Hornblende gemachten Einwürfen ***) zu begegnen gesucht, und erklärt, dafs der letztere unmöglich das, was er über den Uralit anführt, hätte behaupten können, wenn er Gelegenheit gehabt hätte, dieses Mineral zu sehen.

Achmit. Rose †) hat ferner vermuthungsweise den Achmit mit der Augit-Familie zu identificiren gesucht, indem er die Zusammensetzung $\dot{N}S^3+2fS^2$ statt $\dot{N}S^3+2\dot{F}S^2$, wie ich sie durch die Analyse gefunden habe, voraussetzt. In diesem Falle würde im ersten Gliede Natron die Kalkerde ersetzen, und dadurch eine den Tremolithen ähnliche Formel entstehen. Hiergegen kann jedoch erinnert werden, dafs erstlich die Tremolithe oder Grammatite nicht 2 At. Bisilicat im zweiten Gliede haben, sondern nur ein

*) Ed. Phil. Journ. XV. 368.

**) Poggend. Annal. XXVII. 97.

***) G. Rose's Elemente d. Krystallogr. p. 171.

†) Jahresb. 1834, p. 109.

...; und was zweitens das analytische Resultat ...trifft, so würde es, nach Rose's Formel, im Ver...ich mit dem gefundenen, folgendermaafsen aus...en:

	Resultat der Analyse *).	Nach Rose's Formel.
...elerde	55,25	51,49
...noxyd	31,25	37,39
...ganoxydul . .	1,08	—
...erde	0,72	—
...on	10,40	14,94
	99,70	103,82

Die Analyse wäre also fehlerhaft, um 3,75 Proc. ...elerde zu viel, um 6 Proc. Eisenoxyd zu wenig, 4,54 Proc. Natron zu wenig, und würde im ...en einen Verlust von 4 Proc. haben. Diefs ist ...ine etwas zu weit getriebene Voraussetzung.

Sismonda **) hat den violetten Idocras von ...analysirt, und ihn aus 39,54 Kieselerde, 11,00 ...erde, 7,10 Manganoxyd, 34,09 Kalk, 8,00 Ei...oxydul zusammengesetzt gefunden. Sismonda ...dabei den Fehler begangen, aus der Farbe zu ...liefsen, der ganze Mangangehalt sei als Oxyd, das Eisen als Oxydul darin enthalten. Dadurch ... er eine ganz ungereimte Zusammensetzungs...el, und dabei dennoch einen Ueberschufs von ... Proc. Kieselerde. Die Analyse gibt folgende ... gewöhnliche Formel $\left.\begin{matrix}C\\ mn\end{matrix}\right\}S + \left.\begin{matrix}A\\ F\\ Mn\end{matrix}\right\}S$. Idocras.

Sowohl G. Rose ***) als Zippe haben dar- Pyrop.

*) Kongl. Vet. Acad. Handl. 1821. p. 65.

**) L'Institut No. 15. p. 127.

***) G. Rose's Elemente d. Krystallogr. p. 155. Poggendorff's Annal. XXVII. p. 692.

über Zweifel erhoben, ob der Pyrop zum Granat gerechnet werden soll. Bekanntlich stellt sein Chromgehalt eine Schwierigkeit entgegen, wenn man seine Zusammensetzung mit der des Granats vergleichen will, zumal da man das Chrom darin als Chromsäure oder braunes Oxyd annehmen zu müssen glaubte. Indessen ist es nun bekannt, dafs auch das, mit Thonerde und Eisenoxyd isomorphe, grüne Oxyd, $\dddot{Cr}$, in einer eigenen isomerischen Modification rothe Verbindungen von großer Intensität der Farbe gibt, wovon der sogenannte Chromalaun ein ausgezeichnetes Beispiel abgibt. Man hat um so mehr Grund das Chromoxyd in diesem Zustande im Pyrop anzunehmen, da derselbe beim Erhitzen die gewöhnliche grüne Farbe des Oxyds annimmt und beim Erkalten wieder roth wird. Zippe hat einen Pyrop vom Isergebirge gefunden, der eine beim Granat noch nicht beobachtete cubische Form hatte, wiewohl dieselbe bei dem Granat möglich ist. Ob dieses ein chromhaltiger Granat war, ist nicht angegeben. Die chemische Zusammensetzung des Pyrops verdient in der That noch eine fernere Untersuchung. Die vom Grafen Trolle-Wachtmeister angestellte Analyse vom Pyrop von Meronitz*), die gewifs mit aller erforderlichen Genauigkeit ausgeführt ist, fügt sich, wie Wachtmeister gezeigt hat, auf keine Weise in die Granatformel, und gab, bei Zersetzung des Minerals mit Alkali, unter Ausschlufs der Luft, braunes Chromoxyd. v. Kobell's Analyse des Pyrops von Stiefelberg in Böhmen, der weniger Chromoxyd enthält, pafst gut zur Formel

$$\left.\begin{matrix}M\\f\\C\end{matrix}\right\}S+\left.\begin{matrix}A\\Cr\end{matrix}\right\}S.$$

Du-

*) K. Vet. Acad. Handl. 1825. p. 220.

Dufrenoy *) hat Thonarten von verschiedenen Orten in Frankreich untersucht. Sie enthielten ungefähr 40 Proc. Kieselerde, 30 und einige Proc. Thonerde, und 20 bis 25 Proc. Wasser. In einem derselben war die Thonerde gröfstentheils durch Eisenoxyd ersetzt, welches in anderen in geringer Menge enthalten ist. Einige enthielten Talkerde. Da Dufrenoy in keinem einzigen Alkali fand, von dem wir doch nun durch Mitscherlich's Untersuchung **) wissen, dafs es einen Bestandtheil des Thons ausmacht, und dabei doch kein entsprechender Verlust angegeben ist, so hielt er es nicht für der Mühe werth, das Zahlen-Resultat anzuführen. — Boussingault ***) hat ein Mineral von Guatequé in den Cordilleren analysirt. Im Aeufseren und in der Zusammensetzung gleicht es vollkommen dem Halloysit, und in der Zusammensetzung auch jenen Thonen: Kieselerde 40, Thonerde 35, Wasser 25. Diefs kann die Formel $AAq^2 + 2AS^2Aq$ geben. Alkali wurde darin nicht gesucht; $\frac{2}{3}$ vom Wasser gehen bei +100° weg. Thone.

Nur wenige Stunden von Freiberg in Sachsen soll man Gerölle von Rutil in so grofser Menge gefunden haben, dafs man die Auswaschung derselben beabsichtige, um daraus Titanoxyd zu technischem Behuf zu bereiten †). Rutil.

Larderel ††) hat über das Vorkommen der natürlichen Borsäure bei Lagoni di Volterra im Tos- Borsäure

*) Annales des Mines, 1833. III. 393.

**) Jahresb. 1834. p. 166.

***) Annales de Ch. et de Ph. LIII. 439.

†) L'Institut No. 11. p. 91.

††) A. a. O. No. 29. p. 245.

canischen folgende Nachrichten mitgetheilt: Höfer entdeckte zuerst im Jahre 1777 das Vorkommen der Borsäure in diesen Lagoni, und Mascagni regte zuerst die Idee an, dieselbe zur Fabrication von Borax zu benutzen. Jetzt hat man 4 grofse Etablissements zur Gewinnung dieser Borsäure, nämlich bei Monte rotondo, Castel nuovo, Lussignano und Montecerboli, die jährlich 700,000 Pfund Borsäure in den Handel liefern. Die Fabrik bei Montecerboli producirt am meisten. Die Art des Vorkommens der Borsäure ist hier folgende: Rings an den Ufern dieser kleinen Seen bilden sich in dem trocknen Boden Oeffnungen, Soffioni genannt, aus welchen borsäurehaltige Wasserdämpfe, von + 150° bis 180° Temperatur, mit Heftigkeit herausströmen. Die Borsäure hat bekanntlich die Eigenschaft, in nicht unbedeutender Menge in Wasserdämpfen abzudunsten, wiewohl sie für sich feuerbeständig ist. Indem die Dämpfe abgekühlt werden, setzen sie rings um die Oeffnung die Borsäure ab. Aus diesem Umstand zieht man auf die Weise Vortheil, dafs man rund um die Oeffnung ein Wasserbassin macht, welches die abgesetzte Säure aufnimmt und auflöst, und welches von einer Mauer eingefafst ist, um auf derselben die bleiernen Kessel, in der die Auflösung der Borsäure verdunstet werden soll, mit der Wärme der heifsen Dämpfe zu heizen. Eine einzige Soffione heizt 30 bis 40 Kessel, deren Inhalt in wenigen Minuten in's Kochen geräth. Die krystallisirte Säure wird in einem Strom von Wasserdämpfen von einer der Soffionen getrocknet. In welcher Form oder Verbindung die Borsäure an den Stellen, wo sie von den Wasserdämpfen aufgenommen wird, vorkomme, ist natürlicherweise nicht auszumitteln; Vermuthungen darüber könnte man mancherlei aufstellen. Die Dämpfe enthalten häufig Schwefelwasserstoff.

Kalkspath mit kohlensaurem Kupferoxydul.

Hefs hat mir einen strahligen Kalkspath mitgetheilt, der fast weifs, kaum merklich gelblich ist, und die Eigenschaft besitzt, beim Erhitzen bis zum anfangenden Glühen eine dunkle Farbe anzunehmen und nach dem Erkalten blutroth zu werden. Er kommt aus Sibirien, ohne nähere Angabe des Fundorts. Hefs hat gefunden, dafs das Färbende Kupferoxydul ist, wovon auch ich mich mittelst des Löthrohrs überzeugt habe, und da das Mineral erst nach dem Glühen roth wird, so zeigt diefs, dafs es Kupferoxydul mit Kohlensäure verbunden enthält, — also eine Verbindung, die zum ersten Mal in der Mineralogie auftritt.

Kohlensaures Mangan.

Stromeyer *) hat die kohlensauren Manganerze von Freyberg, Kapnick und Nagzag analysirt. Ihre Zusammensetzung ist folgende:

	Freyberg.	Kapnick.	Nagzag.
Kohlens. Manganoxydul	73,703	89,914	86,641
Kohlens. Eisenoxydul	5,755	—	—
Kohlens. Kalkerde	13,080	6,051	10,581
Kohlens. Talkerde	7,256	3,304	2,431
Decrepitationswasser	0,046	0,435	0,310
	99,840	99,700	99,963.

Boussingault **) hat eine Incrustation analysirt, die sich in dem Wasser einer warmen Quelle bei dem Indianischen Dorfe Coconuco, nicht weit vom Vulcan Puracé, bildet. Sie besteht aus kohlensaurem Manganoxydul 28,0, kohlensaurem Kalk [illegible], kohlensaurer Talkerde 0,40, schwefelsaurem

*) Götting. gelehrt. Anz. 1833. pag. 1081.

**) Ann. de Ch. et de Ph. LII. 396.

Natron 0,08. Ein so grofser Mangangehalt in einem Quellwasser ist nicht gewöhnlich.

Vanadinsaures Bleioxyd. Unter Mineralien von Beresow bei Ekaterinenburg in Sibirien hat G. Rose vanadinsaures Bleioxyd gefunden *). Es kommt mit phosphorsaurem Blei vor, dessen Krystallform es hat, von dem es sich aber durch seine kastanienbraune Farbe unterscheidet. Manche Krystalle haben, zufolge ihrer isomorphen Beschaffenheit, einen Kern von phosphorsaurem Blei.

Wolchonskoit. Berthier **) hat den Wolchonskoit analysirt (Jahresb. 1833, p. 172.). Er fand ihn zusammengesetzt aus grünem Chromoxyd 34,0, Eisenoxyd 7,2, Talkerde 7,2, Kieselerde 27,2, Wasser 23,2 (Verlust 1,2). Diese Zahlen geben keine Verbindungsformel. Nach der Aehnlichkeit des Minerals mit einem grünen Thon zu schliefsen, dürfte es wohl für einen solchen zu halten sein, obgleich der Kieselgehalt zu gering ist. Er ist fast gleich mit dem der Basen, so dafs das Mineral ohne Zweifel ein Gemenge von einfachen wasserhaltigen Silicaten von Talkerde, Eisenoxyd und Chromoxyd ist. Berthier hält es für ein Gemenge von $\dddot{Cr}\dot{H}^3$ mit einem wasserhaltigen Silicat von Talkerde und Eisenoxyd.

Skorodit. G. Rose ***) hat gezeigt, dafs der Skorodit, der bis jetzt noch nicht analysirt war, ganz dieselbe Krystallform wie das arseniksaure Eisen von Antonio Pereira in Brasilien hat, welches von mir analysirt wurde (Jahresb. 1826, p. 205.), woraus also hervorgeht, dafs auch dieses Skorodit ist. Die Eigenschaft des Europäischen Skorodits, beim Erhitzen

*) Poggend. Annal. XXIX. 455.

**) A. a. O. pag. 460.

***) Elemente d. Krystallogr. pag. 165.

arsenige Säure zu geben, findet, nach Rose's Versuchen, nicht mit reinen Krystallen statt, sondern rührt von einer zufälligen Einmischung fremder brennbarer Stoffe her, welche Arseniksäure reduciren.

Erdmann *) hat das von Breithaupt für neu gehaltene Mineral von Langenstriegis, das dieser für einen Zeolith hielt und Striegisan nannte, analysirt. Es war nichts Anderes als Wawellit. Wawellit.

Erdmann macht auf einen Druckfehler aufmerksam, der sich sowohl in meiner Abhandlung über das Löthrohr, als auch in meinem Lehrbuch findet, daſs nämlich in der Formel des Wawellits der Wassergehalt zu 36 Atomen angenommen ist. Diese Bemerkung hat ihre Richtigkeit. Indem ich die Veranlassung dazu nachsuchte, ging ich meine Analyse des Wawellits durch, deren Formel sich mit $36\dot{H}$ endigt, aber als angehörig einer Portion in Verbindung befindlichen Fluoraluminiums, dessen Quantität ich im Wawellit zu 5,19 Proc. gefunden hatte. Nach der Publication dieser Analyse bekam die Gegenwart von Fluor und Chlor in den natürlichen phosphorsauren Salzen, durch Wöhler's und G. Rose's Analysen vom phosphorsauren Blei und phosphorsauren Kalk, eine andere Bedeutung, und hörte auf nur als bloſs fremde Einmischung zu erscheinen, indem in den genannten Verbindungen ein Atom Chlorür oder Fluorür mit 3 Atomen eines basischen phosphorsauren Salzes verbunden ist. Bei Berechnung meines Resultats ergab es sich nun, daſs, mit Annahme eines ganz geringen Fehlers im Fluorgehalt, die Formel folgendermaaſsen ausfällt: $AlF^3 + 3\dddot{A}l^4\ddot{P}^3\dot{H}^{18}$, wodurch sich also eine Ana-

*) N. Jahrb. d. Ch. u. Ph. IX. 156.

logie zwischen dem Wawellit und den oben genannten Phosphaten herausstellt.

Schwefels. Strontian u. schwefels. Kalk.

Suckow *) hat eine Krystallvarietät vom schwefelsauren Strontian beschrieben, die bei Dornburg unfern Jena vorkommt; und Neumann **) hat eine Abhandlung über die thermischen, optischen und krystallographischen Axen im Krystallsystem des Gypses mitgetheilt; beide Arbeiten sind von der Natur, daſs sich hier kein Auszug daraus machen läſst.

Anhydrit aus der Luft gefallen.

Hermann **) hat einen Stein untersucht, der in der Gegend von Widdin in Ruſsland bei einem starken, von Hagel begleiteten Orkan im Mai 1828, vor den Augen des Fürsten Peter Gortschakoff, herunter gefallen sein soll. Er bestand aus wasserfreiem Gyps oder Anhydrit, einem Mineral, welches in keiner gröſseren Nähe als zu Wieliczka in Polen vorkommen soll. Hermann nimmt an, daſs der Stein durch den Sturm von daher geführt worden sei. Die Glaubwürdigkeit dieser Sage muſs man auf sich beruhen lassen.

Natürlicher Alaun, worin Talkerde u. Manganoxydul das Kali vertreten.

Hertzog ***) hat auf einer Reise in Afrika, östlich von der Cap-Colonie, in einer offenen Grotte verschiedene Salze gefunden, die er an die Hrn. Stromeyer und Hausmann in Göttingen schickte, welche dieselben untersucht haben. Eines dieser Salze ist ein strahliger oder sogenannter Federalaun, der nach Stromeyer's Analyse aus 38,398 schwefelsaurer Thonerde, 10,820 schwefelsaurer Talkerde, 4,597 schwefelsaurem Manganoxydul, 45,739 Wasser und 0,205 Chlorkalium (Ver-

---

*) Poggend. Annal. XXIX. 504.

**) A. a. O. XXVII. 240.

***) N. Jahrb. d. Ch. u. Ph. IX. 255.

0,241) besteht. Der gröfsere Wassergehalt in Salz weist aus, dafs es nicht als ein Gevon schwefelsaurer Talkerde und Bittersalz werden kann, sondern dafs es wirklich lanart ist; die Thonerde darin enthält 3 Mal Sauerstoff, als Talkerde und Manganoxydul genommen. Er ist also ein Gemenge von $+\dddot{Al}\dddot{S}^3+24\dot{H}$ mit $Mn\dddot{S}+\dddot{Al}\dddot{S}^3+24\dot{H}$.

Natürliches Bittersalz.

Mit diesem Alaun kam an demselben Orte ein Bruche stängliches Bittersalz in einem $1\frac{1}{2}$ Zoll en Lager vor. Aus der Analyse ergab es fs es schwefelsaure Talkerde war, mit dem Wassergehalt und mit einer Einmin $7\frac{2}{3}$ Procent schwefelsaurem Manganoxyeres in wasserfreiem Zustand berechnet). eyer hat bei derselben Gelegenheit das Bitvon Calatayud in Spanien untersucht, welm reines Salz war, so wie auch das soge- Haarsalz von Idria, welches Bittersalz mit 1 Procent Eisenvitriol war. Das stalaktiittersalz von Neusohl in Ungarn bestand h aus Bittersalz, welches durch $1\frac{1}{2}$ Proc. res Kobaltoxyd rosenroth gefärbt war, ufserdem Spuren von schwefelsaurem Kupferund Eisen- und Manganoxydul enthielt.

Natürliches schwefelsaures Eisenoxyd.

Meyen *) hat aus Chili, aus dem Districte , Provinz Coquimbo, ein Salz mitgebracht, daselbst in einem anscheinend mächtigen vorkommt. Dieses Salz ist von H. Rose worden. Es enthält schwefelsaures Eisenin mehreren Sättigungsgraden.

a) Neutrales. Dieses ist theils in regelmä- 6seitigen Prismen mit 6flächiger Zuspitzung

*) Poggend. Annal. XXVII. 309.

und gerade angesetzter Endfläche krystallisirt; theils bildet es eine feinkörnige Masse. Es ist farblos, in Wasser löslich, und enthält: Schwefelsäure 43,55, Eisenoxyd 24,11, Thonerde 0,92, Kalkerde 0,73, Talkerde 0,32, Wasser 30,10, Kieselerde 0,31. Die Analyse des körnigen Salzes stimmt hiermit vollkommen. Hiernach berechnet Rose die Zusammensetzung zu $\dddot{F}e\dddot{S}^6 + 9\dot{H}$. Wiewohl diese Formel vermuthlich ganz richtig ist, so stimmt sie doch nicht vollkommen mit dem Resultat der Analyse, welches Schwefelsäure im Ueberschufs und ungefähr 2 Atome Wasser zu viel gibt.

Rose nimmt im Salz eine Portion freie Schwefelsäure an, was wohl nicht für wahrscheinlich zu halten ist. Dagegen ist es höchst wahrscheinlich, dafs das Salz eine Portion schwefelsaures Ammoniak enthalte, welches mit schwefelsaurem Eisenoxyd eine alaunartige Verbindung bildet, wodurch sowohl der Ueberschufs der Schwefelsäure, als der des Wassers begreiflich wird, da das Ammoniak mit dem Krystallwasser der Alaunart in dem Wasser eingerechnet ist.

b) Zwei basische Salze. Das eine derselben bedeckt das neutrale Salz. Es besteht aus Körnern, und hat auf der Oberfläche kleine 6seitige Tafeln. Es ist gelb und durchsichtig. Seine Zusammensetzung war: Schwefelsäure 39,60, Eisenoxyd 26,61, Thonerde 1,37, Talkerde 2,64, Wasser 29,67, Kieselerde 1,37. Rose berechnet für dieses Salz die Formel $\dddot{F}^2\dddot{S}^5 + 18\dot{H}$, wobei die Talkerde als neutrales Bittersalz angenommen ist. Diese Formel ist sehr unwahrscheinlich, um nicht zu sagen unchemisch, und wird aufserdem durch das Resultat nicht gerechtfertigt. Der Sauerstoff der Schwefelsäure ist

7, der der Talkerde 1,02, geben also 3,06 vom
rstoff der Schwefelsäure für die dem Bittersalz
hörige Schwefelsäure ab, und bleiben 20,64. Der
rstoff des Eisenoxyds 8,01 und der der Thon-
0,91 machen zusammen 8,92; aber 8,92:20,64
6:13,78, also nicht = 6:15. Hier ist also
Ueberschufs von ein wenig Schwefelsäure, was
weder ein Gemenge von zwei Salzen in unglei-
Sättigungsgraden, oder den Verlust einer Ba-
anzeigt, welche das analytische Resultat nicht
it. — Das andere basische Salz bildet einen
zenförmigen, schmutzig gelbbraunen Ueberzug,
aus einer Verwebung von excentrischen, zwei
drei Linien langen, wenig zusammenhängen-
Strahlen besteht. Es war zusammengesetzt
Schwefelsäure 31,73, Eisenoxyd 28,11, Kalk-
1,91, Talkerde 0,59, Wasser 36,56, Kiesel-
1,43. Rose berechnet daraus die Formel
$\dot{\dot{S}}^2$ + 21 $\dot{H}$. Das Salz $\dddot{Fe}\dddot{S}^2$ existirt allerdings,
ist mit rothgelber Farbe vollkommen in Was-
löslich. Das von Rose analysirte natürliche
wird von kaltem Wasser zersetzt und setzt
sches schwefelsaures Eisenoxyd ab. Es scheint
ebenfalls ein Gemenge zu sein. Was den
derbaren Wassergehalt von 21 Atomen betrifft,
erhält man, wenn man bei Berechnung des Re-
3 Proc. Krystallwasser für Gyps und Bit-
lz abzieht, 33,51 Proc. oder 20 Atome Was-
allein auch dieser Wassergehalt ist unwahr-
einlich. Fügt man diesen Bemerkungen noch hin-
dafs es, wie aus der vorhergehenden Analyse
Stromeyer wahrscheinlich geworden ist, eine
artige Verbindung von schwefelsaurer Talkerde
schwefelsaurem Eisenoxyd gibt, mit einem grö-

faeren Wassergehalt, als die einfachen Salze aufnehmen, so findet man noch ferner, dafs es nicht recht sein könne, das analytische Resultat zu einer Formel zusammenzustellen, woran auch schon im Voraus die ungewöhnliche Beschaffenheit der so berechneten Formeln erinnert.

Schwefelsaures Kupferoxyd. Unter diesen Salzen fand Rose ferner schwefelsaure Thonerde in kleinen, derben Massen, gemengt mit etwas schwefelsaurem Eisenoxyd, und ganz kleine, eingesprengte Krystalle von Kupfervitriol.

Chondrodit. G. Rose *) hat es wahrscheinlich zu machen gesucht, dafs Bournon's Humit, oder der sogenannte gelbe Topas vom Vesuv, Chondrodit ist. Dasselbe hat auch Plattner **) durch chemische Versuche bestätigt.

Flufsspath. Richter ***) hat eine Menge sehr interessanter Krystallisations-Verhältnisse von Flufsspath beschrieben, wo ungleich gefärbter Flufsspath theils Krystalle von derselben Form über einander, theils Krystalle von ungleicher Form, theils nur eine anders gefärbte Contur bildet. So z. B. sitzt ein gefärbtes Octaëder oder Rhomboidal-Dodecaëder in einem farblosen Würfel u. s. w.

Ueberreste organischer Stoffe. Petroleum in Steinkohlen. Reichenbach †) bekam, als er 50 Kilogrammen Steinkohlen von Oslawann, 2 Meilen westlich von Brünn, mit Wasser destillirte, 150 Grammen Petroleum, ganz analog dem von Amiano, welches Saussure beschrieben hat. Reichenbach zieht

*) Elemente der Krystallogr. pag. 158.

**) N. Jahrb. d. Ch. u. Ph. IX. 7.

***) Baumgartner's Zeitschrift, II. 111.

†) N. Jahrb. d. Ch. u. Ph. IX. 19.

hieraus den Schlufs, dafs das Petroleum ein etwas verändertes flüchtiges Oel sei, welches der Vegetation angehört habe, woraus die Steinkohlen entstanden seien, und da er der Meinung ist, dafs diese Vegetation aus Coniferen bestanden habe, so nimmt er an, dafs das Petroleum nichts weiter als das Terpenthinöl der Pinusarten der untergegangenen Schöpfung sei. Dieser Schlufs ist doch etwas zu voreilig. Zwar hat man schon längst vermuthet, dafs das Petroleum zugleich mit den Steinkohlen gebildet, und gleich diesen ein Product der Umsetzung der vegetabilischen Grundstoffe sei, vor sich gegangen unter einem Zerstörungsprozefs, der von denen, welche in Berührung mit der Luft statt finden, verschieden sei. Allein man hatte früher noch kein Petroleum in den Steinkohlen gefunden, und in dieser Hinsicht ist Reichenbach's Beobachtung von grofsem Werth; aber die Gegenwart von Petroleum müfste in vielen Steinkohlenlagern nachgewiesen werden, damit man nicht zu der Vermuthung veranlafst würde, dafs Petroleum, gleich wie in andern Lagern des Flötzgebirges, auch zuweilen in ein Steinkohlenlager eingedrungen sei. In Schweden haben wir eine Petroleum-Quelle am Osmundsberg, in einer reinen Uebergangsgegend, gehabt; Tilas *) sammelte daselbst Petroleum, und hier konnte es wohl nicht aus Pflanzenstoffen von Steinkohlenlagern abstammen.

Braunkohle.

Blei **) hat die Braunkohle (Lignit) von Preuslitz, im Herzogthume Anhalt-Cöthen, untersucht. Wasser zog aus 1000 Th. 8 Th. braunes, bit-

*) Kongl. Vet. Acad. Handlingar, 1740. pag. 220.

**) N. Jahrb. d. Ch. u. Ph. IX. 129.

teres Extract, mit Chlornatrium, Chlorcalcium und schwefelsaurem Kalk aus. Aether zog 45 Th. einer wachsartigen, hellgelben Substanz aus, die auch in Alkohol und fetten und flüchtigen Oelen löslich war. Alkohol zog 50 Theile eines grünbraunen, schmierigen Fettes aus, welches nicht von kaustischem Kali gelöst wurde. Bei der trocknen Destillation gaben sie ein Ammoniaksalz, Brandextract mit einem alkalischen Liquidum, Brandharz und Brandöl, aus welchem letzteren Kreosot und ein hellgelbes, flüchtiges Oel, ähnlich dem Petroleum, ausgezogen werden konnte.

Erdharz, genannt Ozokerit.

Glocker *) hat eine Art Erdharz beschrieben, die von Meyer bei Slanik, im Buchauer District in der Moldau, gefunden worden ist, und daselbst in derben Massen von ziemlicher Gröfse vorkommt. Es ist gelblichbraun, durchscheinend, riecht schwach nach Erdpech, und erweicht durch die Wärme der Hand, so dafs es wie Wachs knetbar ist. Daher der Name Ozokerit (von ὀζειν riechen und κερος Wachs). Sein spec. Gewicht ist 0,955. Es ist leicht schmelzbar, riecht dabei stärker und erstarrt beim Erkalten; angezündet, verbrennt es mit klarer, leuchtender Flamme ohne Rückstand. Von Wasser oder Säuren wird es nicht angegriffen; Alkohol löst im Kochen nur wenig davon auf. Von Aether und von Terpenthinöl wird es mit gelber Farbe aufgelöst. Dieses natürliche Erdharz soll schon seit 15 Jahren von den Bauern in der Moldau zu Lichtern angewendet worden sein, die vortrefflich brennen und beim Ausblasen einen angenehmen Geruch geben.

---

*) N. Jahrb. d. Ch. u. Ph. IX. 215.

Uranelaïn, mit Schnee aus der Atmosphäre gefallen.

Nach einem Zeitungsartikel aus Moskau vom April 1832 *) fiel in diesem Jahr zu Ende ..., zugleich mit Schnee, 13 Werst von der Stadt ...lokalamsk, auf den Feldern des Dorfes Kuria..., eine brennbare, gelbliche, schneeähnliche Ma..., welche die Erde in einer Ausdehnung von ... bis 100 Quadrat-Ruthen, und in einer Dicke ... 1 bis 2 und mehreren Zollen bedeckte. Das ...hen und die Eigenschaften dieser Materie gli... vollkommen denen der Baumwolle; aber in ... Glasgefäfse verwahrt, schmolz sie zu einer ...ähnlichen Masse zusammen. Diese Substanz ist ... Hermann untersucht worden, der fand, dafs ... eine eigenthümliche fette Substanz war, die er ...n-Elaïn nannte (mit gröfserem Recht hätte ... den Namen Uranstearin verdient, da sie talg... Consistenz besafs). Sie war eine durchsich... ...eingelbe, elastische Masse von schwach ranzi... Geruch, 1,10 spec. Gewicht, und verbrannte ... einer klaren blauen Flamme und Oelgeruch. ... hatte keinen Geschmack. Sie schmolz in ko...dem Wasser. Bei der Destillation gab sie eine ... von flüchtigem Oel, bei stärkerer Hitze die ge...lichen Producte stickstofffreier Substanzen. In ...ser und in kaltem Alkohol war sie unlöslich; ... kochendem Alkohol löste sie sich auf, woraus ... sich beim Erkalten in Gestalt eines zähen Oels ...er abschied. Löslich in Terpenthinöl. Von ...ischem Kali wurde sie verseift; Säuren schie... nachher aus der Masse ein schmieriges Gemenge ... fetten Säuren ab, von denen eine krystallisir... war und mit Natron ein in Prismen krystalli...

*) Poggend. Annal. XXVIII. 566.

sirendes Salz gab. Dieses Fett war zusammeng setzt aus 61,5 Kohlenstoff, 7,0 Wasserstoff, 31 Sauerstoff $= C^{10} H^{14} O^{4}$. Dieses Fett würde hie nach mehr als doppelt so viel Sauerstoff enthalte als das sauerstoffreichste der bis jetzt analysirte fetten Oele.

Pflanzenchemie.

Weiter unten werde ich noch näher einer, von [Bi]ot aufgefundenen Methode erwähnen, um ver[mi]ttelst des Durchganges von polarisirtem Licht durch [L]ösungen von Pflanzenstoffen die Gegenwart oder [Ab]wesenheit gewisser der gewöhnlichsten Bestand[thei]le der Pflanzensäfte, wie z. B. Rohrzucker, Trau[benzu]cker, Stärkegummi, gewöhnliches Gummi, zu [ent]decken. Diese Methode hat Biot *) anzuwen[den] gesucht, um die Beschaffenheit der Pflanzensäfte [i]n einer gewissen Pflanze von deren ersten Ent[wickelun]g an bis zur Zeit ihrer Reife zu studiren. Er [ma]chte seine Beobachtungen an Pflanzen von Rog[gen] und von Gerste. In Betreff der erhaltenen [Res]ultate verweise ich auf seine Arbeit; zufolge [der] großen Unvollkommenheit der Untersuchungsme[tho]de, für den Zweck, wozu sie angewandt wurde, [fehlt] ihnen diejenige Sicherheit, welche einer solchen [Unters]uchung den eigentlichen Werth gibt.

Pflanzenphysiologie. Vegetationsprozeß.

Bei Untersuchungen, um zu bestimmen, in wel[che]r Art bei den Prozessen des Pflanzenlebens die [Elek]tricität mitwirkend sei, hat Becquerel **) [dur]ch einige hydrocelektrische Versuche die Vorgänge [in d]en Röhrchen der Pflanzen zu versinnlichen ge[sucht], allein auf eine Weise, die den Leser noch [kein]esweges befriedigt. Aus der Thatsache, daß [...] bei der Oxydation in offenen Luft öfters Am-

Entwickelung von Essigsäure beim Keimen der Samen und beim Vegetationsprozeß.

*) Journ. de Ch. Méd. IX. 355. 685.

**) Annales de Chimie et de Ph. LII. 240.

moniak bildet, will er schliefsen, dafs diefs auch bei der im Pflanzenprozefs auf der Oberfläche der Pflanzen vor sich gehenden Oxydation vor sich gehe, wobei das sich bildende Ammoniak von der Pflanze aufgenommen, darin zersetzt, und auf diese Weise die Quelle des Stickstoffs der stickstoffhaltigen Bestandtheile der Pflanzen werde; eine Vermuthung, welche, obgleich noch durch keinen Versuch unterstützt, doch nicht ohne alle Wahrscheinlichkeit ist. Ferner hat er gezeigt, dafs sich während des Vegetationsprozesses Essigsäure entwickelt. Er liefs Samen in Weingläsern keimen, auf deren inneren Seite er einen Streifen von Lackmuspapier befestigt hatte; dieses wurde dann geröthet, und zwar oft in ganz kurzer Zeit. Er nahm dazu Samen verschiedener Art. Am stärksten und schnellsten fand die Entwickelung von freier Säure statt, wenn Samen von Cruciferen, z. B. Rüben, Kohl u. dergl., keimten, und als er in das Gefäfs fein geriebenes feuchtes Bleioxyd stellte, welches die entwickelte Säure aufnehmen konnte, und dieselbe nachher mit Schwefelsäure austrieb, so fand es sich, dafs sie Essigsäure war. Eine gleiche Entwickelung von freier Säure, eine Art luftförmiger Excretion, fand er auf analoge Weise bei dem Auswachsen von Blumenzwiebeln, bei der Blatt-Entwickelung verschiedener Bäume. Dafs die Säure nicht Kohlensäure war, ging daraus hervor, dafs das Lackmuspapier selbst nach gelindem Erwärmen die rothe Farbe behielt. Diese excretionsartige Entwickelung von Essigsäure bei dem Vegetationsprozefs ist auch durch Edwards *) bestätigt worden.

---

*) Journ. de Ch. med. IX. 357.

Hermbstädt *), den die Wissenschaft nun ...ren hat, suchte durch Versuche die Gegenwart ...freier Essigsäure in dem Safte frischer Pflanzen ...mehrerer saurer Früchte nachzuweisen. Er de...te die frisch abgebrochenen Pflanzen, mit Stie... Blättern und Blüthen, mit Wasser, und bekam ...saures Destillat, welches, mit Kali neutralisirt, ...saures Kali gab, aus dem sich mit Schwefel... concentrirte Essigsäure entwickeln liefs. Das... war mit dem Safte von Himbeeren, Trauben, ...beeren, Berberizen, Kirschen, und vor allen mit ...Beeren von Rhus Typhinum der Fall. Auch ...er freie Essigsäure in dem im Frühling auf...den Saft der Eichen, Buchen, Eschen und ..., weniger in dem der Birken und Ahorn. Essigsäure ist aufserdem, fügt er hinzu, im ...ich vor allen im Harn enthalten. — Die ...e Unrichtigkeit dieser letzteren Behauptung ...ich indessen schon vor längerer Zeit erwiesen, ...wenn der vegetabilische Theil von Hermb...t's Untersuchung nicht zuverlässiger als das ...nannte ist, so müssen jene Angaben erst durch ...s bestätigt werden, um für richtig gelten zu ...

Essigsäure, Bestandtheil von lebenden Pflanzen.

...m Thierreich finden wir als gewöhnliches Ver..., dafs von den Stoffen, welche die Nahrung ...Thiere ausmachen, ein Theil zum Behuf des ...s verwendet, und ein anderer Theil durch ...ionen ausgeleert wird. Seitdem man weifs, ...ie Wurzeln der Pflanzen alle sie umgebenden ...en Substanzen aufsaugen, und also fremde, für ...Pflanzenleben ganz untaugliche Materien in sie ...gelangen können, so enthält die Vorstellung,

Excretion der Pflanzen.

*) Pharm. Central-Blatt 1833, p. 585.

dafs auch in den Prozessen des Pflanzenlebens Excretionen statt finden, keine so grofse Unwahrscheinlichkeit. Hierunter verstehe ich aber nicht, wie unsere poëtischen Pflanzenphysiologen, die Vergleichung der Thauperlen mit dem Schweifs der Thiere, und die Vergleichung des Wassers in den Blasen von Nepenthes Destillatoria mit dem Harn der Thiere. Decandolle, der Schöpfer einer neuen Morgendämmerung in der Pflanzenphysiologie, dessen verdienstvolle Arbeit in dieser verwickelten Wissenschaft von der Royal Society in London mit einer der beiden königlichen goldenen Medaillen für 1833 belohnt worden ist, hat bewiesen, dafs die Pflanzen wirklich durch die Wurzeln die für sie untauglichen Stoffe, welche in ihren Flüssigkeiten herumgeführt worden sind, excerniren, dafs diese Stoffe dann, als für sie selbst untauglich, in der Erde bleiben, bis ein Verwesungs-Prozefs sie umgeschaffen hat, dafs sie aber auch oft von anderen Pflanzen mit Vortheil verbraucht werden. Daher die Erfahrung der Landwirthe, dafs man nicht mit Vortheil zweimal nach einander auf demselben Boden dieselbe Getreideart erntet, und dafs der Wechsel beim Ackerbau so vortheilhafte Resultate liefert; und diefs auch der Grund, warum gewisse Pflanzen besser neben gewissen anderen, als auf anderen Stellen, gedeihen. Ueber diese Verhältnisse, deren genauere Ermittelung für den rationellen Landwirth von Wichtigkeit ist, hat Macaire *) verschiedene, aufklärende Untersuchungen angestellt. Er liefs einige starke Pflanzen von Chondrilla muralis, deren Wurzeln er durch Waschen sehr sorgfältig gereinigt hatte, 8 Tage lang in Wasser wachsen; während dieser Zeit hatte das

*) Annales de Ch. et de Ph. LII. 225.

ser allmälig eine gelbliche Farbe, einen opium-
en Geruch, einen herben Geschmack, und die
schaft, basisches essigsaures Bleioxyd zu fällen
die Leimauflösung zu trüben, bekommen; die
ze fing allmälig an, in diesem Wasser abzu-
en, und es mufste umgewechselt werden. Nun
er andere Exemplare von derselben Pflanze,
it sie an der Wurzel ab, und liefs die Wurzel
sen, und die Stengel in einem anderen Glase
Wasser stehen. Die letzteren wuchsen und
en; allein in dem Wasser von keinem der
r waren die Substanzen aufzufinden, welche
ganze Pflanze beim ersten Versuche ausgeson-
hatte, zum Beweise, dafs dazu ein organischer
fs erfordert wurde, und dafs es nicht eine
s Ausziehung der Bestandtheile der Pflanze
das angewandte Wasser war. Bei einer gan-
flanze von Phaseolus vulgaris, die bei Tage
em, und bei Nacht in einem anderen Gefäfs
ren gelassen wurde, ergab es sich, dafs die
tion sowohl bei Tage als bei Nacht statt fand,
sie aber bei Nacht bei weitem stärker war.
r wurde die Excretion vermehrt, wenn die
e am Tage in einem dunkeln Raume stand.
Wasser bekam eine gelbe Farbe, und neue
zen vegetirten nicht mehr darin; wurde aber
ganze Pflanze von Gerste oder Weitzen in das-
e Wasser gestellt, so gedeihten sie stark darin,
absorbirten allmälig die gelbfärbende Substanz
der Flüssigkeit, die alsdann farblos wurde. Eine
ze Pflanze, Mercurialis annua, liefs er mit einem
il der Wurzelfasern einerseits in einer schwa-
n Auflösung von Bleizucker, andrerseits in Kalk-
ser, und mit dem übrigen Theil in reinem Was-
r stehen. Nachdem die Pflanze auf diese Weise

einige Tage vegetirt hatte, fand er in diesem Wasser bei dem einen Versuche Bleisalz, und bei dem anderen Kalksalz excernirt. Und als er eine Pflanze zuerst in Wasser, welches ein wenig Bleizucker aufgelöst enthielt, vegetiren liefs, sie dann herausnahm, wohl abwusch und nun in reinem Wasser vegetiren liefs, so dauerte es nicht lange und sie hatte im letzteren Bleisalz ausgesondert. In Wasser aufgelöste Substanzen, die mittelst eines Pinsels sowohl auf die obere als untere Seite der Blätter aufgestrichen wurden, fanden sich nicht in dem Wasser wieder, womit die Wurzeln umgeben waren.

Stickstoff in Samen.

Gay-Lussac *) hat die trocknen Samen von einer Menge verschiedener Pflanzen destillirt, und in dem dabei erhaltenen brenzlichen, wasserhaltigen Liquidum stets Ammoniaksalze gefunden, woraus er den Schlufs zieht, dafs alle Samen Stickstoff enthalten. Diefs läfst sich jedoch mit gleicher Sicherheit von jedem anderen ganzen Pflanzentheil behaupten, indem alle Pflanzeneiweifs enthalten. Getrennte und gereinigte Pflanzenstoffe, wie Zucker, Stärke, gut ausgewaschene Holzfaser, geben gewifs kein Ammoniak unter den Destillationsproducten. Allein sobald man gewisse Theile, wie z. B. Blätter, Stengel, Samen, destillirt, so liefert das Eiweifs, welches sie als niemals fehlenden Bestandtheil enthalten, Ammoniak, wiewohl gewöhnlich mit Essigsäure übersättigt. Samen geben mehr, weil sie eine verhältnifsmäfsig gröfsere Menge von Eiweifs, und dazu nicht selten auch Pflanzenleim enthalten.

Bestimmung des Stickstoffgehalts bei organ. Analysen.

Henry **) hat verschiedene Versuche zu Gunsten seiner Methode, den Stickstoffgehalt bei der

*) Annales de Ch. et de Ph. LIII. 110.

**) Journ. de Pharm. XIX. 16.

organischer Stoffe zu bestimmen, angeführt. Methode besteht darin, dafs die Röhre, in der organische Körper verbrannt wird, nach des Kupferoxyd-Gemenges, mit reinem gefüllt wird. Vor das Kupferoxyd- n zuerst Kupferspähne, und vor diese entweder allein oder mit Schwefel- gemengt, gelegt. Dieses Schwefelmetall re- vollständig das etwa gebildete Stickoxyd, so fs Stickgas erhalten wird, welches man nach rption des Kohlensäuregases nur noch mit gkeit zu messen hat. Es versteht sich von dafs das nach beendigter Operation im Ap- befindliche Stickgas ebenfalls durch Kohlen- ausgetrieben wird. Bei den Versuchen, zur Bestimmung des Stickstoffgehalts des , des Quecksilbercyanids und einiger sal- r Metallsalze anstellte, bekam er den Stick- richtig bis zu einem Procent von der be- Stickstoffquantität. Eine im Ganzen ähn- Methode ist von Dumas angewendet worden weiter unten Indigo).

Pflanzensäuren. Apfelsäure.

Von Liebig *) sind folgende Methoden zur der Aepfelsäure aus Vogelbeeren ange- worden: 1) Man prefst die gefrorenen Vo- ren aus, kocht den Saft auf und filtrirt, ver- ihn so lange mit kohlensaurem Kali, bis er n zu werden anfängt, fällt ihn mit salpe- Bleioxyd, und läfst den käseartigen Nie- einige Tage lang unter der Flüssigkeit während dessen er sich in eine aus hellgel- Nadeln bestehende Masse verwandelt. Auch man, ohne vorhergehende Sättigung mit Alkali,

*) Annalen der Pharmacie, V. 141.

mit essigsaurem Bleioxyd fällen, und von dem Niederschlag, nachdem er krystallinisch geworden ist, eine schleimige, flockige Substanz abspühlen, die aus einer Verbindung von Bleioxyd mit dem Farbstoff des Saftes besteht, und sich leicht von den Krystallnadeln abspühlen läfst. Das noch unreine äpfelsaure Bleioxyd zersetzt man im Kochen mit verdünnter Schwefelsäure; die Zersetzung ist beendigt, wenn das Bleisalz seine körnige Beschaffenheit verloren hat. Die Masse enthält nun Aepfelsäure, Citronensäure, Weinsäure, Schwefelsäure, Farbstoff, Pflanzenschleim, gemengt mit schwefelsaurem Bleioxyd; man setzt nun so lange von einer Auflösung von Schwefelbarium hinzu, bis die Schwefelsäure niedergeschlagen, und ein guter Theil des schwefelsauren Bleioxyds in Schwefelblei verwandelt ist, welches letztere hierbei in stärkerem Grade als Kohle auf die Flüssigkeit entfärbend wirkt. Man filtrirt die nun ziemlich farblose Flüssigkeit ab, und sättigt sie zuerst, aber nicht ganz, mit Schwefelbarium, und nachher mit kohlensaurem Baryt. Dabei schlägt sich ein körniges Barytsalz nieder, welches weinsaurer oder citronensaurer Baryt ist. Die klare Lösung von äpfelsaurem Baryt wird mit verdünnter Schwefelsäure vermischt, bis die Baryterde gerade ausgefällt ist, und die Flüssigkeit dann verdunstet. Auch kann man ein wenig äpfelsauren Baryt unzersetzt lassen, abdampfen und die reine Säure mit Alkohol ausziehen, welcher das Barytsalz zurückläfst.

2) Das unreine äpfelsaure Blei wird mit Schwefelsäure in geringem Ueberschufs zersetzt. Die abfiltrirte Flüssigkeit wird in zwei gleiche Hälften getheilt, von denen die eine mit Ammoniak gerade neutralisirt, und dann zu der anderen gemischt wird.

Beim Verdunsten bis zur Krystallisation gibt die rothe Flüssigkeit ganz reines, saures, äpfelsaures Ammoniak in schönen Krystallen, die man noch einmal umkrystallisirt. Dieses Salz wird in Wasser aufgelöst, mit essigsaurem Bleioxyd gefällt, und der Niederschlag mit Schwefelsäure oder Schwefelwasserstoff zersetzt. Die auf diese Weise gereinigte Aepfelsäure ist es, welche Liebig mit der Citronensäure isomerisch fand, deren Atomgewicht und Sättigungsverhältnifs sie hat. (Vergl. Jahresbericht 1834, p. 225.)

Liebig hat folgende äpfelsaure Salze untersucht: *Aepfelsaures Silberoxyd* erhält man in Gestalt eines weifsen körnigen Niederschlags, bei Vermischung von neutralem salpetersauren Silberoxyd mit saurem äpfelsauren Ammoniak. Bei starkem Trocknen wird es gelb. Es enthält kein Krystallwasser, und wird im Glühen unter geringem Aufblähen und mit Zurücklassung von weifsem metallischen Silber zersetzt. Citronensaures Silberoxyd dagegen, welches vollkommen dieselbe Zusammensetzung hat, wird mit einer Art Verpuffung zersetzt, wobei sich der Tiegel mit voluminösen, leichten Flocken von metallischem Silber anfüllt, deren theilweises Herauswerfen aus dem Tiegel selten zu verhindern ist. *Aepfelsaures Zinkoxyd* enthält drei Atome Wasser, welches bei + 100 bis 120° weggeht. *Aepfelsaure Talkerde* krystallisirt, verwittert in der Luft und verliert bei + 100° bis 150° 29,5 bis 30 Procent Wasser, behält aber noch eine Portion zurück, die nicht bei der Temperatur einer concentrirten kochenden Lösung ausgetrieben werden kann. Dieses Salz enthält 37,5 Procent Wasser, oder 5 Atome, wovon 4 Atome abscheidbar, das 5te aber nicht abscheidbar ist. *Aepfelsaure Baryt-*

erde setzt sich aus einer etwas säuerlichen Lösung beim Abdampfen in Gestalt einer weifsen, nicht krystallinischen Kruste ab, und ist in kaltem und kochendem Wasser vollkommen unlöslich. Das Salz enthält kein Wasser. Es hat die Eigenthümlichkeit, dafs es von einem ganz geringen Ueberschufs von Aepfelsäure oder von Salpetersäure aufgelöst wird, und auch aufgelöst bleibt, wenn die Säure mit Ammoniak oder Barytwasser gesättigt wird. Beim Abdampfen setzen sich aus der sauren Auflösung zuletzt, nach dem neutralen Salz, Häute von einem in Wasser löslichen sauren Salz ab.

Künstliche Aepfelsäure.

Im vorigen Jahresb., p. 226., führte ich an, dafs Guerin Vary die künstliche Aepfelsäure untersucht, und sie für eine eigene Säure erkannt habe, dafs aber seine Versuche die Ansicht, die er zu widerlegen suchte, eher zu bestätigen schienen. Er hat nun das Einzelne seiner Arbeit mitgetheilt *), die von gleicher Art ist, wie seine Arbeit über die Gummiarten (Jahresb. 1834, p. 276.). Nach seiner Analyse besteht die Säure aus:

	Gefunden.	Atome.	Berechnet.
Kohlenstoff	31,35	4	32,42
Wasserstoff	4,08	6	3,96
Sauerstoff	64,57	6	63,62.

Und da diefs durch 2 Atome Oxalsäure und 6 Atome Wasserstoff vorgestellt werden kann, so nennt er seine neue Säure acide oxalhydrique. Der hauptsächliche Beweis für die Verschiedenheit zwischen dieser Säure und der Aepfelsäure soll nun in dieser Zusammensetzung liegen; allein bei einem solchen Analytiker, wie sich Guerin Vary bei seinen Versuchen über Gummi gezeigt hat, beweisen diese Zahlen durchaus nichts. Wäre der Koh-

*) Journ. de Chimie medicale, IX. 412.

...stoffgehalt zu einer anderen Atomzahl, als er in ...r Aepfelsäure enthalten ist, ausgefallen, so hätte ...was daraus vermuthet werden können; nun ist er ...r ganz derselbe, nämlich 4 Atome auf 1 Atom ...s. Wie die anderen durch Wasser verändert ...den können, ist bekannt. Diese Säure, von der ...n früher glaubte, sie unterscheide sich dadurch ...n der Aepfelsäure, dafs sie nicht krystallisire, hat ...olge der Versuche von Guerin-Vary, aufser ...m übrigen Verhalten, auch noch das mit der ...pfelsäure gemein, dafs sie in Krystallen anschiefst, ...n man ihre syrupdicke Auflösung in Ruhe ste... läfst. Indessen bestimmte er den Wassergehalt ...dem Syrup und nicht mit den Krystallen, und ...m dadurch das Resultat, dafs der Syrup aus ...Atomen wasserfreier Säure und 1 Atom Wasser ...ehe. Die ganze übrige Beschreibung von dieser ...e, wie z. B. die Salze mit Zinkoxyd, Bleioxyd ... Ammoniak, pafst so ganz auf die Aepfelsäure, ...s man sich nur schwer der Vermuthung enthal... kann, Scheele habe sich keineswegs in der ...r dieser von ihm entdeckten Säure geirrt, in... ...wohl die kleinen Verschiedenheiten in einer ...ollständigen Reinigung der Säure von fremden ...engungen ihren Grund haben können. Jeden... wäre erst eine neue und besser ausgeführte ...ersuchung erforderlich, um zu entscheiden, dafs ...e Säure keine Aepfelsäure ist. — Als eine ...be von der Genauigkeit in den Angaben dieses ...mikers mag noch Folgendes angeführt werden: ...rzelius,« sagt er, »gibt an, dafs man mit Zuk... ... und Salpetersäure bei gewöhnlicher Lufttempe... ...r Aepfelsäure bekomme.« Er erklärt, den Ver... ...h mehrere Male wiederholt zu haben, ohne die ...n mir erwähnte Säure zu erhalten, und führt diefs ...gar als eines der Hauptresultate seiner Arbeit an.

In der von ihm citirten Angabe von mir steht ganz einfach die von Scheele gegebene Vorschrift, den Zucker mit der Säure zu digeriren; bis die Masse gelb wird. Es scheint demnach zweifelhaft zu sein, ob Guerin Vary den Unterschied in der Bedeutung zwischen Maceriren und Digeriren gekannt habe.

Brenzliche Citronensäure u. deren Bleisalz.

Dumas *) hat die brenzliche Citronensäure untersucht. Er fand, daſs sich bei der Destillation der Citronensäure nichts Anderes bildet, als eine Flüssigkeit, welche die neu gebildete Säure enthält, und ein ölartiges Liquidum, welches von Wasser theilweise zu brenzlicher Citronensäure aufgelöst wird, und bei der Behandlung mit Basen sich in diese Säure und Wasser verwandelt. In der Retorte bleibt eine geringe Spur von Kohle zurück, und auſserdem entweicht mit den Destillationsproducten ein dem Essiggeist nicht unähnlicher, spirituöser Körper. Dumas hat das Bleisalz von dieser Säure analysirt. Es wurde auf folgende Weise bereitet: die von reiner Citronensäure durch Destillation erhaltene Flüssigkeit wurde mit kohlensaurem Natron neutralisirt und mit Blutlaugenkohle entfärbt. Die farblose Flüssigkeit wurde erhitzt und eine Auflösung von salpetersaurem Bleioxyd hineingetropft, mit der Vorsicht, daſs zuletzt noch etwas brenzcitronensaures Natron unzersetzt blieb. Auf diese Weise wird ein schwerer, körniger Niederschlag erhalten, der leicht auszuwaschen ist. Das Salz bleibt indessen in Wasser etwas auflöslich, wie lange man auch waschen mag. Dumas führt Versuche an, die zeigen, daſs sich durch das Auswaschen die Menge der Basis nicht vermehrt, daſs also

*) Ann. de Ch. et de Ph. LII. 295.

Auflöslichkeit nicht in einer der Bestandtheile Salzes beruht, wie es mit dem citronensauren Bleioxyd der Fall ist. Das Salz wurde bei +180° luftleeren Raume getrocknet. Es wurde nach einer Methode analysirt, die vielleicht in äufserst geschickten Händen ein richtiges Resultat geben kann, Allgemeinen aber nicht zu empfehlen sein möchte. einer kleinen dünnen Schale von Platin wurde abgewogene Salz mit Schwefelsäure durchtränkt, dann vermittelst des Löthrohrs die Flamme einer Spirituslampe auf die Oberfläche geblasen, bis zuletzt nur schwefelsaures Bleioxyd übrig blieb, welches von Aufsen durchgeglüht, dann nochmals mit Schwefelsäure behandelt und wieder erhitzt wurde. variirte das Maximum und Minimum bei fünf Versuchen mit 0,8 eines Procents. Die Säure war zusammengesetzt aus:

	Gefunden.	Atome.	Berechnet.
Kohlenstoff	54,30	5	54,07
Wasserstoff	3,63	4	3,53
Sauerstoff	42,07	3	42,40.

Ihr Atomgewicht ist 707,15, und ihre Sättigungscapacität 14,133 oder $\frac{1}{3}$ von ihrem Sauerstoffgehalt.

Dumas bereitete aufserdem ein zweifach brenzcitronensaures Salz durch Auflösen des neutralen in Säure und Abdampfen zur Krystallisation. Es bildete kleine, gelbliche Krystalle. Es bestand aus Atom Bleioxyd, 2 Atomen Säure und 1 Atom Wasser; auch wurden bei seiner Verbrennung die entsprechenden Mengen von Kohlensäure und Wasser erhalten.

Pelouze und Jules Gay-Lussac *) haben die, zuerst von Braconnot beschriebene, soge- Nanceysäure u. Milchsäure identisch.

*) Ann. de Ch. et de Ph. LII. 410.

nannte Nancysäure, die aus sauer gewordenem Reiswasser oder Runkelrübensaft erhalten wird, einer vollständigen und gut ausgeführten Untersuchung unterworfen, wodurch es sich herausgestellt hat, dafs diese Säure und die im lebenden thierischen Körper so allgemein vorkommende Milchsäure einerlei Säuren sind. Ihr Verfahren gründet sich auf die von Mitscherlich *) angegebene Reinigungsweise dieser Säure. Die Bereitungsart ist folgende: Den ausgepreſsten Runkelrübensaft läſst man in einem geeigneten Gefäſse bei einer Temperatur zwischen + 25° und 30° einige Monate lang gähren und sauer werden. Er geräth alsdann in die sogenannte schleimige Gährung (Fermentation visqueuse), wobei sich nicht allein Kohlensäuregas, sondern auch Wasserstoffgas entwickelt. Die Beendigung der Gährung erkennt man an dem Verschwinden der schleimigen Beschaffenheit und der Klärung der Flüssigkeit. Man gieſst sie ab und verdunstet sie zum Syrup, wobei man findet, dafs nach dem Erkalten die Masse mit Krystallen von Mannazucker und wahrscheinlich auch etwas Traubenzucker durchwebt ist. Man behandelt den Syrup mit Alkohol, welcher den Mannazucker nebst einigen anderen Substanzen ungelöst läſst. Der Alkohol wird im Wasserbad abdestillirt, der Rückstand in Wasser gelöst, wobei noch ferner fremde Substanzen sich abscheiden, und die klare Lösung mit kohlensaurem Zinkoxyd gesättigt, welches aus der sauern Flüssigkeit eine neue und gröſsere Portion fremder Substanz, als der Alkohol abschied, niederschlägt. Die Auflösung des Zinksalzes wird nun zur Krystallisation verdunstet, das Salz wieder aufgelöst, die Auflösung mit Thier-

*) Jahresb. 1833, p. 321.

behandelt, und wieder abgedampft, worauf vollkommen farbloses, krystallisirtes Salz on dem mit Alkohol die Mutterlauge abgewird. Dieses Salz wird in Wasser gelöst, ryd so genau wie möglich mit Barythyund die letzten Antheile mit Barytwasser ausder Niederschlag abfiltrirt, die Baryterde mit e niedergeschlagen, die freie Milchsäure ren Raume abgedampft und der Rückstand aufgelöst, welcher noch einige Flocken Materie abscheidet. Nach Verdunstung des bleibt die Säure farblos und syrupförmig

die erhaltene Säure noch gefärbt, was jeicht der Fall ist, wenn man nicht auch die etwas gefärbten Anschüsse von Zinksalz anhat, so wird sie mit Kalkhydrat gesättigt Lösung mit Blutlaugenkohle gekocht, zur tion verdunstet, das Salz in kochendem aufgelöst, krystallisiren gelassen, dann in gelöst und mit der berechneten und abge-Quantität von Oxalsäure zersetzt, worauf durch Abdampfung erhalten wird.

sauren Molken erhält man die Säure ganz Art, und in ihrem Verhalten ganz ider der aus dem Runkelrübensaft.

Eigenschaften dieser Säure sind folgende: eeren Raume concentrirt, bis sie kein Wasverliert, ist sie ein syrupdickes, farbloses von 1,215 spec. Gewicht bei + 20°,5, ruch, von scharf saurem Geschmack, aus Wasser anziehend, mit Wasser und Alkoallen Verhältnissen mischbar, und auflös-Aether, jedoch nur in einem gewissen Ver-Langsam in einem Destillationsgefäfs erhitzt, wird sie zuerst flüssiger, färbt sich dann, und gibt hernach eine bedeutende Menge eines weifsen Sublimats. Aufserdem geht ein Essigsäure enthaltendes Liquidum über, es entwickeln sich brennbare Gase, und in der Retorte bleibt Kohle. Weiter unten werden wir auf das krystallisirte Sublimat zurückkommen. — Die Milchsäure treibt die Essigsäure aus ihren Verbindungen aus, selbst wenn sie verdünnt destillirt werden. In einer concentrirten Lösung sowohl von essigsaurem Zinkoxyd als von essigsaurer Talkerde, bildet concentirte Milchsäure einen körnigen Niederschlag, und die Flüssigkeit bekommt den Geruch nach Essigsäure. Mit Salpetersäure digerirt, gibt sie Oxalsäure. Sie löst die mit Ammoniak gefällte basische phosphorsaure Kalkerde sehr leicht auf, woraus die Aufgelöstheit dieses Erdsalzes in der Milch und im Harn erklärbar ist. Sie coagulirt Eiweifs. Sie kann bis zu einer gewissen Proportion mit kalter Milch vermischt werden, ohne dieselbe gerinnen zu machen; wird aber die Milch alsdann erhitzt, so gerinnt sie gerade so, wie wenn in der Milch diese Säure von selbst sich zu bilden anfängt. Ihre Salze mit Zinkoxyd, Kupferoxyd und Kalkerde, bei + 120° getrocknet, wurden mit Kupferoxyd verbrannt, und gaben folgende gleichförmige Resultate, übereinstimmend mit dem von Mitscherlich und Liebig erhaltenen (Jahresb. 1834, p. 383.).

	Zinksalz.	Desgl.	Kalks.	Kupfers.	At.	Berechnet.
Kohlenstoff	44,64	45,50	44,59	45,05	6	45,558
Wasserstoff	6,36	6,32	6,38	6,25	10	6,040
Sauerstoff	49,00	48,18	49,03	48,70	5	48,402

Ihr Atom, $C^6 H^{10} O^5 = \bar{L}$, wiegt 1033,023, und ihre Sättigungscapacität ist $\frac{1}{5}$ von ihrem Sauerstoffgehalt = 9,68. Die syrupdicke Säure, die im luft-

...ren Raume kein Wasser mehr verlor, hatte, ... einem Verbrennungsversuche, die Zusammen...g $C^6 H^{12} O^6 = \bar{L}\dot{H}$, und ist also wasserhal...Milchsäure.

Das von der Milchsäure erhaltene Sublimat ... ausgeprefst, um es von dem mitfolgenden ... riechenden Liquidum zu befreien, und dann ...endem Alkohol gelöst; beim Erkalten setzte ... daraus in schneeweifsen rhomboïdalen Ta..., die keinen Geruch und einen schwach sau...schmack haben. Diese Substanz schmilzt bei ...° und sublimirt sich bei +250° unverändert ...ne Rückstand, wenn nicht die Hitze gar zu ...wird. Beim Erkalten krystallisirt die geschmol...Masse sehr regelmäfsig. In Wasser ist sie ...wer löslich; nachdem sie aber darin aufge...rden ist, erhält man sie nach dem Abdam...cht wieder, sondern man erhält statt dessen ...ure mit allen ihren ursprünglichen Eigen... und auch absolut dieselben Salze bildend. ...r Analyse mit Kupferoxyd wurde constant ...ultat erhalten, dafs die Säure aus $C^6 H^8 O^4$ ...engesetzt ist, was die vorhergehende Säure ...iger 1 Atom Wasser. Die Verfasser halten das Sublimat für wasserfreie Milchsäure, und ..., dafs die milchsauren Salze nicht existiren ..., ohne 1 Atom Wasser zurückzuhalten. Die...erhältnifs hätte eine nähere Untersuchung ver... Es ist keineswegés gewifs, dafs das Subli...sserfreie Milchsäure ist. Es kann ein Kör..., der sich mit Wasser in diese Säure ver.... Seine Schwerlöslichkeit in Wasser stimmt ...it dem Verhalten einer wasserfreien Säure, ... in wasserhaltigem Zustand leicht löslich und ...ner ist. Er hätte aus dem Alkohol Wasser aufnehmen und Aether bilden müssen. — Basische Salze von Milchsäure, z. B. mit Bleioxyd, würden leicht ausweisen, ob sie das Wasser als solches oder als einen Bestandtheil der Säure enthalten. Das Verhältnifs von 3 : 5 zwischen dem Sauerstoff im Oxyd und dem in der Säure, würde eine Säure mit 5 Atomen Sauerstoff anzeigen, und würde wohl nicht mit einer, die 4 Atome enthält, hervorzubringen sein. Das Verhalten der in Alkohol gelösten Säure zu wasserfreier Kalkerde, Bleioxyd und anderen Basen, deren Salze von Alkohol gelöst werden, hätte hierüber Aufschlufs gegeben; kurz, dieses Verhältnifs ist ein interessanter Gegenstand für eine neue Untersuchung. Seit dem wir wissen, wie sich ameisensaures Ammoniak, Cyanursäure u. a. umsetzen, kann es nicht für so unwahrscheinlich gelten, dafs sich das in Wasser gelöste Sublimat, bei dem Abdampfen und bei der Berührung mit wasserhaltigen Basen, in Milchsäure umsetze.

Milchsaure Salze.

Von milchsauren Salzen haben sie folgende untersucht: *Milchsaure Baryterde* bildet ein gummiähnliches Salz. *Milchsaure Kalkerde* bildet weifse, concentrisch vereinigte Nadeln, ist in kochendem Wasser viel löslicher als in kaltem, und krystallisirt beim Erkalten der Lösung. Zuweilen wird sie als körnige Masse erhalten. Sie ist in kochendem Alkohol löslich und krystallisirt beim Erkalten; sie schmilzt in ihrem Krystallwasser und erstarrt wieder, nachdem es abgedampft ist; schmilzt aber noch einmal, ehe sie sich zu zersetzen anfängt. Enthält 29,5 Procent oder fünf Atome Krystallwasser. Hierbei ist das Wasseratom, welches nicht zu entfernen ist, und welches vielleicht einen Bestandtheil der Säure ausmacht, nicht mit eingerechnet. *Milchsaure Talkerde* bildet kleine, weifse, schimmernde

Krystalle, ist in 30 Theilen kalten Wassers löslich, verwittert gelinde in der Luft, und enthält 3 Atome Wasser. *Milchsaure Thonerde* kann, wiewohl etwas schwierig, krystallisirt erhalten werden; ist in Wasser leicht löslich. *Milchsaures Kupferoxyd* bildet schöne, blaue, vierseitige Prismen. Verwittert in der Luft, ist in Alkohol unlöslich, enthält 2 Atome Krystallwasser. Kupferoxydul gibt mit Milchsäure Oxydsalz und reducirtes Kupfer. *Milchsaures Zinkoxyd* ist in kaltem Wasser schwer löslich, krystallisirt beim Erkalten der kochendheifs gesättigten Lösung in schief abgestumpften, vierseitigen Prismen, ist in Alkohol unlöslich und enthält 3 Atome Wasser. *Milchsaures Manganoxydul* krystallisirt leicht in platten, vierseitigen Prismen von weifser oder schwach rosenrother Farbe, verwittert in der Luft und enthält 4 Atome Wasser. *Milchsaures Eisenoxydul.* Die Milchsäure löst das Eisen unter Gasentwickelung auf, wobei sich das Eisenoxydulsalz in weifsen, vierseitigen Nadeln absetzt, wenig löslich in Wasser, in der Luft beständig. Enthält 19 Procent oder 3 Atome Wasser. Das *Oxydsalz* ist braun und zerfliefslich. Bildet sich bei der Oxydation der Auflösung des vorhergehenden. *Milchsaures Kobaltoxyd* bildet schwer lösliche, rosenfarbene Krystallkörner, die durch Wasserverlust eine tiefere Farbe bekommen. *Milchsaures Nickeloxyd* ist etwas löslicher, gibt eine unregelmäfsige, apfelgrüne Krystallmasse. *Milchsaures Bleioxyd* ist ein gummiähnliches, nicht zerfliefsliches Salz. *Milchsaures Silberoxyd* krystallisirt in weifsen, feinen und langen Nadeln, löslich in Wasser, am Lichte sich schwärzend. Die Lösung wird von Essigsäure gefällt, indem sich essigsaures Silber abscheidet. *Milchsaures Quecksilberoxyd* ist sehr löslich und daher schwer krystallisirt zu erhalten. *Milchsaures Chromoxyd* krystallisirt nicht.

Milchsäure u. Igasursäure identisch.

Corriol *) hat die Säure in der Nux vomica, welche von Pelletier und Caventou als eine eigene Säure beschrieben und Igasursäure genannt worden ist, einer näheren Untersuchung unterworfen. Er fand sie ähnlich mit der sogenannten Nancysäure, und es bestätigte sich nachher durch Gay-Lussac's und Pelouze's Untersuchung der krystallisirten Kalk- und Talksalze, die er damit erhalten hatte, dafs diese Säure Milchsäure ist.

Ameisensäure.

Göbel **) hat gezeigt, dafs die nach Döbereiner's Vorschrift erzeugte Ameisensäure (Jahresb. 1834, p. 234.) eine kleine Portion Essigsäure enthält. Man kann sie abscheiden, wenn man die Ameisensäure mit kohlensaurem Bleioxyd sättigt und krystallisiren läfst, wo zuerst ameisensaures Salz anschiefst, und das essigsaure in der Mutterlauge bleibt. Aus ersterem erhält man die Ameisensäure rein. Der ölartige Körper, der sich bei der genannten Bereitungsart dieser Säure bildet, kann durch Schütteln mit Aether leicht daraus ausgezogen und isolirt werden. Als sicheres Erkennungsmittel der Gegenwart der Ameisensäure in einer Flüssigkeit, und zugleich als quantitative Bestimmungsart derselben, schreibt Göbel vor, man solle die Flüssigkeit sauer machen, mit Quecksilberoxyd kochen, und die Quantität des sich dabei entwikkelnden Kohlensäuregases bestimmen, aus welcher dann die Menge der Ameisensäure berechnet wird.

Ameisensaures Natron zu Löthrohrversuchen.

Nach Göbel zeigt sich das ameisensaure Natron ganz besonders reducirend bei seiner Anwen-

---

*) Journ. de Pharm. XIX. 155. 373.

**) N. Jahrb. d. Ch. u. Ph. VII. 77.

…ung als Flufs zu Löthrohrversuchen. Man mengt die Probe mit dem 8- bis 10fachen Volumen Salz und etwas Wasser, und trocknet auf gewöhnliche Weise ein; bei der ersten Einwirkung der Löthrohrflamme geht die Reduction vor sich. Auf diese Weise hat er sogar Uran und Molybdän reducirt.

Mitscherlich *) hat das specifische Gewicht der gasförmigen Benzoësäure bestimmt, und hat es … 4,27 gefunden, verglichen mit dem der atmosphärischen Luft. Dieser, mit dem Gase eines, aus einer so grofsen Anzahl einfacher Atome zusammengesetzten Körpers angestellte Versuch ist sehr aufklärend. Reduciren wir die Bestandtheile darin auf ihre Volumen, relativ zu dem des Gases, so bekommen wir (ohne Rücksicht darauf, dafs die gasförmige Säure eine Verbindung von 1 Atom Benzoësäure und 1 Atom Wasser ist) 1 Volumen Sauerstoffgas, $3\frac{1}{2}$ Volumen Kohlengas (im Kohlenoxyd… ein halbes Volumen Kohlengas angenommen) und 3 Volumen Wasserstoffgas. Betrachtet man dieses Resultat an und für sich, so scheint daraus nicht undeutlich zu folgen, dafs das Volum oder … des Kohlenstoffs zu hoch berechnet, und dafs … nur halb so schwer sei, als wir es annehmen, … zufolge das Gas 7 Volumen Kohlenstoff enthalten würde. Diese ganze Betrachtung würde we… Aufmerksamkeit verdienen, wenn nicht Dumas … ein analoges Verhältnifs veranlafst worden …, das Atom des Kohlenstoffs nur halb so schwer als wir anzunehmen, d. h. die Kohlensäure aus 1 Atom Kohlenstoff und 1 Atom Sauerstoff zusammengesetzt zu betrachten. »Mehrere Chemiker,« sagt er, »haben, nach dem Beispiel von Ber-

Benzoësäure.

*) Poggend. Annal. XXIX. 235.

zelius, das Atom des Kohlenstoffs doppelt so schwer als Gay-Lussac angenommen. Nach einigem Zweifel habe ich des Letzteren Zahl beibehalten. Allein abgesehen von meiner eigenen Ueberzeugung, die wenig bedeutet, habe ich die Gewifsheit, dafs die geschicktesten Chemiker Frankreichs das von mir angenommene Atomgewicht für wahrscheinlicher als das andere halten.« — Gegen factische Verhältnisse bedeuten herrschende Meinungen nichts; übrigens sind es, so viel ich mich erinnere, nur Gay-Lussac und Dumas, welche bei ihren chemischen Rechnungen öffentlich im Druck das niedrigere Atomgewicht angenommen haben. Vergleicht man das specifische Gewicht der gasförmigen wasserhaltigen Benzoësäure mit dem des Ammoniaks, so findet man, dafs die Benzoësäure, um neutrales benzoësaures Ammoniak zu bilden, ein gleiches Volumen Ammoniakgas aufnimmt. Vergleicht man ferner die Anzahl von einfachen Atomen im Ammoniakgas mit der Anzahl von einfachen Atomen im Benzoësäuregas, so findet man, dafs einem Atom (oder Volumen) Stickgas im ersteren, 7 Atome (oder Volumen) Kohlenstoff, 6 Wasserstoff und 4 Sauerstoff im letzteren entsprechen, was, da das Ammoniak als Doppelatom in den Salzen enthalten ist, die für das Atom der wasserhaltigen Benzoësäure gefundenen 14 C, 12 H und 4 O ausmacht, und was zeigt, dafs für die gasförmige Säure die Aequivalentzahl im Volumen 4 ist *). Hierdurch ist es also sonnenklar, dafs man, bei der Bestimmung der Anzahl

---

*) Verfolgt man diese Betrachtung weiter, so findet man, dafs in dem gewogenen Gase das chemisch gebundene Wasser das halbe Volumen ausmachte. Man könnte dadurch zu der Vermuthung geleitet werden, dafs das Gas der wasserfreien

von Atomen in einem gasförmigen Körper, sein Volumen nicht mit dem Volumen vergleichen soll, welches jeder einzelne seiner einfachen Bestandtheile für sich genommen einnehmen würde, weil man dann meistens nur einen Bruch von der richtigen Atomzahl bekommen wird, wie in dem gegenwärtigen Fall $\frac{1}{4}$; sondern man muſs die Vergleichung stets mit der Anzahl von Atomen in einem gleichen Volumen eines anderen Gases, womit er eine bestimmte Verbindung eingeht, anstellen. Diese Bemerkungen habe ich für nöthig erachtet in Bezug auf Versuche von Dumas, die ich weiter unten anführen werde.

Gallăpfelsäure und Gerbstoff.

Pelouze *) hat die Galläpfelsäure und den Gerbstoff einer näheren Untersuchung unterworfen. Er zieht daraus den Schluſs, daſs die Galläpfelsäure nicht in den Galläpfeln enthalten sei, sondern daſs diese bloſs Gerbstoff enthalten, aus welchem sich die Galläpfelsäure bildet, wenn er in aufgelöstem Zustand mit der Luft in Berührung kommt. Der Gang seiner Arbeit ist folgender: Feines Pulver von Galläpfeln wurde auf Baumwolle in ein schmales cylindrisches Gefäſs, in eine Art Stechheber, unten mit trichterförmiger Röhre und oben verschlieſsbar, gelegt, das Gefäſs mit der Röhre in die Mündung einer Flasche gesteckt, und auf das Pulver wasserhaltiger Aether gegossen; die obere Mündung des Cylinders wurde lose verschlossen. Das Wasser im Aether wurde nach und nach vom Gerbstoff ab-

---

Säure dasselbe Volumen wie das des zusammengesetzten Gases habe, und daſs 1 Volumen Wassergas und 2 Atome Säuregas sich zu 2 zusammengezogen haben.

*) L'Institut, No. 18. p. 153., No. 41. p. 61., und No. 42. p. 70.

sorbirt, der große Affinität zu ihm hat, und die so gebildete Masse absorbirte Aether und floß in Gestalt eines fast farblosen, dicken Syrups ab, dem nachher eine dünnere Auflösung in Aether folgte. Es wurde dann so lange noch neuer Aether aufgegossen und abtropfen gelassen, als er noch etwas aufzulösen schien. Durch Verdunstung der syrupdicken Flüssigkeit im luftleeren Raum wurde der Gerbstoff rein und farblos erhalten, und zwar zu 35 bis 40 Proc. vom Gewicht der Galläpfel. Die anfänglich gemachte Mittheilung *), daß er krystallisirt erhalten worden sei, wurde in den späteren, ausführlicheren Angaben wieder zurückgenommen. Pelouze's Angaben stimmen im Uebrigen vollkommen mit dem überein, was ich, zufolge der von mir selbst angestellten Untersuchungen, in meinem Lehrbuche über den Eichengerbstoff angegeben habe. Eben so hat er dieselbe Zusammensetzung, Sättigungscapacität und dasselbe Atomgewicht wie ich gefunden, nämlich $C^{18}H^{18}O^{12}$ **). Eine Lösung von reinem Gerbstoff in vielem Wasser, der Luft ausgesetzt, scheidet nach und nach Galläpfelsäure in Gestalt einer krystallinischen Trübung von graulicher Farbe ab. Dabei wird Sauerstoffgas aufgesogen und von einem gleichen Volumen Kohlensäuregas ersetzt. Allmälig setzt sich die Galläpfelsäure in langen, farblosen Nadeln ab, wozu jedoch mehrere Wochen erforderlich sind. Wird der Zutritt von Sauerstoffgas abgehalten, so kann die Gerbstoffauflösung beliebig lange ohne Veränderung aufbewahrt werden. Chevreul und Dumas haben in ihrem Bericht an die französische Akademie über

---

*) Journ. de Chim. med. IX. 700.

**) Afhandlingar i Fysik, Kemi och Mineralogi, V. 607.

…uze's Abhandlung den Vorschlag gemacht, …Nahmen Tannin in Acide tannique umzuändern, welcher Vorschlag in aller Hinsicht befolgt …rden verdient. — Die dünnere Aetherlösung …t Galläpfelsäure und etwas Gerbstoff; sie …e nicht näher untersucht. Aus dem rückständigen Galläpfelpulver zog Wasser Gerbstoffabsatz …d wurde braun.

Pelouze's Versuche bestätigen Braconnot's …e *), dafs die sublimirte Galläpfelsäure eine … Säure ist, als die auf die vorher genannte …s Gerbstoff gebildete Säure. Die erstere …lso in der That Brenzgalläpfelsäure genannt …n. Bei der Analyse fand er dieselbe Zusammensetzung, dieselbe Sättigungscapacität und das Atomgewicht, die ich gefunden hatte, nämlich …H^{6}O^3 **). Ihre Formel mufs pG̅ werden. …Säure ist in Wasser leicht löslich und auch …im Alkohol und Aether. Sie schmilzt bei …°, und kocht ungefähr bei + 210°. Bei …° schwärzt sie sich, gibt Wasser und Kohlen…, und hinterläfst eine Menge einer schwar…se, die man auch von Galläpfelsäure erhält.

…e reine Galläpfelsäure krystallisirt in farblo…seidenglänzenden Nadeln, und hat einen schwach säuerlichen Geschmack. Sie braucht 100 Th. … Wassers zur Auflösung. In Alkohol ist sie …löslicher, weniger löslich in Aether. Sie ist …er Formel C^7 H^6 O^5 zusammengesetzt. Im krystallisirten Zustand enthält sie 9,45 Procent Was…, welches bei + 120° entweicht. Die Krystalle …e wasserhaltige Säure = G̅Ḣ.

*) Jahresb. 1833, p. 203.

**) Afhandl. i. Fysik, Kemi etc. V. 588.

Die bei $+120^{\circ}$ getrocknete Säure ist wasserfrei. Wird sie in einem Destillationsgefäfs einer Temperatur von $+210^{\circ}$ bis 215° ausgesetzt, so geht Kohlensäuregas in Menge weg, und es bildet sich ein weifses, blättriges Sublimat. Dieses Sublimat ist Brenzgalläpfelsäure. In der Retorte bleibt wenig oder kein Rückstand. Zieht man von einem Atom wasserfreier Galläpfelsäure, $= C^{7}H^{6}O^{5}$, ein Atom Kohlensäure, CO^{2}, ab, so bleibt $C^{6}H^{6}O^{3}$, was die Zusammensetzung der Brenzgalläpfelsäure ist. Die Galläpfelsäure wird also in 1 Atom Kohlensäure und 1 Atom Brenzsäure zersetzt, gleich wie wir von der Mekonsäure wissen, dafs sie durch Kochen mit Wasser in 1 Atom Kohlensäure und 1 At. einer anderen Säure umgeändert wird (Jahresbericht 1834, p. 243.).

Acide metagallique. Wird dagegen die Galläpfelsäure sehr rasch bis zu $+240^{\circ}$ oder 250° erhitzt und in dieser Temperatur erhalten, so erhält man Kohlensäuregas und Wasser, und die Galläpfelsäure schmilzt zu einer schwarzen, glänzenden Masse. Diese Masse ist in diesem Zustand nicht in Wasser löslich, sie ist aber eine wirkliche Säure, die sich mit Basen verbindet. Pelouze nennt sie Acide metagallique. Sie besteht aus $C^{6}H^{4}O^{2}$. Man erhält sie auch von Gerbstoff und von Brenzgallussäure. Mit den Alkalien und mit Beryllerde gibt sie lösliche Salze. Im Kochen treibt sie die Kohlensäure aus. Ihre Salze sind schwarz, reagiren nicht alkalisch, und werden von stärkeren Säuren gefällt, welche die Säure unverändert abscheiden. In Alkohol ist sie unlöslich. Das Kalisalz gibt mit den meisten Metallsalzen schwarze Niederschläge.

Ellagsäure. Auch die Ellagsäure ist von Pelouze untersucht worden. Sie ist wasserhaltig und besteht aus

O⁴ + Ḣ. Sie unterscheidet sich durch 1 At. von der Galläpfelsäure, analog der subli- und der unsublimirten Milchsäure.

erner hat Pelouze gefunden, dafs Gerbstoff, elsäure und Brenzgalläpfelsäure, wenn man Verbindung mit Ueberschüssigem Alkali der aussetzt, sehr rasch zersetzt werden, unter Bil- von einem rothen Farbstoff und von Kohlen- deren Volumen weniger beträgt, als das des enen Sauerstoffs.

en Catechu- und Galläpfel-Gerbstoff elouze die Uebereinstimmung gefunden, dafs man sie beide als Oxyde von demselben Ra- betrachtet, der Galläpfelgerbstoff $1\frac{1}{2}$ mal so toff enthält; d. h. der Catechu-Gerbstoff us $C^{18}H^{18}O^{8}$.

Tanningensäure und Gerbstoff.

ehner *) hat ebenfalls eine Arbeit über und Galläpfelsäure mitgetheilt. Er stellt Satz auf, dafs die beiden Gerbstoffarten, er eisenschwärzende und der eisengrünende, derselbe Gerbstoff seien, aber verbun- weierlei Säuren, von denen die eine, die äure, mit Eisenoxyd eine schwarze, die gegen eine grüne Verbindung gibt. Er iedene Untersuchungen angestellt, um diese ng zu beweisen. Sie gehen darauf hinaus, us Galläpfeln, als auch aus anderen adstrin- Pflanzenstoffen die grünfärbende Säure, so Gerbstoff, in dem Zustande, worin er die on fällt, ohne Eisenoxydsalze zu färben,

grünfärbende Säure, die er Tanningen- nennt, erhält man folgendermaafsen: 8 Un-

*) Centralbl. 1833, p. 629. 637. 645. 652. 672. 688.

zen zum feinsten Staub geriebenen Catechus von Bombay (das Bengalische gibt weniger) werden 8 Tage lang mit dem vierfachen Gewicht Wassers unter öfterem Umrühren macerirt, die Flüssigkeit dann 4 bis 5 Tage lang klären gelassen und abgegossen; der Rückstand wird wieder mit 4 Theilen kalten Wassers übergossen, dann wie vorher verfahren, und diefs 3- bis 4mal wiederholt, aber nur mit dem doppelten Gewichte Wassers, worauf die dann ungelöst bleibende Masse in dem achtfachen Gewichte kochenden Wassers aufgelöst wird. Die Lösung, welche nun Tanningensäure und Gerbstoff enthält, wird kochendheifs mit einer allmälig zugesetzten Lösung von Bleiessig vermischt, bis eine abfiltrirte Probe nur noch die Farbe von Rheinwein hat. Dadurch wird die färbende Substanz niedergeschlagen. Die Lösung wird kochendheifs filtrirt, entweder durch Leinen, oder durch sehr dünnes Filtrirpapier, so dafs sie rasch durchläuft, denn die Säure setzt sich beim Erkalten ab. Bei einer Temperatur von ungefähr 0° fängt die durchgelaufene Flüssigkeit an sich zu trüben; in der Sommertemperatur dauert es einige Stunden. Die Tanningensäure setzt sich dabei in Gestalt eines körnigen, weifsen Niederschlags ab. Nach 12 Stunden wird er abfiltrirt, noch einmal in kochendem Wasser aufgelöst, mit Eiweifs geklärt und kochendheifs in eine verschliefsbare Flasche filtrirt; denn in warmem Zustand färbt sich die Lösung an der Luft. Nachdem sie sich abgesetzt hat, wird sie noch einmal in einer mit Wasser angefüllten, verkorkten Flasche aufgelöst, indem man diese langsam erwärmt und nach geschehener Auflösung wieder langsam erkalten läfst. Die ausgeprefste trockne Säure ist ein weifses, leichtes, zartes Pulver, von einem eignen süfslichen Ge-

...; in 60 Th. Wassers aufgelöst, behält sie die Eigenschaft, Lackmus zu röthen. In feuch-... Zustande wird sie an der Luft gelb, und ver-... sich nach und nach in Humus. Sie schmilzt ... farblosen Liquidum, welches bei einer hö-... Temperatur braun, und nachher mit dem Ge-... nach gebranntem Horn zerstört wird. Diese ... erfordert bei + 5° nicht weniger als 16000 ... Wasser zur Auflösung, wird aber von 3 bis ... kochenden aufgenommen; die concentrirte ... gestebt beim Erkalten zu einem Brei. Sie ... ferner von 5 bis 6 Theilen kalten, und von ... Th. kochenden Alkohols, und von 120 Th. ... und 7 bis 8 Theilen alkoholfreien kochenden ... aufgelöst. Von einer geringen Menge Sal-... wird sie in Gerbstoff verwandelt, unter ... einer braunen Substanz. Von mehr ... wird auch der Gerbstoff zerstört. Ihre Auf-... in Wasser, die nur $\frac{1}{21000}$ aufgelöst enthält, ... von Bleiessig getrübt; bei $\frac{1}{5000}$ Säuregehalt ... von Quecksilberchlorid getrübt, und noch ... bekommt die Lösung durch Eisenoxyd-... sichtbar grüne Farbe. Die Leimauflösung ... nicht. Aber die geschmolzene und braun ... Säure fällt die Leimauflösung. — Die-... Säure hat er auch im Kinogummi und in der ... gefunden.

... Existenz dieser Säure schien mir Aufmerk-... zu verdienen. Hr. Dahlström hat auf ... Veranlassung Versuche darüber angestellt, ... ihre Existenz bestätigen. Folgendes sind in ... die von ihm erhaltenen Resultate: »Ge-... und gesiebtes Catechu wird in ein Filtrum ... gelegt, und durch dasselbe, ohne dafs ... umrührt, ununterbrochen kaltes Wasser hindurchlaufen gelassen, bis dieses fast farblos abläuft. Der Rückstand auf dem Filtrum wird alsdann zwischen Löschpapier getrocknet, und zwar je schneller je besser, weil er durch längere Berührung mit der Luft eine braunere Farbe bekömmt. Darauf wird er so lange mit warmem Alkohol digerirt, als noch Säure übrig ist, was man daraus sieht, daſs das Filtrum nach dem Trocknen mit einer Menge weiſslicher Punkte besetzt ist. Der Alkohol wird alsdann zur Hälfte von den filtrirten und vermischten Alkohollösungen abdestillirt, und der gebildete bräunliche Niederschlag nachher abfiltrirt. — Die Lösung wird bei + 40° bis zur Hälfte abgedampft, und dann zum Krystallisiren an einen kalten Ort gestellt. Nach einigen Stunden setzt sich die Säure krystallisirt ab. Sie hat noch eine graubraune Farbe. Sie wird auf ein Filtrum genommen, zwischen Löschpapier getrocknet, in heiſsem Wasser gelöst, und so lange basisches essigsaures Bleioxyd hinzugesetzt, bis die Auflösung ganz farblos geworden ist. Man läſst alsdann einen Strom von Schwefelwasserstoffgas hindurchstreichen, um das aufgelöste Bleisalz zu fällen, welches sonst beim Erkalten mit der Säure herausfallen und dieselbe graulich färben würde. Die Masse wird aufgekocht und filtrirt, worauf die Säure in vollkommen weiſsen, erhöhten Vegetationen aus nadelförmigen Krystallen anschieſst, welche in fast trocknem Zustand ein glänzendes, schuppiges Ansehen bekommen. — In der Luft erhält sich diese Säure unverändert, wenn sie absolut rein und frei von Bleisalz ist, aber die geringste Menge davon färbt sie. Sie röthet das Lackmuspapier schwach, und scheint nur eine geringe Sättigungscapacität zu haben. Das Filtrirpapier, welches man anwendet, muſs mit Salzsäure gewaschen sein, weil sonst die farblose wäſsrige Lösung der Säure dadurch blau gefärbt wird. Ich ziehe diese Bereitungsart vor, weil nach der von Büchner angegebenen Methode die Säure gefärbt, und auch theilweise von der Bleiauflösung zugleich mit den anderen Substanzen gefällt wird.«

Büchner's Methode, den Gerbstoff frei von der färbenden Säure darzustellen, ist folgende: Man vermischt die Gerbstofflösung in sehr verdünntem Zustande, z. B. 1 Pfund Wasser für jeden Gran Galläpfel, mit einer ebenfalls höchst verdünnten Lösung von Leim in Wasser, scheidet den Niederschlag ab und löst ihn in kaustischem Kali, welches jedoch nicht im Ueberschuſs angewendet werden darf, sondern noch ein wenig vom Niederschlag ungelöst lassen muſs; darauf verdünnt man die Lösung wieder bis zu demselben Grad, und schlägt die Leimverbindung mit einer Säure nieder. Mit all diesem soll bezweckt werden, eine mechanische Einmengung von Galläpfelsäure zu verhindern. Man sammelt den Niederschlag und übergieſst ihn noch feucht mit seinem doppelten Gewicht Alkohol, zu welchem man einige Tropfen Salpetersäure setzt, wobei sich die Verbindung sogleich auflöst. Diese Flüssigkeit wird nun mit dem gleichen Volumen reinen Aethers vermischt, gut umgeschüttelt und klären gelassen. Der Aether, der sich oben auf gesammelt hat, enthält den Gerbstoff, den man daraus durch frisch gefälltes Bleioxyd, und aus der Bleiverbindung durch Schwefelsäure abscheidet, welche letztere nicht im Ueberschuſs zugesetzt werden darf. Man erhält eine farblose Gerbstofflösung, welche die Leimauflösung fällt, ohne die Eisenoxydsalze zu färben. — Im Uebrigen gibt Büchner eine Menge von Operationsarten an, um aus den meisten gerbstoffhaltigen Pflanzen den reinen Gerbstoff zu erhalten. Wiewohl diese Angaben positiv erklären, dafs der Eichengerbstoff in einem Zustand erhalten werden kann, worin er die Eisensalze nicht färbt, so hat es doch Büchner nachher *) wieder unentschieden gelassen, ob die eisenbläuende Eigenschaft dem Galläpfelgerbstoff wesentlich angehöre oder nicht, welcher Umstand einigen Zweifel in die Zuverlässigkeit der vorhergehenden Methoden erregt.

Chinasäure. In Beziehung auf seine frühere Analyse und die von Baup angegebene unwahrscheinliche Zusammensetzungsweise gewisser chinasaurer Salze **), hat Liebig durch die Analyse einiger dieser Salze die Ungewifsheiten in Betreff der Zusammensetzung der Chinasäure aufzuklären gesucht ***). Er geht von der Ansicht aus, dafs im Kalksalz die Chinasäure nicht von ihrem chemisch gebundenen Wasser befreit werden könne, dafs diefs aber bei dem basischen Kupfersalz möglich sei. Nach Baup's Versuchen wären in dem letzteren mit 1 Atomgewicht Chinasäure 2,183 Atomgewichte Kupferoxyd verbunden. Liebig zeigt, dafs das basische chinasaure Kupferoxyd nur schwierig unvermengt zu erhalten ist. Er schreibt für dasselbe folgende Bereitungsmethode vor: chinasaure Baryterde wird gerade auf mit schwefelsaurem Kupferoxyd zersetzt. Das so erhaltene chinasaure Kupferoxyd wird mit Barytwasser vermischt, welches nicht im Ueberschufs zugesetzt werden darf, und abgedampft, wobei das basische Salz anschiefst. Es hat eine schön grüne Far-

*) Pharm. Centralbl. 1833, p. 877.

**) Vergl. Jahresb. 1832, p. 220., und 1834, p. 235.

***) Poggend. Annal. XXIX. 70.

e, verliert an der Luft nichts an Gewicht, ver- aber bei +120° 12,83 Proc. Krystallwasser. der Verbrennung und der Oxydation des Rück- des mit Salpetersäure gibt es 26,73 Proc. Ku- oxyd, dessen Sauerstoff $\frac{1}{2}$ von dem des Wassers woraus folgt, dafs es in 100 Theilen 59,54 Proc. säure enthalten mufs. — Alle Verbrennungen der chinasaurer Salze kommen darin überein, 1 Atom Basis verbunden ist mit 15 Atomen Koh- ff und einer Quantität Wasserstoff und Sauer- in demselben Verhältnifs wie im Wasser. Lie- fand bei seinen Analysen 15 Atome Kohlen- und 12 Atome Wasser; Baup dagegen 15 . Es ist also klar, dafs die Verschiedenheit sultat auf der Schwierigkeit beruht, zu be- , wie viel von diesem Wasser wirkliches ist. Liebig nimmt an, dafs bei seiner er- nalyse 3 Atome Wasser, und bei Baup's e 1 Atom Wasser zu den Bestandtheilen der mit hinzugekommen seien, dem zufolge die säure die Formel $C^{15}H^{18}O^{9}$ haben würde. ist das basische Kupferoxydsalz nach der For- $\dot{C}u^{2}\bar{K}+4\dot{H}$ zusammengesetzt ($\bar{K}=C^{15}H^{18}O^{9}$ nommen). Das basische Bleisalz, welches Baup Atomen Säure und 8 Atomen Bleioxyd zusam- setzt fand, wird dann $=\dot{P}b^{4}\bar{K}$, und der chi- e Kalk im krystallisirten Zustand besteht aus $+12\dot{H}$, und nach dem Trocknen bei +100° $\bar{K}+2\dot{H}$. Das krystalisirte Salz verliert dem- in der Wärme nur 10 Atome. Durch diese suchung ist also die Frage in ein klares Licht worden. Indessen beibt doch noch zu be- n übrig, dafs Verhältnise wie 2 : 9 und 4 : 9, sie in den beiden genannten Salzen zwischen

Ammoniak abhängen, welches auf eine solche Weise mit einem vegetabilischen Oxyd verbunden wäre, dafs dieses mit in die Zusammensetzung der von Säuren damit gebildeten Salze einginge, gerade so, wie sich mehrere Säuren mit organischen Substanzen verbinden, die mit ihnen in die Zusammensetzung der Salze übergehen. Diese Vermuthung liefs sich nicht dadurch bestätigen, dafs aus den vegetabilischen Salzbasen Ammoniak und ein für sich bestehender vegetabilischer Körper abgeschieden werden konnte. Liebig hat nun gefunden, dafs sich vegetabilische Salzbasen mit Ammoniak vereinigen lassen, wenn man ihre Verbindung mit Salzsäure durch cyansaures Silberoxyd zersetzt. Das neue Salz wird dabei, gerade wie cyansaures Kali, von Wasser zersetzt, es bildet sich kohlensaures Ammoniak, und die Basis wird frei. Hätte aber diese Ammoniak enthalten, so hätte sich Harnstoff bilden müssen, was nicht geschah. Es ist schwer zu sagen, welche Beweiskraft man dieser Thatsache beilegen soll; denn wäre in den vegetabilischen Salzbasen Ammoniak und ein anderer Körper mit einer solchen Affinität mit einander verbunden, dafs sich ersteres nicht daraus verflüchtigen läfst, so möchte diese Affinität auch stark genug sein, um einer zersetzenden Wirkung, wie die eben erwähnte ist, zu widerstehen.

Morphin. Ueber einen Opiumgehalt des Mohnsamens sind Versuche angestellt worden von Accarie *), der in einem Pfund Samen 5 Gran Morphin zu finden glaubt, und von Figuière **), welcher den beim Auspressen des Mohnöls zurückbleibenden Kuchen

---

*) Journ. de Ch. med. IX. 431.

**) A. a. O. pag. 667.

suchte, ohne davon Spuren zu finden. — Grey *) hat erklärt, dafs die ihm zugeschriebene ...ungsmethode des salzsauren Morphins seinem ...mann Robertson angehört (Jahresb. 1834, ...).

Pelouze **) hat gezeigt, dafs Morphin von ... und unverändertem Gerbstoff gefällt wird. ...ntlich hatte Wittstock angegeben, dafs Mor... davon nicht gefällt werde. Diefs ist der Fall ...iner, schon einige Zeit lang aufbewahrt gewe... Galläpfelinfusion, und beruht auf der Lös...it der Gerbstoffverbindung in der gebildeten ...felsäure. Ein ähnliches Verhalten hat man früher mit einer alten Infusion zu den Chita... beobachtet.

Pelletier ***) gibt an, im Opium einen neuen, ...irbaren Körper gefunden zu haben, den er ...orphin nennt, darum, weil er dieselbe Zu...setzung wie das Morphin, aber ganz andere ...schaften hat. Es hat einen scharfen Geschmack, ...ähnlich dem von Radix Pyretri, ist viel lös... in Alkohol und Aether als Narcotin, von dem ... aufserdem in der Schmelzbarkeit und Kry...tion unterscheidet. Es hat eine sehr starke ...ung auf den thierischen Körper; einen Hund ...te es in einigen Minuten. — Seit der Be...machung dieser undetaillirten Mittheilung ist ...ein Jahr verflossen, ohne dafs man weiter et... darüber gehört hat. Paramorphin.

Winkler †) gibt folgende abgeänderte Be- Codéin.

*) Journ. de Pharm. XIX. 278.

**) Annales de Ch. et de Ph. LIV. 341.

***) Journ. de Ch. med. IX. 161.

†) Buchner's Repertorium, XLV. 459.

reitungsmethode des Codéins an: Nachdem man aus einer kalt bereiteten Lösung von Opium mit kaustischem Ammoniak das Morphin niedergeschlagen hat, fällt man, nach Robertson's Methode, die Mekonsäure mit Chlorkalium, verdünnt die Flüssigkeit, fällt sie mit basischem essigsauren Bleioxyd, filtrirt, prefst den Bleiniederschlag aus, entfernt das überschüssig hinzugekommene Bleioxyd mit Schwefelsäure, setzt kohlensaures Kali hinzu, und dampft ab, bis eine dicke Masse zurückgeblieben ist, aus der das Codéin mit Aether ausgezogen wird. Nach dem Abdampfen hinterläfst dieser eine durchsichtige Masse, welche mit Salzsäure krystallisirtes Codéinsalz gibt.

Chinin und Cinchonin.

Schon lange vor Henry und Delondres (Jahresb. 1832, p. 240.) hat Geiger *) ein sehr einfaches Verfahren angegeben, um aus der alkalischen, schmierigen, mit Säuren nicht krystallisirenden Masse, die Sertürner Chinoidin nannte, die Chinabasen auszuziehen. Indessen ist man erst jetzt darauf aufmerksam geworden. Die mit einer Säure gesättigte, in Wasser aufgelöste Verbindung wird mit neutralem essigsauren Bleioxyd im Ueberschufs vermischt, wodurch die mit den Chinabasen verbundene harzige Substanz in Verbindung mit Bleioxyd niedergeschlagen wird. Die Lösung wird filtrirt und mit frisch geglühter Thierkohle digerirt, bis eine abfiltrirte Probe nicht mehr auf Blei reagirt. (Dabei wird das Blei durch den phosphorsauren Kalk gefällt, welcher statt dessen Kalkerde an die Essigsäure abtritt; um dem zuvorzukommen, möchte es jedoch stets vorzuziehen sein, wie auch Geiger selbst als Alternative vorschlägt, das Blei durch Schwe-

*) Geiger's Handb. der Pharm., 3te Aufl. I. 676.

peratur angegriffen; aber bei +150° ungefähr d es zersetzt, indem es zuerst grün und dann kelbraun wird, während sich zugleich Salzsäure wickelt. Bei den durch Chlor hervorgebrachten eren Veränderungen soll sich blofs der Wasstoffgehalt ändern, die relativen Quantitäten des len- und Stickstoffs aber unverändert bleiben. braune Masse enthält dreierlei Substanzen, in allen das Verhältnifs von Stickstoff und Kohstoff dasselbe ist (indem sie nämlich 1 Volumen gas, 15 Volumen Kohlensäuregas geben).

Bei Untersuchung des Atomgewichts des Delins wurde bei einem Versuch gefunden, dafs Theile 20 Theile Salzsäuregas absorbirt hatten, ein Atomgewicht =2627,8 gibt, und bei einem en Versuch hatten 271 Theile 48 Theile Gas birt, was ein Atomgewicht = 2569,76 gibt. Verbrennungsversuch gab:

	Gefunden.	Atome.	Berechnet.
Kohlenstoff	76,69	27	77,03
Stickstoff	5,93	2	6,61
Wasserstoff	8,89	38	8,86
Sauerstoff	7,49	2	7,50.

Hiernach wird das Atomgewicht 2647,982. Diese ltate stimmen nicht mit den im Jahresb. 1834, 6., mitgetheilten.

2) Staphisain ist ein fester, nicht krystallir, schwach gelb gefärbter, erst bei +200° schmelder Körper. Es ist fast unlöslich in Wasser, es einige Tausendtheile davon aufnimmt und ch einen scharfen Geschmack bekommt. Ob alisch reagire, ist nicht angegeben; es ist lösin Säuren, die aber nicht davon neutralisirt n. Warme Salpetersäure verwandelt dasselbe en bitteren, sauren, harzartigen Körper. Chlor Staphisain.

verändert seine Zusammensetzung bei +150°, und zerstört seinen scharfen Geschmack. Zufolge eines Verbrennungsversuchs soll es zusammengesetzt sein aus:

	Gefunden.	Atome.	Berechnet.
Kohlenstoff	73,566	16	73,89
Stickstoff	5,779	1	5,67
Wasserstoff	8,709	23	8,35
Sauerstoff	11,946	2	12,09.

Diese Substanz mag wohl nichts Anderes sein, als ein durch irgend eine fremde Materie verunreinigtes Delphinin.

Veratrin. 3) Veratrin wird auf ganz ähnliche Weise bereitet: das Alkoholextract wird mit Schwefelsäure, und diese Lösung mit Blutlaugenkohle behandelt, worauf das Veratrin mit Alkali niedergeschlagen wird. Von einem franz. Pfund erhält man ungefähr 72 Gran. Dasselbe wird in verdünnter Schwefelsäure aufgelöst und in die Lösung so lange Salpetersäure getropft, als noch eine schwarze, pechartige Masse niederfällt, die nicht weiter untersucht wurde, wiewohl sie diefs verdient hätte. Die Lösung wird abfiltrirt, mit einer sehr verdünnten Kalilauge gefällt, der Niederschlag gut gewaschen und wieder in wasserfreiem Alkohol aufgelöst. Nach Verdunstung desselben bleibt eine gelbliche, harzähnliche Masse zurück. Diese enthält, aufser Veratrin, eine neue krystallisirbare, vegetabilische Salzbasis, noch eine basische, nicht krystallisirende Substanz, und eine nicht basische Substanz. Man trennt sie auf die Weise, dafs man die Masse mit Wasser kocht, welches Veratrin und die nicht basische Substanz ungelöst läfst, welche letztere durch Aether getrennt werden, der das Veratrin auflöst. Nach Verdunstung des Aethers bleibt dasselbe in Gestalt einer fast farblosen, harzähnlichen, harten und spröden Masse zurück, die nicht krystallisirt und bei +115° schmilzt. Wie es sich in noch höherer Temperatur verhäl, ist nicht angegeben. Nach Merk *) verflüchtigt es sich beim vorsichtigen Erhitzen vollständig. In dem Zustande, wie ihre Entdecker, Pelletier und Caventou, diese Basis erhielten, gab sie keine krystallisirende Salze; allein auf die angeführte Art gereinigt, bildet das Veratrin sowohl mit Schwefelsäure als mit Salpetersäure krystallisirende Salze. Wird es mit Wasser übergossen, welches etwas Schwefelsäure enthält, so sieht man, dafs die Masse zwar angegriffen wird, dafs sie sich aber nicht eher als mit Hülfe von Wärme auflöst. Beim freiwilligen Verdunsten krystallisirt das Salz in langen, schmalen Nadeln. Es enthält Krystallwasser, welches beim Schmelzen entweicht. 100 Theile Veratrin sollen von 14,66 Theile Schwefelsäure gesättigt werden, und das krystallisirte Salz 2 Atome Wasser enthalten. Wie diese Analyse ausgeführt worden, wird nicht angegeben, ihre Zuverlässigkeit ist also nicht zu beurtheilen. Das salzsaure Salz krystallisirt in weniger langen Nadeln, und ist in Wasser und Alkohol leicht löslich.

Beim Verbrennungsversuch gab das Veratrin:

	Gefunden.		Atome.	Berechnet.
Kohlenstoff	70,786	71,48	34	71,247
Stickstoff	5,210	5,43	2	4,850
Wasserstoff	7,636	7,67	43	7,570
Sauerstoff	16,368	16,42	6	16,394.

Der Unterschied zwischen dem aus dieser Analyse folgenden Atomgewicht, =3614,248, und dem durch die Analyse des schwefelsauren Salzes gefun-

*) Pharm. Centralbl. 1833, p. 877.

denen, =3418,6, ist etwas grofs. Couerbe läfst den Leser davon halten was er will, und übergeht die Sache mit Stillschweigen. Der Unterschied wäre erklärbar bei der Annahme von 2 Atomen Wasser in der unverbundenen Basis, allein es hätte dann durch Versuche bewiesen werden müssen, dafs dieses Wasser weggeht, wenn die Basis mit Säuren vereinigt wird.

Sabadillin. 4) Sabadillin nennt Couerbe die von ihm im Sabadillsamen entdeckte, neue krystallisirende Base. Man erhält dasselbe, wenn man die aus der Schwefelsäure gefällte basische Masse, nachdem sie in Alkohol aufgelöst und durch Verdunsten desselben gewonnen worden, mit Wasser auskocht, welches das Veratrin zurückläfst, und jene Base, nebst einer anderen basischen Substanz, aufnimmt. Die auf diese Weise erhaltene Lösung setzt beim Erkalten Krystalle ab, die eine schwach rosenrothe Farbe haben; die Flüssigkeit enthält nachher wenig mehr davon. Wir kommen weiter unten auf dieselbe zurück. Das Sabadillin bildet sternförmige Krystalle, die aus concentrisch vereinigten, sechsseitigen Prismen zu bestehen scheinen. In reinem Zustand ist es farblos (wie es von dem rothen Farbstoff gereinigt wird, ist nicht angegeben) und hat einen ganz unerträglich scharfen Geschmack. Schmilzt bei +200° zu einer braunen, harzähnlichen Masse. In höherer Temperatur sich zersetzend. Löslich in kochendheifsem Wasser, woraus es sich beim Erkalten absetzt, jedoch weniger vollständig aus einer Lösung in reinem Wasser, als aus der Lösung, woraus es sich zuerst absetzt. In Alkohol sehr leicht löslich, woraus es aber nie krystallisirt zu erhalten ist. In Aether unlöslich. Reagirt stark alkalisch und gibt mit Säuren krystallisirende Salze.

ncentrirte Säuren zersetzen dasselbe. 100 Theile badillin werden von 19 Theilen Schwefelsäure gettigt. Wie diese Bestimmung gemacht worden ist, ird nicht angegeben. Beim Schmelzen verliert es 3 Procent Waser.

Das geschmolzene Sabadillin gab bei der Ana-e:

	Gefunden.	Atome.	Berechnet.
Kohlenstoff	64,18	20	64,55
Stickstoff	7,95	2	7,50
Wasserstoff	6,88	26	6,85
Sauerstoff	20,99	5	21,10

Das Atomgewicht ist nach dieser Analyse 2368,036, h der Analyse des schwefelsauren Salzes aber 7,684. Hier bemerkt Couerbe die Verschiedheit, und gibt an, dafs sie von 2 Atomen Washerrühren könne, die in der Base enthalten wä-so wie sie in dem schwefelsauren Salz bestimmt de. Ein Versuch, der diese Vermuthung bee, wird nicht angegeben; aber mit einem Wortwall, der überhaupt die Angaben dieses Chemicharacterisirt, berichtet er, dafs das geschmole Sabadillin, in Alkohol aufgelöst, kaum eine alche Reaction zeige, während dagegen das krysirte, in Alkohol gelöst, stark alkalisch reagire. d damit glaubt er der Anstellung von Versuchen hoben zu sein.

5) Aus der Flüssigkeit, woraus das Sabadillin schossen ist, scheiden sich beim weiteren Abpfen ölartige Tropfen ab, und es bleibt zuletzt braune, harzähnliche Substanz zurück; dieser er den unpassenden Nahmen Resini-gomme, er hernach mit Monohydrate de Sabadilline va-. Diese Substanz ist rothbraun, in trockner spröde, in Wasser löslich, alkalisch reagirend, Resini-gomme de sabadilline.

scharf schmeckend; sie bildet mi Säuren Salze, die nicht krystallisiren; von Alkali wird sie daraus gefällt. In Alkohol löslich, wenig löslich in Aether. Bei der Analyse wurde sie aus $C^{20}H^{28}N^{2}O^{6}$ zusammengesetzt gefunden, d. h. sie würde die Bestandtheile in derselben Atomzahlwie das geschmolzene Sabadillin enthalten, nur mi Hinzufügung von 1 Atom Wasser, woher der Nahme Monohydrat. Gleichwohl hatte er gefunden, dafs sich beim Schmelzen aus diesem sogenannten Monohydrat kein Wasser abscheiden liefs, selbst nicht in luftleeren Raum, und dafs die von Säuren damit gebildeten Verbindungen in keiner Weise den von der Base selbst gebildeten Salzen glichen. Dafs dieser Körper eine der anderen Basen in einem unreinen Zustand, analog dem Chinoïdin, sein könne, scheint ihm nicht eingefallen zu sein.

6) Endlich habe ich noch der letzten, aus dem Sabadillsamen ausgezogenen Substanz zu erwähnen, nämlich derjenigen, die nach der Behandlung des unreinen Veratrins mit Wasser und nachher mit Aether zurückblieb. Er giebt ihr den unpassenden Nahmen Veratrin, indem die französische männliche Endigung sie von Veratrine unterscheiden solle. Es ist ein brauner, harter, harzähnlicher Körper, löslich in Alkohol und Säuren, welche letztere davon nicht neutralisirt werden. Nach einer Analyse, der jede Controle mangelt, und die also ganz werthlos ist, besteht er aus $C^{14}H^{18}NO^{3}$.

Solanin. Otto *) hat die Kartoffeln vergeblich auf einen Solaningehalt untersucht; dagegen fand er dasselbe in den Keimen von gekeimten Kartoffeln. Diese

*) Annalen der Pharm. VII. 150. 152.

ntersuchung va dadurch veranlafst worden, dafs ch, welches mit Branntweingespühl von gekeim- Kartoffeln gefüttert wurde, eine Lähmung im ertheil bekam. Nachdem er das Solanin aufge- hatte, versuchte er die Wirkung seiner Salze Kaninchen, und dabei fand er, dafs auch diese dem Tode in den hinteren Extremitäten gelähmt

Dasselbe Solanin hat Blanchet in Liebig's ratorium analysirt. Bei einem Versuch absor- 0,707 Solanin 0,030 Salzsäuregas, bei einem nahmen 1,473 Solanin 0,020 Gas auf. Nach ersten ist das Atomgewicht 10726, nach dem en 10763. Bei dem Verbrennungsversuch wurde der Kohlen- und Wasserstoffgehalt bestimmt. Stickstoffgehalt wurde aus der Sättigungscapa- berechnet, unter der Annahme, dafs 1 Atom e 1 Atom Stickstoff in der davon gesättig- Basis entspricht; der Rest wurde als Sauerstoff genommen. Dieser kurze Weg kann allerdings einem richtigen Resultat führen, allein man kann dadurch auch der einzigen Controle berauben, man hat, dadurch dafs der controlirende Ver- als ein Theil der Analyse angewendet wird. — chet gibt für das Solanin folgende Zusammen- an: Kohlenstoff 62,11, Wasserstoff 8,92, Stick- ,64, Sauerstoff 27,33, $=C^{84}H^{136}N^{2}O^{28}$; das t hiernach $=10241{,}6$; allein in dieser ung nimmt er den Wasserstoffgehalt um 10 zu gering an (er berechnet ihn zu 8,27), fügt man diese 10 Atome noch hinzu, so wird Atomgewicht 10866, was mit dem aus dem salz- Salz berechneten Atomgewicht besser über- stimmt, und die Formel $=C^{84}H^{146}N^{2}O^{28}$ gibt. Diese Untersuchung stimmt aufserdem nicht im

Geringsten mit der von Henry mitgetheilten überein (Jahresbericht 1834, p. 266.).

Atropin. In den Jahresberichten 1833, p. 220., und 1834, p. 269., sind die Versuche von Brandes angeführt worden, zufolge deren er in der Belladonna und im Hyoscyamus flüchtige, giftige vegetabilische Salzbasen gefunden hat. Auf Veranlassung von Versuchen, die Geiger und Hesse angestellt haben, hat Brandes die ganzen detaillirten Angaben über diese Basen und über die davon gebildeten krystallisirten Salze zurückgenommen *). Bei Wiederholung der Versuche von Brandes in keinem sehr grofsen Maafsstab haben Geiger und Hesse zwar einige der von Brandes beschriebenen Erscheinungen gesehen; allein in dem übelriechenden Destillat, welches von jenen Pflanzen bei der Destillation mit kaustischem Kali erhalten wird, fanden sie, selbst bei Anwendung eines halben Centners der Pflanze, kaum einige Tropfen eines braunen, stinkenden, ölartigen Körpers, der, wie das ganze Destillat, Ammoniak enthielt, und in welchem aufserdem keine eigenthümlichen basischen Eigenschaften zu entdekken waren. Die giftigen Wirkungen, welche die Auflösung dieses ölartigen Körpers im Destillat bei Vögeln hervorbrachte, konnten mit einem gleich stark ammoniakalischen Wasser ohne jenen Körper hervorgebracht werden; und endlich fanden sie, dafs wenn der zu den Versuchen angewandte Aether nicht von Weinöl befreit war, ein grofser Theil der von Brandes beschriebenen Resultate erhalten werden konnte. Dagegen entdeckten diese Chemiker von ihrer Seite eine vegetabilische Salzbasis in der Belladonna, die nicht überdestillirt werden

*) Annalen der Pharm. V. 36. 44.

…, und welche die characterisirenden Eigenschaf- … dieser Pflanze in einem hohen Grade besitzt, … wird auf folgende Art erhalten:

… Das Wasserextract von Belladonna wird in …er gelöst, die Lösung filtrirt, mit kaustischem … vermischt, so dafs sie alkalisch reagirt, die …igkeit sogleich mit dem $1\frac{1}{2}$fachen Volumen rei… Aethers geschüttelt, und diese Operation noch …al wiederholt. Nach Abdunstung des Aethers …t ein grüngelbes, noch unreines Atropin zurück. …h Sättigung der übrig bleibenden Flüssigkeit … Schwefelsäure, Abdampfen zum geringeren Vo-… Uebersättigung derselben mit Natron und neuer …dlung mit Aether, kann noch etwas mehr Atro-… erhalten werden; nach Geiger und Hesse … in einem Pfund Extract $62\frac{1}{4}$ Gran Atropin ent-… — Auch kann man, um das Atropin frei …chen, kohlensaures Alkali und Kalkhydrat an-…en. Kohlensaures Alkali eignet sich in sofern … dazu, als das Atropin vom kaustischen all… zersetzt wird. Das unreine Atropin wird in …er gelöst, welches $\frac{1}{10}$ Schwefelsäure enthält; … nimmt davon etwas mehr als zur Auflösung …derlich ist, und digerirt die Lösung unter öfte… Umschütteln mehrere Stunden lang mit guter …genkohle; die abfiltrirte, blafsgelbe Flüssig… wird dann mit verdünntem kaustischen Natron …geschlagen. Der anfänglich pulverförmige Nie…hlag backt bald zu zähen Flocken zusammen; …scheidet ihn sogleich von der Flüssigkeit und …t ihn mit kaltem Wasser, wobei er wieder …förmig wird. Aus dem mit der Mutterlauge …ichten Waschwasser schlägt sich noch etwas … Atropin nieder, was noch durch Sättigung der …igkeit mit Kochsalz vermehrt wird. Krystallisirt erhält man das Atropin, wenn man es in der geringsten nothwendigen Menge kochenden Wassers auflöst; beim Erkalten krystallisirt es, oder wenn man es in Alkohol auflöst und die Lösung freiwillig verdunsten läſst.

Das Atropin hat folgende Eigenschaften: Mit Alkali gefällt, ist es ein rein weiſses Pulver, worin man glänzende, krystallinische Theilchen bemerkt. Aus seinen Auflösungen krystallisirt es in nadelförmigen Prismen. Es hat keinen Geruch, aber einen höchst widrigen, bitteren und etwas scharfen Geschmack, der einen lange anhaltenden, fast metallischen Nachgeschmack hinterläſst. In fester Form ist es in der Luft unveränderlich. Es reagirt alkalisch. Ueber +50° schmilzt es, und wird es lange bei +100° geschmolzen erhalten, so fängt es an braun zu werden. Bei ungefähr +170° wird es sehr braun, und ein geringer Theil davon sublimirt sich unverändert als ein durchsichtiger Ueberzug, dann kommt ein Brandöl und ammoniakalische Dämpfe, und die Masse wird zerstört unter Zurücklassung von viel Kohle. In offener Luft kann es entzündet werden; die auch hierbei zurückbleibende Kohle verbrennt ohne Rückstand. Es bedarf 500 Theile kalten Wassers zur Auflösung; wird es aber in 58 Theilen siedenden Wassers aufgelöst, so scheidet sich beim Erkalten nichts aus. 30 Theile siedenden Wassers werden von 1 Theil Atropin gesättigt. Beim Erkalten krystallisirt der gröſste Theil. Beim Kochen der Auflösung scheint sich ein kleiner Theil Atropin mit den Wasserdämpfen zu verflüchtigen. Es wird von 8 Theilen kalten, wasserfreien Alkohols gelöst, von warmem braucht es viel weniger. Von warmem Aether braucht es sein 32-faches Gewicht, von kaltem das 63fache. Wird die Lösung in Alkohol bei gelinder Wärme abgedampft, so setzt sich das Atropin in Gestalt einer farblosen, durchsichtigen, glasigen Masse ab, die sich zuletzt in Krystalle verwandelt. Die Lösungen in Alkohol und Aether bekommen zuletzt beim Abdampfen denselben unangenehmen Geruch, den das Atropin in unreinem Zustand hat, und der von einer anfangenden Zersetzung herzurühren scheint. Verdünnte Säuren werden vom Atropin vollständig neutralisirt, und schützen es dadurch vor der Zersetzung; concentrirte Säuren aber, über die Sättigung zugesetzt, zerstören dasselbe. Von kaustischem Kali und Natron wird das aufgelöste Atropin bei gewöhnlicher Lufttemperatur langsam zersetzt, schneller beim Erwärmen; es entwickelt sich Ammoniak und die characteristische Eigenschaft des Atropins, die Pupille zu erweitern, verschwindet. Ammoniak, kohlensaures Kali und Natron, und frisch gefälltes Silberoxyd wirken nicht darauf. Mit Gold- und mit Platinchlorid gibt es einen gelblichen Niederschlag, der von saurem Goldchlorid bald krystallinisch wird. Von Blutlaugenkohle, womit man eine wäſsrige Lösung von freiem Atropin digerirt, wird dasselbe nach und nach vollständig zerstört, selbst ohne Hülfe von Wärme. Von Galläpfelinfusion wird es weiſs gefällt. Nach Liebig's Versuchen *) sättigen 312 Theile Atropin 59 Theile wasserfreies Salzsäuregas, was ein Atomgewicht von 2406,8 gibt. Der Verbrennungsversuch gab:

	Gefunden.	Atome.	Berechnet.
Kohlenstoff	70,986	22	71,68
Stickstoff	7,519	2	7,55
Wasserstoff	8,144	30	7,98
Sauerstoff	13,351	3	12,79

Hiernach berechnet ist das Atomgewicht =2345,392.

*) Annalen der Pharm. VI. 66.

Nach Geiger und Hesse haben die Atropinsalze einen bitteren Geschmack, und sind im Allgemeinen leicht löslich in Wasser und in Alkohol, wenig löslich in Aether. Ihre Auflösungen vertragen Siedehitze, werden jedoch, bei länger anhaltendem Sieden, braun, und setzen dabei, wenn sie einen Ueberschufs einer nicht flüchtigen Säure enthalten, eine neu gebildete braune Substanz ab. Werden sie mit viel Blutlaugenkohle behandelt, so verschwindet ein guter Theil des Salzes aus der Auflösung. Man erhält sie in mehreren Sättigungsgraden; ein Theil schiefst in Krystallen an, diese reagiren alkalisch. Andere, mit Säure völlig gesättigte, reagiren dagegen sauer und sind nicht krystallisirbar, sondern werden an der Luft feucht. *Salzsaures Atropin* krystallisirt in sternförmig gruppirten Nadeln. Dasjenige, welches durch Sättigung von trocknem Atropin mit wasserfreiem Salzsäuregas erhalten wird, reagirt sauer, das krystallisirte aber alkalisch. Das *schwefelsaure* Salz krystallisirt leicht. Das *salpetersaure* trocknet zu einer klaren, farblosen Masse ein, die in der Luft etwas erweicht. $\frac{1}{4}$ Gran von diesem Salz, in einer Drachme Wassers aufgelöst und mit etwas viel Blutlaugenkohle geschüttelt, verschwanden gänzlich aus der Flüssigkeit. Das *essigsaure* Salz krystallisirt in sternförmig vereinigten feinen Nadeln, die beim völligen Trocknen Essigsäure verlieren und nicht mehr völlig von Wasser gelöst werden. Das *weinsaure* Salz bildet eine durchsichtige, farblose Masse, die durch die Luftfeuchtigkeit etwas weich wird.

Ganz gewifs wird das Atropin in medicinischer Hinsicht eine der wichtigsten vegetabilischen Salzbasen werden. Von ihm hat die Belladonna ihre Eigenschaft, die Pupille zu erweitern, welche Wir-

…nen, durch Anwendung von Atropinsalzen, …ch Willkühr reguliren kann. Beim Einstrei…ner Lösung eines Atropinsalzes in das Auge …t keine Reizung, und mittelst einer stärkeren …hwächeren Lösung bewirkt man eine schwä… oder stärkere, und in letzterem Falle auch …anhaltende Erweiterung. 1 Theil eines Atro…s hat die Wirksamkeit von 200 Theilen Ex…nd von 600 Theilen trockner Pflanze.

…letzt habe ich noch hinzuzufügen, daſs auch … seiner Seits schon 1831 die Existenz dieses …s beobachtet hatte *), ohne aber eigentlich …darüber bekannt zu machen. Er hat nun fol…Bereitungsmethode angegeben: 24 Theile fein…ene Belladonnawurzel werden mehrere Male …ander mit 60 Theilen Alkohol von 90 Pro…gezogen und jedesmal ausgepreſst. Die klare …eit wird mit Kalkhydrat digerirt und ge…t, filtrirt, mit Schwefelsäure versetzt, welche …niederschlägt (was durch das Kalkhydrat ab…den wird, ist nicht angegeben), die schwach …Flüssigkeit bis zu mehr als zur Hälfte abde… mit 6 bis 8 Theilen Wassers vermischt, und …kohol abgedampft. Die übrig bleibende Lö… wird mit ein wenig kohlensaurem Kali ver… welches zuerst eine harzartige Substanz (mit …n in Alkohol löslich) ausfällt, worauf ein …er Zusatz von kohlensaurem Kali so viel Atro…scheidet, daſs die Masse gallertartig gesteht; …12 bis 24 Stunden zeigt es Neigung zu kry…iren, und kann dann von der Mutterlauge ge…n und ausgepreſst werden, worauf es in Al… gelöst und, nach Zusatz von etwas Wasser,

*) Annalen der Pharm. VI. 67.

Aether gelöst; es bildet leichtlösliche, schön krystallisirende Salze. Es ist giftig, und erweitert die Pupille fast noch kräftiger als das Atropin. Seine Wirkung kann 8 Tage lang anhalten. Wir haben also nicht weniger als 4 Basen, welche diese Wirkung auf die Pupille äufsern, nämlich das Atropin, das Hyoscyamin, das Daturin und das Aconitin. Nach Geiger's Versuchen hat das Solanin diese Eigenschaft nicht. Wenn künftig ausführlichere Beschreibungen der Bereitungsweise und Eigenschaften dieser neuen Körper mitgetheilt werden, hoffe ich auf dieselben zurückkommen zu können. Was man vorher über das Hyoscyamin, Aconitin und Daturin angegeben hat, scheint nicht zuverlässig zu sein. Dahin gehört z. B., was ich im vorigen Jahresberichte, p. 268., nach Bléy, über eine ölartige, flüchtige Salzbasis anführte, die durch Destillation der trocknen Datura Stramonium mit Kalkhydrat und Wasser erhalten war, und bei deren Bereitung das Weinöl vielleicht ebenfalls eine wesentliche Rolle spielte. Bley *) hat seine Versuche über diese Basis fortgesetzt, und hat gefunden, dafs sie in Wasser, Alkohol und Aether lösliche Salze gibt, die salzig und brenzlich schmecken, und wovon die mit Schwefelsäure, Salpetersäure und Oxalsäure in Aether leichter löslich seien, als in Wasser. Ihr salziger Geschmack scheint Ammoniak zu verrathen, trotz ihrer Leichtlöslichkeit in Aether.

Digitalin. Lancelot **) gibt folgende Methode an, um aus der Digitalis eine alkalische Basis zu erhalten: Aus dem Wasserextract von Digitalis bereitet man sich

*) Trommsdorff's N. Journ. XXVI. 1. 309.

**) Pharm. Centralbl. 1833, p. 620.

sich mit wasserfreiem Alkohol ein Alkoholextract. Dieses löst man in Wasser, filtrirt und vermischt mit verdünnter Salzsäure, welche eine gelbe, flockige Substanz niederschlägt, wovon bei Sättigung der sauren Flüssigkeit mit Alkali noch mehr erhalten wird. Der Niederschlag ist das noch unreine Digitalin. Es wird mit Wasser ausgewaschen, bis dieses nicht mehr sauer reagirt, getrocknet, in Alkohol gelöst, die Lösung mit Blutlaugenkohle behandelt, bis sie fast ganz farblos geworden ist, und dann freiwillig verdünsten gelassen, wobei sich auf der Oberfläche eine fettige Substanz absondert, und der Boden des Gefäſses sich mit einer warzenförmigen, krystallinischen Substanz bedeckt, die das Digitalin ist. Dasselbe soll farblos sein, einen scharfen Geschmack haben, in der Luft unveränderlich sein, alkalisch reagiren, und in Wasser unlöslich, in Alkohol löslich sein. Säuren lösen dasselbe zu einer höchst bitteren Flüssigkeit auf, woraus es durch Wasser gefällt wird. Diese kurzen Angaben enthalten eine Menge von Unwahrscheinlichkeiten, und vermuthlich ist die ganze Bereitungsmethode zu den vielen anderen zu rechnen, die wir bereits haben, und wovon noch keine richtig zum Ziele geführt hat.

Bizio *) gibt an, in dem Kern von Cocos lapidea eine neue Salzbasis entdeckt zu haben, die er Apirin nennt, aus dem Grunde, weil die Auflösungen ihrer Salze in der Wärme getrübt werden. Man erhält es, wenn der zerriebene Kern mit Wasser und Salzsäure ausgezogen, die filtrirte Lösung mit Ammoniak gefällt, und der Niederschlag gewaschen und getrocknet wird. Es ist weiſs, sieht aus wie Apirin.

*) Journ. de Ch. méd. IX. 595.

Stärke, riecht und schmeckt nicht, bewirkt jedoch nach einer Weile ein Stechen auf der Zunge, reagirt nicht alkalisch, und wird von 600 Theilen kalten Wassers gelöst; beim Erhitzen trübt sich diese Auflösung, beim Erkalten wird sie wieder klar. Bei der trocknen Destillation verkohlt es, ohne zu schmelzen, und sein Rauch riecht wie verbrannter Hanf. Ob es in Alkohol löslich sei, wird nicht angeführt. In Säuren löst es sich leicht auf; ist aber die Auflösung gesättigt, so trübt sie sich durch eine sehr geringe Temperaturerhöhung. Was sich ausscheidet, soll das Salz sein. Mit Salpetersäure verbindet es sich ohne Zersetzung und kann unverändert wieder ausgefällt werden. Weinsaures Apirin setzt beim Erwärmen kleine tetraëdrische Krystalle ab. Das in der Wärme ausgefällte essigsaure Salz wird ebenfalls krystallinisch, wenn man es mit siedendem Wasser auswäscht. Von kaltem Wasser wird es mit Beibehaltung seiner früheren Eigenschaften aufgelöst. Das Apirin wird von basischem essigsauren Bleioxyd, aber nicht von Gerbstoff getrübt *).

Fraxinin. Keller **) gibt an, aus der Eschenrinde eine in sechsseitigen Prismen krystallisirbare Salzbasis erhalten zu haben, die in Wasser und Alkohol leicht löslich ist, und der Buchner den Nahmen Fraxinin gegeben hat. Diese Substanz wird auf ähnliche Weise wie das Salicin gewonnen. Bereits vor einigen Jahren sandte mir Herr Dahlström einen aus der Eschenrinde ausgezogenen, krystallisirten bitteren Stoff, den er nachher nicht weiter unter-

---

*) Diese Angaben erinnern an das Mährchen vom Erythrogen von demselben Verfasser (Jahresbericht 1825, p. 236.).
W.

**) Buchner's Repertorium, XLIV. 428.

t hat; dieser aber schien nicht in die Klasse der ...abilischen Salzbasen zu gehören.

Indifferente Pflanzenstoffe. Zucker, optische Kennzeichen desselben.

Schon oben erwähnte ich des Versuches von ...t, ein Phänomen des polarisirten Lichts zur Un...chung von Pflanzensäften anzuwenden *). Die... Phänomen besteht darin, dafs man, durch Re...on von einem schwarzen Spiegel, polarisirtes ...t durch eine Flüssigkeit, und von da durch eine ...alinscheibe gehen läſst, deren ebene Flächen ...der Krystallaxe dieses Minerals parallel sind. ...t wendet zu diesem Endzweck einen messinge... Tubus an, der als Ocularglas die Turmalin...e, und statt des Objectivglases einen Spiegel ...geschwärztem Glas hat, dessen Stellung so ge...t werden kann, dafs er, parallel mit der Axe ...ubus, und also durch die Turmalinscheibe zum ...polarisirtes Licht reflectirt. (Biot gebraucht ...en statt des Turmalins ein in einer bestimm...ichtung geschnittenes Prisma von Kalkspath, ...s mit einem Prisma von Glas so zusammen...t ist, dafs sie beide eine ebene Scheibe bilden.) ...chtet man den Spiegel durch die Turmalin...e, während man diese umdreht (zu welchem ...weck das Instrument mit der nothwendigen Vor...g versehen ist), so sieht man nach $\frac{1}{4}$ Um...g, dafs alles Licht weggenommen und das ...dunkel ist; nach noch $\frac{1}{4}$ Umdrehung wird es ...r klar, nach einer anderen $\frac{1}{4}$ Drehung dunkel, ...zuletzt, wenn die Scheibe in ihre erste Rich... kommt, wird es wieder klar. Schiebt man nun, ... das Licht durch die Luft im Tubus gehen zu ..., einen anderen Tubus in denselben, der an ... Enden mit parallelen, planen Glasscheiben

*) Annales de Ch. et de Ph. LII. 58.

18 *

verschlossen, und mit einer Flüssigkeit gefüllt ist, so dafs das Licht durch diese hindurch geht, so verhalten sich zwar die meisten Flüssigkeiten wie die Luft, andere aber bringen eine Veränderung hervor. Statt dafs das Licht durch ¼ Drehung verschwindet, entstehen schöne Regenbogenfarben, die in einer gewissen Ordnung einander folgen, und dabei findet der Umstand statt, dafs diese Ordnung entsteht bei einer Substanz, wenn die Turmalinscheibe nach Rechts, bei einer anderen, wenn sie nach Links gedreht wird. Dieses Phänomen gehört zu denjenigen, welche die Circularpolarisation ausmachen; es wird also die Polarisationsebene nach Rechts oder nach Links gewendet, je nachdem durch Drehen nach Rechts oder Links in dem eintretenden Farbenwechsel eine gewisse Ordnung entsteht. Auch ist dabei zu bemerken, dafs ein in ungleichen Verhältnissen in Wasser gelöster Körper, der nach Rechts gedreht wird, für die Entstehung einer gewissen Farbe eine darnach abgepafste, ungleich grofse Drehung erfordert, zu deren Bestimmung das Instrument mit Gradbogen und Nonius versehen ist. Aus diesem Verhalten verspricht sich Biot für die chemische Untersuchung weit gröfsere Vortheile, als sich jemals verwirklichen können. Von den Auflösungen nur sehr weniger organischer Körper kennt man das Verhalten zum polarisirten Licht. Wäre es eine Eigenschaft, die nur sehr wenigen derselben zukäme, so könnte man sich gröfsere Hoffnung machen; da sie aber wahrscheinlich einer sehr grofsen Anzahl zukommt, so wird ihre Anwendbarkeit um so beschränkter, je gröfser die Anzahl ist.

Es ist längst bekannt gewesen, dafs eine Auflösung von Rohrzucker die Polarisationsebene nach Rechts wendet. Biot's Versuche über Traubenker, wie er im Traubensaft aufgelöst vorkommt, wie über den Stärkezucker, der mit Hülfe von ren aus einer Stärkelösung gebildet ist, zeigen, auch dieser Zucker die Polarisationsebene nach its dreht. Ist er aber einmal angeschossen ge-, so geht sie nach Links, man mag ihn in er oder in Alkohol aufgelöst haben. Wird gen der Rohrzucker eingetrocknet und wieder löst, so behält er stets die Eigenschaft, die Poonsebene nach Rechts zu drehen. Hierauf sich also ein Unterscheidungszeichen zwischen Zuckerarten gründen; man dampft einen zukligen Pflanzensaft bis zum Anschiefsen ein; das Angeschossene nach dem Wiederauflösen Links, so ist es Traubenzucker, im entgegen-en Fall ist es Rohrzucker.

Biot darauf rechnete, dieses Verhalten zur telung des Zuckergehalts in Flüssigkeiten, wie im Runkelrübensaft, anwenden zu können, so irte er sich eine Tabelle, worauf die Anzahl raden, die der Turmalin zur Hervorbringung en Wirkung gedreht werden müfste, die An-von Procenten an Zuckergehalt in der Flüssig-anzeigen sollte. Diese Anwendung mifsglückte von vorne herein, denn der Runkelrübensaft die Polarisationsebene in einem Grade nach s, der einem dreimal gröfseren Zuckergehalt ent-, als darin enthalten ist, zum deutlichen Be-dafs noch andere Substanzen als Zucker diese schaft haben. Er fand nun, dafs der gekochte der aus zerriebenen und in ihrem Saft gekoch-sen Wurzeln ausgeprefst worden war, im ärten Licht einen viel gröfseren Zuckergehalt te, als der ungekochte. Daraus schlofs er, vielleicht Stärke aufgelöst werde und am Phänomen Theil habe, und diefs veranlafste ihn zu einer Untersuchung der Stärke, die nicht ohne Interesse ist.

Er vereinigte sich in dieser Absicht mit Persoz *). Sie fanden, dafs beim Kochen der Stärke mit verdünnter Schwefelsäure die Stärkekügelchen bersten, entsprechend den Ideen, die Raspail über ihre Natur angegeben hatte (Jahresberichte 1828, p. 224., u. 1831, p. 200.), indem die Säure den inneren liquiden Theil auflöst, die zersprungenen Hüllen aber unlöslich bleiben. Die so erhaltene Lösung hat in hohem Grade die Eigenschaft, die Polarisa-

Dextrin. tionsebene nach Rechts zu drehen. Die Substanz, die sie aufgelöst enthält, und deren Abscheidung weiter unten erwähnt werden soll, nennen sie Dextrin (von dexter, rechts), da der Nahme Amidin bereits von Saussure für ein anderes Product der Stärke gebraucht worden sei. (Es ist zu bedauern, dafs in der Wissenschaft so schlechte Nahmen wie dieser gewählt werden; denn ganz gewifs wird man finden, dafs Hunderte von Substanzen dieselbe Eigenschaft haben.) So viel man aus ihren Angaben schliefsen kann, haben sie die Ansicht, dafs die Stärke aus Dextrin bestehe, eingeschlossen in unlösliche Tegumente.

Um diese Tegumente zu sprengen, verfährt man folgendermaafsen: 500 Theile Stärke, 120 Theile Schwefelsäure und 1390 Theile Wasser läfst man in der Weise auf einander wirken, dafs man die Säure mit einem Theil vom Wasser vermischt, und die Stärke mit dem anderen anrührt, worauf man die Säure bis zu ungefähr +90° erhitzt, und das Stärkegemische nach und nach zusetzt, indem man

*) Annales de Ch. et de Ph. LII. 72.

Temperatur ungefähr auf demselben Punkt zu
[illegible]ten sucht. Wenn Alles zugemischt ist, hat man
[illegible] Auflösung, in welcher die Tegumente aufge-
[illegible]t schwimmen. Man filtrirt sie durch Papier,
[illegible]vermischt sie mit Alkohol, welcher das Dextrin
[illegible]stalt einer glutinösen Masse von perlmutter-
[illegible]den Ansehen niederschlägt, die durch Wa-
[illegible] mit Alkohol, in ein unzusammenhängendes wei-
[illegible]ulver verwandelt wird, das bei rascherer Aus-
[illegible]ung zu einer durchsichtigen, glasigen Masse
[illegible]backt. Ist die Masse dick, und geschieht
[illegible]ocknen langsam, so wird sie nicht völlig durch-
[illegible] In diesem Zustande ist das Dextrin in kal-
[illegible]asser löslich, leichter noch in heifsem. Ge-
[illegible]actionspapier verhält sich diese Lösung neu-
[illegible] wird von Alkohol, Bleiessig und Gerbstoff
[illegible] von einer Jodauflösung wird sie weinroth.
[illegible] sie an der Luft stehen, so schlägt sich
[illegible] eine weifse, pulverförmige Substanz nieder,
[illegible]ähnlich der Stärke, aber ohne Tegumente.
[illegible] Pulver ist in kochendem Wasser löslich, und
[illegible] sich nach der zweiten Auflösung nicht so
[illegible] nieder. Sie halten es für identisch mit Saus-
[illegible]'s Amidin. Sowohl die Auflösung dieses Pul-
[illegible] als das Dextrin, drehen die Polarisationsebene
[illegible] Rechts; das Vermögen des Dextrins verhält
[illegible]bei zu dem des Zuckers = 100 : 43. Inulin,
[illegible] man vielleicht das niederfallende Pulver ver-
[illegible] könnte, geht nach Links.

[illegible]iot und Persoz erklären, dafs das Dextrin
[illegible]durch blofse Einwirkung von kochendem Was-
[illegible]halten werden könne; zu seiner vollständigen
[illegible]ung sei aber ein längeres Erhitzen nöthig;
[illegible]o erhaltene Dextrin habe indessen alle Eigen-
[illegible] wie das aus saurem Wasser gefällte. Diese

Meinung scheint man überhaupt schon lange zu haben, und doch liegt ihre Unrichtigkeit nahe genug, wie Jeder aus Erfahrung weifs. Jedermann weifs, dafs Stärke beim Erhitzen mit einer gewissen Menge Wasser einen Kleister gibt. Dextrin gibt nichts der Art. Wird Stärke mit so viel Wasser gekocht, dafs die Lösung flüssig wird, wozu das 40- bis 50 fache vom Gewicht der Stärke erforderlich ist, die Lösung kochendheifs filtrirt und erkalten gelassen, so fängt die Stärke an sich in Klumpen auszuscheiden, und zuletzt gesteht die Flüssigkeit zu einer dünnen Gallert. Wird die Lösung im Wasserbade zur Trockne verdunstet, so bekommt man nicht Dextrin, sondern einen in kaltem Wasser nicht löslichen Rückstand, der mit dem 3- bis 4fachen Gewicht kochenden Wassers Kleister gibt, ganz so wie Stärke. Das eben erwähnte Pulver ist nichts Anderes als unveränderte Stärkesubstanz, die sich aus dem Dextrin absetzt. Gleichwohl hat Vogel gezeigt, dafs die Stärke nach längerem Kochen mit Wasser, das Vermögen, Kleister zu bilden, verliert, wobei sie wahrscheinlich, wie Biot und Persoz anführen, in Dextrin übergeht, das also eine der Zustandsveränderungen ist, welche die primitive Stärkesubstanz auf dem Wege zur Zuckerbildung durch Einwirkung von Reagentien erleidet.

Dieselben untersuchten ferner die Veränderungen, welche die Auflösung der Stärke in verdünnter Schwefelsäure durch fortgesetzte Einwirkung der Hitze erleidet. So lange die Hitze nicht über 95° geht, behält der in der Flüssigkeit aufgelöste Körper das Vermögen, die Polarisationsebene nach Rechts zu drehen, unvermindert; ist aber die Temperatur bis zu +100° erhöht worden, so hat dieses Vermögen auf einmal sehr stark abgenommen. Gleich-

ist die aufgelöste Substanz noch nicht Zucker, aber nur unbedeutend von Alkohol gefällt. näheren Untersuchung wurde sie nicht unter- Bei fortgesetztem Kochen verminderte sich Vermögen bis zu einem gewissen Grade, un- es später nicht herunter ging, das heifst, die war nun in Zucker umgewandelt, der noch em Zustande dasselbe Vermögen, nur in ei- geringeren Grade als das Dextrin, behält.

Im Uebrigen fanden sie, dafs wenn Stärke bei mit Schwefelsäure und Wasser in dem eben en Verhältnifs behandelt wird, man nur eine Zahl von Stärkekügelchen zersprungen findet, das Gemische mit dem zusammengesetz- betrachtet. Bei +60° war kein be- Unterschied, bei +75° waren die meisten zersprungen, aber die Lösung gestand Erkalten, eben so noch bei +85°; aber sie +90° erlangt hatte, blieb sie flüssig liefs die Tegumente als eine kleisterartige auf dem Filtrum, aus der jedoch durch fer- Kochen noch mehr Dextrin ausgezogen wurde, eine thonerdeartige Masse zurückblieb, im Wasser kein Polarisationsvermögen mehr . Allein auch diese konnte durch lange es Kochen in der Art aufgelöst werden, man in der Flüssigkeit unendlich kleine, feine en vertheilt fand, die jedoch durch Filtriren eden werden konnten.

Bekanntlich läfst sich auch Gummi durch Schwe- in dieselbe Zuckerart, wie der Traubenzuk- verwandeln; eine Gummilösung aber wendet tionsebene nach Links. 8 Theile arab. wurden in 17¼ Theile Wassers aufgelöst, die Drehung der Flüssigkeit nach Links bestimmt; sie wurde mit 2 Theilen Schwefelsäure vermischt, die nach einigen Stunden etwas schwefelsauren Kalk abschied, der entfernt wurde. Die Drehung nach Links war nun etwas vermindert. Alsdann wurde die Flüssigkeit zu wiederholten Malen erwärmt, erkalten gelassen und dazwischen untersucht. Bei dem jedesmaligen Erkalten schlug sich daraus eine Substanz nieder, die kein Gyps, sondern ein Pflanzenschleim war, der sich in einem salzhaltigen Wasser unlöslich zeigte, sich aber in reinem Wasser löste, und in dieser Lösung kein Polarisationsvermögen besafs. Mit steigender Temperatur verminderte sich unaufhörlich die Drehung nach Links. Bei +70° war sie fast 0, und bei 96° war sie auf einmal nach Rechts übergesprungen, und zwar um doppelt so weit, als sie anfänglich nach Links war. Nun enthielt die Flüssigkeit eine Substanz, die noch von Alkohol gefällt wurde, und die nach dem Waschen mit Alkohol und Trocknen dem reinsten Gummi glich, und mit Salpetersäure Schleimsäure gab, was Dextrin nicht thut. Diese Substanz nennen sie Gummi-Dextrin, zum Unterschiede von dem ersteren, welches also Stärkedextrin ist. Durch fortgesetztes Kochen wurde die Drehung nach Rechts nicht bedeutend vermehrt, es verminderte aber unaufhörlich die Quantität der durch Alkohol fällbaren Masse, bis zuletzt Alles in Traubenzucker verwandelt war. — Die Veränderungen, welche die Schwefelsäure bei dem Gummi bewirkt, schreiten ohne Hülfe der Wärme langsam fort, es schlägt sich Schleim nieder, die Flüssigkeit wird farblos, die Polarisation nach Links nimmt ab, hört auf und geht nach Rechts; aber erst nach 3 Monaten war sie so weit gekommen, dafs sie sich auf der rechten Seite zeigte.

Persoz *) hat nachher allein die Veränderung
welche die Schwefelsäure bei dem Rohr-
verbringt, der bekanntlich dadurch in Trau-
verwandelt wird. Wurde zu einer Lö-
e 0,48 Zucker enthielt, 0,095 Schwefelsäure
und die Flüssigkeit bis zu +40° erwärmt,
sich das Verhalten zum polarisirten
der Art, dafs die Flüssigkeit, die vorher
um 45° nach Rechts polarisirte, die Ebene
n 15° nach Links drehte. Der Rohrzucker
dieselbe Traubenzuckerart verwandelt, wie
welche einmal angeschossen war und wieder
wurde. Alle Säuren üben eine ähnliche
Wirkung auf den Rohrzucker aus.

ch enthalten die Samen der Getreide- Diastas.
rke und eine Substanz, die bei einer ge-
emperatur ihre Stärke in Zucker verwan-
e Entdeckung ist schon im Jahre 1814
irchhof gemacht worden. Man glaubte,
Substanz sei der Pflanzenleim (Gluten, Kle-
In Folge erneuerter Untersuchungen, veran-
die vorhergehenden und angestellt von
und Persoz **), ist nun die Substanz,
hierbei die Verwandlung der Stärke zuerst
und hernach in Zucker verursacht, dar-
orden. Sie hat den Nahmen Diastas
(mit Bezug auf ihre Eigenschaft, die Hül-
Stärkekörnchen zu sprengen). Man bereitet
folgende Art: Frisches Malz wird in einem
zerstofsen, mit ungefähr dem gleichen Ge-
Wassers befeuchtet, und nach völliger Durch-

de Ch. med. IX. 417.

nal. de Ch. et de Ph. LIII. 43. 75. Journ. de Ch.
368.

tränkung die Flüssigkeit ausgeprefst. Diese ist unklar und enthält Pflanzeneiweifs aufgelöst, welches durch Zusatz von etwas Alkohol coagulirt wird, worauf sich die Flüssigkeit leicht filtriren läfst. Die klare Lösung wird nun so lange mit Alkohol vermischt, als sich noch etwas ausscheidet. Der Niederschlag ist unreines Diastas. Es wird mit Alkohol gewaschen, darauf in Wasser gelöst und wieder mit Alkohol gefällt; dies wird dreimal wiederholt, wobei sich jedesmal noch etwas Eiweifs abscheidet. Nach dem Auswaschen mit Alkohol wird es auf eine Glasscheibe ausgebreitet und in einem 40° bis 50° warmen Luftzug, oder sonst so rasch wie möglich bei mäfsiger Wärme getrocknet, zu Pulver gerieben und in einer gut verschlossenen Flasche aufbewahrt. — Die Bereitungsmethode zeigt, dafs es ein Gemenge mehrerer Stoffe sein könne; wenn nämlich die Gerste aufser Diastas noch andere in Wasser lösliche und in Alkohol unlösliche Substanzen enthält, so müssen diese im Diastas enthalten sein. Seine Eigenschaften sind folgende: Es ist fest, weifs, löslich in Wasser und in Spiritus von 0,93 spec. Gewicht, aber unlöslich in Alkohol; seine wäfsrige Lösung ist gegen Reagentien vollkommen neutral, wird nicht von Bleiessig gefällt, verändert sich aber leicht in der Luft und wird sauer. Die Auflösung in Branntwein dagegen kann unverändert aufbewahrt werden. Seine Zusammensetzung ist noch nicht bestimmt; es wird aber angegeben, dafs es um so weniger Stickstoff enthalte, je reiner es sei, so dafs es also unentschieden ist, ob es zu den stickstoffhaltigen Bestandtheilen der gekeimten Gerste gehört oder nicht. Seine Haupteigenschaft besteht darin, dafs es, in Wasser aufgelöst, bei einer Temperatur zwischen +65° und 70° auf die Stärke dieselbe

Wirkung ausübt, wie die Mineralsäuren bei +85° bis 96°, das heifst, dafs es die Zersprengung der Stärkehüllen und die Verwandlung der inneren Stärkesubstanz zuerst in Dextrin, und darauf, bei fortwirkender Wärme, in Stärkezucker veranlafst. Es besitzt diese Kraft in einem solchen Grade, dafs eine Lösung, die 1 Theil Diastas enthält, 2000 Theile Stärke in Dextrin, und mit Sicherheit 1000 Theile in Zucker verwandelt. Aber bei einer Temperatur über +70° verliert es diese Eigenschaft und wird nun ganz ohne Wirkung auf die Stärke. — Das Diastas findet sich in den keimenden Samen der Getreidearten und in den Augen der Kartoffeln, es ist aber weder in den Wurzeln, noch in den ausgewachsenen Keimen enthalten, gleichsam als hätte es die Natur dahin gelegt, wo die unlösliche Natur der Stärke einer Veränderung bedarf, um im aufgelösten Zustand in den aufwachsenden Schöfsling der Pflanze überzugehen.

Bereitung von Dextrin mittelst Diastas.

Um diese Wirkungen zu erhalten, braucht man das Diastas nicht erst zu reinigen; sie werden eben so gut von Malzschrot hervorgebracht, nur ist davon eine gröfsere Menge nöthig. 6 bis 10 Theile Malzschrot verwandeln 100 Theile Stärke in Dextrin oder Zucker. Um Dextrin zu machen, verfährt man folgendermaafsen: 400 Gewichtstheile Wassers werden in einem Kessel bis zu +25° bis 30° erhitzt, darauf das Malzschrot gut eingerührt, und mit dem Erhitzen bis zu 60° fortgefahren. Alsdann rührt man die Stärke ein und zerrührt sie sorgfältig, indem man die Masse bei einer nicht über +76° gehenden Temperatur zu erhalten sucht; aber auch nicht unter 65°, am besten bei 70°. Nach $\frac{1}{4}$ Stunde ist die Flüssigkeit klar und dünnflüssig; sie wird nun bis zu 95° bis 100° erhitzt, um die sonst fortfahrende Wirkung des Diastas zu zerstören. In der Flüssigkeit ist nun hauptsächlich Dextrin, nebst sehr wenigem gebildeten Zucker, aufgelöst. Die Stärkehüllen schwimmen auf und können abgeschäumt werden, worauf die Flüssigkeit filtrirt und im Wasserbad zur Trockne abgedampft wird. Das so bereitete Dextrin hat man auf mehrfache Art anzuwenden versucht; man hat gefunden, dafs es in vielen Fällen das ausländische Gummi nicht allein ersetzt, sondern sogar übertrifft, z. B. in der Kattundruckerei zum Verdicken der Beitzen, zur Appretur der Farben, zum Tapetendrucken, zur Dinte etc., und das aus Kartoffelstärke bereitete Dextrin konnte bei dem Brodbacken zu $\frac{1}{3}$ und darüber mit Mehl vermischt werden, so dafs also auf diese Weise die Kartoffeln als Nahrungsstoff in Brodform anwendbar werden könnten. (Dieses Brod mufs jedoch frisch gegessen werden, weil es nach dem Austrocknen knochenhart ist.) In der Heilkunst hat sich das Dextrin als vortreffliches involvirendes Mittel erwiesen.

Zucker aus Stärke mittelst Diastas.

Will man dagegen Zucker bereiten, um ihn nachher zur Weingährung anzuwenden, so erhält man die mit Hülfe von Malzschrot erhaltene Stärkeauflösung 3 bis 4 Stunden lang bei $+70°$, ohne sie vorher bis zu 100° zu erhitzen; nach dem Erkalten wird sie mit Hefe versetzt, worauf sie in Weingährung übergeht. Dieser Vorgang ist es, worauf das Resultat beim Branntweinbrennen hauptsächlich beruht, und durch die Anwendung dieser Thatsachen dürften wohl in dieser technischen Operation sicherere Resultate als früherhin erhalten werden.

Nähere Bestandtheile im Dextrin.

Bei Untersuchung des Dextrins, welches mit Hülfe von Diastas gebildet wird, ergab es sich, dafs es eigentlich ein Gemenge aus 3 Substanzen ist, wovon eine, nämlich Stärkezucker, in Alkohol löslich ist, die beiden anderen aber darin unlöslich sind. Diese beiden sind es eigentlich, welche Biot's und Persoz's Dextrin ausmachen. Wird dieses nach dem Trocknen mit kaltem Wasser behandelt, so löst sich ein Theil darin auf, ein anderer bleibt ungelöst zurück. Dieser in kaltem Wasser unlösliche Rückstand ist um so gröfser, je weniger vollständig die Dextrinbildung war. Er ist daher sehr gering, wenn sie mit Schwefelsäure geschah, und in viel gröfserer Menge im Dextrin von Diastas. Liest man die Beschreibung seiner Eigenschaften, so ist es ganz klar, dafs es die noch unveränderte Stärkesubstanz ist, die sich während der Operation in Wasser gelöst hat, gleich wie sie es ohne die Gegenwart von Diastas gethan haben würde, nur vielleicht in geringerer Menge. Auch hat sie die characteristische Eigenschaft der Stärke, von Jod blau gefärbt zu werden, die weder der Zucker, noch das eigentliche, in kaltem Wasser lösliche Dextrin, noch die völlig von Stärke befreiten Tegumente haben, was zeigt, dafs bei dem Uebergang der Stärke aus ihrer ursprünglichen Modification auch ihre Reaction mit Jod verloren geht. Auf nassem Wege kann aus der gemischten Auflösung von Dextrin und unveränderter Stärkesubstanz letztere mit Barythydrat ausgefällt werden. Die Barytverbindung ist in reinem Wasser löslich, und gibt, durch Kohlensäure zersetzt, die Stärkesubstanz unverändert wieder. Weder diese, noch das eigentliche Dextrin kann mit Hefe in Gährung versetzt werden. Ich übergehe ganz ihre Theorie der Kleisterbildung beim Kochen von Stärke mit Wasser. Genau dasselbe haben wir schon vorher gewufst; es bekommt nur leicht das Ansehen einer neuen Entdeckung, da über die Natur der

Stärke unrichtige Ansichten so allgemein geworden sind.

Die Angaben über das Diastas und seine Wirkungen hat in Raspail *) einen Widersacher gefunden, der erklärt, dafs die Wirkungen des Malzes auf die Stärke von Essigsäure herrühren, die beim Keimen entwickelt werde, und dafs er alle Erscheinungen nachgemacht habe, indem er Mehl mit Essigsäure behandelt, verdünnt, filtrirt und mit Stärke behandelt habe. Auf diesen Einwurf möchte wohl durchaus kein Werth zu legen sein.

Jodstärke. Lassaigne **) hat einige Versuche über die blaue Verbindung von Jod mit Stärke angestellt. Sie kann in aufgelöster Form erhalten werden, so wie auch das Innere der Stärke vom Jod durchdrungen und blau gefärbt werden kann, ohne dafs die Hülle zerstört und die Masse aufgelöst wird. Um die lösliche Verbindung zu erhalten, zerreibt man Stärke auf einem Reibstein mit dem Läufer, bereitet auf diese Weise eine Lösung in kaltem Wasser, die filtrirt und mit etwas überschüssigem Jod vermischt wird. Dieses löst sich zu einer indigblauen Verbindung auf, die man im luftleeren Raum über Schwefelsäure abdunstet; die Jodstärke bleibt in Gestalt schwarzer, halb aufgerollter Schuppen zurück, und ist in Wasser mit blauer Farbe wieder auflöslich. Diese Verbindung besteht aus 41,79 Jod und 58,21 Stärkesubstanz. Diefs stimmt fast genau mit 6 Atomen Stärke und 1 Doppelatom Jod (das Atom der Stärke zu 3648,0 gerechnet). Diese Lösung verliert ihre blaue Farbe im Sonnenlicht, indem sich das Jod in Jodwasserstoffsäure verwan-

*) N. Jahrb. d. Ch. u. Ph. VII. 220.

**) Journ. de Ch. med. IX. 649. 705.

…eit; dasselbe wird, aus leicht einzusehenden …den, durch Phosphor, Metalle, Alkalien und …en bewirkt. Schwefel wirkt nicht darauf. …ugenkohle schlägt das Jod nieder und ver… auf diese Weise die Farbe. Concentrirte …n schlagen sie aus ihrer Lösung in Wasser …ndert nieder. Wird die blaue Lösung in of… oder verschlossenen Gefäfsen erhitzt, so ver…ie bei einer gewissen Temperatur die Farbe; … bei +71°,5, wenn die Lösung sehr ver… ist, und bei ungefähr 90°, wenn sie concen… ist; beim Erkalten kommt aber die Farbe … hervor. Diefs findet auch mit der in der …keit aufgeschlämmten, gebläuten Stärke statt. … die Lösung bis zum Kochen erhitzt, so kommt … die Farbe beim Erkalten nicht wieder; aber …ganz wenig Chlor kann sie wieder hervorge… werden. Das Wiedererscheinen der blauen … scheint demnach nur ein Farbenphänomen, …enderung in der Zusammensetzung, zu sein, … sich dagegen Jodwasserstoffsäure gebildet …wenn sie nicht wieder von selbst erscheint. …ösung von Jod in Wasser verliert ebenfalls …be, wenn sie in einem verschlossenen Gefäfs … Sieden erhitzt wird, weil sich Jodwasser… …d Jodsäure bilden. — Allein nicht blofs … stellt die blaue Farbe wieder her, sondern …säure und Oxalsäure, die dabei eine ge… Zersetzung der Jodsäure und der Jod…stoffsäure zu determiniren scheinen.

Analyse der Stärke.

…uérin Vary *) hat eine Analyse der Stärke …ilt, die leider nicht mehr Vertrauen zu ver… scheint, als die im vorigen Jahresber. mitge…

*) …nn. de Ch. med. IX. 540.

theilte Analyse des Gummi's. Er nimmt nicht weniger als 3 Bestandtheile in der Stärke an. 2,96 Proc. davon sind Tegumente, und die übrigen 97,04 bestehen aus zwei Substanzen, von denen die eine, die er Amidine nennt, in kaltem Wasser, die andere, die Amidin genannt wird, nur in kochendem Wasser löslich ist. Die Hüllen aber bekommen den Nahmen Amidin tegumentaire.

Die ganze Stärke findet er zusammengesetzt aus 43,64 Kohlenstoff, 6,26 Wasserstoff und 50,10 Sauerstoff, woraus er die Formel $C^6 H^{10} O^5$ berechnet. Diefs gibt das Atomgewicht = 1021,09. Sowohl durch die Analyse als die Sättigungscapacität habe ich dasselbe entweder zu 1216 oder zu dem 3fachen dieser Zahl gefunden. Obgleich also die Zahlen von meiner Analyse, nach richtigeren Thatsachen berechnet, als wir vor 20 Jahren hatten, fast mit den von Guérin gefundenen übereinstimmen, so ist es doch klar, dafs die ungleiche relative Anzahl zwischen den Atomen, die er von jenen kleinen Verschiedenheiten herleitet, nicht richtig sein könne, da dadurch der Werth des Atomgewichts um $\frac{1}{5}$ verändert wird. Die von Guérin gefundenen zwei besonderen Bestandtheile betreffend, so verhält es sich so damit, dafs der eine von ihnen, der in kaltem Wasser nicht lösliche, doch in geringer Menge in Wasser löslich ist, und mit Hülfe desselben, und namentlich mit Hülfe der Wärme, nach und nach in den löslichen umgeändert wird, den wir oben unter dem Nahmen von Dextrin abgehandelt haben, und der ein Product der Einwirkung anderer Reagentien auf die innere Masse der Stärkekörnchen ist. Der lösliche Bestandtheil besteht nach seiner gänzlich uncontrolirten Analyse aus $C^5 H^{11} O^5$. Die Hüllen sollen

$C^7H^{10}O^4$ bestehen. Sie enthalten fast 10 Proc. [...]lenstoff mehr als die Stärke. Da sie von Jod [...]t wurden, so enthielten sie offenbar noch ei[...]liche Stärkesubstanz. Die letztere, oder was er [...]in soluble nennt, enthält ganz dieselbe relative [...]ge der Bestandtheile wie die Hüllen. — Um [...] Urtheil über die Zuverlässigkeit in Guérin's [...]ben zu fällen, braucht man nur folgende Be[...]ung zu machen: von 10 Th. auf dem Reibstein [...]bener Stärke lösen 1000 Th. kaltes Wasser et[...] mehr als 1 Th. auf, der nach dem Eintrock[...]nur zu einem ganz geringen Theil in kaltem [...]er löslich ist. Der Rest besteht also aus Te[...]ten und Amidin, und enthält 53 Proc. Koh[...]ff, während die Stärke im Ganzen zwischen [...]d 44 gibt. Die Stärke im isländischen Moos [...]ch ihm aus $C^6H^{11}O^6$ bestehen, also ganz [...]e Zusammensetzung haben, wie der in kaltem [...]er lösliche Theil der anderen Stärke. Er rei[...]ne Stärke dadurch, dafs er ihre Auflösung in [...]ndem Wasser mit Alkohol fällt, den Nieder[...]g damit wäscht, wieder in kochendem Wasser [...]t und zur Trockne verdunstet. Sie wird dann [...], wie gewöhnlich, schwarz, sondern blofs gelb. [...] Im Uebrigen gibt er an, dafs 1 Th. dieser [...]e, mit 6 Th. Salpetersäure von 1,34 gelinde [...]t, 48 Proc. von der syrupdicken Säure gibt, [...]r Acide oxalhydrique genannt hat.

Raspail's Untersuchungen über die Stärke.

[...]ndlich wäre noch zu erwähnen, dafs Ras[...]*) eine Menge microscopischer Untersuchun[...]über die Stärke aus verschiedenen Pflanzen, [...] Pollen und über Lupulin mitgetheilt hat. In

*) [...]Pharm. Centralbl. 1833, p. 559.

Betreff der Resultate mufs ich auf die citirte gabe verweisen.

Zuckerbildung beim Keimen.

De Saussure *) hat über die beim K stattfindende Zuckerbildung Versuche angestellt. beweisen, dafs dabei aus der Luft Sauerstoffgas sorbirt, und dafs, wenn die keimenden Samen sammenliegen, die Temperatur über die der benden Luft erhöht wird, jedoch stets so un tend (½ bis 1½ Grad), dafs niemals diese T tur-Erhöhung als ein zur Beschleunigung des mens mitwirkender Umstand betrachtet werden wenn die Körner einzeln keimen. Folgende tische Resultate zeigen mit einem Ueberb Veränderung der Materie unter dem Keimen

Waizen vor dem Keimen.		Nach d. Keimen.	Nicht gekeim der 6 Mo ohne L ter Wasser hat.
Stärke	73,72	65,80	61,81
Gluten	11,75	7,64	0,81
Dextrin	3,46	7,91	1,93
Zucker	2,44	5,07	10,79
Eiweifs	1,43	2,67	8,14
Kleie	5,50	5,60	4,07.

Bei den Versuchen, die er anstellte, um dig zu machen, welche Substanz in den Sam Umwandlung der Stärke in Zucker veranlafst, von Kirchhof's Idee aus, dafs diese Ei beim Kleber zu suchen sei, und als er die der dreierlei Substanzen, in die Beccaria's zerlegt werden kann, mit einander verglich, n des Pflanzeneiweifses, des Pflanzenleims oder lichen Glutens, und der schleimigen, stickst

*) N. Jahrb. d. Ch. u. Ph. IX. 188.

Substanz, die früher noch nicht benannt war, und die er nun Mucin nennt, so ergab es sich, dafs diese vor allen in einem solchen Grade diese Eigenschaft besafs, dafs Pflanzeneiweifs und Pflanzenleim, von Mucin völlig befreit, kaum etwas Stärke in Dextrin oder Zucker verwandeln konnten, während dagegen das Mucin von 100 Th. Stärke 22 Th. in Zucker, und 15 Th. in Dextrin verwandelt hatte. Beccaria's Kleber, d. h. das noch nicht geschiedene Gemenge von Mucin mit den beiden anderen Bestandtheilen, verwandelt 14½ Proc. Stärke in Zucker und 16½ in Dextrin. Inzwischen ist diese Zuckerbildung nicht zu vergleichen mit der durch Malzschrot bewirkten, woraus er schliefst, dafs das Malz noch eine wirksamere Substanz als das Mucin enthalten müsse. Da seine Versuche älter sind als die Entdeckung vom Diastas, so zeigen sie einerseits, dafs er richtig geurtheilt habe, andererseits, dafs die Zuckerbildung aus Stärke noch durch andere vegetabilische Substanzen als Diastas bewirkt werden könne. Mucin.

De Saussure gibt eine, von der meinigen verschiedene, eigenthümliche Bereitungsmethode des Mucins an. Der Kleber wird mit Alkohol ausgekocht, die Lösung kochendheifs abfiltrirt, mit einem gleichen Volumen Wassers vermischt und bis zu $\frac{1}{16}$ abgedampft, wobei sich der Pflanzenleim ausscheidet und das Mucin in der Auflösung bleibt, die nun zur Trockne verdunstet werden kann. 100 Theile Wasser lösen bei gewöhnlicher Temperatur 4 Th. Mucin auf. Die Lösung wird sowohl von schwefelsaurem Eisenoxyd als von Galläpfelinfusion stark gefällt; nicht gefällt wird sie von Quecksilberchlorid, eben so wenig von neutralem oder basischem essigsauren Bleioxyd.

Mannazucker. Pelouze und Jules Gay-Lussac *) haben gezeigt, dafs der Mannazucker, der im Runkelrübensaft nicht enthalten ist, sich darin in grofser Menge bildet, wenn der Saft, für die Erzeugung von Milchsäure, in die sogenannte schleimige Gährung versetzt wird. Aus der bis zur Syrupdicke eingedampften Flüssigkeit schiefst der Mannazucker sehr unrein an. Persoz **) hat übrigens gezeigt, dafs der Mannazucker durch Kochen mit verdünnten Säuren nicht in Traubenzucker umgewandelt wird.

Fette Oele. Palmöl, seine Bleichung. Michaëlis ***) gibt folgende Methode zur Entfärbung des Palmöls an (vergl. die im vorigen Jahresb., p. 291., bereits mitgetheilte Methode). Man schmilzt das rohe röthliche Palmöl, vermischt es mit $\frac{1}{16}$ fein geriebenem Braunstein, und hält es damit ungefähr 10 Minuten lang geschmolzen; alsdann setzt man das halbe Volumen kochenden Wassers hinzu, bringt die Masse ins Kochen und mischt vorsichtig $\frac{1}{32}$ vom Gewicht des Oels Schwefelsäure hinzu. Nach einige Zeit lang fortgesetztem Umrühren läfst man erkalten. Das Oel hat nun eine grünlichgelbe Farbe, die in der Sonne sehr schnell ausbleicht.

Oel von Evonymus europaeus. Riederer †) hat über das Oel aus den Beeren von Evonymus europaeus einige Versuche angestellt. Dieses Oel wird in der Schweitz durch Auspressen gewonnen, und sowohl als Brennöl, als auch als Haaröl gegen Ungeziefer gebraucht. Es enthält eine sehr bittere Substanz, die nach der Verseifung mit Talkerde mit Alkohol sich auszie-

*) Annales de Ch. et de Ph. LII. 412.

**) Journ. de Ch. med. IX. 419.

***) Poggend. Annal. XXVII. 632.

†) Pharm. Centralbl. 1833, p. 452.

läfst, und eine gelbe, harzartige Substanz von dringend bitterem Geschmack darstellt. Sie ist Wasser, welches Essigsäure enthält, löslich, und in dieser Verbindung erhalten werden, wenn Lösung des Oels in einem Gemenge von Al-l und Aether mit einer Lösung von Bleizucker Alkohol gefällt, und der Niederschlag alsdann Schwefelwasserstoff zersetzt wird. Riederer t diese Substanz Evonymin, und hält sie für vegetabilische Salzbase. Das verseifte Oel gibt der Destillation mit Wasser und Phosphorsäure flüchtige Säure, die mit der aus dem Crotonöl g sein soll.

Flüchtige Oele. Versuche über ihre Zusammensetzung.

Dumas *) hat die Zusammensetzung verschie-flüchtiger Oele untersucht. Als einen allge-n Unterschied zwischen denselben gibt er an, leichten, auf Wasser schwimmenden in ihrer nische oder niedrigste Oxydationsgrade, die ren dagegen höchste Oxydationsgrade seien die Rolle von Säuren spielen. Unter den letz-hat er jedoch nur erst ein einziges untersucht, h das Nelkenöl, von dem schon Bonastre , dafs es sich mit Basen verbinden und kry-irende Salze geben kann (Jahresbericht 1829, 3). Was für Vorsichtsmaafsregeln genommen n, um dieses Oel in vollkommen reinem Zu-d zu erhalten, findet man nicht angegeben. Von er wurde es durch Digestion mit Chlorcalcium chen + 60° und 80° befreit, wobei das Salz Wasser aufnahm und schmolz, und das Oel gossen werden konnte. Die einzige Art, die te, um die Sättigungscapacität des Nelkenöls bestimmen, war, dafs man von einer abgewoge-

*) Annales de Ch. et de Ph. LIII. 166.

nen Menge Oels über Quecksilber in einer Glocke Ammoniakgas absorbiren liefs. 0,653 Grm. Oel nahmen 83 Centimeter Ammoniakgas auf, was 9,85 auf 100 Th. Oel entspricht. Die Verbindung ist krystallisirt und glänzend. Berechnet man darnach das Atomgewicht des Oels, so bekommt man 2200 dafür. Durch die Verbrennung des Oels, die schwierig zu bewirken ist und eine sehr lange Strecke glühenden Kupferoxyds erfordert, wurde folgende Zusammensetzung erhalten:

	Gefunden.	Atome.	Berechnet.
Kohlenstoff	70,04	20	70,02
Wasserstoff	7,88	26	7,42
Sauerstoff	22,08	5	22,56.

Hiernach ist das Atomgewicht 2192,9. Dumas scheint aber hierbei aufser Acht gelassen zu haben, dafs nur wasserhaltige Säuren mit Ammoniak krystallisirte Salze bilden, dafs also wenigstens 1 Atom Wasser abgezogen werden mufs, dem gemäfs die richtige Formel für die wasserfreie Säure $C^{20}H^{24}O^{4}$ wäre. Zur Bestimmung eines Wassergehalts in der Säure, die doch jetzt selten bei dergleichen Analysen versäumt wird, sind keine Versuche angestellt worden.

Analyse des Cariophyllins u. Nelkenöl-Stearoptens.

Ferner hat er zwei andere Substanzen analysirt, nämlich einen blättrig krystallisirten, perlmutterglänzenden Körper, der sich aus dem über Nelken destillirten Wasser abgesetzt hatte. Es soll diefs ein neuer Körper sein, über dessen übrige Eigenschaften nicht ein Wort gesagt wird. Er gab 72,25 Kohlenstoff, 7,64 Wasserstoff, 20,11 Sauerstoff. Daraus wurde die Formel $C^{20}H^{24}O^{4}$ berechnet; wäre aber diese Formel richtig, so hätte der Kohlenstoffgehalt zu 73,55 ausfallen müssen.

Ein Fehler von $1\frac{1}{3}$ Proc. im Kohlenstoffgehalt ist gröfser, als man bei einer so einfachen Analyse für möglich halten kann. Man sieht, es ist diefs dieselbe Formel wie für die supponirte wasserfreie Säure im Nelkenöl, also dasselbe Oel, weniger einem Atom Wasser. Endlich hat er noch einen dritten Körper analysirt, der unter dem Nahmen Cariophyllin beschrieben wird, ohne dafs er aber das Geringste darüber äufsert, ob es das Cariophyllin ist, welches vermittelst Alkohol aus den Gewürznelken ausgezogen wird (Jahresb. 1827, p. 261.), oder ob es die, mit der Länge der Zeit aus dem Nelkenöl gebildete, stearoptenartige Substanz ist, die ebenfalls den Nahmen Cariophyllin erhalten hat (Jahresbericht 1833, p. 236.). Diese Substanz war kaum schmelzbar ohne anfangende Zersetzung. Das Resultat der Analyse stimmte gut mit folgender Formel: $C^{20} H^{32} O^{2}$. Eine Zusammensetzung, die anzeigen soll, dafs bei der Bildung dieses Körpers von seinen übrigen Bestandtheilen 3 Atome Wasser zersetzt wurden, und dafs sich davon die 6 Atome Wasserstoff zu dem Nelkenöl hinzu addirt haben. Im Uebrigen bemerkt Dumas, dafs diese Zusammensetzung ganz mit der des Camphers *) übereinkommt, wenn man die halbe Anzahl von Atomen annimmt.

Analyse des Nelkenöls, von Ettling.

Das Nelkenöl ist auch von Ettling **) untersucht worden. Die Versuche darüber hat er unter der Leitung von Liebig angestellt. Das Resultat derselben weicht von dem von Dumas erhaltenen ab. Nach Ettling besteht das Nelkenöl aus zwei Oelen, die von einander geschieden werden können, wenn man es mit einer starken Kalilauge ver-

*) Jahresb. 1834, p. 295

**) Annalen d. Pharm. IX. 68.

setzt und destillirt, das eine geht dann mit dem Wasser über, und das andere bleibt mit dem Kali verbunden. Das erstere ist durchaus indifferent. Es ist farblos, stark lichtbrechend, kocht zwischen + 142° und 143°, und besteht, nach einer von Ettling angestellten Analyse, aus 88,38 Kohlenstoff und 11,77 Wasserstoff (Ueberschufs 0,15) = $C^{10}H^{16}$, was, wie wir weiter unten sehen werden, die Zusammensetzung des Terpenthinöls und mehrerer anderer flüchtiger Oele ist. Es verbindet sich in grofser Menge mit trocknem Salzsäuregas, aber die Verbindung ist flüssig. — Das mit Kali verbundene Oel nennt Ettling *Nelkensäure*. Man erhält sie, wenn man das Kali mit Schwefelsäure sättigt und die Lösung destillirt. Sie ist klar, farblos, röthet Lackmus und verbindet sich mit Salzbasen. Mit Baryt und Kali gibt sie lösliche und krystallisirbare Salze. Ihr spec. Gewicht ist 1,079, und ihr Siedepunkt + 243°. Ihre Zusammensetzung war:

	Gefunden.	Atome.	Berechnet.
Kohlenstoff	72,6327	24	72,7486
Wasserstoff	7,4374	30	7,4233
Sauerstoff	19,9297	5	19,8281.

Ihr Atomgewicht ist hiernach 2521,682. Auf einen Wassergehalt scheint auch Ettling keine Rücksicht genommen zu haben. Da ihre Salze, gleich den essigsauren, beim Abdampfen alkalisch werden, so ist es schwierig, durch ihre Analyse das Atomgewicht zu bestimmen. Mit Bleioxyd gibt sie zwar eine unlösliche Verbindung, sie wird aber beim Auswaschen verändert, und wird überdiefs in ungleichen Sättigungsgraden erhalten. Eines dieser Salze bestand aus 62,61 Bleioxyd und 37,39 Nelkensäure, was das Atomgewicht = 2498,334 gibt, wenn man

, dafs dieses Salz aus 1 Atom neutralem
i 2 Atomen Bleioxyd besteht. Leitet man
Ammoniakgas über Nelkensäure, so neh-
1,906 Th. Säure 0,093 Th. Ammoniak auf.
Erhitzen bis zum Schmelzen gehen 0,093 Th.
weg. Beim abermaligen Hindurchleiten
wurde wieder so viel aufgenommen,
906 Th. Säure mit 0,079 Th. Ammoniak ver-
waren. Das hiernach berechnete Atomge-
st 5174,6, was hinlänglich nahe 2 Atome
ure ausweist. Inzwischen scheinen die zur
des Atomgewichts angestellten Ver-
icht die Zuverlässigkeit zu haben, die man
Angabe wünschen sollte, wo die Resultate
so wesentlich von den Angaben eines
eten Chemikers, wie Dumas, abwei-
ttling fand übrigens das noch gemischte
zusammengesetzt aus 74,6279 Kohlenstoff,
Wasserstoff und 17,2189 Sauerstoff.

ei Vergleichung der Versuche von Ettling
mas entsteht immer die Ungewifsheit, ob
letzteren Oel das indifferente Oel abge-
war oder nicht. Dumas hat angeblich
l von Bonastre erhalten, der schon vor
Zeit angegeben hatte, dafs man dieses Oel
Destillation mit Alkali reinigen könne. Es
wahrscheinlich, dafs es rein gewesen sei,
noch mehr dadurch bestärkt wird, dafs Du-
mehr Sauerstoff als Ettling gefunden hat,
auch der Umstand übereinstimmt, dafs sein
Ammoniak aufnahm. Berechnet man aber
he, so findet man, dafs Dumas's Oel
so viel Ammoniak aufnahm als Ettling's
dafs, wenn man das von dem letzteren ge-
Maximum statt der, von ihm wohl nicht mit

hinreichendem Grund gewählten Zwischenzahl nimmt, das Atomgewicht 4395,6 wird, das heifst nahe das doppelte von dem von Dumas gefundenen. Es bleibt dann noch die Frage übrig: kann sich das Nelkenöl durch Aufbewahrung mit der Zeit verändern, und haben also diese Chemiker wirklich ungleich beschaffene Producte untersucht, oder sind die Versuche des einen von ihnen fehlerhaft gewesen, und auf welcher Seite liegt der Irrthum?

Senföl. Dumas und Pelouze *) haben das flüchtige Senföl untersucht. Das untersuchte Oel ist ordentlich beschrieben worden, und seine Eigenschaften waren folgende: farblos, äufserst reizender Geruch, 1,015 spec. Gewicht, + 143° Siedepunkt, löslich in Alkohol und Aether. Wird aus der Alkohollösung durch Wasser gefällt. Löst in der Wärme Schwefel und Phosphor auf, die sich beim Erkalten wieder absetzen. Chlor wird dadurch in Salzsäure verwandelt. Salpetersäure zerstört dasselbe mit Heftigkeit, und es bleibt zuletzt eine stark schwefelsäurehaltige Flüssigkeit übrig. Von Alkalien wird es zersetzt, unter Bildung von Schwefelalkali und Schwefelcyanalkali, und unter Entwickelung von Ammoniak nebst anderen noch nicht näher bestimmten Stoffen. Das Oel wurde auf folgende Art analysirt: Der Schwefelgehalt wurde durch Salpetersäure oxydirt. 0,885 Oel gaben 1,300 schwefelsauren Baryt. Der Stickstoff wurde dem Volum nach bestimmt, und als mit Feuchtigkeit gesättigt berechnet; das Kohlensäuregas wurde zuerst über Chlorcalcium, zur Absorption des Wassers, und dann über Bleisuperoxyd, zur Entfernung der schwefligen Säure, geleitet. Die Analyse gab:

*) Annales de Ch. et de Ph. LIII. 181.

	Gefunden.	Atome.	Berechnet.
Kohlenstoff	49,98	32	49,84
Wasserstoff	5,02	40	5,09
Stickstoff	14,45	8	14,41
Schwefel	20,25	5	20,48
Sauerstoff	10,30	5	10,18.

Man mufs gestehen, dafs das berechnete Resultat so ungewöhnlich gut mit dem gefundenen übereinstimmt, dafs man es bei einer Analyse, die aus so vielen einzelnen Versuchen zusammengesetzt ist, bewundernswürdig nennen kann. Das Atomgewicht wird 4912,4 *). Das spec. Gewicht des gasförmigen Senföls war 3,40. Versucht man eine Berechnung darüber, so findet man, dafs das Gas einen 15,9, also so gut wie 16mal so grofsen Raum einnimmt, als wenn sich die oben angeführte Anzahl einfacher Atome zu einem einzigen Volumen condensirt hätten. Dumas, der das Atomgewicht blofs $\frac{1}{4}$ so hoch annimmt, und dessen Formel für die Zusammensetzung des Senföles also aussieht: $C^8 H^{10} N^2 S^4 O^4$, findet, dafs diese zusammen 4 Volumen ausmachen, woraus ein spec. Gewicht von 3,37 folgen würde, oder ein Fehler von nur 0,04 in dem directen Versuch.

Von den Alkalien wird das Senföl zwar auf nassem Wege zersetzt; setzt man es aber der Einwirkung von wasserfreiem Ammoniakgas aus, so saugt es dasselbe auf und vereinigt sich damit zu einem krystallisirten Körper, der kein gewöhnliches

*) Dumas hat seine eigene Art zu rechnen, er bekommt das Atom halb so schwer, und mit $\frac{1}{2}$ Atom Sauerstoff und $\frac{1}{2}$ Atom Schwefel. Diese Art, die Atomgewichte zu vermindern, wird nur von ihm gebraucht. Er rechnet sogar mit $\frac{1}{4}$ Atomen.

Ammoniaksalz mehr ist, da er nicht mehr in Senföl und Ammoniak zerlegbar ist. 0,41 Grm. Oel nahmen, bei + 13° und 0m,753 Barometerhöhe, 100 Cub. Centimeter trocknes Ammoniakgas auf, was beweist, dafs sich beide Körper zu gleichen Volumen mit einander verbinden. Bei einer durch Verbrennung angestellten Analyse dieses neuen Körpers wurde eine damit ganz übereinstimmende Zusammensetzung gefunden, nämlich $C^{32} H^{64} N^{16} S^{5} O^{5} = C^{32} H^{40} N^{8} S^{5} O^{5} + 4 NH^{3}$. Dumas und Pelouze rechnen ihn daher zur Klasse der Amide; allein es ist klar, dafs er in dieselbe Categorie wie, nach Liebig's Analyse, das Asparamid gestellt werden mufs. Dieser Körper kann auch dadurch dargestellt werden, dafs man das Senföl einige Zeit lang unter concentrirtem Ammoniak läfst; nach einigen Tage findet man es in diese Masse verwandelt, die im Wasser löslich ist, und die, im Fall sie gefärbt ist, durch Blutlaugenkohle entfärbt, und nach dem Abdampfen in rhombischen Prismen krystallisirt erhalten werden kann. Dieser Körper hat einen bitteren Geschmack, ist aber ohne Geruch; schmilzt bei + 70°. Alkalien entwickeln daraus Ammoniak, aber erst beim Kochen und langsam, wie es bei einer allmälig fortschreitenden Zersetzung der Fall ist. Von Salpetersäure wird er mit Heftigkeit zersetzt. Das Senföl ist auf keine Weise wieder daraus darzustellen. Dumas und Pelouze betrachten das Senföl als das Oxyd eines stickstoffhaltigen Radicals (aus Kohlenstoff, Wasserstoff und Stickstoff), in welchem der halbe Sauerstoffgehalt durch Schwefel ersetzt ist.

Terpenthinöl. Eine für die Kenntnifs der vegetabilischen Zusammensetzung, und namentlich der der flüchtigen Oele, höchst wichtige Arbeit, ist unter Liebig's

Leitung von dessen Schülern Blanchet und Sell ausgeführt worden *). Ihre erste Arbeit betrifft das Terpenthinöl mehrerer Pinusarten. Es kommen mehrere Arten dieses Oels im Handel vor, die sie einzeln untersuchten, nachdem sie dieselben zuerst mit Wasser rectificirt, und dann über Chlorcalcium getrocknet hatten. Die Verbrennungsversuche gaben:

	Oel von Pinus picea. Siedepunkt $+155°$.		Templinöl **). Siedep. $+165°$.		Gewöhnl. käufl. Siedep. $+150°$.		At.	Rechnung.
Kohlenstoff	88,67	88,42	87,95	88,19	87,56	88,05	10	88,46
Wasserstoff	11,40	11,64	11,62	11,67	11,33	11,57	16	11,54
	100,07	100,06	99,57	99,86	98,89	99,62		

Hieraus geht also hervor, dafs das Terpenthinöl einerlei Zusammensetzung hat, von welcher Pinusart es auch abstamme, und wie verschieden es auch riechen mag; ferner, dafs es keinen Sauerstoff enthalten kann, wie Oppermann aus seinen Versuchen schlofs (Jahresb. 1833, p. 232.), und endlich, dafs das von Dumas angegebene Resultat, Jahresbericht 1834, p. 295., vollkommen richtig ist.

Terpenthin-Stearopten.

Wird Terpenthinöl einige Zeit lang in einer Temperatur von $+50°$ erhalten, so sublimirt sich daraus eine krystallinische Substanz in zusammengruppirten Prismen. Dieser flüchtige Körper schmilzt bei $+150°$ und fängt schon bei $+155°$ an sich zu verflüchtigen. Bei seiner Verflüchtigung läfst er sich nicht an der Lichtflamme anzünden. Er wird von 22 Th. kochenden und von 100 Th. kalten Wassers gelöst. In Alkohol, Aether, fetten und flüchtigen Oelen ist er leicht löslich. Aus Mohnöl, welches man damit in der Wärme gesättigt hat, schiefst

*) Annalen d. Pharm. VI. 261.

**) Angeblich von Pinus Mugho herstammend.

er beim Erkalten an, aber nicht aus Terpenthinöl. Es ist schwer, ihn von diesem völlig frei zu bekommen. Die Analyse gab:

	Gefunden.	Atome.	Berechnet.
Kohlenstoff	70,91	5	70,19
Wasserstoff	12,05	10	11,44
Sauerstoff	17,04	1	18,36.

Die Abweichung von der gefundenen Zahl hatte, wie sie annehmen, in noch etwas anhängendem Terpenthinöl ihren Grund. Die Formel ist $C^{10}H^{16} + 2\dot{H} = 2C^{5}H^{10}O$. Dieser Körper kann also dadurch entstanden sein, dafs sich 2 Atome Wasser mit 1 Atom Terpenthinöl verbunden haben, um 2 Atome von diesem Stearopten zu bilden.

Terpenthin- oder künstlicher Campher.

Bekanntlich gibt das Terpenthinöl, wenn es mit Salzsäuregas gesättigt wird, zwei Verbindungen, von denen die eine flüssig, die andere krystallisirbar ist und den Geruch des Camphers hat, woher der Nahme künstlicher Campher. Durch sehr genaue Versuche fanden die genannten Chemiker diese letztere Verbindung zusammengesetzt aus 70,20 Kohlenstoff, 10,01 Wasserstoff und 19,48 Chlor, was mit $C^{10}H^{16} + HCl$, oder 1 Atom Terpenthinöl und 1 Atom Salzsäure, oder, nach dem von Dumas bestimmten spec. Gewicht des Terpenthinölgases *), einem Volumen von jedem übereinstimmt. Hierdurch ist also auch Dumas Berechnung der Oppermann'schen Resultate gerechtfertigt.

Da es ihnen nicht gelang, die liquide, nicht krystallisirende Verbindung von Salzsäuregas und Terpenthinöl völlig rein zu erhalten, so nahmen sie keine Analyse damit vor. Das von Oppermann zu-

*) Jahresb. 1834, p. 295.

zuerst dargestellte Oel *), welches durch Zersetzung der mit kaustischer Kalkerde destillirten krystallisirten Verbindung entsteht, hatte einen aromatischen Geruch, oxydirte nicht Kalium, nachdem es von Wasser befreit war, und wurde nicht fest bei 0°. Sein spec. Gewicht war 0,87, sein Siedepunkt + 145°. Seine Zusammensetzung war $C^{10}H^{16}$, also ganz die des Terpenthinöls. Das Oel, welches aus der flüssigen Verbindung von Terpenthinöl und Salzsäuregas, durch Zersetzung mit Kalk, erhalten wurde, hatte 0,86 spec. Gew. und + 134° Siedepunkt. Es wurde nicht analysirt, sondern seine, mit den vorhergehenden Oelen isomerische Zusammensetzung nur vermuthet. Da diese beiden Salzsäure-Verbindungen darauf hinzuweisen scheinen, daſs das Terpenthinöl aus zwei isomerischen Oelen gemengt sei, deren ungleiche relative Proportionen die genannten Chemiker als die Ursache der Verschiedenheit zwischen den Oelen der verschiedenen Pinusarten betrachten, so nannten sie dasjenige Oel, welches mit Salzsäure die feste Verbindung gibt, Peucil, und das andere Dadyl, welche Nahmen von den griechischen Nahmen für Tanne und Fichte, und von ὕλη, Stoff, abgeleitet sind. In Betreff des von Oppermann gefundenen Sauerstoffgehalts im Terpenthinöl, so leiten sie ihn davon her, daſs derselbe das Terpenthinöl über Chlorcalcium destillirt habe, wozu eine Temperatur erforderlich sei, bei der das Chlorcalcium wieder Wasser abgebe, während dagegen durch bloſse Digestion des Oels mit dem Salz das Wasser leicht zu entfernen sei.

Peucil und Dadyl.

Sie analysirten ferner das Colophonium, und fanden es genau so wie den Campher zusammenge-

Colophon, Vergleichung

*) Jahresb. 1833, p. 233.

seiner Analyse mit der des Terpenthinöls.

setzt $=C^{10}H^{16}O$, oder aus 1 Atom Terpenthinöl und 1 Atom Sauerstoff; und da es aus zwei Harzen besteht, so nehmen sie beide als isomerische Oxyde isomerischer Radicale an. Es ist sehr wohl möglich, dafs diefs richtig sei, allein so lange zwei Harze zusammen eine atomistische Zusammensetzung zeigen können, die keines derselben für sich hat, so darf eine Vermuthung in einem so wesentlichen Verhältnifs, wie dieses, nicht ohne directen Beweis gelassen werden. Uebrigens weicht das Resultat ihrer Analyse sowohl von dem von Gay-Lussac und Thénard, als auch von dem von De Saussure bedeutend ab *).

Citronenöl u. seine Verbindung mit Salzsäure.

Auf dieselbe Weise wurde von ihnen das Citronenöl analysirt. Sein spec. Gewicht war 0,847, sein Siedepunkt +167°. Der Verbrennungsversuch gab 87,93 Kohlenstoff und 11,57 Wasserstoff, also wieder dasselbe relative Verhältnifs zwischen den Bestandtheilen, wie im Terpenthinöl. Bekanntlich gibt auch das Citronenöl mit Salzsäuregas zwei Verbindungen, von denen die eine krystallisirbar, die andere flüssig ist. Die krystallisirte schmolz bei +43° und sublimirte sich bei +50°, konnte aber bis zu 160° erhitzt werden, ehe sie ins Sieden kam, wobei sie etwas zersetzt wurde. Sie erstarrte dann nicht eher als bei +20°. Die krystallisirte Verbindung bestand nach der Analyse aus 57,78 Kohlenstoff, 8,81 Wasserstoff und 33,56 Chlor. Diefs weist ein solches Verhältnifs aus, dafs das Citro-

---

*) H. Rose hat mir privatim mitgetheilt, dafs er Unverdorben's Silvinsäure, welche das eine von diesen Harzen ausmacht, analysirt, und mit dem obigen Resultat übereinstimmend zusammengesetzt, das Atomgewicht aber 5mal gröfser gefunden habe $=C^{50}H^{80}O^{5}$.

nenöl doppelt so viel Salzsäure aufnimmt, als das Terpenthinöl, dafs folglich das Atom des Citronenöls nur halb so schwer ist, als das des Terpenthinöls. Hiernach wäre, nach ihrer Berechnung, das Atom des Citronenöls $= C^5 H^8$, und das der Salzsäure-Verbindung $= C^5 H^8 + HCl$; allein da wir die Atomgewichte eigentlich mit dem des Sauerstoffs vergleichen, und die Sättigungsverhältnisse stets so sind, dafs 1 Atom Sauerstoff einem Doppelatom Salzsäure entspricht, so zeigt die Zusammensetzung der Salzsäure-Verbindungen dieser Oele, dafs das Atom des Terpenthinöls zu $C^{20} H^{32}$, und das des Citronenöls zu $C^{10} H^{16}$ angenommen werden müfste. Das aus der krystallisirten Verbindung abgeschiedene Citronenöl hatte einen, dem der Salzsäure-Verbindung ähnlichen Geruch. Bei +15° war sein spec. Gewicht 0,8569, sein Siedepunkt war +165°. Im Uebrigen verhielt es sich ganz wie das Citronenöl. Dieses abgeschiedene Oel nennen sie Citronyl. Citronyl. Bei der Analyse wurde es ganz so wie das Citronenöl zusammengesetzt gefunden.

Dumas, der schon vor Blanchet und Sell mit demselben Resultate das Terpenthinöl und Citronenöl analysirt hatte (Jahresb. 1834, p. 296.), hat bei einer spätern Untersuchung auch ihre Verbindung mit Salzsäure analysirt, und hat dabei absolut dieselben Resultate erhalten *). Dumas fügt hinzu, dafs er bei der Destillation des, aus dem krystallisirten salzsauren Terpenthinöl abgeschiedenen Oels (des Peucils der Anderen) über Antimonkalium, vollkommen wieder Terpenthinöl mit seinem eigenen Geruch und seinem Kochpunkt bei +165° erhalten habe. Dasselbe fand er bei dem Citronenöl,

---

*) Annales de Ch. et de Ph. LII. 400.

bei dem er, nach der Abscheidung von der Salzsäure, den eigenen angenehmen Geruch des Citronenöls wieder fand. — Eine Wägung des gasförmigen Citronenöls wäre ein sehr interessanter Versuch gewesen; er scheint ihn aber nicht angestellt zu haben. Man könnte fragen: wenn das Atom des Citronenöls halb so schwer als das des Terpenthinöls ist, ist sein spec. Gewicht ebenfalls die Hälfte von dem des Terpenthinöls? Dumas schlägt für das Citronenöl den Nahmen Citrène, und für das Terpenthinöl den Nahmen Camphène vor, weil es das Radical des Camphers ausmache. Dieser letztere Umstand hängt übrigens durchaus davon ab, wie man das Atomgewicht annimmt. Wenn 1 Atom Sauerstoff von einem Doppelatom Chlor ersetzt werden soll, so mufs das Citronenöl Camphén, und das Terpenthinöl irgend anders heifsen. Indessen sind Dumas's Nahmen wohllautend, was die von Blanchet und Sell nicht sind, und bei der Bildung von Nahmen sollte doch der Wohllaut eine Hauptsache sein.

Analyse mehrerer flüchtiger Oele.

Ich komme auf Blanchet's und Sell's Versuche zurück. Ehe ich ihre Zahlenresultate mittheile, werde ich einige ihrer Bemerkungen vorausschicken. Die Natur bringt öfters in einer Pflanze mehrere flüchtige Oele zugleich hervor, die verschiedene Consistenz haben, so dafs das eine flüssig, ein anderes fest sein kann. Wir unterscheiden diese mit den Nahmen Elaeopten und Stearopten. Das Stearopten ist also schon in der Pflanze gebildet enthalten. Es ist flüchtig und sublimirbar, es läfst sich mit Wasser destilliren, ist in diesem unlöslich, aber löslich in Alkohol und Aether; hierher gehören der Campher und der feste Theil des Anis- und Fenchel-Oels. Andrerseits setzt sich aus flüchtigen

n, die für sich oder mit Wasser längere Zeit
nden haben, ein krystallinischer Körper ab, der
rschmelzbar ist, aber selten sich sublimiren läfst,
dabei zersetzt zu werden. Er unterscheidet
aufserdem dadurch vom Stearopten, dafs er bis
inem gewissen Grade in Wasser löslich ist und
s in Krystallen erhalten werden kann. Setzt
seine Lösung in Alkohol dem Sonnenlicht aus,
heidet sich Oel ab. Von der Art ist der oben
nte aus dem Terpenthinöl, und die Krystalle
Petersilien- und Asarum-Oel. Die Zusammen-
g dieser Körper ist gewöhnlich so, dafs sie
die des Oels, plus 1 oder 2 Atomen Was-
s sich mit ersterem vereinigt hat, ausgedrückt
n kann; gewifs sind sie nicht gewöhnliche
e, da sich das Wasser nicht abscheiden läfst,
n es sind nur seine Elemente mit dem Oel
fache Bestandtheile verbunden. Diese Kör-
nnen sie Campher, z. B. Petersilien-Campher,
n-Campher. Mit der Bemerkung, dafs es un-
ist, hierbei den Nahmen Campher anzuwen-
werde ich doch in der tabellarischen Aufstel-
der Resultate ihre Nahmen beibehalten.

Bestandtheile.	Anisöl.	Anis-Stearopten.		Fenchelöl.	Fenchel-Stearopten.		Pfeffermünzöl.		Pfeffermünz-Stearopten.		Kubeben-Campher.		Asarumöl.	Asarum-Campher *).		Petersilien-Campher.		Gewöhnl. Campher.	
		Proc.	At.		Proc.	At.	Proc.	At.	Proc.	At.	Proc.	At.		Proc.	At.	Proc.	At.	Proc.	At.
Kohlenstoff .	81,35	81,21	10	77,19	80,72	10	79,63	12	77,27	10	81,78	16	75,41	69,42	8	65,93	6	79,19	10
Wasserstoff.	8,55	8,12	12	8,49	8,09	12	11,28	20	12,96	20	11,54	28	9,76	7,79	11	6,35	7	10,58	16
Sauerstoff . .	10,10	16,67	1	14,32	11,19	1	9,12	1	9,77	1	6,68	1	14,83	22,79	2	27,72	2	10,23	1

*) Was wir Asarit nennen. Gräger glaubt, daſs seine Angabe, die Haselwurzel enthalte auſser dem Asarum-Campher noch eine besondere Substanz (den von ihm so genannten Asarit), wohl auf einem Irrthum beruhen möchte (Jahresb. 1833, p. 140., und Annalen d. Pharm. VI. 300.).

Bei Vergleichung der nun angeführten Zahlen findet man, dafs das Stearopten von Anis und von Fenchel gleiche Zusammensetzung haben; auch sieht man, dafs durch ihre Analyse Dumas's Analysen vom Campher und vom Stearopten von Anis- und Pfeffermünzöl vollkommen bestätigt werden, deren Zusammensetzung man demnach als so festgestellt betrachten kann, als es der gegenwärtige Stand der Wissenschaft gestattet.

Neue Ansicht von der Zusammensetzung der flüchtigen Oele.

Couerbe *) verkündigt, dafs es mit allen diesen Untersuchungen Nichts sei; denn er habe gefunden, wie eigentlich die ätherischen Oele zusammengesetzt sind. Sie bestehen nämlich aus einem ganz geruchlosen Oel und einer Säure, welche die Ursache des characteristischen Geruchs und des scharfen, beifsenden Geschmacks der Verbindung ist. Später sollen wir darüber mehr erfahren. Diese vorläufige Angabe war nur pour prendre date.

Kubeben-Campher.

Winckler **) hat die Substanz beschrieben, die im Vorhergehenden unter dem Nahmen Kubeben-Campher angeführt ist. Er schiefst aus dem flüchtigen Oele der Kubeben in weifsen Krystallen an, die nach v. Kobell's Messung zu dem rhomboëdrischen System gehören, und, nach Blanchet und Sell, Rhombenoctaëder mit abgestumpften Endspitzen bilden; er riecht schwach nach Kubeben, hat einen schwachen campherartigen, hintennach kühlenden Geschmack, schmilzt bei + 68° zu einem wasserklaren Liquidum, welches beim Erkalten zu einer durchsichtigen, krystallinischen Masse von 0,926 spec. Gewicht bei + 12° erstarrt. Beim stärkeren Erhitzen sublimirt er sich partiell in Ge-

*) Annales de Ch. et de Ph. LIII. 219.

**) Buchner's Repertorium, XLV. 337.

stalt eines, aus krystallinischen Theilchen bestehenden Rauchs. Zwischen + 150° und 155° kommt er ins Sieden, aber in der Art wie die fetten Oele, indem er sich nämlich zersetzt, ohne sich zu sublimiren. Wird er dagegen in einen glühenden Platintiegel geworfen und ein Glastrichter darüber gehalten, so sublimirt er sich gänzlich in glänzenden Krystallflittern. Er kann zwar auf einem Platinblech angezündet werden, fährt aber beim Herausnehmen aus der Flamme nicht zu brennen fort. In Wasser ist er nicht löslich, und wird er mit Wasser destillirt, so geht nur höchst wenig mit den Dämpfen über. In Alkohol, Aether, fetten und flüchtigen Oelen ist er löslich. In Chlorgas schmilzt er zu einem farblosen Liquidum, welches sich bei fernerer Absorption erhitzt und sich zuletzt in eine zähe, gelbbraune Masse von saurem Geschmack und Geruch verwandelt. Mit Jod läſst er sich zusammenschmelzen; eben so mit Schwefel und Phosphor. Von concentrirter Schwefelsäure wird er zersetzt, und von Salpetersäure unter heftiger Gasentwickelung in ein gelbes, bitteres Harz verwandelt.

Campher mit Schwefel-Kohlenstoff.

Nach Böttger's Angabe *) vereinigen sich gleiche Theile Campher und Schwefelkohlenstoff zu einem klaren Liquidum. Setzt man noch 1 Th. Phosphor hinzu, so vereinigen sie sich in der Weise, daſs sich eine bestimmte Portion des Liquidums damit verbindet und eine andere sich abscheidet. Beide sind flüssig und enthalten Campher. Durch Umschütteln können sie wohl mit einander vermischt werden, trennen sich aber nachher wieder, indem das phosphorhaltigere zu Boden sinkt. Die leichtere

---

*) N. Jahrb. d. Ch. u. Ph. VIII. 140.

wird von 80 Proc. Alkohol aufgelöst, die schwerere nicht.

Stearopten aus Melilotus officinalis.

Fontana *) beobachtete, dafs sich auf den, in einem gut verschlossenen Glase aufbewahrten trocknen Blüthen von Melilotus officinalis kleine Krystalle abgesetzt hatten. Als diese Blumen mit Wasser von +94° extrahirt wurden, setzten sich aus diesem beim Erkalten dieselben Krystalle ab. Sie bilden weifse, undurchsichtige, haarfeine Nadeln, welche den Geruch der Blumen und einen stechenden Geschmack haben, leicht schmelzen, und sich als ein, wie Tonkabohnen, angenehm riechender Rauch verflüchtigen. In kaltem Wasser ist diese Substanz unlöslich; aus ihrer Auflösung in heifsem krystallisirt sie; mit Wasserdämpfen verflüchtigt sie sich. Löslich in Alkohol.

Cautschuck.

Märker **) gibt an, dafs sich das Cautschuck, weit leichter als in Terpenthinöl, in dem Oel auflöst, welches man durch Destillation der ersten Schöfslinge unserer gewöhnlichen Fichte mit Wasser erhält. Er beschreibt dieses Oel als angenehmer riechend und dünnflüssiger als das gewöhnliche Terpenthinöl. — Hare ***) gibt an, dafs geschmolzenes Cautschuck beim Zusammenbringen mit concentrirter Salpetersäure Feuer fange. Aus der Angabe ist nicht zu ersehen, ob diefs während des Schmelzens oder nach dem Erkalten geschieht; bekanntlich bleibt nachher das Cautschuck flüssig. Letzteres ist jedoch am wahrscheinlichsten, da es im ersteren Falle nichts Unerwartetes wäre.

---

*) Pharm. Centralbl. 1833, p. 684.

**) Buchner's Repertorium, XLV. 106.

***) Silliman's American Journ. XXIV. 247.

Pflanzenfarben. Indigo.

Dumas *) hat von Neuem den Indigo einer Analyse unterworfen. Hierbei beschreibt er seine Methode zur Bestimmung des Stickstoffgehalts, und glaubt nun in dieser Hinsicht der Wahrheit so nahe gekommen zu sein, als möglich ist. Die zu verbrennende Substanz wird wie gewöhnlich mit Kupferoxyd gemengt, aber hinten in die Röhre, in das zugeschmolzene Ende, werden einige Grammen kohlensaures Bleioxyd gelegt. Ehe die Verbrennung beginnt, wird eine Portion des kohlensauren Bleioxyds durch Erhitzen erhitzt, wodurch alle atmosphärische Luft aus der Röhre ausgetrieben wird. Dann läfst man auf gewöhnliche Weise die Verbrennung vor sich gehen, und wenn sie beendigt ist, wird die übrige Portion des kohlensauren Bleioxyds zersetzt, wodurch das in der Röhre befindliche Stickgas mit weggeführt wird. Aus dem aufgefangenen Gase wird die Kohlensäure vermittelst einer concentrirten Kalilösung absorbirt, und das zurückbleibende Stickgas genau gemessen und auf Gewicht berechnet. Dumas hat sowohl den durch Sublimation, als den durch Reduction und Wiederfällung gereinigten Indigo analysirt. Eine Analyse führte er ganz aus mit Indigo, den er I. sublimé brut nennt; in blofs einer Analyse bestimmte er den Stickstoffgehalt, und diesen dann allein, und in 4 anderen Analysen wurde der Kohlenstoff und Wasserstoff bestimmt. Folgende Aufstellung enthält die Resultate:

	Ind. subl. brut.	Mittel aus 5 Analysen.	Atome.	Berechn.
Kohlenstoff	71,94	72,80	45	72,34
Wasserstoff	4,12	4,04	30	3,93
Stickstoff	10,30	10,80	6	11,13
Sauerstoff	13,64	12,36	6	12,60

*) Annales de Ch. et de Ph. LIII. 171.

Hieraus folgt, daſs das Atom des Indigo's 4760,8 wiegt. Dumas berechnet es bloſs halb so schwer, weil er das Kohlenstoffatom nur halb so schwer als wir annimmt. Aus dieser Zusammensetzung sieht man, daſs der Indigo bei der Reduction $\frac{1}{5}$ seines Sauerstoffgehalts verliert, daſs also der reducirte weiſse Indigo nur 4 Atome Sauerstoff enthält. Vergleicht man die nun erhaltenen Zahlen mit älteren Analysen, so findet man mit Verwunderung, wie nahe richtig alle gewesen sind.

Bei derselben Gelegenheit untersuchte Dumas auch die zwei Säuren, welche durch Einwirkung von Salpetersäure auf Indigo hervorgebracht werden. Die Indigsäure hatte folgende Zusammensetzung: Indigsäure u. Kohlenstickstoffsäure.

	Gefunden.	Atome.	Berechnet.
Kohlenstoff	48,23	$22\frac{1}{2}$	48,09
Wasserstoff	2,76	15	2,61
Stickstoff	7,73	3	7,40
Sauerstoff	41,28	15	41,90.

Atomgewicht 3580,4. Da Dumas das Atomgewicht des Indigo's halb so schwer als das oben angegebene, und also 3 Atome Sauerstoff darin annimmt, so würde diese Zusammensetzung zeigen, daſs die Indigsäure Indigo wäre, der $1\frac{1}{2}$ mal so viel Sauerstoff aufgenommen hätte, als er bereits enthält. Bei dieser Untersuchung fehlt die Controle durch Bestimmung der Sättigungscapacität der Säure, die um so nothwendiger gewesen wäre, da die Berechnung von einem halben Kohlenstoffatom, die bis jetzt in keinem einzigen richtig untersuchten Fall angenommen zu werden brauchte, eine nähere Untersuchung dieses Gegenstandes durchaus nothwendig macht; denn wenn es richtig ist, die Kohlensäure als aus 1 Atom Kohlenstoff und 2 Atomen

Sauerstoff zusammengesetzt zu betrachten, so kann die von Dumas angegebene Atomzahl nicht richtig sein. Allerdings hat Buff Salze von der Indigsäure analysirt; aber nach dem Barytsalz, dem einzigen das nur in einem Sättigungsverhältnifs zu erhalten war, würde das Atom der Säure 1372,7 wiegen, oder, wenn Dumas's Atomgewicht richtig ist, würde die Säure darin mit 2,6 Atomgewichten Baryterde verbunden sein. Nach Buff's Analyse des Kalisalzes wäre das Atomgewicht der Säure 3470,1, was sich zwar dem von Dumas gefundenen mehr nähert, aber doch immer noch neue Untersuchungen erforderlich macht, um das Ganze in Uebereinstimmung zu bringen. Dumas hat also diesen Gegenstand in einem unvollkommneren Zustand gelassen, als man von einem so ausgezeichneten Chemiker erwarten durfte.

Die Kohlenstickstoffsäure war zusammengesetzt aus:

	Gefunden.	Atome.	Berechnet.
Kohlenstoff	31,8	$12\frac{1}{2}$	31,3
Wasserstoff	1,4	6	1,3
Stickstoff	18,5	6	17,7
Sauerstoff	48,3	15	49,7.

Atomgewicht 3008,9. Die Bildung dieser Säure aus der Indigsäure mit Salpetersäure läfst sich ganz einfach erklären, wenn man annimmt, dafs Ammoniak und Oxalsäure davon abgezogen und durch Salpetersäure ersetzt werden; denn nach Dumas kann die Zusammensetzung dieser Säure durch $C^{12\frac{1}{2}} H^{6} + 3\dddot{N}$ ausgedrückt werden, woraus auch die detonirende Eigenschaft ihrer Salze erklärbar sei.

Gleichwohl erklärt Dumas, dafs der Nahme *Acide nitropicrique*, den ich statt des Nahmens *Acide carbazotique* für die Kohlenstickstoffsäure vorgeschlagen habe, aus dem Grund zu verwerfen sei, weil er einen Salpetersäuregehalt in dieser Säure voraussetze; eine Discussion über diese Verwerfung hält er für unnütz, und zieht es vor, von zwei verwerflichen Nahmen den älteren *Acide carbazotique* anzuwenden. Dieser Nahme gründet sich jedoch auf eine erwiesen unrichtige Ansicht von der Zusammensetzung dieser Säure. Ich führe diefs nicht an, um den von mir vorgeschlagenen Nahmen zu vertheidigen, der sogleich jedem besser gewählten weichen mag, sondern nur um eine Probe von Dumas's Verfahrungsweise zu geben. Was im Uebrigen die Analyse dieser beiden Säuren betrifft, so kann zu den vorhergehenden Bemerkungen noch folgende hinzugefügt werden: wenn die Salze der Kohlenstickstoffsäure ihre Eigenschaft, stark zu detoniren, von einem Salpetersäuregehalt in dieser Säure haben, so müssen auch die indigsauren ihre Eigenschaft, schwach zu detoniren, derselben Ursache verdanken, und die Ansicht auch von der Zusammensetzung dieser Säure wird eine ganz andere, als die Vorstellung von einem höher oxydirten Indigo. Dumas's Atomgewicht für die Kohlenstickstoffsäure stimmt nahe mit dem überein, welches sich aus Liebig's Analysen des Kali- und Barytsalzes berechnen läfst, von denen das erstere 3049, das letztere 3055 gibt. Liebig fand 35 Proc. Kohlenstoff. Dürfte man annehmen, Dumas habe ½ Atomgewicht Kohlenstoff zu wenig bekommen, so würde der Procentgehalt 33, und das Atomgewicht der Säure 3047,1, was mit der Analyse der Salze übereinstimmt. Zieht man andererseits in Betracht, dafs Dumas bei der Analyse ½ Proc. Kohlenstoff mehr erhalten hat, als man nach der Rechnung von 12½ Atom bekommen müfste, so dürfte wohl die

Vermuthung erlaubt sein, dafs sich Dumas durch das von ihm für den Kohlenstoff angenommene Atomgewicht habe irre führen lassen.

Indigschwefelsäure.

Jofs *) hat eine Methode angegeben, um mehr im Grofsen die beiden Indigschwefelsäuren von einander zu trennen. In Parenthese will ich bemerken, dafs die eine von diesen, welche, als ich die Untersuchung über diese Säuren machte, der damaligen Ansicht gemäfs den Nahmen Indigblau-Unterschwefelsäure bekam, gegenwärtig wohl nicht mehr als so zusammengesetzt betrachtet werden kann, wenn anders nicht durch die Analyse bewiesen wird, dafs sie wirklich Unterschwefelsäure enthält. Neuere Versuche haben gezeigt, dafs die Schwefelsäure bei ihrer Vereinigung, sowohl mit Naphtalin als mit Aether (Magnus's Isaethionsäure, Jahresb. 1834, p. 333.), zweierlei Säuren bildet, die beide Schwefelsäure enthalten, aber zweierlei Salze geben, und es ist bis jetzt noch nicht mit völliger Sicherheit ausgemittelt, ob diefs in einer Verschiedenheit der Zusammensetzung oder in isomerischen Modificationen begründet ist. — Jofs hat es sehr schwierig gefunden, die Ammoniaksalze der beiden blauen Säuren durch Alkohol vollkommen zu trennen, und schlägt daher vor, die von ihm gemachte Erfahrung, dafs sich vorzugsweise die Indigblau-Schwefelsäure auf Wolle befestige, zu benutzen, und sie auf eine geringere Menge Wolle, als zur Fällung des ganzen Quantums blauer Farbe erforderlich ist, zu fällen, wobei sich vorzugsweise die stärkere blaue Säure auf die Wolle befestigt und nachher mit kohlensaurem Ammoniak ausgezogen werden kann. Durch eine kleine Menge Alkohols läfst sie sich dann leicht

*) N. Jahrb. der Ch. u. Ph. IX. 284.

der noch anhängenden sogenannten Indigblau-schwefelsäure befreien. Die letztere bekommt aus dem Bade durch Sättigung mit kohlensau-Baryt, Filtriren und Abdampfen. — Auf diese se erhält man sie jedoch nicht rein. Besser ist sie nachher noch auf Wolle niederzuschlagen, auf gleiche Weise, wie die andere, zu extrahi-und zu reinigen.

Derselbe Chemiker *) hat eine, dem Anschein ganz einfache Bereitungsmethode des Alizarins geben. Man laugt aus dem Krapp den gelben stoff mit kaltem Wasser aus, und extrahirt ihn er wiederholt mit einer kochendheifsen, schwa-Alaunauflösung, so lange sich diese noch färbt. rothe Flüssigkeit wird mit kohlensaurem Natron , welches den bekannten Lack, nämlich eine dung des Alizarins mit Thonerde, abscheidet. wird ausgewaschen, in der Luft getrocknet, was verdünnter Schwefelsäure zu einem dicken angerührt, und dieser nachher mit wasserfreiem hol ausgekocht, wobei der gröfste Theil des ge-en Thonerdesalzes ungelöst bleibt. Nachdem den Alkohol abgedunstet hat, zieht man mit er aus dem zurückbleibenden Alizarin Schwe-re und schwefelsaure Thonerde aus, und löst ersteres in Alkohol auf, wobei ein braunes r ungelöst bleibt. Die Alkohol-Lösung lie-das reine Alizarin in Gestalt eines rothgelben . Auf diese Weise kann man das Alizarin ewöhnlichem Krapplack bereiten. Alizarin.

Chevreul **) gibt an, den Farbstoff aus dem Brasilin.

*) N. Jahrb. d. Ch. u. Ph. IX. 282.

**) Pharm. Centralbl. 1833, 174.

Brasilienholz in kleinen, rothgelben Nadeln erhalten zu haben.

Rother Farbstoff aus Cactus speciosus.

In den Blumen des Cactus speciosus hat Voget *) 30 Proc. eines carminrothen Farbstoffs gefunden. Man zieht ihn mit Alkohol von 60 bis 70 Proc. aus. Von Aether und wasserfreiem Alkohol wird er nicht aufgelöst. Nachdem man die Blätter durch Behandlung mit Alkohol erschöpft hat, zieht ein Gemische von Alkohol und Aether noch 5 bis 10 Proc. eines scharlachrothen Farbstoffs aus. Beide Farbstoffe sind in Wasser löslich.

Rother Stoff in der Brennnessel.

Knezaureck **) hat gefunden, dafs die Stengel von Urtica dioica im Herbst, wenn die Blätter abgefallen sind, einen mit Wasser ausziehbaren rothen Farbstoff enthalten, der sich sehr gut als Farbe auf Seide eignet. Mit Zinnchlorür färbt sich die Lösung hochroth, und es bildet sich ein rother Niederschlag. In der mit Zinnsalz versetzten Lösung bekommt die Seide schöne Nuancen von Rosen-, Mittel- und Hoch-Roth; mit der Zeit bekommt die Farbe einen Stich ins Blaue.

Quercitrin.

Den gelben Farbstoff aus dem Quercitron hat Chevreul krystallisirt erhalten ***). Man kocht 1 Th. Quercitronrinde $\frac{1}{4}$ Stunde lang mit 10 Th. Wassers, und seiht das Decoct ab, welches sich nicht beim Erkalten trübt, aus dem sich aber der Farbstoff nach einigen Tagen in Krystallen absetzt, welche, so lange sie in der Flüssigkeit schweben, perlmutterglänzend sind. Es sind kleine Schuppen, die unter dem Microscop wie Musivgold aussehen, die sauer reagiren und ein eigentlicher electronega-

ti-

*) Annalen d. Pharm. V. 205.

**) A. a. O. V. 204.

***) Pharm. Centralbl. 1833, 217.

tiver Körper zu sein scheinen. Das Quercitrin schmilzt beim Erhitzen und gibt einen gelben Rauch, wobei ein theils farbloses, theils braunes Liquidum übergeht, welches bald wieder zu einer krystallinischen Masse von unverändertem Quercitrin erstarrt. Es ist in Wasser etwas löslich, welches eine blafsgelbe Farbe davon bekommt; in Aether ist es etwas löslicher, am besten löst es sich in Alkohol. Von Schwefelsäure wird es mit grünlich-rothgelber Farbe gelöst; von Wasser wird die Auflösung getrübt. Setzt man eine wäfsrige Lösung von Quercitrin der Luft aus, so bekommt sie einen Stich in's Rothe. Salpetersäure färbt dieselbe gelbroth. Mit den Alkalien gibt das Quercitrin grüngelbe Auflösungen; mit Baryt bildet es eine in Wasser unlösliche rothgelbe, mit Alaunauflösung eine sehr langsam sich abscheidende schön gelbe Verbindung. Die wäfsrige Lösung von Quercitrin fällt das schwefelsaure Eisenoxyd olivenbraun, ins Grüne, aber Zinnchlorür, so wie essigsaures Bleioxyd und Kupferoxyd, gelb. Von Leimsolution wird es nicht gefällt.

Bitterer Stoff im Wermuth.

Mein *) hat über die bittere Substanz im Wermuth Versuche angestellt, und hat gefunden, dafs sie harzartiger Natur ist. Das Wasser-Extract von Wermuth wird so lange mit Alkohol extrahirt, als dieser noch bitter wird; man destillirt ihn dann ab, trocknet das Extract ein, löst es wieder in Alkohol, setzt Aether hinzu, der Zucker und Extractivstoff ausfällt, dampft wieder ab und behandelt mit Wasser, welches von diesen noch etwas auszieht. Ohne vorhergehende Anwendung des Aethers, lösen sich Harz, Zucker und Extractivstoff zusammen in Wasser auf. Die harzige Substanz kann dann mehrere Male nach

*) Annalen der Pharmacie, VIII. 61.

einander in Alkohol aufgelöst und mit Wasser gefällt werden, bis die ausgefällte Flüssigkeit von Eisenoxydsalzen nicht mehr grün, sondern braungelb wird. Das Harz ist nun nach dem Trocknen braun und spröde. Es kann farblos erhalten werden, wenn man seine Lösung in Spiritus so lange mit essigsaurem Bleioxyd vermischt, als sie noch getrübt wird, dann mit ungefähr dem gleichen Volumen Wassers vermischt, im Wasserbade bis zur Verflüchtigung des Alkohols abdunstet, filtrirt, mit Schwefelwasserstoffgas behandelt, mit dem Niederschlag bis zur Verjagung des überschüssigen Schwefelwasserstoffs erhitzt, warm filtrirt und bei gelinder Wärme eintrocknet. Mein erhielt auf diese Art sogar Krystalle; allein es ist nicht gesagt, ob sie die Eigenschaften der übrigen Masse hatten. Beim Eintrocknen in der Luft färbt es sich etwas; aber nach dem Wiederauflösen in Aether und Abdunsten desselben erhält man es farblos. Es gehört zu denjenigen Harzen, deren Auflösung in Spiritus oder in Wasser Lackmus röthen. Es besitzt die Bitterkeit des Wermuths im concentrirtesten Grade. Bei der trocknen Destillation schmilzt es, verkohlt sich und gibt ein zuerst braunes, saures, nachher dunkelgrünes Liquidum. Ein Gran in etwas Alkohol gelöst und mit 5 bis 6 Pfund Wasser vermischt, ertheilt diesem einen ganz deutlichen Wermuthgeschmack. Wiewohl es, einmal in Wasser gelöst, in einer geringeren Menge aufgelöst erhalten werden kann, so braucht es doch 1000 Th. Wassers, wenn es von Neuem aufgelöst werden soll. Am besten löst es sich in Alkohol, nächst dem in Aether. Von Alkali wird es aufgelöst und in Verbindung mit demselben durch einen Ueberschufs von kohlensaurem Kali gefällt. Es verbindet sich durch doppelte Zersetzung mit anderen Basen. Von Säuren wird es etwas aufgelöst, am leichtesten von Essigsäure, und von Wasser daraus wieder gefällt. Concentrirte Schwefelsäure färbt sich zuerst dunkelgelb, hernach purpurroth damit.

Eigene Substanz aus Kubeben.

Monheim *), der eine Analyse der Kubeben gemacht hat, gibt an, auf folgende Weise daraus einen eigenthümlichen Stoff ausgezogen zu haben? Die Kubeben wurden zuerst kalt mit Aether und dann mit Alkohol ausgezogen, das Alkoholextract mit Wasser behandelt, und der Rückstand in kochendem Wasser aufgelöst; aus dieser Auflösung schied sich beim Erkalten eine weiche Substanz, und nachher beim freiwilligen Verdunsten eine andere Substanz ab, die er Cubebin nennt, und deren Eigenschaften folgende waren: Farbe gelbgrün, Geschmack scharf, fettartig, schmilzt bei +20°, kocht bei +30° (die Scale ist nicht angegeben), und verflüchtigt sich mit Hinterlassung von ein wenig Kohle. Das Destillat erstarrt jedoch erst bei —15°. Dieses Cubebin ist in Essigsäure, Alkohol, Aether und Mandelöl löslich. Von Terpenthinöl, Kalilauge, Schwefelsäure wird es nicht aufgelöst. Von Salpetersäure wird es roth.

Amygdalin.

Von Denk **) ist folgende kurze Bereitungsmethode des Amygdalins angegeben worden: Bittere Mandeln werden durch Auspressen vom fetten Oel befreit und der Rückstand mit 5 Th. gewöhnlichen Alkohols (0,833 spec. Gewicht?) gekocht; beim Erkalten setzt sich schon eine bedeutende Portion Amygdalin ab. Beim weiteren Abdampfen erstarrt zuletzt die Lösung; das noch gefärbte Amyg-

*) Buchner's Repertorium, XLIV. 199.

**) A. a. O. XLV. 438.

dalin wird ausgepreſst und mit kaltem Spiritus (0,930?) gewaschen, worauf ein weiſses Amygdalin zurückbleibt, das nur noch einmal in kochendem Wasser aufgelöst und krystallisirt zu werden braucht. Auf diese Weise erhält man $\frac{1}{24}$ vom Gewichte der ausgepreſsten Mandeln. Wird das Amygdalin in kochendem Alkohol gelöst, so erhält man fast doppelt so viel wieder; demnach scheint es Alkohol in chemischer Verbindung zu enthalten, was wohl näher untersucht zu werden verdiente.

Peligot*) erklärt, daſs er bei der Destillation von Amygdalin mit Salpetersäure nicht nur Benzoësäure, sondern auch Bittermandelöl erhalten habe.

Aesculin. Kalbrunner**) gibt folgende einfache Bereitungsart des Aesculins an, das er, wohl mit Grund, Polychrom nennt. 1 Theil gepulverter Rinde von Aesculus Hyppocastanum wird mit Alkohol von 0,85 spec. Gewicht digerirt, zuletzt gekocht, heiſs filtrirt und die Flüssigkeit bis zum Rückstand abdestillirt. Nach einigen Tagen setzt sich das Aesculin in Gestalt eines weiſsen, körnigen Sediments in Menge ab, von dem man mit kaltem Wasser die noch anhängenden extractiven Theile abspült. Die Eigenschaft dieser Substanz, in einer äuſserst schwachen Auflösung mit blauer Farbe zu schillern, die zu dem anfänglichen Nahmen Schillerstoff Veranlassung gab, sollte man, nach seinem Vorschlag, bei Liqueuren anwenden, um ihnen ein schönes Ansehen zu geben. Säuren, die Borsäure ausgenommen, nehmen dieses Schillern weg.

---

*) L'Institut Nr. 24. p. 202.

**) Buchner's Repertorium, XLIV. 211.

Saladin *) hat gefunden, dafs eine bei ge- Cusparin
…licher Temperatur mit wasserfreiem Alkohol be-
…e Infusion von Cortex Angusturae verae, beim
…lligen Verdunsten in einer Kälte von —9°,
…Menge Krystalle absetzte, die aus einem eige-
…Pflanzenstoff bestehen, den er Cusparin nennt.
…t völlig neutral; seine Krystalle scheinen tetraë-
…zu sein; es schmilzt bei gelinder Wärme, un-
…Verlust von 23,09 Proc. an Gewicht. Erst über
…° fängt es an sich zu zersetzen; gibt bei der
…lation kein Ammoniak. Kaltes Wasser löst
… ½, und kochendes 1 Proc. auf. Alkohol von
…5 spec. Gewicht löst dagegen bei +12° 0,37
… Gewichts auf. Von Chlor, Brom und Jod
… es gefärbt. Von verdünnten Säuren wird es
…st, aus denen es sich wieder wasserhaltig ab-
… wobei es aber Säure hartnäckig zurückhält.
…den Alkalien wird es unverändert aufgelöst.
… Galläpfelinfusion wird es stark gefällt.

Eine analoge krystallisirende Substanz hat Peucedanin.
…atter **) in Radix Peucedani officinalis ent-
…; er nennt sie Peucedanin. Man erhält es,
… man die Wurzel mit 80 proc. Alkohol dige-
…iesen abdestillirt und den Rückstand ruhig ste-
…fst. Man giefst die Mutterlauge von den Kry-
…n ab, und wäscht diese mit kaltem Spiritus ab;
…er läfst man sie noch zu wiederholten Malen
…Alkohol krystallisiren, worin man sie in der
…itze auflöst. Es bildet farblose, durchsichtige,
…, zusammengruppirte Krystallnadeln, und ist
… Geruch und fast ohne Geschmack; aber in Al-
…l aufgelöst, schmeckt es aromatisch und scharf.

*) Journ. de Ch. med. IX. 388.

**) Annalen der Pharmacie, X. 201.

Es schmilzt bei +60° ohne Gewichtsverlust; beim stärkeren Erhitzen wird es grün, und nach dem Erkalten erstarrt es langsam zu einer grauweifsen, wachsähnlichen Masse. Wird bei der trocknen Destillation zersetzt, ohne Ammoniak zu geben. Ist unlöslich in kaltem Wasser, und schmilzt in kochendem, ohne sich aufzulösen. Wenig löslich in 80proc. kalten Alkohol, aber leicht und mit gelber Farbe in +60° heifsem. Die Lösung wird von Wasser gefällt. Auch löslich in Aether, fetten und flüchtigen Oelen. Von concentrirten Säuren wird es zerstört, von verdünnten nicht aufgelöst. Löslich in Alkalien, woraus es durch Säuren gefällt wird. Mit Hülfe von Wärme löslich in kohlensaurem Kali und in Ammoniak, woraus es beim Erkalten krystallisirt. Seine Lösung in Alkohol wird von basischem essigsauren Bleioxyd, Zinnchlorür und schwefelsaurem Kupferoxyd, aber nicht von schwefelsaurem Eisenoxyd gefällt.

Santonin. Merk *) gibt folgende, einfachere Bereitungsmethode des Santonins an: Der Wurmsamen wird mit wasserhaltigem Spiritus behandelt, die Lösung mit Kalkhydrat geschüttelt, filtrirt und abgedampft; hierbei setzt sie braune Krystalle ab, die in Alkohol aufgelöst und durch Kochen mit Blutlaugenkohle weifs erhalten werden. Im Sonnenlicht werden sie gelb.

Elaterin. Clamor Marquart **) gibt folgende Methode an, die in der Frucht von Momordica Elaterium enthaltene krystallisirbare Substanz, die vor einiger Zeit von Hennel entdeckt wurde (Jahresbericht 1833, p. 270.), darzustellen. Die im Juli gesammelten

---

*) Pharm. Centralbl. 1833, p. 910.

**) Buchner's Repertorium, XLVI. 8.

reifen Springgurken werden ausgeprefst und der zum Extract abgedampft; dieses wird dann mit rocent. Alkohol extrahirt, letzterer abdestillirt, der Rückstand in kochendes Wasser eingerührt, in man nach dem Erkalten die Elaterinkrystalle Chlorophyll umgeben findet. Die Masse wird der Flüssigkeit geschieden, auf ein Filtrum ge- und vom Chlorophyll durch tropfenweise auf- nden Aether getrennt. Dabei bleibt ein farblo- krystallinisches, fast geschmackloses Pulver zu- , welches bei der Destillation ammoniakhaltige ucte liefert. In Wasser ist es unlöslich, leicht h in Alkohol, welche Auflösung einen aufser- tlich bitteren Geschmack hat. In Aether ist hwer löslich. Es ist völlig neutral. Schwer- h in kaltem, leicht löslich in siedendem Ter- öl, woraus es sich beim Erkalten nicht ab- . — Die von Braconnot beschriebene bittere tanz hält er für ein Gemenge von mehreren.

Producte von der Zerstörung der Pflanzenstoffe durch Säuren. Xyloïdin.

Braconnot *) hat ein neues Product von der irkung der Salpetersäure auf Pflanzenstoffe ent- t; er nennt es Xyloïdin. Gleichwie die höchst ntrirte Salpetersäure auf unorganische Körper s wirkt, als die verdünnte, eben so ist es bei organischen der Fall. Wenn Stärke, Inulin, Sä- ine, Gummi, Traganth oder Sagonin (Jahres- cht 1834, p. 316.) mit so viel stark concentrirter tersäure angerührt werden, dafs sich ein Brei t, so kann diese Masse bis zu einem gewissen e erwärmt werden, ohne dafs Entwickelung von oxydgas entsteht; dabei aber verwandelt sich Masse in einen dicken Mucilage, der nach dem lten zu einer Gallert erstarrt. Kaltes Wasser

*) Annales de Ch. et de Ph. LII. 290.

coagulirt ihn, zieht die Säure aus, und läſst die Stärke mit ganz anderen Eigenschaften, aber mit Beibehaltung ihres Gewichtes, zurück. Dieser Körper ist das Xyloïdin. Nach dem vollkommnen Auswaschen der Säure und Trocknen ist es pulverförmig, weiſs, geschmacklos und röthet nicht Lackmus. Beim Erhitzen auf einem Kartenblatt schmilzt es und verkohlt sich bei einer Temperatur, die dem Kartenblatt nichts schadet; es ist leicht entzündlich. Bei der Destillation hinterläſst es ungefähr $\frac{1}{8}$ schwer verbrennlicher Kohle, und gibt ein essigsäurehaltiges Liquidum. Es verbindet sich mit Jod und wird gelb; Brom wirkt nicht darauf. In kochendem Wasser erweicht es und backt zusammen, ohne sich aufzulösen. Von Alkohol wird es nicht gelöst. Im Kochen nimmt er eine Spur auf und trübt sich beim Erkalten. Von concentrirter Schwefelsäure wird es ohne Farbe aufgelöst. Diese Lösung wird nicht von Wasser gefällt, denn das Aufgelöste ist in eine gummiartige Substanz verwandelt. Schwefelsäure, die mit ihrem doppelten Gewicht Wassers verdünnt ist, löst es selbst im Kochen nicht auf. Von Scheidewasser wird es leicht aufgelöst, besonders in der Wärme; von Wasser und von Alkali wird es daraus wieder gefällt. Durch Kochen bildet sich Oxalsäure, aber keine Schleimsäure. Eben so wird es von Salzsäure, besonders warmer, aufgelöst, und von Wasser daraus gefällt. Unter den Pflanzensäuren ist die Essigsäure die einzige, die es auflöst. Sie muſs concentrirt sein, und dann löst sie so viel davon auf, daſs die erkaltete Flüssigkeit eine dicke Masse bildet. Von Wasser wird es gefällt. Trocknet man es, so bildet es einen farblosen und wie Glas durchsichtigen Ueberzug, der nicht mehr von Wasser angegriffen, oder darin undurchsichtig wird.

kann in verdünnter kochender Essigsäure aufge- … und diese Auflösung als Firniſs angewendet … den. Von Alkalien wird es nicht angegriffen. … endes kaustisches Kali löst indessen etwas mit … licher Farbe auf; durch Säuren wird es wie- … gefällt. Der Niederschlag ist etwas verändert. … schmilzt in kochendem Wasser, jedoch ohne sich … bläsen, und nach dem Trocknen ist es durch- … tig, statt weiſs.

Zucker, Mannazucker, Milchzucker werden zwar … der concentrirten Salpetersäure zerstört und bil- … mit ihr einen noch nicht untersuchten, bitteren … f, aber kein Xyloïdin. Auch bildet es sich nicht … dem Gummi, in welches das arabische Gummi … die Leinenfaser durch Schwefelsäure umgeän- … werden. Leinsamenschleim gibt sehr wenig da- … Pectin wird von Salpetersäure aufgelöst und … h Wasser wieder gefällt, aber der Niederschlag … Pectinsäure.

Gährungs-producte. Alkohol.

Ueber die Zersetzung des Alkohols durch Kali … mehrere Arbeiten angestellt worden. Heſs *) … kaustisches Kali und Alkohol auf einander wir- … ; die Masse wurde, auch ohne Luftzutritt, allmä- … braun; kam aber die Luft mit in Berührung, so … chah dieſs schneller und es wurde Sauerstoffgas … orbirt. Dabei bildete sich eine braune, in Was- … nicht lösliche Substanz, wovon sich ein Theil … on in der Flüssigkeit niederschlug, das übrige … m Sättigen des Alkali's mit Säure. Heſs erklärt, … s sich hierbei kein kohlensaures Kali bilde, und … s man in dem Alkali keine Essigsäure finde. Die … une Substanz hat keine Eigenschaften eines Har- … , obgleich sie in Wasser unlöslich ist. Sie schmilzt

*) Pharm. Centralbl. 1838, p. 520.

nicht, sondern verkohlt und zersetzt sich. Sie ist in Alkohol und Aether löslich, nur unbedeutend in kochendem Wasser. Säuren wirken nicht darauf, und die Alkalien gehen keine fixe Verbindungen mit ein. Connel *) hat dieselbe Untersuchung angestellt, aber mit anderen Resultaten. Er fand, daſs sich auſser der harzähnlichen Substanz auch Essigsäure und Ameisensäure bildete. Er destillirte den Alkohol von der Flüssigkeit ab, verdünnte mit Wasser, setzte Schwefelsäure hinzu und destillirte. Das saure Destillat wurde mit kohlensaurem Bleioxyd gesättigt und abgedampft, wobei es gut characterisirtes ameisensaures und essigsaures Bleioxyd gab. Ferner fand er, daſs die Säure, die entsteht, wenn Platin auf dem Docht einer Alkohollampe glüht, und die durch ihre reducirende Eigenschaft characterisirt war, nichts Anderes als ein Gemenge von Ameisensäure und Essigsäure ist; deren Bleisalze er auf dieselbe Art erkannte und trennte. Sowohl er als L. Gmelin **) haben, gegen Döbereiner's Erklärung, gezeigt, daſs sich Ameisensäure zugleich mit Essigsäure bildet, wenn man Alkohol mit Schwefelsäure und Braunstein destillirt.

Eigene Art von Jodäther.

Johnston ***) hat einen ätherartigen Körper beschrieben, wenn man zu starker Salpetersäure, die man in einem etwas weiten Kolben erhitzt, allmälig eine gesättigte Auflösung von Jod in Alkohol mischt, wobei starkes Aufbrausen entsteht, und nachher, unter fortgesetztem Erhitzen, so lange in kleinen Antheilen Jodpulver zusetzt, als noch eine gegenseitige Einwirkung statt findet und die Flüssigkeit nicht von

*) Ed. N. Phil. Journ. XIV. 231.

**) Poggend. Annal. XVIII. 508.

***) L. and Ed. Phil. Mag. and Journ. II. 415.

gefärbt wird. Beim Erkalten setzt sich ein Oel ab, welches einen eigenthümlichen, genden Geruch und einen scharfen, brenen Geschmack hat, den man noch lange auf Zunge behält. Dies soll nun die neue Aetherein, die aber ein Gemenge aus vielerlei Veren sein kann. Er zersetzt sich leicht, wenn unter der sauren Flüssigkeit, worin er sich aufbewahrt bleibt. Er hat 1,34 spec. Ge-Schon durch das blofse Sonnenlicht wird er indem er sich braun färbt und Jod sich in ausscheidet. Für sich in einem Destillase erhitzt, zersetzt er sich, es geht bei ein ätherartiges Liquidum über, und es bleibt icke, braune Masse zurück, die erst bei + 144° rothbrauner Rauch übergeht und Kohle zu-Was sich condensirt, ist hauptsächlich Er ist auflöslich in Alkohol und wird daraus Wasser gefällt, aber zersetzt. Auch in Aether löslich. Von kaustischen Alkalien wird er unter Bildung eines farblosen, ölartigen Li-, welches in Wasser braun wird. Diese z verdiente näher untersucht zu werden, als ton gethan hat; vielleicht ist sie analog dem en schweren Chloräther.

Weinschwefelsaures Ammoniak.

rchand*) hat einige beachtungswerthe ungen über das weinschwefelsaure Ammomacht. Man erhält dieses Salz leicht durch von weinschwefelsaurem Baryt oder Bleiit kohlensaurem Ammoniak; beim freiwilligen sten schiefst es in grofsen, durchsichtigen, in Luft unveränderlichen Krystallen an, die auch Alkohol und Aether etwas löslich sind. Dieses

*) Poggend. Annal. XXVIII. 285.

Salz schmilzt bei +50° ohne die geringste Zersetzung, wenn es frei von schwefelsaurem Ammoniak ist. Die Zersetzung beginnt erst bei +108°. Bis dahin erleidet das Salz nicht den geringsten Gewichtsverlust. Dann aber kommt Alkohol, der weder Weinöl, noch schweflige Säure enthält, und nur nachher mit etwas Aether gemischt ist, und dann kommt wasserhaltige Schwefelsäure. Das Ammoniaksalz, welches nun zurückbleibt, läfst sich ebenfalls verflüchtigen, und hinterläfst nur eine geringe Spur leichter Kohle.

Weinphosphorsäure.

Im vorigen Jahresber., p. 329., wurde Pelouze's Analyse der Weinphosphorsäure angeführt, nach welcher diese Säure eine Verbindung von 1 Atom Phosphorsäure und 2 Atomen Alkohol wäre. Liebig *) hat den weinphosphorsauren Baryt einer neuen Analyse unterworfen, woraus hervorgeht, dafs die Weinphosphorsäure aus 1 Atom Säure und 1 Atom Aether zusammengesetzt ist $=\dddot{P}+C^2H^5O$. Die Gründe, die Liebig für die Richtigkeit dieser Zusammensetzung anführt, scheinen überzeugend zu sein. Der Unterschied im procentischen Resultat zwischen diesen beiden Ansichten ist sehr gering, und schwer zu ermitteln bei einer Verbindung, die ebenfalls Wasser enthält. Nach Pelouze beträgt das Krystallwasser im Barytsalz, verglichen mit der Baryterde, 12 Atome auf 1 Atom der letzteren. Enthielte dann die Säure Alkohol statt Aether, so wäre im Salz 1 Atom Wasser mehr enthalten, und diefs würde bemerklich auf die Quantität phosphorsaurer Baryterde influiren, die Salz beim Verbrennen hinterläfst. Es würde nach der Rechnung 59,24

*) Annalen der Pharmacie, VI. 149.

Proc. geben; Liebig aber erhielt 60,875 Proc. Nach Aether berechnet, müfste man 60,685 bekommen. Bei + 200° getrocknet, verliert das Salz 29,15 Proc. Krystallwasser. Nach der Rechnung mufs es 29,191 sein. Beim Verbrennungsversuch wurden die Bestandtheile in folgender Art übereinstimmend mit der Rechnung gefunden:

	Gefunden.	Atome.	Berechnet.
Phosphorsaurer Baryt	60,875	1	60,685
Krystallwasser	29,151	12	29,191
Kohlenstoff	6,578	4	6,612
Wasserstoff	1,195	10	1,340
Sauerstoff	2,212	1	2,162.

Die Formel für die Weinphosphorsäure ist also $\dot{\ddot{P}}Ae = \dot{\ddot{P}} + C^2H^5O$, und sie mufs Aetherphosphorsäure heifsen, da eine Weinphosphorsäure ganz möglich ist, und ihr Nahme nicht unrichtigerweise in Beschlag genommen sein darf. Liebig glaubt die Ursache von Pelouze's irriger Annahme darin zu finden, dafs dieser sich bemüht habe, das von Krystallwasser freie Salz zu analysiren, welches so hygroscopisch ist, dafs es nicht gewogen werden kann, ohne dabei aus der Luft eine bedeutende Menge Feuchtigkeit anzuziehen; dem kam nun Liebig dadurch zuvor, dafs er das Salz mit seinem ganzen Krystallwassergehalt analysirte.

Mercaptan oder Schwefelalkohol.

Zeise *) hat ein neues Feld der Forschungen eröffnet; er hat gezeigt, dafs die aus Kohlenstoff und Wasserstoff bestehenden Radicale, welche im Alko-

*) Mercaptanet, med bemaerkninger over nogle andre nye producter af svovlvinsgresaltene, som og of den tunge vinolje, ved sulfureter; af V. C. Zeise. (Besonderer Abdruck aus den Schriften der K. Dänischen Gesellschaft der Wissenschaften.)

hol und Aether mit Sauerstoff verbunden sind, mit Schwefel verbunden erhalten werden können. Ich wagte es im vorigen Jahresberichte, p. 196., eine Vermuthung über die Existenz dieser Schwefelverbindungen zu äufsern, ohne damals ahnen zu können, dafs sie sobald bestätigt werden würde. Diese Art von Verbindungen entsteht auf die Weise, dafs 1 Atomgewicht eines weinschwefelsauren Salzes, z. B. des Barytsalzes, mit 1 Atomgewicht Barium-Sulfhydrat ($Ba\dot{H}$) vermischt, in Wasser aufgelöst und destillirt wird, wobei eine ätherartige Verbindung übergeht. Die dabei vor sich gehende Zersetzung ist folgende: Von 1 Atom $BaS + H^2S$ wird das Bariumatom auf das weinschwefelsaure Salz übertragen, dessen Formel $\dot{Ba}\ddot{S} + C^4H^{12}O^2\ddot{S}$ ist; aus dem Alkohol nimmt das Bariumatom 1 Atom Sauerstoff auf, womit es Baryterde bildet, so dafs aus 1 Atom weinschwefelsaurem Baryt 2 Atome schwefelsaurer Baryt entstehen. Nun bleiben $C^4H^{12}O$ übrig, von denen das Sauerstoffatom mit 2 Atomen Wasserstoff Wasser bildet, und die übrigbleibenden C^4H^{10} sich mit den aus dem Sulfhydrat frei werdenden 2 Atomen Wasserstoff und 2 Atomen Schwefel zu einem Körper verbinden, der aus $C^4H^{12}S^2$ besteht, der also, wenn man die Schwefelatome gegen gleich viele Sauerstoffatome austauscht, Alkohol wäre, dessen empirische Formel $C^4H^{12}O^2$ ist. Der Vorstellungen, wie man am richtigsten die rationelle Formel für diesen Schwefelalkohol aufstellen soll, kann es mehrere geben. Mehrere Chemiker betrachten den Alkohol als das Hydrat des Aethers $= C^2H^5O + \dot{H}$. Dem gemäfs wäre der Schwefelalkohol eine Verbindung von einem Atom eines

Schwefeläthers mit einem Atom Schwefelwasserstoff $= C^2 H^5 S + H$. Diese Ansicht hat jedoch, wenigstens was den Alkohol betrifft, das gegen sich, daſs alsdann zwischen den ätherschwefelsauren und den weinschwefelsauren Salzen kein anderer Unterschied existiren würde, als der, daſs in den einen 1 Atom Krystallwasser mehr enthalten wäre, als in den anderen, welche Ansicht vor der Hand nicht durch die Erfahrung gerechtfertigt zu sein scheint; auch zeigt die Erfahrung, daſs bei der Vereinigung mit Wasser zu Hydraten die Körper ihre Eigenschaften nicht so wesentlich verändern, als es mit dem Alkohol der Fall sein würde, wollte man ihn nur als das Hydrat des Aethers betrachten. Nach einer anderen Ansicht würde dieser Körper das Sulfuretum vom Radical CH^3 sein. Zeise hat jedoch noch eine ganz andere Ansicht, die auch in der That durch die Vereinigungs-Begierde dieses Körpers gerechtfertigt zu werden scheint, die ihn aber von der Analogie mit den Sauerstoff-Verbindungen entfernt. Er betrachtet ihn nämlich als die Wasserstoffsäure eines Salzbilders, welcher aus $C^4 H^{10} S^2$ zusammengesetzt sei, und dessen Zusammensetzung, wenn man sie mit Sauerstoffverbindungen vergleicht, man in dem Holzgeist wiederfindet, in der Art jedoch, daſs 1 Atom des ersteren 2 Atomen des letzteren $2(C^2 H^5 O)$ analog zusammengesetzt ist. Zeise's Formel für diese Wasserstoffsäure ist $C^4 H^{10} S^2 + H$. Natürlicherweise sind alle diese Vorstellungen nur Spiele der Phantasie, alle erklären die Erscheinungen hinreichend gut; aber die von Zeise würde einen entschiedenen Vorzug haben, wenn der Körper sauer wäre, und wenn er, wie alle bis jetzt bekannten Wasserstoffsäuren, die Eigenschaft hätte,

auch solche Oxyde zu zersetzen und in Haloid
zu verwandeln, deren Radicale mit Hülfe von
ren Wasserstoffgas entwickeln, welche Eigen
er jedoch nicht hat. Indessen werden wir nun
dieser Ansicht die bis jetzt ausgemittelten Ve
dungsphänomene darstellen. Den angenom
Salzbilder $= C^4 H^{10} S^2$, nennt Zeise *Mer
tum* (von Mercurio aptum, weil er eine grofse
wandtschaft zum Quecksilber hat); statt aber
Verbindung mit Wasserstoff Mercaptum-Wass
zu nennen, nennt er diese *Mercaptan* (von
curium captans, wobei er des Wohllautes w
oder vielmehr um den Uebellaut nicht zu w
treiben, das *s* wegfallen liefs) *). Das Mer
konnte bis jetzt nicht in isolirtem Zustand, so
nur in Verbindung mit Metallen oder Wass
erhalten werden.

Das Mercaptan bereitet man auf folgend
100 Th., z. B. Grammen, feingeriebener, kryst
ter, weinschwefelsaurer Kalkerde, werden in
Destillationsapparat mit 565 Th. einer Aufl
von Bariumsulfhydrat übergossen, die so vie

---

*) Es wird für die Chemiker immer mehr nothwend
Ohren gehörig abzuhärten. Täglich werden eine Menge
ternärer Verbindungen entdeckt, für die gegenwärtig k
tionelles Nomenclatur-Prinzip möglich ist, und für die m
dem Lateinischen und Griechischen Nahmen zusamm
die von irgend einer Eigenschaft des Körpers abgeleite
den, ohne dafs man auf den Wohlklang die geringste
sicht nimmt. Nur im Laufe des verflossenen Jahres
Wissenschaft mit folgenden ohrenzerreifsenden Nahmen
chert worden: Pencil, Peucedanin, Pittakal, Mercaptum,
captan, Thialöl etc. Man sieht, wie nothwendig es ist,
diejenigen, welche Entdeckungen in der Wissenschaft m
dieselbe nicht mit Kakophonien überhäufen.

…lät enthält, dafs 100 Th. 15½ Th. schwefel… Baryt geben *); das Gemische wird destil… indem man die Vorlage abkühlt, und das, be… anfangs, sich entwickelnde Schwefelwasser… ableitet. Die Masse schäumt sehr stark, …ufs daher in einem sehr geräumigen Gefäfs …ei vorsichtig geleiteter Wärme destillirt wer… Nach ungefähr 5 Stunden hat man von 100 …nen Salz 0,82 Kubik-Decimal-Zoll einer farb…, ätherartigen Flüssigkeit erhalten, die man weg…; bei weiterer Destillation erhält man noch et… …von mit Wasser vermischt. Diese Flüssig… …die 0,845 spec. Gewicht bei + 17° hat, ist …nicht das reine Mercaptan. Es scheint, als …das eine Wasseratom, welches der Alkohol … mufs, einen Widerstand, wodurch zugleich …, aber analoge Verbindungen in etwas gerin… Menge gebildet werden, und wobei Schwefel…stoff in entsprechender Menge entweicht, der, …der Theorie, sonst nicht entwickelt werden … Um das Mercaptan von diesen anderen Ver…gen zu reinigen, wird es mit Quecksilberoxyd …delt, zu dem es eine solche Verbindungsbe… hat, dafs es fast augenblicklich, unter heftiger …entwickelung und, um mich des Verfassers …bezeichnender Worte zu bedienen, mit Zischen …eden, in eine weifse, krystallinische, fettglän… Masse verwandelt wird. Handelt es sich da… die wirkliche Bereitung der Verbindung, so …man die Vorsicht anwenden, dafs die durch Wärmeentwickelung verflüchtigten Theile nicht … werden. Man legt daher das Quecksilber-

*) Diese Lösung erhält man durch Einleiten von Schwefel…stoffgas in ein Gemenge von Barythydrat und Wasser.

oxyd in eine tubulirte Retorte mit Vorlage, kühlt beide künstlich ab, und gieſst das unreine Mercaptan durch eine als Trichter dienende Sicherheitsröhre nach und nach hinzu. Nachdem ungefähr 3 bis 4 Th. Mercaptan zu 1 Th. Oxyd gemischt worden sind, nimmt man die Retorte aus dem Eise, schüttelt die Masse um und erwärmt sie gelinde, während man die Vorlage noch abgekühlt erhält. Auf diese Weise wird die Vereinigung von noch freiem Oxyd und Mercaptan befördert; man erhitzt die Masse zuletzt bis zum Schmelzen, was bei +40° der Fall ist, wo noch fernere Vereinigung mit Heftigkeit vor sich geht. Der Rest von flüchtigen Stoffen wird entfernt, indem man die Masse bis zu +114° erhitzt, wo man dann den klaren, geschmolzenen Theil von dem gebildeten Schwefelquecksilber vorsichtig abgieſst. Nachdem er erkaltet und erstarrt ist, reibt man ihn zu Pulver und wäscht ihn mit Alkohol, bis erneute Mengen Alkohols nicht mehr von Wasser milchig werden (was in der Fällung einer aufgelösten fremden Schwefelverbindung besteht, die zu einem ölartigen Körper zusammensinkt), sondern bei der Vermischung mit Wasser sich ein geringer, krystallinischer Niederschlag bildet, welcher das Salz selbst ist, wovon sich etwas im Alkohol aufgelöst hat. Die ausgewaschene Masse wird wieder bei +100° geschmolzen, um sie von Alkohol zu befreien. Nun wird sie zu Pulver gerieben, zur besseren Zertheilung mit gepulvertem Quarz vermischt, in ein Glasrohr gelegt und Schwefelwasserstoffgas hindurchgeleitet. Das Glasrohr wird in einem Wasserbade bis zu +60° erhitzt, und die flüchtigen Producte in eine, in ein Gemenge von Eis und Salz gestellte Flasche geleitet, aus der nur eine enge Röhre das überschüssige Schwefelwasser-

ableitet. Um zu sehen, ob die Zersetzung ist, wechselt man die Flasche. Bis zu darf das Wasserbad nicht kommen, weil las Quecksilbersalz schmilzt und schwerer zu ist. Nun hat man das Mercaptan rein; es nur Schwefelwasserstoffgas aufgelöst, welches urch Schütteln mit kleinen Mengen des fein- Salzes wegnimmt, worauf man bei sehr Wärme, etwa +58°, destillirt, so dafs die nicht ins Sieden geräth.

Das Mercaptan ist in diesem Zustande eine farb- ätherartige Flüssigkeit, von zwiebelartigem Ge- und Geruch, die das Licht nicht wie Schwe- ff und Aether bricht, bei +15° ein spec. n 0,842 hat, und weder für sich, noch en Zustande saure oder alkalische Re- Es läfst sich schon von Weitem entzün- verbrennt mit blauer Flamme und dem Ge- ch schwefliger Säure. Es erstarrt nicht bei ; bei gewöhnlicher Barometerhöhe kocht es +62° und 63°. Es ist in Wasser etwas welches seinen Geschmack und Geruch an- so dafs z. B. 25 Grm. Wasser von +17° auflösen. Es wird von Alkohol gelöst Wasser partiell daraus niedergeschlagen. und wasserfreier Alkohol vermischen sich llen Verhältnissen mit ihm. Es löst Schwe- Phosphor langsam, aber in einiger Menge so Jod, wovon es braun wird. Durch der Jodverbindung mit Wasser verschwin- Farbe, indem sich eine, dem Volum nach e ätherartige Flüssigkeit abscheidet.

Verhalten des Mercaptans zu Metallen und yden ist bemerkenswerth. Kalium und Na- entwickeln Wasserstoffgas daraus, indem sich das Metall mit dem Mercaptum zu einem farblosen Haloïdsalz vereinigt. Alkalien und Erden dagegen werden vom Mercaptan nicht zersetzt, weder in fester, noch in aufgelöster Form. Hier hat das Radical gröſsere Verwandtschaft zum Sauerstoff als zum Mercaptum. Von denjenigen Metallen dagegen, die durch Wasserstoffgas reducirt werden, wird das Mercaptan nicht zersetzt; aber ihre Oxyde oder Chlorverbindungen bilden mit dem Wasserstoff des Mercaptans Wasser oder Salzsäure, und das Metall vereinigt sich mit dem Mercaptum. Zeise nennt diese Verbindungen Mercaptum-Metalle oder Mercaptide.

Das *Kaliumsalz* wird durch Einwirkung des Metalls auf reines Mercaptan erhalten, dessen Ueberschuſs abdestillirt wird. Es bildet eine weiſse, körnige, glanzlose Masse, die sich im trocknen Zustand ohne Zersetzung bis zu +100° erhitzen läſst. Bei höherer Temperatur schmilzt es, schwärzt sich, und hinterläſst ein Gemenge von Schwefelkalium und Kohle. Es wird rasch und in Menge von Wasser aufgelöst, weniger leicht von Alkohol. Beide Lösungen reagiren alkalisch. Die Alkohol-Lösung verträgt Siedhitze ohne Zersetzung des Salzes. Die wäſsrige Lösung dagegen wird leicht zersetzt. So lange die Flüssigkeit die Bleisalze noch mit gelber Farbe fällt, enthält sie noch Mercaptid; nachher aber fällt sie die Bleisalze mit weiſser, und Quecksilberchlorid mit ziegelrother Farbe. Was sie dann enthält, ist nicht untersucht. Auch verdünnte Säuren, die man auf das trockne Mercaptid gieſst, wirken mit Heftigkeit und Aufbrausen ein. Die Lösung bleibt klar und scheidet kein Mercaptan ab; also geht auch hier eine Zersetzung desselben vor sich. Das *Natriumsalz* verhält sich wie das Kaliumsalz. Andere Salze mit alkalischem Radical wurden nicht hervorgebracht. Das *Bleisalz* wird erhalten, wenn zu einer Lösung von Mercaptan in Alkohol nach und nach eine Lösung von essigsaurem Bleioxyd in Alkohol gemischt wird. Der Niederschlag ist gelb, etwas krystallinisch. Wird die Bleiauflösung im Ueberschufs zugesetzt, so löst sich der Niederschlag nachher wieder auf, und setzt man so viel hinzu, dafs er fast, aber nicht vollkommen aufgelöst ist, so schiefsen nach einer Weile wieder ziemlich grofse, stark glänzende, citronengelbe Nadeln und Blättchen an, die wohl ein Doppelsalz sein möchten. Auf Papier genommen, fallen sie zu einer verwebten, seideglänzenden Masse zusammen. Das Bleisalz schmilzt bei gelindem Erwärmen und wird schwarz. Von Kalilauge wird es nicht zersetzt. Von salpetersaurem Bleioxyd wird es nicht gebildet, wohl aber von kohlensaurem, welches dabei zu einer gelben Masse zerfällt. Das *Kupfermercaptid* wird am besten auf die Weise erhalten, dafs man fein geriebenes Kupferoxyd mit Mercaptan übergiefst; nach 24 Stunden haben sie sich zu einer fast farblosen, weichen Masse vereinigt, aus der man das überschüssige Mercaptan durch Wärme austreibt. Auch entsteht es beim Vermischen des aufgelösten Kaliumsalzes mit aufgelöstem Kupfervitriol, es wird aber gelb, wenn letzterer im Ueberschufs hinzukommt. Eine Lösung von Mercaptan in Alkohol wird von einer Alkohol-Lösung von essigsaurem Kupferoxyd in Gestalt einer weifsen Gallert gefällt. Dieses Salz ist weifs, mit einem geringen Stich ins Gelbe, löst sich in geringer Menge in Spiritus, wird nicht von kochender Kalilauge zersetzt, wird von Salzsäure ohne Farbe aufgelöst, und verträgt ziemlich starke Hitze, ohne sich zu zersetzen.

In der Lichtflamme brennt es mit blaugrüner Farbe.

Quecksilbermercaptid. Seine Bereitung wurde schon angegeben. Es entsteht auch, wenn eine Lösung von Mercaptan in Alkohol mit Quecksilberoxyd digerirt wird. Nach dem Schmelzen und Erstarren hat es ein deutlich krystallinisches Gefüge, und ist so gut wie farblos. In der Luft und im Licht unveränderlich; geruchlos oder nur wenig riechend; weich, fettig und zähe wie Wallrath; riecht beim Reiben eigenthümlich, nicht nach Mercaptan. Schmilzt zwischen +85° und 87°; fliefst wie ein fettes Oel; in offner Luft entzündbar. Bei +125° fängt es an zersetzt zu werden, unter Entwickelung eines die Augen angreifenden und stechend riechenden Dampfes. Bei +130° geht ein farbloses Destillat über, welches schwerer als Wasser und schwer entzündlich ist, aber beim Verbrennen schweflige Säure entwickelt. Bei hinlänglicher Hitze bleibt in der Retorte fast Nichts zurück, und es ist viel Quecksilber reducirt. Es entwickelt sich kein Gas. — In Wasser oder Alkohol ist das Salz wenig löslich. Es schmilzt beim Erhitzen in Wasser, verändert sich aber nicht, selbst nicht beim Kochen mit Kalilauge. Verdünnte Säuren wirken nicht darauf, und concentrirte verändern es auf eine nicht näher bestimmte Weise. Metallisches Blei scheidet aus dem geschmolzenen Salz Quecksilber aus und tritt an dessen Stelle. Mit Einfach-Schwefelkalium verbindet es sich auf nassem Wege theilweise in der Art, dafs sich Schwefelquecksilber abscheidet und ein Doppelsalz in der Flüssigkeit auflöst *). Es schmilzt auch

*) Diese Substitution von Schwefelkalium für Schwefelquecksilber, die vielleicht mit anderen Mercaptiden, z. B. denen von Blei und Kupfer, vollständiger statt findet, könnte

it Quecksilberchlorid leicht zusammen. Bei stär-
rer Hitze findet eine Zersetzung statt, es geht eine
nflüssige, ätherartige Flüssigkeit über, und es
leibt eine mit metallischem Quecksilber gemengte,
cke Masse zurück. Die Destillationsproducte sind
icht weiter untersucht. Das *Silbersalz* ist farblos.
s entsteht, jedoch nur langsam, aus Chlorsilber,
ercaptan und etwas Alkohol. Der Niederschlag,
r sich in einer Lösung von salpetersaurem Silber-
yd bildet, scheint zugleich Salpetersäure zu ent-
lten. *Goldmercaptür* erhält man, wenn man eine
ösung von 1 Th. Mercaptan in 60 bis 70 Th. Al-
hol von 0,816 spec. Gewicht mit einer Lösung
neutralem Goldchlorid in 15 bis 20 Th. Alko-
mit der Vorsicht vermischt, dafs nicht alles
captan niedergeschlagen wird. Die Masse ist
ein dicker Brei, den man mit mehr Alkohol
dünnt, auf ein Filtrum bringt, mit Spiritus aus-
sht, und zuletzt im luftleeren Raum trocknet.
Verbindung bildet dann farblose Klumpen, ähn-
dem getrockneten Thonerdehydrat. Beim Rei-
n wird sie electrisch, ohne aber zu riechen. In
sser und Alkohol unlöslich; höchstens nimmt
terer eine Spur auf. Nicht zersetzbar von kau-
chem Kali, Salzsäure und Schwefelsäure, weder
dünnt noch concentrirt. Salpetersäure wirkt leb-
t ein. Schwefelwasserstoff und Sulfhydrate fär-
n sie langsam gelb. Sie verträgt 190° ohne Zer-

---

icht darauf hindeuten, dafs diese Verbindungen eigentlich
Schwefelsalze zu betrachten seien, z. B. $C^2H^5S + HgS$,
h. als Verbindungen einer Schwefelbasis mit einem Körper,
aus 1 Atom Schwefel und 1 Doppelatom vom Radical des
ens, oder Aether, in dem das Sauerstoffatom gegen 1 Atom
wefel ausgetauscht ist, zusammengesetzt wäre.

setzung; darüber hinaus erhitzt, gibt sie, ohne zu schmelzen, ein klares, schwach gelbliches Liquidum, und hinterläfst Gold mit einer nicht bemerkenswerthen Spur von Kohle, und einer Spur von sublimirtem Schwefel im Retortenhals. Beim Glühen in offener Luft verliert das Gold kein $\frac{1}{100}$. Jenes Liquidum, welches das Mercaptum hätte sein müssen, war es nicht, es ging mit Kalium keine Verbindung ein, und schien ein Gemenge von mehreren Körpern zu sein. Da das Gold bei seiner Verwandlung in Mercaptür nur $\frac{1}{3}$ so viel Mercaptum aufnimmt, als dem Chlor entspricht, das es abtritt, so mufs dieses Chlor auf die Bestandtheile des Alkohols einen Einflufs ausüben. Nur dann, wenn bei der Bereitung des Mercaptürs das Goldchlorid im Ueberschufs vorhanden ist, enthält der Niederschlag Chlor, ungewifs, ob als Chlorgold, oder als eine Verbindung der Bestandtheile des Alkohols mit Chlor, z. B. als Chlorkohlenstoff. Das *Platinmercaptür* entsteht, wenn eine Lösung von Platinchlorid in Alkohol in eine Lösung von Mercaptan in Alkohol getropft wird. Es ist gelb und unzusammenhängend. Verträgt bei der Destillation fast Glühhitze, ehe es die Farbe zu verändern anfängt, wo es dann schwarz wird, und ein Liquidum übergeht, welches flüchtiger, dünnflüssiger und anders riechend ist, als das vom Goldmercaptür. In der Retorte bleibt Schwefelplatin.

Auf die Analyse dieser Verbindungen wurde, wie es scheint, grofse Genauigkeit verwendet. Es wurde dazu das Quecksilbermercaptid und das Goldmercaptür genommen. Die Quantität des Metalls stimmte vollkommen mit der Rechnung. Die Menge des Schwefels wurde dadurch gefunden, dafs das Salz mit kohlensaurem Natron, Kupferoxyd und chlorsaurem Kali gemengt und verbrannt, die Masse ausgelaugt und mit Chlorbarium gefällt wurde. Kohlenstoff und Wasserstoff wurden auf dem gewöhnlichen Wege durch Verbrennung mit Kupferoxyd bestimmt. Die sich dabei bildende schweflige Säure wurde von braunem Bleisuperoxyd aufgenommen. Die Uebereinstimmung mit der Rechnung nach den oben angegebenen Formeln war vollkommen genügend.

Zeise erwähnt noch anderer Verbindungen, die entstehen, wenn man weinschwefelsaure Salze mit Schwefelkalium allein zersetzt. Wendet man KS^5 an, so scheidet sich Schwefel ab, nicht aber, wenn man KS^3 anwendet. Man bereitet diese Verbindungen auf die Weise, dafs man schweres Weinöl $(\ddot{S}+C^4H^{12}O^2)$ in Alkohol auflöst und mit einer Lösung von Schwefelkalium in Alkohol vermischt. Nach einer Weile setzt sich weinschwefelsaures Kali ab; dieses enthält nun den halben Alkoholgehalt des Weinöls, und die andere Hälfte, deren Sauerstoff das Kalium aufgenommen hat, tritt in Verbindung mit dem vom Kalium abgeschiedenen Schwefel. Beim Vermischen der Flüssigkeit mit Wasser schlägt sich die neue Verbindung als ein schwach gelbliches Oel nieder, welches einen zwiebelartigen, unangenehmen, lange haftenden Geruch besitzt, schwerer als Wasser ist, und sich für sich nicht ohne Zersetzung destilliren läfst, aber mit Wasser, wiewohl nur langsam, überdestillirt werden kann. Seine Lösung in Alkohol fällt nicht eine Lösung von Bleizucker in Alkohol. Mit Kalihydrat in wasserfreiem Alkohol aufgelöst, bleibt es ebenfalls klar. Aber in einer wäfsrigen Kalilauge aufgelöst, setzt es nach 48 Stunden sehr viel unterschwefligsaures Kali ab. Diesen Körper nennt er *Thialöl*. Wäre er so zusammengesetzt, wie die Auswechslung der Bestandtheile anzeigt, so bestände er aus $C^4H^{12}S^3$, das heifst, er wäre die dritte Schwefelungsstufe vom Radical des Alkohols. Zur Bereitung desselben kann man auch eine wäfsrige Lösung von KS^3 nehmen, die man mit dem schweren Weinöl schüttelt, wo es dann auf gleiche Weise zersetzt wird, nur dafs das weinschwefelsaure Kali aufgelöst bleibt. Wird ein Ueberschufs von Schwefelkalium zugesetzt und das Gemische erwärmt, so wird auch das weinschwefelsaure Salz zersetzt, es scheidet sich Thialöl ab, und die Lösung enthält schwefelsaures Kali.

Wird dagegen eine, in wenigem Wasser aufgelöste Schwefelbasis, z. B. Schwefelkalium oder Schwefelbarium, mit einem weinschwefelsauren Salz destillirt, so geht mit wenigem Wasser ein ätherartiger Körper über, und zwar so leicht, dafs er überdestillirt ist, noch ehe das Wasser 100° erreicht hat. Das Destillat enthält Schwefelwasserstoff, wovon es durch Schütteln mit einem gleichen Volumen Wassers befreit werden kann; das Wasser nimmt man nachher durch Chlorcalcium weg. Diese Flüssigkeit riecht zwar auch zwiebelartig, aber anders als das Thialöl. Bei + 18° ist ihr spec. Gewicht 0,846. Sie besteht aus $\frac{1}{12}$ Mercaptan und aus einem anderen flüchtigen, ätherartigen Körper. Einigermaafsen, aber nicht vollständig, können sie durch Destillation, besser noch durch Quecksilberoxyd, getrennt werden. Der gereinigte Körper hat einen zwiebelartigen Geruch, aber verschieden von dem des Thialöls und des Mercaptans. In Alkohol gelöst, fällt er nicht essigsaures Blei, und von Wasser befreit, wirkt er nicht auf Kalium. Bei der stattfindenden Zersetzung zwischen dem Salz und dem Schwefelalkali mufs das eine Sauerstoffatom vom Alkohol, nebst

Atomen Wasserstoff, entweder als Wasser ausschieden, oder mit in die Verbindung aufgenommen werden. Im ersteren Falle ist die Verbindung H^4 S, das heifst Aether, worin der Sauerstoff durch Schwefel ersetzt wird; im letzteren Falle H^6 O + C^2 H^4 S, d. h. eine Verbindung von Atom Sauerstoff-Alkohol mit 1 Atom Schwefelalkohol. Es sind hierüber keine Versuche angestellt worden, vielleicht dafs keines von beiden der Fall ist. Zeise äufsert darüber keine Vermuthung.

Destillirt man ein weinschwefelsaures Salz mit einer Lösung von Ba S^2, erhalten durch Kochen von BaS mit einer abgewogenen Schwefelmenge, so bekommt man ebenfalls ein ätherartiges Liquidum; es besteht aber aus Thialöl, aus dem vorhergehenden ...artigen Körper und aus Mercaptan, und wovon die beiden letzteren leicht abdestilliren.

Verwesungs-Producte der Pflanzensubstanzen. **Moder.**

Gräger *) hat die schwarze Materie in brandigen Getreideähren untersucht. Nach seinen Versuchen enthält sie zweierlei Fettarten, von denen ...r die eine, Alkohol die andere, in Aether unlösliche, auszieht. Der Rückstand ist in Ammoniak und Kali löslich, wird durch Säuren daraus gefällt und hat überhaupt alle Eigenschaften vom Moder. Es wäre also ein, durch einen fehlerhaften Lebensprocefs hervorgebrachter Moder.

Producte von der Zerstörung der Pflanzenstoffe durch trockne Destillation. **Benzin.**

Mitscherlich **) hat gefunden, dafs krystallisirte, wasserhaltige Benzoësäure, wenn man sie, mit dem 3fachen Gewicht Kalkhydrat vermengt, der trocknen Destillation unterwirft, zerlegt wird in Kohlensäure, die mit der Kalkerde verbunden bleibt, und einen flüchtigen ölartigen Körper, der mit dem

---

*) Annalen d. Pharm. VIII. 67.

**) Poggend. Annal. XXIX. 231.

Wasser des Hydrats übergeht; weiter bildet sich hierbei nichts, und der Rückstand in der Retorte ist nicht gefärbt. Diesen neuen, ölartigen Körper nennt er *Benzin*. Er hat folgende Eigenschaften: klar, farblos, eigenthümlich riechend, von 0,85 spec. Gewicht, in Eis zu einer krystallinischen Masse erstarrend, bei +7° wieder schmelzend, Siedepunkt +86°; in Wasser unlöslich, wiewohl dieses seinen Geruch annimmt; in Alkohol und Aether leicht löslich. Schwefelsäure kann damit bis zu seinem völligen Ueberdestilliren erhitzt werden, ohne dafs es sich verändert; mit wasserfreier Schwefelsäure vereinigt es sich zu einer eignen Säure, der Benzinschwefelsäure. Salpetersäure von gewöhnlicher Stärke kann damit destillirt werden, ohne dafs sie auf einander wirken; aber von rauchender Salpetersäure wird es in der Wärme aufgelöst, aus welcher Auflösung es durch Wasser in Gestalt eines ölartigen Körpers, der dem Bittermandelöl sehr ähnlich ist, gefällt wird. Chlorgas wirkt im Sonnenlicht darauf ein, es bildet sich Salzsäuregas, und eine krystallinische und eine zähe Chlorverbindung. Nach der Analyse ist das Benzin aus 32,62 Kohlenstoff und 7,76 Wasserstoff zusammengesetzt, was mit nur sehr geringer Abweichung einer gleichen Atomen-Anzahl von beiden entspricht. Das specifische Gewicht seines Gases ist 2,77, was mit 3 Volumen Wasserstoffgas und 3 Volumen Kohlengas, zu 1 Volumen condensirt, übereinstimmt. Man kann daraus die rationelle Formel C^3H^3 folgern. Berechnet man dann die einfachen Atome in der krystallisirten Benzoësäure, $=C^{14}H^{12}O^4$, und nimmt an, dafs die 4 Sauerstoffatome mit 2 Kohlenstoffatomen Kohlensäure gebildet haben, so bleiben 12 Atome Kohlenstoff und 12 Atome Wasserstoff übrig, die 4 Atome

bildeten, und man sieht ein, wie die Säure
in beide zerlegt werden konnte. Ich
oben an, dafs das spec. Gewicht der krystal-
Benzoësäure in Gasform 4,27 ist. Vergleicht
ieses mit dem des Benzins und dem der Koh-
e, so findet man, dafs man darin 1 Volumen
mit 1 Volumen Kohlensäuregas verbunden,
2 zu 1 Volumen condensirt annehmen kann.
iernach berechnete spec. Gewicht der Benzoë-
wäre 4,278. Mitscherlich fügt die Bemer-
hinzu, dafs die fetten Säuren, beim Erhitzen
chüssiger Basis, Kohlensäure und einen
asserstoff geben müssen, der doppelt so
Wasserstoffatome als Kohlenstoffatome ent-
.— eine Ansicht, von der wir jedoch weiter
sehen werden, dafs sie nicht buchstäblich von
hrung bestätigt worden ist. — Die Arbeit
tgesetzt werden. In der begonnenen Ab-
werden mehrere neue Ansichten über die
Zusammensetzung berührt, deren Entwik-
wir mit Interesse erwarten.

Beziehung auf den Umstand nämlich, dafs
as wir wasserhaltige Benzoësäure nennen,
Verbindung von Benzin und Kohlensäure,
Bittermandelöl oder der Benzoylwasserstoff
. 1834, p. 198.) als eine Verbindung von
und Kohlenoxyd betrachtet werden kann,
Mitscherlich wahrscheinlich zu machen
, dafs viele Körper organischen Ursprungs
aloge Zusammensetzung haben möchten; die
wefelsäure, als aus Aetherin und Schwefel-
die Indigschwefelsäure, als aus Indigo und
elsäure zusammengesetzt betrachtet, könne
die Prototype nehmen, zumal da das Ben-
Eigenschaft habe, sich mit Schwefel-

säure (die jedoch wasserfrei angewendet werden mufs) zu Benzinschwefelsäure zu verbinden, die sich dann, wie die Weinschwefelsäure, mit anderen Basen verbinden lasse. Diese Ansicht ist keinesweges ohne Interesse, und für die Wissenschaft wird es gewifs von Wichtigkeit werden, sie von einem so vorurtheilsfreien Gelehrten, wie Mitscherlich, weiter ausgeführt zu sehen. Ich will hier versuchen, von dem Standpunkt der atomistischen Theorie aus, die theoretischen Alternativen, sowohl in Betreff dieser als anderer analoger Fragen, so viel es möglich ist, klar und faslich zu machen. Es beruht hier hauptsächlich darauf, was man bei der Frage von Atomen, die aus anderen zusammengesetzt sind, nicht einfachen Atomen, mit dem Ausdruck: *zusammengesetzt aus*, meint. Um von der Vergleichung mit der unorganischen Natur auszugehen, wollen wir als Beispiel ein Salz, das schwefelsaure Kupferoxyd, wählen. Wir wollen uns vorstellen, wir könnten vermöge irgend eines Umstandes die relative Stellung der einfachen Atome in dem zusammengesetzten Atom des Salzes klar sehen. Es ist dann offenbar, dafs, wie diese auch sein möge, wir darin weder Kupferoxyd, noch Schwefelsäure wieder finden werden, denn Alles ist nun ein einziger zusammenhängender Körper. Wir können uns, wie ich schon im vorigen Jahresbericht zeigte, im Atom des Salzes die Elemente auf mehrfache Art zusammengepaart vorstellen, z. B. aus 1 Atom Schwefelkupfer, verbunden mit 4 Atomen Sauerstoff, d. h. als Oxyd eines zusammengesetzten Radicals; aus 1 Atom Kupferbioxyd und 1 Atom schwefliger Säure; aus 1 Atom Kupfer und 1 Atom eines Salzbilders $\dot{S}O^4$; und endlich aus 1 Atom Kupferoxyd und 1 Atom Schwefelsäure. So lange die einfachen Atome zusammensitzen, ist die eine dieser Vorstellungen so gut wie die andere. Handelt es sich aber um das Verhalten, wenn das zusammengesetzte Atom durch die Electricität, oder durch die Einwirkung anderer Körper, zumal auf nassem Wege, zersetzt wird, so wird das Verhältnifs ganz anders. Nach den beiden ersten Ansichten wird dann das zusammengesetzte Atom niemals zersetzt; aber wohl nach den beiden letzteren. Nach der Ansicht $Cu + SO^4$ kann das Kupfer gegen andere Metalle ausgetauscht werden; wird aber das Kupfer ohne Wiederersetzung weggenommen, wie es bei der Einwirkung der Electricität der Fall ist, so zerfällt das, was vom Atom des Salzes übrig bleibt, in Sauerstoff und Schwefelsäure. Wird dagegen das Kupfersalz, entweder durch eine sehr schwache electrische Kraft, oder durch andere Oxyde, in Kupferoxyd und Schwefelsäure zersetzt, so erhalten sich diese beiden nachher, und das Salz kann aus ihnen wieder zusammengesetzt werden. Diese Verhältnisse müssen natürlicherweise eine Ursache haben, und diese Ursache kann wohl schwerlich eine andere als die sein, dafs wenn sich Schwefelsäure und Kupferoxyd zu einem zusammengesetzten Salzatom vereinigen, sich die relative Lage der Atome in den vereinigten binären Körpern nicht wesentlich verändert, welche dadurch willkührlich oft vereinigt oder getrennt werden können, und aus dem mit der Säure verbundenen Oxyd kann das Metall, wie aus dem Oxyd allein, durch ein electropositiveres Metall reducirt werden. Daraus mufs aber ungezwungen folgen, dafs, bei der Zersetzung zu anderen binären Verbindungen zwischen den Elementen, die Atome eine Umsetzung in ihrer relativen Lage erleiden müssen, wodurch ihr Vermögen, sich von Neuem zu verbinden, entweder vermindert wird, oder wie gewöhnlich ganz aufhört. Salpetersaures Ammoniak, welches in Salpetersäure, Ammoniak und Wasser zerlegt, und aus diesen wieder zusammengesetzt wird, kann durch die Wärme in Stickoxydul und Wasser zerlegt werden, ohne dafs es nachher wieder aus diesen zusammenzusetzen ist. Diefs mufs darin seinen Grund haben, dafs bei der letzteren Zersetzungsweise die Atome der Elemente in andere relative Lagen versetzt werden, die für ihre Wiedervereinigung hinderlich sind.

Die Wirkung der Wärme auf organische Körper, wobei neue Verbindungen aus ihren Bestandtheilen entstehen, ist in den meisten Fällen mit der Zersetzung des salpetersauren Ammoniaks in Stickoxydul und Wasser analog, und wahrscheinlich ist sie es auch in den Fällen, wo sie zu gleicher Zeit der gemeinschaftlichen Wirkung der Wärme und starker Basen ausgesetzt werden; da aber Ausnahmen möglich sind, so kommt es auf eine gründliche Prüfung an, zu bestimmen, wann sie statt finden.

Ich habe in den vorhergehenden Jahresberichten vorschlagsweise die Meinung aufgestellt, der Aether sei das Oxyd eines zusammengesetzten Radicals, welches Oxyd mit wasserfreien Säuren vereinbar sei, und in welchem der Sauerstoff gegen einen Salzbilder ausgetauscht werden könne, woraus die verschiedenen Aetherarten entständen. Indessen konnte das Radical dieses Oxyds nicht für sich dargestellt werden. Vielleicht liegt es in der organischen Zusammensetzung, dafs viele oder die meisten der Körper, die man hier als Radicale betrachten kann, so beschaffen sind, dafs eine Substitution der negativen Elemente, womit sie sich verbinden, wohl möglich ist; dafs aber, wenn man das Atom oder die Atome des negativen Elementes ohne Ersetzung

weg-

wegnimmt, in dem Radical die einfachen Atome nicht länger ihre relative Lage beibehalten können, sondern sich auf andere Weise umstellen, so dafs das Radical aufhört zu existiren.

Mitscherlich's Ansichten über die Zusammensetzung der Benzoësäure kommen mit der Ansicht von Gay-Lussac, den Aether als eine Verbindung von Aetherin ($C^4 H^8$) und Wasser zu betrachten, überein. Sie scheint auch darin einen Vorzug vor der eben erwähnten zu haben, dafs diese beiden Bestandtheile jeder für sich darstellbar sind. Es entsteht dann die Frage: ist ihre Hervorbringung von Aether zu vergleichen mit der Zersetzung des salpetersauren Ammoniaks in Ammoniak, Salpetersäure und Wasser, oder mit seiner Zersetzung in Stickoxydul und Wasser? Die Substitutionen von Wasserstoffsäuren für Wasser sind in dieser letzteren Ansicht eben so wahrscheinlich, als die von Salzbildern für Sauerstoff in der ersteren. Aber die Verbindungen mit Sauerstoffsäuren, die in der letzteren nothwendig die Hinzufügung von 1 Atom Sauerstoff annehmen müssen, die Zusammensetzung vom Holzgeist, der nach der ersten Hypothese das andere Oxyd vom Aether-Radical ist, und vom Acetal, welches nach derselben Hypothese basischer essigsaurer Aether ist, stimmen auf eine überraschende Weise mit der ersten überein, ohne sich in die letztere einpassen zu lassen, die auch dadurch, dafs sich Aetherin und Wasser auf keine Weise zu Aether vereinigen lassen, der wesentlichsten Stütze beraubt wird. Dafs in der ersten Hypothese das Radical nicht für sich dargestellt werden konnte, kann eben so wenig als Gegengrund angeführt werden, als man sagen könnte, das salpetersaure Ammoniak bestände nicht aus Salpetersäure, Ammoniak und Wasser, weil die

Salpetersäure nicht für sich darstellbar ist. Es scheint also, daſs man die Theilung des Aethers in Aetherin und Wasser eher mit der Theilung des genannten Salzes in Stickoxydul und Wasser vergleichen müsse.

Bekanntlich stellte Gay-Lussac die Ansicht auf, daſs man den Rohrzucker als aus Kohlensäure und Alkohol zusammengesetzt betrachten könne, während nachher Dumas ihn als eine Verbindung von Kohlensäure, Aetherin und Wasser betrachtete. Vorausgesetzt, in dem Zucker seien die Bestandtheile in dem Verhältniſs enthalten, daſs man sie sich auf diese Weise zusammengepaart denken könnte, so folgt doch hieraus noch nicht, daſs durch jene Vorstellungsweise die wahre Zusammensetzung des Zukkers repräsentirt werde, weil man unter gewissen Umständen jene Körper aus dem Rohrzucker hervorbringen kann. Erst wenn die Kohlensäure gegen eine andere Säure, und das Aetherin oder der Alkohol gegen einen anderen electropositiven Körper ausgetauscht werden kann, wäre es richtig, den Zucker als aus Kohlensäure und dem basischen Körper zusammengesetzt zu betrachten, da hier mit *zusammengesetzt aus* dasselbe gemeint ist, wie wenn wir sagen, der Kupfervitriol besteht aus Schwefelsäure und Kupferoxyd, oder das salpetersaure Ammoniak aus Salpetersäure, Ammoniak und Wasser.

Um nun auf den Punkt zurückzukommen, von dem ich ausging, nämlich auf die Zusammensetzung der Benzoësäure, so stellt sich die jetzt leichter zu fassende Frage folgendermaaſsen: ist es wahrscheinlicher richtig, die krystallisirte Benzoësäure als eine Verbindung von Benzin mit Kohlensäure, analog der Benzin-Schwefelsäure, in welcher letzteren die Kohlensäure durch Schwefelsäure ersetzt wäre, zu beichten, als sie für eine wasserhaltige Sauerstoff-re zu halten, in welcher das Wasser durch en ersetzt werden kann, so wie es bei den serhaltigen Sauerstoffsäuren im Allgemeinen der ll ist?

Für die erstere Meinung spricht die Existenz Benzinschwefelsäure und die Analogie in der tigungscapacität zwischen beiden Säuren; für die ere dagegen die Existenz wasserfreier benzoësau-Salze, wovon das benzoësaure Silberoxyd ein bekanntes Beispiel ist, und woven man gewifs h mehr finden, wird, sobald man darnach sucht. itscherlich hat diese letztere Alternative im den keineswegs übersehen, überläfst es aber gesetzten Untersuchungen, ob dadurch die Un-glichkeit der ersteren Ansicht bewiesen wird, ob das Verhältnifs auf andere Weise zu er-n ist.

Versuche über die Destillation der Benzoësäure Kalk sind auch in Frankreich von Peligot an-llt worden *). Dieser Chemiker erhielt hierbei erdem Naphtalin und einen anderen ölartigen per. Seine Versuche waren aber von denen tscherlich's darin verschieden, dafs er ben-uren Kalk ohne Ueberschufs an Kalkerde de-rte, wodurch nur die halbe Menge der Benzoë-e in Benzin verwandelt werden konnte, indem andere Hälfte, deren Kohlensäure von keiner gebunden wurde, andere Producte lieferte.

Destillation der fetten Säuren mit Kalk.

Aehnliche Versuche, wie Mitscherlich, hat ssy über die Destillation der fetten Säuren mit angestellt **). Das Resultat fiel aber, wie

*) L'Institut No. 25. p. 202.

**) Annales de Ch. et de Ph. LIII. 398.

schon erwähnt, keineswegs so aus, wie es der erstere vermuthet hatte; das Destillat bestand zwar unzweifelhaft aus einem nach Mitscherlich's Annahme zusammengesetzten Kohlenwasserstoff, enthielt aber eine Portion unzerstörter Säure in chemischer Verbindung. Es wurde Margarinsäure mit $\frac{1}{4}$ ihres Gewichts kaustischen Kalks genau vermischt und destillirt. Aufser einer geringen Menge Wassers, ging ein ölartiger Körper über, der beim Erkalten erstarrte. Zuletzt zeigte sich etwas mehr brenzliches Destillat. In der Retorte blieb ein Gemenge von Kalk und kohlensaurem Kalk, durch sehr wenig Kohle etwas geschwärzt. Der übergegangene Körper wurde durch wiederholtes Auflösen in Alkohol und Umkrystallisiren gereinigt. Er bekam den Nahmen *Margeron* und hatte folgende Eigenschaften: Er schiefst in weifsen, perlmutterglänzenden Krystallen an, schmilzt bei +77° erstarrt wieder krystallinisch, wie Margarinsäure oder Wallrath, und kann bei höherer Temperatur unverändert überdestillirt werden; durch Reiben wird er leicht electrisch, in siedendem Alkohol ist er leicht löslich, jedoch weniger als Margarinsäure. In wasserfreiem Alkohol löst er sich weit mehr, so dafs 10 Theile $1\frac{1}{2}$ Th. davon aufnehmen und die Masse beim Erkalten erstarrt. Aether löst im Kochen mehr als $\frac{1}{2}$ seines Gewichts auf und gesteht beim Erkalten. Eben so verhält sich Terpenthinöl. Er schmilzt nicht mit Phosphor zusammen, löst aber etwas davon auf; dagegen schmilzt er nach allen Verhältnissen mit Campher zusammen. Kaustisches Kali wirkt nicht darauf. Von Schwefelsäure wird er unter Entwickelung von schwefliger Säure zersetzt, von Salpetersäure wenig angegriffen. Chlor wird davon bei gelinder Wärme absorbirt, wobei er sich in ein farb-

Margeron.

..., dickfließendes Liquidum verwandelt. Durch Verbrennung mit Kupferoxyd wurde er zusammengesetzt gefunden aus:

	Gefunden.	Atome.	Berechnet.
Kohlenstoff	83,38	34	83,34
Wasserstoff	13,41	67	13,51
Sauerstoff	3,21	1	3,11.

Legt man zu diesen Atomen noch 1 Atom Kohlensäure, d. h. 1 Atom Kohlenstoff und 2 Atome Sauerstoff, so hat man die Zusammensetzung der Margarinsäure. Diefs stimmt aber mit einer anderen nicht. Vorausgesetzt, es verlören 2 Atome Margarinsäure allen Sauerstoff bei der Zersetzung, indem derselbe mit Kohlenstoff zu Kohlensäure verfliegt, so bleibt ein Kohlenwasserstoff zurück, worin die Anzahl der Wasserstoffatome doppelt so grofs als die der Kohlenatome; tritt nun mit diesem ...tom unzersetzter Säure in Verbindung, so hat ... $C^{35}H^{67}O^{3} + C^{67}H^{134}$, was man als eine, Essiggeist analoge, ätherartige Verbindung betrachten könnte. (Indessen fehlt hier das Wasser, ...es im Essiggeist enthalten ist, und womit man den Kohlenwasserstoff in Aether verwandelt ...en könnte.) Auf der anderen Seite kann das ...geron als aus $CO^{2} + C^{67}H^{134}$ zusammengesetzt betrachtet werden. Dem gemäfs sollte man ...ten, es werde, in Dampfgestalt durch kaustischen Kalk getrieben, Paraffin oder einen damit isomerischen Kohlenwasserstoff und Kohlensäure geben. Diefs ist auch in der That der Fall, man erhält sehr viel Paraffin, wiewohl ein Theil Margeron der Zersetzung entgeht.

Wird Stearinsäure mit kaustischem Kalk destillirt, so erhält man einen ganz ähnlichen Körper, welcher *Stearon* genannt worden ist. Es schmilzt bei Stearon.

+86°, ist in Aether und Alkohol weniger löslich als das Margeron. Zusammensetzung:

	Gefunden.	Atome.	Berechnet.
Kohlenstoff	84,78	68	84,738
Wasserstoff	13,77	134	13,630
Sauerstoff	1,45	1	1,632.

Dieser Körper enthält also 1 Atom Sauerstoff auf doppelt so viel Atome Kohlenstoff und Wasserstoff als der vorhergehende. Bei der Zersetzung der Stearinsäure bilden sich 2 Atome Kohlensäure und 1 Atom Stearon. Versucht man, dieses in eine analoge Verbindung von Stearinsäure mit Kohlenwasserstoff zu verwandeln, so wird das Verhältniſs $=C^{70}H^{134}O^{5}+C^{270}H^{536}$, worin die Wasserstoffatome nicht mehr die doppelte Anzahl ausmachen. Dieſs zeigt, daſs die Vorstellung von Verbindungen einer Säure mit Aetherin nicht als die richtige zu betrachten ist, was auch Bussy veranlaſste, die anfänglich gewählten Nahmen Esprit pyromargarique und E. pyrostearique in die nun angeführten umzuändern.

Oleon. Die Oelsäure, auf dieselbe Weise behandelt, gibt einen flüssigen, neutralen, nicht verseifbaren Körper, und Kohlensäure, die bei der Kalkerde bleibt. Dieser Körper, der Oleon genannt werden kann, ist nicht analysirt; zieht man aber von der Zusammensetzung der Oelsäure 2 Atome Kohlensäure ab, so bleiben $C^{68}H^{120}O$, was also die Zusammensetzungsformel vom Oleon sein muſs.

Die sogenannte trockne Destillation bereichert die Chemie mit einer Menge neuer Verbindungsarten zwischen Kohlenstoff, Wasserstoff, Stickstoff und Sauerstoff. Bis jetzt kannten wir fast nur diejenigen, welche das Leben in seiner schönen Mannigfaltigkeit in der organischen Natur, unter bestimmenden Verhältnissen, die wir noch nicht zu ergründen vermochten, hervorbringt. Aber die Zerstörung dieser Substanzen durch höhere Temperatur eröffnet einen neuen Weg zur Hervorbringung von Verbindungsarten, deren reiche Mannigfaltigkeit uns eigentlich zuerst durch Reichenbach offenbart worden ist. Ein anderer Weg ist dabei noch ganz unbenutzt geblieben, nämlich die Untersuchung des Rückstandes in der Retorte in ungleichen Perioden der Destillation. Die nicht flüchtige organische Materie setzt ihre Bestandtheile um für jede Art flüchtiger Materie, die weggeht. Ich habe schon vor längerer Zeit gezeigt, daſs z. B. Citronensäure, die zuletzt als Destillationsproducte Brenzcitronensäure, Wasser, Essigsäure und vielleicht Holzgeist gibt, vor der Umwandlung in diese Producte, in nicht flüchtige Substanzen verwandelt wird, nämlich in ein zerflieſsliches, bitteres Extract, und eine eigne, farblose, krystallisirende Säure *), aus denen dann erst die später kommenden flüchtigen Producte entstehen. Es ist dieſs so gut wie eine Terre vierge für chemische Forschungen. Nicht minder wichtig ist der Weg, der sich durch Anwendung mehr oder weniger starker Basen eröffnet, deren Verwandtschaft zur Kohlensäure, indem sie dieselbe im Glühen zurückhalten, das Eintreten neuer Verhältnisse bestimmt; eben so die Anwendung solcher Körper, deren Sauerstoffgehalt, indem sie reducirt werden, je nachdem derselbe leichter oder erst bei höheren Temperaturen abgegeben wird, wieder andere Verhältnisse bestimmt. Es ist wahrscheinlich, daſs die Arbeiten in diesem Felde für die Theorie und für eine richtigere Ansicht der Zusammensetzungsweise

*) Lehrbuch d. Chemie, 3te Aufl. B. II. 145.

der organischen Körper weit reichhaltiger werden, als Untersuchungen über die unmittelbaren Producte der lebenden Natur.

Pittakal. Reichenbach*) hat die Liste der von ihm unter den Producten der trocknen Destillation entdeckten Körper mit einer neuen Anzahl vermehrt. In dem Theeröl hat er eine Substanz gefunden, die von Baryt indigblau gefärbt wird, und die er Pittakal nennt (von *Καλλος* schön, und *Πιττα* Harz). Auf welche Weise es in reinem Zustand erhalten wird, ist nicht angegeben. Als Beweis seiner Gegenwart im Theeröl wird folgende Probe angegeben: wenn man den in Wasser untersinkenden Theil desselben, der also erst bei schon vorgerückter Destillation kommt, zuerst mit Kali behandelt, so dafs der gröfste Theil der Säure darin gesättigt wird, das Oel aber noch eine schwach saure Reaction auf Lackmuspapier behält, und dann unter Umrühren Barythydrat zusetzt, so wird das Oel überall da, wo es von der Luft getroffen wird, dunkelblau. Keine andere Basis als Baryterde bringt diese Reaction hervor. Die Farbe bleibt nicht in diesem Gemenge, sondern wird allmälig schwarz; aber in reinem Zustand erhält sie sich unverändert. Im reinen Zustand hat das Pittakal folgende Eigenschaften: Aus seinen Auflösungen gefällt oder durch Abdunstung erhalten, vereinigt es sich zu einer dunkelblauen, festen, spröden und abfärbenden Masse, die, wie andere dunkelblaue Farben, kupferrothen Strich annimmt. Ist das Pittakal gut gereinigt, so geht die Farbe des Strichs in das Messinggelbe, und ein dünner Ueberzug davon reflectirt ein gelbes Licht, wie von einer Vergoldung. Es hat weder Geschmack

---

*) N. Jahrb. d. Ch. u. Ph. VIII. 1.

Geruch, ist nicht flüchtig, und gibt bei der
llation Ammoniak. Von Wasser wird es nicht
löst, aber in aufgeschlämmtem Zustand wird es
aufgenommen, so dafs es aus einer verdünn-
ösung allmälig ganz niederfällt, was jedoch mit
mehr concentrirten nicht der Fall ist. Durch
Zusatz von Alkali zur Flüssigkeit wird es ab-
eden. Es kann mit dieser Auflösung lange ge-
werden, ohne sich im Geringsten zu verän-
Durch Säuren bekommt die Farbe einen
ins Rothe. Sie lösen dasselbe auf, und Alka-
heiden es wieder ab, allein nicht so blau wie
; nur die Essigsäure macht eine Ausnahme, in-
aus dieser mit seiner ersten schönen Farbe
hergestellt wird. Unter dem Microscop be-
t, sieht man, dafs der aus der Auflösung in
ure erhaltene Niederschlag aus kleinen Kry-
eln besteht. Die Verbindung mit Essigsäure
r Alkali so empfindlich sein, dafs sie von
o geringen Spur gebläut wird, dafs sie nicht
auf mit Essig geröthetes Lackmuspapier wirkt.
ebrigen kann dieser blaue Farbstoff sowohl
honerde als mit Zinnoxyd niedergeschlagen
, und auf Baumwolle und Leinen ein so
aftes Blau geben, dafs es dem Einflufs von
Wasser, Seife, Ammoniak, Wein und Urin
eht.

as Picámar, worüber ich das Hauptsächlichste Picamar.
im vorigen Jahresb., p. 354., anführte, ist nun
eichenbach beschrieben worden *). In
der weiteren Einzelnheiten verweise ich auf
Abhandlung.

---

*) Jahrb. d. Ch. u. Ph. VIII. 292 und 351.

Mesit. Derselbe *) hat ferner einen anderen, wie es scheint, neuen Körper hervorgezogen, den er Mesit nennt. Er wurde auf folgende Art erhalten: 600 Kilogramme Theer von der Destillation von Buchenholz wurden in einer Destillirblase bei einer so gelinden Wärme erhitzt, daſs nur das Flüchtigste abgetrieben, und die Destillation unterbrochen wurde, als 20 Litres übergegangen waren. Das Destillat war ein Gemenge von Oel und saurem Wasser. Es wurde mit kohlensaurem Kali gesättigt, wobei sich noch mehr Oel abschied. Es wurde noch einmal destillirt, und hierbei ging, noch ehe die Flüssigkeit ins Sieden gekommen war, ein ölartiges Product über. Es wurde abgenommen, eben als das Sieden eintrat. Dieses Oel wurde nun mit zerfallenem Kalk angerührt und noch einmal destillirt, um Kreosot, Picamar und gelbfärbende Materie zurückzuhalten. Das Oel wurde nun farblos erhalten, und war, bis auf einen Eupion-Gehalt, rein. Letzteres wurde durch Schütteln mit der 15fachen Menge Wassers abgeschieden, indem sich der Mesit auflöste und das Eupion auf der Oberfläche blieb. Aus dem Wasser wurde der Mesit durch Destillation im Wasserbade wieder erhalten. Das Destillat wurde so lange mit Chlorcalcium in Berührung gebracht, als dieses noch feucht wurde, abgegossen und über eine kleine Menge frischen Chlorcalciums destillirt. Die Eigenschaften dieses Körpers sind folgende: Farblos, von aromatischem, angenehm spirituosem Geruch, dünnflüssig wie Alkohol, spec. Gewicht 0,805 bei +18°, Siedepunkt +62°. Leicht entzündlich, mit gelblicher leuchtender Flamme ohne Rückstand verbrennend. Wasser löst nicht mehr als sein halbes Ge-

*) N. Jahrb. d. Ch. u. Ph. IX. 175.

t davon auf; aber auch der Mesit löst sein hal-
Gewicht Wasser auf. Mit Aether und Alko-
ch allen Verhältnissen mischbar. Mit Chlor
igt er sich leicht zu einer in Wasser nicht
hen Verbindung, die farblos und klar ist, und
äufserst reizenden Geruch hat. Zufolge die-
Verhaltens hält Reichenbach diesen Körper
piritus pyroaceticus. Er macht sich selbst den
urf, dafs der letztere nach allen Verhältnissen
Wasser gelöst wird, 0,7925 spec. Gewicht bei
hat, und bei +57° siedet, nach Liebig's Ver-
. Dennoch betrachtet er diese wesentlichen
iedenheiten als wenig bedeutende Zufälligkei-
nd führt statt ihrer eine Menge von Aehnlich-
an, die theils in mangelnder Reaction mit
en Reagentien, theils im gleichen Auflösungs-
en für gewisse Körper bestehen; eine Ver-
ng, die unstreitig interessant ist, die aber
rpern von ziemlich ungleicher Natur stimmen
. Einer der dabei beobachteten Umstände,
sonders Aufmerksamkeit verdient, ist, dafs
aus der Auflösung in Wasser durch kausti-
Kali abgeschieden werden, was mit Chlorcal-
nicht geschieht. Weit entfernt, die Identität
Körper darzuthun, lassen im Gegentheil die
n noch starke Zweifel. Erst wenn aus
Mesit ein anderer Körper abgeschieden wer-
nnte, welcher dessen Flüchtigkeit vermindert
rsache ist, dafs er sich nicht nach allen Ver-
en mit Wasser vermischt, würde eine solche
t annehmbar sein; allein Reichenbach hat
bewiesen, dafs sich der Kochpunkt des Me-
hrend der Destillation verändert, noch hat er
gen gesucht, dafs der Antheil von Mesit, der
Wasser aufgelöst wird, verschieden ist von dem,

der nicht aufgenommen wird, womit die Vergleichung hätte anfangen müssen. Erhält sich der Kochpunkt unverändert, und giebt die Auflösung in Wasser bei neuer Destillation einen mit dem ungelösten Theil identischen Körper wieder, so ist offenbar Reichenbach's Mesit kein Essiggeist.

Holzgeist. Reichenbach *) ist meines Erachtens hierbei zu weit gegangen, dafs er seine Vergleichung auch auf den Holzgeist ausgedehnt hat, den er für ein Gemenge von Alkohol und Mesit hält, aus dem Grunde, weil der Mesit, wiewohl er Chlorcalcium nicht auflöst, doch nicht aus seiner Auflösung in Alkohol abgeschieden wird, wenn man Chlorcalcium hinzusetzt; da nun der Holzgeist Chlorcalcium auflöst, so findet er darin den Beweis, dafs dieser Körper alkoholhaltiger Mesit ist. Er führt an, dafs der Holzgeist, nach Hermann's Versuchen, Essigäther gebe. Hermann hatte die Güte, mir von diesem Aether mitzutheilen. Er ist nichts Anderes als ein reinerer Holzgeist, aus welchem kaustisches Kali nach jahrelanger Einwirkung weder Alkohol noch Mesit abgeschieden hat. Vorläufig scheinen also die Umstände dafür zu sprechen, dafs Reichenbach's Mesit ein neu entdeckter Körper sei, der nichts mit dem Holzgeist, und wahrscheinlich auch nichts mit dem Essiggeist zu thun hat.

Paranaphtalin. Reichenbach **) hat ferner noch einen dritten Körper aus der Wissenschaft zu streichen versucht, nämlich das von Dumas entdeckte Paranaphtalin (Jahresber. 1834, p. 360.). Es ist diefs eine krystallisirte, flüchtige Substanz, die sich mit dem Naphtalin zu Ende der Steinkohlen-Destillation bil-

*) N. Jahrb. d. Ch. u. Ph. IX. 241.

**) Poggend. Annal. XVIII. 498.

Reichenbach findet Dumas's Angabe be-
t, dafs man eine krystallinische, gelb gefärbte
anz erhält, die vom Naphtalin ganz verschie-
ist; nach ihm aber beruht der Unterschied auf
mischung einer Substanz, die eigentlich weifs
aber an der Luft gelb wird, und auf der Ge-
art von Paraffin. Das letztere findet man, wenn
die Masse in warmer concentrirter Schwefel-
auflöst, wobei es obenauf schwimmt, während
das Naphtalin mit der Säure verbindet. Die
Substanz, deren Vorhandensein auch Dumas
at, kann durch wiederholte Krystallisationen
kohol, und zuletzt durch Sublimation, grofsen-
entfernt werden. Ehe das durch Krystallisa-
reinigte, farblose Naphtalin sublimirt wird,
s sich an der Luft allmälig gelb, besonders
Einflufs des Sonnenlichts. Durch Sublimation
gänzlich in Naphtalin verwandelt. Im Uebri-
d Reichenbach, dafs beide dasselbe spec.
t hatten, und sich in ihrem Verhalten zu Rea-
und Lösungsmitteln ähnlich verhielten, mit
nigen Unterschied, dafs die Lösung des Naph-
in Schwefelsäure eine grüne, und die des Pa-
alins eine braune Farbe hat, was er von der
wart des gelben Farbstoffs im letzteren ablei-
s ist nicht zu leugnen, dafs Reichenbach
Wahrscheinlichkeit für sich hat. Diese, zu
r Zeit gebildeten und gleich zusammengesetz-
bstanzen müssen auch dieselben physikalischen
haften haben; aber der unpartheiische Leser,
Gründe für und wider erwägt, wird nicht
die von Reichenbach angeführten Aehn-
en überzeugt, da von diesem die wesentli-
Verschiedenheiten, welche eben Dumas be-
n, beide Körper für verschiedene isomeri-

sche Modificationen zu halten, gänzlich worden sind. Diese sind: Schmelzpunkt wiederholte Sublimationen gereinigten, P lins + 180° (der des Naphtalins + 79°), punkt + 300° (der des Naphtalins + 212°), Gew. in Gasform 6,741 (das des Naphtalins Unlöslich in kaltem Alkohol und Aether. in kochendem Alkohol, woraus es in Flock derfällt. Das Naphtalin löst sich leicht auf stallisirt. Würden diese Verschiedenheiten von der Einmischung einer fremden S rühren, so müfste diese in einiger Menge sein; damit aber dann Naphtalin und Pa gleich zusammengesetzt sein könnten, müfst diese dritte Substanz mit ihnen isomerisch Reichenbach fand, dafs sich sein gelbes lin, durch die von ihm angegebene R reinen in Schmelzbarkeit und Löslichkeit i hol immer mehr näherte; er gibt aber n wie weit es zuletzt kam. Aufserdem fand Aether leicht löslich. So verhielt sich von Dumas. Es wäre möglich, dafs bei Steinkohlenarten Verschiedenheiten existirte sache wären, dafs aus gewissen Arten Des producte entständen, die man im Destillat nicht findet. Diefs ist nicht unwahrschein wäre möglich, dafs die von Reichenbach suchte Masse keine Spur von Paranaphtalin und dafs dieses gar nicht aus seinen Stein erzeugt wird. Kurz, wenn auch Reichenb Versuche an die Existenz des Paranapht Fragezeichen heften, so widerlegen sie di nicht.

Naphtalin. In seiner Arbeit über das Naphtalin und naphtalin äufserte Dumas, gegen Reichen ſs das Naphtalin in allen verschiedenen Producten Steinkohlen-Destillation in zunehmender Menge Anfang bis zu Ende enthalten sei. Reichenbach hat dagegen bestimmt erklärt, daſs das Naphtalin nicht eher hervorgebracht werde, als bis die Destillationsproducte einer viel höheren Temperatur, die einfache trockne Destillation erfordert, ausgesetzt würden, weshalb man auch in einem Steinkohlenöl, welches durch einfache Destillation erhalten sei, kein Naphtalin finde, wenn sich anders nicht gegen das Ende ein wenig bilde, wo die Gefäſse zu glühen anfangen. Er wiederholte seine früheren Versuche *), fand aber nicht die geringste Spur von Naphtalin im Steinkohlentheer, und erklärt daher Dumas's Angabe nur für den Fall richtig, wenn das Steinkohlenöl in Gasbeleuchtungsapparaten gebildet wird, wo ein Theil der übergehenden Producte von Neuem einer stärkeren Hitze ausgesetzt wird. Die von Dumas als eine Möglichkeit hingestellte Idee, daſs das Naphtalin schon in den Steinkohlen gebildet enthalten sei, hält Reichenbach für unwahrscheinlich, weil man gleich Naphtalin aus dem Theer von Holz erhalte.

Die Zusammensetzung des Naphtalins ist von neuem untersucht worden. Blanchet und Sell haben dasselbe in Liebig's Laboratorium analysirt **). Die Verbrennung gab:

Kohlenstoff	94,49	94,56
Wasserstoff	6,34	6,34
	100,83	100,90

Diese Analysen gaben also einen Ueberschuſs. Wenn derselbe bloſs auf den Wasserstoff, wie es

*) Poggend. Annal. XXVIII. 484.

**) Privatim mitgetheilt.

wohl am wahrscheinlichsten ist, so besteht das Naphtalin aus C^3H^2, dem zufolge also Oppermann's Analyse, gegen Dumas, bestätigt werden würde. Berechnet man dagegen das Resultat so wie es ist, so stimmt es vollkommen mit C^5H^4, mit welcher Zusammensetzung auch die der naphtalinschwefelsauren Salze auf eine Art übereinstimmt, die keinen Zweifel übrig zu lassen scheint.

Chlornaphtalin.

Laurent *) hat eine erneuerte Untersuchung über das Chlornaphtalin angestellt. Im vorigen Jahresberichte, p. 358., führte ich Dumas's Analyse an, mit einigem Zweifel über deren Richtigkeit, was auch nun durch die neue Analyse gerechtfertigt wird. Laurent's Versuche scheinen zu zeigen, daſs sich das Naphtalin auf zweierlei Weise mit dem Chlor vereinigt, theils unverändert, theils verändert, in der Art, daſs das Chlor 1 Atom Wasserstoff wegnimmt, womit es Salzsäure bildet, und eine Verbindung von Chlor mit einem an Kohlenstoff reicheren Kohlenwasserstoff übrig bleibt. Beide Verbindungen bilden sich zusammen, jedoch so, daſs diejenige, welche unverändertes Naphtalin enthält und flüssig ist, sich in der gröſsten Menge bildet. Die andere ist fest, und bildet sich theils gleichzeitig mit der ersteren, theils zuletzt aus dieser, so daſs durch hinreichend lange fortgesetzte Einwirkung das meiste Naphtalin in dieselbe verwandelt werden kann. Bei dieser Operation darf mit der Zuleitung von Chlor nicht eher aufgehört werden, als bis alles Naphtalin damit vereinigt ist. Es entsteht dann eine Masse, die nach dem Erkalten, von der gelinden Erwärmung, welche die Operation erfordert, das Ansehen und die Consistenz von erstarrtem Baumöl hat. Kalt

mit

*) Annales de Ch. et de Ph. LII. 275.

mit Aether behandelt, zieht dieser einen Theil aus; das Ungelöste wäscht man nachher mit noch etwas mehr Aether ab. Was dann zurückbleibt, ist ein weifses, krystallinisches Pulver, welches nach dem Auflösen in dem 30fachen Gewicht siedenden Aethers beim Erkalten in durchsichtigen, rhomboidalen Tafeln krystallisirt. Dieser Körper schmilzt bei +160° und erstarrt beim Erkalten krystallinisch. Bei einer raschen Hitze kann er in offner Luft sublimirt werden. Aber in verschlossenen Gefäfsen destillirt, wird er zersetzt, es scheidet sich Kohle ab, und es geht ein Körper über, der, ohne krystallinisches Gefüge anzunehmen, erstarrt. Er ist in Wasser unlöslich. Kochender Alkohol nimmt sehr wenig davon auf, und beim Erkalten scheidet er sich wieder in Schuppen ab. In Aether ist er etwas löslich, weit mehr in heifsem als in kaltem. Er brennt nicht ohne Docht. Von Kalium wird er mit Explosion zersetzt, unter Abscheidung vieler Kohle. Chlor, Brom und Jod wirken nicht darauf. Von Salpetersäure wird er langsam zersetzt, unter Bildung eines gelben krystallinischen Körpers. Verdünnte Säuren wirken nicht darauf; eben so wenig verdünnte Alkalien. Kocht man ihn aber mit kaustischem Kali, so entsteht Chlorkalium und ein neuer krystallisirender Körper. Nach der Analyse bestand er aus 45,1 Kohlenstoff, 2,5 Wasserstoff und 52,4 Chlor. Diefs stimmt mit $C^3H^3 + \mathrm{Cl}$. Man kann also annehmen, dafs von 3 einfachen Atomen Chlor das eine 1 Atom Wasserstoff wegnimmt und als Salzsäure weggeht, während das übrige Doppelatom sich mit dem neugebildeten Atom C^6H^3 verbindet. Die vom Aether aufgelöste flüssige Verbindung enthält eine gewisse Menge der krystallisirenden aufgelöst, nicht blofs im Aether, sondern in der liquiden Chlorverbindung selbst, so dafs sie nicht trennbar sind. Nach Laurent eine sehr concentrirte Lösung in A lange Zeit an einer kalten Stelle hatte stehen sen, um daraus so viel wie möglich von der Verbindung absetzen zu lassen, wurde der fl Theil mit Kupferoxyd verbrannt. Das Resultat in der Art aus, dafs es einem Gemenge von C^5H^4+Cl mit weniger C^5H^3+Cl entsprach. sich diefs wirklich so verhielt, bewies er ferner durch, dafs es durch neue Behandlung mit C glückte, den gröfsten Theil davon, unter Entwicklung von Salzsäure, in C^5H^3+Cl zu verwa Die liquide Verbindung hatte übrigens fol Eigenschaften: Oelartige Consistenz, gelbe schwerer als Wasser, grofsentheils unveränd stillirbar, nicht ohne Docht brennend, nicht in Wasser, leicht löslich in Alkohol, in allen hältnissen mit Aether mischbar. Von Kalium sie, selbst im Kochen, wenig angegriffen; auch kaustischem Kali wird sie nicht mehr zersetzt, man einem kleinen Gehalt an krystallisirender bindung zuschreiben kann.

Steinkohlenöl. Blanchet und Sell *) haben das Steinkohlenöl analysirt, nachdem es durch Abkühlung Naphtalin befreit, und nachher über Kalk rectificirt worden war. Spec. Gewicht 0,911, S punkt +160°. Zusammensetzung nach einem such: 88,94 Kohlenstoff und 9,15 Wasserstoff; einem anderen Versuche: 89,36 Kohlenstoff 9,00 Wasserstoff. Hier ist also ein Verlust fast 2 Proc. Diefs Oel hatte die Eigenschaft, verdünnter Schwefelsäure verändert zu werden dem sich eine rothe Auflösung bildete und ein

*) Annalen d. Pharm. VI. 311.

...ied, welches letztere nicht brandig, sondern ...artig roch. Außerdem gab es mit Schwefel... eine Säure, die sich ohne Fällung mit Baryt ...en ließ.

Petroleum.

Dieselben untersuchten auch das persische Pe...um, von dem sie, in Uebereinstimmung mit Un...dorben *), fanden, daß es ein Gemenge aus ...eren, ungleich flüchtigen Oelen war, die sich ... trennen ließen, aber bei fractionirter Destilla...n veränderten relativen Mengen erhalten wur... Sie nahmen das flüchtigste, das 0,749 spec. ...ht bei +15°, und +94° Siedepunkt hatte. ... 85,40 Kohlenstoff und 14,23 Wasserstoff ... Verlust). Das am wenigsten flüchtige hatte ... spec. Gewicht und +215° Siedepunkt, und ...d aus 87,7 Kohlenstoff und 13,0 Wasserstoff ...rschuß 0,7). Folgende Zusammenstellung zeigt, ...e Analysen, die wir bis jetzt vom Petroleum ..., ausgefallen sind:

	Spec. Gew.	Kohlenst.	Wasserst.	Sauerst.	
...aussure	0,836	88,02	11,98	—	von Amiano.
...selbe	0,753	84,65	13,31	2,04	
...son	0,753	82,20	14,20	—	aus Persien.
	—	83,04	12,31	4,65	
...mann	0,760	88,50	11,50	—	
...as	—	86,40	12,70	—	
...selbe	—	87,83	12,30	—	
...chet u. Sell	—	85,40	14,23	—	
...selben	—	87,70	13,00	—	

Untersuchungen von Pflanzen oder deren Theilen.

Geiger **) hat eine Vergleichung zwischen ...ren Rhabarberarten angestellt, sowohl hin...ich der äußeren Beschaffenheit, als auch hin-

*) Annalen d. Pharm. VI. 308.

**) A. a. O. pag. 306.

sichtlich der chemischen Reactionen. Henry [1]) hat die Cortex Paraguatan untersucht, eigentlich in der Absicht, um darin Chinabasen zu finden, die aber nicht entdeckt wurden. Parisel [2]) hat die Radix Pyrethri analysirt. L'Herminier [3]) hat die Reactionen mehrerer Indigoferaspecies, so wie auch das Bois jaune des montagnes de la Guadeloupe, das er Malenea cymosa nennt, untersucht [4]); Bizio [5]) den Saft von Cocos nucifera, worin er eine zuckerartige Substanz fand, die Mannazucker zu sein scheint. Im Oel der Mandel fand er ein leicht krystallisirendes Stearin, das er Cocin nennt. Ricord-Madianna [6]) hat mehrere Theile von Melia sempervirens untersucht; Fleurot [7]) mehrere Theile von Sophora japonica; R. Madianna [8]) die Blüthen von Poinciana pulcherrima. Trommsdorff [9]) hat die Cascarillenrinde analysirt; Manheim [10]) die Kubeben; Wyſs [11]) die Blüthen von Anthemis nobilis; Torosiewicz [12]) die Wurzel von Cucumis Melo. Wird das Wasserextract mit Alkohol ausgezogen und dieser verdunstet, so bleibt ein zerfliefsliches Extract, welches er Melonemetin nennt, aus dem Grunde, weil es bei Menschen in einer Dosis von 2 Gran Brechen erregt.

---

1) Journ. der Pharmacie, XIX. 201. — 2) Ibid. p. 251. — 3) Ibid. p. 257. — 4) Ibid. p. 384. — 5) Ibid. p. 455. — 6) Ibid. p. 500. — 7) Ibid. p. 210. — 8) Ibid. p. 625. — 9) Dessen N. Journ. d. Pharm., XXVI. 130. — 10) Buchner's Repertorium, XLIV. 199. — 11) Ibid. XLVI. 18. — 12) Ibid. XLV. 1.

Thierchemie.

Ferdinand Rose *) hat das Verhalten des Bestandtheile des Bluts. Eiweiſs.
eiſses zu verschiedenen Metallsalzen untersucht,
lich zu Quecksilberchlorid, schwefelsaurem Ku-
oxyd, Eisenchlorid und schwefelsaurem Zink-
l. Nach den Angaben von Bostock u. Orfila
man vermuthet, diese Verbindungen beständen
einem Albuminat vom Oxyd, verbunden mit
Portion vom Salz, die sich zugleich mit nie-
schlagen hätte; allein aus Rose's Versuchen
unzweifelhaft hervor, daſs letzteres nicht der
ist, und daſs sich das Albuminat allein nieder-
t. Oft ist es der Fall, daſs das Albuminat
Metalloxyds in Eiweiſs, welches ein Albuminat
Natron ist, so wie im überschüssigen Metallsalz
löst wird. Ersteres ist mit allen der Fall, letz-
nur mit einigen. Die Albuminate von Queck-
oxyd und Kupferoxyd werden nicht von einem
erschuſs der Salze dieser Metalle aufgelöst; dieſs
ieht aber mit denen von Eisenoxyd und Zink-
l, wenn die Salze dieser Oxyde im Ueberschuſs
kommen. Das Eiweiſs hat eine sehr geringe
ungscapacität. Rose suchte sie zu bestimmen;
die Resultate fielen für ungleiche Metalloxyde
ärend aus, daſs diese Bestimmung nicht ge-
n wollte. Die Albuminate sind in Essigsäure
in den Alkalien löslich. *Quecksilberoxyd-
minat*, in Essigsäure gelöst, wird von schwefel-

*) Poggend. Annal. XXVIII. 132.

saurem Kupferoxyd mit grüner, und von Eisenchlorid mit braungelber Farbe gefällt. Seine Auflösung in Alkali dunkelt und setzt Quecksilber ab, besonders beim Erwärmen. Das *Kupferoxyd-Albuminat* ist blafsgrün. Seine Auflösung in Ammoniak ist blau, die in Kali und Natron violett. Im Kochen schlägt sich Kupferoxyd nieder, wobei aber die violette Farbe bleibt. — Das Blutwasser gibt ganz dieselben Verbindungen; nur war die Sättigungscapacität dieses Eiweifses etwas geringer.

Blutroth. Der rothe Farbstoff des Bluts gibt mit den Metallsalzen ganz ähnlich beschaffene Verbindungen; sie sind aber braun, und ist das Metalloxydsalz richtig abgeschieden, so lösen sie sich wieder mit rother Farbe im Waschwasser auf, werden aber bei Zusatz von mehr Metallsalz gefällt. Sie sind ebenfalls in Essigsäure und in Alkalien löslich. Das Blutroth hat eine etwas gröfsere Sättigungscapacität als das Eiweifs.

Fett im Blut. F. Boudet*) hat das im Menschenblut enthaltene Fett untersucht. Das durch Aderlafs von drei Personen gesammelte Blut wurde im Wasserbade eingetrocknet, der Rückstand mit Wasser ausgekocht, und was ungelöst blieb getrocknet, gepulvert und mit Alkohol ausgekocht, der sich beim Erkalten trübte, und filtrirt und alsdann abgedampft wurde. Das unter der Abkühlung sich absetzende

Serolin. Fett nennt er Serolin. Dasselbe hatte folgende Eigenschaften: es bildete Flocken von fettigem, perlmutterglänzendem Ansehen, reagirte weder sauer noch alkalisch, schmolz bei +36°, konnte theilweise unverändert überdestillirt werden, während es sich partiell mit einem eigenen, characteristischen Geruch

*) Annales de Ch. et de Ph. LII. 337.

Bildung alkalischer Dämpfe zersetzte. Es gab Emulsion mit Wasser. In geschmolzenem Zustande schwamm es darauf. Es löste sich nur in geringer Menge in kochendem Alkohol von 0,833, und gar nicht in kaltem; in Aether dagegen es leicht löslich. Von verdünnten Säuren wurde nicht verändert, und von kaustischem Kali nicht angegriffen.

In dem nach der Verdunstung des Alkohols bleibenden Rückstand fand er mehrere Fettarten. Der Alkohol von 0,833, womit dieser Rückstand behandelt wurde, liefs ein weifses Fett ungelöst, welches alle Eigenschaften des phosphorhaltigen, festen Fettes im Gehirn hatte. Beim Stehen setzte die Alkohollösung blättrige Krystalle von einem Fett ab, von dem Boudet's Versuche deutlich zu erweisen scheinen, dafs es mit Cholesterin identisch ist. Was dann in der Lösung blieb und durch die Verdunstung erhalten wurde, war eine wirkliche seifenartige Verbindung von Oelsäure und Margarinsäure mit Alkali.

Vergleicht man diese Angabe mit dem, was ich über das im Blut befindliche Fett angeführt habe *), so stellen sich so bedeutende Abweichungen heraus, dafs wir offenbar nicht ein und dasselbe Fett untersucht haben. Boudet's Versuche betreffen das Fett aus abgedampftem Menschenblut, worin also der ganze Fettgehalt enthalten war; die meinigen betrafen das Ochsenblut und nur den Theil vom Fett, der sich beim Schlagen von arteriellem Blut mit dem Faserstoff absetzt, aus dem ich es nachher mit Aether auszog.

*) Lehrb. d. Chemie, 1831. IV. 45.

Färbung des Blutes durch Salze.

Gregory und Irvine *) haben die Farbenveränderung, die der schwarze Blutkuchen durch Salze erleidet (Jahresb. 1834, p. 370.) untersucht, und haben gefunden, daſs er in absolut sauerstofffreien Luftarten und selbst in der Barometerleere von ihnen geröthet wird. Dagegen wurde er nicht von Blutwasser und nicht von einer Kochsalzlösung geröthet, die so verdünnt war, wie das Kochsalz im Serum ist. Geröthet wurde er aber von Sauerstoffgas und von atmosphärischer Luft, und sie folgern hieraus ganz richtig, daſs, wenn auch in beiden Fällen die Farbenveränderung gleich sei, der innere Vorgang doch offenbar in beiden Fällen verschieden sein müsse. Hegewisch hat mir privatim mitgetheilt, daſs dunkel gewordenes Blut in einer concentrirten Zuckerauflösung wieder geröthet werde.

Cholerablut.

In Uebereinstimmung mit allen Anderen, die früher das Blut von Cholerakranken untersuchten, hat Lecanu **) gefunden, daſs es viel concentrirter ist, als im gesunden Zustande. In vier verschiedenen Fällen fand er 25, 34, 37 und 52 Proc. Rückstand beim Eintrocknen des Blutes. In der Beschaffenheit dieser nicht flüchtigen Bestandtheile fand er auſserdem keine bemerkenswerthe Verschiedenheit vom gesunden Zustande; er glaubte aber eine Verminderung des Alkali-Gehalts in Blut zu finden, und zwar in dem Grade, daſs in einem Fall die nach der Gerinnung des Blutes bleibende Flüssigkeit Lackmus röthete.

Athmen der

Dutrochet ***) hat gezeigt, daſs der Athmungs-

*) Ed. N. Phil. Journ. XVI. 185.

**) Journ. de Ch. med. IX. 21.

***) A. a. O. pag. 184. 630.

...s der Wasser-Insecten, der, wie bei den in Luft lebenden Insecten, durch Luftkanäle unter... wird, auf dem längst bekannten Umstand be... dafs Wasser, welches mit einem Gas imprägnirt ist und mit einem anderen in Berührung kommt, ... Austausch macht, dessen Gröfse mit der un...en Capacität des Wassers für Gase relativ ist, ...s ein Gas, welches in Wasser wenig löslich ...e gröfsere Menge eines löslicheren austreibt. ... der Sauerstoff in den Luftkanälen in Koh...regas und Stickgas verwandelt wird, saugt das ...r die Kohlensäure allmälig auf; ersteres ist ...ur noch mit Stickgas in Berührung, welches ...en Sauerstoffgas austauscht, das von ihm in ... gröfseren Verhältnifs abgegeben wird, als es ...en Luftkanälen Stickstoff aufnimmt, so dafs ...se Weise die Luft in den Kanälen bestän... einem gewissen Grade sauerstoffhaltig bleibt, ...uin hat gezeigt, dafs ein Insect, Blenus ful..., welches eigentlich zum Leben in der Luft ...irt ist, sich nahe am Strande unter Steinen ...m Meeresboden aufhält, so dafs es bei der ...wieder an die Luft kommt. Beim Eintritt der ... bilden sich um die mit Haaren umgebenen ...ngen der Luftkanäle Luftblasen, aus welchen ...rn das Insect athmet, indem der Sauerstoff...darin, vermöge des eben erwähnten Austau...allmälig aus dem Wasser wieder ersetzt wird. — Wasser-Insecten.

Guibourt *) hat den Speichel von einer Frau ...t, die periodische Anfälle von einem aufser...tlichen Speichelflusse hatte, der bis zu mehre... Stunden in 24 Stunden ging. Diese Analyse, ...r doch Material genug zu Gebot stand, um — *Secretionen und Excretionen.* Speichel.

---

*) Journ. de Ch. med. IX. 197.

im Detail und mit Genauigkeit angestellt zu werden, hat kein recht bestimmtes Factum geliefert, ausser etwa, dafs der Speichel 0,56 Proc. fester Bestandtheile enthielt. Nachdem Guibourt, so viel er davon wufste, die früheren Untersuchungen über diese Materie beleuchtet hat, schliefst er mit der Erklärung, dafs seine Untersuchung wesentliche Veränderungen in Betreff meiner Angaben über die Zusammensetzung des Speichels herbeiführe. Dabei begeht er zwei Fehler, erstlich, dafs er ein offenbar krankhaftes Product für einen Typus des Normalzustandes dieser Flüssigkeit betrachtet, und zweitens, dafs er für einen Irrthum von meiner Seite hält, was er anders gefunden hat. Da seine Versuche hauptsächlich in Reactionsproben bestanden, wobei er aber andere Reactionen erhielt als ich, so ist darüber nicht viel anzugeben. Das Wesentlichste ist, dafs der von ihm untersuchte Speichel durch Kochen unklar wurde, also ein wenig Eiweifs aufgelöst enthielt, und dafs die in Alkohol unlösliche Substanz, die ich Speichelstoff genannt habe, von Reagentien gefällt wurde, während ich das Gegentheil gefunden habe. Allein Guibourt befolgte nicht meinen Reinigungsprozefs, um sie von Alkali zu befreien, was er unnöthig fand, weil, wenn es kaustisches Alkali gewesen wäre, Alkohol es ausgezogen haben würde, und wäre es kohlensaures gewesen, so würde, nach Pelouze's Angaben (Jahresbericht 1834, p. 67.), ein Gemenge von Alkohol und etwas Essigsäure dasselbe nicht ausgezogen haben. Er fand, dafs die Lösung stark von Gerbstoff gefällt wurde, aber nicht von Quecksilberchlorid. Indessen hatte er sie nur so unvollständig mit Alkohol behandelt, dafs sie noch so viel Kochsalz enthielt, um nach dem Verdunsten Würfel davon zu en. Endlich glaubt er, sie enthalte so viel phos- saures Natron, daſs davon die alkalische Re- n herrühre.

Lassaigne*) hat einen 18 Unzen wiegenden Speichelstein analysirt, der aus dem Speichelgang Esels ausgeschnitten worden war. Er bestand kohlensaurem Kalk 86,0, phosphorsaurem Kalk einer Spur von Eisenoxyd, Speichelschleim 6,4, her Substanz aus dem Speichel 1,0, Feuchtig- 3,6.

Speichelstein von einem Esel.

Penot**) hat eine Analyse von den Rind-Excrementen angestellt, aber die Resultate da- so unordentlich mitgetheilt, daſs ich keine pro- che Aufstellung davon geben kann. Er fand roc. Wasser darin, und 26,39 Proc. in Was- Alkohol und Aether unlöslicher Substanzen. öslichen bestanden aus Salzen, einer bitteren nartigen), und einer zuckerartigen Substanz zucker), Chlorophyll und Eiweiſs. Dagegen mit keiner Sylbe der eignen extractiven Sub- , Morin's Bubulin, erwähnt (vergl. Jahresb. p. 331.).

Rindvieh-Excremente.

Wackenroder***) hat einige Analysen des angestellt, deren Resultate jedoch mehr den logen als den Chemiker interessiren, weshalb r darauf hinweise. Wie schon Scheele ge- hatte, fand auch er, daſs der Harn sehr jun- Kinder keine Harnsäure enthält, daſs aber in einer krankhaften Disposition in den Nieren der Harnblase diese Säure darin auftritt, selbst in dem Grade, daſs eine in der Leiche eines

Harn.

---

*) Journ. de Ch. med. IX. 216.

**) A. a. O. pag. 659.

***) N. Jahrb. d. Ch. u. Ph. VIII. 407., IX. 7 u. 67.

20 Wochen alten Kindes gefundene Nieren-Concretion hauptsächlich aus Harnsäure und harnsaurem Ammoniak bestand.

Cantin*) fand in dem Harn eines 8jährigen Mädchens Harnzucker und zugleich Berlinerblau. Der Harn wurde blau gelassen, und blieb so lange klar dunkelblau, bis sich Alkali darin bildete, wo alsdann die Farbe verschwand. Durch Zusatz einer Säure konnte er also blau erhalten werden. Man vermifst hierbei einen Versuch, der die Natur des blauen Farbstoffs leicht aufser allen Zweifel gesetzt hätte, ob nämlich die blaue Farbe wieder erschienen wäre, wenn man in den alkalisch gewordenen und dadurch entfärbten Harn eine freie Säure, entweder allein, oder zugleich mit einem Eisensalz, getropft hätte. So viel scheint aus den Versuchen hervorzugehen, dafs die blaue Farbe im Rückstand vom abgedampften Harne wieder gefunden wurde, der dabei unter Ammoniak-Entwickelung sauer geworden war, und bei dem Ausziehen mit Wasser eine blaue Substanz ungelöst liefs, die sich zu Alkali und beim Verbrennen wie Berlinerblau verhalten haben soll.

Harnsäure mit saurem chromsauren Kali.

Kocht man, nach der Angabe von Liebig**), Harnsäure mit saurem chromsauren Kali, so entwickeln sich Kohlensäure und Ammoniak, und es verschwindet viel Harnsäure. Die Lösung ist grün, und Alkohol schlägt daraus eine grüne Substanz nieder, die das Kalisalz enthält, deren Zusammensetzung aber nicht näher untersucht wurde. Aus der farblosen spirituosen Flüssigkeit erhält man durch Abdampfen reinen Harnstoff.

---

*) Journ. de Ch. med. IX. 164.

**) Annalen der Pharmacie, V. 288.

Smith*) hat zu beweisen gesucht, dafs die Capsula lentis.
sel der Krystalllinse Muskelstructur besitzt, in
Art, dafs sie rund um die Insertion der Linse
n mit einem Gürtel von Muskelfasern versehen
welche die Verkleinerung der Peripherie dieses
es bezwecken und also die Linse auf beiden
n convexer machen; dabei ist die strahlige Zone,
welcher die Kapsel rund herum befestigt ist,
falls muskelartig, und kann, indem der Muskel-
l der Kapsel nachgiebt, die Form der Linse
r machen, wodurch das Auge für entferntere
stände geeignet wird. Um die Wirklichkeit
r Muskelstructur zu beweisen, stellt Smith
de Kennzeichen auf: Animalische Substanzen,
ich beim Kochen nicht zusammenziehen, sind
Muskeln; diejenigen, die sich gerade um $\frac{1}{3}$
menziehen, sind Muskeln, und diejenigen, die
noch mehr zusammenziehen, sind Ligamente.
Gürtel der Kapsel zieht sich in kochendem
r um $\frac{1}{3}$ zusammen, also ist er von muskelar-
Natur. Wir besitzen jedoch sicherere Wege,
n Faserstoff von anderen thierischen Gewe-
n unterscheiden; sie scheinen aber Smith un-
nt gewesen zu sein.

Ich bringe übrigens hier wieder in Erinnerung,
pag. 20. über die optische Construction der
als hierher gehörig angeführt worden ist.

Lassaigne**) hat eine Concretion analysirt, Concretion auf der Linse eines Pferdes.
ich auf der Vorderseite der Linse eines alten
s gebildet hatte und im trockenen Zustande
Gramm wog. Sie bestand aus 29,3 coagulir-
Eiweifs, 51,4 phosphorsaurem Kalk, 1,6 kohlen-

*) L. and E. Phil. Mag. and Journ. III. 5.

**) Journ. de Ch. med. IX. 580.

saurem Kalk, in Wasser löslichen Salzen mit alkalischer Basis 17,7.

Milchzucker. Persoz *) hat gezeigt, daſs der Milchzucker, in Wasser aufgelöst, die Polarisationsebene von polarisirtem Licht nach Rechts dreht, und daſs dieſs durch Zumischung von Säuren vermehrt wird. Kocht man ihn mit Schwefelsäure, so vermindert sich dieses Vermögen, und es kommt zu seinem Minimum, wenn der Milchzucker durch diese Behandlung in Traubenzucker übergegangen ist und in Weingährung versetzt werden kann. Er hat gezeigt, daſs wenn man zu etwa 5 Pfund Molken ungefähr 1 Loth Schwefelsäure mischt und bis zu $\frac{2}{3}$ Rückstand einkocht, mit Kreide sättigt, filtrirt und mit Hefe versetzt, man eine gährende Flüssigkeit erhält, aus der Alkohol abdestillirt werden kann. Er meint, diese Entdeckung könne für die groſsen Käsebereitungen auf den Sennhütten von Wichtigkeit werden.

Krankheitsproducte. Kruste von Tinea favosa und impetiginosa. Wackenroder **) hat die erhärtete Kruste analysirt, welche sich bei Tinea favosa und impetiginosa bildet. Sie bestand aus coagulirtem Eiweiſs mit etwas Fett, phosphorsaurer Kalk- und Talkerde und Spuren von Kochsalz. Im Ganzen kommt dieses Resultat mit dem überein, welches Lassaigne bei Untersuchung der Blatternkrusten erhielt (Jahresbericht 1834, p. 384.).

Kieselhaltiger Blasenstein. Wurzer ***) hat einen Blasenstein von einem Ochsen untersucht, der aus 38,5 Kieselerde, 36,3 kohlensaurem Kalk, 5,2 phosphorsaurem Kalk, Eisenoxyd und Manganoxydul, und 12,2 thierischer Substanz bestand. Letztere war im Wasser löslich,

*) Journ. de Ch. med. IX. 419.

**) N. Jahrb. d. Ch. u. Ph. VIII. 72.

***) A. a. O. VII. 27.

unlöslich in Alkohol, und wurde weder durch Kochen, noch durch Galläpfelinfusion gefällt.

Masse im Uterus einer Kuh.

Wackenroder *) hat eine Masse analysirt, die sich im Uterus einer Kuh, angeblich in Folge einer Milchversetzung, angesammelt hatte. Sie hatte die meiste Aehnlichkeit mit geronnenem Käse. Indessen vermifst man die Probe, die eigentlich den Unterschied zwischen geronnenem Eiweifs und Käsestoff bestimmt, und die darin besteht, dafs eine Lösung in Alkali nicht von Essigsäure gefällt, oder dafs der Niederschlag vom geringsten Säure-Ueberschufs wieder aufgelöst wird, wenn er Eiweifs ist; der Käsestoff dagegen fällt vollständig nieder, ist sauer und erfordert viel Essigsäure zur Auflösung.

Eigner Stoff in Leichen.

Olivier und Chevallier **) haben bei mehreren Leichen, die gerichtlicher Gründe wegen nach mehreren Monaten wieder ausgegraben wurden, auf der Leber und in den Verzweigungen der Vena hepatica eine weifse Substanz in kleinen, strahligen, einer Krystallisation ähnlichen Tafeln gefunden. Aus den Eigenschaften dieser Substanz geht hervor, dafs sie früher noch nicht beobachtet worden ist, und dafs sie ein ganz neues Product der vorgeschrittenen Fäulnifs zu sein scheint. In Wasser ist sie ganz unlöslich; Alkohol von 0,833 zieht im Kochen nur etwas Fett aus. Sie war alkalisch, ohne dafs aber angegeben wird, ob diese Eigenschaft durch Behandlung mit Wasser verschwand. In Essigsäure war sie vollkommen löslich. Es wird nicht angegeben, ob sie daraus durch andere Säuren, oder durch Alkali gefällt wird, oder wie sie sich zu Alkali verhält. Sie sagen: »die gesättigte Essigsäure setzte eine

*) N. Jahrb. d. Ch. u. Ph. VIII. 76.

**) Journ. de Ch. med. IX. 212.

animalische Substanz in weifsen Flocken ab... lassen errathen, ob die Säure mit Alkali, od... der Wärme mit dem aufgelösten Körper ge... war. Bei der Destillation gab er Kohle mit... ren von Alkali, und ammoniakalische Producte... Uebrigen gaben sie an, dafs sie durch Koch... Wasser ein Ammoniaksalz und eine dem Le... analoge thierische Substanz ausgesogen hätten... ist zu wünschen, dafs dieser Körper künftig ... untersucht werde.

Fischbein.

Fauré *) hat das sogenannte Fischbein ... sucht. Seine Hauptmasse verhält sich zu che... Reagentien ganz wie die Hornsubstanz. W... zieht im Kochen den Spähnen 8,7 einer Su... aus, die nachher im Wasser gelöst bleibt. A... Rückstand extrahiren Alkohol und Aether 3,... Fett. Der Rest ist in kochendem kaustische... löslich. In der Asche findet man 1,9 Proc... Gewicht des Fischbeins Kochsalz mit Chlorc... 1,1 schwefelsaures Natron und schwefelsaure... erde, 1,1 phosphorsauren Kalk, Eisenoxyd un... selerde.

Krystallisirter kohlens. Kalk im Gehörorgan der Vögel.

Huschke **) hat in dem inneren Ohr d... gel tausende von kleinen Kryställchen gefund... nach Wackenroder's Untersuchung, aus k... saurem Kalk mit einer Spur von phospho... bestehen.

Dieselben Krystalle in den Eiern des Genus Helix.

Turpin ***) hat gefunden, dafs beim G... Helix die Eier auf der inneren Seite eine ... Menge microscopischer, klarer, vollkommner ... spath-Rhomboëder enthalten. Man öffnet d...

---

*) Journ. de Pharm. IX. 375.

**) Annalen der Pharmacie, VII. 113.

***) A. a. O. pag. 100.

läfst die eiweifshaltige Flüssigkeit heraus, spült innere Seite des Eies in einem Tropfen Wasab, und betrachtet sie alsdann mit einem stark gröſsernden Microscop. Man sieht die Krystalle aus und auf den Boden fallen. Sie finden sich ordem zerstreut im Körper und zwischen den kelfasern von Helix vivipara.

Fischschuppen.

Die Zusammensetzung der Fischschuppen ist bis wenig bekannt gewesen. Die einzigen Analydie wir darüber haben, sind von Chevreul; zeigen, dafs die Schuppen 40 bis 55 Proc. einer stoffhaltigen organischen Substanz enthalten, die in kaltem noch kochendem Wasser löslich und die sich also zum Knochen-Knorpel derthiere wie die Knochensubstanz der Fische zu ten scheint. Gleichwohl gibt das Journal des naissances usuelles, Oct. 1833, p. 209., eine Mean, um aus Karpfenschuppen Leim zu kochen. besteht darin, dafs man zuerst mit Salzsäure die alze auszieht, die Schuppen alsdann abwäscht in einem Topfe kocht, bis sich der Leim gelöst und beim Kochen die zurückbleibenden unlösliTheile, welche eine hornähnliche Substanz sind, man abseiht, mit Leichtigkeit herumgeführt wer-Die Flüssigkeit ist unklar und wird mit Alaun t; die Farbe wird durch Einleitung von schwefSäure weggenommen. Der Leim wird dann bis Gelatiniren eingekocht, zu Scheiben geschnitten auf Netzen getrocknet. Diese technische Opebeweist, dafs die Zusammensetzung der Fischppen noch nicht richtig gekannt ist.

Steine im

Bley *) hat die Steine untersucht, die in den

*) Trommsdorff's Journal, XXVI. 2, 287.

Bade-schwamm.

Badeschwämmen (Spongia off.) enthalten sind.
fand darin 48,4 kohlensaure Kalkerde, 39,4 ko
saure Talkerde, 2,7 Eisenoxyd, 0,35 Chloro
3,5 in Wasser lösliche Pflanzensubstanz mit
und 5,58 Wasser (nebst Verlust).

Geologie.

Die von Magnus begonnenen Versuche über die mit der Tiefe zunehmende Temperatur der Erde, die ich im Jahresb. 1833, p. 333., anführte, sind später von Schmidt fortgesetzt worden *). In einer Tiefe von 655 Fuſs hatte Magnus +19°,8 gefunden. Schmidt fand in einer Tiefe von 745 Fuſs +21°,5, von 800 Fuſs +22°,1, von 830 Fuſs 22°,5, und von 880 Fuſs +24°,5, — also ganz in Uebereinstimmung mit dem, was wir durch andere Beobachtungen über die Temperatur-Zunahme im Innern der Erde erfahren haben. Innere Temperatur der Erde.

Hansteen **) berichtet, während seines Aufenthaltes in Sibirien im J. 1829 habe ein Kaufmann zu Jakutsk in 62° Breite versucht, einen Brunnen graben zu lassen, habe aber das Unternehmen wieder aufgegeben, weil er in einer Tiefe von 30 Fuſs die Erde noch gefroren, und daselbst die Temperatur mehrere Grade unter dem Gefrierpunkt fand, ungeachtet sie in der Luft viel höher war. Schon Gmelin führt an, daſs man in Jakutsk vergeblich bis zu einer Tiefe von 90 Fuſs gedrungen sei, ohne durch die gefrorene Schicht hindurchzukommen. Seitdem ist indessen die Arbeit fortgesetzt worden und wird noch jetzt fortgesetzt; dabei ist die interessante Bemerkung gemacht worden, daſs die Temperatur, die bei einigen Fuſs unter der Erdoberfläche —6°

*) Poggend. Annal. XXVIII. 233.

**) A. a. O. pag. 584. 630.

war, allmälig gestiegen ist, so dafs sie bei 90 Fufs nur noch —1° war. Indessen findet man, dafs die Dicke der gefrornen Schicht an nicht weit von einander gelegenen Stellen doch bedeutend variirt. Die Ursache dieser Erscheinung, die in den Augen Mancher gegen eine höhere Temperatur im Innern der Erde zu streiten scheint, liegt in der ungleichen Abkühlung und Erwärmung während des langen Winters und des kurzen Sommers, indem der letztere, ungeachtet er bis zu einer unbedeutenden Tiefe die Erde aufthaut, doch bei weitem nicht den Wärmeverlust vom Winter zu ersetzen vermag, wodurch also die unveränderliche Temperatur auf eine gewisse Strecke von der Erdoberfläche bedeutend unter 0° fallen kann.

Hebung von Scandinavien. Das Phänomen der Hebung der schwedischen Küste ist nun keinem Zweifel mehr unterworfen. Die Ursache desselben ist die allmälig statt findende Abkühlung unserer Erde, wobei sich der Durchmesser vermindert und die erstarrte Rinde entweder leere Zwischenräume zwischen sich und dem Geschmolzenen lassen, oder nachsinken mufs, wobei sie jedoch einen zu grofsen Umfang hat, um nicht Falten oder Biegungen zu bilden, so dafs sich auf der einen Seite Theile erhöhen, auf der anderen Theile senken. Sowohl die Quantität des Phänomens, als die Verschiedenheiten, die sich in ungleichen Breiten der scandinavischen Küste zeigen, werden nun künftig ein Gegenstand der Forschung werden. Zu den Zeichen, wodurch diefs möglich wird und die vom Obersten Brunerona gemacht und beschrieben worden, sind seitdem noch andere hinzugekommen *). Freiherr Fred. Ridderstolpe

*) K. Vet. Acad. Handl. 1823, p. 17.

Akademie der Wissenschaften die folgenden tungen über die Wasserhöhe des Mälarsee's t, dessen Spiegel mit dem des Meeres gleiöhe hat, oder der nur um so viel höher ist, zufliefsende Wasser seinen Spiegel erhöhen, bis der Ausflufs in das Meer der Menge dem Zuflufs von den Flüssen entspricht. Die höhe des Mälarsee's folgt also der des Meeres letzteres einmal so niedrig wird, dafs sich arsee mit einem Fall in dasselbe ergiefst. 752 wurde in einen Felsen bei Stamdal auf ein Zeichen gemacht, welches die damalige des Wasserspiegels zeigte. Die Höhe dieses über dem Spiegel des Mälars hat Baron stolpe auf Veranlassung des verstorbenen der Akademie, Baron Ehrenheim, seit jährlich im September untersuchen lassen, und Akademie versprochen, damit fortzufahren. sind die Beobachtungen:

1825	1	Elle	19¾	Zoll
1826	2	-	3	-
1827	1	-	19½	-
1828	1	-	19	-
1829	1	-	18	-
1830	1	-	14½	-
1831	2	-	3	-
1832	2	-	—	-
1833	1	-	13½	-

kann nicht erwarten, dafs in einem Zeit- on 9 Jahren die Unterschiede bemerkbar wer-, zumal da der Spiegel des Meeres und Mälars periodisch wiederkehrende Verän- haben, die auf dem Barometerstand beru- so dafs bei niedrigem Barometer der See hoch und umgekehrt, wie Schultén so vortrefflich ausgemittelt hat. Die gegenwärtigen Verschiedenheiten zeigen also weiter nichts als solche Veränderungen an, und nur der erste Zeitabschnitt von 79 Jahren ist hier von Bedeutung, da er die vom Barometerstand abhängigen Veränderlichkeiten der Oberfläche des Mälars bei weitem übersteigt. Die Mittelzahl aus allen Beobachtungen ist $3^F 8^Z$; aber auch diefs ist noch etwas gröfser, als mit den glaubwürdigeren Angaben der Ostseezeichen, die auf 100 Jahre $3^F 6^Z$ angeben, übereinstimmt. Diefs kann davon herrühren, dafs das Zeichen in einer Periode ausgehauen wurde, wo das Mälarwasser über seiner Mittelhöhe stand. Allerdings hatte man geglaubt, im Mälarn ein noch älteres Zeichen zu haben, nämlich den sogenannten Aspö Runenstein, auf welchem ein nicht deutliches Wort veranlafste zu glauben, die darauf ausgehauene, mit Runenschrift versehene Figur gebe an, wie der Erzbischof E. Benzelius sagt: bis hier hin ging das Wasser zu meiner Zeit. Diese Idee wurde von Ekholm vertheidigt, der 1758 eine Abhandlung darüber der Akademie der Wissenschaften einreichte, die aber die Akademie auf Ihre's Abrathen nicht annahm, von Ekholm selbst aber für so wichtig gehalten wurde, dafs er sie mit einer Dedication an die Königin Lovisa Ulrica besonders herausgab. Ekholm glaubt, der Stein stamme aus dem Jahre 1350. Gegenwärtig steht das Wasser $9\frac{1}{3}$ Ellen unter dem untersten Theil der Figur. Es war indessen nicht schwer zu beweisen, dafs jene Auslegung ganz ungegründet war. Der sogenannte Gripsflügel von Gripsholm wurde zu Anfang des 13ten Jahrhunderts gebaut. Der Statthalter auf Gripsholms Schlofs, Herr General Peyron, liefs auf meine Bitte die Höhe der Basis des Schlosses über der Oberfläche des daranstofsenden

...n messen, und fand sie 15 Fuſs und 4 Zoll. ... würde. nach der Ekholm'schen Deutung der ...n, worauf das Schloſs Gripsholm gebaut ist, ...er Gründung 2 Ellen unter Wasser gestanden ..., was deutlich zeigt, daſs der Aspö-Stein kein ...erzeichen ist, wenigstens nicht für eine so späte ...e wie 1350. Daſs Gripsholm anfänglich vom ...n umflossen war und auf einer Insel gestan... ...t, wissen wir aus den Chroniken, so wie auch ... die Spuren vom Graben sichtbar sind; allein ... klar, daſs in den 500 Jahren, seitdem es ge... ...ist, die Wasserfläche nicht um 15 Fuſs gefal... ...n könne, wenn man anders nicht annehmen ... daſs es gerade im Niveau mit dem Wasser ... worden sei.

...uf den Umstand, daſs keine fossilen Menschen-...en gefunden werden, gründet sich bekanntlich ...ermuthung, daſs der Mensch nur der letzten ...ischen Epoche der Erde angehöre. Im Jah-...richt 1831, p. 267., führte ich an, daſs Tour-...n der Gegend von Narbonne eine sogenannte ...enhöhle gefunden habe, worin, auſser fossi-...ierknochen, auch Menschenknochen und Frag-... von Töpferarbeit vorgekommen seien. Um ... zu beurtheilen, ob diese Menschenknochen ...n Knochen der antediluvianischen Thiere von ...n Alter seien, wie Tournal vermuthete, ...ine gründliche Untersuchung aller dabei vor-...nen Umstände erforderlich. Die französische ...ie der Wissenschaften trug diese Untersu-... Cuvier auf. Er hat aber darüber niemals ...rtheil abgegeben, wiewohl er diesen Auftrag ... zwei Jahre lang überlebte. Es ist nicht be-..., ob dieser Aufschub darin begründet war, daſs ...stände eine Unschlüssigkeit veranlaſsten, und

Knochenhöhlen.

also Wahrscheinlichkeiten für die von Tournal geäufserte Meinung enthielten. Inzwischen hat dieser *), in Verbindung mit Serres und Jules de Christol, seine Untersuchungen fortgesetzt und sie noch auf andere Knochenhöhlen ausgedehnt, und sie sprechen nun, gestützt auf diese Forschungen, ihre Ueberzeugung dahin aus, dafs der Mensch gleichzeitig mit den nun ausgestorbenen Thiergeschlechtern, deren Knochen wir fossil finden, existirt habe. Man begreift, was die Wissenschaft verloren hat, hierüber nicht mehr das Urtheil eines Mannes mit so klarem kritischen Blick, wie Cuvier war, zu haben.

Erhebungs-Kratere. L. v. Buch hat schon vor längerer Zeit nachgewiesen, dafs die auf der Erdoberfläche vorkommenden vulkanischen Erscheinungen aus zweierlei Systemen bestehen, von denen das eine, das jetzt existirende, die Kratere mit Ausbrüchen ausmacht, das andere aber darin bestanden hat, dafs Lava aus geöffneten Spalten ausgeflossen ist, und diese erstarrten Massen später durch von unten herauf wirkende Kräfte zersprengt, gehoben und zu Kegeln aufgehäuft worden sind, welche er Erhebungs-Krater nennt. Wiewohl derjenige, welcher mit unbefangenem Urtheil die öffnungslosen konischen Berge betrachtet, die sich an so vielen Punkten in den trachytischen Gebirgsgegenden erheben, gewifs keinen Grund findet, die Richtigkeit der Ansicht v. Buch's zu bezweifeln, so hat sie doch, ungeachtet ihrer gediegenen Vertheidiger, auch Widersacher gefunden. Bei der neuerlich in Frankreich gestifteten Versammlung der Geologen ist sie öfters der Gegenstand von Discussionen für und wider gewe-

*) Annales de Ch. et de Ph. LII. 161.

sen. Dufresnoy und Elie De Beaumont*) haben sie durch eine ausführliche mathematische Deduction vertheidigt, haben die Möglichkeit der Erhebung in Uebereinstimmung mit bekannten Naturverhältnissen dargethan und sie durch Beispiele beleuchtet, die aus den merkwürdigen vulkanischen Gegenden von Cantal und Mont D'Ore in Frankreich genommen waren. Virlet, Boblaye u. A. haben die Richtigkeit der Ansicht bestritten **).

Natur der Gase aus den südamerik. Vulkanen.

Boussingault ***) hat eine Untersuchung der Gase mitgetheilt, die aus den unter dem Aequator gelegenen Vulkanen von Südamerika entwickelt werden. Es folgt hieraus, dafs überall dieselben gasförmigen Stoffe ausströmen, und diese sind: Wasserdämpfe in sehr grofser Menge, Kohlensäuregas, Schwefelwasserstoffgas und zuweilen Schwefel. Zuweilen finden sich auch Stickgas und Schwefligsäuregas darunter, aber nur als zufällige Einmengungen, woraus hervorgeht, dafs atmosphärische Luft keinen wesentlichen Antheil an dem unterirdischen Feuer-Phänomen hat. Salzsäuregas und Wasserstoffgas waren nicht vorhanden. Das erstere ist von Gay-Lussac als ein gewöhnlicher Bestandtheil der aus dem Vesuv ausströmenden Gasarten angegeben worden (Jahresb. 1825, p. 260.).

Derselbe Naturforscher hat auch die Wasser untersucht, die als warme Quellen in der Nähe dieser Vulkane hervorkommen †). Sie enthalten alle dieselben Gase, einige sind ziemlich reines Wasser, andere enthalten dieselben Bestandtheile, wie die

*) Annales des Mines, III. 531.

**) L'Institut, p. 75. 63. 87. 143.

***) Annales de Ch. et de Ph. LII. 1.

†) A. a. O. pag. 181.

Mineralquellen europäischer Vulkangegenden, nämlich Kochsalz, schwefelsaures und kohlensaures Natron, kohlensauren Kalk, seltner kohlensaures Eisen und Gyps. Ihre Temperatur variirt. Einige sind wenig wärmer als die Mitteltemperatur, bei anderen nähert sich die Temperatur dem Siedepunkt. Bei einigen hatte sich die Temperatur in den 23 Jahren, seitdem sie von v. Humboldt bestimmt worden war, um einige Grade erhöht, was nicht von Thermometer-Fehlern herrühren kann, da er bei anderen Quellen die Temperatur genau noch so fand, wie sie v. Humboldt gefunden hatte.

Quellen von Paderborn.

Bischof*) hat eine geologische Beschreibung des eigenthümlichen Phänomens von Paderborn mitgetheilt, welches den Nahmen dieser Stadt veranlafst hat, und darin besteht, dafs in einem kleinen District eine so grofse Menge von Quellen hervorbrechen, dafs ihr gemeinschaftlicher Ablauf sogleich einen Flufs, die Pader, bildet, die zuerst mehrere unterschlächtige Mühlen treibt, und hernach bedeutend genug wird, um schiffbar werden zu können. Diese Quellen treten aus einer Uebergangsgegend hervor, eine an der anderen in einer Strecke von Osten nach Westen. Die Temperatur derselben steigt allmälig von dem östlichen Ende nach dem westlichen. Bischof bestimmte sie an einem Tag. An dem östlichen Ende ist sie 8°,5, und an dem westlichen 16°,2. Sie enthalten alle atmosphärische Luft, dessen Sauerstoffgehalt zum Theil verzehrt und in Kohlensäuregas verwandelt ist, und diese Luft strömt unaufhörlich in Blasen durch das Wasser. In der westlichsten enthielt das Gas, auf 94,25 Stickgas, 5,75 Sauerstoffgas, in der östlichsten 86,96 Stickgas und 13,04 Sauerstoffgas. Das Wasser ist im Allgemeinen sehr rein.

*) N. Jahrb. der Ch. u. Ph. VIII. 249. 420.

se Verschiedenheit ihrer Temperatur zeigt, ein unsicheres Mittel die Temperatur der Quellen wenn man dadurch die mittlere Wärme eines s bestimmen will. Analoge Wasserphänomene n in Griechenland, und zwar nicht so selten, kommen *); solche Quellen, die sogleich Flüsse n, haben daselbst einen eignen Nahmen (Quelköpfe) bekommen. Aber dort kommt auch noch andere Erscheinung vor, nämlich Oeffnungen, nen Ströme und Bäche verschwinden.

Phänomen bei artesischen Brunnen.

Bei Bages, 2 Meilen von Perpignan, wurde im st 1833 ein artesischer Brunnen gebohrt **). 80 Fuſs Tiefe sprang ein Wasserstrahl 3 bis 4 über das Bohrloch hervor; das Wasser war und hatte 17°,5 Temperatur. Es wurde aber dem Bohren bis zu 145 Fuſs fortgefahren, wo nmal der Bohrer tief einsank. Als man ihn zog, drang ein Wasserstrahl hervor, der in Minute ungefähr 3000 Pfund gab und nachher ieſsen fortfuhr. Man hat versucht, durch Röhden Wasserfall zu erhöhen, und hat nicht den t erreicht, wobei die Höhe der Säule den Abnimmt. Es gelang nicht mittelst des Bleiloths Tiefe zu messen, weil die Gewalt des Stromes Senkung des Lothes verhindert.

Bei Gajarini, in der Nähe von Venedig, wurde ai 1833 ein ähnlicher Brunnen gebohrt ***). 110 Fuſs Tiefe drang, beim Herausziehen des rers, Wasser und ein nach Schwefelwasserstoff ndes Gas hervor, welches entzündbar war. rannte mit leuchtender Flamme, die einmal 30 hoch und an der Basis 6 Fuſs breit wurde.

*) L'Institut No. 12. p. 38.

**) A. a. O. No. 19. p. 162.

***) Baumgartner's Zeitschrift, II. 284.

Sobald das Wasser nach einer Weile zu fliefsen aufhörte, verminderte sich die Flamme, dauerte aber doch mit geringerer Höhe noch einige Stunden lang nachdem das Wasser wieder gesunken war. Die Menge des Gases wurde mit jedem Tage geringer. Seine Zusammensetzung wurde von Ghirlando untersucht; es bestand, nach einer privatim mir mitgetheilten Angabe, aus ölbildendem Gas mit einer sehr geringen Einmengung von Schwefelwasserstoffgas.

Seen, geologisch betrachtet.

Die Akademie der Wissenschaften hat eine Arbeit von Jackson *) erhalten, die einen Versuch enthält, die Gesetze zu bestimmen, nach denen sich die Seen gebildet haben. Sie behandelt die Ursachen ihrer Bildung und ihrer allmälig vor sich gehenden Verminderung, und überhaupt die von ihnen hervorgebrachten eigenthümlichen Erscheinungen. Diese lesenswerthe Schrift betrifft also einen Gegenstand, über den in der neueren Zeit nur sehr wenig publicirt worden ist.

Geognostische Karte von Schweden.

Herr von Hisinger hat eine gedruckte Beschreibung zum Gebrauche seiner geognostischen Karte von Schweden, die ich im vorigen Jahresbericht anmeldete, herausgegeben. Diese kleine Arbeit ist betitelt: Upplysningar rörande geognostiska Kartan öfver medlersta och södra delarne af Sverige. Stockholm. 8. 56 Seiten.

*) Observations on Lakes; by Colonel J. R. Jackson. London, 1833.

Berichtigungen.

S. 64. Z. 9. v. u. lies einem statt einen — S. 168. Z. 7. v. o. l. den st. der — S. 185. Z. 6. v. o. l. am st. im — S. 176. Z. 6. v. u. l. welches einem weifsen oder röthliches Strahlgyps ähnlich ist

Jahres-Bericht

über

die Fortschritte

der

physischen Wissenschaften;

von

Jacob Berzelius.

Eingereicht an die schwedische Akademie der Wissenschaften, den 31. März 1835.

Aus dem Schwedischen übersetzt

von

F. Wöhler.

Funfzehnter Jahrgang.

Tübingen,
bei Heinrich Laupp.
1836.

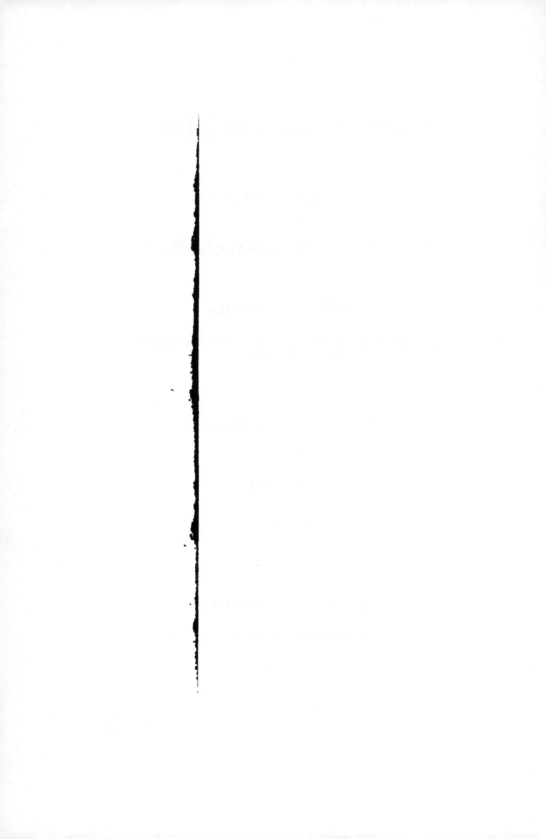

Inhalt.

Physik und unorganische Chemie.

Mineralogie.

Pflanzenchemie.

Thierchemie.

Geologie.

Physik und unorganische Chemie.

Schall. Versuche von Scheibler.

[...]r werthvolle Untersuchungen über den Schall, [...]hl in Betreff der Theorie desselben, als in Be[...] ihrer Anwendbarkeit in musikalischer Hinsicht, von Scheibler angestellt, und von Röber *) [...]rieben worden. Ich werde die Resultate mit Verfassers eignen Worten anführen:

[...] Empirische Nachweisung der Proportionalität der [...]e und des Unterschiedes der erzeugten Töne. [...]er Stöſsen ist hier der Ton verstanden, der ent[...], wenn die ungleich breiten Schallwellen in eine [...]einschaftliche zusammenfallen, z. B. wenn von [...]len des einen Tones 4 dieselbe Breite wie 5 [...] anderen haben, welche Stöſse dann auf jede Welle des ersteren fallen.)

[...] Auffindung einer von dem schwankenden Ur[...] des musikalischen Gehörs völlig unabhängigen [...]n-Methode.

[...] Empirische Nachweisung, daſs sich die Zahl der [...]e zum Unterschiede der Vibrationen wie 1:2 [...]lt.

[...] Eine auf dieses Verhältniſs gegründete Methode, Vibrationen eines Tones zu finden.

[...] Herleitung der Geschwindigkeit der Stöſse aus

*) Poggend. Annal. XXXII. 333. 492.

einer figürlichen Darstellung der Verdichtungen u Verdünnungen zweier einfachen Töne.

Entdeckung solcher Stöfse, welche nicht un telbar aus dem Zusammenklingen zweier einfac Töne hervorgehen, und Auffindung des Gesetzes Geschwindigkeit für diese Stöfse.

Stimmung der reinen Intervalle vermittelst Stöfse der Combinationstöne, und Benutzung d Stimmung zu einer bequemeren Auffindung der brationen eines Tones.

Im Jahresb. 1834, pag. 3., erwähnte ich, C. G. Hällström ähnliche Versuche angestellt Röber, der dieselben nicht unbeachtet liefs, bei den Scheibler'schen Versuchen Abweich von Professor Hällström's Angaben, über w der Letztere mir folgende Erklärung mitgetheilt »Scheibler hat gefunden, dafs ich, in der ge ten Abhandlung, in Betreff der hörbaren Pul nen-Anzahl beim Zusammentönen zweier Stäbe Irrthum sei; ich hielt sie nämlich für gleich mit Unterschied in der Anzahl von einfachen Sch gungen der tönenden Stäbe, Scheibler aber sie gleich gefunden mit der halben Anzahl. Au Natur der Sache finde ich nun, dafs er Recht Durch einen Irrthum des Organisten, der bei m Versuchen auf der Orgel zu Åbo anschlug und Töne angab, bekam ich die Octaven um eine angezeichnet, als hätte sein müssen. Diefs jedoch nicht die übrigen Umstände in meiner handlung, und deshalb bestätigen Scheibler's suche die meinigen, die also Thatsachen ble ungeachtet die Theorie keine Rechenschaft d geben kann.«

Tönen von Flüssigkeiten.

Von Cagniard Latour*) sind verschie

*) Annales de Ch. et de Ph. LVI. 280.

suche über die tönende Eigenschaft von Flüssig-
ten, und über die im letzten Jahresb., pag. 5.,
nten Vibrations globulaires angestellt worden.
e Versuche, die in der That nicht ohne Interesse
, können vielleicht bei weiterer Fortsetzung und
dehnung über die innere Construction des Ge-
rgans und der Verrichtungen seiner Theile Auf-
ng geben. Jetzt sind sie nur noch eine Samm-
von wenig zusammenhängenden Thatsachen,
keine allgemeinen Resultate geben, weshalb ich
im Uebrigen auf die Abhandlung verweisen

Die merkwürdige Natur des Lichts ist und bleibt
Feld der Forschung, welches niemals gänzlich
fassen sein wird. Seitdem man angefangen
ach der Undulationstheorie die Erscheinungen
cher zu verstehen und leichter a priori zu be-
n, ist man bemüht, solche Umstände näher
tersuchen, die nur für die Emanationstheorie
rechen scheinen, und es wird nun wahrschein-
dafs sie in Fehlern der Versuche begründet
welche letztere, mit gehöriger Beobachtung al-
ebenumstände angestellt, bis jetzt nur den Vor-
ungen der Undulationstheorie gemäfs ausge-
sind. Ich habe in den vorhergehenden Jah-
richten einige gelungene Versuche der Art, nach von Airy, angegeben. Derselbe unterwarf
ton's Diffractionsversuch einer Berechnung, die
ausfiel, dafs jener Versuch zu einem unrichti-
Resultat geführt hat, und als ihn Airy von
wieder anstellte, gab er in dem Grade ein
ngesetztes Resultat, dafs auf die Stelle, wo
ton einen Schatten gefunden hatte, das Licht
trirt auffiel.

Licht. Airy's Berechnungen von Newton's Diffractionsversuch.

Die von Brewster aus der Absorption des

Absorption

des Lichts aus der Undulationstheorie erklärt.

Lichts hergeleiteten Einwürfe gegen die Undulati theorie, die ich im vorigen Jahresb., pag. 7., führte, bei Erwähnung der schwarzen Ränder, sich im prismatischen Farbenbild zeigen, wenn Licht durch gewisse farbige Gasarten gegangen sind, wie es scheint, durch den Baron Wred beseitigt worden, der versucht hat, sie nach der dulationstheorie als Folgen von Interferenzen zu klären, entstanden durch Retardationen des Li deren Ursache gegenwärtig nicht sicher einzu ist, die aber vielleicht eine nothwendige Folg von sind, dafs die Körper aus kleinsten Thei (Atomen) bestehen, die durch gewisse Kräfte in stimmten Abständen von einander gehalten we und der durchgehenden Lichtwelle einen Wider entgegensetzen; hieraus mufs eine partielle Refl folgen, wobei das so zurückgeworfene Licht einem anderen kleinen Theil oder Atom, der Neuem den Widerstand leistet, in seiner vor henden Richtung partiell zurückgeführt wird, in das Unendliche weiter. Auf diese Weise man sich die Entstehung einer unendlichen von Lichtwellen-Systemen vorstellen, von den jedes eine geringere Intensität hat, als das vorhergehende, und, im Vergleich mit diesem, ein Stück retardirt ist, gleich der doppelten E nung zwischen den reflectirenden Flächen. auch diese Vorstellung von Interferenzen, abg von Reflectionen zwischen den kleinsten Th nicht in der Natur begründet, so ist es doch lich klar, dafs sich das Phänomen auf ein s

---

*) Kongl. Vet. Acad. Handl. 1834, p. 318., und dar Poggend. Annal. XXXIII. 353.

[illegible] einfaches, mathematisches Prinzip zurückführen [illegible], wodurch es, statt ein Gegenbeweis zu sein, [illegible] Folge der Voraussetzungen der Undulations[illegible]orie wird. Von dieser Ansicht ausgehend, ist es [illegible]rede geglückt, mit Glimmerblättchen dieselben [illegible]arzen Ränder im prismatischen Farbenbild her[illegible]urufen, wie sie bei Anwendung von Salpetrig[illegible]egas und Jodgas hervorgebracht werden.

Optische Versuche von Talbot.

Es ist bekannt, daſs gewisse Auflösungen bei [illegible]erlicht und bei Tageslicht verschieden gefärbt [illegible]. Die Lösungen der Chromoxydsalze sind bei [illegible]slicht im Durchsehen schön grün, bei Feuerlicht sie roth. Talbot*) hat nachgewiesen, daſs die Ursache dieses Verhaltens zeigt, wenn man [illegible]einer solchen Lösung ein hohles Prisma anfüllt, [illegible]n Brechungswinkel zwischen 5° und 10° ist, durch dieses Prisma eine Lichtflamme betrach[illegible]. Man sieht dann nur eine grüne und eine rothe [illegible]me, und alle anderen Theile des Spectrums sind [illegible]rbirt. Betrachtet man dagegen, wie gewöhnlich, Farbe der Lösung in einer Flasche, so decken beiden Bilder einander, und es ist dann nur das[illegible] sichtbar, welches bei der angewendeten Art Licht das stärkere ist; bei Tageslicht ist dieſs grüne, und bei Feuerlicht das rothe.

Talbot hat die Beschaffenheit des prismati[illegible] Farbenbildes von einigen gefärbten Flammen [illegible]sucht. Bekanntlich ertheilen sowohl die Stron[illegible], als die Lithium-Verbindungen der Flamme [illegible]nender Körper eine rothe Farbe, die bei Feuer[illegible] nicht zu unterscheiden ist, aber bei Tageslicht dadurch verschieden zeigt, daſs die Lithionflamme Purpurfarbene oder eher in's Violette zieht. Aber

*) L. and E. Phil. Mag. and Journ. of Science, IV. 113.

auch bei Feuerlicht können diese Flammen un-
schieden werden, wenn man sie durch ein Pri-
betrachtet. Die Strontianflamme enthält, außer ei-
rothgelben und einem scharf hellblauen Strahl,
große Anzahl rother Strahlen, die alle durch d-
Zwischenräume von einander getrennt sind. In
Lithionflamme dagegen ist das Roth ungetheilt. D-
diese prismatische Analyse läßt sich also die kle-
Spur dieser Körper erkennen.

Die Flamme von brennendem Cyangas gibt,
Licht, welches durch Jodgas gegangen ist, ein ge-
dertes Spectrum, wie schon J. Herschel vor
reren Jahren beobachtete. Nach Talbot be-
das violette Ende dieses Spectrums aus drei S-
ken mit breiten Zwischenräumen, von denen
letzte bedeutend weit von den anderen entfernt
und, ungeachtet es dem violetten Ende ang-
doch ein weißliches oder graues Ansehen hat.

Ferner machte Talbot den Versuch *),
durch Lichtpolarisation hervorgebrachten Phäno-
durch ein zusammengesetztes Microscop zu be-
ten. Es wurde dazu eine eigene Vorrichtung
wendet, wobei Doppelspath das Polarisirende
(Turmalin bietet zwar ein einfacheres Mittel
eignet sich aber nicht wegen der Farbe); die hie-
sich zeigenden Erscheinungen versprechen, k-
ein wissenschaftliches Interesse zu gewähren.
bis jetzt von Talbot beschriebenen waren ei-
lich mehr schön für das Auge, als wichtig für
Lehre vom Licht.

Neue Art gefärbter Fransen.

Mungo Ponton **) hat eine neue Art
färbter Bänder oder Fransen beschrieben, die

*) L. and E. Phil. Mag. V. 321.

**) Ed. New. Phil. Journ. XVII. 191.

gewissen Glasarten hervorgebracht werden, und zwischen zwei Scheiben von solchem Glas, die man so parallel wie möglich, und auch in bedeutender Entfernung von einander hält, entstehen. Durch eine dazwischen geschobene Glasscheibe werden sie nicht weggenommen, wohl aber durch Terpenthinöl oder canadischen Balsam, wenn man diese auf die eine oder die andere Seite des einen Glases streicht. Diese gefärbten Bänder bestehen aus 4 Abwechselungen von Weiſs, Schwarz und Farbig, von denen die 2 innersten zu einer zusammenfallen, wenn die Glasscheiben vollkommen parallel sind; sie entstehen von dem Licht, welches von den vorderen Seiten der Scheiben durch Reflection gegen geworfen wird, so daſs die Strahlen 3 Reflectionen und 4 Refractionen erleiden, ehe sie zum Auge gelangen. In homogenem (monochromatischem) Licht verschwinden die Farben, und man bekommt eine Abwechselung von schwarzen und weiſsen Strichen, deren Anzahl von 10 und 12 bis zu einigen Tausenden variirt. Ponton glaubt, daſs dieses Phänomen zur Micrometrie anwendbar sei, indem die Entfernung der Fransen von einander durch fast unmerkliche Aenderungen in der gegenseitigen Stellung der Glasscheiben bedeutend verändert werde, wodurch die Dicke eines Körpers, den man zwischen die Scheiben auf die eine Seite legt, während sie auf der anderen bis an einander liegen, mit Sicherheit bis zu $\frac{1}{10000}$ eines Zolles oder darunter gemessen werden könnte.

Polarisation von Licht in der Atmosphäre.

J. Chevalier *) gibt an, daſs das Licht von klarer Luft polarisirt werde, und daſs diese Polarisation bei 30 Grad Entfernung von der Sonne be-

*) L'Institut, No. 50. p. 137.

merkbar zu werden anfange, und ihr Maximum bei 90 Grad Entfernung erreiche. Nach ihm deutet das Phänomen auf Polarisation durch Reflection von Flächen zwischen wenig verschieden dichten Medien, und von Polarisation durch Transmission will er keine Spur gefunden haben. Airy hat gefunden, dafs, in horizontaler Richtung, Polarisation bis auf 9 Grad Entfernung von der Sonne beobachtet werden kann, dafs sie aber in verticaler Richtung, d. h. über oder unter der Sonne, schon in einer weiteren Entfernung verschwindet. Das Licht ist polarisirt gegen eine Ebene, welche durch die Sonne geht, und diese Polarisationsebene wird nicht in der Nähe der Sonne invertirt, wie, nach Airy, neuerlich Arago angegeben hat. Diese Angaben der englischen Physiker veranlafsten Arago folgende, auf eigene Versuche gegründete Angaben mitzutheilen: Das himmelblaue Licht, welches durch die Strahlenreflection der Lufttheilchen, und nicht durch Luftspiegelung oder Reflection von Flächen ungleicher Luftschichten entsteht, ist partiell polarisirt, und das Maximum dieser Polarisation liegt 90 Grad von der Sonne. Das Licht, welches durch eine Wolke kommt, ist nicht polarisirt, so lange sich der Beobachter in der Wolke befindet; hat aber dann das Licht eine gewisse Strecke klarer Luft durchlaufen, so ist es sichtlich polarisirt. Schon eine Strecke von 50 Meter ist hinreichend, diefs bemerkbar zu machen. Das Mondlicht enthält einen bedeutenden Antheil polarisirtes Licht. Man überzeugt sich leicht davon, wenn die Beobachtung beim ersten Viertel geschieht. Man findet dann, dafs ein bedeutender Theil dieses Lichts durch Spiegelreflection zu uns geschickt wird. Betrachtet man die atmosphärische Lichtpolarisation in der durch die Sonne gehenden Verticalebene, so findet man, dafs die Polarisation, nachdem sie bis zu 90 Grad im Zunehmen war, wieder abnimmt, gänzlich verschwindet, und darauf die Richtung umkehrt. Diese Erscheinung ist in klarer Luft so constant, dafs ein Beobachter, der der Sonne den Rücken zukehrt, durch Aufsuchung des Nullpunktes ziemlich nahe den Azimuth und die Höhe der Sonne bestimmen kann. Die Gegenwart einer Wolke verrückt den Nullpunkt bedeutend. Dafs die englischen Physiker die Umkehrung der Polarisationsrichtung nicht gefunden haben, darf nicht verwundern, da sie dieselbe in der Nähe der Sonne suchten. Die Umkehrung rührt von den vervielfachten Reflectionen in der Luft her *).

Polarisations-Phänomene in Krystallen.

Ueber die in Krystallen entstehenden Polarisationsphänomene sind verschiedene Untersuchungen angestellt worden. Neumann **) hat eine Abhandlung über die optischen Axen und die Farben in polarisirtem Licht von zweiaxigen Krystallen mitgetheilt, und J. Müller ***) hat die isochromatischen Farben erklärt, die sich bei einaxigen Krystallen in homogen polarisirtem Licht zeigen, wenn der Krystall parallel mit der Axe geschliffen ist. Beide Arbeiten sind von der Natur, dafs sie keinen Auszug gestatten.

Lichtphänomene im Auge.

Verschiedene Lichtphänomene, die unter mancherlei Umständen im Auge entstehen, sind von Mifs Griffeths, Quetelet †) und Aimé ††) beschrieben worden, über die ich aber hier nicht berichten

---

*) Poggend. Annal. XXXII. 125.
**) A. a. O. XXXIII. 257.
***) A. a. O. pag. 282.
†) A. a. O. XXXI. 494; XXXIII. 478.
††) Annales de Ch. et de Ph. LVI. 108.

kann, ohne weitläufiger zu werden, als es die Natur dieses Berichtes erlaubt.

Gestalt der Theile des Auges.

Krause *) hat die Krümmungen der Theile des Auges gemessen. Man hat sie im Allgemeinen als Theile von Sphären betrachtet; aber durch Messung mehrerer Abscissen auf dem Bogen der Hornhaut, dem Durchmesser der Linse, der hinteren Hälfte der Augenaxe und dem Durchmesser der hinteren Wölbung des Augapfels, und der zugehörigen Ordinaten, fand er, dafs die meisten dieser Krümmungen Curven einer höheren Ordnung sind. Die vordere Fläche der Linse ist elliptisch, ihre hintere Fläche parabolisch; die hintere Wölbung des Augapfels bildet ein Ellipsoid. Da vermuthlich das Auge das vollkommenste aller optischen Instrumente ist, so verdiente seine mathematische Construction, schon wegen der in der Dioptrik davon zu machenden Anwendungen, vollständig erforscht zu werden.

Neues photometrisches Prinzip.

Talbot **) hat ein neues Prinzip für die Photometrie, oder für die Vergleichung von Licht von ungleicher Intensität versucht. Es gründet sich auf Folgendes: Läfst man einen leuchtenden Punkt sich rasch im Kreise bewegen, so sieht man einen Lichtring. Je gröfser der Kreis ist, um so gröfser ist der Lichtring; da aber darum nicht mehr Licht entsteht, so mufs die Licht-Intensität in dem Grade abnehmen, als sich der Lichtkreis erweitert. Die Schnelligkeit der Bewegung ist ohne Einflufs. In Betreff der Anwendungsweise dieses Verhaltens zu photometrischen Zwecken, mufs ich auf die Abhandlung verweisen.

Optische Spielwerke.

Im vorigen Jahresb., pag. 21., erwähnte ich der

*) Poggend. Annal. XXXI. 93.
**) L. and E. Phil. Mag. V. 327.

stroboscopischen Tafeln von Stampfer, oder des Phenakistiscops von Plateau; von diesen hat man einige Abänderungen gemacht. Horner's Dädaleum *) ist eine solche stroboscopische Scheibe, an ihrer Peripherie umgeben von einem niedrigen Cylinder, auf welchem die Oeffnungen, durch welche die beweglichen Bilder gesehen werden, nach denselben Gesetzen wie auf jenen Scheiben selbst ausgeschnitten sind. Man braucht nun nicht die Scheibe vor einen Spiegel zu stellen, sondern läfst sie nur gegen das Licht gehalten rotiren, indem sich der Betrachtende so stellt, dafs er durch die Oeffnungen im Cylinder die auf dem, von ihm entfernteren, Theil der Scheibe vorbeifahrenden Figuren sieht. Diefs hat den Vortheil einer vollkommneren Erleuchtung, und gestattet vielen Personen zu gleicher Zeit das Spielwerk zu betrachten.

Ein anderes, ähnliches optisches Spielwerk ist Busolt's Farbenkreisel **). Es ist diefs eine aus einer Legirung von Blei und Zink verfertigte Scheibe von $4\frac{1}{8}$ Zoll Durchmesser, 1 Zoll Dicke und ungefähr 5 Pfund Gewicht, die vermittelst einer gut gefafsten Axe einen Kreisel bildet, der durch eine um die Axe gewundene Schnur in Bewegung gesetzt wird. Vermittelst einer besonderen Vorrichtung wird er dabei auf einem Punkt erhalten, und setzt man ihn auf einem Porzellanteller in Bewegung, so kann er ganze 45 Minuten in Bewegung bleiben. Man verschafft sich nun eine Reihe dünner Pappscheiben von verschiedener, aber gleichförmiger Farbe, und eben so eine Anzahl verschieden gefärbter länglicher Streifen oder Flügel, die, gleich den Scheiben,

---

*) L. and E. Phil. Mag. IV. 36.

**) Poggend. Annal. XXXII. 656.

in der Mitte ein Loch haben, durch welches die Axe des Kegels so eben frei hindurchgeht. Nachdem der Kreisel auf dem Teller in Rotation versetzt ist, läfst man erst eine der Scheiben, und dann nach und nach einen oder mehrere der anders farbigen Streifen oder Flügel über die Axe auf den Kreisel fallen. Hierdurch entsteht ein Wechsel von Farben, von dessen Schönheit man sich ohne eigene Anschauung des Phänomens keinen richtigen Begriff machen kann.

Phosphorescenz durch Insolation.

Die bekannte Erscheinung, dafs gewisse Körper, nachdem sie einem starken Licht rasch ausgesetzt worden sind, die Eigenschaft haben, eine Zeit lang im Dunkeln mit abnehmender Intensität zu leuchten, hat Osann *) zum Gegenstand einer Untersuchung gemacht. Seine Angaben in Betreff der Bereitung solcher sogenannter künstlicher Phosphore, findet man schon im Jahresb. 1827, p. 111. Mit den daselbst beschriebenen Verbindungen von Schwefelarsenik oder Schwefelantimon mit Schwefelcalcium sind die gegenwärtigen Versuche angestellt worden, welche die Beantwortung folgender Fragen bezweckten: Ist die Lichterscheinung eine Folge einer langsamen Verbrennung, welche durch den Einflufs des Lichts hervorgerufen wurde und nachher noch eine Zeit lang fortdauert? — Dafs dem nicht so sei, ergab sich daraus, dafs die Erscheinung eben so gut in hermetisch verschlossenen als in offenen Gefäfsen, eben so gut in Wasserstoffgas als in atmosphärischer Luft oder in Sauerstoffgas, seien sie im Maximum feucht oder künstlich getrocknet, statt findet, und dafs sie sich auch erhält, wenn diese Körper ein ganzes Jahr

---

*) Poggend. Annal. XXXIII. 405.

lang in unbedeckten Gefäfsen dem Tageslicht ausgesetzt aufbewahrt werden. Es blieb also noch übrig zu bestimmen, ob 2) die Erscheinung darin besteht, dafs Licht aufgesogen wird, während der Körper bestrahlt wird, und wieder weggeht, wenn er in das Dunkle kommt; oder 3) ob diese Körper an und für sich Licht enthalten, welches durch Einflufs des Sonnenlichts aus ihnen entbunden wird. Wiewohl diese Fragen nicht eher genügend zu beantworten sind, als bis man mit Sicherheit weifs, was eigentlich das Licht ist, so versuchte doch Osann diese Erscheinung zu erforschen, indem er von der Hypothese ausging, dafs das Licht eine Materie sei, die absorbirt und entbunden werden könne. Bestände das Licht aus Oscillationen in einem vorausgesetzten Aether oder in der Materie selbst, die Empfindung der Oscillationen wäre aber das was wir Licht nennen, so würde natürlicherweise die dritte Alternative in sich zerfallen, und die Erscheinung wäre, wie der Verfasser auch selbst vergleichungsweise anführt, von derselben Art, wie wenn ein Körper durch strahlende Wärme erwärmt wird, und nachher selbst eine Zeit lang Wärme ausstrahlt, natürlicherweise von weit geringerer Intensität, als die Strahlung, wodurch er erwärmt wurde. — Die meisten Versuche sprachen für die zweite Alternative, nämlich für eine Absorption der Lichtmaterie, die nachher weggeht, sowohl wenn der Körper im Tageslicht liegt, wo sie doch unaufhörlich wieder ersetzt wird, als wenn er sich im Dunkeln befindet, wo sie nicht wieder ersetzt wird. Für einen Hauptbeweis hält Osann den Umstand, dafs ein Körper, der aufgehört hat im Dunkeln merkbar zu leuchten, durch eine rasche, aber gelinde Erwärmung, z. B. nicht über + 100°, wieder mit fast gleicher Stärke wie vorher zu leuchten anfängt, bis zuletzt auch dann das Licht aufhört, und er nach dem Erkalten und erneuertem Erwärmen kein Licht mehr gibt. — In diesem Falle würde also die Wärme die Lichtmaterie austreiben. Für die dritte Alternative fanden sich jedoch sehr viele Gründe, die Osann in Folgendem zusammengefafst hat: dafs eine augenblickliche Einwirkung des Sonnenlichts eben so kräftig ist, wie eine länger fortgesetzte; dafs jeder dieser künstlichen Phosphore mit einem farbigen Scheine leuchtet, er mag von farblosem oder von farbigem Licht bestrahlt worden sein; dafs die Strahlen von derjenigen Hälfte des prismatischen Farbenbildes, welche mit Violett endigt, die Lichterscheinung kräftiger hervorbringen, als die von der entgegengesetzten Hälfte. Ueber diesen letzteren Umstand hat Osann vermittelst des Einflusses von Licht, welches durch ungleich gefärbtes Glas gegangen ist, eine Reihe von Versuchen angestellt, bei denen er durch eine eigene photometrische Vorrichtung im Voraus die Verminderung der Lichtintensität bestimmte, welche das gefärbte Glas verursachte. Dabei fand er, dafs das Licht des künstlichen Phosphors in keinem Verhältnifs zur Intensität oder zur Farbe des Lichts, dem er ausgesetzt war, steht; dafs aber blaue und violette Strahlen kräftiger wirken, als gelbe und rothe. Seebeck, der ebenfalls über diesen Gegenstand Untersuchungen angestellt hat, deren Zuverlässigkeit anerkannt ist, hatte bekanntlich gefunden, dafs durch die Einwirkung des rothen Endes vom Spectrum die leuchtende Eigenschaft des künstlichen Phosphors ganz vernichtet werde, eine Thatsache, die zeigt, dafs wir noch nicht im Geringsten begreifen, worin die in Rede stehende Phosphorescenz besteht. Osann bleibt bei dem Resultat stehen, dafs sie in den beiden letzten Alternativen gemeinschaftlich begründet sei.

Lichtentwikkelung beim Abdampfen.

Bekanntlich hat man schon manchmal Lichtentwickelungen in Lösungen beobachtet, in denen während des Abdampfens eine Absetzung von Krystallen statt fand. Ein sehr characteristisches Phänomen der Art ist von Pleischl beschrieben worden *). Bei der Bereitung von zweifach schwefelsaurem Kali dunstete er dessen wäſsrige Lösung in einer Porzellanschale etwas stark ab. In einer gewissen Periode der Abdampfung erschien der ganze Rand der Flüssigkeit mit einem schönen phosphorigen Schein leuchtend, und es zeigten sich zwischendurch leuchtende Streifen, die sich in verschiedenen Richtungen durch alle Theile der Flüssigkeit schlängelten. Auſserdem hatte die ganze Flüssigkeit einen matten phosphorigen Schein, was sich beim Umrühren mit einem Glasstab bedeutend vermehrte, indem dabei noch glänzende Funken in der Flüssigkeit entstanden. (Die letztere Art von Lichterscheinung war die einzige, die man in solchen Fällen früher beobachtet hatte.) Ein Salzkrystall, der mit dem Glasstab in die Höhe gebracht wurde, fuhr auch auſserhalb der Flüssigkeit zu leuchten fort; eben so leuchtete ein anderer, der auf das Sandbad gefallen war, noch ganz lange. Die Erscheinung dauerte in voller Stärke ungefähr eine halbe Stunde lang, war nach einer Stunde völlig verschwunden, und konnte dann nicht wieder von Neuem hervorgebracht werden. (Vergl. Jahresber. 1825, pag. 44. u. 45 Note, und 1826, pag. 41.

*) Baumgartner's Zeitschrift für Phys. u. verwandte Wissenschaften, III. 229.

Electricität. Elementargesetze derselben.

Snow Harris *) hat die im Jahresber. 1833, p. 28., angeführten Versuche, die electrischen Erscheinungen unter mathematische Gesetze zu bringen, fortgesetzt. Die Verhältnisse, die er in dieser Fortsetzung ermittelt zu haben glaubt, sind folgende: Wenn eine gegebene Menge von E. zwischen eine Anzahl vollkommen gleicher Leiter vertheilt wird, so wird die Anziehungskraft der letzteren, so wie sie vom Electrometer angezeigt wird, umgekehrt wie das Quadrat der Anzahl; werden aber ungleiche Mengen von E. einem und demselben Leiter mitgetheilt, so verhält sich seine Anziehungskraft direct wie die Quadrate dieser Quantitäten. Bei Transmission von E. zwischen in einiger Entfernung von einander stehenden Leitern, steht die Quantität von E., die erfordert wird, um von dem einen zu dem anderen durch die Luft überzuspringen, in geradem Verhältnifs zu der Entfernung, und folglich verhält sich die Entfernung direct wie die Quantität. Die Entfernung ist also ein Maafs der Tension, während dagegen die attractive Kraft, wie sie vom Electrometer angezeigt wird, nur für die Intensität ein Maafs ist, welche beiden Ausdrücke also nicht als gleichbedeutend anzunehmen sind. Der Widerstand, den die Atmosphäre dem Durchgange der Electricität entgegensetzt, ist nicht in einer Entfernung gröfser, als in einer anderen, und beruht auf dem Luftdruck, so dafs die Entfernung, die eine gegebene Anhäufung von E. durchbrechen kann, sich umgekehrt verhält wie die Dichtigkeit der dazwischen befindlichen Luft. Bei unveränderter Dichtigkeit machen Temperatur-Veränderungen keinen Unterschied in dem Wi-

*) L. and E. Phil. Mag. IV. 436.

Widerstand der Luft, und darum wird erwärmte Luft nur in sofern ein besserer Leiter, als sie zugleich weniger zusammengedrückt wird. Dagegen wird das Leitungsvermögen fester Körper durch Erhöhung der Temperatur vermindert.

In Betreff des Einflusses, den die Formen leitender Körper auf ihre Capacität für E. haben, fand er, dafs bei Scheiben, welche die Gestalt eines Parallelogramms haben, die relativen Capacitäten, bei constanter Fläche, sich umgekehrt verhalten, wie die Summe der Länge und Breite, und wenn diese constant ist, umgekehrt wie die Fläche. Die Capacität einer kreisrunden Scheibe unterscheidet sich wenig von der eines Quadrats, wenn beider Flächeninhalt gleich ist. Auch entsteht keine Verschiedenheit, wenn die Scheiben zu Cylinder oder zu Prismen mit irgend einer beliebigen Anzahl von Flächen gebogen werden. Die Capacität einer Kugel oder eines Cylinders ist gleich mit der einer Ebene von gleich grofser Oberfläche.

Es wurden einige Versuche angestellt zur Auffindung von Gesetzen für die Entstehung der Electricität durch Induction, und besonders in Hinsicht des Verhältnisses zwischen electrischer Anziehung und Entfernung. Die Versuche scheinen zu zeigen, dafs die erstère in einem umgekehrten verdoppelten Verhältnifs zur letzteren stehe. Die Arbeit schliefst mit einigen Versuchen über die Transmission der E. durch den luftleeren Raum, aus denen S. Harris schliefst, dafs alle Versuche, die electrische Abstofsung durch eine supponirte Mitwirkung der Atmosphäre zu erklären, unrichtig seien.

Ueber die Eigenschaft der feuchten Luft, angehäufte E. abzuleiten, hat Munck af Rosen- Eigenschaft der feuchten

Luft die E. abzuleiten.

schöld *) eine grofse Menge von Versuchen
stellt, die indessen kein recht befriedigendes
tat gaben. Derselbe sah ein, dafs das Gas des
sers, wie im Allgemeinen die Gase, keine lei
Eigenschaft haben dürfte, so lange es seine G
behält, sondern dafs sein Vermögen, alle el
Isolirung zu vernichten, eigentlich auf seiner
schaft, sich als condensirtes Wasser auf feste
per niederzuschlagen, beruhe, indem diese
ein Vermögen bekommen, längs ihrer O
die EE. abzuleiten, auch wenn ihnen
trocknen Zustand mangelt. Indem er also von
richtigen Ansichten ausging, übersah doch Re
schöld in der Untersuchung selbst die Eig
fester Körper, auf ihrer Oberfläche und in
Zwischenräumen oder Undichtheiten alle G
zusammenzudrücken, wobei von den unb
stets eine gewisse Portion condensirt wird, v
welchen Umstandes alle Körper in der Luft v
in derselben enthaltenen Wassergas auf sich
condensiren, dessen Menge sowohl von der
des ersteren, als von dem ungleichen Cond
vermögen der Körper abhängt, so dafs also all
per hygroscopisches Wasser, nach Umständ
veränderlicher Menge enthalten. So z. B. fand
senschöld, dafs in derselben feuchten Luft
Seidenschnur eine electrische Anhäufung nicht
ren konnte, welche von Glas zurückgehalten
so lange dieses warm war, und also wenig N
hatte, sich mit condensirtem Wasser zu b
Er glaubt, dafs seine Versuche zu dem R
leiten, dafs weder Wasser noch ein bekannt
ponderabile die Ursache der Ableitung der

*) Poggend. Annal. XXXI. 433. XXXII. 362.

feuchter Luft sei, sondern dafs wir unsere Zuflucht zu einem unbekannten Imponderabile nehmen müfsten, welches in die Theile der Electrisirmaschine wie Wasser eindringe, beständig im Wasser und im Wassergas enthalten sei, auf dieselbe Art wie letzteres entstehe, und eine mit der Temperatur ab- und zunehmende Tension habe. Ein solches gegen alle Regeln einer gesunden Schlüssekunst abstrahirtes Resultat mufs gelindestens als nicht annehmbar bezeichnet werden.

Reibung von Luft erregt keine EE.

Durch mehrere Versuche hat Marx *) nachgewiesen, dafs die ältere Vermuthung, durch Reibung von trockner Luft gegen isolirte Körper könne in diesen Electricität erregt werden, durchaus ungegründet ist. Als er aber bei einem seiner Versuche einen Kreisel anwandte, dessen electrischer Zustand mit dem Electrometer untersucht werden konnte, fand er, dafs der Kreisel, als er ihn auf Porzellan laufen liefs, negativ electrisch wurde. Diese Erscheinung, die anfangs wie eine Folge der Luft-Reibung aussah, wurde durch die Reibung der Kreiselspitze gegen das Porzellan hervorgebracht, und blieb ganz aus, als man den Kreisel auf einer isolirten Stahlscheibe laufen liefs.

Das Leitungsvermögen von Metallen mit der Temperatur vermindert.

Lenz **) hat Versuche darüber angestellt, in welchem Grade das Leitungsvermögen für EE. bei Silber, Kupfer, Messing, Eisen und Platin durch erhöhte Temperatur vermindert wird. Die hierbei angewendete, stets gleiche Electricität war die, welche beim Abziehen des Ankers von einem Hufeisenmagnet entsteht, und das Maafs dafür, die beim Abziehen entstehende relative Abweichung der Magnet-

*) Journ. für pract. Ch. III. 239.
**) Pharm. Centralblatt, 1834. p. 163.

nadel in einem mit dem Anker verbundenen Multiplicator. Folgende Tabelle enthält die aus den Versuchen berechneten Resultate:

Temperatur *). Réaumur.	Silber.	Kupfer.	Messing.	Eisen.	Platin.
0°	100,0	100,0	100,0	100,0	100,0
10	96,40	96,91	98,26	95,37	97,30
20	92,92	93,90	96,56	90,90	94,69
30	89,50	90,98	94,89	86,60	92,18
40	86,31	88,15	93,29	82,48	89,76
50	83,19	85,41	91,72	78,52	87,43
60	80,18	82,85	90,18	74,73	85,20
70	77,29	80,18	88,70	71,11	83,06
80	74,51	77,70	87,29	67,65	81,01
100	69,32	73,60	84,47	61,27	77,19
120	64,60	68,66	83,88	55,56	73,75
150	58,408	62,78	78,29	48,16	69,27
200	50,44	54,74	68,12	39,48	63,68
300	43,37	36,61	65,95	34,63	59,47

Das relative Leitungsvermögen dieser Metalle bei 0° war:

Silber	136,250
Kupfer	100,000.
Messing	29,332
Eisen	17,741
Platin	14,165.

Auch hat er folgende Minima angegeben:

Silber . . .	59,00	fällt bei	310°	Réaumur
Kupfer . . .	56,32	—	359	—
Messing . .	18,43	—	421½	—
Eisen . . .	6,07	—	279	—
Platin . . .	8,41	—	295	—

---

*) Die Temperatur ist von den Angaben des Quecksilberthermometers auf die des Luftthermometers reducirt.

Bei diesen Zahlen ist das Leitungsvermögen des bei 0° = 100,00 angenommen.

Vermögen electrischer Ströme Wärme zu erregen.

ekanntlich hat der electrische Strom die Eigen- die Körper, in denen er Widerstand erfährt, tzen. Diese Erscheinung ist jedoch nur in llen studirt worden, wo hohe Temperaturen entstehen, und wo also eine grofse Menge ctricität angewendet wird. Peltier *) hat Versuche unternommen, mit Anwendung geringen electrischen Tensionen, wie der elec- Strom erhält, wenn in einem thermoelectri- Apparat die eine Junctur nur um 10° wärmer en wird als die andere. Diese Versuche sind nicht vollendet, aber als vorläufiges Resultat angeführt werden, dafs der electrische Strom eine Temperaturveränderung in dem Körper er- durch welchen er hindurchgeht, und dafs, wenn z. B. ein Metalldraht ist, die Temperatur stets ist, der Drath mag lang oder kurz sein, der electrische Strom dieselbe Quantität hat, der Magnetnadel im Multiplicator eine gleich Abweichung ertheilt. In den durch Löthung en Juncturen ist die Temperatur-Verände- ets stärker, sie ist aber oft in derselben Junc- eutend ungleich, so dafs z. B. bei einem Ver- it einer Löthung zwischen Zink und Eisen die tur um 30° erhöht wurde, als die negative Zink zum Eisen ging, aber nur um 13° bei ngekehrten Richtung. Aber diese sonderbare chheit war es nicht allein. In gewissen Fäl- teht in diesen Juncturen eine Erniedrigung emperatur, und dabei gibt ein electrischer Strom iner gewissen Stärke eine Erniedrigung, einer

Annales de Ch. et de Ph. LVI. 371.

von einer anderen Stärke eine Erhöhung der Temperatur. Diese sonderbare Erscheinung findet eigentlich nur bei zusammengelötheten Metallen von krystallinischem Gefüge, wie Wismuth und Antimon, statt. Ich will einige Beispiele angeben: Eine Wismuthscheibe wurde an eine Kupferscheibe gelöthet, und dadurch ein electrischer Strom geführt, dessen Tension allmälig erhöht werden konnte; in der Löthung wurde dabei folgende Temperatur-Veränderung beobachtet:

Abweichung der Magnetnadel durch den electr. Strom.	Temperatur-Veränderung.
15°	— 2°,5
20	— 4 ,5
28	— 4 ,5
30	0
35	+ 4

Eine zwischen zwei Kupferscheiben gelöthete Wismuthscheibe gab, als ein electrischer Strom von 20° mit + E. vom Kupfer zum Wismuth ging *), eine Temperatur-Erhöhung von 20°, und bei entgegengesetzter Richtung des Stroms eine Temperatur-Erniedrigung von 10°. Zu den Temperatur-Bestimmungen wurde ein Metallthermometer angewendet; da aber der Einwurf gemacht werden konnte, dafs dieses durch Induction vielleicht der Sitz von electrischen Strömen hätte werden können, die auf seine Temperatur wirkten, so wurde eine Vorrichtung gemacht, bei welcher die Leitungen in einem Luftthermometer eingeschlossen waren, dessen Angaben dann vollkommen mit denen des Metallther-

*) Die Angabe des Verf. ist etwas undeutlich, da das Wismuth auf beiden Seiten von Kupfer umgeben ist.

mometers übereinstimmten. Es gelang Peltier, seinem Apparat einen solchen Grad von Empfindlichkeit zu geben, dafs er den Temperaturwechsel in einer Löthung bemerken konnte, selbst wenn er von einem so schwachen electrischen Strome verursacht wurde, wie der ist, der bei der Berührung einer Junctur eines thermoelectrischen Apparats mit dem Finger entsteht. Ohne Zweifel wird die Fortsetzung dieser Untersuchungen zu höchst interessanten Resultaten führen.

Nervander's Multiplicator.

Der gewöhnliche electro-magnetische Multiplicator ist nur mit Schwierigkeit als Vergleichungsmaafs der Intensität ungleicher electrischer Ströme anwendbar, weil die Gröfse der Abweichung seiner Magnetnadel nicht proportional ist der Kraft, welche sie hervorbringt, indem sich die Pole der Nadel immer mehr von dem Punkt entfernen, von wo die Kraft ausgeht. Nervander*) hat versucht einen Multiplicator zu construiren, worin diefs, wenigstens für ein Stück der Scale, nicht der Fall sein soll, und das französische Institut hat anerkannt, dafs es dieser Anforderung wirklich entspricht. Es kann hier nicht näher beschrieben werden, nur so viel ist darüber zu bemerken, dafs seine wesentliche Verschiedenheit von dem gewöhnlichen Multiplicator darin besteht, dafs der Multiplicator die Form einer platten Dose hat, in welcher sich die Nadel bewegt, und dafs um diese Dose der mit Seide übersponnene Drath über den Deckel und den Boden gewunden ist, in der Art, dafs die erste Umwindung auf dem Diameter der Dose gemacht wird, und die übrigen nachher parallel auf beiden Seiten mit jedem der Enden des Draths fortgesetzt werden, indem Vor-

*) Annales de Ch. et de Ph. LV. 156.

richtungen getroffen sind, die das Abgleiten der windung verhindern. Man kann dann mehrere cher Schichten über einander legen, mit Beobach des Umstandes, dafs alle vollkommen parallel den. In Betreff der näheren Beschreibung des strumentes, seiner Justirung und Anwendung, ich auf die Abhandlung verweisen.

Zamboni's dynamisches Universal-Electroscop.

Zamboni *) hat eine Art electro-magneti Electroscops construirt, welches er für allge anwendbar hält, als es der gewöhnliche Multip tor ist. Dieses Instrument besteht in der Ha che aus einem feinen und leichten runden Mul cator-Ring von 100 Windungen und 3 bis 4 Durchmesser, aufgehängt in verticaler Stellung dafs er sich mit Leichtigkeit nach allen Seiten hen läfst. Man setzt nun den Ring in gleich w Abstand zwischen die beiden Pole eines Huf magnets. Wenn man den Ring einen electri Strom entladen läfst, so wird er von dem eine angezogen und von dem anderen abgestofsen. ist hierin viel empfindlicher als eine gewöh Magnetnadel im Multiplicator, weil die Polarität Magnets stärker ist als die einer solchen Nadel, man aufserdem für schwächere Spuren von el schen Strömen einen um so stärkeren Magnet wenden kann.

Nobili's electrochemische Figuren.

Nobili **) hat einige neue Betrachtungen die regenbogenfarbenen Anlaufungen mitgetheilt, nach ihm Nobili's electrochemische Figuren nannt worden sind; sein Zweck ist diefsmal, klärungen über den Weg des electrischen St zu geben, wie er von der Figur der Anlauf

---

*) Baumgartner's Zeitschrift, III. 182.
**) Poggend. Annal. XXXIII. 537.

angedeutet wird. Ich muſs im Uebrigen auf die Abhandlung verweisen.

Electrochemie. Fortsetzung von Faraday's Versuchen.

Ich habe in den vorhergehenden Jahresb. 1833, pag. 38.; 1834, pag. 36., und 1835, pag. 35., über die ersten fünf Fortsetzungen von Faraday's Untersuchungen über die Electricität berichtet, welche mit der höchst merkwürdigen Entdeckung der Electricitäts-Erregung durch den Magnet begonnen wurden, und die sich von dieser Seite her allmälig über die hydro-electrischen und chemischen Theile der Electricitätslehre verbreiteten. Ich habe nun noch über fernere Fortsetzungen zu berichten.

Die sechste Fortsetzung *) enthält Untersuchungen über die Ursache eines Factums, welches im Verlaufe derselben vorkam, daſs nämlich, wenn die von der Zersetzung von Wasser entwickelten Gase mit einem Theil eines Platindraths in Berührung kamen, eine allmälig zunehmende Verminderung ihres Volumens statt fand. Daſs dieſs von den Wirkungen des Platins auf Knallgas herrühre, war leicht zu vermuthen, aber es verdiente untersucht zu werden, unter welchen Umständen der Drath dieſs veranlaſste. Faraday glaubte dann zu entdecken, daſs ein Platindrath, der als positiver Leiter bei Entladung der electrischen Säule durch eine Flüssigkeit, z. B. verdünnte Schwefelsäure, angewendet werde, dieses Vermögen erlange; aber bei Abänderung des Versuchs zeigte es sich bald, daſs hierzu nur eine absolut reine Metallfläche erforderlich war, und daſs durch Scheuern, Glühen, Behandeln mit Säuren oder Alkalien, wodurch die fremden, sonst unbemerkbaren Bedeckungen entfernt werden, diese Wirkung beim Platin hervorgerufen wird, daſs also die An-

*) Poggend. Annal. XXXIII. 149. Aus den Phil. Transact. für 1834.

wendung desselben als positiver Leiter auf keine andere Art als durch Reinigung der Oberfläche wirkte. Seine Versuche zeigen, daſs absolut reines Platin, welches als Drath oder Scheibe in einem Gemenge von Sauerstoff- und Wasserstoffgas gelassen wird, die Vereinigung der letzteren bedingt, anfangs langsam, zuletzt aber unter merklicher Erwärmung, die sogar bis zur Explosion gehen kann. Aber nicht genug, daſs er nachgewiesen hatte, daſs diese Erscheinung bei der gewöhnlichen Lufttemperatur bei dem geschmiedeten Platin statt finde; er versuchte auch dieselbe zu erklären. Die Erklärung lautet folgendermaaſsen: »Feste Körper üben auf Gase eine Attractionskraft aus, durch welche die Elasticitätskraft der letzteren auf der Oberfläche des festen Körpers bedeutend vermindert wird. Das Wasserstoffgas und Sauerstoffgas kommen hier in einen solchen Zustand von Zusammendrückung, daſs ihre gegenseitige Verwandtschaft bei der vorhandenen Temperatur erregt wird. Durch ihre verminderte Elasticitätskraft geben sie nicht allein leichter der Attraction des Metalles nach, sondern sie kommen auch in einen die Vereinigung mehr begünstigenden Zustand, weil ein Theil der Kraft, worauf ihre Elasticität beruht, und welche der Vereinigung entgegengewirkt haben würde, nun nicht mehr da ist; das Resultat der Verbindung ist die Bildung von Wassergas und die Erhöhung der Temperatur. Da aber die Attraction des Platins zu dem gebildeten Wasser nicht gröſser, ja kaum so groſs ist als zu den Gasen (denn das Platin kann kaum als hygroscopisch angenommen werden), so breitet sich der Wasserdampf schnell durch das Gasgemenge aus. Dadurch bleibt das Platin entblöſst, so daſs neue Theile des Gasgemenges damit in Berührung kommen, in Wasserdampf verwandelt, und im Gasgemenge zerstreut werden. Auf diese Weise schreitet der Prozefs weiter fort, unterdessen sich die Temperatur allmälig erhöht, wodurch er so beschleunigt werden kann, dafs Explosion eintritt.«

Bei dieser Erklärung kann indessen die Bemerkung gemacht werden, dafs die Zurückführung solcher wunderbaren Phänomene auf ganz gewöhnliche Gesetze und Verhältnisse nicht eher einen eigentlichen Werth hat, als bis alle oder wenigstens die meisten der dazu gehörigen Erscheinungen in die Erklärung mit einbegriffen werden können. Die obige Erklärung zeigt wohl eine Ursache, warum Sauerstoff und Wasserstoff auf der Oberfläche des Platins in Wasser verwandelt werden und dadurch Wärme entsteht, und es bekommt dadurch den Anschein, als sei der gordische Knoten gelöst. Gleichwohl, setzen wir in der Erklärung die Worte Gold oder Silber statt des Wortes Platin, so enthält die Erklärung nichts, was zeigt, dafs nicht die Grundursache der Erscheinung genau auf dieselbe Art statt habe, denn gleich wie bei der Anwendung von Platin, ist bei den Gasatomen die halbe Repulsionskraft (d. h. diejenige, welche auf der dem Metalle zugewandten Seite der der Metallfläche zunächst gelegenen Gasatome wirken würde) aufgehoben, so dafs die allgemeine Anziehung zur Metallfläche und die Verdichtung auf derselben auch hier vorhanden sein müfste; allein das Phänomen findet nicht statt, wie Jedermann weifs. Die Oberfläche des Platins besitzt demnach eine specifische Eigenschaft, die bei Gold oder Silber entweder fehlt, oder richtiger nur in einem höchst unmerklichen Grad vorhanden ist, und auf dieser specifischen Eigenschaft beruht das Phänomen. Es ist nicht meine Meinung, dafs die gegebene Erklärung unrichtig sei in der Ann dafs eine Condensirung von Gasen auf der fläche fester Körper statt finde; im Gegent diese Annahme, wie ich glaube, durch viele nungen erwiesen, wie z. B. dadurch, dafs we durch eine enge Röhre fliefst, es haupts Centralportion ist, die sich fortbewegt, während dem Umkreis hin die Bewegung langsamer, auf dem Metall selbst vielleicht Null wird. diefs ist eine allgemeine, dem Zustand der heit angehörige Eigenschaft, die uns noch n hin führt, dafs wir begreifen, warum Platin menge von Wasserstoffgas und Sauerstoffgas det, und warum Gold diefs nicht thut. D und Thénard haben gezeigt, dafs allerd Körper etwas von der specifischen Kraft d tins besitzen, die sich bei ihnen mit erhöhte peratur steigert, verschieden für ungleiche Aber die Erhöhung der Temperatur, wenn si seits die Vereinigungs-Begierde gasförmiger vermehrt, arbeitet doch andrerseits ihrer Co rung auf der Oberfläche des festen Körpers gen. Fügen wir dann noch hinzu, was wohl mit Grund in diesem Falle nicht übersehen kann, dafs diese Eigenschaft des Platins entgegengesetzten im Zusammenhang steht, z. Wasserstoffsuperoxyd die Bestandtheile von der zu trennen, so sehen wir ein, dafs alles von specifischen Eigenschaften der Materie ren müsse, die vielleicht mit denjenigen im menhang stehen, welche die electrochemisch hältnisse der Materie determiniren, die wir jetzt durchaus nicht begreifen können. Durc wird die Entwickelung der Wissenschaft hemmt, als dadurch, dafs man aus zu

...ten bei den Erklärungen richtig zu verstehen ...t, was bei mehr erweiterten Ansichten als un... ...iflich erscheint, und zur Lösung des Räthsels ...r Entdeckungen bedarf.

In dieser Untersuchung hat Faraday einige ...chungen über einen zuvor bekannten, aber da... ...in Berührung stehenden Gegenstand hinzugefügt, ...ich über die Eigenschaft gewisser Gase, in sehr ...er Menge eingemengt, die Wirkung des Pla... ...uf das Knallgas gänzlich zu verhindern, wäh... ...andere dagegen nur dadurch in der Art wirken, ...ie verdünnen und sie also verlangsamen. Ein ...nge von 2 Maafs Wasserstoffgas und 1 Maafs ...toffgas kann mit grofsen Quantitäten von ge... ...icher Luft, Sauerstoffgas, Wasserstoffgas, Stick... ...tickoxydulgas, Kohlensäuregas, vermischt wer... ...ohne dafs dadurch die Wasserbildung auf der ...äche des Platins vernichtet wird. Dagegen ...ie gänzlich auf durch Zusatz von nur 1 Pro... ...bildendem Gas oder 10 Proc. Kohlenoxyd... ...chwefligsäuregas oder Schwefelwasserstoffgas. ...für dieses Verhalten findet man in der gege... ...Erklärung keinen Grund. Ein ganz sonder... ...Umstand, den indessen Faraday nicht wei... ...twickelt hat, war, dafs das durch Zersetzung ...Wasserdämpfen mittelst glühenden Eisens be... ... Wasserstoffgas, in richtiger Proportion mit ...toffgas gemengt, mit diesem nicht allein nicht ...ar war unter Einflufs des Platins, sondern ...irkung des Platins auf ein $4\frac{1}{2}$mal gröfseres ... Knallluft, mit auf nassem Wege entwik... ...Wasserstoffgas bereitet, sogar zerstörte. Fa... ... vermuthet, es habe diefs in eingemengtem ...oxydgas seinen Grund, dessen Gegenwart je... ...nicht nachgewiesen wurde. Indessen da man nun weiſs, daſs brennbare Körper, je nachdem auf trocknem oder nassem Wege, d. h. bei h oder niedriger Temperatur, hervorgebracht oder geschieden worden sind, ungleiche Brennbarkei ben, so verdiente es untersucht zu werden, ob dieser, mit der Verschiedenheit in den Eigens ten bei isomerischen zusammengesetzten Körpern wandte Zustand, gleich wie bei mehreren Met bei Kohle und Kiesel, auch bei dem Wasse statt finde.

Siebente Fortsetzung *). Sie behandelt besonders wichtige Gegenstände. Der erst trifft die Auffindung einer Methode, um mit Si heit die Quantität von Electricität in einem e schen Strom zu messen; der zweite: zu sen, daſs ein Strom von einer gegebenen Qu EE. in einer Flüssigkeit, wo das Leitungsver hinreichend groſs ist, um dem freien Dur des electrischen Stroms kein Hinderniſs entge setzen, stets dieselbe Quantität Wasser zersetzt, mit anderen Worten, dieselbe Quantität von serstoffgas hervorbringt; und der dritte, da und derselbe electrische Strom, den man durc setzbare Körper nach einander leitet, aus ihnen gleiche Aequivalente der verbundenen Körpe scheidet, z. B. aus Wasser und aus Chlorw stoffsäure am negativen Drath eine gleiche Q tät Wasserstoff, aus geschmolzenem Chlorblei Chlorsilber eine Quantität Blei oder Silber, d dem Wasserstoff bei den ersteren ein chem Aequivalent ist, so daſs also die electrischen tionen der Körper gleichen bestimmten Qua

*) Poggend. Annal. XXXIII. 301 u. 481. Aus de Transact. für 1834.

Verhältnissen unterworfen sind, wie ihre relativen Atomgewichte.

Diese drei Umstände glaubt Faraday durch diese Versuche erwiesen zu haben, und in der That hat er durch diese verdienstvolle Arbeit eine Möglichkeit bereitet, die theoretische Forschung auf sicherere Standpunkte, als sie vorher hatte, zu bringen.

Die erste und zweite der erwähnten Fragen fallen bei der Entwickelung fast in eine und dieselbe zusammen. Faraday ermittelte durch Versuche, daſs bei der Entladung einer und derselben electrischen Säule, mittelst desselben Platinleiters, durch eine mit Wasser in ungleichen Verhältnissen verdünnte Schwefelsäure, stets in gleicher Zeit eine gleiche Quantität Wasserstoffgas und Sauerstoffgas erhalten wurde, wenn beide aufgesammelt wurden, oder eine gleiche Quantität von Wasserstoffgas, wenn die Vorrichtung so beschaffen war, daſs dieses allein aufgefangen wurde, es mochte die Menge der Schwefelsäure im Wasser gröſser oder geringer sein, wenn überhaupt nur eine gewisse Menge Säure da war und das Wasser leitend machte*). Ein Gemische

*) Hierbei könnte jedoch, wie mir scheint, ein Beobachtungsfehler begangen worden sein. Bei dem Durchgang des electrischen Stroms durch die saure Flüssigkeit sammelt sich Säure in überwiegender Menge am + Drath und Wasser am — Drath, und die Menge muſs mit der ungleichen Menge der Säure variiren. Wenn aber eine gewisse Quantität E.E. auf diese Theilung in Wasser und concentrirtere Säure verwendet wird, so müssen, wie es scheint, in der Quantität von Wasser, die in ihre Bestandtheile zersetzt wird, Abweichungen statt finden. Wenn auch die Summe beider Zersetzungen jedes Mal dieselbe ist, so können doch beide Arten unter sich in relativer Quantität variiren. Wirklich fand Faraday, daſs groſse Leiter-Oberflächen weniger Gas gaben, schrieb es aber einer gröſseren Auflösung des Gases in der Flüssigkeit zu, in-

von 1,336 spec. Gewicht gab die gleichförmigsten Resultate. Er fand ferner, daſs die Quantität von entwickeltem Wasserstoffgas in einer gegebenen Zeit dieselbe blieb, wenn die angewandten Leiter von Platin Dräthe von gröſserem oder geringerem Durchmesser, oder Scheiben von gröſserer oder geringerer Breite, und mehr oder weniger tief in die Flüssigkeit eingesenkt waren, und daſs also die Quantität des entwickelten Wasserstoffgases von der Gröſse der in die Flüssigkeit eingesenkten Leiterfläche unabhängig war. Ferner gibt er an gefunden zu haben, daſs dieselbe Paaren-Anzahl in der Säule, stärker oder schwächer geladen (was hiermit verstanden wird, ist nicht bestimmt angegeben, es wäre aber ganz falsch, wenn damit gemeint wäre: aufgebaut mit Flüssigkeiten von ungleicher electromotorischer Kraft)*), dieselbe Quantität von Wasserstoffgas gab, so wie sich auch ein gleiches Verhältniſs zeigte, wenn die Säule das eine Mal aus 5 Paaren, das andere Mal aus 40 Paaren bestand, wenn nur Platten von derselben Gröſse angewendet wurden. Hierdurch wurde Faraday zu folgendem Resultat geleitet: *Wird Wasser dem Einfluſs des electrischen Stroms ausgesetzt, so wird stets eine Portion*

---

dem dasselbe auf einer Oberfläche von gröſserer Erstreckung entbunden werde.

*) Die Ausmittelung dieses Punktes ist von bedeutender Wichtigkeit; denn wäre die Beobachtung unrichtig, so wäre in dem Uebrigen ein bedeutender Grad von Sicherheit verloren. Faraday beschreibt seine Versuche mit einer Ausführlichkeit, die ich nicht tadeln will, wenn sie auch zuweilen zu entbehren gewesen wäre; aber an dieser Stelle beschränkt er sich bloſs auf Folgendes: »On using batteries of an equal number of plates, strongly and weakly charged, the results were alike.«

tion davon zersetzt, deren Menge der Quantität von Electricität proportional ist, ohne dafs ein Einflufs auf diese Menge ausgeübt wird von der Intensität des electrischen Stroms, oder von der in die Flüssigkeit eingesenkten gröfseren oder geringeren Oberfläche, oder im Uebrigen von dem gröfseren oder geringeren Leitungsvermögen der Flüssigkeit.

Nachdem dieses gegeben ist, mufs offenbar die Quantität von Wasserstoffgas, die sich bei der Entladung der electrischen Säule durch z. B. verdünnte Schwefelsäure, worin die Säure keine Zersetzung erleidet, ein Maafs für die Quantität der hindurchgegangenen Electricität werden. Hat man nun eine solche Einrichtung getroffen, dafs bei einer Zersetzung mittelst der electrischen Säule, wobei verdünnte Schwefelsäure von 1,336 der Wirkung der Ausladung ausgesetzt wird, das entwickelte Wasserstoffgas aufgefangen und gemessen werden kann, und dafs von demselben electrischen Strom noch andere Zersetzungen, die eine nach der anderen, ausgeübt werden, so wird die Quantität des Wasserstoffgases ein Maafs für die Quantität von EE., welche bei den letzteren wirksam gewesen ist. Auf diese Weise kam Faraday zu dem dritten und hauptsächlichsten Resultat seiner Versuche, nämlich: »*dafs das, was dieselbe Quantität EE. zersetzt, chemische Aequivalente sind.*« Der Beweise für diesen Satz sind zwar nicht viele, sie scheinen aber doch für die angeführten Fälle dieses Verhalten darzulegen. So fand er, dafs Salzsäure und Jodwasserstoffsäure, in Wasser aufgelöst, jede für sich dieselbe Quantität von Wasserstoffgas am negativen Pol gab, welche er im Quantitätsmesser mit verdünnter Schwefelsäure erhalten hatte. Auf dem positiven Leiter entwickelten die Wasserstoffsäuren Chlor oder Jod, aber keinen Sauerstoff. Als Chlorsilber, und besonders Chlorblei, in geschmolzenem Zustand, zwischen Platindräthen zersetzt wurde, von denen der negative gewogen war, so ergab es sich, dafs das Gewicht des auf dem — Drath haftenden reducirten Metalles dem Volumen des in dem Quantitätsmesser angesammelten Wasserstoffgases entsprach, in der Art, dafs beide chemische Aequivalente waren. Die Quantität des negativen Elementes war nicht so leicht direct zu bestimmen, aber es kann keinem Zweifel unterworfen sein, dafs sie der des reducirten Metalles entsprochen habe. Bei einem der Versuche mit geschmolzenem Chlorblei wurde Blei als positiver Leiter angewendet; hierbei bildete sich wieder Chlorblei, wodurch also der positive Leiter eben so viel an Gewicht verlor, als der negative durch Reduction gewann.

Bei Beurtheilung dieser Versuche will es scheinen, als wäre der Satz, dafs dasselbe Quantum EE. stets dieselbe Gröfse in der Zersetzung gebe, nicht so vollkommen bewiesen, als man wünschen könnte. Die Sache ist vielleicht richtig. Diefs darf jedoch nicht von einer näheren Kritik des Beweises abhalten. Jeder, der Gelegenheit hatte, das Quantum von chemischer Zersetzung, welches eine neu aufgebaute Säule bewirkt, zu vergleichen mit dem, welches nach 24 Stunden dadurch hervorgebracht wird; der gesehen hat, in welchem Grade der Abstand nicht allein zwischen den Platten in der Säule (d. h. die Dicke des zwischenliegenden Liquidums), sondern auch zwischen den Leitungsdräthen in der Flüssigkeit auf den Gang der Zersetzung influirt, findet nicht in Faraday's Arbeit angegeben, wie man messen kann, was diese wirken in Beziehung auf eine Aenderung in der Quantität des hindurchgelassenen electrischen Stroms. Nach **Faraday's** Ausdruck, »schwach oder stark geladen, gibt die Säule gleiche Resultate,« müfste die zersetzende Wirksamkeit der Säule nicht in beständigem Abnehmen begriffen sein, wie wir alle, die wir die electrische Säule zu chemischen Zersetzungen angewendet haben, gefunden zu haben glauben. In den Resultaten dieser Versuche finde ich nichts, was entscheidend genug wäre, um mehr zu beweisen, als dafs, wenn Wasser und geschmolzenes Chlorblei nach einander von demselben electrischen Strom zersetzt werden, die Quantitäten des reducirten Bleies und Wasserstoffs Aequivalente sind. Allein auch hier bedingt, wie ich oben anführte, die Gegenwart der Schwefelsäure im Wasser eine Unsicherheit. Sie mufs eine Abweichung bewirken, die vielleicht zu gering ist, um sich zu zeigen, wenn der Versuch so im Kleinen angestellt werden mufs. Noch eine andere Frage kann hierbei aufgeworfen werden: ist dasselbe Quantum von Electricität nöthig, um 1 Atom Silber und 1 Atom Sauerstoff von einander zu trennen, wie um 1 Atom Kalium von 1 Atom Sauerstoff zu trennen, d. h. um Kräfte von einem so unermefslichen Unterschied in der Gröfse aufzuheben? Kann die Intensität an Kraft ersetzen, wie sie zur Ueberwindung einer gröfseren Kraft vorauszusetzen ist? Wäre nicht der Umstand denkbar, dafs Verwandtschaften von gleicher Gröfse von demselben Strom gleich überwunden werden, und Verwandtschaften von wenig verschiedenem Grad mit so geringem Unterschied in der Quantität, dafs er im Kleinen in die Beobachtungsfehler fällt? Es ist bekannt, dafs Blei nur mit Schwierigkeit und im Kochen das Chlor vom Wasserstoff scheidet, dafs also diese Verwandtschaften sehr nahe liegen. Man sieht hieraus, daſs diese Untersuchung von einem weit umfassenderen Gesichtspunkt genommen werden muſs, ehe das Resultat, welches Faraday daraus entnommen hat, als gültig betrachtet werden kann.

Ich habe jedoch noch eine andere Sache zu bemerken. Faraday schlieſst aus seinen Versuchen, daſs dieselbe Quantität Electricität stets gleiche Aequivalente abscheide. Dieſs beweist auch der Versuch mit Wasser und Chlorblei. Aber die wenigsten der zusammengesetzten Körper enthalten ihre Bestandtheile in einer gleichen Anzahl von Aequivalenten, viele enthalten eins vom einen, und 2, 3 und mehr vom anderen, dazu oft mehrere von einem dritten und vierten Element. Da aus der electrochemischen Ansicht so natürlich folgt, daſs in einer Verbindung von A+2B der ursprüngliche electrochemische Zustand dieser 2B nur halb so neutralisirt ist, als der von B in A+B, daſs also dieselbe electrische Kraft, oder dasselbe Quantum von Electricität, erforderlich sein müsse, um A+B, wie um A+2B zu zersetzen, so scheint Faraday die Zersetzung nur solcher Körper durch den electrischen Strom zuzugeben, die nur ein Aequivalent von jedem Element enthalten, weil im umgekehrten Fall die electrische Quantität und die chemischen Aequivalente nicht übereinstimmen würden.

Zur Hinwegräumung dieses anscheinenden Widerspruchs gegen die Erfahrung, daſs auch andere Körper als diejenigen, die man in England als aus einem Aequivalent von jedem Element zusammengesetzt betrachtet, bei der Entladung der electrischen Säule zersetzt werden, stellte Faraday eine Reihe von Versuchen an, wobei einige Körper mit einer unerklärlichen Hartnäckigkeit der Zersetzung widerstanden, während andere im aufgelösten Zustande leicht zersetzt werden. Diese Zersetzung betrachtet er aber dann als eine rein chemische, bewirkt durch den Wasserstoff oder Sauerstoff aus dem Wasser, die im Entstehungszustand neue Verbindungen eingehen, und die dabei sich zeigenden Körper abscheiden sollen. So z. B. glaubt er, der Stickstoff könne nicht durch die Electricität aus seinen Verbindungen abgeschieden werden, denn wir könnten keine Verbindung anwenden, worin 1 Aequivalent Stickstoff mit 1 Aequivalent eines anderen Elementes verbunden wäre; sondern würde Stickstoff aus dem Ammoniak am + Leiter entbunden, so geschehe diefs durch Oxydation des Wasserstoffs, und werde Stickstoff auf dem — Drath aus der Salpetersäure entwickelt, so geschehe diefs durch eine Reduction, die der Wasserstoff aus dem Wasser bewirke; in beiden Fällen treffe die electrische Zersetzung nur das Wasser. Diese Art von Zersetzung nennt er *secundär*. Ich glaube nicht, dafs diese Art zu schliefsen eine strengere Prüfung verträgt, und wie leicht eine vorgefafste Meinung bestimmend im Urtheil wird, selbst wenn man Irrwege zu vermeiden sucht, findet man leicht aus einem von Faraday's Versuchen, bei welchem er geschmolzenes Antimonoxyd der zersetzenden Wirkung des electrischen Stroms aussetzte und wobei das Metall reducirt wurde. Da Faraday zugibt, dafs dieses Oxyd nicht als Sb+O betrachtet werden kann, sondern mehrere Atome Sauerstoff enthält, so würde diefs das Gegentheil von der Idee beweisen, zu deren Stütze der Versuch angestellt wurde. Daher nimmt er an, aus Gründen, die gewifs kein Chemiker für zureichend erklären wird, und auf die ich weiter unten zurückkomme, dafs das gewöhnliche Antimonoxyd ein bisher ganz unbekannt gewesenes Oxyd, Sb+O, gemengt enthalte, und dafs es dieses sei, w von der Electricität reducirt werde. Wäre d Faraday gesuchte Verhalten richtig, dafs keine anderen electrischen Zersetzungen statt als die, wo die Verbindung ein Aequivalent Atom von jedem Bestandtheil enthält, und dafs anderen secundär, d. h. durch chemische W anderer hierbei freiwerdender Körper hervorg sind, so könnte z. B. in einer Lösung von schwefelsaurem Kali am —Drath kein Ka schieden werden, was doch in der That g — Wir dürfen hoffen, dafs dieser ausg Naturforscher bei fernerer Verfolgung dieser che von erweiterteren Ansichten ausgehen w

Faraday glaubt, aus Gründen, die ich für gültig halte, dafs seine Versuche zu so derten Ansichten in der Theorie der W führen, dafs unsere gewöhnlichen Wissenscha nennungen zu einem richtigen Ausdruck der zu denen die Resultate leiten, unzureichend daher hat er andere eingeführt, von denen nicht glaube, weder dafs sie in irgend eine sicht nothwendig waren, noch dafs sie befo werden verdienen. Die von ihm in der A angewandte neue electrochemische Terminol steht in Folgendem: Electrolyt, ein Kö von der EE. zersetzt wird; daher electrolyt electrolysiren. Electrode (Electricitäts der Leiter vermittelst dessen die Electricität zersetzenden Körper zugeleitet wird. Farad folgt die in England gewöhnliche Ansicht, n Electricität anzunehmen, daher können die nicht mehr positiv oder negativ genannt werd dern der + Leiter wird Anode (Zuweg)

— Leiter Kathode (Abweg) genannt. Die Körper, welche durch die electrochemische Zersetzung zu den Polen transportirt und daselbst abgeschieden werden, nennt er Jone (Gänger); diejenigen, welche zum positiven gehen, heifsen Anione (Aufgänger), und die, welche zum negativen gehen, Kathione (Niedergänger). Er hat sogar ein Verzeichnifs der vorzüglichsten Anione und Kathione mitgetheilt. Die Eigenschaft von Anion und Kathion ist, nach Faraday's Ansicht, so positiv, dafs z. B. Schwefel, der ein Kathion ist, bei der Reduction der Schwefelsäure durch die Säule nur dadurch auf der Anode (dem + Leiter) hervorkommen kann, dafs die Säure durch den freiwerdenden Wasserstoff reducirt wird. Dafs eine, auf die Vorstellung von nur einer Electricität gegründete, neue Nomenclatur niemals überflüssiger gewesen ist, als in dem Augenblick, wo die electrochemische Theorie, welche ohne zwei entgegengesetzte electrische Kräfte keinen Sinn hätte, auf dem Wege ist, eine so kräftige Stütze zu gewinnen, wie durch die electrischen Quantitäts-Verhältnisse, welche Faraday nachzuweisen gesucht hat, fällt Jedermann in die Augen.

Versuche über die Gesetze für das einfache hydroelectrische Paar.

Ueber verschiedene der Verhältnisse, welche eine ungleiche electrische Wirksamkeit in dem hydroelectrischen Paar bestimmen, haben die Gebrüder Rogers *) eine Reihe von Versuchen angestellt. Sie haben dabei nichts nachgewiesen, was nicht schon vorher bekannt gewesen wäre, indem dieselbe Materie bereits von Fechner, Marianini u. a. untersucht worden ist. Ihr Gegenstand war die Ungleichheit der electrischen Vertheilung, 1) je nachdem ungleiche Flächen von Kupfer und Zink ein-

*) Silliman's American Journal of Science, XXVII. 39.

getaucht wurden, wobei sie fanden, dafs die
gröfserung der Zinkfläche entweder keine oder
nur wenig bemerkenswerthe Vermehrung b
was also das Gegentheil von dem ist, was bei
gröfserung der Kupferfläche statt findet. Was
bei ihren Versuchen Werth gibt, sind die
Wiederholungen und genauen Bestimm
Gröfse in der Drehungskraft der Magnetna
nach den ungleichen eingetauchten Flächen.
schen mufs bemerkt werden, dafs die Resul
bei nicht so constant waren, dafs sich das
setze ableiten lassen möchten. Als z. B. die
fläche gegen die Zinkfläche verdoppelt wu
riirte die Vermehrung in der Drehungskraft z
dem 1½- und 2fachen von dem, was sie bei
Fläche war, was sie auch mit Ritchie's
im Widerspruch fanden, dafs die Energie
dem Verhältnifs mit der Fläche der Körper
werde. 2) Nach der ungleichen Zwischenz
zwischen einer jeden Eintauchung derselben
verflossen ist. Es ist bekannt, dafs Zink
pfer, nachdem sie in der Säule eine abn
Wirksamkeit hervorzubringen angefangen h
selbe nach einiger Ruhe wieder erlangen (
1833, p. 33.), und die Länge dieser Ruhe
in einem gewissen Grade auf die Wiederge
von Kraft. Die Gebrüder Rogers bemüht
so viel es sich thun liefs, den Unterschied z
der electrischen Spannung im ersten Eins
Augenblick und der Spannung, welche, nach
Abnahme der ersteren, nachher permanent
zu bestimmen, und fanden, dafs erstere 4 bis
und mehr die (so zu sagen) permanente ü
Sie fanden, dafs die Ruhe die Energie d
Augenblicks aber nicht die permanente v

Nach ungleichen Temperaturen, wobei sie die ahme der Drehungskraft mit der Temperatur in angewandten Flüssigkeit bestimmten, welche letz aus 1 Theil Schwefelsäure und 100 Theilen Wasbestand. Wenn z. B. die Drehung bei +75° nh. 70° war, so wurde sie 84 bei 100°, 103 20°, 113 bei 150°, 118 bei 170°, 135 bei 200°, 147 bei 210°. Diese Versuche sollen fortgewerden. Sie bemerken, dafs die aufserordent Drehungskraft im ersten Augenblick der Einng wohl schwerlich vereinbar sei mit der Vorng, dafs die chemische Einwirkung der Metalle e Flüssigkeit das erste Moment der Electrici Entwickelung sei, indem diese Einwirkung dann nicht sichtlich begonnen, sich noch keine Spur Wasserstoffgas entwickelt habe. Geht dagegen Entwickelung nachher rasch fort, so ist die nente Drehungskraft vielfach schwächer.

Magnetische Kraft. Magneto-electrische Bewegungs-Apparate.

Die rasche Erregung der magnetischen Kraft, e eben so rasche Umkehrung ihrer Polarität einen electrischen Strom, haben zu dem Ver-Veranlassung gegeben, eine auf diese Weise gebrachte Abwechselung von Anziehungen und fsungen als eine in technischer Hinsicht anbare Bewegung zu benutzen. In wie fern diefs n wird, ist jetzt noch nicht vorauszusehen, en verdienen die ersten Versuche bekannt zu n. Der Baumeister Jacobi in Königsberg hat französischen Institut folgende Angabe über ein s Bewegungsmittel mitgetheilt *): Der Appa-

---

*) L'Institut 1834, p. 394. Se. Exc. der Minister der aus n Angelegenheiten hat der Akademie der Wissenschaften n schwedischen Consul in Königsberg über diese Ver gemachten Bericht mitgetheilt.

rat besteht aus zwei Systemen von eisernen Stäben, aus weichem, nicht stahlartigem Eisen, 8 Stück in jedem System. Jeder Stab ist 7 Zoll lang und 1 Zoll dick. Diese beiden Systeme sind relativ zu einander symmetrisch auf zwei runden Scheiben angebracht, so dafs sich die Enden oder Pole der Stäbe gegen einander über befinden. Die eine Scheibe ist fest, während die andere sich um eine Axe in ihrem Mittelpunkt drehen kann, wobei die Stäbe des beweglichen Systems so nahe wie möglich an denen des befestigten vorbeigehen. Die 16 Stäbe sind mit einem 320 Fufs langen Kupferdrath umwunden, der 1¼ Linie dick ist, und dessen beide Enden mit den Polen eines hydroelectrischen Apparats in Berührung stehen. Durch den letzteren werden die Eisenstücke in Magnete verwandelt, deren ungleichnamige Pole also einander anziehen, und deren gleichnamige sich abstofsen. Durch eine von Ampére erfundene einfache Construction, das sogenannte Gyrotrop (Stromwender), kann die Polarität augenblicklich geändert werden, wodurch ungleichnamige Pole, in dem Augenblick wo sie übereinander gekommen sind, in gleichnamige verwandelt werden und einander abstofsen in der Bewegungs-Richtung, welche das bewegliche System hat, und welches von selbst durch seine Schwungkraft die Pole an einander vorbeiführen würde. Der erwähnte Apparat ist nur als ein Modell zu betrachten; das bewegliche System wiegt 70 Pfund, und kann also vermöge seines Gewichts die Stelle eines Schwungrads vertreten. Mit einem so schwachen Gemische von Wasser und Salpetersäure, dafs die Metalle des hydroelectrischen Paars kaum eine Gasentwickelung darin hervorbringen, kann die Polarität 12 bis 16 Mal in der Minute umgewechselt und 12 Pfund einen Fufs in der Secunde gehoben werden. Jacobi glaubt, dafs die Vermehrung der Bewegungskraft mit einem solchen Apparat fast ohne Grenze sei, und dafs die Unterhaltung ihrer Wirksamkeit weniger kosten würde, als die Wirksamkeit irgend einer anderen Kraft.

Einen ähnlichen Versuch, nur in anderer Art, hat Botto *) gemacht. Sein Apparat besteht aus einem in der Mitte aufgehängten Pendel, so wie man sie in den Tactmessern (Metronomen) hat. Das untere Ende des Pendels trägt einen Electromagnet, der zwischen zwei anderen, gleich grofsen, fest sitzenden Electromagneten schwingt, deren Polarität mittelst eines Gyrotrops invertirt wird, in dem Augenblick, wo der Pol des Pendelmagnets einen von ihnen berührt. Die obere Hälfte des Pendels ist mit einer Art Schwungrad in der Art in Berührung gesetzt, dafs dadurch die Bewegung regulirt wird.

Gewöhnliche Magnete. Einflufs der Ungleichförmigkeit des Eisens.

Baumgartner **) hat durch verschiedene Versuche nachgewiesen, dafs Ungleichförmigkeit in der Masse, woraus ein künstlicher Magnet besteht, ein bedeutendes Hindernifs für die Annahme von magnetischer Polarität ist. Bei Stahlstäben bewirkt eine ungleichförmige Härtung eines sonst gleichförmigen Stahls, oder ein ungleichförmiger Gehalt an Kohlenstoff in der Masse, dieselbe Verminderung in der Capacität für magnetische Polarität, mit dem Unterschied, dafs im ersteren Fall das Hindernifs durch eine gleichförmigere Härtung zu beseitigen ist, während im letzteren Fall der Fehler unverbesserlich bleibt. Ganz dasselbe gilt auch in Betreff der Capacität von weichem Eisen für die Polarität der

*) L'Institut 1834, p. 400.

**) Baumgartners Zeitschrift, III. 66.

Magnetnadel unter dem Einfluſs von electrischen Strömen. Ein vollkommen reines und in allen Stükken gleichartiges Eisen nimmt eine vielfach gröſsere magnetische Polarität an, als eines, welches reine Eisenfasern mit rohem oder, stahlartigem Eisen gemengt enthält. Durch besonders darüber angestellte Versuche überzeugte sich Baumgartner, daſs diese Polaritäts-Verminderung keine Aehnlichkeit hat mit der, die bei einem zusammengesetzten Magnet entstehen würde, welcher das eine Mal aus einer gewissen Anzahl gleich magnetischer Stahlstäbe besteht, und das andere Mal aus derselben Anzahl, wovon aber einige eine verminderte Polarität haben. Sie ist weit gröſser als eine solche. Es scheint keine annehmbarere Erklärung über diese Erscheinung zu geben, als folgende: wenn der magnetischen Polarität, überall wo sie vorkommt, dieselbe Ursache zu Grund liegt, nämlich electrische Ströme, die in einer auf die magnetische Axe rechtwinkligen Richtung circuliren, so entsteht für diese Ströme beim Uebergang von einer Masse zu einer anderen, damit ungleichartigen, dieselbe Schwierigkeit, die, wie wir wissen, für den gewöhnlichen electrischen Strom von der Entladung der electrischen Säule statt findet, und die wir auch bei dem Uebergang der Wärme und des Lichts von einem Medium zu dem anderen finden. Diese geistreiche Erklärung hat Vieles für sich.

Anker zu Hufeisenmagneten.

Böttger *) hat gezeigt, daſs zur Erreichung der höchsten Tragkraft bei einem Hufeisenmagnet der Anker auf die Polflächen des Magnets aufgeschliffen sein muſs. Zu diesem Endzweck gibt man dem Magnet zuerst eine schwache Polarität, und

*) Journ. für pract. Ch., 1834. III. 462.

schleift dann den Anker mit feinem Schmirgel und Oel auf die Polenden, bis man nach dem Reinigen zwischen den letzteren und dem aufgelegten Anker nicht mehr hindurchsehen kann. Nun gibt man dem Magnet seine volle magnetische Polarität, und setzt dann den Anker in der Art an, dafs jedes seiner Enden auf den Pol kommt, gegen welchen es aufgeschliffen worden ist.

Hohle Stahlstäbe, kräftigere Magnete als compacte.

Von theoretischen Ansichten ausgehend, die nach seiner Meinung nicht mit der eben angeführten Grundursache der magnetischen Polarität übereinstimmen, machte Nobili den Versuch *), von zwei vollkommen gleichen, aus demselben Stahl verfertigten cylindrischen Magnetstählen den einen in der Richtung seiner Längenaxe zu durchbohren, wodurch sein Gewicht auf 16 reducirt wurde, während der andere $28\frac{1}{2}$ Gramm wog. Beide wurden auf dieselbe Art gehärtet und bis zur Sättigung magnetisirt. Die Tragkraft des ganzen Magnets verhielt sich nun zu der des röhrenförmigen = 9,5 : 19,0. Nobili schreibt diefs mit einiger Wahrscheinlichkeit dem Umstand zu, dafs in dem ganzen Stahl die Härtung ungleich ist, von Aufsen nach Innen abnehmend, während bei dem röhrenförmigen durch das eindringende Wasser die innere Seite zugleich mit der äufseren gehärtet wurde, die Härte also gleichförmiger werden konnte, was also mit Baumgartner's Beobachtung übereinstimmt.

Erd-Magnetismus. Lage des nord-westlichen Magnetpols.

Die Lage des nordwestlichen Magnetpols, welcher nach Hansteen's Berechnung i. J. 1830 bei 69° 30′ nördlicher Breite, und 87° 19′ westlicher Länge von Greenwich lag, und den Parry auf seiner dritten Nordpol-Expedition bei 70° nördlicher

*) L'Institut 1834, p. 288.

Breite und 90° westlicher Länge von Greenwich setzt Capitain Rofs *), nach den während Aufenthalts in den Polarregionen (1829 – gemachten Beobachtungen, auf 70° 5' 17" cher Breite und 96° 45' 18" westlicher Länge Greenwich.

Bestimmung der magnetischen Intensität.

Snow Harris **) hat einige Untersu angestellt über die Sicherheit in der Bestimm verschiedenen magnetischen Intensität in den chen Regionen der Erde, vermittelst der A Schwingungen einer bestimmten Magnetnadel i bestimmten Zeit. Diese Versuche scheinen thun, dafs in dieser Methode viel Unsicherheit die jedoch zum Theil überwunden werde, w Schwingungen im luftleeren Raume geschehen, die Nadel auf eine solche Weise aufgehängt ist, 1) ihr Schwerpunkt in die Culminationslinie und 2) die Aufhängung im Schwerpunkt g und die Nadel dann vermittelst eines vor- und wärts schiebbaren Gewichts in die horizontale gebracht wird. Die Schwierigkeit, hierzu eine gungsnadel zu bekommen, deren Polarität nich ändert wird, oder zu entdecken, ob sich die rität verändert, macht eine neue Unsicherheit. Veränderungen in der Polarität der Nadel zu decken, bedient er sich des Umstandes, da Schwingungen unter dem Einflusse eines nah der Nadel liegenden Metalls rascher abnehmen wenn kein Metall sich in der Nähe befindet. macht einen Ring von Kupfer, von fast gl oder nur haarbreit gröfserem Durchmesser a Länge der Nadel, hängt denselben so auf, d um die Nadel herum schwingen kann, und

*) Poggend. Annal. XXXII. 224.
**) Edinb. N. Phil. Journ. XVII. 196.

durch die Anzahl von Schwingungen, die der Ring in einer gegebenen Zeit macht, ob die Nadel seit der letzten Untersuchung an Polarität verloren hat.

Abweichungen der Magnetnadel.

Der in den vorigen Jahresberichten erwähnte Verein, zur Untersuchung der magnetischen Abweichungen an vielen von einander entfernten Punkten auf der Erde zu denselben Tagen und Zeiten, besteht noch fort. Bis jetzt sind noch keine zusammengestellten Resultate zur öffentlichen Kenntnifs gelangt. Dove *) hat eine Reihe von Beobachtungen über die täglichen und jährlichen Veränderungen der magnetischen Abweichung angestellt. Die Nadel geht nun täglich durch den Meridian, kommt aber nicht so weit östlich von diesem als sie westlich geht. Folgendes sind die mittleren Oscillationen für die einzelnen Monate:

	Höchste östliche Abweich.	Stunde Morgens.	Höchste westliche Abweich.	Stunde Nachmitt.	Länge des beschriebenen Bogens.
März	4′44″,6	8h20′	6′28″,2	1h20′	11′12″,8
Mai	4 30 ,7	8 20	8 10 ,9	1 20	12 41 ,8
Juni	5 33 ,3	7 20	7 26 ,5	1 40	12 58 ,8
August	4 43 ,4	7	7 37 ,8	1 20	12 21 ,2
Sept.	2 48 ,8	7 20	8 37 ,0	1	11 25 ,8
Nov.	1 36 ,6	8 20	7 1 ,2	1 40	8 37 ,8
Dec.	8 ,7	7	3 41 ,1	1	3 49 ,8

Die mittlere Oscillation = 9′51″,8 fällt also in den October. Das Maximum der östlichen Abweichung variirt mehr in der Tageszeit als das der westlichen, was auch nothwendig so sein mufs, wenn die Temperatur-Veränderungen des Erdkörpers innerhalb der täglichen Periode die Ursache dieser Abweichungen sind, da die Zeit des täglichen Maxi-

*) Poggend. Annal. XXXI. 97.

mum der Wärme in der jährlichen Periode sich wenig verändert, die des Minimum dagegen vari-
Auch scheint die Magnetnadel Morgens zu der Z
durch den Meridian zu gehen, wo die Temper-
die mittlere des Tages ist.

Magnetische Beobachtungen in Göttingen.

Unter der Leitung von Gaufs werden in G
tingen mit den im Jahresb. 1834, p. 44., erwäh
verbesserten Apparaten wichtige magnetische Be
achtungen angestellt *). Schärfer als alle früh
zeigt dieser Apparat die geringsten Variatione
der Stellung der Nadel, wodurch sich die täglic
jährlichen und die von den Jahreszeiten abhäng
Veränderungen mit Sicherheit bestimmen lassen.
Beobachtungen werden zweimal täglich gemacht,
8 Uhr Morgens und um 1 Uhr Mittags, also zu
Zeiten, wo die Variationen am gröfsten sind.
fserdem sind gewisse Tage festgesetzt, an d
Beobachter in anderen Ländern mehrere Mal
der Stunde gleichzeitige Beobachtungen anstellen
Göttingen war die westliche Abweichung der Ma
nadel in den beigesetzten Monaten von 1834
gende:

	8 Uhr Morgens.	1 Uhr Mitta
März, letzte Hälfte.	18°38'16",0	18°46'40",
April	— 36 6,9	— 47 3,
Mai	— 36 28,2	— 47 15,
Juni	— 37 40,7	— 47 59,
Juli	— 37 57,5	— 48 19,

Die magnetische Intensität für Göttingen w
an drei verschiedenen Tagen bestimmt, und gab
Werth für die horizontale Kraft:

---

*) Poggend. Annal. XXXII. 562.; XXXIII. 426.

17. Juli = 1,7743
20. « = 1,7740
21. « = 1,7761.

Wrangel *) hat eine Reihe von Beobachtungen über die täglichen Variationen der Magnetnadel in Sitka auf der Nordwest-Küste von Amerika angestellt.

Hällström und **Kupffer** **) haben die Neigung der Magnetnadel zu Helsingforſs = 71° 39′ 40″,2 gefunden.

Reich ***) fand sie zu Freiberg in Sachsen nach dem Mittel aus einer Menge, zu verschiedenen Jahreszeiten angestellter, Beobachtungen:

Morgens = 67° 24′,06
Abends = 67° 23′,95,

demnach so gleich, daſs der Unterschied nicht die Gröſse gewöhnlicher Beobachtungsfehler übersteigt.

Wärme. Mathematische Theorie der Wärme.

Die mathematische Theorie der Wärme ist von den ausgezeichnetsten Geometern verschiedener Zeiten bearbeitet worden. Nach **Lambert**, der den ersten Versuch machte, den Calcul darauf anzuwenden, haben **Biot** 1804, **Fourier** 1807, **Laplace** 1810, **Lamé** 1833, Beiträge dazu geliefert, unter welchen der von **Fourier** der umfassendste war. Dieselbe Materie ist nun der Gegenstand der Speculation des gröſsten noch lebenden Geometers unserer Zeit gewesen. **Poisson** hat die Resultate davon in einer Arbeit herausgegeben, die er *Theorie mathématique de la Chaleur* nennt, und die den zweiten Theil eines *Traité de physique mathématique* ausmacht, welche von ihm herausgegeben wird,

---

*) Poggend. Annal. XXXI. 193.
**) A. a. O. pag. 198.
***) A. a. O. pag. 199.

und aus einer Sammlung von mathematische[n Ab]handlungen über physikalische Gegenstände be[steht.] Sie folgen nicht in einer vorher bestimmten [Ord]nung auf einander, und der erste Theil [ist die] *Nouvelle Théorie de l'action capillaire*, 183[1] ausgekommen. Um einen allgemeinen Begri[ff vom] Inhalt des Werks zu geben, setze ich des V[erfas]sers eigenes Resumé hierher *). »Indem ich [diese] Arbeit Théorie mathematique de la Chaleur [nenne,] will ich damit zu erkennen geben, dafs es sic[h] darum handelt, durch eine strenge Berechnu[ng aus] einer auf Erfahrung und Analogie gegründeten [allge]meinen Hypothese über die Mittheilung der W[ärme] Alles abzuleiten, was daraus folgen muſs. [Diese] Folgerungen sollen dann eine Transformati[on der] Hypothese selbst ausmachen, zu der sie [nichts] hinzufügen, und von der sie nichts wegnehme[n; und] ihre vollkommne Uebereinstimmung mit den be[obach]teten Erscheinungen läſst keinen Zweifel ü[ber die] Richtigkeit der Theorie. Indessen würde [die] Theorie, um vollständig zu sein, die in Ga[sen,] Flüssigkeiten und selbst in starren Körpern [durch] die Wärme hervorgebrachten Bewegungen um[fassen.] Allein die Geometer haben diese schwierig[e Ord]nung von Fragen, die auch die Passatwin[de, die] Strömungen im Weltmeer und die täglichen [Varia]tionen des Barometers in sich begreift, noch [nicht] angegriffen. In der gegenwärtigen Stellung d[er Wis]senschaft ist der Gegenstand der mathem[atischen] Theorie der Wärme nur die Mittheilung der W[ärme] von dem einen nahe liegenden Theile zum a[ndern] in dem Innern starrer und flüssiger Körper, [und in] Entfernung zwischen getrennten Körpern. In

*) L'Institut, 1834, No. 54. p. 167.

...lten Hinsicht habe ich nichts übergangen, um ...Arbeit so vollständig als möglich machen zu ...n.« — Es unterliegt auch keinem Zweifel, dafs ...cht zu den Haupt-Documenten der Physik gehören werde.

...ie in den beiden letzten Jahresberichten er...ten Versuche von Melloni, über die Eigen...en der strahlenden Wärme, sind mit neuen, ...minder wichtigen und gründlich ausgeführten ...ungen vermehrt worden *). Die Resultate, ...lchen diese neuen Versuche führen, sind fol...: Die strahlende Wärme geht augenblicklich ...n gröfserer oder geringerer Quantität durch ...e feste oder flüssige Körper. Diese sind nicht ... die diaphanen, da gewisse ganz undurchsich...der kaum merklich durchscheinende, dünne ...en weit mehr Wärmestrahlen hindurchlassen, ...llkommen durchsichtige von gleicher Dicke. Strahlende Wärme.

...s gibt verschiedene Arten von Wärmestrahlen. ...rden von brennenden Körpern zu gleicher ...mengt, aber in ungleichen relativen Verhält... Bei manchen Wärme-Entwickelungen feh...wisse derselben ganz.

...teinsalz in Scheiben läfst alle verschiedenen ...strahlen in gleicher Quantität hindurch, d. h. ... den Durchgang einer Art nicht mehr als den ...anderen. Alle übrigen, in gleicher Weise in ...nform angewendeten Körper lassen eine um ...ingere Anzahl von Wärmestrahlen hindurch, ... geringer die Temperatur der Wärmequelle ...r dieser Unterschied wird weniger bedeutend ... Grade als die Scheibe dünner wird. Daraus ... hervorzugehen, als würden die Wärmestrah-

*) ...nales de Ch. et de Ph. LV. 337.

len ungleicher Quellen in gröfserer oder geringerer Menge interceptirt, nicht von der Oberfläche der Scheibe oder in Folge eines Absorptionsvermögens, welches mit der Temperatur der Wärmequelle variirt, sondern in den inneren Theilen der Scheibe vermöge einer Absorptionskraft, die ähnlich ist derjenigen, welche gewisse gefärbte Strahlen bei ihrem Durchgange durch gefärbte Media vernichtet.

Man gelangt zu demselben Schlufs bei Betrachtung der Verluste, welche die von einer Wärmequelle von hoher Temperatur ausgehende strahlende Wärme erleidet, wenn sie durch die auf einander folgenden (in der Vorstellung getrennten und juxtaponirten) Schichten geht, welche eine dicke Scheibe einer diathermanen (für die Wärmestrahlen durchdringlichen) Materie von anderer Natur als Steinsalz bilden. In der That, stellt man sich die Scheibe in Lamellen getheilt vor, und bestimmt durch Versuche, wie viel von den auf jede einzelne Lamelle fallenden Wärmestrahlen hindurchgelassen werden, so findet man, dafs sich der Verlust immer mehr vermindert, je weiter man sich von der Oberfläche, wo die Wärmestrahlen eindrangen, entfernt, bis er zuletzt in einer gewissen Entfernung von dieser Fläche eine unverändert bleibende Gröfse bleibt. Ganz dasselbe findet mit einem Bündel gewöhnlichen Lichts statt, welcher in ein gefärbtes Medium eindringt; denn die anders gefärbten Strahlen verlöschen in den ersten Schichten des Mediums, wobei die Lichtverluste sehr grofs werden, worauf sie dann abnehmen, bis sie constant bleiben, das heifst, bis nur solche noch übrig sind, welche die Farbe des Mediums haben, durch welches sie hindurchgehen.

Ein dritter Beweis für die Analogie zwischen der Wirkung diathermaner Körper auf die Wärmestrahlen, und der gefärbter Media auf die Lichtstrahlen, wird von Versuchen hergeleitet, angestellt mit Wärmestrahlen, die durch hinter einander befindliche Scheiben verschiedener diathermaner Körper gehen. Lichtstrahlen, die von einer gefärbten, durchsichtigen Scheibe ausgehen, gehen wenig vermindert durch noch eine Scheibe von derselben Farbe, erleiden aber eine bedeutende Interception, wenn die Farbe verschieden ist, und um so mehr, je mehr die Farbe der letzten Scheibe von der der ersteren abweicht. Ganz analoge Erscheinungen finden beim Durchgang der Wärmestrahlen durch Scheiben von verschiedenen hinter einander stehenden, diathermanen Körpern statt. So interceptirt z. B. eine Scheibe von Alaun nur $\frac{1}{10}$ von den Wärmestrahlen, welche durch eine Scheibe von Citronensäure gehen, aber fast $\frac{9}{10}$ von denen, welche durch Borax, und fast alle, welche durch schwarzen Glimmer gehen. Es ist hier zwischen Wärme- und Licht-Strahlen kein anderer Unterschied, als daſs wir für die Verschiedenheiten der letzteren einen Sinn (das Sehvermögen) bekommen haben, keinen aber für die Verschiedenheiten der ersteren, die wir nur durch Untersuchungen gewahr werden.

Steinsalz ist bis jetzt der einzige bekannte Körper, welcher alle Wärme hindurchläſst, und für die Wärmestrahlen das ist, was das Glas für die Lichtstrahlen. Bis jetzt kennen wir also nur einen diaphanen und diathermanen Körper, der auf die Lichtstrahlen und auf die Wärmestrahlen gleich wirkt. Alle anderen, wenn sie auch die Lichtstrahlen ohne Unterschied hindurchlassen, interceptiren doch gewisse Wärmestrahlen und lassen andere hindurch. Diese Eigenschaft, auf die Wärmestrahlen eben so zu wirken wie gefärbte Media auf das Licht, nennt

Melloni, auf Ampère's Vorschlag, *Diathermansie*.

Die in einem durchsichtigen Medium eingemischten gefärbten Stoffe vermindern stets sein Vermögen, Wärmestrahlen hindurchzulassen; ertheilen ihm aber nicht die Eigenschaft, vorzugsweise gewisse Arten von Wärmestrahlen zurückzuhalten und andere hindurchzulassen. Sie wirken auf die Wärmestrahlen ungefähr wie braune Farbstoffe auf den Durchgang der Lichtstrahlen. Grün und Schwarz machen jedoch eine Ausnahme, wenigstens in einigen Arten von gefärbtem Glas; allein diese Farben scheinen doch nur in der Art zu wirken, als daſs sie etwas die Diathermansie modificiren, eine Eigenschaft, die von der Farbe ganz unabhängig ist.

Die Quantität von Wärmestrahlen, die durch zwei Turmalinscheiben geht, die in einer solchen Richtung geschnitten sind, daſs sie die gewöhnlichen Phänomene von polarisirtem Lichte hervorbringen, wird nicht verändert, in welchem Winkel man sie auch sich durchkreuzen läſst. In der Stellung, wo alles Licht von ihnen interceptirt wird, gehen die Wärmestrahlen ganz unvermindert hindurch, gleich wie das Licht in einer anderen Direction unbehindert hindurchgeht. Die Wärmestrahlen unterscheiden sich also von den Lichtstrahlen darin, daſs sie bei einer solchen Transmission keine Art von Polarisation erleiden *). Dagegen besitzen die Wär-

*) Melloni, der keinen anderen Schluſs zieht, als den durch seine Versuche klar vor Augen gelegten, führt doch in einer Note an, daſs die Polarisation mittelst Reflection von Wärmestrahlen, die Berard gefunden zu haben glaubte, von Powell nicht nachgemacht werden konnte (Jahresb. 1833, p. 10.), und daſs Lloyd später des letzteren Angabe bestätigt

mestrahlen ein dem des Lichts ganz analoges Refractionsvermögen; sie verhalten sich bei der Brechung durch ein Prisma gleich, bei der Condensirung vermittelst einer Linse können sie parallel gemacht werden, wenn sich die Wärmequelle in dem Focus derselben befindet u. s. w. Die Wärmestrahlen, die vergleichungsweise so zu sagen von ungleicher Farbennüance sind, werden auch ungleich gebrochen, ganz so wie ungleich gefärbte Strahlen; allein diese Versuche können nur mit Prismen oder Linsen von Steinsalz angestellt werden; denn wollte man Glas, Bergkrystall oder andere durchsichtige Substanzen anwenden, so wäre diefs gerade so, als wollte man die Eigenschaft des Lichts mit aus gefärbtem Glas verfertigten Prismen und Linsen studiren.

Melloni bedauert es, dafs er noch nicht vergleichende Versuche genug habe anstellen können zwischen den Sonnenstrahlen, als Wärmequelle, und terrestrischen Wärmeentwickelungen, die bis jetzt eigentlich den Gegenstand der Untersuchungen ausgemacht haben. Der bei dieser Untersuchung angewendeten waren vier: eine klare, helle Lampenflamme ohne gläserne Umgebung (Locatelli's Lampe mit prismatischem Docht), eine über Alkohol glühende Platinspirale, ein über einer Spirituslampe bis zu 390° erhitzter, umgestülpter kupferner Tiegel, und ein Gefäfs, worin Wasser kochend erhalten wurde. Inzwischen fand er bei Untersuchung der Sonnenstrahlen alle dieselben Arten von Wärmestrahlen, wie in den terrestrischen Wärmequellen; der Unterschied liegt nur in der Proportion,

---

habe, so dafs also die Existenz polarisirter Wärmestrahlen zweifelhaft wird.

nach welcher sie gemischt sind. Uebrigens sind die Versuche, deren Gang hier zu beschreiben zu weitläufig sein würde, mit einer seltenen Klarheit und Faſslichkeit dargestellt.

Melloni *) hat ferner einige neue Versuche über die Veränderlichkeit der Stelle der höchsten Temperatur im Spectrum prismaticum angestellt, welche Stelle bekanntlich mit der Substanz, woraus das Prisma geschliffen ist, variirt, und welche bei einem Prisma von Steinsalz weit über das rothe Ende des leuchtenden Theils vom Farbenbild versetzt wird. Diese Versuche haben dargethan, daſs es nicht bloſs die specifische Eigenschaft der Materie ist, welche diese Verschiedenheit bedingt, sondern daſs sie auch auf der ungleich groſsen Absorption von Wärmestrahlen von verschiedener Brechbarkeit beruht, die statt findet, wenn ungleiche Tiefe der Materie von den Wärmestrahlen durchfahren wird. Wird ein gläsernes oder ein mit Wasser gefülltes hohles Prisma angewendet, der Versuch aber so angestellt, daſs die Seite vom Prisma, auf welche die Strahlen fallen, mit einer Metallscheibe bedeckt ist, die einen, einige Linien breiten Länge-Ausschnitt hat, der mit der Kante des Prisma's parallel läuft, so bekommt man das Maximum der Temperatur auf einer ganz anderen Stelle, wenn diese Oeffnung nahe dem brechenden Winkel gelegt, als wenn sie gegen die Basis geführt wird, so daſs eine gröſsere Glas- oder Wassermasse von den Strahlen durchdrungen wird. Wendet man das Prisma unbedeckt an, so bekommt man natürlicherweise das Mittel zwischen ihnen. Mit einem Prisma von Steinsalz, welches alle Strahlen gleich durchläſst, bekommt

*) L'Institut, 1834, No. 84. p. 410.

man das Maximum von Wärme stets in derselben Entfernung aufserhalb dem rothen Ende, es mögen die Strahlen, vermittelst der erwähnten Vorrichtung, nahe an dem brechenden Winkel oder nahe an der Basis durchgehen, wobei die Gröfse der Masse des Steinsalzes gleichgültig ist.

Herschel's Actinometer.

Herschel *) hat versucht, die Erwärmungskraft der Sonnenstrahlen und die darin vorkommenden Veränderungen zu bestimmen; er wendete dazu ein Thermometer mit sehr grofser Kugel an, die mit einer dunkelblauen Flüssigkeit gefüllt ist. Die Röhre ist graduirt, braucht aber nicht nothwendig zu gewöhnlichen Thermometergraden in Beziehung zu stehen, wenn sie nur sicher sehr kleine Temperatur-Veränderungen angibt. Dieses Instrument hat er Actinometer genannt. Um damit zu beobachten, bestimmt man mit nöthiger Genauigkeit den Stand im Schatten, setzt es dann eine Minute lang den Sonnenstrahlen aus, beobachtet den Stand am Ende der Minute, und bringt es wieder in den Schatten, wo der Stand noch einmal beobachtet wird. Ist eine Verschiedenheit zwischen der ersten und der letzten Angabe, so wird für den Stand im Schatten das Mittel daraus genommen. Das Maafs wird also, um wie viel die Sonnenstrahlen in einer Minute dieses Thermometer über die Temperatur im Schatten steigen machen. Bis jetzt betrafen die Versuche mit diesem Instrument meist die Verminderung in der erwärmenden Kraft, welche die Sonnenstrahlen bei ihrem Durchgang durch ungleich tiefe Schichten der Atmosphäre erleiden. Forbes hat gefunden, dafs 6000 Fufs von den untersten Schichten der Luft, selbst beim klarsten Wetter, den Son-

*) Poggend. Annal. XXXII. 661.

nenstrahlen $\frac{1}{8}$ von ihrer erwärmenden Kraft b
nehmen.

Einfluſs der Farben auf die Mittheilung der Wärme durch Radiation.

Stark *) hat eine Menge von Untersuchun angestellt, um auszumitteln, welchen Einfluſs Farbe auf die Absorption oder Radiation von W mestrahlen ausüben kann. Diese Versuche leit zu dem Resultat, daſs die Farben einen bedeut den Einfluſs hierauf haben, ungefähr in folge Ordnung: Schwarz, Braun, Grün, Roth, Roth Gelb, Weiſs.

Bei diesen Versuchen wurde offenbar kein terschied zwischen der Mittheilung der Wärme d Radiation und der durch unmittelbare Berührung macht. Einer der Versuche bestand z. B. darin, er Waizenmehl anwandte, gemengt mit Kien mit Umbra, mit Pulver von Gummigutt, und Beimischung; damit füllte er 100 Grad in ei Glasrohr, setzte ein Thermometer hinein, erw bis zu 190° Fahrenheit, lieſs wieder bis zu l erkalten, und senkte dann das Rohr in Wasser 45° F., indem er die Zeit bestimmte, die zur kaltung erforderlich war, wo denn das schw Mehl 9'50", das braune 11', das gelbe 12' und weiſse 12'15" brauchte. — Dieses Verfahren daſs Stark weder auf den Unterschied zwis den beiden Arten, wie sich die Wärme mitth noch auf den Unterschied zwischen der Färbung Oberfläche eines Körpers und dem Gemenge ungefärbten Pulvers mit einem gefärbten Rück genommen habe. Auch hat Powell **) ge daſs diese Versuche nicht zu den von Stark aus gezogenen Schlüssen berechtigen, so wie w

*) Ed. N. Phil. Journ. XVII. 65.

**) A. a. O. p. 228.

Schwierigkeiten sich noch der Möglichkeit entgegenstellen, mit einiger Sicherheit den Einfluſs der Farbe auf die Aufnahme und Abgebung von Wärmestrahlen zu bestimmen.

Specifische Wärme.

Avogrado *) hat über die specifische Wärme verschiedener, besonders zusammengesetzter Körper Versuche angestellt. Die Art der Untersuchung ist folgende: Ein bestimmtes Gewicht Pulver von dem zu untersuchenden Körper wird in ein kleines metallenes Gefäſs gelegt, welches luft- und wasserdicht verschlieſsbar ist. Dieses wird in kochendes Wasser gesenkt, worin es so lange gehalten wird, bis es die Temperatur, die es annehmen kann, angenommen hat. Es wird alsdann herausgenommen und in ein mit einem Thermometer versehenes Wasserbad gesenkt. Das Steigen der Temperatur in diesem letzteren wird von Minute zu Minute gemessen, und das Maximum auf die Weise bestimmt, daſs man den Thermometerstand etwas vorher und etwas nachher beobachtet, und daraus das Mittel nimmt. Aus dieser Temperatur-Erhöhung in einem gegebenen Gewicht Wassers, beim Abkühlen um eine gewisse Anzahl von Graden, wird nun die specifische Wärme des untersuchten Körpers berechnet, mit Berücksichtigung der Correctionen für Nebenumstände. — Diese Methode kann nie mehr als Annäherungen geben, weil eine völlig richtige Schätzung der Nebenumstände nicht möglich ist. Dahin gehören z. B. zwei, die gewiſs nicht mit in die Berechnung aufgenommen wurden, nämlich die ungleiche Quantität von im Gefäſse eingeschlossener Luft, je nachdem das Pulver mehr oder weniger davon verdrängt, und das ungleiche Leitungsvermögen des un-

*) Annales de Ch. et de Ph. LV. 80.

tersuchten Körpers, wodurch bei gleichem Quantum specifischer Wärme das Maximum der T Erhöhung im Bade ungleich schnell kommt un durch ungleich hoch wird. Da indessen bei Gegenstand, über den wir bis jetzt noch keine suche von verschiedenen Experimentatoren bei Approximationen nicht ohne Werth sind, so w ich Avogrado's Zahlen hier hersetzen, mit zufügung der vorher angegebenen, wenn solche handen sind, wobei eine Vergleichung zwischen nen von Avogrado und denen von Neum (Jahresb. 1833, p. 19.) nicht zum Vortheil für Präcision der des ersteren spricht.

Name.	Formel.	Spec. Wärme. Avogr.	W F Best.
Kohle (geglühter Kienrufs)	C	0,257	0,25
Bleioxyd	$\dot{Pb}$	0,050	0,049
Quecksilberoxyd	$\dot{Hg}$	0,050	0,049
Zinnoxydul	$\dot{Sn}$	0,094	0,096
Kupferoxyd	$\dot{Cu}$	0,146	0,137
Zinkoxyd	$\dot{Zn}$	0,141	0,132
Kalkerde (wasserfrei)	$\dot{Ca}$	0,179	0,21
Eisenoxyd	$\dddot{Fe}$	0,213	0,169
Mennige	$\dot{Pb}^2\ddot{Pb}$	0,072	0,062
Arsenige Säure	$\dddot{As}$	0,141	
Thonerde (wasserfrei)	$\dddot{Al}$	0,200	0,185
Zinnoxyd	$\ddot{Sn}$	0,111	0
Braunstein (natürl.)	$\ddot{Mn}$	0,191	
Quarz (natürl.)	$\dddot{Si}$	0,179	0,195

*) C. bedeutet Crawford, G. Gadolin, LL. Lave und Laplace, N. Neumann.

Name.	Formel.	Spec. Wärme. Avogr.	Spec. Wärme. Frühere Best.
hwefelkies (natürl.)	FeS^2	0,135	
eiglanz (natürl.)	PbS	0,046	0,053 N.
nober	HgS	0,048	0,052 N.
ripigment	AsS^3	0,105	
chsalz	$NaCl$	0,221	0,226 G.
lorkalium	KCl	0,184	
lorcalcium (geschmolz.)	$CaCl$	0,194	
ecksilberchlorid	$HgCl$	0,069	
— chlorür	$HgCl$	0,041	
noxydhydrat	$\dddot{Fe}^2 \dot{H}^3$	0,188	
nerdehydrat	$\dddot{Al}\dot{H}^3$	0,420	
khydrat	$\dot{Ca}\dot{H}$	0,300	
hydrat	$\dot{K}\dot{H}$	0,358	
mor	$\dot{Ca}\ddot{C}$	0,203	0,207 G.
lensaures Kali	$\dot{K}\ddot{C}$	0,237	
lensaures Natron	$\dot{Na}\ddot{C}$	0,306	
rannter Gyps	$\dot{Ca}\dddot{S}$	0,190	0,1854 N.
wefelsaures Kali	$\dot{K}\dddot{S}$	0,169	
— Natron	$\dot{Na}\dddot{S}$	0,263	
- Eisenoxydul	$\dot{Fe}\dddot{S}$	0,145	
- Kupferoxyd	$\dot{Cu}\dddot{S}$	0,180	
— Zinkoxyd	$\dot{Zn}\dddot{S}$	0,213	
petersaures Kali	$\dot{K}\ddot{\ddot{N}}$	0,269	
— Natron	$\dot{Na}\ddot{\ddot{N}}$	0,240	
ps	$\dot{Ca}\dddot{S}+2\dot{H}$	0,302	

Mit diesen Versuchen beabsichtigte Avogrado, atomistische Zusammensetzung zusammengesetzter

Körper zu bestimmen, indem er von der Hypothese ausging, dafs alle einfachen Körper, nach ihrem Atomgewicht verglichen, gleiche specifische Wärme enthalten. So lange dieser Hypothese die Erfahrung theilweise entgegen steht, wie z. B. das Verhältnifs zwischen der specifischen Wärme von Kobalt und Nickel, so lohnt es nicht sehr der Mühe, dergleichen Speculationen auszuführen, zumal wenn man damit nur so nahe kommen kann, dafs man, wie Avogrado thut, die berechnete Zahl 0,465 für eine annehmbare Approximation zu der gefundenen 0,500 annehmen mufs. Im Uebrigen geben seine Berechnungen als Resultate Brüche von Atomen, wie halbe, viertel, achtel etc., was wohl niemals mit einer klaren Ansicht von der Atomlehre vereinbar ist, und die ich also ganz übergehe.

Bestimmung der specifischen Wärme der Körper im Allgemeinen.

Walther R. Johnson *) hat die verschiedenen Bestimmungsmethoden der specifischen Wärme einer näheren Prüfung unterworfen, in der Absicht, selbst eine Untersuchung über die specifische Wärme verschiedener Körper vorzunehmen. Die von ihm vorzugsweise angewendete Methode besteht darin, dafs er bestimmt, um wie viele Grade eine gegebene Quantität Wassers, von gegebener Temperatur, durch den zur Untersuchung bestimmten Körper erwärmt wird, dessen Gewicht und Temperatur bestimmt sind; oder, bei höheren Temperaturen, dafs er aus der latenten Wärme des gebildeten Wasserdampfs, wenn die anfängliche Temperatur des Wassers +100° ist, die specifische Wärme bestimmt. Die hierbei mitwirkenden Nebenumstände unterwarf er einer ausführlichen Prüfung, in Betreff deren ich auf die

*) Silliman's Americ. Journ. of Science, XXVII. 267.

Arbeit verweisen mufs. Resultate von angestellten Versuchen sind noch nicht mitgetheilt.

Versuche über die specifische Wärme der in Wasser löslichen Salze.

Prof. Rudberg hat mir privatim folgende Angabe über eine Bestimmungsmethode der specifischen Wärme von in Wasser löslichen Salzen mitgetheilt, die ich mit des Verfassers eignen Worten wiedergebe:

»Ich habe mir vorgenommen, die bei Auflösung eines Salzes in Wasser in Betracht kommenden thermischen Elemente zu bestimmen, nämlich die specifische Wärme, die latente oder Schmelzungswärme, durch welche das Salz flüssig wird, und die Lösungswärme, d. h. die Temperaturveränderung, welche bei der Lösung eines Salzes entsteht. Es hatte Wahrscheinlichkeit, dafs der Vergleich der numerischen Werthe dieser beiden letzteren Wärmemengen zu einigen entscheidenden Resultaten führen werde. Denn erstlich würde, im Fall das Salz keine chemische Verbindung mit dem Wasser eingeht, der Vergleich zeigen, ob die bei Auflösung des Salzes in Wasser verschwindende Wärme gleich ist der Schmelzungswärme, oder, was wahrscheinlicher ist, von ihr abweicht. Im Fall das Salz sich chemisch mit dem Wasser verbindet, würde der Vergleich zeigen, ob das chemisch gebundene Wasser in der Veränderung mit dem Salze Einen festen Körper ausmacht, oder, mit anderen Worten, eine Verbindung ausmacht, welche als solche vom Wasser aufgelöst wird. Im letzten Fall sind zwei Versuche erforderlich, einer mit wasserfreiem Salze unter Beobachtung der entbundenen Wärme, und ein zweiter mit wasserhaltigem krystallisirten Salze unter Beobachtung der absorbirten Wärme. Bei dem Versuche, die Wärme zu ermitteln, welche bei Auflösungen entbunden oder gebunden wird, habe ich gefunden, daſs man dabei zugleich die specifische Wärme des Salzes bestimmen kann. Zu diesem Zwecke habe ich mich der folgenden Methode bedient, welche, auf keiner Art von Hypothese über die Natur der Auflösung beruhend, einfach und allgemein anwendbar ist.

Es sei M die Wassermasse, worin man ein Salz auflöst, T deren Temperatur, m, t, c respective die Masse, Temperatur und specifische Wärme des Salzes, bei letzterer die des Wassers zur Einheit genommen, τ die Temperatur der Flüssigkeit nach vollendeter Auflösung, und λ die dabei gebundene oder entbundene Wärmemenge. Die letztere Gröſse λ ist, der allgemeinen Annahme nach, zusammengesetzt aus: 1) der bei Auflösung des Salzes latent werdenden Wärme, 2) aus der durch Volumsveränderungen sich entwickelnden Wärme, und 3) aus der durch die chemische Verbindung erzeugten Wärme, falls das Salz eine solche Verbindung eingeht. Ohne hier in Erwägung zu ziehen, wie die eine oder andere dieser Gröſsen für sich gefunden werden könne, reicht die Bemerkung hin, daſs die Summe derselben (positiv oder negativ) nothwendig erstens der Salzmasse proportional, und zweitens auch unveränderlich dieselbe ist, sobald das Verhältniſs des Salzes zu dem Wasser nicht geändert wird. Wenn also zwei Versuche gemacht worden sind, bei denen dieſs Verhältniſs constant, die Temperatur des Salzes aber ungleich ist, — die Temperatur des Wassers mag übrigens in beiden Versuchen entweder gleich sein oder nicht — so hat man in dem ersten Fall:

$$M'(T'-\tau')+m'c(t'-\tau')=m'\lambda,$$

oder da $M'=\mu m'$:

$$\mu(T'-\tau')+c(t'-\tau')=\lambda,$$

und

und im letzteren Fall:

$$\mu(T''-\tau')+c(t'-\tau'')=\lambda.$$

Eliminirt man λ aus diesen beiden Gleichungen, so erhält man den Werth von c oder der specifischen Wärme des Salzes.

Folgende Resultate mögen hier als Probe meiner Resultate angeführt werden:

A. Auflösungen von Kochsalz.

Versuch.	Temperatur des Wassers.	Salzes.	der Lösung.	Gewicht des Wassers.	Salzes.	Salz auf 100 Th. Wasser.
1.	15°,29	1°,0	13°,95	76g,595	5g,955	7,775
	15 ,69	43 ,2	14 ,906	76 ,635	5 ,905	7,705
2.	15 ,26	0 ,5	13 ,28	61 ,575	8 ,125	13,195
	15 ,06	43 ,6	14 ,07	64 ,700	8 ,400	12,983
3.	15 ,914	0 ,5	13 ,047	80 ,540	25 ,540	31,711
	15 ,867	49 ,5	15 ,559	80 ,535	25 ,105	31,172
4.	17 ,053	0 ,6	14 ,889	80 ,575	12 ,430	15,427
	17 ,267	45 ,3	16 ,296	80 ,570	12 ,385	15,372

Hieraus ergeben sich durch Rechnung folgende Werthe für c und λ:

Salz auf 100 Th. Wasser.	c.	λ.
7,740	0,1725	15,002
13,089	0,1744	12,776
15,400	0,1781	11,483
31,441	0,1732	6,867

Der Mittelwerth von c ist also =0,1743. Der Werth von λ ist dagegen ganz veränderlich für das Kochsalz, und nimmt, merkwürdig genug, mit der

Menge des Salzes ab *). Wenn die Lösung des Salzes nicht mehr als 4 Th. Salz auf 100 Th. Wasser enthält, ist der Werth von $\lambda = 16,8$. Beim Maximum des Salzgehalts scheint dessen Werth $= 3,4$ und beim Minimo $= 18,6$ zu sein.

B. Auflösungen von schwefelsaurer Talkerde mit Krystallwasser.

Versuch.	Temperatur des Wassers.	Temperatur des Salzes.	Temperatur der Lösung.	Gewicht des Wassers.	Gewicht des Salzes.	Salz auf 100 Th. Wasser.
1.	15°,872	1°,80	13°,08	60g,085	9g,900	16,476
	15 ,997	28 ,00	14 ,413	60 ,075	9 ,910	16,496
2.	16 ,247	2 ,00	10 ,747	58 ,975	19 ,700	33,404
	16 ,180	29 ,00	13 ,080	59 ,000	19 ,705	33,398
3.	16 ,538	2 ,25	8 ,705	58 ,040	29 ,305	50,491
	16 ,872	26 ,00	11 ,997	58 ,055	29 ,240	50,366

Diese Versuche geben:

Salz in 100 Th. Wasser.	c.	λ.
16,486	0,2954	13,615
33,400	0,2912	13,918
50,428	0,2852	13,672

Der Mittelwerth von c ist also $= 0,2906$, und λ ist hier eine constante Gröfse. Hierbei ist keine Correction angebracht für die Wärme, welche das Gefäfs, worin die Lösung geschieht, aufnimmt. Der

*) Dieser Umstand kann davon herrühren, dafs sich das Kochsalz wirklich mit Wasser verbindet, wiewohl diese Verbindungen bei gewöhnlicher Temperatur der Luft nicht in starrer Form erhalten werden können. Fuchs hat eine solche entdeckt, die bei $-10°$ anschiefst.

absolute Werth von c weicht also etwas von der angegebenen Zahl ab; allein das Angeführte ist auch bloſs als ein Beispiel von der Methode anzusehen.

Wir wollen nun mit Vernachlässigung des Theils von λ, welcher aus der durch Volumsänderung bewirkten Wärmeveränderung besteht, die Bestimmung der beiden andern Theile von λ in Betracht ziehen.

Wir wollen dabei die in Wasser löslichen Körper in zwei Klassen theilen, in solche, welche chemisch gebundenes Wasser aufnehmen, und in solche, welche es nicht thun.

A. Salze, welche Wasser binden.

Bei diesen ist der Werth von λ der Unterschied zwischen der Wärme, welche bei Verbindung des Salzes mit einer Portion Wasser entbunden wird, Nennen wir also die erste dieser Wärmen L, und die letztere l, und bedeutet m die Menge des Salzes, so wie μ die mit m sich verbindende Wassermenge, so hat man:

$$m\lambda = mL - (m + \mu)l,$$

oder wenn $\mu = \nu m$:

$$\lambda = L - (1 + \nu)l.$$

Den Zahlenwerth von λ erhält man durch zwei Versuche, bei denen man das wasserfreie Salz auflöst, und auf dieselbe Weise findet man den Werth von l, wenn man das wasserhaltige auflöst. Sobald diese beiden Werthe bekannt sind, findet man durch obige Gleichung den Werth von L, welche Gröſse ich die Verbindungswärme nenne. Eben so nenne ich l oder die bei Auflösung absorbirt werdende Wärme die Lösungswärme, um sie von der Schmelzungswärme zu unterscheiden, nämlich der, welche beim Schmelzen eines K tent wird, und welche sich auf dieselbe W stimmen läfst, die ich zur Bestimmung der Wärme des geschmolzenen Zinns und Bleies wandt habe *).

Um dies deutlicher zu machen, füge ich Versuche mit wasserfreier schwefelsaurer T hinzu:

Versuch.	Temperatur des Wassers.	Salzes.	der Lösung.	Salz 100 Th. Wasser.
1.	15°,205	39°,8	27°,330	8,065
	15 ,330	2 ,0	27 ,080	8,054
2.	16 ,445	47 ,5	25 ,580	5,913
	16 ,480	0 ,4	25 ,372	5,931
3.	15 ,330	35 ,25	19 ,455	2,748
	15 ,080	1 ,0	19 ,080	2,722

Durch Berechnung dieser Versuche findet

Salz auf 100 Th. Wasser.	c.	λ.
8,059	0,1185	148,852
5,922	0,0934	152,258
2,735	0,0916	148,657

Der Mittelwerth von c ist also $=0,101$ der von $\lambda=149,922$. Nach dem oben ten ist $l=13,735$. Wenn die schwefelsaure erde sich mit 7 Atomen Wasser verbindet, $\nu=1,0366$, woraus $L=177,895$.

Das Endresultat ist also:

*) Kongl. Acad. Vetensk. Handl. 1829. — Poggend. XIX. 125.

Specifische Wärme des wasserfreien Salzes 0,1011
» » » wasserhaltigen Salzes 0,2906
Lösungswärme 13,735
Verbindungswärme 177,095

Die letztere Wärme, auf diese Weise in einer Zahl bestimmt, gibt, wenn ich anders nicht irre, einen klaren Begriff, und vielleicht auch ein relatives Maafs von der Intensität der Kraft, welche chemische Verbindungen hervorbringt, oder vielmehr ein Maafs der Quantitäten von —E und +E, die im Verbindungsaugenblick neutralisirt werden.

B. Salze, welche kein Wasser binden.

Bei diesen gibt λ unmittelbar die Lösungswärme.

Bei den mit Prof. Svanberg gemeinschaftlich angestellten Versuchen, zur Bestimmung der Einheiten vom schwedischen Maafs und Gewicht, untersuchte Rudberg auch die Umstände, die bei der Construction eines correcten Thermometers zu beobachten sind *). Construction der Thermometer.

Die Verbesserungen, welche hierdurch die Construction des Thermometers erhielt, sind folgende: 1) eine sicherere Methode, die Ungleichheiten im Kaliber der Röhre zu bestimmen, und 2) die Beobachtung der Umstände, die erforderlich sind, den Siedepunkt mit gehöriger Genauigkeit bestimmt zu bekommen. Die Kalibrir-Methode eignet sich gleich gut für engere und weitere Röhren. Sie setzt nichts Anderes voraus als die Möglichkeit, Quecksilbersäulen von ungleicher Länge sich darin bewegen zu lassen, welche, wenn der Raum zwischen dem Siede- und dem Gefrierpunkt als Einheit genommen wird,

---

*) Kongl. Vetensk. Acad. Handl. 1834, p. 35.

ihrem Volum nach in einer der beiden folgenden Reihen enthalten sind:

$\frac{1}{2}$, $\frac{1}{3}$, $\frac{1}{12}$, $\frac{9}{24}$, $\frac{17}{48}$ etc.

$\frac{1}{2}$, $\frac{1}{4}$, $\frac{3}{8}$, $\frac{5}{16}$, $\frac{9}{32}$ etc.

Man sieht leicht ein, dafs die Einheit des Volums nach einander getheilt werden kann, entweder in 2, 3, 6, 12, 48 etc. oder in 2, 4, 8, 16, 32 etc. gleiche Theile. Nimmt man z. B. die erste Reihe, so bekommt man nach Bestimmung der Hälfte der Einheit, sowohl ihre Drittheile als Sechstheile, durch Abtrennung einer Säule, die nahe den dritten Theil einnimmt; denn ist das eine Ende dieser Säule bei 0°, so bemerkt man die Stelle des anderen Endes, und führt dann das vorher bei 0° gewesene Ende auf diesen Punkt. Man bekommt dann $\frac{2}{3}$ von der Länge, mit Zulegung oder Abziehung der noch unbekannten Quantität, um welche die Quecksilbersäule das genaue Drittheil übersteigt oder weniger ist; diese unbekannte Quantität findet man aber, wenn das eine Ende der Säule auf 100° gebracht, und die Stelle, wo das andere Ende steht, angemerkt wird. Der Abstand zwischen dieser und dem vorher gemachten Zeichen, in drei gleiche Theile getheilt, ist die gesuchte Quantität. Da man nun den Werth der Quecksilbersäule in Graden kennt, so hat man 33° $\frac{1}{3}$ und 66° $\frac{2}{3}$. Läfst man nun die Säule den Abstand auf beiden Seiten von 50° messen, so hat man die zwei übrigen Sechstel, entsprechend 16° $\frac{2}{3}$ und 83° $\frac{1}{3}$.

Um Zwölftel zu erhalten, wendet man eine Säule an, die so nahe wie möglich $\frac{5}{12}$ einnimmt. Zwei Mal die Länge dieser Säule ist $\frac{10}{12} \pm x$, und wird dieser Werth mit den vorher gefundenen $\frac{5}{6}$ verglichen, so bekommt man den Werth von x, oder die Länge der Säule in Graden. Auf diese Weise werden darauf alle Zwölftel bestimmt. Indem man auf ganz gleiche Weise mit Säulen von $\frac{9}{24}$ und $\frac{17}{48}$ fortfährt, erhält man die Einheit in 24stel und 48stel getheilt.

Die Genauigkeit dieser Operation beruht auf der Präcision, mit der man die Länge der Quecksilbersäule vermehren oder verkürzen kann, so dafs sie den gewünschten Raum einnimmt, was auf folgende Weise ziemlich gut glückt: Man hat ein messingenes Lineal von 48 Centimeter Länge, versehen mit einer Theilung auf Silber. Längs dieses Lineals befindet sich ein Microscop, welches drei Mal vergröfsert, und womit man auf ein Mal das Ende der Quecksilbersäule und die entsprechende Theilung sehen kann. Diese Theilung gibt 0,15 eines Millimeters. Hiernach können Fünftel mit ziemlicher Sicherheit geschätzt werden, so dafs die Länge der Säule mit Sicherheit auf Hundertel eines Millimeters gemessen wird. Erhält man bei der Theilung der Quecksilbersäule nicht sogleich die rechte Länge, so läfst man das Quecksilber wieder langsam nach dem abgetrennten Theil vorrücken. Es geschieht dann sehr oft, oder fast immer, dafs die beiden Enden nicht in ihrer ganzen Breite zusammenschmelzen, sondern an der Seite eine sehr kleine Blase lassen, die sich dann nicht verrückt, sondern das Quecksilber vorbei gehen läfst. Beobachtet man dann, wenn der Abstand zwischen dem Ende der Säule und dieser kleinen Blase die gewünschte Länge hat, und neigt dann die Röhre, so trennt sich das Quecksilber da ab, wo das Bläschen sitzt, und man erhält es von der gewünschten Länge, wenigstens so, dafs es davon um nicht mehr als zwei oder drei der auf der Scale befindlichen Theilungen abweicht. Man kann auf diese Weise ein Thermometer, auf welchem jeder Grad zwei Millimeter Länge hat, sicher in $\frac{1}{5}$ eines Grades graduiren. — Der andere wesentliche Punkt betrifft den Umstand, dafs die Temperatur der Dämpfe nicht von der Beschaffenheit des Gefäfses, worin das Wasser gekocht wird, abhängt. Man weifs, dafs sowohl die Beschaffenheit der Substanz des Gefäfses, als auch die mehr oder weniger glatte Fläche seiner Innenseite, einen grofsen Einflufs auf die Temperatur hat, bei welcher Dämpfe in Blasen in der Flüssigkeit emporsteigen; allein Rudberg hat gefunden, dafs die Temperatur der Dämpfe ganz unabhängig davon ist; sie ist bei demselben Druck immer dieselbe, wenn das Gefäfs von Glas oder von Metall ist, sobald man das Thermometer mitten in den Dampfraum senkt und das Kochen so fortfährt, dafs die Dämpfe beständig ausströmen *). Die Stelle, wo der Siedepunkt fixirt bleibt, wird mit dem Microscop beobachtet, so wie auch die Barometerhöhe notirt wird; allein mit Beobachtung aller dieser Umstände kann man dennoch nicht so nahe kommen, dafs man auf ein Hundertel eines Grads sicher ist.

Eupion als thermoscopische Flüssigkeit. Die von mir im Jahresb. 1833, pag. 311., geäufserte Vermuthung, dafs das Eupion wohl mit Vortheil als thermoscopische Flüssigkeit anwendbar sein könne, ist von Döbereiner bestätigt worden **). Bei Versuchen mit zwei Eupion-Thermometern fand er diese Flüssigkeit viel empfindlicher

---

*) Rudberg hat, auf Veranlassung dieses Verhaltens, bei einem in meinem Laboratorium angestellten Versuch gezeigt, dafs sich die Temperatur der Dämpfe unveränderlich auf +100° erhielt, obgleich die Flüssigkeit, eine Lösung von schwefelsaurem Zinkoxyd, ungefähr +120° zum Siedepunkt hatte.

**) Journ. für pract. Chemie; von Erdmann u. Schweigger, I. 254.

und sicherer, als Weingeist, macht aber dabei auf den Uebelstand aufmerksam, dafs es so viel Luft enthalte, dafs es nicht in luftleeren Thermometern anwendbar sei, indem es nach dem Zuschmelzen seine Continuität verliere. Diesem möchte jedoch durch Aussetzen in den luftleeren Raum, oder durch hinreichendes Kochen vorzubeugen sein.

Neue thermomagnetische Thermoscope.

Nobili *) hat zwei neue Anwendungsarten der thermoelectrischen Säule zu thermoscopischen Versuchen beschrieben, eine an Resultaten sehr reiche Erfindung, die man vom ersten Ursprung an Nobili verdankt (Jahresb. 1832, p. 26.). Die eine von diesen, die er *pila a raggi* nennt, und die ich mit *Centralapparat* übersetzen will, besteht aus 10 bis 12 feinen thermoelectrischen Paaren von Antimon und Wismuth, so zusammengefügt, dafs die eine Reihe der Löthungen, gleich wie in dem Mittelpunkt eines Kreises, zusammenliegt, während die andere in die Peripherie desselben kommt, so dafs die Antimon- und Wismuthstäbe gleichsam die Radien bilden, welche im Umkreis, damit sie sich daselbst berühren, einen Winkel gegen einander bilden; eine der äufseren Löthungen bleibt weg. Die freien Enden dieser Stelle communiciren mit dem Multiplicator, dessen Magnetnadel die Wärme-Entwickelung messen soll. Diese Paare sind im Uebrigen gut von einander isolirt, so dafs seitwärts kein Uebergang der EE. möglich ist. Die Löthungen im Centrum lassen daselbst eine Oeffnung, so dafs sie also einen ganz kleinen Kreis um dieselbe herum bilden. Der Apparat ist in eine Dose gefafst, in deren Deckel sich eine Oeffnung befindet, die etwas

*) Descrizione di due nuove pile termo-elettriche etc. del Cav. Prof. L. Nobili.

grölser als die durch die Centrallöthungen gebildete ist; durch diese Oeffnung fallen die Wärmestrahlen auf den Apparat, und treffen also keinen anderen Theil als die Centraljuncturen. Diese Vorrichtung ist empfindlicher als die ähnlich beschaffene frühere; sie gibt einen rascheren Ausschlag und nimmt ihre ursprüngliche Temperatur schneller wieder an, auch ist sie die einzige, die anwendbar wäre, wenn es sich um Versuche mit einem Focus von Wärmestrahlen, z. B. von einer Steinsalzlinse, handelte. Vermittelst eines kleinen, mit Gläsern versehenen Tubus im Boden der Dose, kann man, bei Anwendung von leuchtenden Wärmequellen, besser die Stellung des Thermoscops richten. — Das andere Thermoscop nennt Nobili *pila a fessura*, was ich mit *Linearapparat* übersetzen will. Seine Construction ist am besten durch beistehende Figur zu verstehen, worin die Linien abwechselnde Stäbe von Antimon und Wismuth bedeuten. Die mit ° bezeichneten Punkte sind die Juncturen, auf welche Wärmestrahlen fallen sollen, die mit + dagegen sind die Juncturen, deren Temperatur unverändert sein muſs. Das Ganze liegt in einer vierseitigen Dose, in deren Deckel sich ein Einschnitt für die mittelsten Löthungen befindet, so daſs nur diese Linie von den Wärmestrahlen getroffen wird.

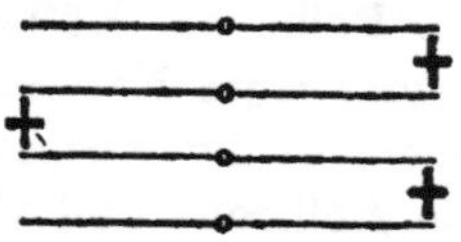

Technische Anwendung der Wärme.

In mehreren Zeitungen hat man eine Entdekkung, die Hervorbringung einer hohen Temperatur betreffend, pompös angekündigt; sie soll von Rutter *) gemacht worden sein, und darin bestehen, daſs man auf brennende Steinkohlen ein etwa aus

*) Baumgartner's Zeitschrift, III. 77.

gleichen Theilen bestehendes Gemenge von Steinkohlentheer und Wasser leitet. **Rutter** gab an, dafs 15 Pfund Steinkohlentheer mit etwas mehr als 15 Pf. Wasser und 25 Pf. Newcastle-Kohlen dieselbe Wärme produciren sollen, wie 120 Pf. Newcastle-Steinkohlen. **Macintosh** und **Low** *), welche beide diese Methode versucht haben, erklären, dafs die Gegenwart des Wassers auf keine Weise zur Vermehrung der Hitze beitrage, und dafs der Steinkohlentheer bei der Verbrennung eben so viel oder ein wenig mehr Hitze gebe, als ein gleiches Gewicht Steinkohlen von Newcastle. **Low** schätzt 33 Pf. Steinkohlentheer gleich mit 40 Pf. Newcastle-Kohlen.

Brame-Chevallier **) hat einen Apparat zum Abdampfen mit heifser Luft beschrieben, der vortheilhafte Resultate geben soll. Eine durch Dampfkraft getriebene Pumpe prefst Luft in einen von einem Dampfapparat umgebenen Raum ein, durch welchen ersteren die Luft in diesem Raum bis zu einem passenden Grad erhitzt werden kann. Alsdann wird die warme Luft zwischen die doppelten Boden eines Kessels getrieben. Der obere dieser Boden ist mit einer Menge feiner Löcher versehen. Die in der Flüssigkeit aufsteigende Luft verursacht darin eine dem Kochen ganz ähnliche Bewegung, und ist die Luft zugleich warm, so erwärmt sich die Flüssigkeit und dunstet in der durchströmenden Luft schon bei einer Temperatur von $+56^{\circ}$ mit bewundernswürdiger Schnelligkeit ab. Diese Vorrichtung findet besonders bei der Concentration der Zuckerauflösung Anwendung, indem dadurch viel mehr

---

*) Edinb. N. Phil. Journ. XVII. 392.

**) Poggend. Annal. XXXI. 95.

weifser Zucker, und nur 8 bis 9 Proc. brauner Syrup erhalten wird. Indessen ist sie auch bei anderen Abdampfungen anwendbar.

Vermischte allgemeine, physikalische Verhältnisse. Neue Art von Verbrennung.

Döhereiner *) hat folgende Erscheinung beobachtet: Giefst man auf den Boden einer Platinschale, die 100° oder etwas darüber warm ist, ein wenig Aether, so zieht er sich, wie das Wasser beim Leidenfrost'schen Versuch, zusammen und stöfst Dämpfe aus, die einen, Augen und Nase reizenden, starken Geruch nach Lampensäure haben. Sie bilden sich durch eine bei niedrigerer Temperatur statt findende Verbrennung, bei der man jedoch im Dunkeln eine blaue Flamme beobachtet, die bei Annäherung eines brennenden Körpers in die leuchtende, weifse Flamme ausbricht, wodurch sich Kohlensäure und Wasser bilden. Mit Alkohol, Holzgeist oder Campher glückt dies nicht.

Williams **) gibt noch andere Beispiele einer solchen Verbrennung. Er hat gefunden, dafs sie bei einer grofsen Menge organischer Stoffe, namentlich ölartiger oder harzartiger Natur, statt finde. Um diese Verbrennung hervorzubringen, wirft man ein wenig von dem zu versuchenden Körper auf ein heifses, aber nicht glühendes Eisen, wobei sich im Dunkeln eine blasse, wenig leuchtende Flamme zeigt. Bei leicht verflüchtigbaren Körpern bekommt man sie auch, wenn man die Dämpfe gegen ein heifses, nicht glühendes Eisen strömen läfst. Dabei bilden sich gewöhnlich, wie beim Aether, zusammengesetzte Verbrennungsproducte, die Williams als Mitteldinger zwischen den Producten der gewöhnlichen Verbrennung und der Gährung oder Fäulnifs be-

*) Journ. für pract. Chemie, I. 75.
**) L. and E. Phil. Mag. IV. 440.

Richtiger wäre vielleicht gewesen, sie als
nglieder zwischen den Producten der offenen
und der trockenen Destillation anzu-
. Inzwischen ist hier eine Erscheinung darge-
vorden, die, wenn sie früher auch nicht ganz
hen geblieben ist, da man sie beim Schwefel
osphor kannte, doch keineswegs als eine all-
Eigenschaft der Körper dargelegt war.

Verbrennung von Sauerstoffgas, Chlorgas u. a. in Wasserstoffgas und Kohlen-Wasserstoffgas.

seiner Chemie hat Thomson die einfachen
als Verbrenner und als brennbare aufge-
Zu den ersteren rechnet er Sauerstoffgas,
u. a. Diese Idee, wiewohl sie sich auf
ur sehr oberflächlichen Begriff von der Ver-
g stützt, hat sich doch, besonders in Eng-
die Lehrkurse einen Weg gebahnt. Um
ereimte davon zu zeigen, hat Kemp *) die
chen Verbrennungsversuche in umgekehrter
angestellt, so dafs er Sauerstoff in Was-
s, Chlor in Kohlenwasserstoffgas u. s. w.
läfst, wobei man mit eben so viel Grund
n, dafs es der Sauerstoff sei, welcher im
offgas brennt, als man bei dem gewöhnli-
such sagt, es sei der Wasserstoff, welcher
toffgas brennt. Auf folgende Weise ver-
er chlorsaures Kali in ölbildendem Gas: Eine
e Glocke wird mit diesem Gas gefüllt; man
an einen thönernen Pfeifenstiel, der durch
in den Tubulus passenden Kork gesteckt ist,
kleinen Streifen von Platinblech, legt auf das-
das chlorsaure Kali und erhitzt es bis zum
Kochen, worauf man das Gas in der Mün-
der Glocke anzündet und das chlorsaure Kali
t. Die Gasflamme entzündet das sich ent-

*) Journ. für pract. Chemie. III. 15.

wickelnde Sauerstoffgas, und indem man das Salz rasch tiefer in die Glocke senkt, verschliefst man mit dem Kork ihre Mündung, an der nun die Flamme verlischt. Der Sauerstoff des Salzes auf dem Platinblech verbrennt nun mit einer höchst klaren Flamme, und verwandelt sich mit den Bestandtheilen des Gases in Kohlensäure und Wasser. Auf gleiche Weise kann man in das in der Mündung der Glocke angezündete Gas Röhren einführen, aus denen Sauerstoffgas, Chlorgas, Salpetrigsäuregas, Chromchloridgas, atmosphärische Luft ausströmen, die sich dabei alle entzünden und in dem Gase zu brennen fortfahren.

Absorption riechender und ansteckender Stoffe von ungleich gefärbten Körpern.

In der vorher erwähnten Abhandlung, über die Wärme-Absorption gefärbter Körper, hat Stark nachzuweisen gesucht *), dafs die dunkleren Farben auch für riechende und ansteckende Stoffe ein gröfseres Absorptionsvermögen besäfsen, und hieraus leitet er die Nothwendigkeit ab, dafs man bei ansteckenden Krankheiten Kleider von dunkler Farbe vermeiden müsse.

Haarröhrchenkraft.

Link **) hat seine Untersuchungen über die Wirkungen der Haarröhrchenkraft auf verschiedene liquide Körper fortgesetzt (Jahresb. 1835, p. 76.). Der von ihm angewandte Apparat ist wesentlich verbessert worden, und die Resultate haben dadurch eine gröfsere Präcision erlangt. Dadurch hat die angebliche Gleichheit in der Höhe, bis zu der nach jenen Versuchen ungleiche Flüssigkeiten aufsteigen, aufgehört, und es haben sich specifische Unterschiede herausgestellt. Man kann annehmen, dafs sich die Hebungskraft verhält, wie die Höhe multiplicirt mit

*) Ed. N. Phil. Journ. XVII. 90.
**) Poggend. Annal. XXXI. 593.

dem specifischen Gewicht. Auf diese Weise ist die in folgender Tabelle berechnete Hebungskraft bestimmt. Der Abstand zwischen den parallelen Scheiben ist 0,4 einer Linie.

Flüssigkeit.	Spec. Gewicht.	Glasscheiben.		Kupferscheiben.		Zinkscheiben.		Fettige Holzscheib.	
		Vers.	Ber.	Vers.	Ber.	Vers.	Ber.	Vers.	Ber.
Destill. Wasser	1,000	12^{l},5	12^{l},5	13^{l}	13^{l}	13^{l}	13^{l}	8^{l},5	8^{l},5
Alkohol	0,835	8	6,7	10	8,3	9,5	7,9	8,5	7,3
Aether	0,755	7	5,3	10	7,5	8,5	6,4	7	5,3
Schwefelsäure	1,845	11	20,3	11	20,3	15	27,6	—	—
Salpetersäure	1,200	14	16,8	—	—	—	—	—	—
Salzsäure	1,115	14	15,6	14	15,6	—	—	—	—
Kalihydrat	1,335	8	10,6	10,5	14	8	10,7	—	—
Essigsaur. Kali	1,145	9,5	10,6	11,5	13,1	10	11,4	—	—

Bei der Zusammenstellung sieht man, daſs ungleiche Scheiben ungleich gewirkt, und daſs verschiedene Flüssigkeiten für gleiche Scheiben ungleiche Capillarität gehabt haben; jedoch blieben sie sich ziemlich proportional in der Ordnung, daſs die Säuren am stärksten angezogen werden, dann Wasser, dann die Alkali- und Salzlösung, und zuletzt Alkohol und Aether. Drei Umstände bestimmen, nach Link, den Grad der Capillarität, oder die Höhe, bis zu welcher eine Flüssigkeit durch Haarröhrchenkraft aufsteigt, nämlich 1) die gegenseitige Attraction zwischen dem festen und dem flüssigen Körper, 2) das specifische Gewicht des letzteren, und 3) seine Cohäsion, welche beide der Attraction entgegenwirken. Da, fügt Link hinzu, der flüssige Zustand nicht auf aufgehobener Attraction, sondern darauf beruht, daſs die Attraction der Theilchen in allen Richtungen gleich wirkt, dem zufolge bei einem

Körper die Cohäsion sehr stark sein kann, ohne Verminderung der Fluidität, so muſs er bei dem Aufsteigen in engen Röhren einen Einfluſs ausüben.

Wirkung von starkem Druck auf Metalle und Knallluft.

Lenz und Parrot *) setzten Kugeln von Blei und Zinn einem Luftdruck von 100 Atmosphären aus, ohne daſs sich im Geringsten das specifische Gewicht derselben vermehrte, zum Beweis, daſs sie nicht zusammengedrückt wurden. Als aber dieser Druck nur auf die eine Endfläche eines Bleicylinders wirkte, vermehrte sich sein specifisches Gewicht von 10,77433 zu 10,94972. Als unter Wasser eine Bleikugel diesem Druck ausgesetzt wurde, preſste sich etwas Wasser hinein, so daſs ihr Gewicht von 228,0443 Gran zu 228,0943 Gran vermehrt wurde, und ihr Volumen um 0,86 eines Procents zunahm. Auch fanden sie, daſs ein Luftdruck von 100 Atm., bei Gemengen von Wasserstoffgas mit Sauerstoffgas, mit atmosphärischer Luft oder mit Stickgas keine Vereinigung bewirkte, woraus zu schlieſsen sein möchte, daſs die beobachtete Entzündung von Knallgas durch Compression in einem nicht wahrgenommenen Nebenumstand ihren Grund gehabt habe.

Verbesserungen an der Luftpumpe.

Mohr **) hat mehrere Verbesserungen in der Construction der Luftpumpe angegeben, die alle zum Endzweck haben, die Verdünnungen bis in das Unendliche zu treiben, und sowohl beim Auf- als beim Niedergehen des Kolbens zu pumpen. Es scheinen dieſs wirkliche Verbesserungen zu sein; wir haben so viele, die nur Variationen ohne Verbesserung sind. Der erste seiner Versuche ist eine Anwendung von Fortin's Princip, nach welchem der Kolben

*) Pharm. Centralbl. 1834, No. 55. p. 875.

**) Poggend. Annal. XXXII. 476.

ben ein konisches Ventil öffnet und schliefst, welches in der Mündung der mit der Glocke communicirenden Röhre liegt. Mohr hat dasselbe hier nur verdoppelt, so dafs der Kolben sowohl beim Auf- als beim Niedersteigen dasselbe thut, während konische Ventile in den beiden Enden des Stiefels die in demselben befindliche Luft herauslassen, wenn sich der Kolben dem Ende nähert. Diefs hat den Vortheil, dafs die vom Kolben geführten Zapfen besser als in Fortin's Pumpe in unverrückter Stellung erhalten werden können. Der zweite besteht in einer Vorrichtung, um von Aufsen die Communication mit der Glocke zu öffnen, wenn die Pumpe saugt, und ist ebenfalls so construirt, dafs die Pumpe sowohl beim Auf- als beim Niedergehen saugt. Die dritte und merkwürdigste Veränderung, die indessen noch nicht versucht zu sein scheint, erfüllt das Problem, ohne Ventil an dem Rohr, welches zur Glocke führt, die Verdünnung bis in das Unendliche fortzusetzen. Diese Construction ist so einfach, dafs sie recht gut ohne Figur verstanden werden kann. Der Stiefel ist an beiden Enden luftdicht verschlossen. Durch das eine Ende geht die Kolbenstange ebenfalls luftdicht; auf den Endplatten befindet sich ein kleines konisches Ventil, welches die Luft herausläfst, wenn der Kolben nach diesem Ende zu geht, und die Oeffnung schliefst, wenn er sich wieder entfernt. Das obere fällt durch seine Schwere, das untere wird von einer Spiralfeder gehalten. In dem Kolben ist keine Oeffnung, er schliefst absolut gegen die beiden Endplatten des Stiefels. Das Rohr, welches die Verbindung mit der Glocke herstellt, geht an der Seite des Stiefels, in der Mitte zwischen beiden Enden, aus. Ist dieses nun ohne irgend eine Art von Ventil, so ist es klar, daſs der Kolben pumpt, so bald er an dieser Oeffnung vorbeigegangen ist, und die Luft auspreſst, die er dann hinter sich hat. Bei dem Zurückgehen wird die Hälfte der in den Stiefel eingesogenen Luft zurück in das Reservoir gepreſst, bis der Kolben an der Oeffnung vorbeigegangen ist. Hat aber das Rohr zwischen dem Stiefel und dem Reservoir dicht am ersteren ein Ventil, welches entweder mit der Hand oder mittelst eines Mechanismus beim Vorbeigehen des Kolbens sich öffnet, und beim Zurückgehen desselben sich schlieſst, so geht das Pumpen sehr rasch, und es gibt gewiſs keine einfachere und keine leichter schlieſsende Construction als diese. Der einzige Uebelstand, den sie hat, ist, daſs die ersten Pumpenzüge etwas schwer gehen.

Pohl *) hat eine andere Abänderung in der Construction der Luftpumpe beschrieben, darin bestehend, daſs der Stiefel im Boden einen konischen Hahn hat, der mit der Hand von unten so gedreht wird, daſs beim Aufsteigen des Kolbens eine in dem Hahn befindliche Oeffnung sowohl mit dem Stiefel als der Glocke communicirt; geht aber der Stiefel herunter, so wird dem Hahn eine halbe Drehung gegeben, wodurch dann die Communication zwischen dem Stiefel und der Atmosphäre hergestellt wird.

Versuche über den Ausfluſs des Wassers.

Savart hat die höchst merkwürdigen Versuche über den Ausfluſs des Wassers durch kreisrunde Oeffnungen in dünnen Wänden, wovon ich im Jahresb. 1835, p. 78, die allgemeinen Resultate mittheilte, fortgesetzt **). Die bei dieser Fortsetzung erhaltenen Resultate sind folgende:

---

*) Poggend. Annal. XXXII. 628.

**) Annales de Ch. et de Ph. LV. 257. Der vorhergehende

1. Wenn sich zwei Gefäſse unter gleichem Druck frei entleeren, die Wasserstrahle aber direct wider einander stoſsen, so ist der Ausfluſs in beiden gleich, die Oeffnungen mögen gleich groſs sein oder nicht, die Gefäſse gleichen Inhalt haben oder nicht. Sind die Oeffnungen und die Durchmesser der Gefäſse gleich groſs, so erhält sich in beiden stets ein gleicher Druck, und in dem Berührungspunkt bilden die Wasserstrahle eine kreisrunde Scheibe, deren Ebene gegen die Normalaxe der Strahle vertical ist. Sind die Oeffnungen gleich, die Durchmesser der Gefäſse aber ungleich, so legt sich die runde Scheibe direct gegen die Ebene, welche durch die Oeffnung des kleineren Gefäſses geht, und auch jetzt bleibt der Druck in beiden Gefäſsen gleich. Aber auch bei ungleichen Durchmessern der Oeffnungen kann sich der Druck in beiden Gefäſsen gleich erhalten, wenigstens so lange nicht der Unterschied bis zu mehr als zum doppelten geht; allein das Gleichgewicht zwischen beiden Pressionen wird dann sehr leicht gestört und durch das geringste Schütteln zerstört. So lange es erhalten werden kann, ist die in dem Berührungspunkt der Strahle gebildete, ausgebreitete Wassermasse konoïdisch oder ellipsoïdisch, mit dem Scheitel befestigt in der gröſseren Oeffnung. Wird das Gleichgewicht zerstört, oder ist der Unterschied in den Durchmessern der beiden Oeffnungen gröſser als eben erwähnt wurde, so senkt sich der Druck in dem Gefäſse mit der

---

Theil ist in seiner Gesammtheit in denselben Annal. LIII. 337. u. LIV. 55. 113. enthalten, was ich hier aus dem Grund bemerke, weil im vorigen Jahresbericht andere Quellen citirt sind, die zuerst und im Auszuge diese für die Wissenschaft wichtige Arbeit mittheilten.

größeren Oeffnung stoßweise unter den des anderen Gefäßes, und zwar in einem um so größeren Verhältniß, je größer der Unterschied in dem Durchmesser der Gefäße ist; ohne aber dabei einem regelmäßigen Gesetze zu folgen.

2. Wird die Wasserhöhe in beiden Gefäßen beständig gleich erhalten, so verschwindet der Einfluß der Ungleichheit in dem Durchmesser der Oeffnungen, und der Ausfluß ist gleich mit der Summe von dem, was durch beide Oeffnungen in einer gegebenen Zeit ausgegossen werden kann. In dem Berührungspunkt bildet sich eine ebene Wasserscheibe, wenn die Oeffnungen gleiche Durchmesser haben; im entgegengesetzten Fall wird sie konoïdisch oder ellipsoïdisch, unter der Bedingung jedoch, daß der Unterschied nicht von 1 bis zu 3 gehe.

3. Wenn nur in dem einen Gefäß die Wasserhöhe unverändert erhalten wird, so fließt aus dem anderen nichts aus, und an seiner Oeffnung bildet sich eine festsitzende Wasserscheibe. Dieß findet ohne Ausnahme statt, so lange die Oeffnungen gleich sind, und erstreckt sich auch auf den Fall, wo sie ungleich sind, aber nur in so fern, als es das mit der größeren Oeffnung versehene Gefäß ist, worin die Wasserhöhe constant erhalten wird. Im entgegengesetzten Fall, wenn in dem Gefäß mit der kleineren Oeffnung das Niveau unverändert erhalten wird, fließt das Wasser ebenfalls nur aus diesem Gefäß aus, aber nur so lange, als der Durchmesser der Oeffnung nicht mehr als von 1 bis 2 variirt; dann bildet sich eine konoïdische Wassermasse, deren Scheitel an der größeren Oeffnung festhängt. Ist der Unterschied in den Durchmessern größer, so senkt sich die Wasserhöhe in dem Gefäße, worin sie nicht constant erhalten wird,

oscillationsweise, bis sie eine gewisse, nicht recht bestimmbare Grenze erlangt hat, und dann erhält sich die relative Wasserhöhe in beiden unverändert.

4. Wenn eines der Gefäfse, entweder weil es einen gröfseren Durchmesser hat, oder weil die Wasserhöhe darin unverändert erhalten wird, oder die Oeffnung geringer ist, sich für sich langsamer als das andere entleeren würde, so fällt der Berührungspunkt der Strahle gerade in die Oeffnung desjenigen Gefäfses, welches sich am langsamsten entleeren würde; so lange der Unterschied im Durchmesser der Oeffnungen nicht gröfser als 1:2 ist, bleibt die Wasserhöhe in dem letzteren Gefäfs gleich der in dem anderen, folglich übt sie keinen statischen Druck aus, so dafs, wenn sie von einer Säule von anderer Dichtigkeit ersetzt wird, das Gleichgewicht nicht eher eintritt, als bis sich die relativen Höhen der beiden Flüssigkeiten umgekehrt wie ihre specifischen Gewichte verhalten.

5. Die Bildung von ebenen Wasserscheiben bei der Begegnung von Wasserstrahlen von gleicher Geschwindigkeit und gleichem Durchmesser ist einfachen, durch Versuche leicht zu ermittelnden Gesetzen unterworfen. 1) Ist der Durchmesser der Oeffnungen unverändert, so nimmt der der Wasserscheiben innerhalb einer gewissen Grenze zu, in demselben Verhältnifs als der Druck vermehrt wird, und bis dahin ist sie nur dem Wasserdruck proportional. Wenn diese Grenze erreicht ist, so nimmt er langsam nach einem gewissen Gesetz ab, welches in Ermangelung eines passenden Apparats nicht erforscht werden konnte. 2) Bei gleichem Druck ist der Durchmesser der Wasserscheiben proportional der Fläche der Oeffnungen. 3) Die Wasserdrucke, wodurch die Scheiben in dem Begegnungspunkt bis

zum gröſsten Durchmesser gebracht werden, um so geringer, je gröſser die Oeffnungen sind, stehen, wie es scheint, in umgekehrtem Ver der Durchmesser der letzteren.

6. Werden zwei Gefäſse von gleichem messer und mit gleichen Oeffnungen so gestell wenn das eine mit Wasser gefüllt, und das leer ist, der Strahl des ersteren gerade in die nung des anderen geht, so vertheilt sich die sigkeit zwischen beiden gleich, und die Zeit, forderlich ist, damit die Wassersäulen in gleiche Höhe erlangen, beträgt nicht mehr als der Zeit, die zur Erreichung dieses Gleichge erforderlich wäre, wenn das Wasser direct a einen in das andere durch eine einzige O von demselben Durchmesser flieſsen würde. bei dem Gefäſse, welches zu Anfang des V mit Wasser gefüllt ist, die Höhe des letztere stant erhalten wird, so kommt das Wasser vorher leeren Gefäſs, in welches der Was geleitet wird, bis zu derselben Höhe in $\frac{2}{3}$ (die erforderlich war, um in beiden Gefä Wasser durch eine einzige gleich groſse O die unmittelbar zwischen beiden communi Gleichgewicht zu setzen.

Man kann ferner aus diesen Versuchen ſsen: 1) Daſs die Geschwindigkeit von allen culen, die sich in dem transversalen Dur eines Wasserstrahls befinden, genau dies 2) Daſs der Druck, der von einem Wa ausgeübt wird, welcher vertikal nach unten eine damit rechtwinklige Ebene fällt, deren messer gleich ist mit der des Strahls im punkt, gleich ist mit dem von einer von derselben Höhe, wie der Abstand z ser Ebene und dem Niveau der Flüssigkeit, und dem Durchmesser des Wasserstrahls in dem Punkt, wo er auf die Ebene stöfst. 3) Dafs der Druck des Wasserstrahls dreimal so viel beträgt, wenn er gegen eine horizontale Ebene ausgeübt wird, deren Durchmesser mit der zusammengezogensten Stelle des Strahls gleich ist, und dafs er nur doppelt ist, wenn man davon das Gewicht des Strahls selbst abzieht; und 4) dafs der Druck, wenn er gegen eine concave, halbkugelförmige Fläche ausgeübt wird, viermal gröfser werden kann, als die Höhe der erwähnten Wassersäule.

Hydrostatische Versuche.

Im vorhergehenden Jahresb., p. 76., wurden Versuche von Thayer angeführt, der in einem Glascylinder mehrere über einander befindliche Schichten von Flüssigkeiten von ungleichem specifischen Gewicht, wie z. B. Wasser, Oel, Alkohol, mit dem Cylinder um dessen Axe rotiren liefs, wobei die Stellung der Oberflächen dieser drei Flüssigkeiten ganz entgegengesetzt derjenigen wird, die aus ihrem specifischen Gewicht folgen sollte; bei anderen Flüssigkeiten kann sie damit ganz übereinstimmend gefunden werden. Walther R. Johnson *) hat gezeigt, dafs diese Erscheinung, die nach Thayer's Meinung für einen unbekannten Umstand in Betreff der Natur dieser Flüssigkeiten spräche, einzig und allein abhänge von der ungleichen Neigung dieser Flüssigkeiten, an der Glasfläche zu haften und also stärker deren Umschwingungsgeschwindigkeit anzunehmen, während sie die anderen von der Berührung mit dem Glase verdrängt, welche sich in der Mitte mit gewölbter Oberfläche zusammenziehen, statt dafs die, welche der Bewegung des Glases folgt, ge-

*) Silliman's Amer. Journ. of Science, XXVII. 85.

gen die nebenliegenden Flüssigkeiten eine concave Oberfläche bekommt. Bei den erwähnten Versuchen von Thayer, die Johnson wiederholte, ist es das Oel, welches die gröfste Umschwingungsgeschwindigkeit erlangt, und sich also nach oben und nach unten ausbreitet. Vermischt man diese Flüssigkeiten mit leichten Körpern von fast gleichem specifischen Gewicht mit der Flüssigkeit, so sieht man, dafs das Oel weit rascher als die beiden anderen rotirt, und dafs es, wenn die Bewegung sich vermindert, noch mit dem Cylinder zu rotiren fortfährt, nachdem die beiden anderen Flüssigkeiten fast aufgehört haben. Diese Versuche beruhen also ganz allein darauf, dafs eine leichtere Flüssigkeit, durch Anhaften an der Innenseite des Gefäfses, in demselben eine gröfsere Rotationsgeschwindigkeit als eine schwerere erlangen, und dadurch eine scheinbare Anomalie hervorbringen kann.

Metalloïde. Schwefel, sein Verhalten beim Erhitzen.

Osann *) hat untersucht, ob der Schwefel, in dem Zustand von Zähigkeit und dunkler Färbung, den er kurz vor seinem Siedepunkt annimmt, mehr oder weniger ausgedehnt ist, als in dem dünnflüssigen Zustand kurz vor seiner Erstarrung. Er fand, dafs sich der Schwefel mit der Temperatur beständig ausdehnt und an specifischem Gewicht abnimmt, so dafs das Verhältnifs seines specifischen Gewichts in diesen beiden Zuständen von Fluidität wie 11 : 10 ist.

Phosphor, weifser.

Im Jahresb. 1834, p. 69., war die Rede von der Natur des weifsen Ueberzugs, der sich auf Phosphor bei langer Aufbewahrung unter Wasser bildet, und der nur in einer Zustandsveränderung, und nicht etwa in einer Verbindung mit Wasser

*) Poggend. Annal. XXXI. 33.

oder dessen Bestandtheilen zu bestehen scheint. Cagniard-Latour *) gibt an, dafs er Phosphor unter Wasser aufbewahrt habe in zwei zugeschmolzenen Glasröhren, von denen die eine lufthaltiges, die andere luftfreies Wasser enthielt; schon nach einem Monat habe sich in dem lufthaltigen Wasser weifser Phosphor gebildet, während sich in dem luftfreien keine Spur davon zeigte.

Arsenik- und Antimon-Gehalt des Phosphors.

Wittstock **) hat gefunden, dafs der im Handel vorkommende Phosphor zuweilen arsenikhaltig ist. Sein Ansehn ist dadurch nicht verändert, aufser etwa in sofern, als er, nach dem Hinwegnehmen der weifsen Rinde, gleich darunter dunkler ist, als mitten in der Masse. Im Uebrigen ist er eben so krystallinisch in der Kälte, und eben so biegsam in der Wärme wie reiner Phosphor, und in Schwefelkohlenstoff vollkommen löslich. Diese Auflösung aber setzt nach kurzer Zeit einen rothen Niederschlag ab, der aus Schwefelarsenik (Realgar), Schwefelkohlenstoff und Phosphoroxyd besteht. Es ist nicht möglich, durch blofse Destillation, oder durch Behandlung mit kleinen Mengen Salpetersäure solchen Phosphor vom Arsenik zu befreien. Am leichtesten findet man die Gegenwart des letzteren, wenn man den Phosphor mit Salpetersäure in Phosphorsäure verwandelt, woraus sich dann das Arsenik vollständig durch Schwefelwasserstoffgas niederschlagen läfst.

Bei dieser Untersuchung, die auf mehrere im Handel vorkommende Phosphorsorten ausgedehnt wurde, fand übrigens Wittstock, dafs der Phosphor mit mehreren anderen fremden Substanzen

*) L'Institut 1834, No. 34.
**) Poggend. Annal. XXXI. 126.

verunreinigt vorkommt. Ein aus Frankreich in den Handel gekommener Phosphor war auswendig mit einem graugelben Ueberzuge bekleidet, und hatte im Bruch eine dunkle, fast schwarze Farbe, die er nicht verlor, wie es bei dem schon früher bekannten schwarzen Phosphor der Fall ist. Bei der Untersuchung fand Wittstock, dafs er, nebst Spuren von Arsenik, Wismuth, Blei, Kupfer, Eisen und Kohle, eine bedeutende Portion Antimon enthielt, welches, nach der Verwandlung des Phosphors in Säure, durch Schwefelwasserstoffgas mit dunkel gelbrother Farbe gefällt wurde. Nach Wittstock's Vermuthung rühren diese fremden Einmischungen davon her, dafs zur Bereitung der Phosphorsäure aus gebrannten Knochen eine mit Antimon, Arsenik etc. verunreinigte Schwefelsäure angewendet wurde, welche Stoffe vielleicht von dem zur Bereitung der Schwefelsäure angewandten Schwefelkies herrührten. Diese Vermuthung ist später durch Wackenroder *) vollkommen bestätigt worden, welcher gezeigt hat, dafs eine arsenikhaltige Schwefelsäure aus gebrannten Knochen eine arsenikhaltige Phosphorsäure abscheidet, wovon das in den Apotheken bereitete phosphorsaure Natron arsenikhaltig wird.

Phosphorwasserstoff. In mehreren der vorhergehenden Jahresberichte habe ich Gelegenheit gehabt, Versuche über den Phosphorwasserstoff anzuführen; zuerst nahm man zwei Verbindungen in ungleichen Proportionen an, dann mehrere, und zuletzt fand man, dafs es nur eine einzige Verbindung gäbe, selbstentzündlich oder nicht, je nach der Bereitungsweise, also verschieden durch etwas der Isomerie Aehnliches. Graham **),

---

*) Pharm. Centralbl. 1834, No. 32. p. 502.

**) L. and E. Phil. Mag. V. 401.

dessen schöne Arbeit über die Phosphorsäuren ich im letzten Jahresbericht anführte, und der gerade in Folge dieser Arbeit die Vorstellung von isomerischen Körpern noch für problematisch hält, hat eine neue Untersuchung über dieses Gas angestellt, um ausfindig zu machen, ob nicht eine zufällige Einmengung die Ursache seiner Selbstentzündlichkeit sein könne. Diese Untersuchung hat zu sehr merkwürdigen Resultaten geführt. Schon früher hatte man die Vermuthung, die Selbstentzündlichkeit könne darin ihren Grund haben, daſs Phosphor in fein zertheiltem Zustand oder im Gase verflüchtigt enthalten sei; aber Graham fand, daſs ein Gas durch Hindurchschlagen einiger electrischer Funken, wobei es in Wasserstoffgas und rauchförmig zertheilten Phosphor zersetzt wird, nicht selbstentzündlich wurde. Wenn selbstentzündliches Gas über Wasser oder Quecksilber diese Eigenschaft verliert, so setzt sich ein gelber Körper daraus ab, der Phosphor in einem solchen Zustand enthält, daſs er nicht von Alkohol, Aether oder Alkali aufgelöst, wohl aber von Chlor und Salpetersäure oxydirt wird. Bringt man in selbstentzündliches Gas einen porösen Körper, z. B. ein Stück Gyps, der atmosphärische Luft enthält, mit der das Gas nur allmälig in Berührung kommt, so sieht man einen Rauch sich um denselben bilden, und nach einiger Zeit ist das Gas nicht mehr selbstentzündlich. Auch die Einmischung mehrerer anderer Gase benimmt ihm die Selbstentzündlichkeit. Hierzu sind aber von den verschiedenen Gasen sehr ungleiche Mengen erforderlich. Von Wasserstoffgas verträgt es das 5fache Volumen, von Stickgas 3, von Kohlensäuregas 2, von ölbildendem Gas 1, von Schwefelwasserstoffgas $\frac{1}{2}$, von Ammoniakgas $\frac{1}{3}$, von Stickoxydgas $\frac{1}{10}$, und von Salzsäuregas $\frac{3}{20}$ Volumen. Indessen bleibt die Selbstent-zündlichkeit nicht immer gleich groſs, und zuweil ist mehr, zuweilen weniger von dem anderen G nöthig, um sie zu vernichten. Gut durchgeglü Holzkohle und gebrannter Thon, in Quecksilber gekühlt und in das Gas gelassen, absorbiren et davon, ohne daſs die Selbstentzündlichkeit sogl verloren geht; aber nach $\frac{1}{2}$ oder 1 Stunde ist gänzlich vernichtet. Kohle, nicht mehr als $\frac{1}{30}$ o $\frac{1}{80}$ vom Volum des Gases betragend, zerstört Selbstentzündlichkeit oft in 5 Minuten. In Wa ausgelöschte Kohle wirkt nicht. Vergeblich suchte Graham durch Erhitzen von Kohle u Wasser, die Gas aufgesogen und die Selbstentzü lichkeit des übrigen zerstört hatte, einen Körper finden, aus dem sich etwas schlieſsen lieſse. Kohle gab nur Phosphorwasserstoff wieder. W Phosphorwasserstoffgas über Quecksilber in ei Glascylinder aufgefangen, dessen innere Seite z mit kaustischer Kalilauge befeuchtet worden ist, verliert das Gas allmälig, aber erst nach mehr Stunden die Selbstentzündlichkeit. Indessen mö wohl eine Wirkung des Kali's hierbei zu bezwei sein, indem ja eine der gewöhnlichen Bereitung ten des Gases darin besteht, daſs Phosphor mit e starken Kalilauge gekocht wird. Wird der G cylinder, statt mit Kali, mit einer concentrirten sung von phosphoriger Säure oder Phosphors befeuchtet, so sieht man in dem nassen Ueb eine milchige Trübung sich bilden, und die Se entzündlichkeit des Gases ist nach wenigen A blicken zerstört. Concentrirte Schwefelsäure Arseniksäure bewirken dasselbe, erstere abso aber zugleich etwas Gas, und letztere fängt an, Phosphorarsenik zu bilden. Ungefähr eben nur langsamer, wirken verdünnte Säuren. Alkohol, von 0,85 spec. Gew., absorbirt sein halbes, Aether sein 2faches, und Terpenthinöl sein 3½faches Volumen Gas; allein das letztere, so wie alle flüchtigen Oele, zerstören, selbst in sehr geringen Mengen, die Selbstentzündlichkeit in wenigen Minuten. Diefs ist in dem Grade der Fall, dafs wenn das Quecksilber in der Wanne von einem flüchtigen Oel verunreinigt ist, die Selbstentzündlichkeit des Gases nach einer oder einigen Stunden verloren geht. Aether wirkt schwächer, noch schwächer Alkohol. Eine geringe Spur von Kalium oder dessen Amalgam vernichtet in wenigen Augenblicken die Selbstentzündlichkeit ohne bemerkliche Volumverminderung. Ein Gran Kalium, in 50 Pfund Quecksilber aufgelöst, bewirkt, dafs es unmöglich ist, über diesem ein selbstentzündliches Gas aufzusammeln. Zink, Zinn und ihre Amalgame wirken nicht. Auch Quecksilberoxyd ist ohne Einflufs; aber das Oxydul, so wie auch arsenige Säure, zerstören bald die Selbstentzündlichkeit. Aus diesen Versuchen zieht nun Graham den Schlufs, das Gas müsse eine fremde Materie von oxydirender Natur enthalten, welche, in äufsert geringer Menge vorhanden, die Selbstentzündlichkeit bedinge.

Wiewohl es also nicht glückte, den Körper, dem man diese zündende Eigenschaft zuschreiben könnte, auszumitteln, so gelang es doch Graham, einem Phosphorwasserstoffgas, welches entweder die anfängliche Selbstentzündlichkeit verloren hatte, oder welches sich ursprünglich nicht selbstentzündlich entwickelt hatte (aus unterphosphoriger Säure), diese Eigenschaft durch Zusatz einer unbestimmbar geringen Menge eines oxydirenden Körpers zu ertheilen. Der interessante Gang dieser Untersuchung ist folgender: Ein Gas, welches sich nicht mehr von selbst entzündete, wurde mit Wasserstoffgas, vermittelst Schwefelsäure entwickelt, vermischt. Die Beimischung geschah in ungleichen Proportionen, von $\frac{1}{3}$ vom Volum des Phosphorwasserstoffgases an, bis zu seinem 3fachen Volum, und in allen diesen Fällen wurde das Gas selbstentzündlich. Bei einer Wiederholung desselben Versuchs fand dies nicht statt. Das beim ersten Mal angewandte Gas war zu Anfang der Einwirkung der Säure auf das Zink aufgesammelt worden; das beim zweiten Versuch angewandte Gas erst, nachdem diese Wirkung eine Zeit lang gedauert hatte. Nun wurde das mit Zink und Salzsäure entwickelte Gas untersucht. Es hatte diese Eigenschaft nicht. Eben so wenig besafs diese Eigenschaft das Gas, welches mit Kaliumamalgam, oder aus Wasserdämpfen durch glühendes Eisen, oder aus Wasser durch die electrische Zersetzung erhalten war. Es entstand nun die Frage, ob die Schwefelsäure etwas enthalte, das mit dem zuerst entwickelten Wasserstoffgas weggeht und die Ursache der Selbstentzündlichkeit ist. Zur Beantwortung derselben wurde bei der Aufsammlung von nicht selbstentzündlichem Gas eine mit ihrem 3fachen Gewichte Wassers verdünnte und erkaltete Schwefelsäure als Sperrflüssigkeit angewendet. Das aufgesammelte Gas war selbstentzündlich. An der Säure bemerkte man nach dem Verdünnen einen Geruch nach salpetriger Säure. In Folge der Bereitungsweise enthält die englische Schwefelsäure Salpetersäure, die sich bei der Concentration zwar vermindert, aber von der concentrirten Säure nicht ganz ausgekocht werden kann. Konnte wohl die Salpetersäure oder eine andere Oxydationsstufe des Stickstoffs der Körper sein, den das Gas aufnahm und der dasselbe selbstentzündlich machte? Die verdünnte, erkaltete Schwefelsäure wurde auf einem sehr flachen Gefäfs einige Stunden lang an die Luft gestellt, bis der nitröse Geruch gänzlich verschwunden war. Nun wurde nicht selbstentzündliches Gas über dieser Säure aufgesammelt, und nun blieb es nicht selbstentzündlich. Der Leitfaden war also gefunden. Ein Stück einer Thermometerröhre, welches ein wenig concentrirte Acidum nitroso-nitricum eingesaugt enthielt, wurde über Quecksilber in eine kleine Menge nicht selbstentzündliches Gas gelassen. Es wurde ein schwacher, unbedeutender Rauch sichtbar. Nach einer Weile zeigte sich eine Einwirkung der Säure auf das Quecksilber. Das Gas war nicht selbstentzündlich. Nun wurde eine gröfsere Menge nicht selbstentzündliches Gas zugemischt und das Gemenge geprüft; es war nun im hohen Grade selbstentzündlich geworden. Anfangs war zu viel Säure hinzugekommen; die Wirkung ist also zwischen ein Maximum und Minimum beschränkt. Sie bleibt nie aus, wenn man folgendermafsen verfährt: Man lasse einen Tropfen rother oder auch weifser concentrirter Salpetersäure in eine Röhre fallen, fülle diese dann mit Quecksilber und stelle sie umgekehrt in die Quecksilberwanne; dabei entsteht etwas Gas von der Wirkung des Quecksilbers auf die Säure. Nun lasse man 1 Cub. Zoll entweder blofses Wasserstoffgas, oder auch Phosphorwasserstoffgas in die Röhre aufsteigen, wodurch man ein Gas hat, welches vielleicht $\frac{1}{10}$ seines Volumens von der gasförmigen Verbindung von oxydirtem Stickstoff enthält, die das Gas selbstentzündlich macht. 1 Theil von diesem Gas, zu 50 bis 60 Theilen nicht selbstentzündlichem Phosphorwasserstoffgas gemischt, macht es in dem Grade selbstentzündlich, dafs nicht eine

einzige Blase davon an der Luft unentzündet blei
Bei der Zumischung des activen Gases zu dem
dern sieht man keinen Rauch entstehen. Nach G
ham ist das beste Verhältnifs der gasförmigen St
stoffverbindung, die er immer Nitrous acid ne
zu dem nicht selbstentzündlichen Phosphorwa
stoffgas zwischen $\frac{1}{1000}$ und $\frac{1}{10000}$ vom Volum
letzteren; $\frac{1}{100}$ ist schon so sehr zu viel, dafs k
Spur von Selbstentzündlichkeit entsteht.

Stickoxydgas, in gröfserer oder geringerer M
besitzt diese Eigenschaft durchaus nicht, was um
sonderbarer ist, da dieses Gas bei Berührung
obigen Gemenges mit der Luft gerade die hö
Oxyde vom Stickstoff, nämlich $\ddot{N}$ und $\dddot{N}$, die
als das hierbei Wirksame vermuthen könnte,
vorbringt. Chloroxydgas, $\dddot{Cl}$, oxydirt sogleich
Phosphor unter Bildung von Chlorwasserstoff
und Phosphorsäure.

Das durch die Gegenwart eines Stickstoff-
dationsgrades selbstentzündliche Gas hat folg
Eigenschaften: Ueber Wasser bleibt es länger se
entzündlich, als über Quecksilber. Ueber dem
teren dauert diese Eigenschaft zwischen 6 un
Stunden, je nach der ungleichen Menge des
samen Körpers, den das Quecksilber allmälig
setzt. In diesem Fall ist sein Verhalten umge
gegen das des gewöhnlichen. Kohle, poröse
per, flüchtige Oele, Kaliumamalgam, benehme
die Selbstentzündlichkeit eben so rasch, wie
gewöhnlichen. Phosphorige Säure, aber nicht
phorsäure, zerstört dieselbe. Kali wirkt auf
gleich. — Es scheint keinem Zweifel unterw
zu sein, dafs in beiden Fällen die Ursache der S
entzündlichkeit von gleicher Natur sein müsse,

man sie also einer zufälligen Einmischung zuzuschreiben habe; aber was ist diese Einmischung in dem gewöhnlichen Gase? Graham vermuthet ein Phosphoroxyd = $\ddot{P}$ oder $\dddot{P}$, also analog der vermutheten wirksamen Oxydationsstufe vom Stickstoff. Aber erstlich wissen wir nicht, dafs es ein solches gibt, und wenn es existirt, so ist kein Grund da, es als gasförmig anzunehmen. Wenn es auch nicht ungereimt wäre, zu vermuthen, dafs ein solches Oxyd bei der Einwirkung von Wasser auf Phosphorcalcium entstehen könne, so sieht man doch nicht ein, warum es durch Einwirkung von ammoniakhaltigem Wasser auf die festen Phosphorwasserstoff-Verbindungen eher gebildet werden sollte, als durch Einwirkung von kalihaltigem Wasser, und doch wird das Gas im ersteren Falle selbstentzündlich, im letzteren nicht. Dessen ungeachtet sind doch die Resultate dieser Arbeit von grofser theoretischer Wichtigkeit, nicht in Beziehung auf die Frage, ob es zwei isomerische Phosphorwasserstoffgase gebe oder nicht, was nur von höchst secundärem Interesse ist, sondern in Beziehung auf die Aufklärungen, welche sie über den Einflufs von Körpern geben, die in kaum bestimmbarer Menge vorhanden sind, an der Verbindung selbst nicht Theil haben, und doch die ganze Wirksamkeit bestimmen. In der organischen Chemie werde ich auf diesen Gegenstand ausführlicher zurückkommen.

H. Rose *) hat gezeigt, dafs beim Kochen von Phosphor mit einer Lösung von Kali in Alkohol nicht selbstentzündliches Phosphorwasserstoffgas entsteht. Es ist mit ganz wenig Wasserstoffgas gemengt, und seine Bereitung gelingt auf diese Weise sehr

*) Poggend. Annal. XXXII. 467.

leicht. Die Bestandtheile des Alkohols nehmen keinen Theil daran. Das Wasserstoffgas, welches beim Kochen mit Wasser entsteht, rührt davon her, daſs durch das Kochen ein Theil des unterphosphorigsauren Salzes auf Kosten des Wassers zu phosphorsaurem oxydirt wird. Dieſs ist bei Anwendung von Alkohol in bedeutend geringerem Grade der Fall, und es schlägt sich nur sehr wenig phosphorsaures Salz nieder. Daher ist dieſs auch die beste Bereitungsmethode der unterphosphorigsauren Salze. Verdünnt man die zurückbleibende Lösung mit mehr Alkohol, wäscht das ungelöste mit Alkohol aus, schüttelt die Flüssigkeit mit fein geriebenem zweifach-kohlensauren Kali, um das überschüssige Kali in kohlensaures zu verwandeln und auszufällen, so erhält man, nach dem Abdestilliren des Alkohols im Wasserbade, reines unterphosphorigsaures Kali.

Chlor mit Wasserstoff. Suckow *) hat gezeigt, daſs ein Gemenge von Chlorgas und Wasserstoffgas, welches beide Gase zu gleichen Volumen, oder das Wasserstoffgas im Ueberschuſs enthält, zur Entzündung ein sehr starkes Sonnenlicht erfordere, daſs es aber bei einem Ueberschuſs von Chlor in dem Verhältniſs von 3:2 schon bei dem zerstreuten Licht eines bewölkten Himmels, selbst in Glocken von grünem Glas, entzündet werde. Suckow's Erklärung, daſs in der durch Ueberschuſs an Chlor potenzirten Acidität der Grund der erhöhten Empfindlichkeit der Gasverbindung zu suchen sei, erinnert an die physisch-philosophische Methode einer Zeit in der Wissenschaft, die glücklicherweise verschwunden ist.

Groſse Kry- Marchand **) u. Joſs ***) haben gezeigt, daſs

*) Poggend. Annal. XXXII. 394.
**) A. a. O. XXXI. 546.
***) Journ. für pract. Ch., I. 133.

Jodwasserstoffsäure bei der freiwilligen Zersetzung nach und nach Krystalle von Jod absetzt, die sehr grofs werden können. Der erstere hat die Winkel an diesen Krystallen gemessen, die gewöhnlich Rhombenoctaëder sind, die sich durch Vergröfserung zweier Abstumpfungsflächen in Tafeln verwandelt haben. Ich habe ebenfalls diese sehr grofsen Jodkrystalle erhalten; sie bildeten sich im Verlaufe einiger Jahre in einer Flasche, in welcher bei Arbeiten über Jodverbindungen die jodhaltigen Flüssigkeiten gesammelt worden waren, um später zusammen zur Ausziehung des Jods angewendet zu werden. Ich verwahre sie nun seit 12 Jahren unverändert unter einer kleinen Menge der Flüssigkeit, in der sie sich gebildet hatten.

stalle von Jod.

Fluor.

Bekanntlich scheint das Fluor unter allen Körpern derjenige zu sein, dessen Affinitäten, wenigstens bei niedrigeren Temperaturen, die gröfste Wirksamkeit äufsern. Ungeachtet daher das Fluorsilber, wie man aus H. Davy's Versuch weifs, von Chlorgas zersetzt wird, so konnte man doch noch nie das Fluor im isolirten Zustand kennen lernen, weil es im Moment des Freiwerdens sich mit Allem, womit es in Berührung kommt, verbindet. In einer kurzen Unterredung, die ich mit H. Davy einige Jahre vor seinem Tode hatte, äufserte mir derselbe in Betreff dieses widerspenstigen Körpers, dafs er die Absicht habe, sich, zu ferneren Versuchen über denselben, Apparate von Fluorcalcium machen zu lassen. Leider ist diese Idee nicht zur Ausführung gebracht worden. Neuerlich hat Aimé *) einen interessanten, wiewohl misglückten Versuch der Art angestellt. Bekanntlich wird Cautschuck von einer

*) Annales de Ch. et de Ph. LV. 443.

Menge unserer schärfsten Reagentien, als Chlor
Salzsäuregas, kaustischem Kali, concentrirter Sch
felsäure etc., nicht angegriffen. Da es nur aus K
lenstoff und Wasserstoff besteht, so ist seine
sammensetzung auch nicht so leicht veränd
Aimé überzog einen Glaskolben inwendig mit C
schuck, liefs es trocknen, füllte den Kolben
Chlorgas, und brachte Fluorsilber hinein. Es
dete sich sogleich Fluorwasserstoffsäure, indem
Cautschuck rund um das Chlorsilber und unter
selben verkohlt wurde. Das Fluor entzog also
Kohlenstoff den Wasserstoff.

Kohle, ihre freiwillige Entzündung. Schon mehrere Male war in diesen Jahr
richten die Rede von der zuweilen statt finde
freiwilligen Entzündung von pulverisirter Ko
den Pulverfabriken. Neue Fälle der Art, ganz
einstimmend mit dem im Jahresb. 1832, p. 60
wähnten, sind von Hadefield *) angeführt
den. Davies sucht die Ursache dieser Ersche
durch die Annahme zu erklären, dafs bei der
kohlung Kalium reducirt werde, welches dan
Anzündungspunkte bilde. Diese Erklärung hat
les gegen sich. Bei der Darstellung der zur
verfabrikation bestimmten Kohle darf die Tem
tur nicht so hoch gehen, dafs Kalium reducirt
den könnte, und geschähe diefs auch wirklic
hätte es bei dem lange dauernden Pulverisire
Kohle Zeit genug, um sich zu oxydiren. Bei
Erscheinung bemerkt man, dafs ihr eine all
Erhöhung der Temperatur der Masse, da wo
mit der Luft in Berührung ist, vorangeht. Man
nicht annehmen, dafs diese durch Oxydation
Kalium entstehe. Aufserdem, wer hat wohl j

*) Annalen der Pharmacie, X. 130. u. 134.

gefunden, dafs frisch gebrannte, erkaltete Kohle Wasserstoffgas entwickelt?

Pleischl *) hat die verschiedenen Bereitungsmethoden des Schwefelkohlenstoffs untersucht. Die von Brunner angegebene, Jahresb. 1831, p. 72., war zwar nach dem besten Prinzip ausgedacht; allein aus zwei Tiegeln und zwei Porzellanröhren eine tubulirte Retorte zusammenzufügen, die dicht hält und nichts durch die Fugen entweichen läfst, übersteigt, wie er fand, die gewöhnliche Geschicklichkeit im Lutiren, so dafs also diese Methode nicht von Jedem ausführbar ist. Er änderte sie daher in der Art ab, dafs er eine tubulirte Retorte von Steingut nahm, so wie sie käuflich zu haben sind; in den Tubulus derselben setzte er eine 1½ Fufs lange Porzellanröhre ein, so dafs sie bis zu 1½ Zoll vom Boden der Retorte ging, und kittete sie mit einem Lutum von Thon und Sand luftdicht ein. Die Retorte wurde durch den Hals mit haselnufsgrofsen Stückchen von Kohle gefüllt und in einen passenden Ofen eingesetzt. An den Hals der Retorte wurde eine tubulirte Vorlage angelegt; was sich in derselben nicht condensirte, wurde in eine zweite, künstlich abgekühlte geleitet. In beiden war Wasser enthalten. Die Retorte wurde geneigt in den Ofen gelegt, so dafs die, die Verlängerung des Tubulus bildende Röhre aufserhalb des Stromes der heifsen Luft kam. Ihre obere Mündung wurde mit einem guten Kork verschlossen. Als die Retorte völlig glühte, wurde von Zeit zu Zeit, und nicht zu viel auf einmal, Schwefel hineingegeben. Indem er auf die auf dem Boden liegende Kohle fällt, verwandelt er sich in Gas, mufs als solches durch die

Schwefelkohlenstoff, Bereitung.

*) Baumgartners Zeitschrift, III. 97.

glühende Kohlenmasse hindurchgehen, und ver[illegible]det sich nun großentheils mit Kohlenstoff. Ist [illegible] Retorte nicht zu klein, so erhält man nach we[illegible] Stunden gegen zwei Pfund Schwefelkohlenstoff, [illegible] nach der Rectification gegen 18 bis 20 Unzen g[illegible]

Oxyde und Säuren der Metalloïde. Wasser, seine Zusammendrückbarkeit.

Oersted *) hat seine Versuche über die [illegible]sammendrückbarkeit des Wassers fortgesetzt, [illegible] diese Fortsetzung bestätigt sowohl seine eigne[illegible]teren, als auch die von Anderen hierüber ange[illegible]ten Versuche, auf eine Art, die nichts zu wün[illegible] übrig lassen dürfte. Hierbei bot sich indessen [illegible] der andere Umstand zur weiteren Verfolgung [illegible] dafs nämlich das Wasser für ungleiche Tempe[illegible]ren ungleiche Zusammendrückbarkeit zeigt, so[illegible] es für höhere Temperaturen weniger zusammend[illegible]bar wird. Oersted's Versuche geben das R[illegible]tat, dafs diese Anomalie verschwindet, wen[illegible] Wasser bei dem Versuche für jeden Atmosp[illegible]druck um $\frac{1}{40}$ Grad Cels. erwärmt wird. Da[illegible] diefs so verhalten müsse, sieht man daraus, da[illegible] der Temperatur der höchsten Dichtheit des [illegible]sers kleine Temperaturunterschiede wenig auf [illegible] Volumen influiren, und da geben auch die [illegible]pressionsversuche das gleichförmigste Resultat.

Schwefelsäure, ihr Arsenikgehalt.

Wackenroder **) hat auf den Umstan[illegible] merksam gemacht, dafs (wahrscheinlich aus Bö[illegible] sogenannte englische Schwefelsäure in den H[illegible] kommt, die sehr viel Arsenik enthält, theils al[illegible]nige Säure, theils auch bis in einem gewissen [illegible] als Arseniksäure. Durch Destillation ist sie [illegible] davon zu befreien, da die arsenige Säure [illegible] genug ist, um in dem Dampf von Schwefe[illegible]

*) Poggend. Annal. XXXI. 361.
**) Pharm. Centralbl. 1834, No. 32. p. 499.

abzudampfen. Wackenroder fand also auch in der destillirten Säure Arsenik, wovon ein Pfund ein Gran Schwefelarsenik gab. Einen Arsenikgehalt der Schwefelsäure entdeckt man auf die Weise, dafs man sie mit dem 6 bis 8fachen Gewicht Wassers verdünnt, das schwefelsaure Blei absetzen läfst, und dann Schwefelwasserstoffgas hindurchleitet; man verkorkt die Flasche, worauf sich allmälig Schwefelarsenik bildet und absetzt. Dieser Arsenikgehalt verursacht wahrscheinlich den oben erwähnten Arsenikgehalt im Phosphor; auch geht er in verschiedene andere pharmaceutische Präparate über, z. B. in die Salzsäure, in präcipitirten Schwefel, in Sulphur auratum. Bei der Bereitung des letzteren ist es daher stets am besten, eine verdünnte Säure anzuwenden, zu der man vorher ein wenig Heparlösung gemischt, und die man dann in einer verschlossenen Flasche an einer warmen Stelle klären gelassen hat. In krystallisirter Weinsäure fand Wackenroder keine Arseniksäure, wohl aber etwas Blei. Wie nöthig es sei, in Fällen von Arsenikvergiftung zu den Proben eine Schwefelsäure oder Salzsäure anzuwenden, die vorher von Arsenik befreit worden ist, fällt in die Augen.

Phosphorsäure, ihr Gehalt an Arseniksäure.

Im Zusammenhang hiermit möge noch bemerkt werden, dafs die Substanzen, womit der Phosphor verunreinigt sein kann (p. 90.), Veranlassung geben können, dafs die daraus bereitete Phosphorsäure mit Arseniksäure, Antimonoxyd etc. verunreinigt ist. Da die Phosphorsäure öfters als inneres Heilmittel angewendet wird, so ist es von besonderer Wichtigkeit, dafs sie keine schädlichen Stoffe der Art enthalte. Es ist daher stets nothwendig, die Auflösung der Säure mit Schwefelwasserstoffgas zu sättigen und sie damit in einer verschlossenen Flasche einen oder einige Tage lang an einer warmen Stelle stehen zu lassen und nachher zu filtriren, um jede Spur von diesen Metallen abzuscheiden. Es versteht sich, dafs die so zu behandelnde Säure zuvor von Salpetersäure befreit sein mufs. Einer gleichen Behandlung mufs die aus gebrannten Knochen bereitete Säure, die zur Bereitung von phosphorsaurem Natron bestimmt ist, unterworfen werden.

Euchlorin verbannt.

Im Jahresb. 1833, p. 85., erwähnte ich der Versuche von Soubeiran, welche diesen Chemiker veranlafsten, H. Davy's Euchlorin für ein Gemenge von Chlor mit einem höheren Oxyd, $\ddot{\text{Cl}}$, zu erklären. J. Davy *) hat die Versuche seines verstorbenen Bruders revidirt und wiederholt. Das Argument, welches diesen letzteren veranlafst hatte, das Euchlorin als eine selbstständige Verbindung, und nicht als ein Gemenge von Chlor mit einem höheren Oxyd, welches er ebenfalls entdeckte, zu betrachten, war, dafs Chlor in freiem Zustand von Quecksilber absorbirt wird und sich unter Feuererscheinung mit unächtem Blattgold verbindet, während diefs mit Euchlorin nicht der Fall ist. Auf Veranlassung der Versuche von Soubeiran und der von diesem daraus gezogenen, sehr wahrscheinlichen Resultate, wiederholte J. Davy seines Bruders Versuche und fand sie richtig. Allein da z. B. Chlorgas allein so rasch von Quecksilber absorbirt wurde, dafs kein Gas gesammelt werden konnte, Euchlorin dagegen mehrere Stunden lang über Quecksilber stand, ohne dafs dadurch des letzteren Oberfläche bedeutend anlief, so fiel es ihm ein, das Euchloringas mit noch einer Quantität Chlorgas zu mengen, um zu sehen, ob dieses nicht sogleich aufgeso-

*) Ed. N. Phil. Journ. XVII. 34.

gen werde; diefs aber geschah nicht, obgleich viel Chlor, selbst bis 50 Proc., zugemischt wurde. Blattsilber lief kaum darin an, und gewalztes Zink schien nicht angegriffen zu werden. Es ist also klar, sagt er, dafs das Chloroxyd, $\dddot{\text{Cl}}$, die Eigenschaft hat, die Einwirkung des Chlors auf Quecksilber und die anderen Metalle zu verhindern, und dafs man keinen Grund habe, gegen Soubeiran's entscheidende Versuche, die Existenz des Euchlorins, als einer bestimmten Verbindung, zu behaupten.

Euchlorin, wiederhergestellt unter dem Namen von unterchloriger Säure.

Ueber die bleichende Verbindung im Chlorkalk und in den Salzen, die bei der Vereinigung von Chlor mit Salzbasen bei gewöhnlicher Temperatur entstehen, hat Balard *) eine Untersuchung angestellt, die ihn zu dem Resultat führte, dafs diefs eine aus 2 Atomen Chlor und 1 Atome Sauerstoff zusammengesetzte Säure sei, die also nicht mit der phosphorigen, sondern mit der unterphosphorigen Säure analog zusammengesetzt wäre, dem gemäfs er sie *unterchlorige Säure* nennt. Sie hat also vollkommen die Zusammensetzung von Euchlorin, und scheint demnach zu beweisen, dafs die Gründe, aus welchen die Existenz desselben im Vorhergehenden geleugnet wurde, nicht als entscheidend betrachtet werden können.

Am besten bereitet man sie auf folgende Weise: Man leitet Chlorgas in eine grofse Flasche, so dafs sie ganz angefüllt wird, und bringt dann einen kleinen Ueberschufs eines fein zusammengeriebenen Gemenges von rothem Quecksilberoxyd mit dem 12fachen Gewicht Wassers hinein. Das Gas wird sogleich mit grofser Heftigkeit absorbirt. Die Producte sind unlösliches basisches Quecksilberchlorid

*) Journ. de Pharm. XII. 661.

und unterchlorige Säure, welche letztere sich a
Kosten des Sauerstoffs vom Quecksilberoxyd ge
det hat, und in der Flüssigkeit aufgelöst enthal
ist. Durch Destillation erhält man sie rein, a
concentrirter, wenn man das zuerst übergehende
lein aufsammelt; die Destillation mufs aber im W
serbade geschehen, wenn nicht die Säure zer
werden soll. Die Säure kann aus dieser Flü
keit gasförmig erhalten werden, wenn man sie
Quecksilber in eine kleine Glasglocke, zu etwa
des Rauminhalts der letzteren, steigen läfst, und
ein gleiches Volumen salpetersaurer Kalkerde
zufügt, die sogleich das Wasser aufnimmt und
Säure unter Aufbrausen austreibt. Sie kann
selbst durch Quecksilber abgeleitet werden, we
sie nicht sogleich zersetzt; am besten aber
man sie mit einer concentrirten Lösung des Ka
zes. Dieses Gas ist gelb, etwas dunkler als C
und riecht wie Chlorkalk mit Salpetersäure ve
Wasser absorbirt mehr als das 100fache Vol
etwas langsamer wird es von Quecksilber abso
welches sich damit in Oxydul und Chlorür ve
delt. Durch eine wenig erhöhte Temperatur
nirt es mit lebhafter Explosion, indem sich sein
lumen von 1 zu $1\frac{1}{2}$ vergröfsert, und läfst man
das Chlor von kaustischem Kali absorbiren, so b
$\frac{1}{2}$ Volumen Sauerstoffgas übrig. Auf diese W
wurde seine Zusammensetzung gefunden. Von
nenlicht wird es ohne Detonation zersetzt, i
aber mit Wasserstoffgas vermischt, so explodi
leicht. Von gepulverten Metallen wird es abso
unter Bildung eines Gemenges von Oxyd und C
rür; hierbei tritt leicht eine Explosion ein, wen
Versuch mit einiger Menge geschieht. Von K
wird es im ersten Augenblick absorbirt, expl

aber sogleich darauf in Folge der dabei entstehenden Wärme. Seine Auflösung in Wasser ist gelblich und hat den Geruch des Gases. Sie färbt die Haut braunroth, bleicht Pflanzenfarben, erhält sich im Dunkeln und bei gewöhnlicher Lufttemperatur, zersetzt sich aber im Licht und durch Wärme in Chlorgas und Chlorsäure. Sie verwandelt Brom und Jod in Säuren, eben so Schwefel, Selen, Phosphor und Arsenik, unter Freiwerden von Chlor. Wasserstoffgas, Stickgas und Kohle wirken nicht darauf. Von den Metallen wirken wenige mit Energie ein, Eisen ausgenommen, welches sich damit in basisches Eisenchlorid verwandelt. Mit Silber entsteht Chlorsilber und Sauerstoffgas. Kupfer und Quecksilber bilden langsam basische Chloride. Oxydule werden davon in Oxyde und Superoxyde verwandelt. Organische Stoffe werden davon stärker als von Salpetersäure oxydirt, und unter Bildung ganz anderer Producte. Mit den Alkalien und den alkalischen Erden läfst sie sich zu Salzen verbinden, wobei jedoch Erwärmung zu vermeiden ist, indem sonst chlorsaures Salz und Chlorür entstehen. Mit den Metalloxyden bilden sich nur schwierig Verbindungen; sie setzen sich sogleich um. Sie treibt die Kohlensäure aus, und wird selbst von dieser ausgetrieben.

Kohlensäure in liquider Form.

Thilorier *) hat einen eigenen Compressions-Apparat zur Darstellung der liquiden Kohlensäure erfunden. Wie er angibt, hat er das specifische Gewicht der liquiden Säure mit derselben Sicherheit bestimmt, mit welcher die specifischen Gewichte von Alkohol und Aether bekannt sind; eben so ihre thermometrische Ausdehnung, ihre Tension etc., ohne

*) Journ. für pract. Ch. III. 109.

dafs er aber die eigentlichen Werthe davon Bei + 3° braucht sie 79 Atmosphären Druc liquid zu werden. Ein Umstand, den Thil anführt, kann eine practische Anwendung men (wenn er anders richtig beobachtet ist, wohl noch bezweifelt werden dürfte), dafs sich lich die tropfbarflüssige Kohlensäure zwi und + 30° um 50 Procent ihres Volumens a Atmosphärische Luft dehnt sich blofs um 1 cent aus. Dagegen läfst sich das durch T veränderte Volumen der liquiden Kohlensäure durch stärkeren Druck vermindern, woraus T rier den Schlufs zieht, dafs sich diese Ausd wohl mit Vortheil zu mechanischen Endzwec nutzen lasse. Als er die liquide Kohlensä die Kugel eines Weingeist-Thermometers liefs, fiel dasselbe auf — 75°.

Kohlenoxydgas, dessen Bereitung.

Mitchell *) gibt folgende Methode zur reitung des Kohlenoxydgases an: Man ve einer Retorte 8 Th. (1 Unze) fein geriebenes saures Ammoniak mit 1 oder 2 Th. (1 bis 2 men) concentrirter Schwefelsäure, erhitzt gelinde fängt das sich entwickelnde Gas über Wasser Es soll keine Spur von Kohlensäure enthalten dem Sperrwasser dagegen soll kohlensaures Am niak enthalten sein, und in der Retorte freie felsäure zurückbleiben.

Gale **) hat gezeigt, dafs diese Angabe ungegründet ist, dafs man ein Gemenge aus gl Volumen Kohlensäure und Kohlenoxydgas bek und dafs in der Retorte saures schwefelsaures moniak zurückbleibt, wie die Theorie vora

*) L. and E. Phil. Mag. V. 391.

**) Silliman's Americ. Journ. of Science, XXVII.

Liebig *) hat die Einwirkung von Kalium auf noxydgas untersucht. Er fand, dafs wenn reind trocknes Kohlenoxydgas über schmelzendes geleitet wird, unter Feuererscheinung eine igung beider statt findet, und eine schwarze e Masse entsteht, die sich leicht vom Glase pparats, worin der Versuch geschah, ablöst, e Eigenschaften der schwarzen Masse besitzt, h bei der Bereitung des Kaliums aus kohlen- Kali und Kohle bildet. Noch warm in die ebracht, entzündet sie sich mit Explosion; Luftzutritt unter Wasser gebracht, löst sie t Hinterlassung von schwarzen Flocken und wie es scheint, stark kohlehaltigen Wasseres auf, das mit leuchtender Flamme brennt. ung ist zuerst rothgelb, wird aber beim Abn gelb und setzt krokonsaures und oxalsauli ab, gerade so wie es mit der bei der Kareitung gebildeten schwarzen Masse der Fall iebig hat das krokonsaure Kali analysirt, Gmelin's Angabe, dafs es aus $\dot{K}+C^5O^4$ -5C+5O besteht, bestätigt gefunden. Es klar, dafs zur Bildung von krokonsaurem Atom Kalium und 5 Atome Kohlenoxyd verwurden. Man könnte sich dabei vorstellen, oxyd und Kalium seien wie ein Salzbilder em Metall mit einander verbunden. In der nd auch Liebig, dafs beim Einleiten von die Auflösung des krokonsauren Kali's die verlor ohne Bildung von Kohlensäuregas, und nschaft bekam, in der Wärme unter Entg von Kohlensäuregas das Quecksilberoxyd ciren. Allein die in diesem Falle vom Chlor

Wirkung von Kalium auf Kohlenoxydgas.

---

*) Poggend. Annal. XXXIII. 90.

bewirkte Umsetzung könnte von mehrfacher Art wesen sein und vielleicht nicht die Abscheidung in Wasser löslichen Körpers aus C^5O^6 bewe Uebrigens, da das Product von der Einwirkung Kaliums auf das Kohlenoxydgas nicht krokon Kali, sondern ein ganz anderer Körper ist, so dient wohl diese Ansicht keine Beachtung. man in Betracht, dafs dieses Product von W unter Wasserstoffgas-Entwickelung in ein Ge von krokonsaurem und oxalsaurem Kali verw wird, so könnte es folgendermaafsen zusam setzt sein:

Oxalsaures Kali . .	$2C+3O+\dot{K}$
Krokonsaures Kali .	$5C+4O+\dot{K}$
	$7C+7O+2\dot{K}$,

wobei die 2 Atome Sauerstoff im Kali durc Einwirkung des Wassers hinzugekommen wäre dessen, wenn auch dieses das wahre Verhalten so müfste blofs oxalsaures und krokonsaure entstehen, und das weggehende Wasserstoffga ner Wasserstoff sein. Der Versuch aber zeigt, die Lösung roth oder rothbraun ist, und öfters oder ein karmoisinrothes Pulver zurückläfst, dafs das Wasserstoffgas wie ölbildendes Gas Diese Umstände deuten auf ein Gemenge von mehr Producten. Liebig glaubt, dafs sich Abweichungen durch die Annahme erklären dafs sich aufser $2K+7C+7O$ auch eine V dung von $K+7C+7O$ bilde. Der Leitfade hier über die Bildung dieses sonderbaren Pr gegeben ist, zeigt hinreichend, wie sehr die genstand eine vollständige Erforschung verdie

Jodwasser- Jofs *) gibt folgende Bereitungsmethode

*) Journ. für pract. Ch. I 133.

wäſsrigen Jodwasserstoffsäure an: 60 Th. Bleifeilspähne und 40 Th. Jodpulver werden in einer Flasche mit Wasser übergossen und so lange zusammengeschüttelt, bis aller Geruch nach Jod verschwunden ist; alsdann wird das gebildete Jodblei durch Schwefelwasserstoffgas zersetzt. Dieses Verfahren gewährt den Vortheil, daſs kein Jod mit dem Schwefel verloren geht, wie es in nicht unbedeutendem Grade der Fall ist, wenn sich das Schwefelwasserstoffgas in einem Gemenge von Jodpulver und Wasser zersetzt. Will man die Säure concentriren, so kann dieſs in einer Retorte geschehen, indem man sauerstofffreies Wasserstoffgas hindurchleitet.

stoffsäure, Bereitung.

Fluorkieselgas.

J. Davy *) hat Versuche über das Verhalten des Fluorkiesels zu Salzbasen angestellt, in der Absicht zu beweisen, daſs meine nun schon ziemlich lange aufgestellte Ansicht von den salzartigen Verbindungen dieses Körpers (daſs nämlich der Fluorkiesel in Berührung mit Wasser oder Salzbasen $\frac{1}{3}$ seines Siliciums oxydirt als Kieselsäure abscheidet, während sich mit dem freien Fluor ein Fluorür bildet, das dann mit den übrigen $\frac{2}{3}$ vom Fluorkiesel in Verbindung tritt; daſs aber diese Verbindungen bei einer höheren Temperatur in der Art zersetzt werden, daſs der Fluorkiesel Gasform annimmt und das Fluorür zurückläſst) unrichtig, dagegen die alte Meinung, daſs der Fluorkiesel eine Säure sei, die sich mit oxydirten Basen verbinde, die einzig richtige sei. Die Beweise zu Gunsten dieser Meinung sind: 1) daſs das Fluorkieselgas trocknes Lackmuspapier röthet, und 2) daſs dieses Gas, wenn man es über eine erhitzte, wasserfreie Basis, z. B. Kalkerde, leitet, oft unter Feuererscheinung absorbirt

*) Edinb. N. Phil. Journ. XVII. 244.

wird und ein fluorkieselsaures Salz bildet, worin sich das Radical der Basis zum Fluor gerade so verhält, wie in dem neutralen Fluorür ohne Kieselerde, z. B. bei Anwendung von Kalkerde, gerade wie im Flußspath. Da J. Davy bei einem Versuch mit Kalkerde und Fluorborgas dasselbe Resultat erhielt, so schließt er, daß dasselbe Verhältniß auch bei den Fluorbor-Verbindungen statt finde. Hierbei hat jedoch J. Davy ganz übersehen, daß Fluorkiesel oder Fluorbor, sie mögen nun Säuren sein oder nicht, bei einer höheren Temperatur in Berührung mit einem Oxyd, dessen Radical basischer Natur ist, so zersetzt werden müssen, daß des letzteren Sauerstoff den Kiesel oder den Bor geradeauf zu Kieselsäure oder Borsäure oxydirt, während das Radical sich mit dem Fluor verbindet; die gebildeten Säuren aber, da sie feuerbeständig sind, müssen mit dem Fluorür innig gemengt bleiben. Davy's Versuch beweist also nicht einmal, daß diese Gase Säuren sind. Nimmt man kohlensaures Kali statt Kalk, so erhält man Fluorkalium und Kieselerde, welche letztere sich bei Behandlung der Masse mit Wasser abscheidet.

Ueber eine ganz neue Kl. unorgan. Körper, zusammengesetzt aus Stick-, Kohlen-, Wasser- u. Sauerstoff.

Liebig *) hat eine neue Klasse von unorganischen Verbindungen entdeckt, die nach dem Prinzip für die organischen Zusammensetzungen gebildet sind. Unstreitig ist diese Entdeckung eine der wichtigsten, womit im verflossenen Jahre die Chemie bereichert worden ist.

Melon.

Melon, ein neuer Salzbilder. Unterwirft man trocknes Schwefelcyan, nämlich den schön gelben Niederschlag, den Chlorgas in einer Lösung von

*) Annal. der Pharm. X, 1.

von Schwefelcyankalium hervorbringt, der trocknen Destillation, so entweichen Schwefel und Schwefelkohlenstoff, und in der Retorte bleibt ein viel blasserer Körper zurück, welcher, ohne sich zu zersetzen, Glühhitze verträgt. Dieser Körper ist das Melon. Bei der Destillation geht aller Schwefel und ein Theil vom Kohlenstoff weg.

Auf kürzerem Wege erhält man dasselbe, wenn man Schwefelcyankalium in einem Strom von Chlorgas erhitzt, bei einer Temperatur, die nicht bis zum Schmelzen des Salzes geht; um die Berührungspunkte mit dem Gas zu vermehren, ist es zweckmäſsig, das Salz vorher mit seinem doppelten Gewicht fein geriebenen Kochsalzes zu vermischen. Zuerst erhitzt man die Retorte in einem Bad von Chlorcalcium, und steigert erst zuletzt die Hitze bis zum anfangenden Glühen. Es bildet sich Chlorschwefel, in Begleitung einer anderen flüchtigen Verbindung, zuletzt sublimirt sich im Halse Chlorcyan in Nadeln, und in der Retorte bleibt ein Gemenge von Kochsalz, Chlorkalium und Melon, welches man mit Wasser behandelt, wobei das letztere ungelöst bleibt. Dasselbe wird ausgewaschen, getrocknet und in einem verschlossenen Gefäſs geglüht. Es hat folgende Eigenschaften: Es ist geschmack- und geruchlos, hat eine blasse, fast strohgelbe Farbe, und ist in Wasser, Alkohol und Aether unlöslich. In einem Destillationsgefäſs der Weiſsglühhitze ausgesetzt, verflüchtigt es sich unter Zersetzung, indem sich 3 Vol. Cyangas und 1 Vol. Stickgas bilden. Mit Kupferoxyd verbrannt, gibt es 3 Vol. Kohlensäuregas und 2 Vol. Stickgas. Es besteht also aus Kohlenstoff und Stickstoff in einem der beiden Verhältnisse: C^3N^4 oder C^6N^8; in beiden Fällen ist seine procentische Zusammensetzung: 39,36 Kohlenstoff und

60,64 Stickstoff. Hinsichtlich seiner Pulverform und Feuerbeständigkeit hat es mit dem Phosphorstickstoff Aehnlichkeit. Bei seiner Bildung entweicht vom Schwefelcyan die eine Hälfte des Schwefels in freiem Zustand, die andere dagegen als Schwefelkohlenstoff. Vielleicht besteht das ganze Destillat eigentlich aus CS^4, welches sich aber bei niedrigerer Temperatur in CS^2 und $2S$ scheidet.

Nur wenige Verbindungen von diesem Körper sind bekannt. Mit *Wasserstoff* konnte noch keine Verbindung hervorgebracht werden. Mit *Chlor* verbindet er sich beim gelinden Erwärmen zu einem flüchtigen, weifsen Körper von einem, die Augen stark angreifenden Geruch. Derselbe Körper scheint sich zu bilden, wenn man ein Gemenge von 1 Th. Schwefelcyankalium und 2 Th. Quecksilberchlorid gelinde erhitzt; hierbei bildet sich jedoch auch Schwefelkohlenstoff. Mit *Kalium* verbindet sich das Melon beim Erwärmen unter Feuererscheinung zu einer leicht schmelzbaren, durchsichtigen Masse, die in Wasser leicht löslich ist, einen bittermandelartigen Geschmack hat, und weder Cyanverbindungen, noch oxalsaures Salz enthält. Durch Doppelzersetzung mit Metallsalzen entstehen Melonmetalle, die mit den entsprechenden Cyanverbindungen keine Aehnlichkeit haben. Wird eine Auflösung von Melonkalium mit einer Säure vermischt, so fällt ein weifser, in Alkali löslicher Körper in voluminösen Flocken nieder. Bei der nur langsam vor sich gehenden Auflösung in Kalilauge entwickelt sich fortwährend Ammoniak, und noch während der Verdunstung schiefsen daraus lange, durchsichtige, seidenartige Krystalle an, so dafs zuletzt das Ganze zu einer Masse gesteht. Diese Krystalle sind ein Salz, dessen am Schlufs der Beschreibung dieser Körper noch besonders erwähnt werden soll.

Das Melon wird auch von Salpetersäure aufgelöst. Beim Kochen findet ein gleichförmiges Aufbrausen statt, aber von Stickoxydgas entwickeln sich nur Spuren. Es entweicht Kohlensäure, es bildet sich Ammoniak, welches mit Salpetersäure verbunden bleibt, und beim Erkalten krystallisirt aus der Flüssigkeit eine Säure in langen Nadeln. Diese Säure ist neu und bekam von Liebig den Namen

Cyanylsäure. Ihre Krystalle sind an den Enden schief abgestumpfte, geschobene 4seitige Prismen von 95° 35'. Zur Entfernung der anhängenden Mutterlauge werden sie mit Wasser gut abgewaschen. Läfst man sie aus der Auflösung in siedendheifsem Wasser durch langsames Erkalten nochmals krystallisiren, so schiefst sie in breiten, stark glänzenden Blättern an, die nach dem Trocknen milchweifs werden. Diese Krystalle enthalten Wasser, welches in warmer Luft vollkommen entweicht. Die Cyanylsäure hat merkwürdigerweise ganz dieselbe procentische Zusammensetzung wie die Cyanursäure, aber ein doppelt so grofses Atomgewicht; während nämlich die Zusammensetzung der Cyanursäure durch die Formel $C^3 N^3 H^3 O^3$ ausgedrückt wird, ist die Formel für die Cyanylsäure $C^6 N^6 H^6 O^6$. Die folgende Aufstellung zeigt die berechnete und die durch die Analyse gefundene Zusammensetzung: *Cyanylsäure.*

		Berechnet in Proc.	Durch Anal. gefunden*). 1.	2.
6 At. Kohlenstoff	458,622	28,1854	28,479	29,03
6 At. Stickstoff	531,108	32,6401	32,732	32,86
6 At. Wasserstoff	37,438	2,3008	2,543	2,44
6 At. Sauerstoff	600,000	36,8746	36,246	35,67
	1627,168			

*) Zufolge der Analyse des Silbersalzes war die Sättigungscapacität nach einem Versuch 1620,29, und nach einem an-

Da das Melon aus 6C+8N zusammengesetzt ist, so besteht die Bildung der neuen Säure eigentlich in dem Zutritt von 6 Atomen Wasser, und kann durch folgendes Schema ausgedrückt werden:

1 At. Cyanylsäure	=	6C + 6N + 6H + 6O
2 At. Ammoniak	=	2N + 6H
		(6C + 8N) + (12H + 6O)

Indessen möchte doch der Vorgang bei der Bildung der Säure weniger einfach sein; denn erstlich bekommt man nicht die Quantität von Cyanylsäure, die nach dieser Ansicht vorausgesetzt wird, und zweitens müfsten alle Säuren dieselbe Umsetzung der Atome bewirken können, wie die Salpetersäure, worüber jedoch Liebig nichts anführt. Inzwischen läfst es derselbe unentschieden, ob man diese Säure mit Sicherheit für eine besondere Säure zu halten habe, indem bei der Bereitung derselben oft auch zugleich Cyanursäure gebildet werde, wobei jedoch die letztere, als die schwerlöslichste, zuerst herauskrystallisire, so dafs sie vollkommen trennbar seien; auch kann nicht durch blofse Auflösung in Wasser die eine in die andere verwandelt werden. Wird aber die Cyanylsäure in concentrirter Schwefelsäure aufgelöst, durch Wasser daraus gefällt, und dann in Wasser gelöst und umkrystallisirt, so bekommt man sie gänzlich in Cyanursäure verwandelt. Von den Salzen der Cyanylsäure ist nur das Silbersalz beschrieben, welches durch Fällung der mit Ammoniak gesättigten Cyanylsäure mit salpetersaurem Silberoxyd erhalten wurde. Es ist ein weifses, volu-

---

deren 1626 (letztere Zahl ist jedoch verrechnet; der Versuch gibt nur 1528,27). Die Analyse 1 wurde mit der freien, trocknen Säure, die Analyse 2 mit dem Silbersalz angestellt. Der Stickstoffgehalt wurde nicht bestimmt, sondern berechnet.

minöses, unlösliches Pulver. Wurde dagegen die Cyanylsäure mit Kali gesättigt, so wurde ein Silbersalz erhalten, dessen Säure in der Sättigungscapacität mit der Cyanursäure übereinstimmte, was Liebig zu der Vermuthung veranlafste, dafs vielleicht die Alkalien dieselbe Veränderung wie die Säuren bewirken. Er überläfst die Entscheidung künftigen Versuchen.

Melam *). Dieser Körper bleibt zurück, wenn Schwefelcyan-Ammonium der trocknen Destillation unterworfen wird. Die vortheilhafteste Bereitungsweise besteht darin, dafs man ein Gemenge von wenigstens 2 Th. Salmiak und 1 Th. Schwefelcyankalium in einem Destillationsapparat bis zu einer Temperatur erhitzt, die zur Sublimation des überschüssig zugesetzten Salmiaks nicht hinreichend wäre. Die Einwirkung beginnt schon bei + 100° oder wenig darüber, und die Operation gelingt am besten, wenn sie langsam und bei schwacher Hitze vor sich geht. Es entwickelt sich eine Menge Ammoniakgas, anfangs allein, nachher mit Schwefelkohlenstoff gemengt, dessen Menge so grofs ist, dafs es der Mühe lohnt, ihn aufzusammeln. Zu diesem Endzweck läfst man das Ammoniakgas von künstlich abgekühltem Wasser absorbiren, wobei sich der Schwefelkohlenstoff in Tropfen condensirt, in dem Maafse, als das Melam.

*) In Betreff dieser Namen sagt Liebig, man möge annehmen, sie seien ohne alle Ableitung gemacht. Ein solches Nomenclaturprincip ist in der That den Ableitungen von Farbe oder anderen Eigenschaften, wodurch oft übellautende und lange Namen entstehen, weit vorzuziehen. Nur das wäre bei den obigen Namen zu erinnern, dafs ihre Aehnlichkeit leicht zu Verwechselungen Anlafs geben kann; denn das Gedächtnifs hat keinen Anhaltspunkt, sondern mufs sich blofs an einen sinnlosen Ton halten.

Gas absorbirt wird. Aufserdem wird Schwefela monium gebildet, welches theils im Wasser au löst bleibt, theils, vielleicht mit Schwefelkohlen verbunden, im Halse der Retorte eine Menge Krystallen bildet. In der Retorte bleibt ein menge von Chlorkalium, überschüssigem Salmiak einem weifsen oder graulichen Pulver zurück. ses befreit man durch Auswaschen mit Wasser den Salzen; es ist das Melam. Es enthält k Schwefel; zufällig kann es etwas beigemengt en ten, ist aber dann leicht durch Schlämmung d zu trennen.

Das Melam ist in diesem Zustand ein w Pulver, mit einem schwachen Stich ins Graulich ist unlöslich in Wasser, Alkohol und Aether, es ist zerstörbar bei einer Temperatur, die un niges die übersteigt, wobei es sich bildete; entweicht etwas Ammoniak, und es bleibt zurück. Um des letzteren Einmengung zu ve dern, wendet man bei der Destillation einen gr Ueberschufs von Salmiak an, und vermeidet zu hohe Temperatur, wiewohl es dennoch sc rig bleibt, eine Zersetzung der dem Glase zun gelegenen Theile zu verhindern. Vollkommen erhält man das Melam, wenn man es in einer concentrirten, kochenden Kalilauge auflöst, und, ehe alles Melam verschwunden ist, filtrirt und ten läfst, wobei sich reines Melam in weifsen, s ren Körnern absetzt, wiewohl der gröfste The aufgelösten dabei zersetzt wird. Dieser Kör so indifferent, dafs er sonst keine Verbindung anderen Körpern eingeht; aber um so merkw ger ist er durch die neuen Körper, die bes durch die zersetzende Einwirkung der Alkalien aus hervorgebracht werden.

Liebig fand ihn folgendermaafsen zusammengesetzt:

	Gefunden.		Atome.	Berechnet.
Kohlenstoff	30,4249	30,5501	6	30,8116
Stickstoff	65,5475	65,5898	11	65,4160
Wasserstoff	4,0275	3,8601	9	3,7724

Atomgewicht 1488,78. Diese Zusammensetzung erklärt auf eine einfache Weise die Zersetzung vom Schwefelcyan-Ammonium, welches, beiläufig bemerkt, ganz dieselbe Zusammensetzung wie der Harnstoff hat, nur dafs die Sauerstoffatome durch eine gleiche Anzahl von Schwefelatomen ersetzt sind. Aus 4 Atomen Schwefelcyan-Ammonium entstehen 1 Atom Melam, 2 Atome Schwefelkohlenstoff, 2 Doppelatome Schwefel-Ammonium und 1 einfaches Atom Ammoniak.

Löst man Melam in kochender Salpetersäure von 1,413 spec. Gew. auf, so krystallisirt beim Erkalten Cyanursäure heraus; hierbei entstehen aus 1 Atom Melam und 6 Atomen Wasser 5 einfache Atome Ammoniak, die sich mit Salpetersäure verbinden, und 2 Atome Cyanursäure. Auch von anderen Säuren wird es im Kochen aufgelöst, z. B. von verdünnter Schwefelsäure und Salzsäure, und wird auch dabei zersetzt, aber nicht auf dieselbe Art wie von Salpetersäure. Wir kommen darauf zurück. Von concentrirter Schwefelsäure wird es noch auf andere Weise verändert.

Beim Schmelzen mit Kalihydrat gibt es Ammoniak, welches unter Aufblähen entweicht, und es bleibt, wenn die Menge des Melams hinreichend war, cyansaures Kali zurück. Wird das Melam mit einer mäfsig concentrirten Kalilauge gekocht, so wird es allmälig aufgelöst, und ist es ganz verschwunden und die Auflösung noch etwas weiter

verdunstet worden, so ist das Melam in zwei S
basen verwandelt, von denen die eine *Mela*
die andere *Ammelin* genannt worden ist. Die
stere schiefst aus der concentrirten Flüssigke
Krystallen an, die andere bleibt, mit Kali ver
den, aufgelöst.

Melamin. *Melamin.* Zur Bereitung dieser Salzbasis wa
Liebig den ausgelaugten Rückstand von der D
lation eines Gemenges von 1 Pfund Schwefel
kalium und 2 Pfund Salmiak an. Er wurde in
Kalilauge von 2 Unzen Kalihydrat und 3 b
Pfund Wasser aufgelöst, wozu 3 Tage lang a
tende Digestion bei Siedhitze erforderlich war. W
rend des Siedens wird das Melam gelb, die Fl
keit sieht wie Milch aus, wird consistenter und
mit neuer Kalilauge von gleicher Stärke ver
werden. Nachdem die Auflösung vor sich g
gen ist, wird die Flüssigkeit filtrirt und durch
dampfen so lange concentrirt, bis sich kleine,
zende Blättchen darin zeigen; alsdann läfst
sie langsam erkalten, wobei das Melamin ansch
Die Krystalle werden abgewaschen, wieder i
chendem Wasser gelöst und umkrystallisirt. S
hält man es rein in ziemlich grofsen, farblosen
stallen von starkem Glasglanz. Sie sind Oct
mit rhombischer Basis. Sie enthalten kein W
verändern sich nicht in der Luft, sind in k
Wasser schwer löslich, leichter löslich in ko
dem, aber in Alkohol und Aether ganz unl
Beim gelinden Erhitzen decrepitiren sie zuers
schmelzen dann zu einem klaren Liquidum, w
krystallinisch erstarrt. — Das Melamin ist nicht
tig und verträgt starke Hitze, aber zuletzt wi
zersetzt in Ammoniak, welches entweicht, und
zurückbleibenden gelben Körper, der in der

hitze verfliegt, indem er sich in ein Gemenge von Stickgas und Cyangas verwandelt. Mit concentrirter Salpetersäure gibt es im Kochen Cyanursäure, und mit concentrirter Salzsäure verwandelt es sich in Ammoniak und Ammelin, welche mit der Säure Salze bilden. Das Melamin ist nicht basisch genug, um alkalisch zu reagiren, allein es treibt das Ammoniak in der Wärme aus, und seine concentrirte Auflösung fällt die löslichen Salze von Zink, Eisen, Mangan und Kupfer, jedoch mehrentheils, ähnlich wie das Ammoniak, nur so weit bis sich ein Doppelsalz gebildet hat. Mit Kalium verbindet es sich beim Zusammenschmelzen unter Feuererscheinung; hierbei wird es aber zersetzt, es entwickelt sich Ammoniak und es bleibt Melonkalium zurück. Mit Kalihydrat zusammengeschmolzen, gibt es cyanursaures Kali, oder, wenn das Melamin im Ueberschufs war, zugleich Melonkalium.

Bei der Analyse ergab es sich, dafs das Melamin keinen Sauerstoff enthält. Es hatte folgende Zusammensetzung:

	Gefunden.	Atome.	Berechnet.
Kohlenstoff	28,4606	6	28,7411
Stickstoff	66,6736	12	66,5674
Wasserstoff	4,8657	12	4,6915

Liebig bemerkt, dafs dieses Resultat allerdings einfacher als $C^6N^{12}H^{12}$ aufgestellt werden könne, z. B. $= C^2N^4H^4$, was zugleich ein Cyanamid wäre, wenn anders ein solches anzunehmen ist; aber die Analyse des oxalsauren Melamins und des Doppelsalzes aus salpetersaurem Silberoxyd und salpetersaurem Melamin haben gezeigt, dafs das Atomgewicht des Melamins 1595,715, d. h. $= C^6N^{12}H^{12}$ ist.

Eine Basis ohne Sauerstoff ist etwas Ungewöhnliches. Zwar enthält das Ammoniak keinen Sauerstoff, allein wir wissen, dafs sich in den, mit wasserfreien Kalisalzen isomorphen Sauerstoff ein Atom Wasser zu einem Doppelatom Amn hinzu addirt, und dafs dadurch die Verbin ein Salz von Ammoniumoxyd repräsentirt v kann, gleich wie in den Haloïdsalzen das Ammonium, mit dem Salzbilder verbunden, ten ist. Bei der mit dem oxalsauren Me gestellten Analyse fand Liebig ebenfalls 1 Wasser, welches man, als zu dem Melamin addirt und dieses dadurch basisch machend, men kann. Ein solches Wasseratom fehlte in salpetersauren Doppelsalz; in diesem dagegen die Salpetersäure gerade mit dem Silberoxyd tigt, so dafs es vollkommen einem der Ammoniaksalze glich, wo sich Ammoniak ohne sergehalt zu einem Metallsalz hinzu addirt. $\overset{+}{M}$ ein Atom Melamin bedeutet, so war das saure Salz aus $\overset{+}{M}\ddot{C} + \dot{H}$, und das Doppelsalz $\dot{A}g\overset{.:.}{N} + \overset{+}{M}$ zusammengesetzt. Dieser Gegenstand dient weiter verfolgt zu werden, um zu seh das Melamin auch in dieser Hinsicht mit dem moniak übereinstimmt. Folgende Melaminsalze untersucht worden.

Schwefelsaures Melamin entsteht, zu einer gesättigten warmen Auflösung von M etwas verdünnte Schwefelsäure gemischt wird. Erkalten krystallisirt das Salz in feinen Nad in Wasser sehr schwerlöslich sind. Salpete res Melamin bildet sich auf dieselbe Art. Erkalten gesteht die Flüssigkeit zu einer ger, biegsamer Nadeln. In der Luft verän dieses Salz nicht. Wird Melamin nur so l concentrirter Salpetersäure gekocht, bis es si gelöst hat, so ist es in einen anderen Körp

Ammelid, verwandelt; wovon mehr weiter unten. Wird eine Lösung von salpetersaurem Silber mit einer warmen Lösung von Melamin vermischt, so entsteht ein weifser krystallinischer Niederschlag, der sich beim Erkalten noch vermehrt. Er kann von Neuem in kochendem Wasser aufgelöst und umkrystallisirt werden, und ist das eben erwähnte basische Doppelsalz. Phosphorsaures Melamin ist in heifsem Wasser leicht löslich, beim Erkalten gesteht die Auflösung zu einer aus concentrischen Gruppen von Nadeln verwebten Masse. Oxalsaures Melamin ist in kaltem Wasser sehr wenig löslich, und schiefst daher aus seiner warmen Lösung noch eher als das vorige an. Essigsaures Melamin ist leicht löslich und krystallisirt in breiten, langen, biegsamen, quadratischen Blättern. Bei + 100° verliert es einen Theil seiner Säure. Ameisensaures Melamin ist leicht löslich und krystallisirbar.

Ammelin. *Ammelin* ist die andere Salzbasis, die durch Einwirkung von kaustischem Kali auf Melam entsteht. Nachdem aus der concentrirten Kalilösung das Melamin herauskrystallisirt ist, bleibt nur wenig mehr in der Flüssigkeit zurück, die beim ferneren Verdunsten ein nadelförmig krystallisirtes Salz gibt, welches aus Kali und Ammelin besteht. Am besten ist es jedoch, die Kalilösung mit Essig, oder mit kohlensaurem Ammoniak oder Salmiak zu vermischen, wodurch das Kali gesättigt, und das Ammelin als eine weifse, voluminöse Substanz niedergeschlagen wird, die man gut auswäscht und wieder in Salpetersäure auflöst. Nach dem Verdunsten bis zur Krystallisation schiefst das Salz in grofsen Krystallen an, die von Neuem in mit Säure vermischtem Wasser aufgelöst und mit kaustischem Ammoniak zersetzt werden. — Eine andere Darstellungsweise besteht darin, dafs man Melam in Salzsäure auflöst, filtrirt und mit Ammoniak vermischt, wo dann Ammelin niederfällt.

Das Ammelin hat folgende Eigenschaften: Es ist rein weifs, und, mit Ammoniak gefällt, bildet es eine in Wasser, Alkohol und Aether unlösliche, krystallinische Masse. Beim Erhitzen gibt es ein krystallinisches Sublimat, es entweicht Ammoniak, und es bleibt ein gelber Körper zurück, der sich beim weiteren Erhitzen in Cyangas und Stickgas verwandelt. Es ist in kaustischem Kali und Natron, so wie auch in Säuren löslich, mit welchen letzteren es Salze bildet. Seine basischen Eigenschaften sind schwächer als die des Melamins; wie diesem, fehlt ihm alle alkalische Reaction, es treibt nicht das Ammoniak aus, und beim Wiederauflösen werden seine krystallisirten Salze partiell zerlegt, so dafs die Lösung sauer wird und ein Theil Ammelin sich abscheidet. Defshalb mufs man bei ihrer Wiederauflösung stets Säure zum Wasser setzen. Gleich dem Melamin scheint es in den neutralen Sauerstoffsalzen die Gegenwart von 1 Atom Wasser zu erfordern, und mit den Metallsalzen gibt es basische Doppelsalze, welche das Ammelin mit dem Salz ohne Wasser verbunden enthalten.

Das Ammelin hat folgende Zusammensetzung:

	Gefunden.		Atome.	Berechnet.
Kohlenstoff	28,6317	28,4647	6	28,5532
Stickstoff	55,2617	54,9393	10	55,1102
Wasserstoff	3,9713	3,9701	10	3,8848
Sauerstoff	12,1351	12,6259	2	12,4517

Atomgewicht = 1606,20. Wir können es mit $\dot{A} = C^6N^{10}H^{10}O^2$ bezeichnen. Man sieht nun ein, wie das Melam durch Einwirkung von Kalium zersetzt wird. 2 Atome Melam und 2 Atome Wasser geben 1 Atom Melamin und 1 Atom Ammelin. Wenn sich Ammelin durch Kochen mit Salzsäure bildet, so entsteht aus 1 Atom Melam und 2 Atomen Wasser 1 einfaches Atom Ammoniak und 1 Atom Ammelin.

Nur 2 Ammelinsalze sind untersucht worden.

Salpetersaures Ammelin, welches durch Auflösung des Ammelins in verdünnter Salpetersäure und Verdunstung zur Krystallisation erhalten wird. Es krystallisirt in langen, farblosen Prismen mit quadratischer Basis. Selbst im Kochen wird es nicht von überschüssiger Säure zersetzt, auch dann nicht, wenn die Krystalle in concentrirter Salpetersäure aufgelöst und damit gekocht werden. Beim Erhitzen bis zu einem gewissen Grade erweicht das trockne Salz, wird breiig, gibt Salpetersäure, salpetersaures Ammoniak oder dessen Zersetzungsproducte, und hinterläſst zuletzt einen weiſsen Körper, der sogleich im Folgenden beschrieben werden soll. Das Salz besteht aus $\overset{+}{A}\overset{\cdot\cdot\cdot}{\ddot{N}}+\dot{H}$. Salpetersaures Silberoxyd-Ammelin entsteht, wenn zur Auflösung des vorhergehenden Salzes salpetersaures Silberoxyd gemischt wird, wobei sich das Doppelsalz in Gestalt eines weiſsen, krystallinischen Niederschlags abscheidet, in welchem das Ammelin die damit verbunden gewesene Säure verloren hat, und welches aus $\dot{A}g\overset{\cdot\cdot\cdot}{\ddot{N}}+\overset{+}{A}$ besteht.

Wird trocknes Ammelin mit reinem Kalihydrat geschmolzen, so entweichen unter Aufblähen Ammoniak und Wasser, und man erhält ein leicht schmelzbares Salz, welches, wenn das Ammelin in hinreichender Menge vorhanden war, neutrales und ganz reines cyansaures Kali ist. In diesem Falle werden aus 1 Atom Wasser und 1 Atom Ammelin 3 Atome Cyansäure und 2 Doppelatome Am-niak gebildet.

Ammelid. *Ammelid.* Dieser Körper, in dem die b-schen Eigenschaften noch nicht ganz verschwu-sind, bildet sich, wenn Ammelin oder Melam in c-centrirter Schwefelsäure aufgelöst und diese Lö-mit Alkohol vermischt wird, wodurch das Am-niederfällt und ein saures Ammoniaksalz in der F-sigkeit bleibt. Ich führte zuvor an, dafs der-Körper durch Schmelzen des salpetersauren A-lins und durch Auflösung des Melamins in wa-concentrirter Salpetersäure gebildet werde. In-Zustand, wie es durch Alkohol gefällt wird, ist-Ammelid sehr ähnlich dem Ammelin; es unter-det sich aber darin von demselben, dafs seine b-Erkalten gebildeten krystallisirten Verbindunge-Säuren sowohl von Wasser als von Alkohol-setzt werden, unter Abscheidung von Ammelid.-das Ammelin wird es beim Zusammenschmelze-Kalihydrat in cyansaures Kali und Ammoniak-wandelt. Es hatte folgende Zusammensetzung:

	Gefunden.		Atome.	Bere-
Kohlenstoff	27,5985	27,5661	6	28,4
Stickstoff	47,9431	47,8845	9	49,4
Wasserstoff	3,5833	3,6396	9	3,5
Sauerstoff	20,8761	20,9098	3	18,

Das hiernach berechnete Atomgewicht = 1612-

Man findet, dafs die Schwefelsäure bei der Umw-lung des Ammelins in Ammelid 1 Atom Wasser-1 Atom Ammelin zersetzt, und ein einfaches A-Ammoniak und 1 Atom Ammelid bildet.

Im Verlaufe dieser Untersuchungen bekam L-big noch einige andere Verbindungen, die-Zusammenhang mit jenen Körpern ebenfalls u-suchte.

Chlorcyan. Man erhält es zu 4 bis 5 Proc. vom Gewicht des angewandten Schwefelcyankaliums bei der oben erwähnten Destillation desselben mit Salmiak. Da die Erklärung, die man von der Bildung der Cyanursäure aus Chlorcyan und Wasser gegeben hatte, einige Unklarheit zu enthalten schien, so glaubte Liebig diese Verbindung von Neuem analysiren zu müssen, wobei es sich ergab, dafs sie aus einer gleichen Atomen-Anzahl Cyan und Chlor besteht, ganz so wie es bereits Serullas gefunden hatte. Ferner fand er, dafs 100 Theile Chlorcyan, als es durch Digestion mit Wasser in einer verschlossenen Flasche in Cyanursäure und Chlorwasserstoffsäure verwandelt wurde, nach dem Abdampfen der Salzsäure 70,69 Theile Cyanursäure geben, worin der ganze Cyangehalt des Chlorcyans enthalten ist. Die Bildung von Cyansäure und Chlorwasserstoffsäure erklärt sich also ganz einfach dadurch, dafs 3 Atome Chlorcyan und 3 Atome Wasser sich zersetzen; mit dem halben Wasserstoffgehalt des Wassers bilden sich 3 Atome Chlorwasserstoffsäure, das Cyan aber bildet mit der andern Hälfte des Wasserstoffs und dem ganzen Sauerstoffgehalt des Wassers 1 Atom Cyanursäure.

Chlorcyan.

Liebig fand, dafs sich das Chlorcyan, in wasserfreiem Alkohol aufgelöst, erhält, dafs aber seine Auflösung in gewöhnlichem Spiritus sich nach einer Weile erhitzt, von Salzsäure raucht, und glänzende Krystalle von Cyanursäure abzusetzen anfängt. Bei der erwähnten Destillation von Schwefelcyankalium mit Salmiak bekommt man viel Schwefelkohlenstoff, der Chlorcyan aufgelöst enthält. Man kann letzteres abscheiden, wenn man die Flüssigkeit zur Hälfte abdestillirt, und dann bei fortgesetzter Destillation durch den Apparat Chlorgas leitet. Hierdurch wird der Schwefelkohlenstoff vom Chlor gasförmig weggeführt, während sich das Chlorcyan allein im Retortenhals condensirt. In der Retorte bleibt dann zuletzt ein gelbes, klares Liquidum, welches Cyan enthält, aber von so höchst reizendem Geruch, dafs es von weiteren Untersuchungen abhielt.

Cyanamid. *Cyanamid.* Wird Chlorcyan mit Ammoniak übergossen und gelinde damit erwärmt, so verändert es sein Ansehen und verwandelt sich in ein glanzloses Pulver, welches in geringem Grade in kochendem Wasser löslich ist, woraus es beim Erkalten in weifsen Flocken niederfällt. Es entsteht auch ohne Gegenwart von Wasser, wenn man Chlorcyan trocknem Ammoniakgas aussetzt. Unter Wärmeentwickelung bildet sich ein weifses Pulver, aus welchem Wasser den Salmiak auszieht. Für sich erhitzt, gibt dieser Körper ein krystallinisches Sublimat, welches den ganzen Chlorgehalt enthält, und hinterläfst eine gelbe Substanz, die bei höherer Temperatur verfliegt, indem sie sich in Cyangas und Stickgas auflöst. Von heifsem kaustischen Kali wird sie schwierig und unter Entwickelung von Ammoniak aufgelöst. Wird die Lösung mit Essigsäure gesättigt, so schlägt sich ein anderer noch nicht untersuchter Körper nieder. Zufolge einer Analyse, auf die jedoch Liebig keinen grofsen Werth legt, da die Umstände keine vollständige Untersuchung dieses Gegenstandes gestatteten, bestand jene Substanz aus $Cl + 6C + 10N + 8H$. Vereinigt man allen Kohlenstoff mit Stickstoff zu Cyan, so bleiben $2NH^2$ oder 2 Doppelatome von dem Körper zurück, den man als einen Bestandtheil der Amide betrachtet, dem zufolge Liebig jenen Körper *Cyanamid* nennt. Es scheint mir aber noch viel zu früh zu sein, diesen Körper mit einem rationellen Namen

zu

zu belegen. Wir wissen durchaus noch nicht, ob es in der Natur der Salzbilder liegt, sich mit NH^2 verbinden zu können. Allein diefs auch zugegeben, und angenommen, dafs der fragliche Körper z. B. $3Cy + 2NH^2$ mit 1 Atom Chlor verbunden enthielte, oder was wohl wahrscheinlicher wäre, eine Verbindung von $2CyNH^2 + CyCl$ sei, so müfste doch in dem rationellen Namen die Chlorverbindung ausgedrückt werden.

Ein Kalisalz. Bereits oben erwähnte ich, dafs sich beim Kochen von Melon mit kaustischem Kali bei einer gewissen Concentration ein farbloses Salz in langen Nadeln absetzt; dasselbe Salz bildet sich aus dem gelben Körper, der bei einer gelinden Destillation von Melam, Ammelid, Ammelin und dem eben erwähnten Chlorcyanamid entsteht. Durch wiederholte Krystallisationen kann dieses Salz gereinigt werden. In Wasser ist es leicht löslich, in Alkohol unlöslich, so dafs es aus ersterem durch letzteren krystallinisch gefällt werden kann. Es reagirt alkalisch, enthält Krystallwasser, schmilzt beim Erhitzen, indem sich Ammoniak entwickelt und reines cyanursaures Kali zurückbleibt. Auch durch die Einwirkung freier Säuren auf die Auflösung dieses Salzes entsteht Cyanursäure und Ammoniak. Ob dieses Salz ein Gemenge von cyanursaurem Kali mit einem andern Salz ist, oder ob es eine Verbindung von Kali mit einem electronegativen Körper enthält, der sich, sobald er frei wird, oder seine Verbindungen erhitzt werden, unter Mitwirkung des Wassers in Cyanursäure und Ammoniak verwandelt, läfst die Untersuchung unentschieden. *Ein Kalisalz.*

Karmarsch *) hat über die Festigkeit mehrerer *Metalle.*

*) Pharm. Centralbl. 1834. p. 337.

Ihre Festigkeit.

zu Drath ausgezogener Metalle Untersuchungen angestellt. Die Enden der Dräthe waren oben um einen horizontalen Cylinder von Eisen, und unten um einen Ring gewunden, in dem eine Schale hing, auf welche die Gewichte gelegt wurden. Die Länge des gespannten Stückes war 16 Zoll. Die allgemeinen Resultate sind folgende: Ein Drath, der gezogen wird, ohne zwischendurch geglüht zu werden, nimmt mit dem Ausziehen an relativer Festigkeit zu. Der nach dem Ausziehen geglühte Drath hat sehr an relativer Festigkeit verloren, doch beruht diefs nicht blofs auf dem letzten Glühen allein, sondern auch darauf, um wie viel Mal der Drath bei dem allmäligen Ausziehen ausgeglüht wurde. Platin verliert am wenigsten, ungefähr 0,2; feines Gold von 0,16 bis 0,43; Stahl von 0,29 bis 0,44; weiches Eisen von 0,44 bis 0,6; Kupfer von 0,4 bis 0,56; feines Silber von 0,44 bis 0,49; 12löthiges von 0,37 bis 0,44; Messing von 0,32 bis 0,47; Argentan (Packfong) von 0,29 bis 0,36. Die Ursache dieses Verhaltens liegt in der Eigenschaft der Metalle, von der Faserigkeit zur Krystallisation überzugehen, daher ist sie beim Platin am geringsten, und beim Silber und weichen Eisen am bestimmtesten und gröfsten, weil das erstere wenig, die letzteren aber beim Glühen ganz bestimmt krystallinisch werden. Was die Schmiede beim Schweifsen des Eisens verbrannt nennen, besteht darin, dafs das Eisen in der Nähe der geschweifsten Stelle so lange erhitzt wurde, dafs es krystallinische Textur angenommen hat.

Wird ein geglühter Drath von bekannter Festigkeit hart gezogen, so gewinnt er dadurch von Neuem an relativer Festigkeit, die er durch neues Glühen wieder verliert, jedoch nicht in demselben

Grade wie vorher; das Ausziehen gibt also mehr Festigkeit, als das Glühen nachher wieder wegnimmt. In Betreff einzelner Metalle möge noch Folgendes hinzugefügt werden:

Argentan übertrifft das Messing an Festigkeit, auch ist bei ihm die Steigerung, die durch das Hartziehen gewonnen wird, gröfser als bei Messing, selbst gröfser als bei einigen Eisensorten.

Blei verträgt eine sehr bedeutende Streckung, ehe der Drath abreifst. Ein Drath von $16\frac{1}{8}$ Zoll Länge und $\frac{61}{1000}$ Zoll Durchmesser verlängerte sich bis zu $81\frac{1}{2}$ Zoll, ehe er rifs, d. h. fast genau um das 5fache. So weich ist nur das vollkommen reine Blei. Ein Gehalt von anderen Metallen vermehrt seine Festigkeit. $\frac{1}{16}$ Antimon vermehrt sie bedeutend, macht aber darin eine Ausnahme von der Regel, dafs sich die relative Festigkeit bei dem Ausziehen zu feinerem Drath vermindert.

Eisen gewinnt so viel durch successives Hartziehen, dafs bei Verminderung des Durchmessers von 42 zu 20 die relative Festigkeit von 81458 auf 161886 stieg. Drath von Stahl ist 7 Procent stärker als der beste Eisendrath, bricht aber beim geringsten Biegen.

Kupfer zeigte die Eigenschaft, dafs sich die relative Festigkeit des geglühten Draths innerhalb der Grenze, in der er versucht wurde, nämlich von einem Durchmesser von 0,0578 bis zu einem von 0,0168 Pariser Zoll, nicht verändert wurde. Dagegen nahm sie bei dem ungeglühten Drath mit dem feineren Ausziehen zu, und der Zuwachs wurde beim Glühen wieder ganz weggenommen.

Messing streckt sich sehr, ehe es reifst. Geglühter Messingdrath und geglühter Eisendrath haben ungefähr dieselbe Festigkeit, aber der hartgezogene

Messingdrath gewinnt weniger durch das Ausziehen und ist schwächer als hartgezogener Eisendrath.

Versuche über die Verlängerung von Eisendräthen.

Vicat *) hat Versuche angestellt über die Verlängerung von geglühtem Eisendrath durch die anhaltende Wirkung eines Gewichts, welches denselben nicht zu zerreifsen vermag. Das Resultat dieser Versuche ist: 1) Dafs geglühter Eisendrath, belastet mit $\frac{1}{4}$ des Gewichts, das er eben tragen kann ohne zu zerreifsen, und geschützt vor jeder Art zitternder Bewegung, sich nicht verlängert. 2) Dafs derselbe Drath, mit $\frac{1}{3}$ dieses Gewichts belastet, sich allmälig in einem gleichförmigen Grade verlängert, was in 33 Monaten $2\frac{1}{4}$ Tausendtheile seiner Länge betrug. Hierin ist nicht mit einbegriffen die Verlängerung, die er im ersten Augenblick der Spannung erleidet und die sogleich aufhört. Derselbe Drath, mit der Hälfte dieses Gewichts gespannt, verlängert sich in derselben Zeit mit 4,09 Tausendtheile, und mit $\frac{3}{4}$ dieses Gewichts um 6,13 Tausendtheile. Eigens angestellte Versuche haben gezeigt, dafs der thermometrische Ausdehnungs-Coëfficient gleich ist für freie und für in verschiedenen Graden der Spannung befindliche Dräthe. Die Anwendung des Resultats dieser Versuche auf Hängebrücken, die von Eisendrathketten getragen werden, fällt in die Augen; sind die Ketten mit mehr als $\frac{1}{4}$ ihrer Tragkraft belastet, so verlängern sie sich, besonders bei den zitternden Bewegungen der Brücke, von Jahr zu Jahr, die Brücke senkt sich und stürzt zuletzt ein. Das Resultat dieser Versuche enthält auch eine Erklärung des allmäligen Steigens luftleerer Thermometer im Verlaufe von Monaten und Jahren, in Folge des Luftdrucks auf die nicht ab-

*) Poggend. Annal. XXXI. 109.

solut sphärische Kugel, deren Form dadurch nach und nach verändert wird.

v. Bonsdorff *) gibt als Resultat seiner Versuche über die Oxydirbarkeit der Metalle in der Luft Folgendes an: 1) Bei gewöhnlichen Lufttemperaturen oxydirt sich kein Metall, selbst nicht Kalium, in vollkommen trockner Luft. 2) Eine Suboxydirung von Arsenik, Zink und Blei findet in feuchter Luft durch Mitwirkung des Wassergases statt, jedoch ohne Zersetzung des letzteren. In einer Luft, die im Maximum von Feuchtigkeit erhalten wird, geht diese Oxydation rasch vor sich. Bei + 30° bis 40° verwandelt sich gepulvertes Arsenikmetall in wenigen Stunden zu Suboxyd, wenn die Luft zugleich im Maximum von Feuchtigkeit ist. 3) Kupfer, Wismuth, Zinn, Kadmium, Nickel, selbst Mangan (?) und Eisen oxydiren sich nicht in einer mit Feuchtigkeit gesättigten Luft, sondern behalten Metallglanz. 4) In Berührung mit Luft und Wasser in condensirter Form, verwandelt sich Arsenik zu arseniger Säure, Blei (?), Zink und Eisen zu Oxydhydraten. 5) Metallisches Blei ist unveränderlich in absolut reinem Wasser, wenn es luftfrei ist, es oxydirt sich aber fast augenblicklich, wenn das Wasser Luft enthält. Dagegen ist es unveränderlich in lufthaltigem Wasser, welches auch nur die geringsten Mengen von Säuren, Alkalien oder Salzen enthält.

Oxydation der Metalle in der Luft.

Versuche über Blei, die zu ganz ähnlichen Resultaten leiten, übrigens aber schon längst vorher von mehreren Chemikern, namentlich von Scheele und Guyton de Morveau, beobachtet wurden,

*) Poggend. Annal. XXXII. 573.

sind von Yorke*) bekannt gemacht worden. Läſs man, nach demselben, Blei längere Zeit, z. B. Monate lang, mit Wasser zusammen, an offener Lu stehen, so bilden sich zwei feste Producte, die beid krystallinisch sind. Das eine ist sehr leicht und be steht aus gleichen Atomen von Bleioxydhydrat u kohlensaurem Bleioxyd, das andere schwerere i nur Bleioxyd in graulichen, blättrigen oder octa drischen Krystallen.

Alkali bildende Metalle. Krystalle von Kalium. Pleischl**) hat gezeigt, daſs wenn man frisch geschnittene metallische Fläche einer gröſ ren Kaliumkugel während des Anlaufens betracht man sieht, wie sich, nachdem die Farbe in Bleig übergegangen ist, ein Moirée von verwebten Kr stallzeichnungen bildet, deren Winkel alle rec sind. Auch beobachtete er auf einem Stück de lirten Kaliums, bei der Betrachtung mit dem Mic scop, deutliche kleine Würfel, dem zufolge also Kalium die gewöhnliche, zum regulären System hörende Krystallform der basischen Metalle hat.

Natrium-Amalgam. Böttger***) hat gezeigt, daſs sich das N trium-Amalgam besonders gut zur Darstellung Quecksilber-Verbindungen anderer, schwer ama mirbarer Metalle eignet. Er bereitet dieses A gam auf die Weise, daſs er 1 Gewichtstheil N trium und 100 Gewichtstheile Quecksilber u Steinöl gelinde erhitzt und bewegt, bis sie sich v einigt haben. Bei der Bereitung etwas gröſs Mengen wurden die beiden Metalle in einem einem hölzernen Deckel versehenen trocknen S pentinmörser zusammen gerieben. Als die dabei

*) L. and E. Phil. Mag. V. 81.

**) Baumgartner's Zeitschrift, III. 1.

***) Journ. für pract. Chemie. I. 302.

findenden mit Zischen begleiteten partiellen Feuererscheinungen aufhörten, wurde das Amalgam, wovon ein Theil fest, ein anderer gröfserer Theil flüssig war, in Petroleum gegossen und dieses erhitzt, bis das Ganze zu einem homogenen Gemische zusammengeflossen war. Bei $+21°$ ist es noch etwas dickflüssig, aber bei wenigen Graden darüber ist es vollkommen flüssig. Nach Böttger's Angabe eignet es sich besser zur Bildung des Ammonium-Amalgams, als das Kalium-Amalgam, und ersteres kann mehrere Wochen lang unter Steinöl aufbewahrt werden.

Läfst man jenes Amalgam 6 bis 10 Minuten lang unter Umrühren in einer gesättigten Lösung von Chlorbarium, so entsteht zwar etwas Gasentwickelung, aber der gröfste Theil des Natriums wird gegen Barium ausgetauscht, welches mit dem Quecksilber eine krystallisirte Verbindung bildet, die in Gestalt sandiger Punkte so die ganze Masse erfüllt, dafs sie fest zu sein scheint. Ihr Volumen soll sich dabei um 50 Procent vermehren (was wohl nur scheinbar ist). Man trocknet sie rasch und sehr gut auf Löschpapier und bringt sie unter Steinöl. Dieses Amalgam verhält sich folgendermaafsen: In der Luft bekleidet es sich nach und nach mit schneeweifsem kohlensauren Baryt. In reinem Wasser bildet es unter Wasserstoffgas-Entwickelung Barytwasser, in Salmiak-Auflösung Ammonium-Amalgam, und in einer gesättigten Lösung von Kupfervitriol auf einem flachen Gefäfse, z. B. einem Uhrglas, geräth das Amalgam in Rotation, indem sich die darüber stehende Flüssigkeit durch schwefelsauren Baryt trübt, der gleichsam aus dem Innern der Kugel ausgeworfen wird und die Farbe wechselt, indem er bald mit Kupferoxydul, bald mit Kupferoxyd vermengt

Barium-Amalgam.

wird; zuletzt umgibt sich die Kugel mit einer wachsenden, moosähnlichen Masse. Während all diefs vorgeht, was $\frac{1}{4}$ bis $\frac{1}{2}$ Stunde lang dauern kann, sieht man auf zwei entgegengesetzten Seiten in der Flüssigkeit zwei regelmäfsige Wirbel in entgegengesetzter Richtung gehen.

Strontium-Amalgam. Auf analoge Weise kann das Strontium-Amalgam dargestellt werden, welches aber weit oxydirbarer ist, so dafs es schon nach 3 Minuten herausgenommen werden mufs. Es ist dickflüssiger als das Natrium-Amalgam, entwickelt heftig Wasserstoffgas, und wird unter Wasser in wenigen Minuten, in der Luft in wenigen Stunden zerstört. Selbst unter Petroleum ist es unsicher aufzubewahren. Amalgame von Kalium, Magnesium und Aluminium waren auf diese Weise nicht zu erhalten. Nach Klauer *) soll das Natrium-Amalgam, in eine, in einen Alaunkrystall gemachte Vertiefung gelegt, in rotirende Bewegung gerathen, und sich in ein Aluminium-Amalgam von derselben Consistenz wie das Natrium-Amalgam verwandeln.

Lithion, Bereitung. Jofs **) gibt einige Vorschriften zur Bereitung des Lithions aus Lepidolith, einem in den Oesterreichischen Staaten vorkommenden und leicht in Menge anzuschaffenden Mineral, das auch schon früher dazu angewendet worden ist. Die hier mitgetheilten Angaben betreffen mehr die Bereitung im Grofsen und die dabei anwendbaren Gefäfse, als den chemischen Procefs. Er zersetzt den Lepidolith, in Quantitäten von 25 Pfund, mit einer etwas verdünnten Schwefelsäure in Schalen von Steingut, in denen die Masse zur Trockne abgeraucht wird;

*) Annal. der Pharm. X. 90.

**) Journ. für pract. Chemie, I. 139.

dieselbe wird dann mit Wasser ausgezogen, die Thonerde mit Ammoniak gefällt, die Flüssigkeit in Steingutschalen abgedampft, das schwefelsaure Ammoniak durch Erhitzen verjagt, und die Masse in Glasgefäfsen geschmolzen. Sie besteht nun aus schwefelsaurem Kali und Lithion; sie wird in Wasser aufgelöst und durch Bleizucker zersetzt, das essigsaure Salz eingekocht und dann in einem Tiegel von Kupfer geglüht. Das kohlensaure Kali wird mit kaltem Wasser aufgelöst, und das kohlensaure Lithion dann mit kochendem ausgezogen; es ist durchaus frei von Kupfer.

Bekanntlich enthält der Ultramarin, nach C. G. Gmelin's Entdeckung, als wesentliche Bestandtheile Schwefelaluminium und Schwefelnatrium, ohne dafs wir jedoch bestimmt die Verbindungsweise kennen. Auf den Grund dieser Vorstellung von seiner Zusammensetzung hat man mehrere Bereitungsarten angegeben (Jahresb. 1830, p. 90.), und nach einem geheim gehaltenen Verfahren wird er auch von grofser Schönheit dargestellt. Nach folgender von Robiquet *) gegebenen Vorschrift soll man ein recht gutes Präparat erhalten: 1 Theil Kaolin (Porzellanthon), 1½ Theil trocknes, reines kohlensaures Natron und 1½ Theil Schwefel werden innig mit einander vermischt und in einer beschlagenen Retorte von Steingut vorsichtig bis zum Aufhören aller Gasentwickelung erhitzt. Nach dem Erkalten wird die Retorte zerschlagen. Die Masse ist grün, zieht aus der Luft Feuchtigkeit an und wird dabei blau. Das überschüssige Schwefelnatrium wird mit Wasser vollständig ausgelaugt; auf dem Filtrum bleibt eine schöne lasurblaue Farbe, die noch etwas Schwefel mecha- Schwefelaluminium, Ultramarin.

*) Annal. der Pharm. X. 91.

nisch eingemengt enthält, der sich durch Erhitzen leicht abrauchen läßt.

Zusammensetzung der Thonerde.

Mather*) hat die Zusammensetzung der Thonerde von Neuem zu bestimmen gesucht. Dieß geschah auf die Art, daß er ein bestimmtes Gewicht wasserfreien Chloraluminiums in Wasser löste und mit salpetersaurem Silberoxyd fällte. Das Chloraluminium fand er auf diese Art zusammengesetzt aus 78,4538 Chlor und 21,5462 Aluminium, was etwas, jedoch nicht bedeutend, von der durch frühere Analysen gefundenen Zusammensetzung = 79,504 Chlor und 20,496 Aluminium abweicht. Aus der abfiltrirten Flüssigkeit wurde das Silber mit Salzsäure gefällt; nach dem Eindampfen und Glühen wurden 44,35 Procent statt 38,46 vom Gewicht des Chlorids an Thonerde erhalten. Hieraus schließt er, daß die Thonerde aus 46,7 Aluminium und 53,3 Sauerstoff bestehe, und daß bei der von mir ausgeführten Analyse dieser Erde die Worte verschrieben und verwechselt worden seien, indem ich 53,3 Aluminium und 46,7 Sauerstoff gefunden hätte. Mather hat dabei nicht gemerkt, daß wenn die Zusammensetzung des Chloraluminiums einmal bestimmt ist, die der Thonerde daraus berechnet werden kann, und daß wenn Versuch und Rechnung nicht übereinstimmen, die Versuche fehlerhaft sind. Also angenommen, seine Analyse vom Chloraluminium wäre vollkommen richtig, was sie wohl schwerlich sein kann, da dieses Salz so große Anziehung zum Wasser äußert, daß es nicht, ohne Wasser anzuziehen, aus einem Gefäß in das andere zu bringen ist, so hätten 78,433 Chlor 17,723 Sauerstoff entsprochen, was 39,269 Proc. Thonerde hätte geben müssen. —

*) Silliman's Amer. Journ. of Science, XXVII. 241.

ist also klar, daſs das, was er als Thonerde g, noch etwas Anderes enthielt.

Brunner *) hat die Darstellung des Selens selenhaltigem Schwefel, namentlich aus dem n Schwefelsäurefabriken vorkommenden Selenmm, beschrieben. Man destillirt den getrock Schlamm, wobei fremde Einmengungen, die h auch etwas Selenmetalle enthalten, zurücken. Das Destillat wird in einer concentrirten, dheiſsen Lösung von Kalihydrat bis fast zur ng aufgelöst, so daſs beim Verdünnen keine ng entsteht, in welchem Falle noch mehr Kali tzen ist. Darauf wird die Auflösung mit dem 6fachen Volumen Wassers verdünnt, erforen Falls filtrirt, und in einem flachen Gefäſs ellt. Nach einigen Tagen, oder bei gröſseren n nach 8 bis 10 Tagen, sieht man auf der che der Flüssigkeit eine graphitähnliche Ve n entstehen, die bald zu Schuppen zusam t und bei gelindem Schütteln zu Boden fällt. diese Bildung aufhört, gieſst man die Flüs ab und wäscht die Blättchen aus, die fast ines Selen sind. Läſst man die Flüssigkeit inige längere Zeit stehen, so fällt ein roth noch etwas selenhaltiger Schwefel, darauf und zuletzt wieder ein etwas graulicher, se iger Schwefel nieder. Der Selengehalt darin r gering, jedenfalls kann man aber diese se igen Niederschläge einer neuen Operation unfen. Aus Luckawitzer Selenschlamm bekam er 10 bis 12 Procent Selen, und im Allge fand er, daſs diese einfache, wenig kost Reinigungsmethode mit Sicherheit $90\frac{1}{2}$ Pro-

Electronegative Metalle. Selen, Gewinnung.

*) Poggend. Annal. XXXI. 19.

cent von dem Selen ausbrachte, welches durch eine riguröse, langsame und theure Methode abgeschieden werden könne. Ich habe keinen Grund zu glauben, daſs der Verlust so groſs sei, aber es ist leicht möglich, daſs man vermittelst der rigurösen Methode mehr Selen bekommt, als vorhanden ist, dadurch daſs man Selenmetalle eingemengt erhält. Löst man das nach dieser Methode gereinigte Selen von Neuem in Kalilauge auf und läſst es an der Luft sich wieder abscheiden, so bekommt man nach Brunner's Versuchen $95\frac{1}{2}$ Proc. Das übrige kann nach dem Sättigen mit einer Säure durch schwefligsaures Ammoniak abgeschieden werden. Es ist als selenigsaures Salz in der Flüssigkeit enthalten.

Chromoxyd, krystallisirtes.

Wöhler *) hat eine Methode gefunden, das Chromoxyd krystallisirt zu erhalten. Sie besteht darin, daſs man das sogenannte Chromsuperchlorid, d. h. die Verbindung von Chromsuperchlorid mit Chromsäure (Jahresb. 1835, p. 135.), in Dampfform einer schwachen Glühhitze aussetzt, wobei es in krystallisirtes Chromoxyd verwandelt wird, indem das Chlor und der halbe Sauerstoffgehalt der Chromsäure gasförmig abgeschieden werden und weggehen. Die schönsten Krystalle erhält man auf folgende Weise: In eine Retorte füllt man eine oder einige Unzen Superchlorid, und führt den Hals derselben, nur wenig geneigt und ohne zu berühren, in ein Stück einer weiten Porzellan- oder thönernen Röhre; diese bringt man nun zum starken Glühen, und wenn sie glüht, versetzt man das Superchlorid in der Retorte in gelindes Kochen, und fährt damit gleichförmig fort, bis es ganz abdestillirt ist. Indem sein Gas durch den heiſsen Retortenhals geht, wird es

*) Poggend. Annal. XXXIII. 341.

zersetzt, und nach der Operation findet man diesen mit der brillantesten Krystallisation ausgekleidet, die sich in ganzen Krusten leicht von dem Glase ablösen läfst. Die Krystalle sind nicht grün, sondern schwarz und vollkommen metallglänzend, geben aber grünes Pulver. Ihre Härte ist aufserordentlich und scheint mit der des Korunds ganz überein zu kommen; sie ritzen in Bergkrystall, in Topas, in Hyacinth, und Glas wird davon, wie von Diamant, ordentlich geschnitten. Ihr specifisches Gewicht ist 5,21. In der Form sind sie, wie zu vermuthen war, mit dem Eisenoxyd und der Thonerde (Eisenglanz und Korund) isomorph, sie zeigen aber eine Menge secundärer Eigenthümlichkeiten, die von G. Rose näher studirt und beschrieben worden sind *).

Von Ullgren ist mir privatim folgende Bereitungsmethode von krystallisirtem Chromoxyd mitgetheilt worden: Man schmilzt saures chromsaures Kali bei einer noch nicht zum Glühen gehenden Temperatur, und wirft entweder Oel oder Salmiak darauf, jedoch weniger als zur vollständigen Zersetzung des Salzes erforderlich ist, weil sonst die Masse erstarren würde. Alsdann wird sie bis zum Weifsglühen erhitzt und, von heifsem Sand umgeben, langsam erkalten gelassen. Nach dem Auslaugen des Salzes bleibt ein grünes Chromoxyd zurück, welches in allen Sprüngen oder Blasenräumen mit glänzenden, grünen, sehr kleinen Krystallen besetzt

*) Poggend. Annal. XXXIII. 344. — Aehnliche Versuche sind von Persoz angestellt worden (L'Institut 1834, p. 51. 143.); dieser aber hielt die schwarzen Krystalle für metallisches Chrom, und erklärt, unter dieser Voraussetzung, dafs die Reduction des Chlorids beim Erhitzen in Ammoniakgas nur eine solche Zersetzung sei, an der das Ammoniak keinen Theil habe.

ist, die rhomboëdrisch zu sein scheinen. W saure Salz vor dem Erhitzen mit Oel gem wird das Oxyd nicht krystallinisch *).

Chromsuperchlorid, dessen Bereitung. In der obigen Abhandlung gibt Wöhl die beste Bereitungsweise des Chromsuper folgende an: Man schmilzt in einem gew Tiegel 10 Theile Kochsalz mit 16,9 Theilen lem chromsauren Kali zusammen, giefst die aus und zerschlägt sie in gröfsere Stücke, di in eine geräumige Tubulat-Retorte füllt. Au Masse giefst man 30 Theile ganz concen besten rauchender Schwefelsäure. Ohne An von äufserer Wärme destillirt nun das Sup in wenigen Minuten über und sammelt sic mit kaltem Wasser abzukühlenden Vorlage ist nicht der Mühe werth, die Retorte nachh zu erhitzen. Diese Operation geht so leicht rasch vor sich, dafs sie sich sehr wohl zu Vorlesungs-Versuch eignet.

Angeblich neues Schwefelantimon und Antimonoxyd. Faraday **) gibt an, dafs man ein n geschmolzenen Zustand vom gewöhnlichen terscheidendes Schwefelantimon erhalte, w Schwefelantimon mit noch mehr Antimon schmilzt. Zufolge einiger oberflächlichen Versu dieses Schwefelantimon aus SbS, oder einem von jedem Element bestehen. Wird es in aufgelöst, so entwickelt sich Schwefelwasse es scheidet sich zwar etwas Antimon ab, allein Auflösung hat sich eine neue Chlorverbind gelöst, die durch Zersetzung mit kohlen kali ein neues Oxyd gibt $=\dot{S}b$, dessen Einm

---

*) Eine ähnliche Beobachtung s. Poggend. Annal. 360. Note.

**) Poggend. Annal. XXXIII. 314.

dem gewöhnlichen Oxyd die Ursache der verdenen Angaben über seine Zusammensetzung, die Ursache des Umstandes sei, dafs geschmol- Antimonoxyd durch die Entladung der electri- Säule blofs bis zu einem gewissen Grade zer- werde, und dann unverändert bleibe, wenn neue Oxyd reducirt sei (vergl. p. 37). Fa- y, der von der Richtigkeit dieser Angaben eugt zu sein scheint, fügt jedoch hinzu, dafs e Zusammensetzung dieses Oxyds nicht durch nalyse bestätigt habe, indem er sonst den Gang aupt-Untersuchung unterbrochen haben würde. Diese, sowohl an und für sich, als auch hinch ihres Einflusses bei Faraday's electrischchen Ansichten, wichtigen Angaben schienen ner näheren Prüfung werth zu sein. Ich habe Faraday's Versuche über diese drei neuen ndungen des Antimons mit Schwefel, Chlor auerstoff wiederholt, und habe gefunden, dafs, dergleichen auch wirklich existiren, sie sich weges auf dem von Faraday angegebenen hervorbringen lassen, dafs sie also noch ganz deckt sind. Folgendes ist das Wesentliche Versuche. Ich vermischte sehr innig und voll- Schwefelantimon und metallisches Antimon Proportion mit einander, dafs durch Zusammelzung die Verbindung $Sb + S$ entstehen e. Das Gemenge wurde in einer, dicht darüber rfeinen Spitze ausgezogenen Glasröhre erhitzt, achdem die meiste Luft weggegangen war, die zugeschmolzen. Die Röhre stand, mit Sand en, in einer Kapelle, die bis zum vollen Rothn erhitzt und nachher äufserst langsam erkalassen wurde. Als die Masse herausgenomwurde, befand sich auf dem Boden ein Regulus, der 63 Procent vom zugesetzten Antimon wog, nachdem er durch Kochen mit etwas Salzsäure von noch anhängendem Schwefelantimon befreit worden war. Er hatte ganz das Ansehn von reinem Antimon. Zu Pulver gerieben und mit Salzsäure gekocht, gab er jedoch noch ein wenig Schwefelwasserstoffgas, und es löste sich etwas Antimon auf. Das ausgekochte Pulver hatte auf diese Weise 6 Procent verloren. Aus dem Angeführten ist es klar, dafs das erhaltene Schwefelantimon, wiewohl es mehr Antimon als zuvor enthielt, nicht die von Faraday vermuthete Verbindung war. Allein im Bruch hatte es auch nicht das Ansehn von reinem Schwefelantimon. Zu oberst hatte es dieselbe strahlige Krystallisation wie gewöhnliches Schwefelantimon, und einige gröfsere Strahlen reichten sogar bis auf die Oberfläche des Regulus, wo sie von einer undeutlicher krystallinischen Masse von hellerer Farbe umgeben waren. Die oberste und die unterste dieser so gebildeten Antimonschichten wurde jede für sich analysirt, auf die Weise, dafs das ganze gewogene Stück in Salzsäure gelegt und im Wasserbad damit digerirt wurde. Die Auflösung ging rasch vor sich. Von dem unteren Stück fielen allmälig Krystalle ab, auf welche die Säure nicht wirkte. Dasselbe geschah zwar auch bei dem oberen Stück, die Krystalle waren aber kleiner und ihre Menge geringer. Das Ungelöste, gut ausgekocht und ausgewaschen, betrug von der unteren Schicht 15, von der oberen 10 Procent. Es war reines, metallisches Antimon, krystallisirt in federförmigen Krystallen; es geht daraus das interessante Verhältnifs hervor, dafs das Schwefelantimon bei höherer Temperatur 15 Procent metallisches Antimon auflösen kann, welches bei gehörig langsamer Abkühlung aus dem noch flüs-

flüssigen Schwefelantimon grofsentheils herauskrystallisirt, ehe diese zuletzt selbst krystallisirt. Bei rascher Abkühlung erstarrt die ganze Auflösung, und die Masse hat dann im Bruch ein gleichartiges Ansehen.

Aus dem Angeführten ist es ganz klar, dafs die Salzsäure nichts Anderes als gewöhnliches Antimonchlorid aufgenommen hat; indessen habe ich doch sein Verhalten bis in's Einzelne näher untersucht, woraus sich denn ergab, dafs auf diese Weise keine andere Oxydationsstufe als die bereits bekannte, weder durch Alkali noch durch Wasser, aus der Lösung abgeschieden werden kann. Der von Faraday angegebene Versuch, dafs geschmolzenes Antimonoxyd von der electrischen Säule zersetzt wird, zeigt also mehr als deutlich, dafs der von ihm aufgestellte Satz, dafs dasselbe Quantum Electricität stets gleiche chemische Aequivalente abscheide, nur dann gelten könne, wenn die Vergleichung zwischen Verbindungen von proportionalen Verbindungsgraden geschieht. — In Betreff der Ursache, warum sich die Zersetzung des Antimonoxyds vermindert und nachher aufhört, so hat Faraday dabei übersehen, dafs durch die Electricität das Oxyd zersetzt wird in Metall auf dem — Leiter und in antimonige Säure auf dem + Leiter, welcher letztere bald von einem starren Körper umgeben wird; der die fernere Einwirkung der Electricität unterbricht.

Electropositive Metalle. Iridium, seine Gewinnung aus dem Platinrückstand.

Wöhler *) hat folgende Methode zur Ausziehung des Iridiums und Osmiums aus dem bei der Auflösung des Platinerzes in Königswasser ungelöst bleibenden Rückstand angegeben. Da dieser Rückstand viel Iridium und etwas Osmium in dem Zu-

*) Poggend. Annal. XXXI. 161.

stand enthält, daſs diese Metalle mit Vortheil abgeschieden werden können, und man auch von dem Iridium technische Anwendungen zu machen anfängt, so verdient diese Angabe um so mehr Aufmerksamkeit, als dieser Rückstand gegenwärtig an den Orten, wo man Platinerz zur Verarbeitung im Groſsen auflöst, in Menge gesammelt wird. Er enthält diese Metalle in Vermengung mit Titan- oder Chromeisen, kleinen Hyacinthen etc., wovon das Eisenerz den gröſsten Theil ausmacht. Wöhler mengt diesen Rückstand mit dem gleichen Gewicht trocknen Kochsalzes, erhitzt das Gemenge zur Austreibung aller Feuchtigkeit, füllt es dann in eine Röhre von Glas oder Porzellan, bringt diese zwischen Kohlen zum gelinden Glühen, und leitet während dessen Chlorgas hindurch. An das andere Ende der Röhre hat man einen kleinen, mit einer Gasleitungsröhre versehenen Ballon angefügt, welcher zur Aufnahme der sich bildenden Osmiumsäure dient; die Ableitungsröhre wird in ein Gefäſs mit verdünntem Ammoniak geführt. Anfangs wird das Gas von der Masse in der Röhre vollständig absorbirt; erst später gelangt es bis in das Ammoniak; alsdann wird die Operation unterbrochen. Die Masse in der Röhre wird in Wasser aufgelöst, der ungelöst bleibende Rückstand ausgewaschen, getrocknet, wieder mit seinem halben Gewicht Kochsalzes gemengt und von Neuem derselben Operation unterworfen. Die Auflösung in Wasser enthält Chloriridiumnatrium und Chlorosmiumnatrium; von letzterem wird ein Theil bei der Auflösung zersetzt, unter Bildung von Osmiumsäure, deren Geruch die Flüssigkeit annimmt. Diese Osmiumsäure scheidet man dadurch ab, daſs man die Flüssigkeit in einer Retorte bis etwa zur Hälfte abdestillirt. Die braune Salzauflösung wird mit kohlensaurem Natron versetzt und zur Trockne verdunstet. Die schwarze Masse wird alsdann in einem hessischen Tiegel schwach geglüht und nach dem Erkalten mit Wasser behandelt, welches Kochsalz und kohlensaures Natron auflöst und eine Verbindung von Iridiumsesquioxyd mit Natron ungelöst läfst. Durch Behandlung mit Salzsäure wird das Natron und ein Eisengehalt ausgezogen. Das ausgewaschene Oxyd kann nachher nach der einen oder der anderen der bekannten Methoden reducirt werden. Wöhler fand in dem von ihm behandelten Rückstand, der von amerikanischem Platinerz herstammte, weder Palladium noch Rhodium; aber in einer Portion fand er Gold, welches, wie er glaubt, vielleicht von einer in Königswasser unlöslichen Legirung wahrscheinlich mit Iridium oder Osmium herrühren könnte. Auch enthielt dieser Rückstand Chlorsilber. Bei einmaliger Behandlung mit Kochsalz und Chlor lieferte er 25 bis 30 Procent seines Gewichts Iridium; bei einer zweiten und dritten Behandlung gab er noch 6 bis 12 Procent. Das in gröfseren Blättchen und Körnern in diesem Rückstand vorkommende Osmium-Iridium wird bei dieser Operation nur oberflächlich angegriffen, weshalb man diese Körner vorher oder nachher auslesen kann *).

---

*) Ich habe später gefunden, dafs das so gewonnene Iridium noch Platin enthält, welches sich mit Königswasser ausziehen läfst. In einem aus St. Petersburg kommenden Platinrückstand fand ich Platin und Gold, die sich beide schon vor der Behandlung mit Chlor und Kochsalz durch bloſses Kochen mit schwachem Königswasser ausziehen lieſsen. Auch fand ich in diesem Rückstand einige blafsgelbe Metallkörner, die silberhaltiges Gold waren. Die Eisenerzkörner bestanden aus Chromeisen. W.

Von Berthier *) ist eine andere Methode
'geschlagen worden, die hauptsächlich die Schei
der metallischen Mineralien von den oxydirten
zweckt. Man schmilzt 1 Theil Rückstand mi
Theilen Bleiglätte und 0,05 Kohle zusammen.
bei wird das Eisenerz mit der Glätte verglast,
welcher letzteren man einen Regulus von Blei
det, der Osmium und Iridium aufgenommen hat.
ist klar, dafs die vorhergehende Methode diese
tere überflüssig macht.

Iridium, als Porzellanfarbe.

Frick **) hat gezeigt, dafs das Iridium für
Porzellan-Malerei das schönste und reinste Sch
gibt, gegen welches die besten schwarzen Fa
die man seither hatte, bräunlich aussähen.
gibt es ein reines Grau, und läfst sich mit
anderen Porzellanfarben verarbeiten, ohne auf
anders als wie Grau oder Schwarz zu wirken,
mit dem gewöhnlichen Schwarz nur selten der
ist. — Aufser dieser Anwendung könnte viel
das auf nassem Wege reducirte Iridium, als ei
niger theures Metall als das Platin, auch zur E
gung von Essig aus Weingeist im Grofsen ve
det werden, in der Art wie bereits das Platin
angewendet worden ist.

Schwefeliridium.

Böttger ***) hat eine neue Darstell
des Schwefeliridiums angegeben. Man löst da
quichlorür in Alkohol auf, mischt zu der klaren
lösung Schwefelkohlenstoff und läfst sie in einer
schlossenen Flasche stehen. Nach 4 bis 6 T
findet man die Flüssigkeit zu einer schwarzen
latinösen Masse erstarrt, die zerrührt und a

*) Annales des Mines, V. 490.
**) Poggend. Annal. XXXI. 17.
***) Journ. für pract. Ch. III. 277.

Filtrum genommen, dann mit Wasser vermischt und zu wiederholten Malen gekocht (siehe weiter unten Schwefelplatin), abfiltrirt, ausgewaschen und im luftleeren Raum getrocknet wird. Es ist nun ein schwarzes Pulver, das von kaustichen Alkalien nicht angegriffen, aber von Königswasser aufgelöst wird. Es ist Ïr. Der Destillation unterworfen, verliert es die Hälfte des Schwefels und wird Ír, in Gestalt einer schwarzen Masse.

Platin, Verarbeitung desselben.

Sobolewskoy *) hat das Vorkommen des Platins in Sibirien, und die Methode, deren man sich in St. Petersburg zu seiner Reinigung und mechanischen Verarbeitung bedient, beschrieben. Folgendes ist ein kurzer Abrifs dieser Operation: 1 Theil Platinerz wird mit Königswasser übergossen, welches aus 1 Theile Salpetersäure von 40° Beaumé (1,37 spec. Gew.) und 3 Theilen Salzsäure von 25° B. (1,165 spec. Gew.) zusammengesetzt ist. Die Auflösung geschieht nicht in Retorten, sondern in grofsen Porzellanschalen von 25 bis 35 Pfund Inhalt, unter einem Mantel, der von allen Seiten mit verschiebbaren Fenstern verschlossen wird, und unter welchem die sauren Gase vollständigen Abzug haben. Wenn die Operation so im Grofsen geschieht, kann das Zerspringen einer einzigen Glasretorte einen weit gröfseren Verlust herbeiführen, als die ganze, auf jene Art abdunstende Säure werth ist. Sobald nach 8 bis 10 Stunden die Entwickelung von Stickoxydgas aufgehört hat, ist die Salpetersäure zerstört. Es ist dann viel Salzsäure übrig, aber gerade in dem erforderlichen Verhältnifs, um das Platin rein zu bekommen. Der Rückstand wird

*) Poggend. Annal. XXXIII. 99.

mit neuer Säure übergossen; man kann überrechnen, dafs für 1 Theil rohes Platin 10 bis Theile Königswasser nöthig sind. Die klare Auflösung wird in cylindrische Glasgefäfse gegossen mit Salmiak niedergeschlagen. Der Niederschlag zu wiederholten Malen mit kaltem Wasser geschen, darauf getrocknet und in Schalen von tin geglüht. Auf diese Weise wird das Platin Schwamm erhalten. Es mufs vollkommen rein wenn seine Verwandlung in den schmiedbaren stand glücken soll. Hierzu ist es nöthig, dafs Auflösung so sauer sei, dafs mit dem Platinsalmiak kein Iridium mit niederfalle, und dafs ersterer einer grofsen Menge Wassers gewaschen werde, dafs alle fremden Chlorüre vollständig entfernt den. Die ersten Waschwasser enthalten die gröfste Menge von Iridiumsalmiak, die letzteren mehr tinsalmiak. Sie werden einzeln abgedampft, das rückbleibende Metallsalz geglüht, und das Metall derselben Behandlung wie das rohe Platin unterworfen.

Der Platinschwamm wird in einem messingenen Mörser mit einem messingenen Pistill zu Pulver rieben, und dieses durch ein sehr feines Sieb durchgesiebt. Das gesiebte Pulver wird in eine cylindrische Form von Gufseisen gefüllt, und mittelst des hineinpassenden stählernen Stempels und einer ken Schraubenpresse heftig zusammengeprefst; nach wiederholten Schlägen der Presse der Platinschwamm hinlänglich zusammengeprefst ist, man ihn aus der Form, und bekommt ihn Gestalt eines festen Stücks Platin, welches unter dem Hammer noch zerbröckelt. Wenn eine hinreichende Menge solcher Stücke erhalten werden sie dem $1\frac{1}{2}$ Tage lang dauernden Porzell ofenfeuer ausgesetzt. Bei diesem Glühen vermindert sich ihr Umfang, oft um $\frac{1}{4}$ in der Höhe und um $\frac{1}{8}$ bis $\frac{3}{16}$ im Durchmesser. Nun ist es schmiedbar. — Im Jahresb. 1830, p. 106., führte ich die von Wollaston angegebene Methode der Schmiedbarmachung des Platina an. Sobolewskoy führt einige Gründe an, warum der von ihm eingeführte Procefs vor dem Wollaston'schen ökonomische Vortheile voraus habe, die allerdings ihre Richtigkeit zu haben scheinen, deren nähere Anführung ich aber hier für überflüssig halte.

Bekanntlich wird das Platin in Rufsland zur Münze gebraucht. Bis zu Anfang von 1834 waren daraus 8 Millionen 186,620 Rubel geschlagen worden. In der St. Petersburger Münze werden täglich ungefähr 40 Pfund zu schmiedbarem Platin verarbeitet. Jedes Pfund erfordert ungefähr 29 Rubel Unkosten.

Eigenschaft des Platins Sauerstoff zu condensiren.

Zufolge von Versuchen, die Döbereiner *) mit dem fein zertheilten Platin, welches er Platinmohr nennt, angestellt hat, besitzt dieser Körper die Eigenschaft, aus der Luft Sauerstoffgas, ohne Stickgas, aufzusaugen, aus derselben Ursache, aus welcher z. B. Holzkohle Gase absorbirt. Das Absorptionsvermögen des Platinpulvers für Sauerstoffgas übersteigt jedoch alle Begriffe, wenn nämlich die Voraussetzungen, auf welche Döbereiner seine Berechnung gründet, einigermaafsen sicher sind. Er findet nämlich, dafs das aus schwefelsaurem Platinoxyd vermittelst Alkohols bereitete Platinpulver sein 250faches Volumen Sauerstoffgas absorbirt, was dadurch bewiesen wird, dafs 4,608 Gran Pulver, dessen specifisches Gewicht ungefähr 16,0 ist, 0,25 Cu-

*) Journ. für pract. Ch. I. 114. 369.

bikzoll Sauerstoffgas absorbiren; machen nun die Poren der Masse nur ¼ vom Volumen aus, so wird das Sauerstoffgas mit derselben Kraft zurückgehalten, als wenn es von 1000 Atmosphären zusammengedrückt wäre. Indessen wenn das specifische Gewicht des Pulvers 16,0, und das des dichten, von mechanischen Poren freien Platins 21,5 ist, so beträgt das Volumen der Poren im Pulver 0,344 statt 0,25 von dem der Masse; aber das Phänomen bleibt eben so auffallend, wenn auch einige Hundert Atmosphären-Druck abgezogen werden. Das so mit condensirtem Sauerstoffgas versehene Platinpulver hat die Eigenschaft, mit Alkohol übergossen, ohne Berührung mit der Luft, Essigsäure zu erzeugen, und die Ameisensäure in Kohlensäure zu verwandeln, wobei gerade doppelt so viel Kohlensäuregas erhalten wird, als das Sauerstoffgas-Volumen im Pulver beträgt. Dies bietet ein bequemes Mittel dar, um die absorbirte Sauerstoffgas-Quantität in einer gegebenen Menge dieses Präparats direct zu bestimmen. Nachdem es aus der Flüssigkeit herausgenommen und getrocknet worden ist, saugt es aus der Luft die vorherige Quantität von Sauerstoffgas wieder auf. Das durch Zersetzung von Platinoxyd-Kali mit Ameisensäure erhaltene Platinpulver nimmt nur sein 170 bis 190faches Volumen Sauerstoffgas auf; allein es hat mit dem vorhergehenden die Eigenschaft gemein, beim raschen Erhitzen ein blitzähnliches Feuerphänomen hervorzubringen. Es wäre von großem Interesse zu wissen, ob diese Erscheinung von der Einmengung eines brennbaren Körpers abhängig ist, was wohl möglich wäre. Im entgegengesetzten Fall gehört sie zu den Erscheinungen, die wir jetzt nicht verstehen, die aber, wenn sich einmal die Erklärung darbieten sollte, bald ein grofses Licht über früher unbekannte Gebiete verbreiten würde. Durch Befeuchten mit Salzsäure oder mit Ammoniak verlieren diese pulverförmigen Platinpräparate ihr Absorptionsvermögen für Sauerstoffgas und ihre Einwirkung auf Alkohol gänzlich. Diese Eigenschaft kommt aber wieder hervor, wenn sie mit kohlensaurem Natron befeuchtet, damit eingetrocknet, dann ausgewaschen und getrocknet werden.

Neue Bereitungsart eines wirksamen Platinpulvers.

Böttger *) hat eine ganz neue Darstellungsmethode eines in der eben erwähnten Hinsicht wirksamen Platinpulvers angegeben. In eine etwas concentrirte, von überschüssiger Säure befreite Auflösung von Platinchlorid bringt man eine Portion des oben beschriebenen Natrium-Amalgams. In kurzer Zeit bildet sich ein Amalgam von Platin, welches gut gewaschen und getrocknet wird. Hierauf erhitzt man es über einer Weingeistlampe zur Verjagung des Quecksilbers, wobei es in's Kochen geräth, aufschwillt und zuletzt eine graue, feste, zusammenhängende Masse hinterläfst. Diese wird zerdrückt und noch stärker erhitzt, wobei sie sich in ein schwarzes Pulver verwandelt. Sie darf aber nicht geglüht werden. Hierauf wird sie zu wiederholten Malen mit Salpetersäure von 1,21 specifischem Gewicht ausgekocht, wobei das meiste Quecksilber aufgelöst wird. Dieses Pulver enthält dann noch 7 bis 8 Proc. Quecksilber. Es besitzt nun die Eigenschaft, bei gewöhnlicher Temperatur Wasserstoffgas zu entzünden und Alkohol in Essigsäure zu verwandeln. Treibt man aber nicht zuerst das Quecksilber durch Hitze aus, sondern löst es unmittelbar mit Säure auf, so bekommt man ein Pulver, welches diese Eigenschaften nicht hat.

---

*) Journ. für pract. Ch. III. 279.

Schwefelplatin.

Böttger *) hat ferner eine neue Bereit-
methode des Schwefelplatins auf nassem Wege,
log der oben für das Schwefeliridium erwäh
angegeben. Man löst 1 Theil im Wasserbade
Trockne abgedampften Platinchlorids in 4 Th
Alkohol von 0,85 specifischem Gewicht auf, fi
wenn die Lösung unklar ist, und mischt ihr 1
Schwefelkohlenstoff zu. Das Gefäfs wird gut
schlossen, umgeschüttelt und eine Woche lang
hen gelassen, während dessen die Flüssigkeit a
lig zu einer schwarzen Masse von der Consi
von geronnenem Eiweifs gesteht. Sie hat nun
stärken Aethergeruch. Sie wird mit Alkohol
rührt, den man auf dem Filtrum abtropfen läfst
einige Mal wieder von Neuem ersetzt, wora
Masse mit vielem Wasser vermischt und ge
und diefs mehrere Male mit frischem Wasser
derholt wird. Nach **Böttger** entwickelt sich
bei ein Kohlenwasserstoffgas, welches sich e
den läfst und mit blauer Flamme brennt. Da
furet wird endlich auf einem Filtrum ausgewa
und über Schwefelsäure im luftleeren Raum ge
net. Es besitzt nun eine dunkelgraue, fast sch
Farbe, zeigt hier und da blanke Bruchfläche
geschmacklos, leitet die Electricität und hat
specifisches Gewicht. In der Luft wird es seh
sauer von gebildeter Schwefelsäure; von Sch
säure, Salzsäure oder Salpetersäure von 1,2
es nicht angegriffen; aber von rauchender Sa
säure wird es zu schwefelsaurem Platinoxyd
löst. Die Alkalien greifen es nicht an. Im G
verbrennt der Schwefel und es bleiben 75,4
tin zurück, $= \ddot{Pt}$. Die Bildung des Schwefelp

*) Journ. für pract. Ch. I. 267.

cheint hier auf der Umwandlung des Alkohols in therartige Producte, mit dem Chlor des Salzes nd dem Kohlenstoff des Schwefelkohlenstoffs, zu eruhen. Wenn aber diese Verbindung nicht wieerholt mit Wasser gekocht wird, ist sie dann wohl ine Verbindung von Schwefelplatin mit Aether, von erselben Natur, wie die von Zeise entdeckten Plainverbindungen?

Das in der Luft getrocknete Präparat verliert eim Trocknen einen Theil seines Schwefels, der ich in Schwefelsäure verwandelt, welche zerfliefst. Nach dem Auswaschen der Säure und dem Trocknen des Pulvers im luftleeren Raum hat es nun die Eigenschaft, den Alkohol in Essig zu verwandeln, wiewohl es dabei nicht zum Glühen kommt.

Kupfer, dessen Wirkung auf Schwefelsäure.

Baruel d. j. *) übergofs Kupferfeilspähne mit Schwefelsäure, verschlofs die Flasche gut und liefs sie 6 Monate lang stehen. Nach Verlauf dieser Zeit roch die Masse nach schwefliger Säure. Die Säure war farblos oder nur schwach bläulich, wurde aber durch Verdünnung blau. Auf der Innenseite der Flasche hatten sich kleine, farblose Krystalle von wasserfreiem schwefelsauren Kupferoxyd abgesetzt, die sich mit blauer Farbe in Wasser lösten; zwischen dem Kupfer hatte sich eine braune, flockige Substanz abgesetzt, die Schwefelkupfer war. Auch fand er, dafs Kupfer in einer gesättigten Auflösung von schwefliger Säure ebenfalls schwefelsaures Kupferoxyd und Schwefelkupfer erzeugt **).

*) Journ. de Pharm. XX. 15.

**) Diefs ist auch mit Eisen, Zink und anderen Metallen der Fall. Auch ist das schwarze Pulver, welches sich jedesmal bei der Auflösung von Kupfer in heifser Schwefelsäure erzeugt, Schwefelkupfer. W.

Kupferoxydul, Bereitung.

Zu den im Jahresb. 1833, p. 111., Bereitungsmethoden des Kupferoxyduls kö die beiden folgenden hinzugefügt werden. ersteren, welche von Malaguti *) ist, 100 Theile krystallisirten, reinen Kupfe 57 Theile krystallisirtes kohlensaures Natro men, giefst die geschmolzene Masse aus, zu feinem Pulver, vermischt sie mit 25 T ner Kupferfeilspähne, und setzt dieses G einem Tiegel 20 Minuten lang der Wei aus. Nach dem Auslaugen des Salzes bek ein sehr schön rothes Kupferoxydul. D Methode, noch weniger kostspielig und ist mir von Ullgren privatim mitgetheilt Man vermengt 6 Theile wasserfreies, schwe Kupferoxyd sehr innig mit 7¼ Theilen spähne, und setzt das Gemenge in einem T so verschlossen sein mufs, dafs die schwefli entweichen, die Luft aber nicht zutreten k Weifsglühhitze aus. Er darf erst nach dem Erkalten geöffnet werden. Die Masse ist rothschwarz. Nach dem Zerreiben und bekommt man ein rothes Oxydul, welches sow Schwefel als von überschüssigem Kupfer frei

Blei, dessen Verflüchtigung.

Fournet **) hat eine Reihe von V angestellt über die Quantität von Blei, die verschiedenen metallurgischen Operationen tigt. Es ist kein Auszug aus dieser Arbeit weshalb ich auf die Abhandlung verweisen

Bleisuboxyd.

Boussingault ***) hat das oxyd untersucht, welches beim Erhitzen von

---

*) Annales de Ch. et de Ph. LVI. 216.

**) A. a. O. LV. 412.

***) A. a. O. LIV. 267.

Bleioxyd in Destillationsgefäſsen erhalten wird. n dabei die Gasentwickelung aufhört, muſs die te luftdicht verschlossen werden, weil sonst die durch die beim Erkalten eindringende Luft t wird. Durch zu hohe Temperatur wird die-Oxyd in Blei und Bleioxyd zersetzt, welches e das Glas auflöst. Das Suboxyd ist dunkel-fast schwarz, und oxydirt sich bei einer Tem-r zu Oxyd, die noch nicht bis zum Schmelz- des Bleis geht. Von Wasser wird es nicht t, auch nicht wenn es unter Wasser mit Queck-zusammen gerieben wird; aber bei Zutritt der oxydirt es sich in Wasser leicht zu Bleioxyd. uren zerfällt es in Blei und Bleioxyd, wel-letztere sich in der Säure auflöst. 100 Theile yd geben beim Glühen 103,6 Bleioxyd. Es t also aus 2 Atomen Blei und 1 Atom Sauer- $= \dot{P}b$.

Oxalsaures Zinnoxydul gibt bei gleicher Behand-ur Zinnoxydul, und oxalsaures Wismuthoxyd rtes Wismuth.

Neues Schwefelwismuth.

Nach der Angabe von Mather *) soll man ein Atomen Wismuth und 1 Atom Schwefel be-des Schwefelwismuth erhalten, wenn man 3 Wismuth mit 1 Theil Schwefel in einem be-n Tiegel bis zum vollen Weiſsglühen erhitzt. Bildung gründet sich auf den Umstand, daſs vom überschüssigen Wismuth so viel verflüch-bis jene Verbindung zurückbleibt. Nach seiner se enthielt sie nicht ganz 1 Atom Schwefel Atomen Metall. 176 Schwefelwismuth gaben 45 Wismuth, 16,156 Schwefel und 4,899 Ver- Da sich Wismuth mit Schwefelwismuth zusam-

*) Silliman's Amer. Journ. of Science, XXVII. 264.

menschmelzen läfst, so wird durch diese V
die Existenz der obigen Schwefelungsstufe noch
ganz erwiesen.

Zinkoxyd. Wackenroder *) hat über die pharm
sche Bereitung von reinem Zinkoxyd eine sehr
führliche Untersuchung angestellt. Die Resultate
ser Versuche können in Folgendem zusammenge
werden: 1) Die Erzeugung von reinem Zinkoxyd
durch Verbrennung von Zink ist nur möglich, we
man sich ein vollkommen reines Zinkmetall versch
fen kann. Das durch Verbrennung dargestellte Oxyd
enthält gewöhnlich Blei-, Eisen- und Cadmium-Oxyd
2) Die Darstellung des Zinkoxyds auf nassem We
ist vortheilhafter; aber hierzu ist der im Hand
vorkommende Zinkvitriol nicht anwendbar, weil e
schwefelsaure Erden enthält. Man bereitet sich da
schwefelsaure Salz durch Auflösen von Zink in ve
dünnter Schwefelsäure ohne Hülfe äufserer Wär
und mit Anwendung von Zink im Ueberschufs. Die
Auflösung enthält dann keine andere fremde Sub
stanz, als ein Eisenoxydulsalz, welches vollstän
zersetzt wird, wenn man die Auflösung mit kohle
saurem Natron vermischt, bis ein ziemlich bedeute
der Niederschlag entstanden ist, und alsdann Chlor
gas hineinleitet, bis sich der gröfste Theil des Zin
niederschlags wieder aufgelöst hat, wobei Eisenoxyd
mit hellbrauner Farbe ungelöst bleibt. Chlorig
res Natron ist zwar auch anwendbar, wenn es abe
einen Ueberschufs an kohlensaurem Natron enthält
so geschieht es leicht, dafs zugleich viel Zinkoxyd
gefällt wird, bevor noch hinreichend zugesetzt ist,
um den ganzen Eisengehalt niederzuschlagen. Statt
in Schwefelsäure kann man das Zink auch in de

*) Annalen der Pharm. X. 49., XI. 151.

Alkohol von 80 Procent Alkoholgehalt mit der Vorsicht gegossen, dafs sie sich nicht mit einander vermischen. Das Gefäfs darf nicht zu weit, und mufs bedeckt sein. An den Berührungsflächen beider Flüssigkeiten bilden sich auf den Wänden des Gefäfses durchsichtige, 4 seitige Prismen. Der Alkohol vermischt sich allmälig mit der Salzlösung, und bei einer gewissen Verdünnung der letzteren schiefsen zweifach kohlensaures und neutrales kohlensaures Natron an, beide aber tiefer unten als das Sesquicarbonat. Bei der Analyse des letzteren bekam er beim Glühen nur 70 Procent kohlensaures Natron, statt 72,69. Diefs schreibt er der Gegenwart von 1½ Atom Wasser zu; eine solche Voraussetzung ist nicht annehmbar. Entweder fand beim Versuch ein Fehler statt, oder es enthielt das Salz etwas Bicarbonat eingemengt. Nach Haidinger's Versuchen (Jahresb. 1827, p. 232.) mufs dieses Salz 2 Atome Wasser enthalten.

Kohlensaures Natron mit 5 At. Wasser.

Persoz *) hat ein kohlensaures Natron beschrieben, welches aus einer Mutterlauge von Blutlaugensalz angeschossen war und dem Vermuthen nach von einer natronhaltigen Pottasche herrührte. Es bildet hemiprismatische Octaëder und enthält 5 Atome Wasser. Wir haben demnach nicht weniger als 3 Verbindungen von kohlensaurem Natron mit Wasser, nämlich mit 5, mit 8 und mit 10 Atomen. Die letztere ist die gewöhnlichste; die mit 8 entsteht, wenn man erstere in ihrem Krystallwasser schmelzen und langsam erkalten läfst, wobei sie anschiefst.

Schwefelsaures Ammo-

Eine sehr interessante Untersuchung ist von H. Rose **) angestellt worden über ein Salz, welches

*) Poggend. Annal. XXXII. 303.
**) A. a. O. XXXII. 81.

niak ohne Wassergehalt.

entsteht, wenn man wasserfreie Schwefelsäure mit Ammoniakgas vereinigt. Diese Verbindung wird auf folgende Art gebildet: In eine geräumige, abgekühlte Flasche leitet man den Dampf von wasserfreier Schwefelsäure, so dafs die inneren Wände mit einer dünnen Schicht der wasserfreien Säure überkleidet werden. Alsdann leitet man, unter fortwährender Abkühlung einen Strom von Ammoniakgas, das über kaustischem Kali getrocknet worden, hinein, und zwar langsam, weil sich sonst die Masse erhitzt. Es ist schwierig, die Säure vollständig gesättigt zu bekommen. Aeufserlich bildet sich eine, leicht als Pulver abnehmbare, neutrale Verbindung, aber darunter sitzt eine glasartige, saure, die stark am Glase haftet und sich nur langsam höher sättigt. Ueber diesen, gewifs nicht weniger interessanten Körper wurden übrigens keine Versuche angestellt.

Die neutrale, pulverförmige Verbindung wird abgenommen, so schnell wie möglich zu feinerem Pulver gerieben und zur vollständigen Sättigung von Neuem einem Strom von Ammoniakgas ausgesetzt. Sie bildet alsdann ein lockeres Pulver, welches in der Luft unveränderlich ist, und von Wasser, aber nicht von Alkohol gelöst wird; die Auflösung schmeckt salzig und bitter, ungefähr wie gewöhnliches schwefelsaures Ammoniak. Bei der trocknen Destillation gibt sie dieselben Producte, wie dieses, aber weniger Wasser. Nach Rose's Analyse besteht dieses Salz aus 1 Atom Schwefelsäure und 1 Doppelatom Ammoniak $= NH^3 \dddot{S}$, und enthält 70,03 Procent Schwefelsäure und 29,97 Ammoniak. Da wir wissen, dafs die Verbindungen aller Sauerstoffsäuren mit Ammoniak ein Atom Wasser enthalten, so sollte man erwarten, dafs sich dieses Salz bei der Auflösung in Wasser mit diesem zu gewöhnlichem schwefelsauren Ammoniak, oder richtiger zu schwefelsaurem Ammoniumoxyd verbinden würde; allein diese Vermuthung findet man nicht gegründet. Beim Verdunsten seiner Lösung erhält man es krystallisirt und eben so wasserfrei wie zuvor, mit einem Wort, das Ammoniaksalz ist eben so selbstständig, wie das Ammoniumoxydsalz. In meinem Lehrbuche der Chemie habe ich darauf aufmerksam gemacht, daſs man einen Unterschied machen müsse zwischen Ammoniumsalzen und Ammoniaksalzen; was wir gewöhnlich unter dem letzteren Namen verstehen, ist oft, was den ersteren bekommen sollte. Einmal muſs man sich zu einer richtigeren Benennung bestimmen. Vielleicht ist es noch zu früh, da viele Chemiker in dieser Hinsicht noch nicht ihre Meinung bestimmt haben. Zu diesen gehört H. Rose, welcher der eben erwähnten Ansicht noch zwei andere hinzufügt, indem er es Jedem überläſst zu wählen, was ihm am wahrscheinlichsten dünkt. Diese anderen Ansichten sind: 1) daſs die Schwefelsäure, ähnlich der Phosphorsäure, zwei isomerische Modificationen habe, welcher Ansicht Rose in seiner Abhandlung den Vorzug gegeben hat; und 2) daſs dieses Salz ein Amid sei, dessen Zusammensetzung mit $\ddot{S}NH^2 + \dot{H}$ ausgedrückt werden könne.

Der Unterschied in der Zusammensetzung zwischen einem Ammoniumsalz und einem Ammoniaksalz mit einer Sauerstoffsäure ist weit gröſser, als es im ersten Augenblick den Anschein hat. Wenn das in Rede stehende Salz $= NH^3 + \dddot{S}$ ist, so ist das Ammoniumsalz entweder $NH^4 + \ddddot{S}$, in welchem einerseits das Metall Ammonium, und anderseits Schwefel mit 4 Atomen Sauerstoff enthalten ist, oder $\dot{N}H^4 + \dddot{S}$, worin nur das erste Glied abweichend ist; allein beides sind ungleiche Ausdrücke einer und derselben Grundidee. Vielleicht ist erstere theoretisch richtiger. Sobald es durch Versuch erwiesen ist, dafs durch Wasser das moniaksalz nicht in Ammoniumsalz umgesetzt so ist auch vorauszusehen, dafs die bei dem moniumsalz gewöhnlichen doppelten Austausch mit dem Ammoniaksalz nicht vor sich gehen w Gerade diefs hat Rose gefunden. Bei gew cher Lufttemperatur vermögen nur die stärksten wandtschaften eine theilweise Umsetzung zu niumsalz zu bewirken; die weniger starken sin unwirksam. Siedhitze unterstützt sie bis zu gewissen Grad, aber fast bei keiner wird die setzung eher vollständig als bei Glühbitze. So Rose, dafs Wasser, und Kochen damit, nichts änderte. Zumischung von Chlorbarium vera die Bildung von schwefelsaurem Baryt, aber Bildung geschieht nicht auf einmal, sondern sehr lange, ohne vollständig zu werden; beim K wird noch mehr schwefelsaurer Baryt gefällt, doch bleibt noch viel zu bilden übrig, wenn, nach Eintrocknen, das Ganze zuletzt vollständig in felsauren Baryt und Chlorammonium umgesetzt Mit Chlorstrontium und Chlorcalcium entsteht eher eine Umsetzung, als beim Kochen, und nur sehr unvollständig. Eben so bemächtigen die feuerfesten Alkalien und das Platinchlorid gewöhnlicher Temperatur nur unvollständig die steren der Säure, das letztere des Ammoniaks.

Rose schliefst diese wichtige Abhandlung der Angabe, dafs er Ammoniakgas in die blaue lösung von Schwefel in Schwefelsäure geleitet und dafs diese dadurch zuerst carminroth gew sei. Nachher gab sie weifses, pulverförmiges sc felsaures Ammoniak mit rothen Punkten. In W aufgelöst, gab es das eben beschriebene Ammoniaksalz, schwefligsaures Ammoniak und freien Schwefel.

Wasserfreies schwefligsaures Ammoniak.

Eine nicht weniger interessante Untersuchung hat Rose *) über das wasserfreie schwefligsaure Ammoniak mitgetheilt, ein Salz, welches schon früher von Döbereiner dargestellt worden war. Das Schwefligsäuregas vereinigt sich in zwei Verhältnissen mit Ammoniakgas. Das eine ist zu gleichen Volumen; es ist dazu ein großer Ueberschuß des sauren Gases nöthig. Die Verbindung ist ein saures Ammoniaksalz, dessen Eigenschaften Rose nicht näher angegeben hat. Bei Ueberschuß des alkalischen Gases verbinden sich 2 Volumen von diesem mit 1 Volumen des sauren Gases. Die Gase condensiren sich zu einer gelbrothen, schmierigen Masse, die bei einiger Abkühlung rothe, sternförmige Krystalle bildet. Dieses Salz ist in Wasser leicht löslich, und zwar in dem Grade, daß es dazu größere Verwandtschaft hat, als die meisten zerfließlichen Salze. Indem es in der Luft feucht wird, verschwindet seine Farbe; seine Lösung ist anfangs gelblich, wird aber bald farblos. Sein Verhältniß zum Ammoniumsalz ist ganz dasselbe wie im vorhergehenden Fall. Das eine ist $NH^3 + \ddot{S}$, das andere $NH^4 + \ddot{S}$ nach der einen, oder $NH^4 + \ddot{S}$ nach der anderen Ansicht. Versucht man, durch Reagentien die Eigenschaften des aufgelösten Salzes zu studiren, so bietet es eine solche Menge nicht vorauszusehender Ungleichheiten dar, daß sie, ohne die Lösung eines Räthsels, welches dieses Salz vorlegt, Jeden verwirren, welcher Reactionsproben damit macht oder deren Beschreibung liest. Dieses Räthsel ist von Rose sehr geschickt gelöst worden. Es besteht

*) Poggend. Annal. XXXIII. 235.

darin, dafs das Salz, frisch aufgelöst, noch ganz unverändertes Ammoniaksalz ist, aber nachher allmälig von selbst in ein Ammoniumsalz übergeht; beim Kochen geschieht diefs sogleich; aber statt das schwefligsaure Ammoniumsalz zu bilden, bildet es, aus 4 Atomen schwefligsaurem Ammoniaksalz, 2 Atome schwefelsaures und 1 Atom unterschwefelsaures Ammoniumsalz. Man kann also darin auf alle drei Säuren zugleich stofsen, so wie man in dem frisch aufgelösten Salz blofs schweflige Säure finden kann. Allein auch in dem frisch aufgelösten Salz bestimmen gewisse Reagentien augenblicklich die Umsetzung zu Ammoniumsalzen. So z. B. scheidet Salzsäure in der Kälte schweflige Säure ab, ohne alle Trübung von Schwefel, aber in einer anderen Portion derselben Auflösung fällt zugemischtes Chlorbarium schwefelsauren Baryt, und in einer dritten salpetersaures Silberoxyd unterschwefligsaures Silberoxyd. Wird die mit Salzsäure vermischte Lösung, welche keinen Schwefel abgesetzt hat, zum Kochen erhitzt, so scheidet sie Schwefel ab, zum Beweise, dafs hier, wie bei dem schwefelsauren Salz, die Reaction bei gewöhnlicher Lufttemperatur nur partiell ist und erst in der Wärme vollständig vor sich geht, und dann unter Umsetzung zu Ammoniumsalzen. — Inzwischen sind auch Fälle möglich, wo sich die schweflige Säure erhält; so fand Rose, dafs man blofs schwefligsaures Kali bekommt, wenn man das frische Salz mit überschüssigem kaustischen Kali vermischt und so lange damit kocht, bis alles Ammoniak weggegangen ist. Dunstet man es dagegen bei gelinder Wärme oder im luftleeren Raum ab, so erhält man ein Gemenge von schwefelsaurem und unterschwefligsaurem Kali. — Auch bei diesem Salz ist Rose vorzugsweise von der theoretischen An-

ausgegangen, dafs es eine isomerische Varietät schwefligen Säure enthalte, die er aus $\dot{S}+\dddot{S}$ mengesetzt betrachtet, gleich wie man die erschwefelsäure als aus $\ddot{S}+\ddot{S}$, und die unterefllige Säure als aus $S+\ddot{S}$ zusammengesetzt ankann. Diese Vergleichung wird jedoch nicht die Sättigungscapacität der schwefligen Säure tützt, während dagegen die beiden anderen gerade auf die Sättigungscapacität gründen.

Chromsaure Kalkerde.

Jofs *) hat gezeigt, dafs die durch Digestion chromsaurem Bleioxyd mit Kalkhydrat und Wasrhaltene chromsaure Kalkerde nicht durch Oxalzersetzbar ist, wie Mainbourg zur Bereider Chromsäure zu verfahren vorgeschlagen hat. erhält zwar einigen Niederschlag von chromm Kalk, aber nach dem Abdampfen gibt die bleibende Flüssigkeit ein gelbes und ein rothSalz, die noch nicht untersucht sind, von deaber keines Chromsäure ist.

Cyan-Iridium-Kalium.

ooth **) hat gefunden, dafs man ein Cyankalium erhält, wenn man ein inniges Gemenge pulverförmigem Iridium mit wasserfreiem Cyankalium bei abgehaltenem Luftzutritt schwach, lange glüht. Man zerreibt die zusammengesinMasse und zieht sie mit heifsem Wasser aus. Verdunsten der fast farblosen Auflösung schiefst nlich zuerst etwas Kaliumeisencyanür an, und krystallisirt das Iridiumsalz. Es bildet lange tige Prismen, die gewöhnlich dem Gyps ähnZwillingskrystalle sind, wie der einspringende el an ihren Endflächen zeigt. Sie sind vollen klar und farblos, und zeigen nicht das Far-

*) Journ. für pract. Ch. I. 121.
**) Poggend. Annal. XXXI. 167.

benspiel von Gelb und Blau, wie das entsprechende Platinsalz. In Wasser sind sie leicht löslich, in Alkohol unlöslich. Die Auflösung wird nicht durch Salzsäure gefällt. Sie enthalten kein Wasser. Beim Erhitzen verknistern sie stark und werden dann schwarz. Stärker erhitzt, schmelzen sie, und das Iridium scheidet sich ab. Was nach dem Auslaugen der geglühten Masse mit Wasser zurückbleibt, eine Verbindung von Iridium, Eisen und Kohle, an einem Punkt angezündet, von selbst zu ve nen fortfährt. Salzsäure zieht nachher das oxyd aus, mit Hinterlassung des Iridiumoxyds.

Chlorsilber. Boussingault *) hat gezeigt, dafs in der Glühhitze das Silber das Salzsäuregas zersetzt, unter Bildung von Chlorsilber und Wasserstoffgas, daſs aber diese Wirkung aufhört, sobald sich das mit geschmolzenem Chlorür bedeckt hat. K dagegen das Silber mit Thon, besonders mi chem der Kochsalz enthält, womit das Silb eine leicht schmelzbare Verbindung bildet, in Berührung, so saugt sich das Chlorsilber in den Thon ein, und das Silber kann nun, indem es sich blank erhält, gänzlich in Chlorsilber verwandelt werden. Dieses Verhalten erklärt, wie sich bei der Cementation mit Thon und etwas Kochsalz Chlorsilber bildet. Bei dieser Cementation ist jedoch die Gegenwart von Feuchtigkeit oder der Zutritt feuchter Luft erforderlich, weil sich ohne diese kein Chlorsilber bildet.

Vogel **) hat gezeigt, dafs erhitztes Silber sogar Salmiak zersetzt, wenn er in Dampfform darüber geleitet wird, wobei Ammoniak entwickelt und Chlorsilber gebildet wird. In einer Auflösung von

*) Annales de Ch. et de Ph. LI. 337.

**) Journ. für pract. Chemie. II. 200.

.. bleibt das Silber unverändert, wenn keine
hinzutritt; kommt aber das Silber zugleich mit
.. Berührung, so wird das Ammonium in Am..
.. verwandelt, welches abdunstet, und das Chlor
..gt sich mit dem Silber zu Chlorsilber, wel..
..ich in der Flüssigkeit auflöst, wenn sie con..
.. ist. In der Wärme ist diese Löslichkeit
..lorsilbers in Salmiak noch gröfser, so dafs
..ngsamen Erkalten einer im Kochen mit Chlor..
gesättigten Salmiaklösung ersteres in Krystal..
..schiefst. Durch starke Verdünnung mit Was..
..d das Chlorsilber gefällt, jedoch nicht absolut.
..re verursacht zwar keine Trübung mehr, aber
..lwasserstoff schlägt Schwefelsilber nieder.

Verbindung von Quecksilberchlorid mit Chlorkupfer und Chlorkalium.

Bonsdorff *) hat ein krystallisirtes Salz be..
..n, welches aus 3 Chlorverbindungen besteht.
..öst 1 Theil Chlorkalium, ½ Theil krystalli..
Kupferchlorid und 2 Theile Quecksilberchlo..
..mmen in Wasser auf, und überläfst die Auf..
.. der freiwilligen Verdunstung, wobei das Salz
..den rhombischen Prismen anschiefst, die durch
..pfung öfters 6- oder 10seitig werden. An
..den sind sie theils gerade abgestumpft, theils
..hig zugeschärft. Ihre Farbe ist zwischen
.. und smaragdgrün. Das Salz bildet gern
.. Efflorescenzen von olivengrüner Farbe. In
..r Luft bleibt es unverändert, in feuchter be..
.. es sich oberflächlich. Von kaltem Wasser
.. zersetzt. Es bildet sich eine blaue Flüs..
.. und aus den Krystallen werden strahlig zu..
..gefügte Skelette. Von kochendheifsem Was..
..d es aufgelöst. Nach dem Concentriren durch
..pfen erhält man das Salz unverändert wieder;

---

*) Kongl. Vetensk. Acad. Handl. 1834, p. 89.

kühlt man aber rasch ab, so schiefst ein w strahliges Salz an, und die Flüssigkeit wird In wasserfreiem Alkohol ist es unlöslich, aber Spiritus wird es mit grasgrüner Farbe aufg Beim Erhitzen wird es braun und gibt W alsdann sublimirt sich Quecksilberchlorid. Zuf der Analyse war dieses Salz zusammengesetzt 3 (KCl + HgCl) + (CuCl + H). Nach der theoretischen Ansicht von der Natur der H salze, welche v. Bonsdorff vorzugsweise nommen hat, ist dieses Salz ein Doppelsalz, hend aus 3 Atomen Chlorohydrargyras kalicus 1 Atom Kupferchlorid - Hydras, in welchem Wasser die Säure, und Kupferchlorid die ist. Da letzteres stark Lackmus röthet, so wär gegründeter, das Wasser als Basis zu nehmen. v. Bonsdorff schlägt für derartige Salze fol Bezeichnung vor: 3 K Hg + Cu H. Nach w theoretischen Ansicht man auch dieses Salz b ten mag, so ist es merkwürdig durch seine chung von den gewöhnlichen Verbindungsart

Knallsaures Quecksilberoxydul.

Cremascoli *) bereitet das Knallquec auf folgende, wie es scheint, weniger aben liche Weise, als nach den gewöhnlichen der Fall ist: 6 Unzen Salpetersäure von 1, cifischem Gewicht werden auf $\frac{1}{2}$ Unze Quec in einer Flasche gegossen, und diese dann ei nute lang in kochendes Wasser gehalten. Na das Quecksilber aufgelöst ist und die Flüssigkeit gefähr + 12° Temperatur hat, wird sie mit 4 zen Alkohol von 0,833 vermischt. Man hält die Flasche abermals in kochendes Wasser, nimmt sie nach 2 bis 3 Minuten, oder wenn

*) Annal. der Pharm. X. 89.

e weifse Dämpfe zeigen, heraus. Die Reaction
n höchst unbedeutend. Man stellt nun die
he an einen kühlen Ort, wo sich das Knall-
silber allmälig bildet und im Verlauf einiger
n als ein krystallinischer Niederschlag absetzt,
ch dem Waschen und Trocknen 5 Drachmen

runner *) hat eine erneuerte Untersuchung Schwefelsaures Kupferoxyd mit schwefelsaurem Kali.
Jahresb. 1831, p. 147., erwähnten Kupfer-
mitgetheilt, auf Veranlassung einer von mir
gemachten Bemerkung und einiger meiner, im
b. 1832, p. 176., angeführten Versuche. Brun-
atte nämlich gefunden, dafs wenn das schwe-
e Kupferoxyd-Kali, $\dot{K}\dddot{S}+\dot{C}u\dddot{S}$, in Wasser
st, und die Lösung bis nahe zum Kochen
wird, sich ein krystallinischer Niederschlag
, dessen Zusammensetzung durch $\dot{K}+4\dot{C}u$
$+4\dot{H}$ ausgedrückt wird, und dafs nachher
Salz bei dem Waschen mit kochendem Was-
$\dot{C}u^{15}\dddot{S}^{4}+12\dot{H}$ wird, von welchen Salzen,
mentlich von dem letzteren, ich vermuthete,
Gemenge von zweien sein könnten. Brun-
t seine Versuche erneuert, und hat gefunden,
s erstere stets gleich erhalten werde. Die
e gab:

	Gefunden.	Atom.	Berechnet.
pferoxyd	38,867	4	39,440
li	11,831	1	11,734
wefelsäure	40,276	4	39,875
asser	9,026	4	8,951.

e vorhergehende Untersuchung von v. Bons-
zeigt, wie in sehr zusammengesetzten Salzen

---

*) Poggend. Annal. XXXII. 221.

Verbindungen enthalten sein können, die mit de[n] übrigen von nicht ganz übereinstimmender Na[tur] sind. Es ist also denkbar, dafs dieses Salz aus 1 Atom schwefelsaurem Kali, 3 Atomen schwefelsa[u]rem Kupferoxyd mit 3 Atomen Krystallwasser und 1 Atom Kupferoxydhydrat bestehen könne, $= \dot{K}\dddot{S} + 3\dot{Cu}\dddot{S}\dot{H}^{3} + \dot{Cu}\dot{H}$. Den bei dem Waschen die[s]ses Salzes mit kochendem Wasser entstehenden un[]löslichen Rückstand fand er bei verschiedenen Ve[r]suchen ungleich zusammengesetzt; er erwies sich als ein Gemenge von zwei basischen, kalifreien Sa[l]zen, die nicht zu trennen waren.

Schweinfurter Grün.

Unter Liebig's Leitung hat Ehrmann*) das Schweinfurter Grün untersucht, jene schöne Farbe, deren Bereitung im Jahresb. 1824, p. 108., mitgetheilt wurde. Nach Ehrmann wird dieselbe fo[l]gendermaafsen fabrikmäfsig dargestellt: 10 Theile Grünspahn werden mit so viel Wasser von +50° bis 55° angerührt, dafs dadurch ein dünner Brei entsteht, den man zur Entfernung fremder, dem Grünspahn von seiner Bereitung her beigemengter Stoffe durch ein Haarsieb schlägt. Man bereitet sich ferner eine Auflösung von 8 Theilen arseniger Säure in 100 Theilen kochenden Wassers, und bringt diese Auflösung in einem kupfernen Kessel zum lebhaften Sieden. Derselben mischt man nun rasch den Grünspahn zu, indem man dafür sorgt, dafs das Sieden nicht unterbrochen wird. Nach einigen Minuten ist die Farbe gebildet. Wird das Sieden unterbrochen, so fällt die Farbe schmutzig aus; durch Zusatz von Essig und einige Minuten langes Sieden kann diesem abgeholfen werden. Der Niederschlag ist an

*) Annal. der Pharm. XII. 92.

allinisch geworden und hat die richtige Farbe mmen. — Da die arsenige Säure nur sehr er und langsam vom Wasser aufgelöst wird, legt man letzterem $\frac{8}{4}$ Procent vom Gewicht der igen Säure kohlensaures Kali zuzusetzen, welnach geschehener Auflösung wieder mit Essig tigt wird. — Die Flüssigkeit, woraus sich die abgesetzt hat, ist sauer und enthält sowohl ge Säure als Kupferoxyd. Sie wird bei einer Bereitung mit grofsem Vortheil als Lösungsfür die arsenige Säure angewendet.

Diese Verbindung erhält man auch, wenn man Auflösung von neutralem essigsauren Kupferund eine Auflösung von eben so viel arseniäure, beide in kochendheifsem Wasser, koeifs mit einander vermischt. Es bildet sich latinöser Niederschlag von schmutzig oliven- Farbe, der während des Erkaltens allmälig llinisch wird und eine prächtig grüne Farbe nt. Man pflegt ihn Wiener Grün zu nennen. d schneller krystallinisch, wenn man ihn nach mischung einige Minuten lang kochen läfst. hrmann hält beide Arten für dieselbe Verg, und hat daher nur die letztere, als die , zur Analyse angewendet. Diese gab:

	Gefunden.	Atome.	Berechnet.
pferoxyd	31,666	4	31,243
enige Säure	58,699	3	58,620
gsäure	10,294	1	10,135.

e Formel für diese Zusammensetzung ist: -3 $Cu\dddot{A}s$. Seine chemischen Verhältnisse sind: chkeit in Wasser; Säuren, selbst Essigsäure, das Kupferoxyd aus, mit Hinterlassung der en Säure. Alkalien ziehen die Säuren aus, mit Hinterlassung des Kupferoxyds, welches, wenn dabei die Flüssigkeit gekocht wird, von dem arsenigsauren Salz zu Oxydul reducirt wird.

Doppelsalze von Cyankupfer.

Cenedella *) hat ein Cyankupferkalium beschrieben, welches dadurch erhalten worden war, dafs in einen, unten verschlossenen Flintenlauf 1 Unze getrocknetes und gepulvertes Ochsenblut, darüber 2 Zoll hoch gröbliches Kohlenpulver, alsdann 1 Unze kohlensaures Kali, gemengt mit 2 Drachmen Kohle und 2 Drachmen Rückstand von der Destillation des essigsauren Kupferoxyds, gelegt, und der Flintenlauf bis zum Glühen erhitzt wurde, und zwar zuerst da, wo das Kali lag, alsdann allmälig nach hinten, bis sich aus der Mündung keine flüchtigen Producte mehr entwickelten. Die Masse wurde mit Wasser behandelt, und die Auflösung bis zur Salzhaut abgedampft; beim Erkalten entstanden unregelmäfsige rothe Krystalle, die durch Umkrystallisiren rein erhalten wurden. Diese Krystalle sind prismatisch, blafsroth, schmecken metallisch, scharf und nach Blausäure, werden in der Luft feucht, und zersetzen sich dabei mit Hinterlassung eines gelben Salzpulvers, welches ein anderes Cyankupferkalium zu sein scheint. Cenedella's Untersuchung läfst keinen Zweifel, dafs dieses Salz Cyan, Kupfer und Kalium enthalte; aufserdem soll es 21 Procent Wasser enthalten. Nach seiner Analyse soll es aus $\text{Cu}\,\text{Cy} + \text{K}\,\text{Cy} + \text{H}$ bestehen; welche Zusammensetzung aber keinesweges durch die Analyse gerechtfertigt wird. — Ich übergehe im Uebrigen die Reihe von Doppelverbindungen, die mittelst dieses Salzes hervorgebracht wurden, indem diese Angaben Verworrenheit

*) Pharm. Centralbl. 1834, No. 19. p. 289.

heit mit deutlichen Beweisen der Ungeübtheit in Anstellung chemischer Versuche verbinden.

Die Gebrüder Rogers konnten bei den oben erwähnten Versuchen kein Cyankupferkalium hervorbringen, als sie kohlensaures Kali mit Kupfer und Hausenblase brannten; sie erhielten es aber, als Kupferoxydulhydrat, unter Zusatz von Blausäure, mit Cyankalium digerirt wurde. Sie erhielten dabei eine rothe, ganz neutrale Auflösung. Ohne Zusatz von Blausäure wird dieselbe zwar roth, enthält aber freies Kali. Einmal wurde sie farblos erhalten. Durch Erwärmen wurde sie zuerst gelb und hernach farblos. Die rothe neutrale Lösung brachte mit Metallsalzen Niederschläge von anderer Farbe hervor, als die, welche mit dem von Gmelin entdeckten gelben Salz gebildet werden; z. B. in schwefelsaurem Eisenoxydul einen weifsen, in schwefelsaurem Kupferoxyd einen gelben, in salpetersaurem Bleioxyd einen weifsen, und in salpetersaurem Silberoxyd einen weifsen, mit einem Stich ins Rothe. Mit Weinsäure konnte das Kaliumsalz nicht in ein Cyanwasserstoff-Kupfer mit sauren Eigenschaften verwandelt werden, sondern es schlug sich ein blafsrothes Cyankupfer nieder.

Jodblei.

Denot *) hat das Jodblei studirt. Das Resultat dieser Versuche ist folgendes: Das Jodblei ist in kochendem Wasser löslich, woraus es sich wieder in goldglänzenden, sechsseitigen Schuppen abscheidet. Diese Auflösung ist vollkommen farblos. Nach dem Erkalten enthält sie nur 1 Theil Jodblei auf 1235 Theile Wasser. Von kochendem Wasser braucht es nur 125 Theile. Fällt man ein Gemische von neutralem und basischem essigsauren Blei-

*) Journ. de Pharm. XXI. 1.

oxyd mit Jodkalium, so besteht der
aus neutralem und basischem Jodblei, woraus
erstere mit kochendem Wasser ausgezogen w
kann; es bleibt dann ein citronengelbes b
Salz zurück, welches aus 1 Atom Jodblei und 1
Bleioxyd besteht, $PI + \dot{P}b$. Es enthält 1 Atom
ser, welches erst bei ungefähr $+ 200°$
Wird dagegen Bleiessig mit Jodkalium g
bekommt man ein blafsgelbes, in Wasser völlig
lösliches Pulver, welches $PbI + 2\dot{P}b + \dot{H}$ ist,
welches eben so schwer sein Wasser abgibt.
überbasischem essigsauren Bleioxyd entsteht
$+ 5\dot{P}b$. — Durch unmittelbare Vereinigung
Jod mit Blei will Denot eine blaue V
erhalten haben, die Pb^2I zu sein scheint; sie
aber nicht vollständig untersucht.

Analoge Versuche sind von Brandes*)
gestellt worden, der jedoch fand, dafs B
Verbindung $PbI + \dot{P}b$ gibt; wobei es aber
begreiflich bleibt, was aus dem dritten Ato
oxyd, womit die Essigsäure verbunden war,
den ist, da es nicht aufgelöst bleiben konnte
dessen hat Brandes gezeigt, dafs diese V
dung auch entsteht, wenn das Jodblei aus
Flüssigkeit gefällt wird, die überschüssiges
res Bleioxyd enthält, wobei Essigsäure frei

Chlorblei, basisches.

Als auf gleiche Weise Chlorblei eini
lang mit einer Lösung von neutralem
Bleioxyd in Berührung gelassen wurde, so
eine entsprechende Verbindung von $PbCl +$
$2\frac{1}{2}$ Procent Wasser enthielt. Sie ist in W
löslich, und schmilzt leicht zu einem gelben,

*) Annal. der Pharm. X. 269.

ehenden Liquidum, das zu einer weißen Masse erstarrt. Eben so verhielt sich Bromblei. Das PbBr + Pb ist ein weißes Pulver, welches beim Erhitzen dunkel, und zuletzt roth und braunroth wird; dann schmilzt es und raucht. Nach dem Erkalten ist das ungeschmolzene ein gelbes Pulver, das geschmolzene eine gelblichweiße, durchsichtige Masse von Perlmutterglanz.

Bromblei, basisches.

Van der Zoorn *) hat gefunden, daß die Krystalle von wasserhaltigem Zinkoxyd, wenn sie einer Temperatur von + 110° ausgesetzt werden, 6 Atome Wasser verlieren, das 7te aber behalten, welches erst bei einer viel stärkeren Hitze ausgetrieben wird. In Beziehung hierauf hat Graham **) zu zeigen gesucht, daß dieses letzte Wasseratom ein wesentlicher Bestandtheil des Salzes sei, und daß dasselbe Verhältniß bei den schwefelsauren Salzen von Kupfer, Eisen, Nickel, Kobalt, Mangan, Kalkerde (?) und Talkerde statt finde. Wird das Salz mit 1 Atom schwefelsaurem Kali verbunden, so ersetzt dieses die Stelle des Wassers, wovon das Salz nun 6 Atome aufnimmt, welche es bei + 100° oder etwas darüber mit Leichtigkeit verliert. Diese Bemerkung ist sonderbar genug, braucht aber doch nicht mehr zu beweisen, als was schon wohl bekannt ist, daß nämlich 1 Atom mit größerer Kraft zurückgehalten wird, als mehrere Atome, und daß die Verbindungs-Verwandtschaft in dem Grade abnimmt, als die Anzahl zusammengeführter Atome zunimmt.

Schwefelsaures Zinkoxyd.

Wackenroder ***) hat das kohlensaure

Kohlensaures Zinkoxyd.

---

*) Ed. Phil. Journ. XVII. 408.

**) A. a. O. p. 422.

***) Annal. der Pharm. XI. 156.

Zinkoxyd untersucht, und dabei Resultate erhalten, die mit den von mir bereits vor 17 Jahren in den Afh. i Fys. Kem. och Mineral. V. 36. mitgetheilten in einer Hinsicht übereinstimmen, in einer anderen davon abweichen. Wackenroder hat, wie ich, gefunden, daſs es sehr schwer ist, den Niederschlag von einem geringen Hinterhalt von Säure oder Alkali frei zu bekommen. Unsere Versuche stimmen auch darin überein, daſs das Salz 73 und 74 Proc. Rückstand läſst. Wir weichen aber in der dabei entwickelten relativen Menge von Kohlensäure und Wasser von einander ab. Wackenroder's Versuche leiten zu $3\dot{Zn} + \ddot{C} + 4\dot{H}$, die meinigen zu $8\dot{Zn} + 3\ddot{C} + 6\dot{H}$. Des ersteren Versuche sind mit groſser Sorgfalt angestellt und so oft wiederholt worden, daſs sie Vertrauen einflöſsen müssen. Inzwischen sind unsere analytischen Methoden verschieden. Ich habe Wasser und Kohlensäure einzeln gewogen; Wackenroder hat die Kohlensäure dem Volumen nach bestimmt, und den Verlust für Wasser genommen; den Zinkoxyd-Gehalt konnte er aber nicht mit derselben Probe bestimmen, sondern muſste dazu eine besondere Portion glühen. Bei meinen Versuchen wurde das vor dem Wägen wohl getrocknete Zinksalz in einer kleinen, vor der Lampe ausgeblasenen Retorte geglüht, und das Kohlensäuregas und Wasser durch eine mit geschmolzenem Chlorcalcium gefüllte Röhre geleitet. W. lieſs eine abgewogene Portion des Salzes, z. B. ½ Gramm, in Salzsäure über Quecksilber steigen, und bestimmte das Volumen des entwickelten Kohlensäuregases, wobei nicht das in der Flüssigkeit aufgelöst bleibende Gas in Anschlag gebracht werden konnte. Es ist also ziemlich wahrscheinlich, daſs seine Versuche den Kohlensäuregehalt zu gering angegeben haben. Da indessen die aus meiner Analyse folgende Zusammensetzung keine rechte Formel gibt, so wiederholte ich den Versuch. 2,8665 Grm. kohlensaures Zinkoxyd, nach der p. 158. angegebenen Methode kalt bereitet, wurden bei +100° im luftleeren Raum getrocknet, in der Art, dafs nach jeder Auspumpung wasserfreie Luft eingelassen, und die Retorte unterdessen in kochendem Wasser eingesenkt gehalten wurde. Diese Quantität gab 2,8515 Grm. trocknes Salz. Es wurde in strenger, ungefähr ½ Stunde lang anhaltender Glühhitze zersetzt, das Wasser auf die bei der Analyse von Pflanzenstoffen übliche Weise aufgefangen, und der Kohlensäuregehalt aus dem Glühungsverlust bestimmt. Ich bekam 2,0915 Grm. Zinkoxyd, 0,4545 Grm. Kohlensäure und 0,3055 Grm. Wasser. Diefs gibt folgende procentische Zusammensetzung:

	Gefunden.	Atome.	Berechnet.
Zinkoxyd	73,347	5	73,86
Kohlensäure	15,939	2	16,23
Wasser	10,714	3	9,91

$=2\dot{Zn}\ddot{C}+3\dot{Zn}\dot{H}$. Man sieht, dafs die einzige Abweichung des Versuchs in einer Portion hartnäckig anhängenden Wassers ihren Grund hat.

Schindler *) gibt von Neuem an, durch Fällung aus einer concentrirten Lösung von schwefelsaurem Zinkoxyd (1 Theil krystallisirtes Salz in 4 Theilen Wasser) mit kohlensaurem Kali, ein kohlensaures Zinksalz erhalten zu haben, welches 56,2 Zinkoxyd, 27,4 Kohlensäure und 7,6 Wasser enthalte $=3\dot{Zn}\ddot{C}+\dot{Zn}\dot{H}$; diefs ist aber offenbar wieder ein Irrthum (vergl. Jahresb. 1833, p. 148.). Ich

*) Pharm. Centralbl. 1834, No. 59. p. 938.

habe den Versuch wiederholt, und gefunden, der Niederschlag ein Gemenge vom vo Salz mit einem Doppelcarbonat von Zink Alkali ist.

Kaliumeisencyanid, und rothe eisenhaltige Blausäure.

In ihrer oben citirten Abhandlung Gebrüder Rogers angegeben, dafs das sencyanid erhalten werden könne, wenn Gemenge von schwefelsaurem Eisenoxyd und felsaurem Kali in gehörigem Verhältnifs mit Auflösung von Cyanbarium in Wasser v Auf diese Weise mufste mit blofsem schw ren Eisenoxyd das Eisencyanid für sich werden können.

Die rothe eisenhaltige Blausäure bek wiewohl nicht vollkommen rein, wenn eine sung des Kaliumsalzes mit einer Lösung von säure in Alkohol vermischt wird. Es sch Weinstein nieder und das Doppelcyanür bleibt gelöst; am besten wendet man das Kaliumsalz, ches mit mehr Alkohol ausgefällt werden kann kleinem Ueberschufs an. (Vielleicht wäre besten, mit einer Lösung von Weinsäure das als feines Pulver zu zersetzen.) Die Lösung in überkleideten Flaschen vor dem Licht g werden, weil sie sonst zersetzt wird und blau absetzt.

Schwefelsaures Eisenoxydul und Eisenchlorür.

v. Bonsdorff*) hat die Bereitung des felsauren Eisenoxyduls und des Eisenchlorürs untersucht, und die Umstände bestimmt, unt nen die Einmengung von Oxydsalz verhinder den kann. Sie lassen sich in folgenden P zusammenfassen: 1) Durch Auflösen von in Schwefelsäure oder Salzsäure erhält man

*) Poggend. Annal. XXXI. 81.

Oxydulsalz angeschossen, wenn man die Flüssigkeit vor dem Krystallisiren sauer macht. 2) In mäfsig trockner oder feuchter Luft verändert sich das krystallisirte Salz nicht, aber bei ungefähr + 40° fängt es an zu verwittern und oxydirt sich dann. 3) Die Farbe des reinen Salzes ist mehr blau als grünlich. Die grüne Farbe zeigt eingemengtes Oxydsalz an. Gegen Lackmuspapier verhält sich das Oxydulsalz ganz neutral; wenn es dasselbe röthet, so enthält es Oxydsalz. 4) Auch das Chlorür ist blau. Es läfst sich nur in trockner Luft verwahren; aber in solcher, worin sich der Vitriol am besten erhält, verwittert es und oxydirt es sich. Es enthält 36¼ Proc. oder 4 Atome Wasser.

Otto *) hat einige phosphorsaure und arsenik-saure Metall-Doppelsalze beschrieben. *Phosphorsaures Eisenoxydul-Ammoniak*; es entsteht, wenn eine oxydfreie Lösung von einem Eisenoxydulsalz mit einer gekochten, von Luft befreiten Auflösung von phosphorsaurem Natron vermischt wird; diese Vermischung geschieht, während die letztere Auflösung noch warm ist, in einer Flasche, die man fast damit anfüllt, worauf man sogleich etwas kaustisches Ammoniak zusetzt, so dafs die Flüssigkeit beim Umschütteln schwach danach riecht; alsdann verkorkt man die Flasche. Es versteht sich, dafs das Natronsalz im Ueberschufs vorhanden sein mufs. Ein Zusatz von einem schwefligsauren Salz erhält das Eisen auf seiner niedrigeren Oxydation. Nach einer Weile verwandelt sich der Niederschlag in krystallinische Schuppen, die leicht zu Boden sinken. Man nimmt ihn auf das Filtrum, wäscht ihn einige Mal mit gekochtem Wasser aus, und trocknet ihn im

Phosphorsaures Ammoniak-Eisenoxydul.

*) Journ. für pract. Ch. II. 410.

luftleeren Raum. Er ist farblos und glänzend, bekommt aber gewöhnlich einen grünlichen Stich. In der Luft ist er unveränderlich, in kochendem Wasser und in Alkohol unlöslich; löslich in Säuren. Seine Zusammensetzung kann durch $\dot{Fe}^{2}\overset{\cdot\cdot\cdot\cdot\cdot}{P} + NH^{3} + 3\dot{H}$ ausgedrückt werden. Es glückte nicht, ein entsprechendes arseniksaures Salz hervorzubringen.

Phosphorsaures Manganoxydul-Ammoniak.

Durch Fällung einer Lösung von Manganchlorür mit ammoniakhaltigem phosphorsauren Natron brachte Otto ein basisches Doppelsalz in Gestalt eines krystallinischen, röthlichweifsen Pulvers hervor. Es verhielt sich wie das vorhergehende, und es bestand aus $\dot{Mn}^{2}\overset{\cdot\cdot\cdot\cdot\cdot}{As} + NH^{3} + 12\dot{H}$.

Nimmt man zur Bereitung dieses Salzes frisch geglühtes phosphorsaures Natron, und erhitzt die Flüssigkeit mit dem Niederschlag, so verwandelt er sich nach einer Weile in ein weifses, krystallinisches Pulver von anderen Eigenschaften. Zuerst ist er weifs, mit einem unbedeutenden Stich ins Rothe. Er gleicht im Uebrigen in seinem Verhalten dem eben genannten; während aber dieser nach dem Glühen eine neutrale Masse zurückläfst, so hinterläfst der auf die zuletzt erwähnte Art bereitete eine saure. Bei der Analyse ergab sich für dieses Salz folgende Zusammensetzung:

Manganoxydul	21,920
Natron	9,585
Ammoniak	5,278
Phosphorsäure	43,863
Wasser	19,354,

oder nach Atomen: $\dot{Na} + NH^{3} + 2\dot{Mn} + 2\overset{\cdot\cdot\cdot\cdot\cdot}{P} + 7\dot{H}$. Das heifst, es besteht aus 2 neutralen Doppelsalzen von der Phosphorsäure-Modification, welche man Pyrophosphorsäure genannt hat, nämlich $\dot{N}a\dot{M}n\ddot{\bar{P}}\dot{H}^3 + \dot{N}H^4\dot{M}n\ddot{\bar{P}}\dot{H}^3$.

Johnston *) hat das Algaroth-Pulver analysirt. Er löste Schwefelantimon in Salzsäure auf, vermischte diese Lösung mit dem 30fachen Volumen Wassers, und liefs das Ganze einige Tage lang stehen, bis der Niederschlag krystallinisch geworden war. Johnston hält es für entschieden, dafs er in diesem Zustande eine bestimmte Verbindung sei. Durch die Analyse fand er darin Antimon 76,6, Chlor 11,32 und Sauerstoff 12,08, und berechnet hiernach die Zusammensetzung zu $2SbCl^3 + 9\ddot{S}b$. Bekanntlich hat Phillips schon früher eine Analyse davon gemacht, und seine Zusammensetzung $= SbCl^3 + 2\ddot{S}b + 3\dot{H}$ gefunden (Jahresb. 1832, p. 191.); Duflos dagegen fand $SbCl^3 + 5\ddot{S}b$ (Jahresbericht 1835, p. 160.), welcher Zusammensetzung sich das Resultat von Johnston nähert. Algaroth-Pulver.

Gregory **) hat eine einfache Methode angegeben, um das Chromchlorid in seiner rosenfarbenen Modification hervorzubringen. Man vermischt nämlich Chlorschwefel mit der bekannten flüssigen Verbindung des Superchlorids mit Chromsäure. Unter heftiger Gasentwickelung setzt sich das rosenfarbene Chlorid ab. Ein Theil der Chromsäure wird hierbei vom Schwefel zu Metall reducirt, das sich mit Chlor verbindet. Zufolge einer Analyse war das rosenfarbene Chlorid $CrCl^3$. Was das entwickelte Gas war, findet man nicht angegeben. Chlorchrom.

Wird zu einer Auflösung von sogenanntem Chromalaun eine Auflösung von Cyankalium ge- Cyanchrom.

*) Ed. New. Phil. Journ. XVIII. 41.
**) Journ. de Pharm. XX. 413.

mischt, so entsteht, nach den Gebr. Rogers, Niederschlag, der anfangs schleimig und ist, sich aber bald in Gestalt eines grünlichen vers ansammelt. Dieses ist Chromcyanid. In ser ist es nicht löslich; aus seiner Auflösung dünnter Salpetersäure wird durch salp bei Cyansilber gefällt. Chromoxydhydrat wird von Cyankalium aufgelöst; setzt man Blausäure so wird das Hydrat rothbraun, und etwas löst sich in Cyankalium auf, ohne dafs aber alkalische Reaction verschwindet.

Zur chemischen Analyse. **Bestimmung sehr geringer Mengen von in der Luft befindlichen brennbaren Stoffen.**

Boussingault*) hat einen Versuch zu bestimmen, ob brennbare Körper der I förmig beigemengt sind. Bekanntlich schein len die Luft einen sehr bedeutenden den allgemeinen Gesundheitszustand zu ha zwar auf eine Weise, dafs dieser Einflufs Veränderlichkeiten ihrer gewöhnlichen Bestan zu erklären sein dürfte. Er mufs dann in wöhnlichen, in die Luft abgedunsteten Stoffe gründet sein. Dafs übrigens viele der Art Luft enthalten sein können, ist keinem Zw terworfen. Zuweilen sind sie durch den sinn zu entdecken; so bemerkt der Seefahre er sich Ceylon nähert und der Wind la kömmt, schon auf mehrere Meilen in der See Wohlgeruch der Vegetation dieser Insel. Der ruch ist in dieser Hinsicht nichts Anderes Reagens für die der Luft beigemengten gas Stoffe. Boussingault's Versuche hatten Endzweck, solche Stoffe zu verbrennen Wasser zu bekommen, welches aus ihrem stoff gebildet wird. Der Gang seiner V

*) L'Institut 1834, No. 67.

in der Kürze folgender: Die Luft wird, zur Entfernung aller Feuchtigkeit, durch ein Rohr geleitet, in welchem sich mit Schwefelsäure befeuchteter Asbest befindet; dann geht sie in eine mit calcinirten Kupferdrehspähnen gefüllte Glasröhre, die glühend gehalten wird, und von da wieder in eine Röhre, die Asbest und Schwefelsäure enthält, gewogen ist, und deren Gewichtsvermehrung während des Versuchs bestimmt wird. Was sie an Gewicht gewonnen hat, ist Wasser, gebildet durch Verbrennung des für die Zusammensetzung der Atmosphäre fremden Stoffes. Durch 12, im Laufe der Monate April und Mai 1834 auf diese Weise angestellte Versuche, fand er, dafs in Paris die Luft eine Quantität Wassers gab, welche 5 bis 13 Hunderttausendtheile ihres Volumens Wasserstoffgas entsprach. — Untersuchungen der Art sind sehr wichtig. Natürlicherweise ist die eben erwähnte eine von denen, welche noch den Unvollkommenheiten des Anfangs angehören. Fortgesetzte Versuche werden den Weg zu zweckmäfsigeren Verfahrungsweisen angeben. Hier z. B. ist wohl schwerlich anzunehmen, dafs nicht die Schwefelsäure die Eigenschaft besitze, mit dem Wasser auch noch andere Stoffe zu condensiren. Wir wissen, dafs sie z. B. Kohlenwasserstoffgas einsaugt. Wahrscheinlich ist sie also wohl nicht unter allen Umständen eine zur Aufnahme der Luftfeuchtigkeit geeignete Substanz. Geschmolzenes, pulverförmiges Chlorcalcium, von dem der feinste Staub abgesiebt worden ist, dürfte wohl die Absorption des Wassers vollständig vollbringen, ohne dabei die Eigenschaft zu haben, andere Substanzen zu absorbiren, da das Wasser in fester Form daran gebunden wird. Ferner kann es nicht schwer sein, gerade so wie bei einer vegetabilischen Analyse, die

Kohlensäure aufzusammeln und ihre Quantität mit derjenigen zu vergleichen, welche aus einer gleichen Portion Luft erhalten wird, worin keine Verbrennung veranlafst worden ist, zumal wenn man durch gehörige Vorrichtungen die Operation beliebig langsam gehen lassen kann.

Durch Versuche hat Chevallier *) angeblich gefunden, dafs die Luft in und um Paris Ammoniak und Stoffe organischen Ursprungs enthalte. Man findet sie in dem Wasser, welches sich im tropfenförmigen Zustand auf kalte Körper absetzt. Zuweilen findet man Schwefelammonium darunter.

Ueber die Anwendung kohlensaurer Erden zur chemischen Analyse.

Von Demarcay **) sind recht gute Angaben mitgetheilt worden über die Zuverlässigkeit der im Jahresb. 1833, p. 164, angegebenen Methode, vermittelst kohlensaurer Erden, z. B. Eisenoxyd niederzuschlagen, ohne gleichzeitige Fällung von Eisenoxydul, deren Zuverlässigkeit in gewissen Fällen anerkannt, in anderen weniger sicher befunden worden ist. Demarcay hat gefunden, dafs die kohlensauren alkalischen Erden eine vollständige und sichere Scheidung der Oxyde von Eisen, Chrom, Wismuth, Zinn, Quecksilber (auch des Oxyduls), von den Oxydulen von Mangan, Eisen, Zinn und Cerium, so wie von den Oxyden von Zink, Kobalt, Nickel, Kupfer und Blei bewirken, sobald nämlich keine Wärme angewendet wird; dafs aber beim Erhitzen des Gemisches, selbst nur bis zu + 60°, die Oxyde von Kupfer, Zink, Kobalt und Nickel, so wie die Oxydule von Mangan und Eisen, in allmälig zunehmender Menge und ungefähr in der genannten

*) L'Institut 1834, No. 75.

**) Annales de Ch. et de Ph. LV. 398.

Ordnung, niederfallen, aber ohne dafs, im Falle sie gemischt sind, eines von ihnen allein abgeschieden wird, sondern nur in ungleichen relativen Quantitäten in ungleichen Perioden. Nachdem nun festgestellt war, dafs die kohlensauren Erden ohne Erhitzen mit Sicherheit angewendet werden können, entstand die Frage: welcher soll man sich vorzugsweise bedienen. Fuchs, und nach ihm mehrere andere Chemiker, wendeten den kohlensauren Kalk an, allein die Einmischung dieser Erde, sowohl in den Niederschlag als in die Auflösung, bieten in Betreff ihrer Abscheidung aus beiden Schwierigkeiten, die zu berücksichtigen sind. Mit der kohlensauren Baryterde ist diefs nicht der Fall; aus der Auflösung fällt man sie mit Schwefelsäure, und aus dem Niederschlag zieht man das gefällte Metalloxyd mit Schwefelsäure aus; oder auch man löst das Gemenge in Salzsäure auf und fällt die Baryterde mit Schwefelsäure. Da sich das kohlensaure Bleioxyd noch viel leichter als die kohlensaure Baryterde wegschaffen läfst, so verdient es in allen Fällen, wo es anwendbar ist, den Vorzug; diefs ist jedoch auf die Fälle beschränkt, wenn die Flüssigkeit keine anderen Säuren enthält, als solche, welche mit dem Bleioxyd lösliche Salze geben. Aus Auflösungen in Salzsäure, zumal bei länger fortgesetzter Wirkung des kohlensauren Bleioxyds, wird nebst dem Eisenoxyd auch etwas, wiewohl nur unbedeutend, von anderen Oxyden gefällt. Wenigstens habe ich diefs bei dem Ceroxydul so gefunden. Bleiessig ist ebenfalls anwendbar, fällt aber doch mehr als das kohlensaure Blei. Indessen bin ich überzeugt, dafs, nach richtig geprüfter Anwendbarkeit, der Bleiessig ein sehr werthvolles Fällungsmittel werden wird.

Nach Demarcay scheidet die kohlensaure Baryterde das Eisenoxyd auch von ihrer Verbindung mit Thonerde.

Ferner fand er, dafs dieselbe das Wismuthoxyd vom Kupferoxyd und Bleioxyd trennt, welche beide aufgelöst bleiben. Quantitativ Bleioxyd und Wismuthoxyd von einander zu trennen, ist bis jetzt ein nicht gelöstes Problem gewesen, denn die von A. Stromeyer (Jahresb. 1834, p. 150.) angegebene Methode entspricht, nach den Versuchen von Frick *), nicht dem Endzweck, denn es bleibt Bleioxyd mit dem Wismuthoxyd ungelöst.

Auf gleiche Weise scheidet er Zinnoxyd von Zinnoxydul; Antimonoxyd von Bleioxyd und Zinnoxydul.

Kommen Eisenoxyd und Chromoxyd in derselben Flüssigkeit aufgelöst vor, so wird Schwefelwasserstoffgas eingeleitet, bis das Eisensalz zu Oxydulsalz reducirt ist, und das Chromoxyd dann mit kohlensaurem Baryt gefällt.

Die beiden Oxyde des Quecksilbers werden durch dasselbe Salz von anderen Oxyden geschieden, die ebenfalls durch Schwefelwasserstoff gefällt werden würden. — Diese Angaben sind, wie mir scheint, von grofsem Werth für alle, welche sich mit analytischer Chemie beschäftigen.

Vergebens versuchte es Demarcay, zuverlässige Methoden zur Scheidung von Zinkoxyd, Nickeloxyd und Kobaltoxyd aufzufinden.

v. Kobell **) hat diese Erfahrung, dafs bei der Fällung mit kohlensauren Erden keine Wärme angewendet werden darf, bestätigt gefunden; denn bei Anwendung von Wärme wird auch das Eisen-

*) Poggend. Annal. XXXI. 536.

**) Journ. für pract. Ch. I. 91.

xydulsalz zersetzt, was ihn bei seiner Analyse des Magneteisens zu den unrichtigen Resultaten führte, lie im Jahresb. 1833, pag. 180., mitgetheilt worlen sind.

Um Eisenoxyd von Eisenoxydul zu trennen, und im Allgemeinen um Eisenoxyd allein zu fällen, gibt Döbereiner *) folgenden Weg an, der versucht zu werden verdient: man vermischt die neutralisirte Auflösung mit ameisensaurem Natron und rhitzt zum Kochen, wobei basisches ameisensaures Eisenoxyd niedergeschlagen wird. Nach dem Trocknen gibt es bei der Destillation eine stark concentrirte Ameisensäure. Ameisensäure zur Trennung der beiden Eisenoxyde.

Bekanntlich stöfst man bei Mineral-Analysen nicht selten auf Schwierigkeiten, um recht genau Talkerde und Alkali von einander zu trennen. Gewöhnlich verwandelt man sie in Chlorüre, dampft ab und glüht; aber das Chlormagnesium wird dabei um so unvollständiger zersetzt, je mehr Chloralkali dabei ist, womit es ein Doppelsalz bilden kann. H. Rose **) schreibt vor, das Gemische gelinde zu glühen, und während dessen zu wiederholten Malen kleine Stücke von kohlensaurem Ammoniak einzuführen, welches die Bildung von Salmiak veranlafst; man legt dabei den Deckel auf, um so lange als möglich das Gas zurückzuhalten und um die Verdampfung des alkalischen Chlorürs zu verhüten, welches bei starkem Feuer in offenen Gefäfsen leicht statt findet. Das Chlorkalium ist nämlich flüchtiger als das Chlornatrium, und Chlorlithium steht in dieser Hinsicht zwischen beiden. — Auch ich habe mich mit Erfolg dieser Methode bedient. Ich bewerk- Trennung von Talkerde und Alkali.

*) Journ. für pract. Ch. I. 371.

**) Poggend. Annal. XXXI. 129.

stellige sie so, dafs ein Filtrum von bekanntem Gewicht zusammengedrückt, mit einer Lösung von kohlensaurem Ammoniak getränkt, und vorsichtig auf die glühende Masse gelegt, und der Tiegel alsdann mit dem Deckel bedeckt wird. Hierdurch wird das Chlormagnesium sowohl mit Wasser als mit Ammoniak versehen, indem zugleich die Entwickelung beider so langsam geschieht, dafs die Zersetzung vor sich gehen kann. Bei geringem Gehalt an alkalischem Salz reicht schon das Wasser allein aus. Bei gröfserem habe ich es nöthig gefunden, auf die erkaltete Masse Wasser zu giefsen und von Neuem einzutrocknen, weil das Alkalisalz, welches vorher den Zutritt zum Chlormagnesium mechanisch verhinderte, sich dabei in kleinen Würfeln abscheidet, und bei erneuertem Glühen wird dann die Zersetzung vollständig. Die Kohle vom Filtrum liegt nachher in Gestalt des Papiers auf der Masse. Entweder kann man sie verbrennen lassen und ihre Asche abziehen, oder sie, wie ich es gewöhnlich thue, abnehmen, worauf man den kleinen Fleck, der sich in der Masse befestigt hat, wegbrennt.

Liebig*) gibt eine andere Methode an, nämlich folgende: Man verbindet die Basen mit Schwefelsäure, macht die Lösung neutral und fällt sie mit einer Lösung von Schwefelbarium. Da die erste Schwefelungsstufe des Magnesiums, MgS, in Wasser unlöslich ist, so schlägt sie sich mit dem schwefelsauren Baryt nieder, woraus nachher die Talkerde mit Säure ausgezogen werden kann, und in der Auflösung bleibt das Schwefelalkali mit dem Ueberschufs von Schwefelbarium.

Bei

*) Annalen der Pharm. XI. 255.

Bei Analysen, wo Talkerde in Verbindung mit Kobalt und Nickel vorkommt, ist es sehr schwierig, diese Körper quantitativ von einander zu scheiden. Vielleicht kennen wir hierzu noch keinen völlig sicheren Weg. Bei einer Analyse von Meteoreisen, über die ich nachher berichten werde *), zeigten sich bei den gewöhnlichen Trennungsversuchen von Kobalt und Nickel Erscheinungen, welche auf eine fremde Einmischung deuteten, und diese war Talkerde. Im Allgemeinen hat man den Umstand nicht beachtet, daſs das Schwefelmagnesium nicht ohne einen Ueberschuſs an Schwefel oder ohne Schwefelwasserstoff in Wasser löslich ist, und daſs das Schwefelmagnesium sich sehr leicht wieder vom Schwefelwasserstoff trennt, und in Gestalt einer weiſsen, schleimigen Masse abscheidet. Will man folglich mit Ammonium-Sulfhydrat Nickel und Kobalt niederschlagen, so fällt mit diesen sehr viel und oft alles Schwefelmagnesium nieder. Da in ihrem Verhalten zu Säuren und Fällungsmitteln die Talkerde den Oxyden von Nickel und Kobalt gleicht, und sich nicht durch ihre Farbe verräth, so kann man ihre Gegenwart leicht übersehen; aber in einer gemischten Auflösung von diesen Metallen und von Talkerde, welche man zur Trockne verdunstet hat, so daſs sie keine überschüssige Säure enthält, gibt Ammoniak, im Ueberschuſs zugesetzt, einen grünen Niederschlag und eine blaue Auflösung. Ersterer sieht ganz wie Nickeloxyd aus, er ist aber eine Verbindung von Kobaltoxyd mit Talkerde, welche in Berührung mit der Luft nicht braun wird, wie es mit dem grünen Kobaltoxyd allein der Fall ist. Enthält aber die Flüssigkeit vor dem Zusatze des

Trennung von Talkerde, Nickeloxyd und Kobaltoxyd.

*) Kongl. Vet. Acad. Handl. 1834, p. 115.

Ammoniaks entweder freie Säure oder ein Ammoniaksalz, so wird jene Verbindung nicht niedergeschlagen, denn sie ist in einer Salmiakauflösung auflöslich. Will man dann mit kaustischem Kali das Nickeloxyd ausfällen, so fällt Kobalt-Talkerde mit derselben Farbe nieder, und es hängt dann von der Menge der Talkerde ab, ob noch etwas oder kein Kobaltoxyd in der Lösung zurückbleibt. Man ersieht hieraus die Unanwendbarkeit der Phillips'schen Methode bei Gegenwart von Talkerde. Die meiste Talkerde nimmt man von diesen Oxyden auf die Weise weg, daſs man sie in Salpetersäure auflöst, zur Trockne abraucht, und die Masse bei einer Temperatur erhitzt, die noch nicht bis zum sichtbaren Glühen geht. Dadurch bekommt man die Metalle in Superoxyde verwandelt, und die Talkerde läſst sich alsdann mit sehr verdünnter Schwefelsäure oder Salpetersäure ausziehen. Ich ziehe letztere vor, weil man die Lösung bloſs zur Trockne abzurauchen und zu glühen braucht, um die an ihrer weiſsen Farbe und ihrer alkalischen Reaction erkennbare Talkerde zu bekommen. Inzwischen ist diese Scheidungsmethode nicht absolut, und es hält schwer, aus den Oxyden alle Talkerde auszuziehen, ohne zugleich auch etwas von jenen aufzulösen.

Trennung von Nickeloxyd und Kobaltoxyd.

Zu den beiden früher bekannten Trennungsmethoden von Nickel- und Kobaltoxyd, nämlich der eben erwähnten und der bekannten Laugier'schen mit Oxalsäure und Ammoniak, hat Persoz noch eine dritte hinzugefügt, analog der letzteren, aber, wie es scheint, bedeutend wohlfeiler. Man löst geglühte Phosphorsäure (Graham's Metaphosphorsäure) in Wasser auf und mischt sie zu der Auflösung der beiden Oxyde in Salzsäure oder Salpetersäure, in der Menge ungefähr, daſs die Oxyde

durch in Metaphosphate verwandelt werden kön-
n, worauf man Ammoniak im Ueberschufs zusetzt.
im freiwilligen Verdunsten des Ammoniaks schlägt
h ein anfangs graugrünes, später schön grünes,
isches Doppelsalz von Nickeloxyd nieder, und
der Auflösung bleibt das Kobaltsalz mit schön
her Farbe zurück.

Auf gleiche Weise können Wismuthoxyd und
dmiumoxyd von einander getrennt werden. Das
ismuthsalz ist in Ammoniak unlöslich, das Kad-
umsalz ist darin löslich.

Trennung von Uranoxyd von anderen in Ammoniak löslichen Oxyden.

Persoz*) gibt ferner an, dafs das Uran-
yd, gemengt mit einem der 3 in Ammoniak lös-
hen Oxyde, nämlich Zink-, Kobalt- oder Nik-
loxyd, leicht allein gefällt werden kann, wenn
n das Gemenge der Oxyde in Salpetersäure auf-
t und in die neutrale Auflösung Bleiessig tropft,
ssen überschüssige Basis das Uranoxyd ausfällt.
ist klar, dafs kohlensaures Bleioxyd dasselbe
wirkt.

Trennung von Quecksilber und Kupfer.

Zur Trennung von Quecksilberoxyd und Ku-
roxyd hat v. Bonsdorff**) folgende Methode
gewendet: Man fällt die Auflösung der Oxyde
Salzsäure mit kaustischem Kali, setzt dann Amei-
säure hinzu, und stellt das Gemische in eine Tem-
ratur, die bis zu + 70°, aber nicht über + 80°
ht. Nach einigen Stunden hat sich das Kupfer-
yd aufgelöst und das Quecksilber in Gestalt von
lorür abgeschieden, welches nun gesammelt und
wogen werden kann. Beim Kochen bekommt man
ducirtes Quecksilber, wovon sich etwas mit den
mpfen verflüchtigen würde.

*) Annales de Ch. et de Ph. LVI. 333.
**) Kongl. Vetensk. Acad. Handl. 1834, p. 89.

Trennung von Kupferoxyd und Zinkoxyd.

H. Rose *) hat gezeigt, dafs das Zinkoxyd vom Kupferoxyd nicht durch Ausziehung mit kaustischem Kali getrennt werden kann, und dafs die einzige sichere Methode die Fällung des Kupfers mit Schwefelwasserstoffgas aus einer sehr sauren Auflösung ist.

Entdeckung von salpetersaurem Natron in Salpeter.

Meyer **) gibt folgende Methode an, um im Salpeter einen Gehalt von salpetersaurem Natron zu entdecken, eine Untersuchung, die nun vorkommen kann, seitdem man die Verfälschung des zum Schiefspulver bestimmten Kalisalpeters mit dem viel wohlfeileren Natronsalpeter zu befürchten hat. Ob im Salpeter ein Natronsalz enthalten sei, findet man schon durch einen Reactionsversuch, auf die Weise, dafs man den Salpeter vor dem Löthrohr in dem Oehr eines Platindraths schmilzt, indem man ihn vor die Spitze der Flamme hält. Reiner Kalisalpeter, oder ein solcher, der nicht mehr als $\frac{1}{2}$ Procent Natronsalpeter enthält, gibt dann auf der anderen Seite einen violetten Lichtkegel; geht aber der Gehalt an Natronsalpeter bis zu 1 Procent, so ist der Lichtschein rein gelb, wie von blofsem Natronsalpeter. Um die Quantität von salpetersaurem Natron zu bestimmen, wird die Salpetersäure mit Schwefelsäure ausgetrieben, das Salz durch Glühen neutral gemacht, in Wasser aufgelöst und mit Chlorbarium gefällt. Je natronhaltiger es ist, um so mehr schwefelsauren Baryt bekommt man. Alles, was dieser mehr als 115 Procent vom Gewicht des Salzes beträgt, kommt auf den Natrongehalt. Wird dann der Ueberschufs über 115 mit 0,21 dividirt, so bekommt man die Procente des salpetersauren Natrons

*) Journ. für pract. Ch. III. 198.
**) A. a. O. III. 333.

Zur quantitativen Scheidung von Jod und Chlor gibt H. Rose *) folgende Methode an: Man fällt beide zusammen mit Silbersalz, schmilzt den Niederschlag und wiegt ihn. Ein Theil davon wird, zur Austreibung des Jods, in einem Strom von Chlorgas geschmolzen und dann gewogen. Er wiegt nun weniger als zuvor; der Gewichtsunterschied verhält sich zur Menge des ausgetriebenen Jods, wie sich der Gewichtsunterschied zwischen 1 Atom Jod und 1 Atom Chlor verhält zum Gewicht von 1 Atom Jod. Rose gibt aufserdem die Vorschrift, das entstandene Chlorjod in einer Natronlösung aufzufangen, wobei sich jodsaures Natron bildet, welches mit Alkohol vom chlorigsauren Natron und Chlornatrium geschieden wird.

Quantitative Scheidung von Jod und Chlor.

Diese Operation läfst sich, wie mir scheint, mit gleicher Sicherheit invertiren. Das gemengte Silbersalz wird in der Schale, worin man es geschmolzen hat, reducirt, auf die Weise, dafs man es mit Wasser übergiefst und ein Stückchen destillirtes Zink oder reines Eisen darauf legt. Nach 24 Stunden ist die Reduction erfolgt. Mit einigen Tropfen Salzsäure macht man die Flüssigkeit sauer. Das Silber löst sich nun vollständig von der Schale ab; man zerkrümelt es und kocht es aus, zuerst mit saurem und dann mit reinem Wasser, glüht es und wiegt es. Darauf berechnet man, wie viel Chlor zu seiner Sättigung erforderlich ist, nimmt den Unterschied von diesem und dem Verlust des Silbers, und rechnet auf gleiche Weise. Aus der jodhaltigen Lösung erhält man nach dem Verdunsten zur Trockne und Erhitzen mit Braunstein das Jod sublimirt. Ich führe diefs an, nicht als eine Verbesserung von

*) Poggend. Annal. XXXI. 583.

Rose's Methode, sondern nur als eine derselben.

Entdeckung des Arseniks bei gerichtlichen Untersuchungen.

Taufflieb *) hat zur Anziehung niks aus animalischen Flüssigkeiten Vo geben, die mir alle Aufmerksamkeit z scheinen. Die Flüssigkeit, die man im V dafs sie arsenige Säure aufgelöst oder enthalte, wird mit einer Auflösung von in kaustischem Kali behandelt; durch di sung wird die Masse coagulirt; das Zink det die organischen Stoffe ab, und die ar bleibt im Kali aufgelöst. Nach seiner reicht man denselben Zweck, wenn man sigkeit zuerst mit Zinkvitriol und hernach stischem Kali im Ueberschufs versetzt. die alkalische Flüssigkeit ab, macht sie s stark sauer und leitet Schwefelwasserto Ist der Arsenikgehalt gering, so mufs keit, damit er sich sammle und werden. Nachdem man das Schwefel melt und getrocknet hat, legt man es i wöhnliche Reductionsröhre und schmilzt Ende fest. Darüber drückt man ein w Blattsilber ein. Indem man dieses g und das Schwefelarsenik dampfförmig entsteht Schwefelsilber, und das Arsenik ducirt und setzt sich weiter vorn in der Hierbei ist es jedoch nöthig, dafs ein von Silber vorhanden sei, denn das Silb niat verträgt Glühhitze, ohne sein Sch zu verlieren, aber ein Ueberschufs von cirt das letztere.

---

*) Journ. de Pharm. XX. 392.

Plattner *) hat eine ausführliche Abhandlung über die Anwendung des Löthrohrs zum Probiren der Erze, mit besonderer Rücksicht auf die quantitative Bestimmung ihres Metallgehalts, mitgetheilt. Besonders sind es die Silberproben, die mit einiger Zuverlässigkeit auf diesem Wege gemacht werden können. Der Versuch wurde zuerst von Harkort ausgeführt, scheint aber von Plattner sehr ausgedehnt und verbessert worden zu sein. Ich kann hier natürlicherweise nicht in das Einzelne gehen, und muſs auf die Abhandlung selbst verweisen.

Löthrohr, Silberprobe damit.

Zum Filtriren von solchen Substanzen, welche das Papier zerstören, wie z. B. Chromsäure, Mangansäure, Chlorsäure, schlägt Joſs **), als sehr zweckmäſsig, Papier aus Amiant oder Asbestgewebe vor. Man kann unaufhörlich dasselbe Filtrum brauchen, indem man durch Säuren und gelindes Glühen die darauf gebliebenen Substanzen wegnimmt. Beim Filtriren gröſserer Mengen legt er in die Röhre des Trichters einige Glasstückchen und breitet darüber Asbest aus, wodurch dann filtrirt wird.

Chemische Geräthschaften.

Unverbrennliches Filtrum.

Albrecht ***) hat zum Bohren in Glas eine Methode angegeben, die für den practischen Chemiker öfters von der gröſsten Wichtigkeit sein kann. Man tropft auf die Stelle, wo ein Loch gebohrt werden soll, einen Tropfen Terpenthinöl und legt ein Stückchen Campher hinein. Man bohrt nun das Loch vermittelst eines an den Schaft eines Drillbohrers befestigten harten Grabstichels oder einer spitz geschliffenen dreiseitigen Feile. Ich habe mich selbst

Löcher und Schraubengänge in Glas zu bohren.

*) Journ. für pract. Ch. III. 417. Der Titel des Werks ist: Die Probirkunst mit dem Löthrohr etc. von C. F. Plattner.

**) Journ. für pract. Ch. I. 126.

***) Kästner's Archiv für Ch. u. Meteor. VIII. 382.

davon überzeugt, wie aufserordentlich leicht schnell auf diese Art das Glas durchbohrt Mittelst passender Apparate können in die O auch Schraubengänge gezogen werden; man sich Patricen von 3 verschiedenen Gröfsen an. dicktes Terpenthinöl thut dieselbe Wirkung wie penthinöl und Campher; aber reines Terp wirkt nicht in gleichem Grade. Keine anderen sigkeiten, welche Albrecht versuchte, übten Wirkung aus. Dieser Einflufs von Terpen und Campher möchte gegenwärtig nicht genüg erklären sein, aber offenbar kann er für je der Glasschleiferei von grofsem Nutzen we

Chemische Formeln. Bei den jährlichen Naturforscher-Versa gen, die man in England zu halten angefang ist jedes Mal die Erfindung eines besseren S von chemischen Bezeichnungen oder Forme das von mir angewendete ist, zur Sprache men. Zwar ist noch keines der Art in Vo gekommen; allein es steht zu vermuthen, dafs mit vereinten Kräften von so ausgezeichneten nern zu Stande gebracht wird, den von mir ten Versuch bei weitem an Vollkommenheit treffen werde. Inzwischen dürfte zu bemerken dafs keine Vereinigung von Mehreren zu einem sultat führen wird, bevor man nicht über den zweck dieses Bezeichnungssystems überein men ist.

Mit den Formeln, die ich anwende, ich, auf die kürzeste und klarste Weise e retische Ansicht von der Zusammensetzung sammengesetzten Körpers darzustellen; so z. folgende Formeln alle für den Aether: C^4H^1 $C^4H^{10}+O$, $2C^2H^5+O$, $2C^2H^4+H^2O$. jede drückt eine Zusammensetzungsansicht aus, che sogleich von dem, welcher sich mit der Bezeichnungsweise bekannt gemacht hat, begriffen wird, und man versteht im Augenblick, was vielleicht nicht so klar in einer oder mehreren Zeilen mit Worten hätte ausgeführt werden können. Dafs inzwischen nicht Alle diefs als den Zweck der Formeln ansehen, schliefse ich aus einer Antwort, die Whewell *) auf die im Jahresb. 1833, p. 168., in Betreff seiner Formeln von mir gemachten Bemerkungen gegeben hat. »Berzelius,« sagt er, »betrachtet seine Formeln nur als eine kurze und klare Ausdrucksweise seiner eigenen Meinung von verschiedenen Zusammensetzungen. Ich glaube, dafs die chemischen Formeln noch mehr können, — sie sollen nämlich die Analyse ausdrücken, ohne Jemand's Meinung über die Zusammensetzungsart zu adoptiren, und sollen zeigen, wie ungleiche Analysen und ungleiche Zusammensetzungsansichten zu einander in einer nothwendigen Beziehung stehen. Diefs kann nur vermittelst der Anwendung algebraischer Formeln geschehen, die nach den Regeln dieser construirt sind. Für den von Berzelius beabsichtigten Zweck ist das Pluszeichen eine unnöthige und überflüssige Verletzung der Analogie.« Whewell fügt hinzu, dafs es keine Kunst sei, einfache Formeln zu machen. In Betreff der Vergleichung (a. a. O.) zwischen seiner Formel für den Granat und der von mir dafür gebrauchten mineralogischen, sagt er: »wer sich damit begnügen will, noch etwas weniger auszudrücken als Berzelius, könnte eine noch einfachere Formel »entdeckt,« und den Granat mit dem einfachen Buchstaben g bezeichnet haben.« Ich darf bemerken, dafs ich mit Interesse erwarte, was in diesem

*) L. and E. Phil. Mag. IV. 9.

Falle ein überlegenes Urtheil zum Nutzen der Wissenschaft hervorzubringen vermag, indem ich diefs stets mit Vergnügen benutzen werde.

Indessen, so lange noch kein neues System zu Stande gebracht, und so lange das von mir vorgeschlagene ziemlich allgemein gebraucht ist, möge es mir gestattet sein, einige Worte gegen unnöthige Abänderungen desselben zu äufsern. Es ist klar, dafs die bequeme Anwendbarkeit dieser Bezeichnungen hauptsächlich darauf beruht, dafs sie von Allen gleich gebraucht, dafs nicht die für die einfachen Körper angewendeten Anfangsbuchstaben vertauscht werden, je nachdem die Namen der Körper in den einzelnen Sprachen mit anderen Buchstaben anfangen, dafs man die Zusammenstellungsweise und die Stellungen der Zahlen nicht variirt etc.; diefs ist jedoch nicht von Allen erkannt worden. Man hat Aenderungen gemacht, die nichts weiter als Variationen sind und nicht den geringsten Vortheil gewähren. So z. B. haben Liebig und Poggendorff*) erklärt, dafs sie, um Verwechselungen mit algebraischen Potenzen und die daraus entstehenden Irrthümer zu vermeiden, künftig CO_2 statt CO^2 schreiben würden, so wie sie auch die durchstrichenen Buchstaben für die Doppelatome ganz weglegen, und statt $\mathrm{C}^2\mathrm{H}^5$ künftig C_4H_8 schreiben. — Nachdem nun diese Formeln bald 22 Jahre lang in der Art gebraucht worden sind, wie ich vorgeschlagen hatte, ohne dafs ein Chemiker — und nur diese gehen sie an — z. B. CO^2 für Kohle, verbunden mit dem Quadrat vom Sauerstoff, genommen hätte, ein durch seine Absurdität unmöglicher Irrthum, so hat man wohl Ursache zu fragen, aus welchem

*) Annal. der Pharm. IX. 3.

Grunde eine in der Algebra vorkommende Bezeichnungsweise mit einer anderen vertauscht wird, die, wenn auch seltner, ebenfalls darin gebraucht wird. Mit Abschaffung der gestrichenen Buchstaben ist auch die Bezeichnungsweise mit Punkten für den Sauerstoff, mit Kommata für den Schwefel abgeschafft, wiewohl hierüber nichts gesagt wird; denn wie soll man Salpetersäure, Phosphorsäure, Eisenoxyd, Schwefelantimon bezeichnen, ohne Etwas, das zeigt, daſs das Radical zu einem Doppelatom darin enthalten ist. Auf diese Weise glückt es nie, in einer durchgeführten systematischen Anordnung einen Theil zu verrücken, ohne nicht zugleich mehr oder weniger das Ganze in Unordnung zu bringen.

In seinem Lehrbuch der Chemie hat Mitscherlich die den algebraischen Exponenten gleichenden Zahlen dadurch zu umgehen gesucht, daſs er eine Zahl von der Höhe des Buchstabens wie eine Coëfficientzahl zu dessen Linken stellt. Diese Bezeichnungsweise ist von allen die natürlichste und diejenige, welche sich zuerst darbietet. Auch war sie die erste, die ich versuchte; wollte ich aber für ein Doppelsalz, z. B. für Alaun, eine Formel machen, so bekam ich eine ganze Reihe von unter einander gemengten Buchstaben und Zahlen, die eine lange Betrachtung erforderten, um ihren Sinn zu entziffern *). Daſs eine solche Bezeichnungsweise für die Wissenschaft kein Gewinn war, schien mir klar, und veranlaſste mich zu vielerlei Versuchen, ehe

*) So z. B. wird Chlorbenzoyl in Mitscherlich's Lehrbuch mit 14C10H2O2Ch ausgedrückt. Es ist klar, daſs für meinen Zweck: Leichtigkeit in der schnellen Auffassung einer Vorstellung von der Zusammensetzung, eine solche Bezeichnungsweise nicht anwendbar ist, wiewohl sie immer eine einfache Aufstellung der Anzahl von einfachen Atomen bleibt.

ich etwas fand, was mir annehmbar schien. Dabei zeigte es sich dann, daſs sich Zahlen und Buchstaben für das Auge weit leichter unterscheiden, wenn die Zahl in der Formel für eine aus mehreren Elementen zusammengesetzte Verbindung oben und rechts zu stehen käme, abgesehen von der Bequemlichkeit, daſs dann eine groſse Zahl zur Linken die Anzahl der Atome des so zusammengesetzten Körpers ausdrücken konnte. Bis jetzt habe ich noch keinen Grund zu dem mathematischen Miſsvergnügen einsehen können, welches man über die chemischen Formeln deshalb zu erkennen gibt, daſs sie nicht nach den Regeln der zu den algebraischen Calculen angewendeten zusammengesetzt werden, mit denen sie doch weiter nichts gemein haben, als daſs man dabei Buchstaben und Zahlen anwendet.

Mineralogie.

Neue Mineralien. a. Nicht-oxydirte. Gediegen Iridium.

Die im vorigen Jahre von Breithaupt gemachte Entdeckung des gediegenen Iridiums (Jahresb. 1835, p. 180.) hat sich bestätigt. G. Rose hatte die Güte, mir einige aus seinem Platinerz ausgesuchte Körner zuzusenden, deren specifisches Gewicht 22,80 war, und die L. Svanberg analysirt hat. Sie enthielten kein Osmium, sondern bestanden aus 76,8 Iridium, 19,64 Platin, 0,89 Palladium und 1,78 Kupfer (Verlust 0,84).

Auch hat Svanberg*) ein für Osmium-Iridium ausgegebenes Mineral aus Amerika analysirt, welches kleine, weifse, runde Körner bildete, von denen einige dem Magnet folgten, die ausgezogen wurden. Die übrigen hatten 16,94 specifisches Gewicht und bestanden aus Platin 55,44, Iridium 27,79, Rhodium 6,86, Palladium 0,49, Eisen 4,14, Kupfer 3,30 (Verlust, eine Spur von Osmium mit einbegriffen, 1,98).

Ouro poudre.

Unter dem Namen Ouro poudre (faules Gold) hat mir E. Pohl eine Art gediegenen Goldes zugeschickt, welches in Capit. Porpez in Süd-Amerika vorkommt. Dieses Gold bildet vieleckige Körner von einer unreinen Goldfarbe, die vor'm Löthrohr schmolzen, wobei kleine Quarzkörner auf der Oberfläche hervorkamen. Mit Borax geschmolzen färbt die Metallkugel denselben nicht, und ist nach dem Erkalten geschmeidig. Nach Abzug der eingemengten Quarzkörner, deren Menge sehr gering ist, be-

*) Kongl. Vet. Acad. Handl. 1834, p. 84.

steht dieses Gold, zufolge einer von mir mit einem einzigen gröſseren, 0,623 Grm. schweren, Korn angestellten Analyse, aus Gold 85,98, Palladium 9,85 und Silber 4,17. Von Kupfer zeigte sich keine Spur.

Steinmannit. Unter dem Namen *Steinmannit* hat Zippe *) ein neues Mineral beschrieben, welches zu den Blei-Sulfantimoniten gehört und bei Przibram in bleigrauen, nierenförmigen Gestalten, bekleidet mit kleinen Krystallen desselben Minerals, vorkommt. Die Krystallform ist ein Octaëder, die Grundform ein Hexaëder. Die Bruchfläche uneben, metallglänzend; die Krystallflächen glatt; der Strich hat die Farbe des Minerals. Specifisches Gewicht 6,833; Härte 2,5. Das relative Verhältniſs der Bestandtheile ist nicht bestimmt; es enthält Schwefel, Blei, Antimon und etwas Silber.

Mikrolith. Shepard **) erwähnt eines neuen Minerals, welches in dem Tantalit führenden Albit-Granit von Chesterfield (Massach.), und zwar vorzüglich in den Verbindungsstellen zwischen Albit und Quarz vorkommen soll. Er nennt es *Mikrolith*, von μικρος, klein, weil die Krystalle fast mikroskopisch sind. Farbe strohgelb, zuweilen braun; durchsichtig; krystallisirt in regulären Octaëdern und einigen secundären Formen. Blätterdurchgang unvollkommen parallel mit den primitiven Flächen. In anderen Richtungen uneben muschliger Bruch von Harzglanz. Specifisches Gewicht 4,45 bis 5,0. Härte 5,5. Vor'm Löthrohr nicht schmelzbar. In Borax zum gelben, klaren Glase auflösbar, das sich unklar flattern läſst. Von kohlensaurem Natron wird es nicht aufgenommen. Als wesentlichen Bestandtheil nimmt Shepard

---

*) N. Jahrb. für Mineralogie, Geognosie etc. 1834, p. 655.

**) Silliman's Amer. Journ. of Science, XXVII. 361.

in diesem Mineral Ceroxyd an. Dem zufolge könnte es wohl Ceriumfluorid sein, welches noch nicht in dem Chesterfieldschen Albit-Granit gefunden worden ist, der sonst hinsichtlich seiner Gemengtheit so sehr dem von Finbo bei Fahlun gleicht.

Forchhammer *) hat ein neues Mineral entdeckt, welches er, nach dem berühmten Oersted, *Oerstedin* nennt. Es kommt bei Arendal vor, und zwar meist in Pyroxenkrystallen eingewachsen. Es ist braun, glänzend, krystallisirt in einer zum pyramidalen System gehörenden, sehr zusammengesetzten Form. Die Polwinkel der ersten Pyramide 123° 16′ 30″. Aufserdem kommen zwei spitzere Quadratoctaëder in derselben Stellung vor, beide quadratische Prismen, so wie auch eine 8seitige Pyramide mit ungleichen Winkeln. Es ist also in der Form dem Zirkon ähnlich, dessen Winkel 123° 19′ ist. Specifisches Gewicht 3,629; Härte zwischen Apatit und Feldspath; durch das Messer ritzbar. Es besteht zu $\frac{1}{3}$ aus $\left.\begin{matrix} f \\ C \\ M \end{matrix}\right\} S^2 + 3Aq$ und zu $\frac{2}{3}$ aus Titansäure und Zirkonerde. Das Resultat der Analyse gab: 19,708 Kieselsäure, 2,612 Kalkerde, 2,047 Talkerde, etwas Manganhaltig, 1,136 Eisenoxydul, 68,965 Titansäure und Zirkonerde, die nicht sicher quantitativ von einander zu trennen waren, und 5,532 Wasser. b. Oxydirte. Oerstedin.

v. Kobell **) hat zwei, bis jetzt nicht bekannt gewesene Mineralien von Elba beschrieben, von denen er das eine Chonikrit, und das andere Pyrosklerit nennt.

---

*) Privatim mitgetheilt.
**) Journ. für pract. Chemie. II. 51.

Chonikrit.

Chonikrit (von χωνεια, Schmelzung, und κριτος, abgesondert, mit Hinsicht auf seine Leichtschmelzbarkeit als Unterscheidungszeichen); farblose, zuweilen gelbliche oder grauliche Massen von unebenem und unvollkommen muschligem Bruch; matt, schwach durchscheinend, ungefähr von der Härte des Kalkspaths. Specifisches Gewicht 2,91, Strich glanzlos, schmilzt leicht unter Blasenwerfen zu einem grauen oder grauweifsen Glas. Im Kolben gibt es Wasser; in Borax ist es schwer löslich; in Phosphorsalz bräust es anfangs, löst sich aber nicht auf. Von Salzsäure wird es aufgelöst, die Kieselerde gelatinirt aber nicht, sondern bleibt pulverförmig zurück. Die Analyse gab: Kieselsäure 35,69, Thonerde 17,12, Talkerde 22,50, Kalkerde 12,60, Eisenoxydul 1,46, Wasser 9,00 (Verlust 1,63). v. Kobell gibt vorschlagsweise folgende Formel:

$2AS + 3\left.\begin{matrix}Mg\\C\\f\end{matrix}\right\}S + 2Aq$; aber während der Sauerstoff der Basen 20,57 ist, ist der der Kieselsäure nur 18,54. Dieser Unterschied ist zu grofs. Wahrscheinlich ist das Mineral ein inniges Gemenge von zweien oder mehreren.

Pyrosklerit.

Der *Pyrosklerit* (von πυρ, Feuer, und σκληρος, hart, von seiner Eigenschaft, im Feuer zu erhärten) hat ein krystallinisches Gefüge, mit vollkommnem Blätterdurchgang in einer, und weniger vollkommnem und mit ersterem rechtwinkligen Durchgang in einer anderen Richtung. Die Farbe ist stellenweise apfelgrün und smaragdgrün. Bruch uneben, splittrig, matt. In dünnen Kanten durchscheinend. Härte zwischen Steinsalz und Flufsspath. Strich weifs. Specifisches Gewicht 2,74. Vor'm Löthrohr schwer schmelzend zu einem graulichen Glas. In Borax langsam auflösbar

zu

zu einem chromgrünen, klaren Glas. In Phosphorsalz schwerlöslich. Gibt im Kolben Wasser. Von Salzsäure zersetzbar, ohne zu gelatiniren. Nach v. Kobell kann durch Glühen über der Spirituslampe nicht alles Wasser ausgetrieben werden; aber beim Glühen vor dem Gebläse verliert er 11 Proc. an Gewicht, und wird hart und spröde. Das, was vor dem Gebläse mehr als über der Lampe ausgetrieben wird, für Wasser zu nehmen, ist gewiſs nicht richtig, da wir eine Menge Mineralien aus der Klasse der Silicate kennen, die Fluorkiesel entwickeln, so wie serpentinartige Mineralien, die Kohlensäure geben. Wenigstens hätte dieſs untersucht werden müssen. Die Analyse des geglühten Minerals gab: Kieselsäure 37,03, Thonerde 13,50, Talkerde 31,62, Eisenoxydul 3,52, grünes Chromoxyd 1,43 (Glühverlust 11,00). Folgende von v. Kobell berechnete Formel stimmt mit diesem Resultat gut überein: $2\left.\begin{matrix}Mg\\f\end{matrix}\right\}S+\left.\begin{matrix}A\\Cr\end{matrix}\right\}S+1\frac{1}{2}Aq$. Daſs der Wassergehalt in die Brüche fällt, ist nicht zu verwundern, da für Wasser genommen wird, was nicht Wasser ist. v. Kobell erinnert, daſs diese Zusammensetzung nahe übereinstimme mit der des Serpentins von Åker, den Lychnell (Jahresb. 1828, p. 190.) untersucht hat, und dessen Formel, mit Ausnahme des halben Wasseratoms, ganz dieselbe ist. Dieser sogenannte Serpentin gab ebenfalls einen gröſseren Verlust, als dem Wassergehalte entsprach, aber Lychnell zeigte, daſs er zum Theil in Kohlensäure und einer zerstörten bituminösen Substanz bestand. v. Kobell glaubt, daſs diese Verbindungsweise nicht dem Serpentin angehöre, und daſs der von Åker ein derber Pyrosklerit sei. Ich trete dieser Ansicht bei, wiewohl es nicht immer gegrün-

det ist, Mineralien wegen eines Thonerdegehalts, d
ein Substitut für Kieselerde sein kann, von ei
der zu trennen; denn z. B. hier kann die Fo
so geschrieben werden: $Mg A^2 + 3 Mg S^2 +$
allein hier fehlt die überschüssige Basis, die den
pentin characterisirt, der $Mg Aq^2 + 2 Mg S^2$ ist

Onkosit. v. Kobell *) hat ferner ein Mineral von
segen in Salzburg beschrieben, welches er für
hält und Onkosit nennt (von ογκωσις, Aufschw
weil es im Glühen aufschwillt). Es ist in eine
glimmerhaltigen Dolomits eingewachsen. Es ist
apfelgrün, ins Graue oder Braune, ohne besti
Form, von dichtem, feinsplittrigem, unebenem
unvollkommen muschligem Bruch, von schwa
Fettglanz und durchscheinend. Härte zwischen S
salz und Kalkspath; specifisches Gewicht 2,80. L
schmelzbar zu einem blasigen, durchsichtigen G
gibt im Kolben ein wenig Wasser, wird lan
aber vollständig von Borax aufgelöst, eben so
Phosphorsalz, dessen Perle dann beim Erkalten
lisirt. Von Salzsäure nicht zersetzbar, weder
noch nach dem Glühen, wohl aber von Schw
säure. Beim Schmelzen vor dem Gebläse ve
es 4,6 Proc., wobei keine Flufssäure ist. Die
lyse gab: Kieselerde 52,52, Thonerde 30,88, T
erde 3,82, Eisenoxydul 0,80, Kali 6,38 (Gl
lust 4,6). Diese Analyse gibt keine anneh
Formel. Der Sauerstoff der 3 basischen Oxy
zusammen 2,73, der der Thonerde 14,42 und
der Kieselerde 27,28. v. Kobell stellt vorsch
weise $\left.\begin{matrix}K\\Mg\\f\end{matrix}\right\} S^2 + 4 A S^2$ auf. Aber der Sau

*) Journ. für pract. Chemie, II. 295.

ler Kieselerde ist nicht einmal 2 Mal so grofs, als ler der Thonerde. Das Mineral ist offenbar ein Gemenge.

Fuchs *) hat ein neues Mineral unter dem Namen *Triphyllin* beschrieben (von τρις, drei, und φυλη, Stamm, dreistämmig, weil es aus drei Phosphaten besteht). Diefs Mineral gleicht dem phosphorsauren Eisenmangan von Limoges, und kommt in der Umgegend von Bodenmais so reichlich vor, dafs sich die Frage gestellt hat, ob es nicht eine technische Anwendung zulasse. Triphyllin.

Das Mineral ist krystallinisch, grobblättrig, spaltbar nach vier Richtungen. Einer der Blätterdurchgänge ist vollkommen und vertical gegen die übrigen, zwei sind sehr unvollkommen und parallel mit den Seiten eines rhombischen Prisma's von ungefähr 132° und 148°; der vierte ist weniger unvollkommen, und geht ziemlich deutlich in Richtung der Diagonale der Grundflächen. Daraus scheint zu folgen, dafs die Grundform des Minerals ein rhombisches Prisma sei. Seine vollkommene Spaltungsform ist ein ungleichwinklig sechsseitiges Prisma mit vier Seitenkantenwinkeln von 114° und zwei von 132°. Die Farbe ist grüngrau, an einigen Stellen bläulich, das Pulver grauweifs. Auf den vollkommenen Spaltungsflächen hat es einen ziemlich starken Fettglanz. In dünnen Stücken durchscheinend. Specifisches Gewicht 3,6. Härte ungefähr wie Apatit. Schmilzt leicht vor dem Löthrohr. Gibt beim Glühen 0,68 Proc. reines Wasser. Löst sich leicht in Borax zu einem eisenfarbenen Glas. In Säuren löslich.

Bei der Analyse gab es: Phosphorsäure 41,47, Eisenoxydul 48,57, Manganoxydul 4,70, Lithion 3,40,

*) Journ. für pract. Chemie, III. 98.

Kieselerde 0,53, Wasser 0,68, Verlust 0,65. Die Resultate führen ungezwungen zu der Formel: Li ... + 6(Fe³, Mn³)P̈.

Es ist folglich in der Hauptsache basisch phosphorsaures Lithioneisenoxydul, gemengt mit $\frac{1}{11}$ ... entsprechenden Manganoxydul-Salzes.

Tetraphyllin. Schon vor mehreren Jahren sandte mir H... Nordenskiöld ein neues Mineral von Keiti, Kirchspiel Tammela in Finnland, welches, seiner ... gabe nach, Phosphorsäure, Lithion und Mangan ... hielt. Er beabsichtigte es vollständig zu analy... und wollte es dann unter dem Namen *Pero...* bekannt machen, zu Ehren des russischen Mini... gen Herrn Perowsky.

Als Herr Nordenskiöld mich im Som... 1833 besuchte, nahmen wir beide zusammen ... Analyse des Minerals vor, das Resultat, welch... damals erhielten, war: Phosphorsäure 42,6, E... oxydul 38,6, Manganoxydul 12,1, Talkerde 1,7, ... thion 8,2, Summe 103,2.

Dieser grofse Ueberschufs veranlafste natü... dafs die Analyse verworfen wurde, weil er auf ... Fehler in dieser hinwiefs, vermuthlich im Lithio... halt. Die Zeit erlaubte es nicht, diese Analyse ... meinschaftlich zu wiederholen, und sicher würde ... nicht öffentlich bekannt gemacht worden sein, w... sie nicht durch die eben angeführte Untersu... von Fuchs einige Aufmerksamkeit verdiente. ... Mineral ist ganz dem von Fuchs beschrieb... gleich, mit dem einzigen Unterschiede, dafs es ... der frischen Oberfläche gelb ist, aber an der ... allmälig schwarz wird, und dafs es vor dem L... rohr eine starke Mangan-Reaction gibt. H... wahrscheinlich stehen die Salze, welche es e... in dem von Fuchs bestimmten Sättigungsgrad.

nterscheidet sich vom Triphyllin durch eine dreiıal stärkere Einmengung von Manganoxydulsalz und urch das entsprechende Talkerdesalz. Nach dem on Fuchs angenommenen Benennungsgrund würde s *Tetraphyllin* heifsen müssen.

G. Rose*) erwähnt eines neuen Minerals, welches in kleinen, farblosen Dodecaëdern in die)berfläche der sibirischen rothen Turmaline eingewachsen vorkommt. Dem Farbenspiel nach zu schliesen, welches das Mineral vor dem Löthrohr zeigt, ıdem es, ungefähr wie Lithionglimmer, die Flamme uerst grün und dann roth färbt, enthält es sowohl ithion als Borsäure. Die Reactionsprobe auf nasem Wege zeigte einen Kalkgehalt. Rhodizit.

Unter dem Namen *Oosit* erwähnt Marx**) ines bis jetzt nicht bekannt gewesenen Minerals, velches in grofser Menge in einem Feldspathporhyr bei Geraldsau im Oosthal, in Baden vorkommt. Es bildet 6- und 12seitige Prismen, ist milchweifs, eicht zu pulvern, erhärtet durch sehr geringes Erıitzen, und schmilzt leicht zu einem durchscheinenlen, krystallinischen Glase. Oosit.

Bekannte Mineralien. Diamanten vom Ural.

Auf Veranlassung einer Erklärung v. Humboldt's***), dafs das Terrain der Bergwerks-Districte des Urals das Vorkommen von Diamanten vermuthen lasse, fing man an diese daselbst aufzusuchen. Kurz darauf, 1830, fand man zwei Stück, und von hier an bis zum Juli 1833 hatte man zusammen 37 Stück gefunden, alle auf dem der Gräfin Porlier angehörenden Eisenwerk Bissersk, am Flusse gleiches Namens. Alle waren von guter Qualität, und einer wog 1 Karat.

*) Poggend. Annal. XXXIII. 253.
**) Journ. für pract. Chemie, III. 216.
***) Poggend. Annal. XXXI. 608.

Gediegen Eisen.

Demarcay *) gibt an, bei der Auflösung eines Cerits von der Bastnäsgrube eine Entwickelung von Wasserstoffgas bekommen zu haben. Als das Mineral in einem Achatmörser zerdrückt und das Pulver abgeschlämmt wurde, blieben Flitten von metallischem Eisen zurück. Diefs ist früher von Niemand beobachtet worden. Bei einem von mir angestellten Gegenversuch entwickelte sich von den eingemengten Bleiglanzblättchen eine Spur von Schwefelwasserstoffgas. Sollte wirklich gediegen Eisen im Cerit vorkommen, so mufs es sehr selten sein **).

Gediegen Silber.

In der Kongsberger Silbergrube in Norwegen ist im vorigen Jahre im Juni eine einzelne Silbermasse gefunden worden, die 14,443 Mark oder fast $7\frac{1}{2}$ Centner gediegen Silber enthielt. Leider wurde

---

*) Annales de Ch. et de Ph. LV. 402.

**) Die in dem obigen Versuch bereitete Auflösung von Ceroxydul in Salzsäure wurde nach dem Filtriren durch Salpetersäure oxydirt, und mit kohlensaurem Bleioxyd vom Eisenoxyd befreit; das dabei in der Flüssigkeit sich auflösende Bleisalz wurde durch Schwefelwasserstoffgas zersetzt. Nach dem Filtriren war die Flüssigkeit blafsrosenroth. Bei gelinder Wärme bis fast zur Trockne abgedampft, wurde sie grünlich, und beim Verdünnen mit Wasser wieder roth. Sie enthielt Kobaltoxyd. Ich wiederholte dann den Versuch mit anderem Cerit, und fand, dafs es wirklich Kobaltoxyd ist, welches dem Mineral den Stich in's Rothe gibt. Es wird mit dem Ceroxyd sowohl von oxalsaurem Ammoniak als von schwefelsaurem Kali gefällt, und in der Flüssigkeit findet man nur noch sehr wenig Kobalt. Ich weifs nicht, wie man es entfernen soll, und vermuthe, dafs es die Ursache der amethystrothen Färbung der Ceroxydulsalze ist. Dabei fand ich, dafs der Cerit wirklich etwas Yttererde enthält, jedoch nur eine Spur, so wie Manganoxydul, Talkerde und Thonerde, welche beide letzteren jedoch vermuthlich fremden Einmengungen, wie z. B. Cerin, angehören, wovon das Aufgelöste nicht völlig frei war.

sie zerschlagen und eingeschmolzen. Sie war die gröfste, die man jemals gefunden hat.

L. Svanberg hat zwei amerikanische Platinerze analysirt, das eine von Choco, das andere mit der Ueberschrift *Platina del Pinto;* beide sind wahrscheinlich schon vor sehr langer Zeit aus Amerika gekommen. Aus beiden wurde mittelst eines Magneten der eisenhaltige Theil ausgezogen und dieser nicht analysirt. Aus der Platina del Pinto konnten überdiefs mehrere Arten von Körnern ausgelesen werden, nämlich: 1) abgerundete, etwas glänzende, in's Bleigraue fallende, von 17,88 specifischem Gewicht; diese wurden zur Analyse angewandt; 2) kantige, weniger blanke, hellgraue, von 17,08 specifischem Gewicht; 3) rauhe, etwas in's Gelbe fallende, auf der Oberfläche zuweilen mit kleinen schwarzen Pünktchen besetzte von 14,24 specifischem Gewicht; und 4) schwarze glänzende, von 7,99 specifischem Gewicht. Platin.

Das Resultat der Analysen war:

	Choco.	del Pinto.
Platin	86,16	84,34
Iridium	1,09	2,58
Rhodium	2,16	3,13
Palladium	0,35	1,66
Osmium	0,97	0,19
Osmium-Iridium	1,91	1,56
Eisen	8,03	7,52
Kupfer	0,40	Spur
Mangan	0,10	0,31
	101,17	101,29.

Booth *) hat ein zu Richelsdorf in Hessen vorkommendes weifses Arseniknickel analysirt. Es be- Arseniknickel.

*) Poggend. Annal. XXXII. 395.

steht aus 20,74 Nickel, 3,37 Kobalt, 3,25 Eisen und 72,64 Arsenik. Es ist also ein Gemenge von Ni As, Co As und Fe As, und unterscheidet sich von dem gewöhnlichen Kupfernickel dadurch, dafs in letzterem das basische Metall mit 1 Atom Arsenik verbunden ist, während es hier 2 aufnimmt.

Nadelerz. H. Frick *) hat das Nadelerz analysirt. Nach ihm besteht es aus Schwefel 16,61, Wismuth 36,45, Blei 36,05, Kupfer 10,59 (Verlust 0,3). Gibt die Formel Cu Bi + 2 Pb Bi. Tellur enthielt es nicht, wie John angegeben hatte.

Braunstein. Schon mehrere Male ist beobachtet worden, dafs Braunstein bei der Behandlung mit Schwefelsäure eine kleine Menge Chlor entwickelte, selbst wenn die Schwefelsäure, wie es nicht immer der Fall ist, ganz frei von Salzsäure war. Vogel **) hat gezeigt, dafs dies darin seinen Grund hat, dafs der Braunstein, selbst der krystallisirte, öfters etwas Chlorcalcium, so wie auch Gyps, enthält, die mit Wasser ausgezogen werden können, worauf er bei der Behandlung mit Schwefelsäure kein Chlor mehr entwickelt.

Eisenoxydhydrat. v. Kobell ***) hat verschiedene Eisenoxydhydrate untersucht, und hat gezeigt, dafs das im vorigen Jahresb., p. 184., erwähnte neue Eisenoxydhydrat weit allgemeiner vorkommt, als man vermuthete, indem er gefunden hat, dafs alle Eisenoxydhydrate, die aus verwittertem Schwefelkies entstanden sind, bekannt unter den Namen: Nadeleisenerz, Göthit, Pyrosiderit, Rubinglimmer, Lepidokrokit, diese Zusammensetzung haben. Er schlägt vor sie unter den

*) Poggend. Annal. XXXI. 529.
**) Journ. für pract. Ch. I. 448.
***) A. a. O. p. 181. 381.

Namen Göthit mit einander zu vereinigen. Die Ocker dagegen und die Brauneisensteine haben die Zusammensetzung $\dddot{F}e^2 \dot{H}^3$.

Sismonda *) führt einige Versuche an, die für die Meinung zu sprechen scheinen, dafs das in der Form von kohlensaurem Oxydul vorkommende Eisenoxydhydrat ursprünglich ersteres Salz gewesen sei, und sich durch den electrischen Einflufs von eingemengtem Schwefelkies in Oxydhydrat verwandelt habe.

Bei einer zufälligen Untersuchung zweier Olivine, der eine von Boscowich bei Aussig in Böhmen, der andere aus der Auvergne in Frankreich, fand ich, dafs der Olivin nicht allein die Eigenschaft hat, mit der gröfsten Leichtigkeit von Salzsäure zersetzt zu werden und damit zu gelatiniren, sondern dafs er auch Kupferoxyd und Zinnoxyd enthält, die jedoch zusammen nicht mehr als $\frac{1}{5}$ Proc. betragen. Da die Salzsäure öfters Zinnhaltig erhalten wird, so wurden die Olivine mit einer Salzsäure zersetzt, die zuvor mit Schwefelwasserstoffgas gesättigt worden und wieder klar geworden war. Es setzte sich dabei Schwefel ab, der nur einen Verdacht von Zinn gab; aber diefs von $\frac{1}{2}$ Pfund Säure, während dagegen zur Analyse der Olivine noch keine halbe Unze von der so behandelten Säure angewendet wurde. Der Zinngehalt konnte also nicht von den Reagentien herrühren. — Beide Olivine enthielten Nickel, wie Stromeyer schon längst gezeigt hat. Olivin.

Lychnell **) hat mehrere Arten von Speckstein analysirt. Aus seinen Analysen scheint zu fol- Speckstein.

---

*) Journ. für pract. Ch. III. 209.

**) Kongl. Vet. Acad. Handl. 1834, p. 77.

gen, daſs er MgS^3 ist, wiewohl sich in einigen ein Ueberschuſs von Talkerde zeigte.

Agalmatolith. Auch den Agalmatolith hat er analysirt. Er gab 72,40 Kieselerde, 24,54 Thonerde, 2,85 Eisenoxyd, Spuren von Talkerde (Verlust 0,23) $= AS^3$.

Allophan. Bunsen *) hat einen farblosen oder gelblichen Allophan beschrieben, der in dem Friesdorfschen Braunkohlenlager bei Bonn vorkommt. Er bestand aus 40,23 Wasser, 30,37 Thonerde, 2,74 Eisenoxyd, 21,05 Kieselerde, 2,39 kohlensaurem Kalk, 2,06 kohlensaurer Talkerde (Verlust 1,16). Wird das Doppelcarbonat, als zufällige Einmengung, weggenommen, so gibt diese Analyse ziemlich untadelhaft die Formel $\dddot{A}l^3 \dddot{S}i^2 + 24\dot{H}$ oder $A^3 S^2 + 8 Aq$.

Porzellanthon. Forchhammer **) hat über die Thone und ihre Analyse einige Ideen mitgetheilt, die Aufmerksamkeit zu verdienen scheinen. Er betrachtet sie als verwitterte Mineralien. Da er die Güte hatte, mir privatim hierüber vollständigere Mittheilungen zu machen, als an der citirten Stelle angeführt sind, so werde ich hier vorzüglich jene Mittheilungen benutzen. — Die Porzellanthone sind ein Zersetzungs-Product des Kalifeldspaths, welches man nun mechanisch mit Sand gemengt antrifft. Ihre Zusammensetzung untersucht man folgendermaaſsen: Man schlämmt, trocknet, glüht zur Bestimmung des chemisch gebundenen Wassers, zersetzt die geglühte Masse durch Einkochen mit Schwefelsäure, scheidet die saure Auflösung ab, trennt das Aufgelöste (Thonerde, Eisenoxyd, Kalkerde, Talkerde, Kali) auf gewöhnliche Weise, und löst zuletzt die abgeschiedene Kieselerde in kochendem kohlensauren Natron

*) Poggend. Annal. XXXI. 53.
**) L'Institut, No. 55., 1834, p. 175.

ıf, wobei der Sand zurückbleibt. Dieser kann dann ıerst mit Salzsäure und hernach mit kohlensaurem Iatron behandelt werden. Die Thonarten von Halle, t. Yrieux, Bornholm, Schneeberg, Seilitz, der erige Lenzinit von Kall, und der Tiegelthon von ırofsallmerode bestehen aus Sand und einem Mieral, welches nach der Formel $\dddot{Al}^3 \dddot{Si}^4 + 6\dot{H}$ zuammengesetzt ist. Die Thonart von Schneeberg ıt unter diesen die reinste und enthält ungefähr ur 6 Procent Sand eingemengt. Nimmt man von Atomen Feldspath $\dddot{Al}^3 \dddot{Si}^4$ weg, so bleiben $\dot{K}^3 \dddot{Si}^8$, velches eine in Wasser lösliche Verbindung sein ıufs, welche bei der Entstehung der Porzellanrden vom Wasser fortgeführt worden ist. Um liese Ansicht zu unterstützen, suchte Forchhamıer diese Verbindung kennen zu lernen, und erielt dabei folgende Resultate: Kocht man Kieselrde mit kaustischem Kali und fällt mit Alkohol, n solcher Menge hinzugesetzt, dafs die Flüssigkeit 30 Proc. davon enthält, so scheidet sich ein Kaliilicat in liquider Form ab, welches nach dem Wieleraufllösen und Fällen mit Alkohol $\dot{K}^3 \dddot{Si}^4$ ist. Beeitet man dagegen nach der Methode von Fuchs Wasserglas, laugt es zuerst mit kaltem Wasser aus, öst es dann in kochendem auf, fällt die Lösung nit Alkohol, wäscht den Niederschlag mit schwachem Spiritus aus, und behandelt ihn dann mit kochendem Wasser, so löst dieses $\dot{K}^3 \dddot{Si}^8$, nämlich die gesuchte Verbindung auf. Was ungelöst bleibt, nähert sich $\dot{K}^3 \dddot{Si}^{16}$. Die mit Alkohol gefällte Masse ist $\dot{K}^3 \dddot{Si}^{12}$, die von kochendem Wasser in $\dot{K}^3 \dddot{Si}^8$ und $\dot{K}^3 \dddot{Si}^{16}$ getheilt wird. Hieraus folgt also, dafs es Verbindungen zwischen Kali und Kieselerde gibt, worin der Sauerstoff der letzteren das 2-, 4-, 8-,

16-, 36- und 48fache vom Sauerstoff des K
ist. Das Natron-Wasserglas ist $\dot{N}a\ddot{S}i^2$. Der Niederschlag aus einer erkaltenden Auflösung von Kieselerde in kohlensaurem Natron ist $\dot{N}a\ddot{S}i^{24}$.
Niederschlag mit Alkohol aus einer Lösung von Natron-Wasserglas ist in Wasser vollkommen lö
Im Zusammenhang hiermit hat Forchhammer mehrere Untersuchungen angestellt, um die Umstände
zu bestimmen, unter denen eine solche Zersetzung
des Feldspaths statt finden könnte. Die Resultate
hiervon werde ich späterhin mittheilen können,
die Versuche hierüber hoffentlich bald publicirt werden. Vorläufig wäre nur anzuführen, dafs die Bildung der Opale, Zeolithe und der stark kiesel-
tigen warmen Mineralquellen hiermit in näherem Zusammenhang zu stehen scheinen.

Fournet*) hat in einer ausführlichen Abhandlung darzulegen gesucht, dafs die Verwitterung verschiedener Mineralien, und namentlich die des Feldspaths zu Kaolin, darauf beruht, dafs der eigenthümliche isomerische Zustand dieser Mineralien,
sie bei ihrer, wahrscheinlich in hoher Temperatur
statt gefundenen Bildung erlangt haben, eine Tendenz hat, nach dem Einflusse von Luft, Licht und
Wasser, in den anderen isomerischen Zustand,
dem sie gewöhnlich auf nassem Wege gebildet werden, überzugehen, dafs sie aber bei diesem Über-
gang, der Einwirkung von Luft und Wasser ausgesetzt, die Zersetzung erleiden, in der wir sie finden. Aus einigen Analysen, die er mit diesen Producten angestellt hat, glaubt er ziemlich allge-
A^3S^4, und wenn sie kalihaltig sind, KS^3+A
darin zu finden. Es ist also ziemlich deutlich,

*) Annales de Ch. et de Ph. LV. 225.

Forchhammer und Fournet hierbei zu einerlei Resultat gelangt sind, wodurch ihre Angaben eine um so gröfsere Wahrscheinlichkeit bekommen.

A. Connel *) hat ein Mineral von Ferrö analysirt, welches er von Vargas Bedemar erhalten hatte. Es bestand aus Kieselerde 57,69, Kalkerde 26,83, Wasser 14,71, Natron 0,44, Kali 0,23, Eisenoxyd 0,32, Manganoxyd 0,22. Vergleicht man diese Analyse mit der von v. Kobell vom Okenit angestellten (Jahresb. 1830, p. 187.), so findet man eine völlige Uebereinstimmung, und man hat also für den Okenit einen neuen Fundort. Connel gab ihm, in der Vermuthung, dafs es neu sei, den Namen Dyclasit (schwerbrüchig), weil es sich beim Zerschlagen sehr zähe zeigt. Okenit.

Connel **) hat ferner den Levyn von Island analysirt. Da ich im Jahresb. 1826, p. 216., die Analyse eines Minerals angeführt habe, das mir unter diesem Namen von Dr. Brewster zugeschickt worden war und das die Formel des Chabasits gegeben hatte, so will ich, da Brewster glaubt, ich hätte ein gemengtes Mineral zur Analyse genommen, mein Resultat neben das von Connel stellen. Levyn.

	Berzelius.		Connel.
Kieselerde	48,00		46,30
Thonerde	20,00		22,47
Kalkerde	8,35		9,72
Talkerde	0,40	Eisen- u. Manganoxyd	0,96
Kali	0,41		1,26
Natron	2,75		1,55
Wasser	19,30		19,51.

*) Ed. Phil. Journ. XVI. 198.
**) L. and E, Phil. Journ. V. 40.

Die gröfste Verschiedenheit ist im Thonerde- und Kiesel-Gehalt; aber bei der Berechnung von Connel's Resultat findet man, dafs wenn man den Sauerstoff der 3 alkalischen Basen zusammennimmt, derselbe $\frac{1}{3}$ von dem der Thonerde, aber nur $\frac{1}{7}$ von dem der Kieselerde ausmacht. Hiernach kann die Formel nie anders als folgendermaafsen werden, wie sie auch Connel genommen hat, $KS + 3AS^2 + 5Aq$ (worin K alle drei alkalischen Basen bedeutet). Sie unterscheidet sich von meiner Analyse um 1 Atom Kieselerde weniger im ersten Glied; es ist aber klar, dafs wenn Kalk, Natron und Thonerde zusammen vorhanden sind, die Alkalien niemals sich auf einer niedrigeren Sättigungsstufe befinden können, als die Thonerde, die sie stets durch ihre gröfsere Verwandtschaft von der Säure trennen können. Also ist die Formel, wie sie Connel geschrieben hat, eine chemische Unmöglichkeit. Fügt man noch hinzu, dafs er 1 Atom Wasser weniger erhalten hat, als ich, obgleich unsere Wassergehalte gleich sind, dafs nach seiner Rechnung das Wasser um 1 Proc. und mehr zu viel ist, und endlich, dafs die Analyse nur mit 10,28 Gran angestellt wurde, womit wohl keine grofse Genauigkeit zu erreichen sein dürfte, so möchte wohl die aus meiner Analyse berechnete Formel auch für das von Connel analysirte Mineral gelten können.

Diese Formel ist $\left.\begin{matrix}N\\K\\C\end{matrix}\right\} S^2 + 3AS^2 + 6Aq.$

Lievrit. Zipser *) hat den Lievrit, der bisher nur auf Elba und in Norwegen vorgekommen war, auch in Ungarn gefunden. Er findet sich im Zemescher Co-

*) N. Journ. für Miner., Geog. etc. 1834, p. 627.

mitat im Berge Kecskefar, nicht weit vom Dorfe Szurrasko, in derben, leicht theilbaren Massen. Seine Farbe ist schwarz, in's Grünliche. Auf verwitterten Stücken ist sie bräunlich. Strich und Pulver grüngrau. Specifisches Gewicht 3,900, Härte 6,2. Nach einer Analyse von Wehrle besteht er aus 34,6 Kieselerde, 42,38 Eisenoxyd, 15,78 Eisenoxydul, 5,84 Kalkerde, 0,28 Manganoxyd, 0,12 Thonerde, 1,0 Wasser $= \left.\begin{matrix} C \\ f \end{matrix}\right\} S + 3FS$. Für diese Formel ist jedoch der Eisenoxydulgehalt ein wenig zu hoch ausgefallen, ein Fehler, der indessen ein nicht leicht zu vermeidender ist.

Feldspath.

Kersten *) hat Krystalle beschrieben, die sich in einem Kupferrohofen gebildet hatten, und sowohl in ihrer Form als ihrer Zusammensetzung mit Feldspath übereinkommen. Da bis jetzt alle Versuche, dieses Mineral auf pyrochemischem Wege krystallisirt hervorzubringen, mifslungen sind, so hat diese Beobachtung um so gröfseres Interesse.

Glimmer.

Talbot **) hat die Veränderung untersucht, die der Glimmer erleidet, wenn er erhitzt und dabei milchweifs wird. Betrachtet man den erhitzten Theil mit dem Mikroskop, so bemerkt man, dafs er von dem übrigen durch eine Art Halbschatten geschieden ist, und dafs das Weifse aus Myriaden von Sprüngen besteht, die Kreuze bilden. Die dadurch entstehenden Rauten sind zwischen 2 der gegen einander stehenden Winkel viel dunkler, als zwischen den anderen zwei. Diese Dunkelheit verschwindet durch Eintauchen in Oel.

Augit und

G. Rose ***) hat eine Fortsetzung seiner wich-

*) Poggend. Annal. XXXIII. 336.
**) L. and Ed. Phil. Mag. IV. 112.
***) Poggend. Annal. XXXI. 609.

Hornblende. tigen Betrachtungen über das Verhältniſs zw
Augit und Hornblende mitgetheilt. In Betreff
Hauptsache muſs ich auf die Abhandlung selbst
weisen, und mich begnügen, davon nur den S
anzuführen. »Welcher Meinung man aber a
Rücksicht der chemischen Zusammensetzung in
treff des Augits und der Hornblende anhängen
so würde, falls sich die Ansicht von der Um
rung des Augits in Hornblende, worauf, wie
scheint, der jetzige Stand der Dinge hinweist,
stätigen sollte, man gezwungen sein, Hornbl
und Augit für zwei verschiedene Gattungen
ten, die, ungeachtet der Aehnlichkeit der
durch keine Uebergänge in einander übergehen
wohl die Möglichkeit dazu vorhanden ist,
geometrischer Hinsicht beide auf einander v
men reducirbar sind.«

Schillernder Asbest. v. Kobell *) hat den sogenannten schi
Asbest von Reichenstein untersucht. Seine S
schmelzbarkeit scheint darauf hinzudeuten,
nicht Asbest ist. Noch mehr geht dieſs dar
vor, daſs er von Salzsäure aufgelöst wird,
terlassung von Kieselerde in Gestalt der Fa
mit Seidenglanz. Nach der Analyse besteht
Kieselerde 43,50, Talkerde 40,00, Eisenoxyd
Thonerde 0,40, Wasser 13,8 (Verlust 0,22)
Formel $= Mg Aq^3 + 3 Mg S^2$. Er unterschei
also vom edlen Serpentin durch 1 Atom Ta
Silicat mehr im zweiten Glied.

Allanit. Stromeyer **) hat den Allanit von Ig
auf Grönland analysirt. Das Resultat ist s

---

*) Journ. für pract. Ch. II. 297.

**) Poggend. Annal. XXXII. 283.

schieden von dem von Thomson früher erhaltenen ausgefallen. Stromeyer fand:

Kieselerde	53,021
Thonerde	15,226
Ceroxydul	21,600
Eisenoxydul	15,101
Manganoxydul	0,404
Kalkerde	11,080
Wasser	3,000

Diese Zusammensetzung stimmt sowohl mit der des Orthits, als der des Cerins überein; unterscheidet sich aber von der ersteren durch den gänzlichen Mangel an Yttererde, die einen Bestandtheil des Orthits ausmacht. Nach diesem Resultat enthalten die Kieselerde und die Basen gleich viel Sauerstoff. Kalkerde, Ceroxydul und Eisenoxydul enthalten gleich viel, und die Thonerde doppelt so viel als das Eisenoxydul. Daraus könnte folgende Formel aufgestellt werden: $(fS+ceS)+(CS+2AS)$, wobei eine kleine Portion f mit zur Kalkerde gehört. Im Cerin findet man dasselbe $CS+2AS$ mit dem Doppelsilicat von Ceroxydul und Eisenoxydul verbunden, aber in einem anderen, nicht genau ermittelten Verhältnifs; im Orthit ist $CS+3AS$ enthalten, aber stets mit demselben Doppelsilicat von Ceroxydul und Eisenoxydul, welches ebenfalls im Gadolinit vorkommt.

Coprolithe

Zu den Producten des Mineralreichs dürften nun auch die sogenannten Coprolithe zu rechnen sein, nämlich die unorganischen Ueberreste von den Excrementen verschiedener antediluvianischer Raubthiere, wie man sie in Begleitung von fossilen Knochen in Höhlen antrifft. Solche Coprolithe sind von Gregory, Walker und Connel analysirt worden *).

	Von Bordiehouse. G. & W.	C.	Von Fifeshire G. & W.
Organische Materie mit Schwefeleisen und etwas Kieselerde	4,134	3,95	3,380
Kohlensaure Kalkerde	61,000	10,78	24,255
Kohlensaure Talkerde	13,568	—	2,888
Eisenoxyd mit etwas Thonerde	6,400	—	—
Phosphorsaurer Kalk	9,576	85,08	65,596
Flufsspath und Manganoxyd	Spur	—	Spur
Wasser und Verlust	5,332	—	3,328
Kieselerde	—	0,34	—

Junckerit, kohlensaures Eisenoxydul in Arragonitform.

Dufrenoy **) hat ein kohlensaures Eisenoxydul untersucht, welches in Rectangulär-Octaëdern krystallisirt ist, die sich zu dem gewöhnlichen Rhomboëder wie der Arragonit zum Kalkspath verhalten. Dieses interessante Mineral kommt zu Poullaouen in der Bretagne vor. Er schlägt dafür den Namen *Junckerit* vor. Es enthält, nebst 5 bis 6 Proc. kohlensaurer Talkerde, variirende Mengen von Kieselerde von der Gangart.

Salmiak.

Vogel ***) hat in dem Eisenerz einer jüngeren Formation in Böhmen, in vulkanischen Geröllen aus der Auvergne, im Steinsalz von Hall in Tyrol, im Kochsalz von Friedrichshall in Würtemberg, so wie in dem von den Bayerschen Salinen Rosen-

*) Ed. New. Phil. Journ. XVIII. 164. 191.
**) Annal. de Ch. et de Ph. LIV. 198.
***) Journ. für pract. Ch. II. 290.

heim, Kissingen, Oeb und Dürkheim, Salmiak gefunden.

Schröter *) hat einige Nachrichten über das zu Idria vorkommende Quecksilberbranderz mitgetheilt, welches er für fast blofses Idrialin hält (Jahresbericht 1834, p. 179.), wiewohl in einem so verhärteten Zustande, dafs gewöhnliche Lösungsmittel, wie z. B. Terpenthinöl, nicht eher darauf wirken, als bis es sublimirt ist. In Papin's Digestor wird es besser aufgelöst und kann in gröfserer Menge als durch Sublimation ausgezogen werden. Schröter hat eine Reihe von chemischen Versuchen über diese Substanz vorgenommen, deren Resultat er später mittheilen wird. Idrialin.

Die Meteorsteine sind, als auf der Erdoberfläche vorkommende unorganische Massen, ebenfalls ein Gegenstand der Mineralogie, und sie sind um so interessanter, da sie uns von den Mineralproducten anderer Weltkörper Kenntnifs geben, und uns Gelegenheit verschaffen, sie mit den tellurischen zu vergleichen. In einer der Königl. Schwed. Akademie der Wissenschaften überreichten Abhandlung **) habe ich Untersuchungen verschiedener Meteorsteine mitgetheilt, die ich in der Absicht unternommen hatte, um dieselben als Gebirgsarten zu studiren, und um dabei bestimmen zu können, aus welchen einzelnen Mineralien sie gemengt sind. Die Veranlassung zu dieser Untersuchung war der mir von Reichenbach in Blansko freundschaftlichst gegebene Auftrag, die Zusammensetzung eines Meteorsteins zu untersuchen, von dessen glänzender Erscheinung in der Erdatmosphäre, am 25. Nov. 1833 um 6 Uhr Abends, Meteorsteine.

*) Baumgartner's Zeitschr. III. 245.
**) Kongl. Vetensk. Acad. Handl. 1834, p. 115.

er selbst Zeuge gewesen war. Mit grofsen Kosten und grofser Mühe war es ihm endlich gelungen, in der Umgegend von Blansko zerstreute Stücke davon zu sammeln.

Die von mir untersuchten Meteorsteine sind heruntergefallen bei Blansko in Mähren, bei Chantonnay in Frankreich, bei Lautolax in Finland, bei Alais in Frankreich, und bei Ellenbogen in Böhmen (der verwünschte Burggraf); endlich so habe ich auch das durch Pallas bekannt gewordene Meteoreisen aus der Gegend zwischen Abekansk und Krasnojarsk in Sibirien analysirt.

Aus den angeführten Analysen glaube ich gefunden zu haben, dafs die Meteorsteine Mineralien sind; da es eine Ungereimtheit wäre, dafs sich Mineralien in der Luft aus deren Bestandtheilen bilden sollten, so können sie nicht atmosphärische Producte sein, um so weniger, da viele von ihnen Gangtrümmer zeigen, d. h. Sprünge, die mit einem Mineral von anderer Farbe und wahrscheinlich anderer Zusammensetzung angefüllt sind, und es wäre eine vollkommene Ungereimtheit anzunehmen, dafs sie vielleicht in den wenigen Augenblicken gebildet seien, welche die Anziehungskraft der Erde einem so schweren Körper in der Atmosphäre zu bleiben gestattet. Sie kommen also wo anders her. Auswürflinge von Vulkanen der Erde sind sie nicht, denn sie fallen überall, nicht blofs oder nicht meistens in gröfserer oder geringerer Entfernung der Vulkane; ihr Aussehen ist verschieden von dem tellurischer Mineralien, verschieden von Allem, was die Vulkane der Erde auswerfen. Das nicht oxydirte geschmeidige Eisen, welches sie enthalten, zeigt, dafs nicht Wasser, selbst vielleicht nicht einmal Luft in ihrer ursprünglichen Heimath vorkomme. Sie müssen also von einem anderen Weltkörper herkommen, der Vulkane hat. Der uns nächste ist der Mond, und der Mond hat im Vergleich zur Erde Riesenvulkane. Er hat keine Atmosphäre, welche die Auswürflinge der Vulkane retardirt. Eben so wenig scheint es Wasser-Ansammlungen auf demselben zu geben; — kurz, unter wahrscheinlichen Arten der Abstammung ist die Abstammung vom Monde die wahrscheinlichste. Aber einen Begriff von den wägbaren Elementen zu bekommen, woraus ein fremder Weltkörper besteht, wäre es auch nur der uns so nahe befindliche Mond, verleiht einer solchen Untersuchung ein Interesse, das sie für sich selbst nicht haben würde.

Die allgemeinen Resultate meiner Untersuchungen sind folgende gewesen: Es sind zweierlei Arten von Meteorsteinen auf die Erde herabgefallen. Die zu derselben Art gehörenden sind unter einander gleich zusammengesetzt und scheinen von einem und demselben Berge herzurühren. Die eine Art ist selten. Bis jetzt sind nur 3 dahin gehörende Meteorsteine bemerkt worden, nämlich die bei Stannern in Mähren, und bei Jonzac und Juvenas in Frankreich herabgefallenen. Sie sind dadurch ausgezeichnet, daſs sie kein metallisches Eisen enthalten, daſs die Mineralien, woraus sie bestehen, mehr krystallinisch geschieden sind, und daſs die Talkerde keinen vorherrschenden Bestandtheil darin ausmacht. Von diesen besaſs ich keine Probe zur Untersuchung. Die andere Art wird von der groſsen Anzahl der anderen, bis jetzt untersuchten Meteorsteine gebildet. Häufig sind sie in Farbe und Ansehn einander so ähnlich, daſs man sie für aus einem Stück geschlagen halten sollte. Sie enthalten geschmeidiges, metallisches Eisen in veränderlicher

Menge. Wir haben Beispiele von ungeheuren Blökken, die aus einem einzigen, zusammenhängenden Eisengewebe bestanden, dessen Höhlungen von der Bergart ausgefüllt sind, und die gerade aus dem Grunde, weil sie durch das Eisengewebe zusammengehalten wurden, im Fallen ganz geblieben sind. Andere bestehen mehr aus Bergart mit weniger Eisen, welches dann nicht zusammenhängend ist; diese springen von der Hitze, welche durch die, von der ungehinderten und nach der Erde zunehmenden Bewegungs-Geschwindigkeit der Himmelskörper bewirkte, unermeſsliche Zusammendrückung der Atmosphäre während der wenigen Minuten, die sie zur Durchlaufung der Erdatmosphäre brauchen, hervorgebracht wird, und in Folge deren ihre äuſserste Oberfläche stets zu einer schwarzen Schlacke schmilzt, die feiner als das dünnste Postpapier ist. Man kann daher sagen, daſs die Meteorsteine, angenommen daſs sie vom Monde herstammen, nur aus zwei verschiedenen Vulkanen kommen, von denen der eine entweder häufigere Auswürfe hat, oder dessen Auswürfe in einer solchen Richtung gehen, daſs sie öfters zu uns gelangen. Ein solcher Umstand stimmt vollkommen mit dem überein, daſs eine gewisse Gegend des Mondes die Erde beständig im Zenith hat, und alle seine gerade ausgeworfenen Auswürflinge gegen die Erde richtet, wohin sie gleichwohl nicht in gerader Richtung gehen, weil sie auch der Bewegung unterworfen sind, welche sie zuvor als Theile des Mondes haben. Wenn es dieser Theil des Mondes ist, der uns die meteorischen Eisenblöcke zusendet, und wenn die übrigen Theile des Mondes nicht so mit Eisen überfüllt sind, so sehen wir einen Grund ein, warum dieser Punkt beständig nach dem magnetischen Erdball gewendet wird.

Die Bergart der Meteorsteine besteht aus verschiedenen Mineralien. Diese sind:

1. *Olivin.* Er enthält Talkerde und Eisenoxydul, ist farblos oder graulich; selten gelb oder grün, wie es aller terrestrische ist. Diefs zeigt, dafs kein Sauerstoff vorhanden war, um das Eisen höher zu oxydiren. Er ist, gleich dem terrestrischen, in Säuren löslich und läfst die Kieselerde gelatinirt zurück. Gleich dem ersteren enthält er Spuren von Zinnoxyd und Nickeloxyd. Hiervon macht jedoch der Olivin in dem von Pallas entdeckten Meteoreisen eine Ausnahme, denn er enthält kein Nickel, und seine Farbe ist grünlichgelb; aber er enthält Zinn. Der Olivin macht ungefähr die halbe Menge von der unmagnetischen Bergart aus. Den Olivin trennt man durch Behandlung derselben mit Säuren, indem man nachher die Kieselerde in kochendem kohlensauren Natron auflöst. Es bleiben dann zurück:

2. *Silicate von Talkerde, Kalkerde, Eisenoxydul, Manganoxydul, Thonerde, Kali und Natron,* die von Säuren nicht zersetzt werden, und in denen die Kieselerde 2 Mal den Sauerstoff der Basen enthält. Wahrscheinlich sind sie Gemenge von mehreren, die ich nicht trennen konnte. Man könnte auf ein augitartiges $\left.\begin{matrix}Mg\\ f\\ C\end{matrix}\right\}S^2$ und auf ein leucitartiges Mineral schliefsen, in welchem Kalkerde und Talkerde im ersten Glied einen Theil Kali und Natron ersetzen, $\left.\begin{matrix}Mg\\ C\\ N\\ K\end{matrix}\right\}S^2+3AS^2$. Dafs hier der Augit nicht so gefärbt ist, wie der terrestrische, hat denselben Grund wie die Farblosigkeit des Meteor-Olivins.

3. *Chromeisen.* Es ist in beiden Arten Meteorsteine enthalten, in beiden in gleicher M... es hat noch nie darin gefehlt, und ist die U... des Chromgehalts der Meteorsteine. Es k... zersetzt erhalten werden, wenn man den nicht... netischen Theil des Meteorsteins mit Fluorw... stoffsäure zersetzt, welche man nachher wie... Schwefelsäure austreibt, und den Gyps und ... deren schwefelsauren Salze mit kochendem W... auszieht, worauf das Chromeisen in Gestalt ... schwarzbraunen Pulvers zurückbleibt. Es i... Ursache der graulichen Farbe der Meteorst... Masse betrachtet.

4. *Zinnoxyd.* Es ist mit dem Chromei... mengt. Von seiner Gegenwart kann man sich ... zeugen, wenn man das letztere in schmelzende... ren schwefelsauren Kali auflöst, die Masse mit ... ser behandelt und durch die Auflösung Sch... wasserstoffgas leitet, wobei sich Schwefelzi... derschlägt. Es enthält Spuren von Kupfer.

5. *Magneteisen* kommt vielleicht nicht i... vor. Man zieht es mit dem Magnet aus. M... kennt es an seiner Eigenschaft, sich mit gelber ... und ohne Entwickelung von Wasserstoffgas in ... säure aufzulösen.

6. *Schwefeleisen* ist in allen enthalten... war mir unmöglich, etwas davon zu einer beso... Untersuchung abzuscheiden. Alle Umstände ... nen darauf zu deuten, daſs es von jedem B... theil ein Atom enthält. Ein Ueberschuſs von S... fel in einer Masse, worin überall ein Ueber... von Eisen vorwaltet, ist nicht denkbar. Ein ... des Schwefeleisens folgt zugleich mit dem Eis... Magnet, ein anderer Theil bleibt in dem St... ver, welches an den Magnet nichts mehr a...

s macht zuweilen mehrere Procente aus. Ob möge einer chemischen Verbindung, etwa ähn- er des Schwefelmangans im Helvin, oder nur ge der Adhäsion zum Steinpulver sich so ver- liefs sich durch meine Versuche nicht entschei- das letztere ist wahrscheinlicher, da FeS nur ch magnetisch ist; indessen ist ersteres nicht lich. Das Schwefeleisen ist die Ursache, dafs eteorstein-Pulver beim Vermischen mit Salz- Schwefelwasserstoffgas entwickelt.

3. *Gediegen Eisen.* Dieses Eisen ist nicht obgleich es sehr geschmeidig ist. Es enthält nstoff, Schwefel, Phosphor, Magnesium, Man- ickel, Kobalt, Zinn und Kupfer. Es ist aber dem noch gemengt mit in seiner Masse ein- len, kleinen Krystallen einer Verbindung von horeisen mit Phosphornickel und Phosphor- sium. Diese sind in Salzsäure unlöslich und n sich bei der Auflösung ab. Ihre Menge ist ich. Das Ellenbogener Eisen gab $2\frac{1}{3}$, und das sche Eisen kein $\frac{1}{2}$ Procent. Ein Theil davon fein in die Masse des Eisens vertheilt, dafs i der Auflösung des Eisens als ein schwarzes r abfällt. Die Ursache der Widmanstädt'schen en ist, dafs die fremden Metalle nicht gleich- g eingemischt, sondern in unvollkommen aus- eten, krystallinischen Anordnungen ausgeschie- ind. Wird das Eisen in einer mit Säure ver- ten Lösung von Eisenvitriol aufgelöst, so löst as reine Eisen fast allein auf, und diese Le- en fallen in Flocken ab.

Die bis jetzt in den Meteorsteinen gefundenen hen Körper machen gerade $\frac{1}{3}$ von denen aus, ir kennen, nämlich Sauerstoff, Wasserstoff, fel, Phosphor, Kohlenstoff, Kiesel, Chrom,

Kalium, Natrium, Calcium, Magnesium, Alu
Eisen, Mangan, Nickel, Kobalt, Zinn und Ku

Folgende Analysen des Meteoreisens mög
angeführt werden, wobei ich eine zu derselbe
von Wehrle angestellte hinzufüge:

	Pallas'sches Eisen.	Ellenbogener Eisen. Meine Analyse.	Wehr
Eisen	88,042	88,231	88
Nickel	10,732	8,517	[illegible]
Kobalt	0,455	0,762	[illegible]
Magnesium	0,050	0,279	[illegible]
Mangan	0,132	Spur	
Zinn und Kupfer	0,066		
Kohle	0,043		
Schwefel	Spur		
Phosphormetalle	0,480	2,211	

Die Phosphormetalle enthielten:

	Pallas'sches Eisen.	Ellenbogener
Eisen	48,67	68,11
Nickel	18,33	17,72
Magnesium	9,66	
Phosphor	18,47	14,17
	95,13	100,00

Auf grofse Genauigkeit können diese le
Resultate keinen Anspruch machen, da das
Quantum von Phosphormetall, welches ich zur
lyse anwenden konnte, bei der ersten 3 u
der anderen 2,8 Centigramm betrug. Wel
Analyse stimmt noch näher mit der meinigen
ein, wenn ich hinzufüge, dafs er in dem Eis
Phosphor- und Mangangehalt eingemengt hat,
auch die Talkerde, die mit dem Eisenoxyd als
phorsaure Ammoniak-Talkerde niederfiel.

*) Baumgartner's Zeitschr. III. 222.

Wehrle hat a. a. O. noch mehrere Analysen
eteoreisen angegeben, die ich hier mittheile:

	Agram.	Cap.	Benarto.	
	89,784	85,608	90,883	
	8,886	12,275	8,450	
	0,667	0,887	0,665	Spur von Kupfer.
	99,337	98,770	99,992	

Wehrle hat bestimmte Verhältnisse zwischen
etallen gesucht, was ich jedoch für frucht-
te.

he ich aber diesen, für meinen Bericht frei-
hon allzu langen Gegenstand schliefse, mufs
och eines Resultates meiner Versuche erwäh-
Der Meteorstein von Alais zerfällt in Wasser
er Erde, die nach Thon und Heu riecht, und
im einer unbekannten Verbindung enthält.
zeigt, dafs in der Heimath der Meteorsteine
irgsarten, wie auf der Erde, zu thonähnli-
emengen zerfallen könnten. Es entstand nun
ge: enthält diese kohlenhaltige Erde von der
che eines anderen Weltkörpers organische
ste, befinden sich also auf demselben orga-
Körper mehr oder weniger analog den tel-
n? Man kann sich vorstellen, mit welchem
e die Beantwortung dieser Frage gesucht
Sie fiel nicht bejahend aus; sie verneinend
en, hiefse mehr daraus schliefsen, als man
efsen berechtigt wäre. Es ergab sich, dafs
verwitterter nickel- und zinnhaltiger Olivin
er Magnet zog Eisenoxyd-Oxydul in schwar-
nern aus, unter denen vermittelst des Mi-
s Flittern von metallischem Eisen zu ent-
waren. Das Wasser zog schwefelsaure Talk-
it kleinen Mengen von schwefelsaurem Nickel

aus, aber nichts Organisches, wovon sich auch Ni
mit Alkalien ausziehen liefs. Bei der trocknen
stillation wurde Kohlensäuregas, Wasser und
schwarzgraues Sublimat erhalten, aber kein
liches Oel, kein Kohlenwasserstoffgas, mit
Wort: die kohlehaltige Substanz war nicht von
selben Natur wie der Humus in der tellurischen
Der Rückstand war verkohlt und schwarz. Bei
hitzen in Sauerstoffgas gab das Sublimat kein
von Kohlensäure oder Wasser, und verwandel
in einen weifsen, nicht krystallisirten flüchtigen
per, der in Wasser löslich war, welches d
nicht sauer wurde, und salpetersaures Silber
fällte. Was dieser Körper ist, weifs ich nich
ist er gänzlich unbekannt. Könnte er wohl e
serer Erde ursprünglich nicht angehöriger Ele
körper sein? Diese Frage bejahend zu bea
ten, wäre eine Uebereilung.

Einige Ideen über eine bei der Bildung organischer Verbindungen in der lebenden Natur wirksame, aber bisher nicht bemerkte Kraft.

Wenn in der unorganischen Natur durch die gemeinschaftliche Einwirkung mehrerer Körper auf einander neue Verbindungen entstehen, so geschieht es dadurch, dafs sich Vereinigungsbestreben äufsern und sich besser zu befriedigen suchen, indem dabei die mit starken Verwandtschaften begabten Körper einerseits in gegenseitige Verbindung treten, während die verlassenen schwächeren sich andererseits ebenfalls vereinigen. Bis zu 1800 ahnte man nicht, dafs hierbei aufser dem Verwandtschaftsgrad noch etwas Anderes als die Wärme und zuweilen das Licht einwirkend sein könne. Da wurde der Einflufs der Electricität entdeckt, man fand bald, dafs electrische und chemische Relationen ein und dasselbe seien, dafs die Wahlverwandtschaft nur eine Folge der stärkeren entgegengesetzten electrischen Relationen sei, welche von der Wärme und dem Lichte gesteigert werden. Noch hatten wir also keine andere Aussicht zur Erklärung der Entstehung von neuen Verbindungen, als dafs sich Körper treffen, in denen die electrischen Relationen durch Umsetzung der Bestandtheile besser neutralisirt werden könnten. Als wir uns mit der Erfahrung, die wir aus der unorganischen Natur geschöpft hatten, zu dem Studium der chemischen Prozesse wendeten, die in der lebenden Natur vorgehen, fanden wir, dafs in ihren Organen Körper von der verschiedenartigsten Beschaffenheit hervorgebracht werden, für welche das rohe Material im Allgemeinen eine einzige Flüs-

sigkeit oder Auflösung ist, die mehr oder w
langsam in den Gefäfsen umhergeführt wird
den Thieren war diefs besonders deutlich; hier
man Gefäfse in einer ununterbrochenen Fo
Blut aufnehmen, und ohne Zutritt einer ande
sigkeit, die darin doppelte Zersetzungen b
könnte, aus ihren Mündungen Milch, Gall
etc. ausgeben. Es war klar, dafs hier e
ging, zu dessen Erklärung uns die uno
Natur noch keinen Schlüssel gegeben hat
machte Kirchhof die Entdeckung, dafs St
einer gewissen Temperatur in verdünnten
aufgelöst, zuerst in Gummi und nachher in
benzucker verwandelt werde. Es lag da so
in unserer Betrachtungsweise solcher Veränd
nachzusuchen, was die Säure aus der Stärke
nommen hätte, so dafs sich das Uebrige zu
vereinigen könnte; allein es ging nichts gasf
weg, mit der Säure fand man nichts verbund
ganze ursprünglich angewandte Menge konnt
Basen wieder weggenommen werden, und
Flüssigkeit fand man nur Zucker, dem Gewicht
eher mehr, als die angewandte Stärke betrug
Sache blieb für uns eben so räthselhaft, wie
Secretion in der organischen Natur. Dann e
Thénard eine Flüssigkeit, deren Bestand
nur sehr geringer Kraft mit einander vereinigt
ich meine das Superoxyd von Wasserstoff.
dem Einflufs von Säuren blieben sie in ung
Verbindung, unter dem Einflufs von Alkalien
bei ihnen das Streben sich zu trennen erregt,
entstand eine Art langsamer Gährung, wobei
stoffgas wegging und Wasser zurückblieb.
nicht blofs solche Körper, die in dieser Fl
auflösbar waren, veranlafsten diese Zersetzung;

feste Körper, sowohl organischer als unorganischer Natur, bewirkten dieselbe, so namentlich Braunstein, Silber, Platin, Gold, und unter den organischen der Faserstoff des Bluts. Der Körper, welcher hierbei die Umsetzung der Bestandtheile verursachte, that diefs nicht dadurch, dafs er an neuen Verbindungen selbst Theil nahm, er blieb unverändert, und wirkte also durch eine ihm inwohnende Kraft, deren Natur uns noch unbekannt ist, wiewohl sich ihre Existenz auf diese Weise bemerkbar gemacht hat.

Kurz vor Thénard's Entdeckung hatte Humphry Davy eine Erscheinung beobachtet, deren Zusammenhang mit der vorhergehenden nicht sogleich eingesehen wurde. Er hatte gefunden, dafs bis zu einer gewissen Temperatur erhitztes Platin die Eigenschaft hatte, in Berührung mit einem Gemenge von atmosphärischer Luft und Alkohol- oder Aetherdämpfen, eine Verbrennung der letzteren zu unterhalten, dafs aber Gold und Silber diese Eigenschaft nicht besafsen. Nicht lange hernach entdeckte sein Verwandter Edmund Davy ein Platin-Präparat, von dem man später fand, dafs es metallisches Platin in einem hohen Grade von Vertheilung war, welches bei gewöhnlichen Lufttemperaturen das Vermögen besafs, beim Befeuchten mit Alkohol, in Folge der Entzündung des letzteren, glühend zu werden, oder denselben, wenn er mit Wasser verdünnt war, in Essigsäure zu oxydiren. Nun kam die Entdekkung, welche den vorhergehenden gleichsam die Krone aufsetzte, nämlich Döbereiner's Entdekkung, dafs Platinschwamm das Vermögen hat, in die Luft ausströmendes Wasserstoffgas zu entzünden, welche kurz nachher durch eine gemeinschaftliche Untersuchung von Dulong und Thénard weiter verfolgt wurde, woraus hervorging, dafs mehreren einfachen und zusammengesetzten Körpern Vermögen zukommt, aber in so ungleichem dafs während es beim Platin, Iridium und Begleitern des Platins selbst weit unter d frierpunkt wirksam ist, es bei Gold eine Temperatur, bei Silber eine noch höhere, Glas eine Temperatur von wenigstens + fordert. Auf diese Weise blieb dieses V nicht mehr ein isolirtes, einer Ausnahme a Verhalten, sondern es stellte sich als eine a nere, und in ungleichen Graden den Kö gehörige Eigenschaft heraus. Es wurde nu lich, von dieser Erscheinung Anwendungen suchen. Wir hatten die Erfahrung gemacl z. B. die Umwandlung des Zuckers in Kohl und Alkohol, wie sie bei der Gährung d Einflufs eines unlöslichen Körpers statt find wir unter dem Namen Ferment kennen, u wiewohl mit geringerer Wirksamkeit, durch schen Faserstoff, coagulirtes Pflanzeneiweifs, und ähnliche Substanzen ersetzt werden kan durch eine der doppelten Zersetzung ähnli mische Wirkung zwischen dem Zucker Ferment erklärt werden konnte. Aber v mit den in der unorganischen Natur bekannt hältnissen glich es keinem so sehr, als de gung des Wasserstoffsuperoxyds durch den von Platin, Silber oder Faserstoff; es war a natürlich, bei dem Ferment eine analoge zu vermuthen *). Allein noch hatten wir nes Falles erinnert, der zu vergleichen wäre mit der Wirkung der Alkalien auf das

---

*) Lärboken i organiska Kemien, II. 924. Stockholm

serstoffsuperoxyd, das heifst, wo dieser unerklärliche Einflufs eines aufgelösten Körpers auf einen andern, in derselben Auflösung enthaltenen ausgeübt würde. Die Zuckerbildung aus Stärke durch den Einflufs von Schwefelsäure wurde noch nicht als ein solches Beispiel erkannt; die im vorigen Jahresbericht, p. 281., angeführte Entdeckung des Diastas und dessen ähnliche, aber unendlich kräftigere Wirkung auf die Stärke, richtete die Aufmerksamkeit zwar darauf. Dafs wir sie nun als solches erkennen, verdanken wir Mitscherlich's geistreichen Untersuchungen über die Aetherbildung *), auf deren Einzelnheiten ich später zurückkomme, und die ch hier nur in soweit berühre, als sie das Princip betreffen. Unter den vielen Vermuthungen, die man zur Erklärung der durch den Einflufs der Schwefelsäure vor sich gehenden Umwandlung des Alkohols in Aether aufgestellt hat, nahm man bekanntlich auch an, dafs die Begierde dieser Säure zum Wasser die Aetherbildung in der Art einleite, lafs die Säure dem Alkohol, als einer Verbindung ius 1 Atom Aetherin, C^4H^8, und 2 Atomen Waser, das eine Wasseratom entzöge, und die Verbinlung C^4H^8 nun mit dem anderen Atom Aether bildete. Diese Erklärung ist einfach, schön und ganz übereinstimmend mit unserer Erfahrung von lem durch Verwandtschaft bedingten chemischen Einflufs der Körper auf einander. Ein Umstand jeloch blieb eine Undeutlichkeit, nämlich warum nicht ndere Körper, die nicht sauer sind und Wasser inden, dieselbe Erscheinung hervorbringen könnan. Kali und Natron, Chlorcalcium, wasserfreie Kalkerde und andere, müfsten, wenn es der Ver-

*) Poggend. Annal. XXXI. 273.

wandtschaftsgrad zum Wasser wäre, welcher die Umsetzung der Bestandtheile des Alkohols veranlaßte, Aether hervorbringen; allein dieß fand niemals statt.

Nun zeigte Mitscherlich, daß Schwefelsäure von einer gewissen Verdünnung und Temperatur die Eigenschaft besitzt, den Alkohol, der in solcher Proportion in dieselbe geleitet wird, daß die dadurch entstehende Abkühlung gerade den durch das Erhitzen hinzukommenden Wärmezuschuß aufnimmt, in Aether und Wasser zu verwandeln, welche, da diese Temperatur weit höher ist, als der Siedepunkt des Wassers, von dem Gemische zusammen abdestilliren, und deren Gewicht zusammen, wenn die Abkühlung des Destillats vollständig war, eben so viel beträgt, als das des angewandten Alkohols. Die Bereitungsmethode selbst, so wie auch das gleichzeitige Uebergehen von Wasser mit dem Aether, waren zwar schon vor Mitscherlich's Versuchen bekannt; allein die Schlüsse, zu welchen dieselbe führte, hatte Niemand vor ihm eingesehen. Es zeigte nun, daß bei dieser Temperatur die Schwefelsäure auf den Alkohol dieselbe Kraft ausübte, wie die Alkalien auf das Wasserstoffsuperoxyd: denn durch eine Affinität zum Wasser war sie nicht zu erklären, da das Wasser mit dem Aether wegging; und dieß führte ihn wiederum zu dem Schluß, daß die Wirkung der Schwefelsäure und des Diastas auf Stärke bei der Umwandlung der letztern in Zucker von derselben Natur sei.

Es ist also erwiesen, daß viele, sowohl einfache als zusammengesetzte Körper, sowohl in fester als in aufgelöster Form, die Eigenschaft besitzen, auf zusammengesetzte Körper einen, von der gewöhnlichen chemischen Verwandtschaft ganz verschiedenen Einfluß auszuüben, indem sie dabei in dem Körper eine Umsetzung der Bestandtheile in anderen Verhältnissen bewirken, ohne dafs sie dabei mit ihren Bestandtheilen nothwendig selbst Theil nehmen, wenn diefs auch mitunter der Fall sein kann.

Es ist diefs eine eben sowohl der unorganischen, als der organischen Natur angehörige neue Kraft zur Hervorrufung chemischer Thätigkeit, die gewifs mehr, als man bis jetzt dachte, verbreitet sein dürfte, und deren Natur für uns noch verborgen ist. Wenn ich sie eine neue Kraft nenne, ist es dabei keineswegs meine Meinung, sie für eine von den electrochemischen Beziehungen der Materie unabhängiges Vermögen zu erklären; im Gegentheil, ich kann nur vermuthen, dafs sie eine eigene Art der Aeufserung von jenen sei. So lange uns indessen ihr gegenseitiger Zusammenhang verborgen bleibt, erleichtert es unsere Forschungen, sie vorläufig noch als eine Kraft für sich zu betrachten, gleichwie es auch unsere Verhandlungen darüber erleichtert, wenn wir einen eigenen Namen dafür haben. Ich werde sie daher, um mich einer in der Chemie wohlbekannten Ableitung zu bedienen, die *katalytische Kraft* der Körper, und die Zersetzung durch dieselbe *Katalyse* nennen, gleichwie wir mit dem Wort Analyse die Trennung der Bestandtheile der Körper, vermöge der gewöhnlichen chemischen Verwandtschaft, verstehen. Die katalytische Kraft scheint eigentlich darin zu bestehen, dafs Körper durch ihre blofse Gegenwart, und nicht durch ihre Verwandtschaft, die bei dieser Temperatur schlummernden Verwandtschaften zu erwecken vermögen, so dafs zufolge derselben in einem zusammengesetzten Körper die Elemente sich in solchen anderen Verhältnissen ordnen, durch welche eine gröfsere electrochemische Neutralisirung hervorgebracht wird. Sie wirken dabei im Ganzen in derselben Art, wie die Wärme, und es kann hier die Frage entstehen, ob ein ungleicher Grad von katalytischer Kraft bei ungleichen Körpern dieselbe Ungleichheit in katalytischen Producten erregen könne, wie oft die Wärme oder ungleiche Temperaturen bewirken, und also, ob ungleich katalysirende Körper von einem gewissen zusammengesetzten Körper verschiedenartige katalytische Producte hervorbringen können? Ob diese Frage mit Ja oder Nein beantwortet werden soll, ist jetzt nicht möglich zu entscheiden. Eine andere Frage ist, ob Körper von katalytischer Kraft diese auf eine gröfsere Anzahl zusammengesetzter Körper ausüben, oder ob sie, wie es gegenwärtig noch scheint, gewisse katalysiren, ohne auf andere zu wirken? Die Beantwortung dieser und anderer Fragen mufs der künftigen Forschung überlassen bleiben. Hier genügt es schon, das Vorhandensein der katalytischen Kraft durch eine hinreichende Anzahl von Beispielen nachgewiesen zu haben. Wenden wir uns nun mit dieser Idee zu den chemischen Prozessen in der lebenden Natur, so geht uns hier ein ganz neues Licht auf.

Wenn die Natur z. B. das Diastas in den Augen der Kartoffeln (Jahresb. 1835, p. 283.) niedergelegt hat, und dasselbe übrigens nicht in den Wurzelknollen und in den daraus hervorsprossenden Keimen enthalten ist, so werden wir dadurch auf die Art geführt, wie sich die unlösliche Stärke durch katalytische Kraft in Gummi und Zucker verwandelt, und die Umgebung der Augen für die löslichen Körper, woraus der Saft in den aufwachsenden Keimen gebildet werden soll, zu einem Secretionsorgane wird. Daraus folgt jedoch nicht, dafs dieser katalytische Prozefs der einzige im Pflanzenleben sein sollte, wir bekommen im Gegentheil dadurch gegründeten Anlafs zu vermuthen, dafs in den lebenden Pflanzen und Thieren tausende von katalytischen Prozessen zwischen den Geweben und den Flüssigkeiten vor sich gehen, und die Menge ungleichartiger chemischer Zusammensetzungen hervorbringen, von deren Bildung aus dem gemeinschaftlichen rohen Material, dem Pflanzensaft oder dem Blut, wir nie eine annehmbare Ursache einsehen konnten, die wir künftig vielleicht in der katalytischen Kraft des organischen Gewebes, woraus die Organe des lebenden Körpers bestehen, entdecken werden.

Zwei neue Arten organischer Atome.

Mitscherlich *) hat die Meinung aufgestellt, dafs zu den gewöhnlichen organischen Atomen noch 2 neue Arten derselben hinzugefügt werden müfsten. Die erste Art wird von solchen Körpern gebildet, welche Atome der ersten Zusammensetzungs-Ordnung, d. h. Oxyde von einem zusammengesetzten Radikal zu sein scheinen, die aber in der That Verbindungen von 2 oder mehreren zusammengesetzten Körpern sind, die sich auf dem höheren Grade von inniger Vereinigung befinden, der z. B. zwischen den Bestandtheilen des geglühten Gadolinits statt findet, wodurch sie weder als solche von einander getrennt, noch einer von ihnen durch einen anderen substituirt werden kann. Ein solches Beispiel würde der Traubenzucker liefern, welcher aus Alkohol, Kohlensäure und Wasser, worin derselbe auf katalytischem Wege zerlegt werden kann, besteht, oder die Naphthalinschwefelsäure, aus wel-

*) Poggend. Annal. XXXI. 631.

cher weder die Schwefelsäure noch das Naphth…
als solche geschieden werden können. Die zw…
Klasse, welche nach Mitscherlich's Mei…
sehr zahlreich sein kann, enthält ebenfalls Ve…
dungen von zwei zusammengesetzten Körpern, …
deren Vereinigung aber ein oder mehrere At…
von einem Elemente des einen sich mit einem o…
dem andern Atome des andern Körpers verbin…
und damit aus dem neugebildeten Atome aus…
schieden werden. Weiter unten werde ich mehr…
von Mitscherlich entdeckte Beispiele dieser A…
anführen, wovon ich hier nur eins berühren wi…
Wenn sich 1 Atom Benzin (Jahresb. 1835, p. 3…
mit Schwefelsäure zu Sulfobenzid vereinigt, so sch…
den sich aus dem Benzin 2 Atome Wasserstoff u…
aus der Schwefelsäure 1 Atom Sauerstoff, wel…
zusammen Wasser bilden, welches als solches ni…
mehr ein Bestandtheil der neuen Verbindung ist.
Ich hoffe, dafs das nun Angeführte hinreichen wi…
von dieser Idee einen Begriff zu erhalten. Ich v…
folge die Entwickelung derselben nicht weiter, w…
ich sie, wenn ich sie anders richtig aufgefafst ha…
nicht theilen kann. Dagegen stimme ich sehr …
der Idee überein, womit Mitscherlich seine A…
handlung hierüber beginnt, und welche ich hier …
seinen eigenen Worten anführen will: »Für …

*) Diese Ansicht hat nur auf eine gewisse Bereitungs…
Bezug, aber nicht auf irgend eine besondere Natur des …
gebildeten, welches aus Körpern darzustellen vielleicht ein…
gelingen wird, welche gerade seine Bestandtheile sind. …
der Bildung des Chlornatriums aus Natron und Salzsäure …
hält es sich vollkommen eben so, darum aber gehört das …
aus dargestellte Product zu keiner andern Art von Körpe…
als das, was durch Vereinigung von Natrium und Chlor …
steht.

Entwickelung der Gesetze, nach welchen die organischen Verbindungen zusammengesetzt sind, ist es unstreitig nützlich, mehrere verschiedene Ansichten aufzustellen, und selbst wenn diese später unrichtig befunden werden, so verdient doch derjenige, der sie aufgestellt hat, Dank, wenn sie ihn oder Andere zur Entdeckung neuer Thatsachen geführt haben.«

Bei dem lebhaften Streben, womit gegenwärtig die Pflanzenchemie bearbeitet wird, kann es nicht fehlen, dafs sich nicht verschiedene Ansichten über die Beschaffenheit der Zusammensetzung organischer Atome geltend machen sollten, und zwar so viele beinahe, als möglich sind, von denen vielleicht viele so im Widerspruche stehen, als ob sie, im Fall das Zusammensitzen der Atome mit Augen gesehen werden könnte, absolut gleich richtig wären. Es ist gewifs, dafs wir nicht bestimmen können, wie die Atome relativ zusammensitzen; eben so gewifs ist es auch, dafs es in jedem Körper eine gewisse Ordnung der Zusammenlagerung gibt, ohne welche die Körper nicht die Eigenschaften haben würden, welche sie besitzen. So lange die einfachen Atome zusammensitzen, befindet sich in den zusammengesetzten Atomen wahrscheinlich nichts von den zusammengesetzten Körpern, aus deren Vereinigung sie entstanden sind, oder in welche sie zerlegt werden können. Dafs aber diese zusammengesetzten Körper wieder als solche daraus abgeschieden, und gewisse Körper sogar unter besonderen Umständen durch Vertauschung gegen andere daraus entwickelt und abgeschieden werden können, beruht auf der relativen Ordnung der Atome. Nur so lange, wie aus den mehr zusammengesetzten Atomen die zusammengesetzten Körper, woraus sie sich erzeugen, wieder abgeschieden, oder durch andere in äqui lenter Menge ersetzt werden können, haben gewissermafsen gegründete Veranlassung, sie als Bestandtheile zusammengesetzterer Körper zu trachten. Wenn es aber wiederum möglich dafs durch eine gewisse Vereinigung von gesetzten Körpern ein neuer hervorgebracht der weder in dieselben wieder zerlegt, noch irgend ein Bestandtheil durch Aequivalente tuirt werden kann, so ist es eben so gewifs die Ursachen davon in einer während der hung der Verbindung vorgehenden Umsetzung relativen Ordnung der elementaren Atome li wodurch eben die Trennung eines von beiden lich verhindert wird, ohne nicht das Ganze zu stören, gleich als ob darin gerade irgend eine gere Vereinigung unter den zusammengesetzten standtheilen, als in anderen organischen At statt gehabt habe, obwohl ich jedoch nicht die lichkeit einer solchen innigeren Vereinigung in rede stellen will; aber ich mufs hier wieder das vorhin Gesagte erinnern, dafs, nämlich ve dene Ansichten öfters factisch gleich richti können. Die Meinungen, wie z. B. die A ten zusammengesetzt betrachtet werden müssen, verschieden. Ich habe im Jahresb. 1834, p. zwei derselben aufgestellt, welche die meiste W scheinlichkeit für sich haben, dafs nämlich Aether eine Verbindung des Radikals C^4H^{10} 1 Atom Sauerstoff, oder eine Verbindung C^4H^8 mit 1 Atom Wasser ist, von welchen die erstere als die wahrscheinlichere bezei Es ist inzwischen sehr leicht, mit einem aus unorganischen Natur entnommenen Beispiel zu gen, dafs beide Ansichten, so lange sie als

tungen über die noch zusammenhängenden Aetheratome gelten, und sie nicht mit irgend einer systematischen Ansicht in der Pflanzenchemie verknüpft werden, vollkommen gleich richtig sein können. Ich will als Beispiel das Eisenoxyd-Oxydul wählen, und seine Zusammensetzung in der nebenstehenden Figur ausdrücken. Sie ist hier mit Kreisen vorgestellt, und es ist klar, dafs sie dasselbe gelten möchte, als wenn sie aus sphärischen Atomen in derselben Ordnung construirt worden wäre, die drei mit + bezeichneten Kugeln bedeuten die Atome des Eisens, die vier weifsen Kugeln die Atome des Sauerstoffs. Wir betrachten das Eisenoxyd-Oxydul nun als eine Verbindung von 1 Atom Eisenoxyd, Kugeln 1 — 5, und 1 Atom Eisenoxydul, Kugeln 6 — 7. Auch wird dasselbe in diese Bestandtheile durch Reagentien zerlegt, und darin das Eisenatom 7 in der Natur öfters durch Mangan, Zink und Magnesium substituirt, wie auch die Eisenatome 1 und 2 ebenfalls oft durch Chrom und Aluminium substituirt werden. Diese Betrachtungsweise kann also nicht unrichtig sein. Aber wir haben mehrere solcher Oxyde, und Mangan, Kobalt und Blei (Mennige) bilden dergleichen. Wirken Säuren auf diese, so wird das Resultat ein anderes. Das Manganoxyd-Oxydul wird durch verdünnte Säuren auf dieselbe Weise zerlegt, durch concentrirte Salpetersäure aber in der Art, dafs das Radikalatom 2 mit dem Sauerstoffatom 3, und das Radikalatom 7 mit dem Sauerstoffatom 6 zusammentreten, und als 2 Atome Oxydul in der Säure aufgelöst werden, während das Radikalatom 1 mit den Sauerstoffatomen 5 und 4 als Superoxyd ungelöst bleibt. Auch die Mennige wird stets nur auf diese

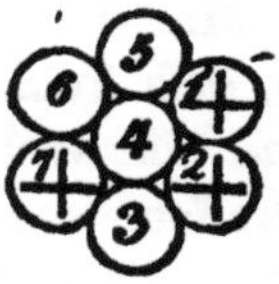

Art zerlegt. Wenn nun das Manganoxyd-Oxydul, in Folge ungleicher electronegativer Kraft, worauf dasselbe einwirkt, auf beiderlei Art zersetzt wird, so ist es klar, dafs die Ungleichheit der Zersetzungsresultate auf irgend etwas anderem beruhen müsse, als auf einer ungleichen Zusammensitzungsart der einzelnen Atome, und es müssen also alle die erwähnten Oxydoxydule einen gleichen atomistischen Bau haben. Entsteht dann, wie es wirklich (Jahresbericht 1824, p. 117.) einmal statt fand, ein Streit, welche von den Formeln $\dot{Mn} + \dddot{\overline{Mn}}$ oder $\dot{Mn}^2 + \ddot{Mn}$ die richtige sein möchte, so findet man, dafs keine von ihnen das zusammenhängende Atom, für welches sie absolut gleich richtig sind, betreffen, sondern dafs sie nur das Entwickelungsverhältnifs und die Zersetzungsproducte vorstellen. Dasselbe gilt auch vollkommen von dem Aether, ob er nämlich $= C^4H^{10} + O$ ist, oder $= C^4H^8 + H^2O$, von dem Chlorwasserstoffäther, ob er $= C^4H^{10} + \overline{Cl}$ oder $= C^4H^8 + 2HCl$ ist, u. s. w., und dasselbe gilt für eine Menge von Verbindungen. Diese Betrachtung wird hoffentlich dazu beitragen, dem Streben, die Anordnungsart und Weise in den zusammensitzenden Atomen auszuforschen, seinen rechten Gesichtspunkt zu geben, und zeigen, wie unendlich weit wir durch die Zersetzungsproducte, vor Allem aber durch die Substitutionen, wo gewisse Körper gegen andere in äquivalenter Menge vertauscht werden, geführt werden können.

Einwirkung der keimenden Samen auf die Luft.

De Saussure *) hat über das Keimen der Samen und über die Veränderung, welche die Luft dabei erleidet, Versuche angestellt. Er fand, dafs es dabei für die Veränderungen der Luft, vorzüg-

*) Journ. für pract. Ch. III. 123.

lich in Rücksicht auf das relative Verhältnifs des Sauerstoffs, welcher verschwindet, und der Kohlensäure, welche gebildet wird, keine allgemeine Regel gibt. Von Waizen und Roggen scheint das Sauerstoffgas vollkommen durch Kohlensäuregas ersetzt zu werden, von den kleinen weifsen Bohnen wird mehr Kohlensäuregas entwickelt, als Sauerstoffgas aufgenommen wurde; bei anderen Samen findet das Umgekehrte statt. Diese Verschiedenheiten kann man selbst bei ein und denselben Samenkörnern, die nach dem Keimen mehr oder weniger fortgeschritten sind, beobachten, wie z. B. bei Lupinen; in der ersten Epoche ist die Bildung der Kohlensäure bedeutender als die Verzehrung des Sauerstoffs, in der späteren ist das Verhältnifs umgekehrt. Man sieht leicht ein, dafs es zwischen beiden Epochen eine Zeit gibt, wo die Absorption des einen Gases und die Entwickelung des andern sich gerade ausgleichen, wodurch die meisten Widersprüche unter den in dieser Beziehung gemachten Versuchen leicht erklärt werden können. Geschieht das Keimen dagegen im Sauerstoffgase, so wird davon immer mehr absorbirt, als dem dafür entwickelten Kohlensäuregas entspricht. Im Stickgase keimen Samen nicht, bringt man sie aber im aufgequollenen Zustande hinein, so entwickeln sie ein wenig Kohlensäuregas, ohne dafs sie absterben, was aber unvermeidlich erfolgt, wenn sie lange darin verweilen würden. Es sieht also beinahe aus, als wäre die Entwickelung der Kohlensäure für den Lebensprozefs erforderlich, so dafs, wenn in der umgebenden Luft der Sauerstoff fehlt, Kohlensäure entwickelt, und, im entgegengesetzten Falle, Kohlenstoff durch den Sauerstoff der umgebenden Luft oxydirt werde. Der Umstand, dafs die Samen im Anfange und gegen das Ende des Keimens ungleich auf die Luft einwirken, kann so erklärt werden, daſs sie, so lange sie sich zu entfalten anfangen, zu wenig Berührungspunkte mit der Luft haben, durch dessen Sauerstoff ihr Kohlenstoff oxydirt werden könnte, daſs sie aber bei der weiteren Entfaltung hinreichende Berührungspunkte zur Oxydation ihres Kohlenstoffs erhalten. Bei allen Keimungen in atmosphärischer Luft verschwindet der Stickstoff derselben. Aber das Verhältniſs ist veränderlich, bisweilen verschwindet davon viel, in anderen Fällen nur sehr wenig. Diese Absorption scheint nicht bloſs der Porosität der Samen zugeschrieben werden zu müssen, weil sie vorher der Luft hinreichend ausgesetzt waren, und dieselbe mit dem fortschreitenden Keimen gleichen Schritt hält. Je reicher jedoch die Luft, worin das Keimen geschieht, an Sauerstoff ist, um so mehr nimmt die Absorption des Stickstoffs ab. Erbsen, welche in einer Luft keimten, die zur Hälfte aus Sauerstoffgas bestand, nahmen daraus nur eine geringe Menge Stickgas auf. Aus diesen Verhältnissen zieht de Saussure den Schluſs, daſs die übrigen grünen Theile der Pflanzen vielleicht auch wohl Stickstoff aufsaugen möchten, obgleich es bis jetzt nicht möglich war, solches durch Versuche zu bestätigen, weil zu einer Untersuchung dieser Art Apparate erfordert werden, die die Bestimmung so geringer Volumveränderungen mit Sicherheit gestatten. Auch bei der Art von Gährung, welche z. B. die Erbsen erleiden, nachdem sie durch anhaltende Einweichung im Wasser ihr Keimungsvermögen verloren haben; fand de Saussure, daſs Stickgas absorbirt wurde, wenn sie damit in Berührung kamen.

Uebri-

Uebrigens mufs ich in Betreff des Details der Versuche auf die Abhandlung selbst verweisen.

Kleine Mengen von Alkalien befördern das Keimen, Säuren aber verhindern dasselbe.

Matteuci *) hat gefunden, dafs Samen, welche mit Wasser befeuchtet werden, in welchem sich kleine Mengen Kali- oder Ammoniak befinden, lebhaft und rasch keimen; dafs aber das Keimen derselben, wenn jenes Wasser sehr geringe Mengen irgend einer freien Säure, z. B. Salpetersäure oder Essigsäure, enthält, sehr verlangsamt oder gänzlich verhindert werde.

Wirkung des gebrannten Thons in der Ackererde.

Sprengel **), welcher ebenfalls beobachtet hat, dafs Ammoniak in kleinen Mengen die Vegetation bis zu einer besonderen Ueppigkeit befördert, sucht darzulegen, dafs die Wirksamkeit, welche dem gebrannten Thon und der Asche, wie solche durch Verbrennung von Rasen erhalten werden, beizumessen ist, von Ammoniak herrührt, indem sie die Eigenschaft besitzen, in feuchtem Zustande aus der Luft dasselbe zu erzeugen oder aufzusaugen, vielleicht vermöge einer während des Brennens reducirten Portion Eisenoxyd (Jahresb. 1829, p. 115.). Denn als er eine so gebrannte und mit Wasser befeuchtete Erde in ein Gefäfs brachte und darüber geröthetes Lackmuspapier aufhing, wurde dieses sehr bald gebläut. War aber diese gebrannte Erde zuvor mit Humus vermischt, so zeigte sich diese alkalische Reaction zwar nicht, aber Wasser zog nach Verlauf von 8 Tagen daraus humussaures Ammoniak aus.

Ungleicher Aschengehalt

Eben so hat Sprengel ***) gefunden, dafs die Asche von Holz, je nachdem sie aus dem Kern

*) Annales de Ch. et de Ph. LV. 311.

**) Journ. für pract. Ch. I. 161.

***) A. a. O. p. 159.

in verschiedenen Theilen der Pflanzen. desselben, oder aus den, diesen umgebenden Lagen erhalten worden ist, ungleiche Mengen beträgt. Aus dem Kernholze erhielt er 0,270, aus dem Mittelholze 0,311, und aus der frischen lufttrocknen Rinde 0,532 Proc. Asche. Dabei zeigte sich, dafs das Kernholz viel mehr schwefelsaure Salze enthielt, als die übrigen Lagen, und die Rinde am wenigsten.

Pflanzensäuren. Leichte Unterscheidung einiger Pflanzensäuren mit Reagentien. Nach H. Rose *) können Weinsäure, Traubensäure, Citronensäure und Aepfelsäure, auch wenn davon so kleine Mengen, oder so verdünnte Auflösungen derselben vorhanden sind, dafs keine andere Prüfung damit angestellt werden kann, auf folgende Weise unterschieden werden: Man bereitet sich ein möglichst gesättigtes Kalkwasser, weil es mit einem schwachen Kalkwasser nicht sicher gelingt; in dieses Kalkwasser tropft man die Säure. Entsteht eine Fällung, so ist sie entweder Weinsäure oder Traubensäure, und, wird diese Fällung durch hinzugefügten Salmiak wieder aufgelöst, so ist sie Weinsäure. Entsteht beim Vermischen des Kalkwassers mit der Säure keine Fällung, so erhitze man das Gemisch bis zum Sieden; findet hierbei Abscheidung eines Kalksalzes statt, so war es Citronensäure, im entgegengesetzten Falle Aepfelsäure. Hierbei mufs jedoch bemerkt werden, dafs, wenn man wenig Säure und viel Kalkwasser angewandt hat, die Trübung auch bei der zuletzt erwähnten Säure erfolgen kann, indem gesättigtes Kalkwasser in der Wärme auch getrübt wird.

Destillations-Producte der Pelouze **) hat die Destillations-Producte der Weinsäure und Traubensäure untersucht, und

---

*) Poggend. Annal. XXXI. 209.

**) Annales de Ch. et de Ph. LVI. 297.

gefunden, dafs diese beiden Säuren dieselben Producte geben, dafs aber die Producte nach der Temperatur verschieden sind. Ueber freiem Feuer erhält man so concentrirte Essigsäure, dafs sie beinahe krystallisirt, sehr wenig Brenzweinsäure, die überdiefs mit so viel von andern Destillations-Producten untermischt ist, dafs man sie nur schwierig erkennen kann, Brandöl, Kohlenwasserstoff, Kohlensäure und, als Rückstand in der Retorte, Kohle. Zwischen +200 und 300° erhält man zwar dieselben Producte, aber in andern Verhältnissen, nämlich: kleinere Mengen Brandöl, gröfsere Mengen Kohlensäure und auch mehr Brenzweinsäure. Zwischen +175 und 190° erhält man nur kleine Spuren von Brandöl, dagegen aber Brenzweinsäure, Kohlensäure, so wie auch Wasser in Menge, und nur sehr wenig Essigsäure und Kohlenwasserstoffgas. Man braucht dann das Destillat nur etwas abzudunsten, um reine Brenzweinsäure krystallisirt zu erhalten. Da aber bei +175 bis 190° die Destillation so äufserst langsam von statten geht, dafs man die Geduld dabei verlieren möchte, so zieht es Pelouze zur Darstellung der Brenzweinsäure vor, die Destillation zwischen 200 und 300° vorzunehmen. Weinsäure u. Traubensäure.

Bei dieser Gelegenheit hat Pelouze auch die Brenzweinsäure einer Untersuchung unterworfen, wobei er, vorzüglich in Betreff ihrer Mischung, zu anderen Resultaten gelangte, wie Gruner (Jahresb. 1834, p. 226.). Die Brenzweinsäure wurde auf folgende Weise dargestellt: Man destillirt Weinsäure bei einer Temperatur, die zwischen +200 und 300° fällt, destillirt das erhaltene Destillat nochmals, bis der Rückstand Syrupsconsistenz angenommen hat; jetzt wird die Vorlage gewechselt, und die Brenzweinsäure.

Destillation bis zur Trockne fortgesetzt. Das letzte Destillat enthält die Säure, welche man daraus entweder durch starke Abkühlung, oder durch Verdunstung über Schwefelsäure im luftleeren Raume gewinnt. Sie bildet jetzt unregelmäſsige, gelbe und brenzlich riechende Krystalle, die man zwischen Flieſspapier von der Mutterlauge abpreſst, in kochendheiſsem Wasser auflöst, die Lösung mit Blutlaugenkohle behandelt, hierauf filtrirt und zum Krystallisiren hinstellt, worauf man sie farblos erhält. Diese Säure ist geruchlos, schmeckt der Weinsäure sehr ähnlich sauer, und ist leicht in Wasser und Alkohol löslich. Sie schmilzt bei + 100°, geräth bei +188° in's Kochen, kann aber nur schwierig überdestillirt werden, ohne daſs sich nicht ein Theil derselben zersetzt und zurückbleibt. Ihre Lösung trübt nicht Kalk-, Baryt- und Strontianwasser. Die Zusammensetzung und das Atomgewicht derselben wurde durch die Analyse des Bleisalzes bestimmt. Das Atomgewicht wurde gefunden =719, und die Zusammensetzung:

	Gefunden *).	Atome.	Berechnet.
Kohlenstoff	52,11	5	52,80
Wasserstoff	5,30	6	5,10
Sauerstoff	42,59	3	42,10

Das hiernach berechnete Atomgewicht =719,638. Die krystallisirte Säure enthält 1 Atom Krystallwasser, und entspricht folglich der Formel $C^5 H^6 O^3 + \dot{H}$.

---

*) Vergleicht man diese Analyse mit der von Gruner, so scheint es, als habe dieser, bei der Aufstellung der Resultate zur Berechnung, aus Versehen Kohlenstoff für Sauerstoff und umgekehrt geschrieben, weil sie nach dieser Umstellung ziemlich mit der obigen übereinstimmen würde.

Ihr *Kalisalz* ist zerfliefslich und schwer krystallisirbar; überschüssige Säure erzeugt damit kein saures Salz. Die Lösung der Brenzweinsäure trübt nicht das neutrale essigsaure Blei, fällt aber das basische sehr reichlich, und dieser Niederschlag löst sich sowohl in überschüssiger Brenzweinsäure, als auch in dem basischen Bleisalze auf. Sie trübt nicht die Lösungen der neutralen Salze von Baryt, Strontian, Kalk, Manganoxydul, Zinkoxyd, Eisenoxydul, Kupferoxyd, Quecksilberoxydul und Quecksilberoxyd. Aber das neutrale Kalisalz gibt mit Eisenoxydsalzen einen chamoisgelben Niederschlag, welcher 200 Theile Wasser zur Auflösung erfordert; mit essigsaurem Bleioxyd entsteht erst nach einer Weile eine weifse, flockige Fällung, mit dem basisch essigsauren Bleioxyd aber sogleich ein Niederschlag. In schwefelsaurem Kupferoxyd entsteht dadurch ein grüner Niederschlag, welcher ungefähr 200 Theile Wasser zur Auflösung bedarf, und in dem salpetersauren Quecksilberoxydul eine reichliche weifse Fällung.

Auch ich habe einige Untersuchungen über denselben Gegenstand angestellt. Ich hatte in der französischen Ausgabe meines Lehrbuches der Chemie, Bd. V. p. 84., angegeben, dafs die Traubensäure bei der trocknen Destillation eine Säure gebe, welche von eigenthümlicher Beschaffenheit zu sein schiene. Pelouze's Erklärung, dafs Weinsäure und Traubensäure nur eine einzige eigenthümliche Säure hervorbringen, nämlich die Brenzweinsäure, veranlafste mich, die mehrere Male unterbrochenen Versuche wieder aufzunehmen. Ich fand, gleich wie Pelouze, dafs die Destillations-Producte beider Säuren dieselben sind, dafs diese besonders in den relativen Verhältnissen sehr variirten, aus einer Ur- Brenztrauben-säure.

sache, welche ich nicht wohl einsah, und welch
nicht blofs in den verschiedenen Temperaturen li
gen möchte, und dafs die Säure, welche Pelo
für fast krystallisirende Essigsäure genommen h
eine eigenthümliche Säure ist, welche mit gleich
tig erzeugter Essigsäure vermischt ist, und d
den Geruch derselben zeigt. Diese Säure ne
ich *Brenztraubensäure* (Acidum pyruvicum).
den meisten meiner Versuche diente verwitt
Traubensäure. Wird Traubensäure in sehr g
der Wärme geschmolzen, so stöfst sie einen s
ren, der Essigsäure ähnlichen Geruch aus, und v
wandelt sich in eine caramelartige Masse, we
in der Luft feucht wird und klebrig bleibt. V
sucht man diese zu krystallisiren, so erhält
eine in Körnern krystallisirte Säure und einen
krystallisirbaren Syrup. Bleibt dieser Syrup e
Monate hindurch sich selbst überlassen, so s
fsen daraus allmälig körnige Krystalle von T
bensäure an. Sättigt man ihn mit kohlens
Zink, so erhält man ein im Wasser lösliches Z
salz, welches ein anderes Salz zu sein scheint,
traubensaures Zinkoxyd; löst man es aber
auf, und läfst die Lösung freiwillig verdunsten,
schiefst dieses Salz daraus in Krystallen an, w
rend eine extractähnliche Masse übrig bleibt.
tigt man die Säure mit kohlensaurem Bleioxyd,
scheidet sich traubensaures Bleioxyd aus, und
erhält jenen extractähnlichen Körper sogleich
geschieden. Diese halbzerflossene Säure ist
lich nicht eine neue Säure, sondern Trauben
chemisch mit einer neugebildeten Substanz
bunden, von welcher sie nachher getrennt w
kann.

Unterwirft man Traubensäure der Destill

bei einer Temperatur von +200°, aber nicht darüber, so geht im Anfange eine farblose, hierauf gelbliche, sauer riechende Flüssigkeit über, welche aus Essigsäure und Brenzweinsäure besteht, und in Apotheken »Spiritus pyro-tartaricus« genannt zu werden pflegt. Die Masse bläht sich unaufhörlich auf, und kein brenzliches Oel wird bemerkt, fängt man aber das Uebergehende in ungleichen Portionen auf, so findet man, dafs die zuletzt erhaltene durch Wasser getrübt wird. Während der Operation entwickelt sich fortwährend Kohlensäuregas, welches den Geruch nach Essigsäure, oder selbst nach Ameisensäure verbreitet. In der Retorte hinterbleibt eine breiartige, geschmolzene Masse, woraus sich bei derselben Temperatur nichts mehr verflüchtigt, und welche beim Abkühlen zu einer kohlenähnlichen Masse erstarrt, worin mehrere Säuren enthalten sind, eine, welche beinahe schwarz und schwerlöslich in Weingeist, die zweite rostgelb, und die dritte ebenfalls schwarz, aber leichtlöslich in Weingeist und leicht schmelzbar ist. Alle röthen das Lackmuspapier, sind aber nur schwierig mit Sicherheit von einander zu trennen. Eine vierte darin vorkommende Substanz ist ein gelbes Harz, dessen Lösung in Weingeist nicht durch Bleizucker gefällt wird, wodurch es sich von den übrigen Harzen unterscheidet.

Das Destillat entwickelt bei der Rectification im Wasserbade, welche äufserst langsam, aber sicher von statten geht, kleine Mengen Kohlensäuregas, welches gewifs dazu beiträgt, dafs die Destillation einer so wenig flüchtigen Flüssigkeit bei einer so niedrigen Temperatur vor sich geht. Das zuerst Uebergehende enthält viel Essigsäure, aber die relative Menge derselben nimmt hierauf fortwährend ab.

Das zuletzt Uebergehende, welches ein spec.
wicht bis zu 1,28 haben kann, besitzt eine
flüssige Consistenz, einen schwachen Geruch
eine gelbe Farbe. In der Retorte bleibt ein
rup, welcher sich bei der Temperatur nicht
verändert. Kaltes Wasser zersetzt diesen
in eine harzähnliche und eine pechartige saure
stanz, welche gröſstentheils ungelöst bleibt.
dunstet man die dabei erhaltene Lösung zur
rupsdicke, und übergibt diesen Syrup der
so krystallisirt daraus, im Fall dieses nicht
während der Abkühlung erfolgt ist, Brenzw
Beträgt diese nur wenig, wie es oft der Fall
so geschieht die Auskrystallisation nur langsam.

Leichte Trennung von Krystallen aus vegetabilischen syrupsdicken Mutterlaugen.

Die Abtrennung der auskrystallisirten
schieht ziemlich leicht, wenn man die
Masse auf vielfach zusammengelegtes Fi
bringt, dieses, auf eine Porzellantasse legt und
einer Glasglocke bedeckt. Das Papier saugt
mälig den Syrup ein, und, wenn fast nichts
eingesogen wird, nimmt man die Krystallmasse
dem obersten Papier ab und legt sie auf neues
pier. Das weggenommene Papier laugt man
nem Trichter aus, um das davon Eingesogene
der zu erhalten. Sobald fast nur noch
übrig sind, behaucht man die innere Seite
glocke und stellt sie wieder darüber, so
die extractartigen Substanzen, welche auf und
schen den Krystallen noch befindlich sind, in
dadurch entstehenden feuchten Luft, so daſs
die Krystalle auf diese Weise ziemlich vo
davon trennen lassen. Ich habe versucht, s
sen ein feuchtes Papier in der Glocke
obschon man dabei seinen Zweck schnelle
so wird doch dadurch ein so dünnes Liq

zeugt, dafs dieses auf die Krystalle auflösend wirkt. Dieser Handgriff ist so leicht und sicher, dafs ich ihn, ungeachtet seiner übrigen Geringfügigkeit, der Mittheilung werth halte.

Die von dem Papier eingesogenen Substanzen bestehen aus Resten von Brenztraubensäure, Brenzweinsäure, einer extractartigen sauren Substanz, welche sich mit Basen zu extractartigen Salzen vereinigt, und erhalten wird, wenn zu der filtrirten Flüssigkeit, woraus jene Säuren durch Bleizucker gefällt worden sind, Bleiessig gesetzt wird, wobei sie in Verbindung mit Bleioxyd gefällt wird, und hiervon durch Schwefelwasserstoffgas wieder getrennt werden kann; und endlich einer durch Bleiessig nicht fällbaren, ebenfalls extractähnlichen und mit Wasserdämpfen flüchtigen Substanz. Diese beiden sind verbunden mit der sauren, pechartigen Materie, von welcher sie vermittelst Aether, in welchem diese sich nicht löst, getrennt werden können.

Nach dieser Aufzählung der mannigfaltigen Bestandtheile der Destillations-Producte, von denen sicher noch einige meiner Aufmerksamkeit entgangen sind, komme ich nun zu dem gereinigten Destillat der Brenzweinsäure. Dieses ist jedoch nicht farblos, entwickelt bei der Umdestillation, auch im luftleeren Raume, kleine Mengen Kohlensäuregas, und läfst einen geringen Rückstand zurück; Brenzweinsäure bildet sich dabei nicht. Auch findet sich darin Essigsäure, aber, so viel ich habe entdecken können, nicht Ameisensäure, wie sehr man auch Ursache haben könnte, diese darin zu vermuthen.

Die Brenzweinsäure erhält man auf folgende Weise rein: Man mischt die Säure, in kleinen Portionen, mit kleinen Mengen frisch gefälltem und noch feuchtem kohlensauren Bleioxyd *), welches sich im Anfange unter Aufbrausen auflöst, nachher aber als ein körniges Pulver wieder niederfällt; man setzt nun noch mehr kohlensaures Bleioxyd hinzu, und läfst die Flüssigkeit mit einem kleinen Ueberschufs von demselben 24 Stunden in Berührung, während welcher Zeit man sie oft umschüttelt, aber nicht erwärmt. In der Auflösung verbleibt essigsaures und saures traubensaures Bleioxyd, welche Lösung nach dem freiwilligen Eintrocknen mehr unlösliches Bleioxydsalz zurückläfst, wenn den gebliebenen Rückstand mit Wasser b Das Bleisalz wäscht man mit Wasser aus, sich etwas auflöst, suspendirt es jetzt in W und zersetzt es durch Schwefelwasserstoffgas, auf man die Flüssigkeit filtirt und im l Raume verdunsten läfst. Die Brenztra bildet einen nicht flüssigen, dicken Syrup, schwach gelb wird, obschon er sich lange los erhält und nicht krystallisirt, wie lange ihn auch im luftleeren Raume behält. Sie s scharf sauer und hintennach ein wenig bitter, äufserst schwach, aber, besonders beim Erwä pikant. Sie mischt sich mit Wasser, Weingeist Aether in allen Verhältnissen, und steht auf Grenze zwischen flüchtig und nicht flüchtig, beim Erhitzen ein grofser Theil derselben wird, selbst bei + 100° C., während ein

*) Weil kohlensaures Bleioxyd ein bei mehreren genheiten sehr anwendbares Reagens ist, dessen keit durch Trocknen bedeutend vermindert wird, so ich stets das ausgewaschene kohlensaure Bleioxyd Flasche mit Wasser vermischt. Es versteht sich v selbst, dafs es aus essigsaurem oder salpetersaurem gefällt worden, und absolut frei von andern Basen sein

Theil überdestillirt. Sie kann nicht durch Destillation aus ihren Salzen, weder für sich, noch mittelst Schwefelsäure, erhalten werden, weil dabei dieselbe Zersetzung vorgeht, wie bei der Säure allein. Durch die Analyse ihrer Salze mit Natron und Silberoxyd, welche beide ohne Wasser krystallisiren, habe ich ihr Atomgewicht und ihre Mischung bestimmt, und gefunden:

	Gefunden.	Atome.	Berechnet.
Kohlenstoff	45,80	6	46,042.
Wasserstoff	3,68	6	3,763.
Sauerstoff	50,52	5	50,195.

Das Atomgewicht derselben habe ich gefunden = 994,44. Die Rechnung ergiebt 996,116. Sie enthält folglich bei derselben Anzahl von Atomen Sauerstoff, wie die Weinsäure, $1\frac{1}{2}$ mal so viel Basis. Will man dafür eine rationelle Formel entwerfen, und geht dabei von der über die Zusammensetzung der unorganischen Körper gemachten Erfahrung aus, dafs 5 Atome Sauerstoff 2 Atome eines Radikals voraussetzen, so entspricht sie der Formel $2C^3H^3 + 5O$, die Weinsäure aber $2C^2H^2 + 5O$. Nimmt man von der Brenztraubensäure 1 Atom Kohlensäure weg, so hat man die Brenzweinsäure. Bei der Zersetzung der Traubensäure entstehen also von 2 Atomen Traubensäure oder Weinsäure 1 Atom der Brenzsäure, 1 Atom Wasser und 2 Atome Kohlensäure.

Auch habe ich die meisten Salze dieser Säure untersucht, aber ich übergehe hier die erhaltenen Resultate, welche sich in meiner Abhandlung finden, die in dem Kongl. Vet. Acad. Handl. für dieses Jahr abgedruckt werden wird. Ich führe dar-

aus nur die höchst merkwürdige Eig
dieser Säure an, dafs sie Salze von zwei
cationen gibt. Die eine Modification entsteht,
diese Säure in der Kälte mit Basen gesättigt
und die Lösungen ohne Beihülfe von W
Krystallisation verdunsten. Sie krystallisire
die, welche sogleich niederfallen, bilden kry
sche Körner. Kocht man die Verbindunge
stellt man diese in der Wärme dar, so bl
alle nach der Verdunstung gummiartig. U
dig geschieht dieses mit concentrirten
wenn man sie kocht, aber unwiederherst
verdünnten Lösungen. Einige färben si
gelb. Die Salze von Blei und Silber, w
sich allein nicht so leicht gummiartig bleib
doch ungleich aus einer Auflösung eines
lichen und eines nicht gummiähnlichen
der. Weil die Flüssigkeit bei der Bild
gummiähnlichen Salzes fast immer gelb
scheint dabei eine innere Umsetzung der
theile statt zu finden, und sicher gehen ei
ducte, welche nach der Umdestillirung z
ben, mit in die Mischung der Salze.

Producte der Aepfelsäure bei der trocknen Destillation.

Pelouze *) hat die Aepfelsäure anal
der trocknen Destillation unterworfen, wo
unerwarteten Resultaten von grofsem Int
langte. Zuvörderst untersuchte er die
der Aepfelsäure, und fand, was Liebig
funden hatte, bestätigt, dafs sie nämlich iso
mit der Citronensäure ist. Das krystallisirt
saure Bleioxyd enthält 3 Atome Wasser.
stallisirte Aepfelsäure enthält auf 1 Atom
1 Atom Wasser. Sie schmilzt bei + 83°,

*) Annales de Ch. et de Ph. LVI. 59.

sich bei + 176°, ohne zu verkohlen, und ohne irgend etwas anderes zu liefern als Wasser, in zwei Säuren, wovon die eine in die Vorlage übergeht, die andere aber in der Retorte zurückbleibt, zum Theil sich auch in dem Retortenhalse ansetzt. Beide sind krystallisirbar. Destillirt man bei einer Temperatur von + 200°, so erhält man fast nur die flüchtigere, erhält man dagegen die Aepfelsäure lange in einer Temperatur von + 150, so destillirt blofses Wasser, während die Aepfelsäure in die weniger flüchtige Säure verwandelt wird. Die flüchtigere Säure ist von Pelouze Acide maléique (*Maleïnsäure*), und die weniger flüchtige Säure Acide paramaléique (*Paramaleïnsäure*) genannt worden. Da diese Namen sich nicht für die schwedische Nomenclatur eignen, so will ich mich für die erste des Namens »Brenzäpfelsäure« bedienen, und für die letzte »Fumarsäure,« auf den Grund, dafs diese in der Fumaria officinalis sich auch natürlich erzeugt, wie ich weiter unten zu zeigen Gelegenheit haben werde.

Diese beiden Säuren sind isomerisch, d. h. sie haben gleiche Zusammensetzung und gleiches Atomgewicht. Sie entstehen auf die Weise, dafs von der Aepfelsäure ein Atom Wasser weggeht, und also von $C^4H^4O^4$ übrig bleibt $C^4H^2O^3$. Folgende Aufstellung zeigt ihre Mischung in Zahlen:

	Brenzäpfelsäure.	Fumarsäure.	Atome.	Berechnet.
Kohlenstoff	49,30	49,75	4	48,90
Wasserstoff	2,30	2,45	2	2,26
Sauerstoff	48,40	47,82	3	48,84

Das Atomgewicht derselben ist 618,223. Liebig *) hat diese Resultate wiederholt und bestä-

*) Annal. der Pharm. XI. 276.

tigt gefunden. Ich werde nun diese Säuren einzeln beschreiben. Die *Brenzäpfelsäure* (Acide maléique) krystallisirt in farblosen rhomboidalen Prismen, ist geruchlos und von saurem, hinterher widrigem Geschmack. Sie löst sich leicht in Wasser und Weingeist. Die Lösungen sind sehr geneigt zu effloresciren. Sie schmilzt bei $+130°$, geräth bei $+160°$ in's Kochen, und verliert dabei ihr chemisch gebundenes Wasser, welches 1 Atom auf 1 Atom Säure ausmacht. Es bleibt dann wasserfreie Säure zurück, welche durch eine rasch auf ungefähr $+200°$ gesteigerte Hitze, und mit sehr tief geneigtem Retortenhalse ohne bedeutende Veränderung überdestillirt werden kann. Erhält man dagegen die Säure in einer Temperatur, welche $+130°$ wenig übersteigt, so verwandelt sie sich in Fumarsäure. Kocht man sie in einem Kolben mit langem Halse, so daſs das Wasser nicht fortgehen kann, sondern wieder zurückflieſsen muſs, so nimmt sie dieses leicht auf, und geht dadurch in wasserhaltende Fumarsäure über.

Die Salze dieser Säure mit Alkalien sind leichtlöslich und krystallisirbar. Mit den alkalischen Erden bildet sie schwerlösliche Salze, welche zwar nicht sogleich niederfallen, sich aber bald in krystallinischen Blättern und Nadeln absetzen. Essigsaures Bleioxyd bewirkt in einer sehr verdünnten Auflösung dieser Säure einen weiſsen unlöslichen Niederschlag, welcher sich nach einigen Minuten in glänzende, glimmerartige Blättchen verwandelt. Vermischt man concentrirte Lösungen von dieser Säure und essigsaurem Bleioxyd, so verwandeln sie sich in eine kleisterartige Masse, welche sich ebenfalls allmälig, besonders wenn man ein wenig Wasser hinzufügt, in dieselben krystallinischen Blättchen umändert. Diese Blättchen enthalten 3 Atome Krystallwasser, welche sie in der Wärme leicht abgeben. Die Salze von Kupfer und Eisen sind schwerlöslich. Mit vegetabilischen Salzbasen bildet sie ebenfalls krystallisirende Salze.

Künstliche Fumarsäure.

Die *Fumarsäure* krystallisirt in grofsen, gestreiften, bald vierseitigen, bald sechsseitigen Prismen. Sie schmeckt scharf sauer, ist schwerlöslich in Wasser, wovon sie bei gewöhnlicher Lufttemperatur 200 Theile erfordert. Sie erträgt eine Hitze von +200°, ohne zu schmelzen und ohne sich zu verflüchtigen. Ueber diese Temperatur hinaus erhitzt, verliert sie zuvörderst theilweise ihr chemisch gebundenes Wasser, und sublimirt hierauf. Sie gibt mit Kali ein strahliges, prismatisches, in Wasser leichtlösliches Salz. Auch mit Natron und Ammoniak bildet sie leichtlösliche Salze. Das Salz, welches sie mit Bleioxyd bildet, schlägt sich zwar nieder, nimmt aber nachher keine krystallinische Gestalt an, von heifsem Wasser wird es jedoch aufgelöst, fällt aber beim Erkalten wieder krystallinisch nieder; es enthält 3 Atome Wasser, welches es in der Wärme leicht abgibt. Die Salze derselben mit Kupfer und Eisenoxyd sind schwerlöslich, und das erstere grün, und das letztere gelb gefärbt. Das Silbersalz ist eben so unlöslich wie Chlorsilber, und fällt sogar nieder, wenn man die freie Säure mit einer Lösung von salpetersaurem Silberoxyd mischt, welche nicht mehr als $\frac{1}{100000}$ Silbersalz gelöst enthält. In Salpetersäure aber ist es löslich.

Gesetz für die Entstehung

Pelouze *) hat, auf Veranlassung seiner Versuche über die Bildung, sowohl der beiden voren-

*) Annales de Ch. et de Ph. LVI. 306.

der Brenzsäuren. wähnten, als auch einiger anderen Säuren, d[illegible] trockne Destillation ein Gesetz aufgestellt, [illegible] welchem die Erzeugung der Brenzsäuren ver[illegible] soll. Dieses Gesetz lautet so: »Eine Brenz[illegible] zu welcher man eine gewisse Anzahl Atome K[illegible] lensäure oder Wasser, oder beide zugleich [illegible] stellt stets die Zusammensetzung derjenigen S[illegible] vor, aus welcher sie entstanden.« In andern W[illegible] ten, ausgedrückt, will dieses Gesetz sagen: W[illegible] eine Brenzsäure aus einer andern Säure durch tro[illegible] Destillation entsteht, so bildet sich neben her n[illegible] Anderes, als Kohlensäure oder Wasser, oder b[illegible] zugleich. Dieses Gesetz, welches unrichtig zu [illegible] scheint, weil nämlich Erfahrungen vorliegen, [illegible] eine Menge solcher Substanzen dabei erzeugt [illegible] den, unterstützt er mit der Erfahrung, dafs [illegible] gefärbte und eine ungefärbte Destillation gäbe. [illegible] der ungefärbten Destillation bilden sich nur die [illegible] angeführten Producte, und sie geschieht bei d[illegible] drigsten dazu nöthigen Temperatur. Sobald [illegible] Temperatur überschritten wird, so bewirkt die [illegible] eine gleichzeitige Zersetzung anderer Art, w[illegible] dann fortschreitet neben und unabhängig von[illegible] ander. Bedenkt man, dafs eine so neugeb[illegible] Säure auf die noch unveränderte Muttersäure [illegible] katalytische Wirkung ausüben kann, so wird [illegible] solche zweifache und von einander unabhängig[illegible] von Zersetzung wahrscheinlicher, als sie auf [illegible] ersten Blick scheinen möchte. Inzwischen, [illegible] es einerseits nicht geleugnet werden kann, d[illegible] ches in gewissen Fällen richtig ist, so folgt [illegible] aus nicht, dafs es für alle und vielleicht nicht [illegible] mal für die meisten Fälle als richtig anzuseh[illegible] Es liegt keine gültige Ursache der Vermuth[illegible] Grunde, dafs, aufser Wasser und Kohlensäure *eine* ternäre Verbindung eher entstehen sollte, wenn diese stark sauer ist, als wenn sich dieselbe den indifferenten Substanzen nähert. Weil man aufserdem eine willkührliche Anzahl von Atomen von einer Substanz annehmen kann, welche zur Bildung einer willkührlichen Anzahl von Atomen einer andern Substanz dienen, so findet man in den meisten Fällen stets etwas, was sich mit geraden Atomen Wasser und Kohlensäure zugleich endigt. Mit einem Wort: Pelouze's Bemerkung entbehrt keinesweges Interesse, dieselbe aber als ein Gesetz zu betrachten, würde meiner Meinung nach übereilt sein.

Natürliche Fumarsäure.

Winckler *) hat gezeigt, dafs man aus dem mit gehöriger Sorgfalt bereiteten Extracte von Fumaria officinalis die Säure krystallisirt erhält, welche er Fumarsäure nennt (Jahresb. 1833, p. 210., und Jahresb. 1834, p. 247.), wenn man nämlich dasselbe mit ein wenig Salzsäure bis zur schwach sauren Reaction vermischt und einige Zeit an einen kühlen Ort stellt. Die erhaltenen Krystalle werden hierauf mit kaltem Wasser abgewaschen, in kohlensaurem Kali aufgelöst, und die Auflösung mit 16 Mal so viel Wasser vermischt, als man Säure auflöste. Die Auflösung wird bis zum Kochen erhitzt und mit Schwefelsäure übersättigt, wobei sich eine harzähnliche Materie absondert. Die siedendheifs filtrirte Flüssigkeit setzt nun die Säure in Krystallen ab, welche, wenn die Lösung nicht mit Blutlaugenkohle vermischt und eine Stunde lang digerirt worden war, gefärbt ausfallen kann. Man erhält 2¼ Unze von 100 Pfund Kraut. Winckler hat auch einige Salze dieser Säure beschrieben, in

*) Buchner's Repert. XLVIII. 39.

Betreff welcher ich auf seine Abhandlung verw
Demarçay *) hat gezeigt, dafs diese Säure
che Zusammensetzung und gleiche Eig
Pelouze's Paramaleinsäure (Acide p
hat. Die Säuren, welche Demarçay unt
hat, waren Liebig zugesandt worden, die eine
Winckler und die andere von Pelouze.

Aconitsäure.

Im Zusammenhange hiermit habe ich zu
nen, dafs die krystallisirte Säure, welche si
det, wenn man Citronensäure in einer Tem
von ungefähr +200° geschmolzen erhält, u
che, wie ich in meinem Lehrbuche der
deutsche Ausgabe 1833, Bd. 2. p. 145., an
habe, grofse Aehnlichkeit mit der Aconi
von Dahlström zugleich mit der Aconitsäure
untersucht worden ist, welcher fand, dafs beid
che Zusammensetzung und gleiches Atomgewi
den beiden vorhergehenden Säuren haben, also
der Formel $C^4H^2O^3$ zusammengesetzt sind.
sie sind nicht Fumarsäure; in wie weit aber
unter einander identisch, oder ob sie nur is
sind, und wie sie sich zu der Brenzäpfel
halten, hat Dahlström noch nicht durch
liche Versuche mit der nöthigen Zuverlässigk
stimmen können.

Bernsteinsäure.

Felix d'Arcet **) hat einige V
der Bernsteinsäure angestellt. Die krystal
enthält 1 Atom Wasser. Sie schmilzt bei
erhitzt man sie einige längere Zeit bis zu
so verliert sie die Hälfte ihres Wassers,
hinterbleibt eine Säure, welche aus 2 Atomen
und 1 Atom Wasser besteht, die sich in

*) Annales de Ch. et de Ph. LVI. 429.

**) Journ. für pract. Ch. III. 212.

Krystallen sublimirt. Mit ihrem ganzen Wassergehalt kommt sie bei +235° in's Kochen und sublimirt, obgleich dabei Wasser fortgeht, so dafs das Sublimat ein Gemisch von beiden ist.

Destillirt man die Bernsteinsäure mit einem Alkali oder bernsteinsaurem Kalk, so geht eine dem Benzin analoge flüchtige Flüssigkeit über, welche d'Arcet *Succinin* genannt hat. Wird Bernsteinsäure in Ammoniakgas erhitzt, so erhält man einen farblosen Körper, welcher nicht mehr bernsteinsaures Ammoniak ist. Er löst sich leicht in Wasser und Alkohol, und krystallisirt in grofsen Tafeln. Kali entwickelt daraus nur in höherer Temperatur Ammoniak. D'Arcet nennt diesen Körper *Succinamid*. Succinamid.

Righini *) empfiehlt für die Benzoësäure folgende Reinigungsmethode auf nassem Wege. Die Benzoësäure wird in der 4- bis 5fachen Menge kochender Schwefelsäure, die mit 6 Mal so viel Wasser verdünnt ist, aufgelöst, die kochende Lösung mit Blutlaugenkohle vermischt, und dann noch siedendheifs filtrirt. Beim Abkühlen krystallisirt die Benzoësäure rein aus, und die Schwefelsäure hält die färbenden Substanzen zurück. Will man die Säure in grofsen Krystallen haben, so löst man sie in kochendem Weingeist bis fast zur Sättigung auf, und läfst den Weingeist im Wasserbade verdunsten. Benzoësäure. Reinigung derselben.

Mitscherlich **) hat eine Verbindung der Benzoësäure mit Schwefelsäure entdeckt, verschieden von der sogenannten Benzinschwefelsäure, welche ich bereits im vorigen Jahresbericht erwähnt Benzoëschwefelsäure.

---

*) Annales de Ch. et de Ph. LVI. 443.

**) Lehrbuch der Chemie von E. Mitscherlich. Berlin 1834. I. 625. — Poggend. Annal. XXXII. 227.

habe, und auf welche ich weiter unten zurückkommen werde. Die neue Säure hat den Namen *Ben-*
zoëschwefelsäure erhalten, und ist Weinschwef-
säure, in welcher der Aether durch Benzoësäure
ersetzt ist.

Diese Säure wird erhalten, wenn man in ein
Mörser zu wasserfreier Schwefelsäure kleine P
tionen Benzoësäure bis zum Ueberschufs setzt. D
Gemisch erhitzt sich, wird zähe und durchschei
Beim Vermischen mit Wasser scheidet sich
überschüssig zugesetzte Benzoësäure ab, und in
erhaltenen Lösung befindet sich Benzoëschwe
säure und eine Portion wasserhaltige Schwefels
deren Vorhandensein nicht umgangen werden k
Die Flüssigkeit wird nun mit kohlensaurem B
gesättigt; hierbei erzeugt sich schwefelsaure B
erde, welche niederfällt, und benzoëschwefel
Baryterde, welche gelöst bleibt, deren Lösung
filtrirt, abdunstet, und bei einer gewissen Co
tration mit so viel auf gleiche Weise erhitzter S
säure vermischt, dafs sie von dem aufgelösten S
die Hälfte der Baryterde aufzunehmen hinrei
beim Erkalten krystallisirt nun doppelt benzoësch
felsaure Baryterde, die in Wasser schwer lö
ist, und durch Umkrystallisiren leicht gereinigt w
den kann. Man löst jetzt das erhaltene Sa
Wasser, fällt die Baryterde genau durch Schw
säure aus, filtrirt und verdunstet, wobei ma
hitzen kann bis zu +150°, ohne dafs die Fl
keit zum Sieden kommt. Beim Erkalten sch
sich die Säure in Krystallen aus, welche in t
ner Luft sich erhalten, in feuchter aber zerfl
Die Zusammensetzung dieser Säure kann, nach
von Mitscherlich damit angestellten Vers
durch die Formel $\dddot{S}H + \dddot{S}Bz$ vorgestellt we

wicht würde 1165,2 sein. Hieraus schliefsen sie, dafs ich mich bei der Vergleichung derselben mit Benzoësäure geirrt habe, und dafs diese Säure also nicht Benzoësäure, sondern eine Fettsäure sei. Ohne die Richtigkeit dieses Schlusses bestreiten zu wollen, erinnere ich hier doch an einen meiner Versuche, welcher vielleicht bei dieser Gelegenheit in Erwägung gezogen werden mufs, dafs nämlich, wenn die Fettsäure mit Kali gesättigt und das dabei entstehende eingetrocknete Salz in wasserfreiem Alkohol aufgelöst wird, so erhält man in dem aufgelösten Salze eine Säure, welche alle Eigenschaften der Benzoësäure besitzt, wobei aber eine Portion eines anderen Salzes ungelöst bleibt, welches durch doppelte Wahlverwandtschaft die Niederschläge erzeugte, durch welche die Fettsäure in ihrem rohen Zustande sich von der reinen Benzoësäure unterscheidet. Dieser Gegenstand verdient von Neuem untersucht zu werden.

Baldriansäure.

Zu den im vorigen Jahresberichte, p. 241., angeführten Mittheilungen über die Baldriansäure ist jetzt hinzuzufügen, dafs Trautwein *) das specifische Gewicht derselben zu 0,930 gefunden hat, und dafs die wasserhaltige, specifisch schwerere Säure flüchtiger sei und zuerst überdestillire. Nach seinen Versuchen hat das zuerst Uebergehende ein spec. Gew. von 0,95, aber hierauf wird es allmälig niedriger bis zu 0,93, welches sich nun bei allen folgenden Portionen gleich bleibt. Eine Baldriansäure von diesem spec. Gewicht läfst sich mit Terpentinöl in allen Verhältnissen mischen, was zufolge der Versuche von Trommsdorff mit der Säure

*) Archiv für Ch. und Mineral. von Kastner. VIII. 284.

nicht der Fall ist, welche ein spec. Gewicht 0,944 hat.

Gerbstoff. In dem vorigen Jahresberichte, p. 229., ich Pelouze's vortreffliche Untersuchung über Gerbstoff und dessen Zusammensetzung an. In treff der von ihm aufgestellten atomistischen mel für die Zusammensetzung des Gerbstoffs, che ganz dieselbe ist, die ich aus meinen V zog, hat Liebig *) bemerkt, dafs weder die Pelouze, noch die von mir gegebene mit übereinstimme, welche er durch die Analyse von Pelouze erhaltenen reinen Gerbstoffs den habe. Verwandele man dagegen die F $C^{18}H^{18}O^{12}$ in $C^{18}H^{16}O^{12}$ um, so würde durch das Resultat der Analysen untadelhaft übereinstimmend. Folgende Vergleichung z den erhaltenen Resultaten und Liebig's neu mel wird hinreichend ausweisen, welche Wa lichkeit sie für sich hat.

	Berzelius.	Liebig.	Pelouze.	Atome.	
Kohlenstoff	52,5	52,506	51,30	18	5
Wasserstoff	3,8	4,124	3,83	16	
Sauerstoff	43,7	43,370	44,87	12	4

Was das von mir vor 22 Jahren b Resultat betrifft, so geschah diese Rechnung ner Zeit, wo die Atomgewichte weder vom W stoff noch Kohlenstoff richtig bekannt waren. dem diese durch die gemeinschaftlichen V von Dulong und mir berichtigt worden sind, wohl die Zahlen in den procentigen Resultaten richtigt worden, aber ohne irgend eine eig Anwendung auf die Formeln davon zu

*) Annal. der Pharm. X. 172. 210.

Abweichungen von der eben angegebenen Formel zeigen sich in allen Analysen; aber diese finden offenbar in der grofsen Veränderlichkeit des Gerbstoffs ihren Grund, wobei derselbe aus dem Farblosen in's Gelbe, selbst in's Braune übergeht. Hierbei vermehrt sich der Kohlenstoffgehalt, und der Wasserstoffgehalt wird vermindert. Inzwischen führt Liebig folgenden Umstand als Beweis der Richtigkeit seiner gegebenen Formel an. Pelouze hat nämlich gefunden, dafs der Gerbstoff in Berührung mit Sauerstoffgas sich allmälig in Gallussäure verwandelt, während sich fortwährend Kohlensäure bildet. Hierbei bleibt das Volum des Sauerstoffgases unverändert. Dieses Factum kann nach der früheren Formel nicht richtig sein, wie das folgende Schema ausweist:

Ein Atom Gerbstoff	18C+16H+12O
Zwei Atome wasserhaltige Gallussäure	14C+16H+12O
Gehen ab	4C,

welche Kohlensäure bilden. Wären 18 Atome Wasserstoff in dem Gerbstoff enthalten, so blieben 2 Atome Wasserstoff übrig; würden diese zu Wasser oxydirt, so müfste sich das Volum des Sauerstoffgases vermindern. — Uebrigens hat auch Pelouze die gröfsere Wahrscheinlichkeit der Liebig'schen Formel anerkannt.

Picrotoxinsäure und Unterpicrotoxinsäure.

Pelletier *) und Couërbe haben bei einer Analyse der Cockelkörner aufs Neue das Picrotoxin untersucht. Während Boullay, welcher dasselbe entdeckte, darin eine Basis gefunden zu ha-

*) Annales de Ch. et de Ph. LIV. 181. 196.

ben behauptete, suchen sie nun zu beweisen, dasselbe eine Säure sei, welche sie Picrotoxi nennen. Das Wichtigste, was sie davon auf besteht in Folgendem:

Es krystallisirt nach ungleichen Umständen schieden, gewöhnlich in Nadeln, aber oft in glänzenden, haarförmigen, biegsamen Fasern, scheinenden Blättern, strahligen und warzen Massen, oder harten, körnigen Krystallen. Zur lösung bedarf es 150 Theile Wassers von + aber nur 25 Theile siedenden Wassers. Es sich auch in Säuren auf, krystallisirt aber ohne dafs irgend etwas davon mit in die stalle eingeht. Concentrirte Schwefelsäure färbt damit anfangs gelb, dann safranroth; in der W findet Verkohlung und Schwärzung statt. säure verwandelt es in Oxalsäure; dagegen lös sich mit Leichtigkeit in verdünnten Alkalien, bleibt in der Auflösung zurück, woraus Säuren selbe aber ausscheiden. Durch concentrirte gen der kaustischen Alkalien wird es zerstö in eine dunkel gefärbte Masse verwandelt, durch Säuren als ein braunes Pulver ausg wird. Es verbindet sich auch mit den Erden Metalloxyden zu Salzen, von welchen einige, es scheint, krystallisiren, denn bestimmte sucht man in dieser Arbeit vergebens. Mi oxyd bildet es eine lösliche Verbindung, nicht krystallisirt, aber durch die Kohlensäure Luft zersetzt wird. Es vereinigt sich mit den getabilischen Salzbasen, sogar mit Narcotin, gibt mit den meisten derselben krystallisirbare bindungen. Kocht man z. B. 4 Theile P und 1 Theil Brucin mit Wasser, und filtrirt k heifs, so gesteht alles zu einer Masse von men, mattweifsen Nadeln. Da das Atomgewicht des Brucins mehr als doppelt so grofs wie das des Picrotoxins ist, wie wir weiter unten sehen werden, so wandten sie dabei mehr als 8 Mal so viel Picrotoxin an, als von dem Brucin gesättigt werden konnte, und da die Löslichkeit des Brucins in siedendem Wasser, im Vergleich zu Picrotoxin, nur unbedeutend ist, so ist es klar, dafs diese Krystalle vorzüglich Picrotoxin und nicht ein Brucinsalz gewesen sind.

Weil Picrotoxin nicht das Lackmuspapier röthet, und sich folglich nicht wie eine Säure verhält, so suchten sie ein anderes Verhalten auf, welches den Namen Picrotoxinsäure rechtfertigen könnte; sie liefsen nämlich auf eine Verbindung des Picrotoxins mit einem Alkali die Volta'sche Säule einwirken, und fanden, dafs das Picrotoxin sich an dem negativen Pole in Krystallen ablagerte, während das Alkali sich zum positiven Pole begab. Aber diese Beobachtung gibt ebenfalls keinen Grund, das Picrotoxin eine Säure zu nennen, indem man dann mit demselben Rechte das Wasser, den Zukker, das Gummi, die Harze, mit einem Wort, einen grofsen Theil der Pflanzenkörper auch Säuren nennen könnte; es liegt aber in der Natur der Sache, dafs wir unter Säuren die relativ electronegativeren Körper verstehen, welche electronegative Eigenschaften bis zu einem bestimmteren Grade zu erkennen geben. In Rücksicht auf die Zusammensetzung sind ihre Versuche höchst unbefriedigend. Das Atomgewicht bestimmten sie durch die Analyse der Verbindung mit Bleioxyd, welche bei einem Versuche 0,48, und bei einem andern 0,45 Bleioxyd gab. Der erste Versuch gibt 1510,7, und der letzte 1704,4 als Atomgewicht. Durch bessere Versuche näher zu kommen, oder zu bestimmen, ob eines von diesen richtig sei, scheint ihnen nicht eingefallen zu sein. Sie nehmen 1510,7 als das richtige Atomgewicht an. Hieranf geben sie die Zahlen der Analyse, ohne solche irgend zu rechtfertigen, auf folgende Weise an:

	Gefunden.	Atome.	Berechnet.
Kohlenstoff	60,91	12	60,96
Wasserstoff	6,00	14	5,80
Sauerstoff	33,09	5	33,24

Das darnach berechnete Atomgewicht würde 1504,516 sein. Da wir 3 Jahre früher eine Analyse des Picrotoxins von Oppermann erhalten haben (Jahresb. 1833, p. 225.), publicirt in der gelesensten Zeitschrift Europa's, welche in den Zahlen nahe mit der eben angeführten übereinstimmt, so gibt Auslassung der Data für die Berechnung stets Veranlassung zu dem Verdacht, dafs das Resultat nach einem von den gefundenen Atomgewichten corrigirt ist.

In den Schalen der Cockelkörner fanden sie eine andere Säure. Die Schalen werden mit Alkohol ausgezogen. Das nach dem Verdunsten des Alkohols verbleibende Extract wird zuerst mit reinem Wasser ausgezogen, hierauf mit angesäuertem Wasser, welches einen basischen Körper auszieht, worauf wir unten wieder zurückkommen, zuletzt mit Aether, welcher Harz und Fett auflöst. Der gebliebene Rückstand ist nun die neue Säure, welche sie Unterpicrotoxinsäure nennen. Sie ist braun, formlos, unlöslich in Wasser und Aether, auflöslich in Alkohol. Sie erweicht in kochendem Wasser, löst sich aber nicht auf. Alkalische Flüssigkeiten lösen sie auf, und Säuren fällen sie aus dieser Auflösung in Flocken. Und das ist alles, was sie davon angeführt haben. Durch die Analyse, bei welcher keine Sättigungs-Capacität untersucht ist, und keine Details angeführt sind, bei welcher ferner die mittleren Zahlen von 3 Analysen zur Berechnung der procentigen Zusammensetzung genommen wurden, fanden sie, dafs diese Säure von jedem Elemente 1 Atom weniger enthalte als das Picrotoxin. Daher der Name Unterpicrotoxinsäure. Diese Abhandlung hat die Eigenschaft, deutlich zu zeigen, wie neue Säuren nicht untersucht, beschrieben, analysirt und benannt werden müssen. Auch ist sie von Liebig *) kritisirt und in ihr wahres Licht gestellt, wofür ihm Freunde zuverlässiger Arbeiten für die Wissenschaften stets dankbar sein werden.

Haenle **) hat bei der Untersuchung eines eisenhaltigen Wassers, welches in einem auf dem Gute Spierlinsrain, in der Nähe von Lahr, gegrabenen Brunnen vorkommt, eine der Quellsäure ähnliche organische Säure gefunden, die aber durch mehrere Eigenschaften bestimmt davon verschieden ist, und daher Brunnensäure (Acidum puteanum) von ihm genannt worden ist. Diese Säure scheidet sich aus dem Wasser mit Eisenocher, woraus man sie durch Kochen mit kaustischem Kali erhält; aus der neutralisirten Auflösung wird diese Säure nicht, wie es mit der Quellsäure der Fall ist, durch essigsaures Kupferoxyd gefällt, aber vollständig durch neutrales essigsaures Bleioxyd. Der braune Niederschlag wird durch Schwefelwasserstoff zersetzt, und die erhaltene braune Flüssigkeit verdunstet; so hin- Brunnensäure.

*) Annal. der Pharm. X. 203.

**) Kastner's Archiv für Ch. und Meteor. VIII. 399.

terbleibt die Brunnensäure in Gestalt eines firnifsartigen Ueberzugs auf dem Glase, wovon sie sich leicht in glänzenden, durchscheinenden, gelbbraunen Stücken ablöst. Sie ist geruchlos, schmeckt stark sauer und zugleich etwas zusammenziehend, löst sich leicht in Wasser, röthet Lackmus stark, ist unlöslich in wasserfreiem Alkohol, und wird dadurch aus einer concentrirten Lösung in Wasser gefällt. Sie gibt bei der trocknen Destillation Ammoniak, welches vorzüglich bemerkbar ist, wenn man vorher ein wenig kaustisches Kali zusetzt. Mit den Alkalien gibt sie extractähnliche Salze. Das Salz mit Ammoniak wird beim Abdunsten sauer. Eisenoxydul erzeugt damit ein lösliches, Eisenoxyd ein unlösliches, Eisenoxyd und Ammoniak aber ein lösliches Doppelsalz. Mit Bleizucker und auch mit Bleiessig gibt sie einen reichlich weifsen, in's Gelbe sich ziehenden, mit essigsaurem Kupferoxyd einen schmutzig weifsgelben Niederschlag. Da keine Fällung mit brunnensaurem Kali geschieht, so scheint ein lösliches Doppelsalz zu existiren. Salpetersaures Silber erzeugt damit einen schmutzig braungelben, in kaustischem Ammoniak löslichen Niederschlag. Nach dieser Untersuchung will es scheinen, als gäbe es mehrere Arten solcher Säuren, welche, wie die flüchtigen Fettsäuren, ein gemeinschaftliches Genus bilden.

Pflanzenbasen. Ammoniakgehalt derselben.

Matteuci *) hat das Räthsel zu lösen versucht, in wie weit die 2 Atome Stickstoff, welche in jedem Atom der vegetabilischen Salzbasen enthalten sind, sich in einer solchen Gestalt befinden, dafs die basischen Eigenschaften jener Basen von einem Doppelatom Ammoniak abhängig betrachtet

*) Annales de Ch. et de Ph. LV. 317.

werden können. Um dieses zu bestimmen, hat er seine Zuflucht zu den zersetzenden Wirkungen der Electricität genommen, und gefunden, dafs z. B. Narcotin, welches keine alkalische Reaction zeigt, eine solche auf der negativen Seite erregt, und aus dem Morphin sich so viel Ammoniak entwickelt habe, um damit eine blaue Lösung mit Kupferoxyd zu bilden. Diese Angabe läfst vieles zu wünschen übrig, aber die Idee verdient weiter verfolgt zu werden, auf eine solche Weise, dafs dadurch die Zweifel hinweggeräumt werden.

Wirkung der Salzbilder auf Pflanzenbasen.

Blengini *) hat die Wirkung von Jod und Brom auf einige Pflanzenbasen untersucht. Auch dieser Gegenstand ist nicht erledigt und erfordert von theoretischer Seite genaue Versuche. Es ist bekannt, dafs Salzbilder sich nicht ohne Umsetzung der Bestandtheile mit Salzbasen verbinden. Die Aufgabe betrifft also die Ausmittelung der Art dieser Umsetzung. Das Resultat, welches Blengini aus seinen Versuchen zieht, ist, dafs diese Basen die Bildung einer Wasserstoff- und einer Sauerstoff-Säure des Salzbilders veranlassen, welche sich mit der Pflanzenbase, von welcher nichts zersetzt wird, verbinden. In Betreff seiner Versuche ist zu bemerken, 1) dafs er das Salz, welches die Sauerstoffsäure hätte bilden müssen, nicht dargestellt hat, und 2) dafs das Salicin dasselbe Resultat gegeben haben würde; was also einen weniger vortheilhaften Begriff von der dabei angewandten Genauigkeit in den Beobachtungen gibt.

Prüfung der Pflanzen auf

Henry **) hat versucht, eine Lösung von bestimmtem Eichengerbstoffgehalt als Prüfungsmittel,

*) Journ. de Ch. médic. X. 147.

**) Journ. de Pharm. XX. 429.

einen Gehalt an vegetabilischen Salzbasen. z. B. der Chinarinden auf ihren Gehalt an Pflanzenbasen, anzuwenden. Bei den in dieser Beziehung angestellten Versuchen fand er, dafs der damit erhaltene Niederschlag 2 Atome Gerbstoff auf 1 Atom Base enthält, und dafs wirklich, wenn man genau den Verlust des Gerbstoffs einer Lösung desselben bestimmt, mit welcher die Basen aus einem von einer bestimmten Menge Chinarinde sorgfältig bereiteten Decocte gefällt worden sind, der relative Kaufwerth dieser Rinden auf diese Weise bestimmt werden kann. Indessen verdient hier der sonderbare Umstand bemerkt zu werden, dafs eine Lösung von Gerbstoff aus Galläpfeln in Wasser, ohne dafs sie irgend etwas Wesentliches von ihren übrigen Eigenschaften verliert, nach einiger Zeit nicht mehr das Vermögen besitzt, eine Chinainfusion zu trüben. Man mufs also bei jeder Prüfung eine frische Auflösung anwenden, weil man sich nicht nach einer Lösung des Gerbstoffs, in welcher eine unbestimmte Portion in den nicht fällenden Zustand übergegangen ist, richten kann. Diese neue, und, wie es scheint, durchaus nicht zuverlässige Prüfungsmethode ist von ihrem Entdecker mit dem neuen Namen: *Alcaloïmetrie*, ausgerüstet worden.

Reagens für Strychnin. Artus *) hat folgendes Reagens für Strychnin zur Anwendung in medicolegalen Fällen angegeben. Vermischt man die Auflösung eines Strychninsalzes in Wasser mit Schwefelcyankalium, so trübt sich die Flüssigkeit, und bei dem gelindesten Umrühren fällt ein in feinen weifsen Sternchen krystallisirtes, unlösliches Salz nieder. Erhitzt man die Flüssigkeit bis zu +70°, so löst sich dasselbe wieder auf, schei-

*) Journ. für pract. Ch. III. 320.

scheidet sich aber bis +17°,5 abgekühlt in seidenglänzenden Nadeln wieder aus. Auf diese Weise kann noch $\frac{1}{375}$ Strychnin vom Gewicht der Flüssigkeit entdeckt werden. Mehrere Versuche, das Strychnin in dem Magen der damit getödteten Thiere dadurch aufzusuchen, glückten sehr gut.

Unterscheidung des Brucins von Morphin.

Pelletier und Couërbe *) haben beobachtet, dafs wenn ein Brucinsalz mit der electrischen Säule zersetzt wird, an den positiven Poldrähten dieselbe rothe Farbe entsteht, welche Salpetersäure damit erzeugt. Da nun das Morphin sich zur Salpetersäure verhält, wie das Brucin, aber die Salze desselben bei der Zersetzung in der electrischen Säule keine Färbung hervorbringen, so kann jene Eigenschaft als ein Unterscheidungsmittel derselben dienen, wenn man nur kleine Mengen zu untersuchen hat. Diese Versuche wurden mit einer aus 80 Platten-Paaren bestehenden Säule angestellt.

Methode, das Codeïn zu bereiten.

Folgende leichte Bereitungsmethode des Codeïns ist von Merk **) angegeben worden. Man behandelt das durch kohlensaures Natron gefällte Morphin mit kaltem Weingeist (die Stärke desselben ist nicht angegeben). Die erhaltene Auflösung sättigt man möglichst genau mit Schwefelsäure, destillirt den Weingeist aus einer Retorte ab, verdünnt den Rückstand, welcher in Wasser noch unlösliche Substanzen enthält, mit Wasser, so lange dabei noch Fällung vorgeht, filtrirt die Flüssigkeit, verdunstet dieselbe bis zur Syrupsdicke, welcher Syrup in einer geräumigen Flasche mit Aether und Kalihydrat in gelindem Ueberschufs übergossen und damit wohl umgeschüttelt wird. Der Aether löst

*) Annales de Ch. et de Ph. III. 320.

**) Annal. der Pharm. XI. 279.

das Codeïn auf, und läfst es nach der V krystallisirt zurück. Hierbei kann man dasselbe frei von Narcotin sei?

Solanin.

Buchnor *) hat den Niederschlag un welchen Ammoniak in dem geklärten Safte riebenen Kartoffeln hervorbringt, und welchen zier für Solanin ausgegeben hat, von dem später gezeigt wurde, dafs er der Hauptsache phosphorsaure Ammoniak-Talkerde sei. Bu fand, dafs dieser Niederschlag wirklich zu 2 Proc. enthalte, welches er auf die W aus auszog, dafs er den getrockneten und ten Niederschlag mit Wasser, in welches wenig Essig eingemischt hatte, behandelte, haltene Lösung verdunstete, und den geblich Rückstand mit Alkohol behandelte, welcher auszog, was Buchner als Solanin erkannte. Solanin findet sich also selbst in den Ka In dem Kartoffelkraute ist es Otto **) dasselbe auch zu finden. Ueberall ist die desselben sehr gering.

Menispermin und Paramenispermin.

Pelletier und Couërbe ***) haben Schalen der Cockelkörner eine neue funden (Jahresb. 1830, p. 213.), welche spermin nennen. Nachdem das Alkohol Schalen zuerst mit kaltem Wasser ausgezogen den, extrahirt man es mit warmem und mit Säure versetztem Wasser. Die erhaltene ist braun und gibt mit Alkali einen bra derschlag, aus welchem Wasser, zu dem wenig Essigsäure gesetzt hat, weniger g

---

*) Buchner's Repert. XLVIII. 345.

**) Journ. für pract. Ch. I. 64.

***) Annales de Ch. et de Ph. LIV. 197.

auszieht, und eine schwarzbraune Masse ungelöst zurückläfst. In der Auflösung finden sich nun 3 Substanzen, die durch Alkalien ausgefällt werden. Der Niederschlag ist im Anfange flockig, wird aber schnell körnig. Da es sehr beschwerlich ist, die Schalen von den Kernen zu trennen, so haben sie folgende Bereitungsmethode angegeben, welche dieser Trennung nicht bedarf. Man extrahirt zerstofsene Cockelkörner in der Siedhitze mit Alkohol von 0,833, destillirt die Tincturen, um den Alkohol wieder zu erhalten, kocht den Rückstand mit Wasser, und filtrit noch siedendheifs. Die Lösung enthält Picrotoxin, welches daraus in sehr schönen Krystallen anschiefst, wenn man vor dem Erkalten einige Tropfen Säure zumischt. Das, was reines Wasser nicht auflöst, behandelt man mit warmem angesäuerten Wasser, und verfährt damit, wie eben erwähnt worden ist.

Den körnigen Niederschlag begiefst und schwenkt man mit ein wenig kaltem Alkohol, welcher daraus eine gelbe basische Materie auszieht, die nicht zum Krystallisiren gebracht werden kann, und welche sie als ein Gemisch von Menispermin und etwas einer fremden Substanz betrachten, gleichwie es sich mit dem Chinoidin verhält, welche sie aber nicht weiter untersucht haben. Aus dem Rückstande zieht Aether das Menispermin. Das, was Aether nicht löst, besitzt eine schleimige Beschaffenheit. Wird es aber in wasserfreiem Alkohol aufgelöst und die Lösung bei +45° verdunstet, so erhält man es krystallisirt; und dieses ist *Paramenispermin*.

Das *Menispermin* ist weifs, undurchscheinend, und krystallisirt in vierseitig zugespitzten vierseitigen Prismen, ähnlich dem Cyanquecksilber. Es hat keinen Geschmack und scheint auch nicht giftig zu sein. Es scheint, wie sich aus indirecten Angaben urtheilen läfst, auf Pflanzenfarben eine alkalische Reaction auszuüben. Es schmilzt bei +120°, und wird bei der trocknen Destillation zersetzt. Es ist unlöslich in Wasser, aber auflöslich in Alkohol und Aether, und eher in warmem als in kaltem. Aus beiden ist es krystallisirbar. Mit verdünnten Säuren vereinigt es sich zu Salzen. Concentrirte Schwefelsäure verbindet sich damit, ohne dabei zersetzend einzuwirken. Salpetersäure verwandelt es in eine gelbe Materie und in Oxalsäure. Das einzige Salz, was sie damit dargestellt haben, war das mit Schwefelsäure, und dieses krystallisirt in feinen Prismen, schmilzt bei +165°, und gleicht in diesem Zustande dem Wachse, (Da Wachs im geschmolzenen Zustande dem Wachse nicht gleich ist, sondern jedem anderen Liquidum, so kann man nicht einsehen, was damit gemeint ist.) Stärker erhitzt, wird es braun und entwickelt Schwefelwasserstoffgas. Das krystallisirte Salz enthält: Wasser 15,000, Schwefelsäure 6,875, und Menispermin 78,125 Proc. Berechnet man danach die Atomverhältnisse, so wiegt das Atom Me=5695,00.

Die Mittelzahlen von vier Analysen, von welchen keine Details mitgetheilt sind, geben folgende Zusammensetzung dafür:

	Gefunden.	Atome.	Berechnet.
Kohlenstoff	71,80	18	72,31
Stickstoff	9,57	2	9,31
Wasserstoff	8,01	24	7,87
Sauerstoff	10,53	2	10,52.

Nach dieser Berechnung würde das Atomgewicht $= 1902{,}682$ sein, oder ziemlich genau $\frac{1}{3}$ von dem, welches durch die Analyse des schwefelsauren Salzes gefunden wurde. Da die Anzahl der Atome des Stickstoffs in einer vegetabilischen Salzbasis gewöhnlich über das Gewicht eines Atoms derselben entscheiden, so geben sie an, daſs das analysirte Salz auf Lackmuspapier gezeigt habe, daſs es basisch sei, und bezeichnen es durch die folgende Formel: $\dot{Me}^4\dddot{S} + 10\dot{H}$. Dabei ist jedoch $\dot{Me}^4$ verrechnet für $\dot{Me}^8$. Das könnte wohl für einen Druckfehler gelten, wenn nicht auch in dem Texte klar geschrieben stände, daſs das Salz 4 Atome enthalte. Kein Versuch, ein neutrales Salz darzustellen, ist angestellt worden, kein Wort ist bei der Bereitung des analysirten Salzes darüber angeführt, ob dabei die Base im Ueberschuſs zugesetzt worden sei; kurz, Alles wird vermiſst, woraus man erkennen könnte, ob diese analytischen Angaben irgend Zuverlässigkeit haben oder nicht; wodurch der Verdacht erregt wird, daſs sie unrichtig seien.

Paramenispermin hat seinen Namen davon, daſs diese Substanz mit der Vorhergehenden isomerisch gefunden wurde, und also gleiche Zusammensetzung und gleiches Atomgewicht hat, welches wir alles dahin gestellt sein lassen wollen. Es krystallisirt in vierseitigen Prismen mit rhomboidischer Basis. Die Krystalle bilden sich gern an den Rändern und dicht über der Flüssigkeit. Es ist flüchtig, schmilzt bei $+250°$, und fängt bald an in Gestalt eines weiſsen Rauchs zu verdampfen, welcher dann wie Schnee niederfällt. Es sublimirt, ohne sich zu zersetzen. Es ist unlöslich in Wasser und schwerlöslich in Aether. Sein bestes Lösungsmittel ist wasserfreier Alkohol; auch löst es sich darin mehr in der Wärme, wie in der Kälte. Löst auch auf in verdünnten Säuren, neutralisirt sie nicht, und gibt damit auch keine wirkliche tige Verbindungen. Kein einziger Versuch sich angeführt, woraus man schliefsen könnte, hier nicht dasselbe gelte, was von Narcotin kannt ist.

Althäin. Regimbeau und Vergnes *) haben aber jeder für sich, angegeben, aus der zel eine krystallisirte Salzbasis erhalten zu und zwar beide auf dem gewöhnlichen Wege, welchem man daraus das Asparagin erhält. man früher angab, dafs die aus dem wäfsrigen tract der Althäwurzel krystallisirende Substanz sische Eigenschaften habe, so verdient die Angabe hierüber alle Aufmerksamkeit. Wi da die älteren Angaben bei der Prüfung durch geschickte Chemiker nicht gegründet befunden den, es wohl wahrscheinlich ist, dafs solches hier der Fall sein könnte. Ich nehme daher näheres von diesen Angaben auf, welche ich bis zu einer künftigen Zeit, wo sie vielleicht Bestätigung erhalten haben werden, versparen.

Indifferente Pflanzenstoffe. Zusammensetzung des Zuckers, der Stärke, des Gummi's, etc. Liebig **) hat die Zusammensetzung schiedener vegetabilischer Substanzen einer unterworfen, welche, wie es scheint, zu einen aufklärenden und berichtigenden Resultate hat. Es ist bekannt, dafs, wenn eine Rohrzuckers mit Hefe vermischt wird, dar anders hervorgeht, als Alkohol und Ko und dafs dabei entweder Wasser ausg oder aufgenommen werde, aber alle Umstände

*) Pharm. Centr. Bl. 1834. No. 27.

**) Poggend. Annal. XXXI. 339.

chen dafür, dafs die Zusammensetzung des Zuckers nicht wohl eine solche sein kann, dafs dabei ein Element übrig bleibt, um auf andere Weise verwandt zu werden. Bei der Analyse, welche ich vor 22 Jahren über den Rohrzucker mittheilte, fand ich, dafs derselbe in seinem krystallisirten Zustande, d. h. verbunden mit 1 Atom Wasser, nach der Formel $12C + 23H + 11O$ zusammengesetzt sei. Nach dieser Zusammensetzung enthielte derselbe 1 Atom Wasserstoff mehr, als bei dem Prozefs der Gährung verbraucht würde, und hiernach müfste also die Bildung von Nebenproducten vorausgesetzt werden, welche die Erfahrung jedoch nie bestätigt hat. — Als meine Versuche angestellt wurden, waren die Methoden der Elementar-Analysen noch in ihrer Kindheit, und die äufserste Achtsamkeit war das einzige Mittel, in der Masse, welche der Analyse unterworfen werden sollte, hygroscopisches Wasser zu vermeiden. Aus dieser Ursache ist es also leicht zu vermuthen, $\frac{1}{2}$ Proc. Wasserstoff zu viel erhalten zu haben. Liebig hat deshalb den krystallisirten Rohrzucker analysirt, und das Resultat hat diese Vermuthung bestätigt. Folgendes ist das von ihm erhaltene Resultat:

	Gefunden.	Atome.	Berechnet.
Kohlenstoff	42,301	12	42,58
Wasserstoff	6,454	22	6,37
Sauerstoff	51,501	11	51,05.

Hiernach ist es also klar, dafs meine Analyse 1 Atom Wasserstoff zu viel ergeben hat. Da der Zucker diese Zusammensetzung hat, so kann das Gährungs-Phänomen auf die Weise erklärt werden, dafs der Zucker zu dem einen Atom Wasser, welches er schon enthält, und welches derselbe gegen eine Base austauschen kann, noch 1 Wasser von dem Flüssigkeitswasser aufnimmt, bei dann 4 Atome Kohlensäure und 2 Atome kohol (das Atom des Alkohols zu $C^4H^{12}O^2$ nommen) entstehen, wie solches in der fol Vergleichung vorgestellt wird:

1 Atom wasserfreier Zucker	12C+20H+
2 Atom Wasser	4H+
	12C+24H+
4 Atome Kohlensäure	4C +
2 Atome Alkohol	8C+24H+
	12C+24H+

Liebig ist geneigt den Zucker als eine Aether zu betrachten, der aus 4 Atomen K säure, 2 Atomen Aether und 1 Atom W sammengesetzt sei. Ich habe in dem Vor den meine Meinung über diese Ansicht a chen, welche gewiſs nicht durch das den ten fremde Verhalten, sich nämlich, wie so dem Zucker der Fall ist, mit Basen verbin können, unterstützt wird. Aeltere Versuche die Gährungsproducte haben erwiesen, daſs Zucker ungefähr die Hälfte seines Gewichts lensäure und eben so viel Alkohol gibt. Li hat gezeigt, daſs derselbe mit Hinzufügung des wichts von 1 Atom Wasser (5,025 Proc.) 5 Proc. Kohlensäure und 53,727 Proc. Alkohol Nach de Saussure's und Prout's ziemlich übereinstimmenden Analysen des Traub hat man auf keinen sicheren Grund eine mensetzungsformel dafür entwerfen können. ses hat Liebig nun auf eine Weise welche nicht die geringsten Zweifel über die tigkeit übrig läfst. Folgende Tabelle zeigt die Zusammensetzung des Traubenzuckers:

	De Saussure.	Prout.	Atome.	Berechnet.
Kohlenstoff	36,71	36,36	12	36,80
Wasserstoff	6,78	7,09	28	7,01
Sauerstoff	56,51	56,56	14	56,19.

Aus dieser Zusammensetzung folgt: 1) dafs bei der Gährung 4 Atome Kohlensäure, 2 Atome Alkohol und 2 Atome Wasser daraus entstehen.

4 Atome Kohlensäure	4C		8O
2 Atome Alkohol	8C +	24H +	4O
2 Atome Wasser		4H +	2O
	12C +	28H +	14O,

und 2) dafs bei der Behandlung des Rohrzuckers mit Schwefelsäure, wobei derselbe sich unter Gewichtsvermehrung in Traubenzucker verwandelt, ihm 3 Atome Wasser, wie leicht einzusehen ist, einverleibt werden.

Liebig bemerkt, dafs der von ihm und Wöhler entdeckte Cyansäureäther ein Traubenzucker wäre, in welchem die Kohlensäure durch Cyansäure ersetzt sei, wie die folgende Vergleichung zeigt:

$$4\dot{Cy} + 2\dot{E} + 6\dot{H}$$
$$4\dot{C} + 2\dot{E} + 4\dot{H}.$$

Stärke.

Wenden wir uns nun mit diesen Ansichten zur *Stärke*, so wird es klar, dafs die relative Anzahl von Atomen, welche ich aus meiner Analyse berechnete, einer geraden Verwandlung in Traubenzucker nicht entspricht, welche die Erfahrung aber dargethan hat. Bei der Bestimmung jener relativen

Atomenzahlen hatte ich keinen anderen Stützpunkt, von welchem ich ausgehen konnte, als die Verbindung, welche die Stärke mit Bleioxyd bildet. Bei der Schwierigkeit, so schwache Verbindungen auf einem bestimmten Sättigungsgrade zu erhalten, gesellt sich zugleich noch die, daſs die Sättigungs-Capacität derselben in meinen Versuchen so geringe gefunden wurde, daſs sie nur $\frac{1}{18}$ vom Sauerstoffgehalt der Stärke betrug. Ein Fehler von $\frac{1}{18}$ anstatt $\frac{1}{20}$ setzt keinen groſsen Fehler der Analysen oder keine bedeutende Einmischung fremder Substanzen in dem analysirten Präparate voraus, und mit der Annahme, daſs dabei ein solcher Fehler begangen worden ist, wird die relative Atomenzahl eine ganz andere. Da die Bereitungsweise der Bleiverbindung selbst dargethan hat, daſs sie ein saures Amylat, wenn ich sie so nennen darf, sein müsse, so sah ich die Stärke als eine Verbindung an von 7C+13H+6O, oder auch 3 Mal diese Atome genommen. Liebig hat die Resultate in Uebereinstimmung mit den eben angeführten Ansichten auf folgende Weise umgestellt:

	Berzelius.	At.	Berechn.
Kohlenstoff	44,250	12	44,91
Wasserstoff	6,674	20	6,11
Sauerstoff	49,076	10	48,98; At. Gew. =2012,38.

Hieraus folgt, daſs die Stärke mit dem wasserfreien Zucker, dessen Sättigungs-Capacität sie hat, isomerisch ist, und daſs also die von mir untersuchte Verbindung derselben mit Bleioxyd ein Biamylat war. Nach der Analyse der Jodstärke von Lassaigne (Jahresb. 1835, p. 286.) besteht dieselbe aus 41,79 Jod und 58,21 Stärke. Dieses gibt ein Doppelatom Jod, verbunden mit 2200 Stärke, welche Menge sich nicht sehr weit von dem eben angeführten Atomgewicht derselben entfernt. Ferner geht daraus hervor, dafs die Verwandlung der Stärke in Traubenzucker in einer Assimilation von 4 Atomen Wasser besteht. Und Liebig fügt die Bemerkung hinzu, dafs die Milchsäure mit der Stärke eine ganz gleiche Zusammensetzung habe. Gleichwohl sind 2 Atome der Säure ein Aequivalent für 1 Atom Stärke.

Gummi. Vorausgesetzt, dafs bei Untersuchungen der Verbindung des Gummi's mit Bleioxyd, diese Verbindung ebenfalls nicht in ihrem rechten Sättigungsgrade erhalten war, sondern dafs dieselbe als Sättigungs-Capacität $\frac{1}{12}$ statt $\frac{1}{11}$ von ihrem Sauerstoffgehalt gegeben hat, so dafs die wahre Sättigungs-Capacität 4,64 anstatt 4,45 gewesen wäre; wie die Versuche ergeben haben, so bekommt man für das Gummi die folgende Zusammensetzung: Gummi.

	Berzelius *).	Atome.	Berechnet.
Kohlenstoff	42,682	12	42,58
Wasserstoff	6,374	22	6,37
Sauerstoff	50,944	11	51,05.

Die Uebereinstimmung der Rechnung mit der Analyse kann nicht befriedigender sein, und ich kann Liebig's Bemühungen, Ordnung und Uebereinstimmung, welche Bürge für die Richtigkeit der Ansichten sind, nur mit Dankbarkeit anerkennen. Hieraus folgt ferner, dafs Gummi und wasserhaltiger Rohrzucker gleiche Zusammensetzung haben.

*) Ich habe hier, anstatt der von Liebig angeführten, aus einer älteren Angabe umgerechneten Zahlen, die angeführt, welche sich in der französischen Ausgabe meines Lehrbuchs der Chemie, V. 220., finden.

Aber sie sind jedoch in sofern nicht isomerisch, dèr Rohrzucker 1 Atom abscheidbares Wasser hält, welches beim Gummi nicht dargelegt kann. Was die Verwandlung des Gummi's in benzucker anbetrifft, so ist sie aus dem V benden leicht einzusehen.

Milchzucker. Bei dieser Gelegenheit hat Liebig auch Neue den *Milchzucker* analysirt, und seine mensetzung beleuchtet. Da wir aus Persoz suchen (Jahresb. 1835, p. 380.) wissen, dafs dieser durch Schwefelsäure in Traubenzucker wandelt wird, und hierauf in Gährung gesetzt den kann, so mufs seine Zusammensetzung etwas Aehnliches mit den vorhergehenden zen haben. Alle damit angestellten Analysen C+2H+O ergeben. Legt man nun die bei vorhergehenden Substanzen befindliche Anzahl Kohlenstoffatome zu Grunde, so erhält man Formel 12C+24H+12O. Es bedarf also der Hinzufügung von 2 Atomen Wasser, um benzucker zu haben. Meine älteren Ve ben im Milchzucker einen Wassergehalt welcher nach dieser Ansicht und diesem Sä verhältnifs mehr als 2 Atome ausmacht, was den nun angeführten relativen Atomen nicht reimen läfst. Meine Versuche geben völlig einstimmend 10C+20H+10O, wovon 2 Wasser sind, so dafs also 10C+16H+8 Formel für den wasserfreien Milchzucker wäre eine Möglichkeit, dafs es in einer setzung, welche durch C+2H+O a werden kann, eine Veränderlichkeit gibt, wie bei der Citronensäure, welche bewirkt, dafs die relative Anzahl von Atomen immer schaffen gefunden wird, mehrere Atome schaftlich in die Umsetzung eingehen. Hier bringen z. B. 6 Atome ein gleiches Resultat hervor, wie 5 nach Liebig's Formel. Doch müssen neue Versuche über den Wassergehalt und über die Sättigungs-Capacität des Milchzuckers die Frage entscheiden.

Auch hat Liebig den *Mannazucker* analysirt. Derselbe verlor beim Schmelzen, welches einige wenige Grade über 100° geschah, nichts. Er erstarrte dann wieder zu einer krystallinischen Masse. Seine Zusammensetzung war: Mannazucker

	Gefunden.	Atome.	Berechnet.
Kohlenstoff	39,8532	6	40,0228
Wasserstoff	7,7142	14	7,6234
Sauerstoff	52,5480	6	52,3537.

Payen *) gibt an, dafs die Wurzel des Sellerie (Céleri-rave) eine so grofse Menge von Mannazucker enthalte, dafs sie mit gröfserem Vortheil, wie die Manna selbst, zur Darstellung desselben angewandt werden könne. Die Wurzeln werden zerrieben und geprefst, der erhaltene Saft durch Aufkochen, wodurch das Pflanzeneiweifs coagulirt, geklärt und zur Syrupsconsistenz verdunstet; läfst man diesen Syrup an einem kühlen Orte stehen, so gesteht er zu einer Masse von strahligen Krystallen, welche durch Abpressen von der Mutterlauge und Umkrystallisiren gereinigt werden. Der Saft soll bis zu 7 Proc. Mannazucker enthalten.

Payen **) und Persoz haben ihre fortgesetzten Versuche über die Stärke mitgetheilt. Sie Stärke.

*) Annales de Ch. et de Ph. LV. 291.

**) A. a. O. LVI. 337.

haben dieses Mal zum Zweck, die unrichtigen sichten, welche durch Raspail's und Gue Varry's frühere Arbeiten verbreitet wurden widerlegen Sie haben folglich gezeigt, was mehreren in diesen Jahresberichten angeführte zösischen oberflächlichen Arbeiten über die oft wiederholt gesagt habe, dafs nämlich die nicht aus Bläschen besteht, welche eine Substanz einschliefsen, die nach Zerplatzen Blasen ausfliefst und vom Wasser leicht au wird. Sie haben gefunden, dafs die Stärk aus einer äufseren dünnen Lage, welche $\frac{1}{2}$ vom Gewicht derselben beträgt, und worauf ser weniger leicht wirkt, und einer darin li eigentlichen Stärkematerie bestehen, die sie nennen, welche die Eigenschaft besitzt, dafs wenn Wasser darauf einwirkt, aufschwellt, die fseren dünnen Tegumente sprengt, und, wenn Wasser warm ist, darin so weit aufquellen dafs sie die ganze Wassermasse in sich worin die Verwandlung der Stärke in Kleister steht. Ist das Aufschwellen der Stärke in der fachen Menge Wassers geschehen, so können zerrissenen Tegumente mittelst eines Filters melt werden. Guerin-Varry's Angabe, Stärke aus Amidin soluble, Amidin tegum und Amidine bestehe (Jahresb. 1835, p. 287.), gestützt auf das Vorhergehende, für unrichti klärt, indem Amidin soluble ein durch die lung löslich gewordener (in Stärkegummi delter) Theil der Amidone wäre *).

---

*) Guerin-Varry hat diesen Einwurf zwar (Annales de Ch. et de Ph. LVII. 108.), aber seine rung enthält kein neues Factum, sondern ist ein blofser streit, welchen ich nicht werth halte anzuführen.

Uebrigens haben sie bemerkt, daſs fast jede Stärke eine Portion eines widrigen Oels (Fuselöl) enthält, welches mit Alkohol ausgezogen werden kann. Der durch Diastase aus der Stärke gebildete Zucker hat nicht, wie der durch Säuren hervorgebrachte, die Eigenschaft, zu krystallisiren, und stellt also die Materia mucoso-saccharina der älteren Chemiker oder den Schleimzucker vor.

Eine meisterhafte Untersuchung der Stärke ist von Fritsche *) angestellt worden, in welcher er die Amidonkörner mehrerer Pflanzen microscopisch untersucht, beschrieben, und ihre äuſsere wie innere Gestalt abgezeichnet hat. Auch in dieser Untersuchung haben sich Raspail's Angaben als ungegründet erwiesen. Die Stärkekörner wurden als eine homogene, in concentrischen Lagen abgesetzte Masse erkannt. Jedoch haben diese Lagen eine ungleiche Dichtigkeit, und variiren so, als wenn z. B. die am Tage abgesetzten Lagen von denen verschieden wären, welche bei Nachtzeit sich absetzen. Die äuſserste Lage hat eine besonders groſse Dichtigkeit. Durch den Einfluſs von warmen Wasser zerspringt ihre äuſsere Lage queer über dem kürzesten Durchschnitt der Körnchen, die Risse sind entweder gerade oder bilden ein Zickzack; die innere Masse schwellt auf und kriecht in sonderbaren Gestalten aus, welche, sobald das Wasser in's Kochen kommt, verschwinden. Wasser, welches Kalihydrat oder eine Säure enthält, wirkt bei gewöhnlicher Lufttemperatur ganz so, wie reines Wasser in der Wärme. Fritsche hat auch mit der Jodstärke Versuche angestellt, im Ganzen mit Lassaigne übereinstimmend. Seine Bereitungs-

*) Poggend. Annal. XXXII. 129.

methode derselben ist einfach. Die Stärke wird in kochendem Wasser, zu welchem ein wenig Schwefelsäure oder Salzsäure gesetzt wird, aufgelöst, und die erhaltene Auflösung nach dem Erkalten mit einer Lösung des Jods in Alkohol vermischt, hierdurch fällt die Stärkeverbindung nieder, welche man auf einem Filter sammelt, mit wenig Wasser abwäscht, bis solches blau durchläuft, und hierauf im luftleeren Raume über Schwefelsäure trocknet. Bromstärke wird auf dieselbe Weise erhalten, aber das Brom geht beim Trocknen verloren. Chlor fällt die Stärkelösung nicht. Die von de Saussure beschriebene krystallisirte Verbindung der Stärke mit Schwefelsäure hervorzubringen, glückte ihm nicht.

Inulin. Clamor-Marquart *) hat vorgeschlagen, den Namen Inulin in Synantherin zu ändern, auf den Grund, daſs nicht nur die Inula, sondern mehrere Syngenesisten diese Stärkemodification enthalten. (Ein groſser Theil derselben enthält jedoch nichts davon.) Das im Wasser lösliche Inulin (der nach seiner Meinung aus den Tegumenten entstandene lösliche Theil davon) soll den Namen Sinistrin erhalten, als Gegenstück zu Dextrin. Jeder will sich in den Wissenschaften gern ein Ansehen geben. Wenn man nichts anders, als unnöthige Namenveränderungen mitzutheilen hat, so sind die Wissenschaften für solche Geschenke nicht groſsen Dank schuldig.

Gummi arabicum u. Gummi Senegal. Herberger **) hat mit Gummi arabicum und Gummi Senegal eine Vergleichung angestellt, wonach die am meisten auffallenden Verschiedenheiten der-

*) Annal. der Pharm. X. 92.

**) Pharm. Centr. Bl. 1834. No. 13. p. 193.

derselben darin bestehen, dafs das erstere eine gleiche Gewichtsmenge Wasser aufnehmen, und damit eine dickflüssige, etwas lange Flüssigkeit bilden kann, während dagegen 100 Theile Wasser mit 72 Theilen Gummi Senegal eine viel schleimigere, kaum fliefsende, und bei 76 Theilen Gummi in eine Gallerte übergehende Lösung geben. Gummi arabicum kann mit Wasser sein 6faches, und das Gummi Senegal sein 10faches Gewicht Baumöl incorporiren. Der characteristische Unterschied liegt wohl darin, dafs eine Lösung von Gummi arabicum durch schwefelsaures Eisenoxyd wenig getrübt wird, dafs aber eine Lösung des Gummi Senegal damit zu einer ochergelbgefärbten Gelée gesteht. In wie fern diese Verschiedenheiten in einer Ungleichheit der Gummimasse beruhen, oder ob sie in dem Gummi Senegal von einer Einmischung von Bassorin, Pflanzenschleim oder ähnlichen Substanzen abhängen, entscheiden die Versuche nicht.

Pollenin.

Fritsche *) hat auch mit dem Pollen eine gleiche Untersuchung, wie mit der Stärke, angestellt. Diese Untersuchung verweiset das, was wir in des Pflanzenchemie Pollenin nennen, aus der Klasse der bestimmten Pflanzenstoffe in die Pflanzenphysiologie, mit dem Resultate, dafs es ein Organ sei, zusammengesetzt aus mehren in gewöhnlichen Reagentien unlöslichen Pflanzenstoffen, in welche dasselbe zu zerlegen ihm nicht gelang. Es wird von zwei, bisweilen drei Häutchen umgeben. Das äufserste Häutchen färbt sich mit Jod braun, das innerste nimmt aber davon keine Farbe an. Das äufserste widersteht der Einwirkung der Reagentien, so dafs z. B. concentrirte Schwefelsäure kaum darauf wirkt. Die innerhalb der Häutchen sich be-

*) Poggend. Annal. XXXII. 481.

findende Masse besteht 1) aus einem Schleim, cher sich in einem halbflüssigen Zustande zu den scheint, in Wasser aufquellt und, darin theilt, durch Säuren coagulirt wird, und Jod braun färbt; 2) aus einem ölartigen welcher in Tropfen durch die ganze Schl vertheilt ist; 3) aus kleinen Stärkekörnern, sich mit Jod blau färben. Durch etwas v Schwefelsäure zerplatzen die Häutchen. D chen mit Wasser, Alkohol oder Aether w Pollen nicht verändert, aber die beiden letz ziehen ein wenig Fett aus den Integumenten. der Pollen mit verdünnter Kalilauge gek sieht es zwar aus, als wäre der Inhalt der chen ausgezogen, wird aber das Ungelöste wieder getrocknet, so erkennt man, dafs der blofs angeschwollen war, und dafs die noch das meiste von dem einschliefsen, was sie her enthielten.

Pflanzeneiweifs. Lassaigne *) hat gezeigt, dafs P (von süfsen Mandeln), wenn man es der den Einwirkung der electrischen Säule a stark coagulirt an den positiven Poldraht aber auch, um den negativen Pol getrübt gerade wie bei dem thierischen Eiweifs.

Flüchtige Oele. Analyse verschiedener derselben. Rosenöl. Blanchett **) hat die Untersuchung die Zusammensetzung der flüchtigen Oel ich im letzten Jahresberichte anführte, fo *Rosenöl* fand er bestehend aus 75,11 stoff, 12,13 Wasserstoff und 12,76 Sauerstoff. weicht er sehr bedeutend ab von de Sa und Göbel; aber die Abweichungen liegen

---

*) Journ. de Ch. med. X. 680.

**) Poggend. Ann. XXXIII. 53.

mehr in einem ungleichen Gehalt von Stearopten, als in einem Fehler der Analyse. Das von Blanchett analysirte Oel enthielt ungefähr die Hälfte seines Gewichts Stearopten, welches er gleichfalls analysirte, und dabei zu demselben Resultate gelangte, welches de Saussure erhielt, nämlich zu der Formel CH^2, so daſs es also dieselbe Zusammensetzung hat, wie ölbildendes Gas und Paraffin. Es fällt aus dem Oele nieder, wenn dieses mit seinem 3fachen Gewicht Alkohol von 0,85 vermischt wird. Den Niederschlag löst man in Aether, fällt das Stearopten daraus wieder durch Alkohol, und wäscht es damit so lange ab, bis es nicht mehr nach Rosenöl riecht. Es schmilzt bei +35° *), erstarrt wieder bei +34°, ist bei +25° butterähnlich, kocht zwischen +280° und 300°, wobei es wie kochendes Oel riecht.

Das Oel aus Copaivabalsam wurde aus einem schwach gelblichen, klaren Balsam durch Destillation mit Wasser (wobei Oel und Wasser in dem Verhältnisse wie 1 : 32 übergehen) erhalten, hierauf einmal rectificirt und durch Chlorcalcium ent- Copaivaöl.

*) Herberger hat in einem von ihm untersuchten Rosenstearopten (Pharm. Centr. Bl. 1834, p. 49.) angegeben, daſs dasselbe 6 — 8seitige durchscheinende Blätter bilde; daſs es bei +15° schmelze, und hierauf in undeutlichen Krystallen sublimirt werde, mit Rücklassung von wenig Kohle. Es soll sich ferner in 480 bis 490 Theilen Alkohol von 0,80 bei +15°, und noch mehr in wasserfreiem Alkohol lösen. Von Aether und flüchtigen Oelen wird es aufgelöst. Aus einer Lösung in Alkohol fällt Chlor eine weiſse Substanz. Es löst sich in concentrirter Schwefelsäure, und färbt sich damit braun; Salpetersäure löst es schwer auf, aber Salzsäure nicht. Eben so löst es sich in Essigsäure, aber nicht in Ammoniak. Auch Kali und Natron lösen etwas auf, Säuren fällen es daraus nieder.

wässert. Es ist farblos, dünnflüssig, von aromatischem süfslichen Geruch, röthet nicht Lackmus, hat bei +22° ein spec. Gew. von 0,8784, kocht bei +245°, bedarf 25 bis 30 Theile Alkohol von 0,85 spec. Gew. zu seiner Auflösung, ist mit wasserfreiem Alkohol und alkoholfreiem Aether in allen Verhältnissen mischbar, aber kaum mit der Hälfte seines Gewichts von gewöhnlichem Aether; es ist ohne Wirkung auf Kalium, löst Jod ohne Verpuffung auf, wird mit Beihülfe der Wärme durch Salpetersäure von 1,32 zersetzt, wobei sich eine harzähnliche Substanz erzeugt, verpufft aber ohne Wärme mit rother rauchender Salpetersäure, färbt Schwefelsäure roth, absorbirt Chlorgas mit grofser Heftigkeit, wodurch es sich in einen krystallinischen, anfangs gelben, dann blauen, und zuletzt grünen Körper verwandelt. Die Zusammensetzung dieses Oels war absolut gleich der des Terpentin- und Citronenöls, es besteht also aus 88,46 Kohlenstoff und 11,54 Wasserstoff.

Dieses Oel verbindet sich mit Salzsäure. Das von Blanchett zu diesem Versuche angewandte Oel war durch Destillation des Balsams ohne Wasser erhalten, aber es schien dem mit Wasser destillirten Oele völlig gleich zu sein. Nachdem das Oel durch Chlorcalcium völlig entwässert war, leitete er Salzsäuregas hinein, welches unter Wärmeentwickelung und Braunfärbung zu einer krystallisirten Verbindung absorbirt wurde. Man läfst hierauf das unveränderte Oel von Fliefspapier einsaugen, löst die Krystalle in Aether, fällt sie mit Alkohol von 0,85 wieder aus, und wäscht den Niederschlag mit demselben Alkohol. Dieser Körper, welchen er salzsaures Copaivyl nennt, gleicht im Ansehen dem chlorsauren Kali, besitzt keinen Geruch, löst sich weder in Wasser, noch in kaltem Alkohol, aber etwas in warmem Alkohol, schmilzt leicht und erstarrt dann wieder bei +54°, kocht bei +185°, wird aber dabei zerstört und sublimirt nicht. Er wird nicht in kalter rauchender Schwefelsäure verändert, aber in der Wärme davon aufgelöst, wobei Salzsäuregas weggeht; beim Erkalten krystallisirt dann ein nicht zersetzter Theil wieder aus. Salpetersäure zersetzt ihn erst in der Wärme; aber die Auflösung desselben in Alkohol wird sowohl durch salpetersaures Quecksilberoxydul als Silberoxyd, unter Abscheidung von Chlormetallen, zersetzt. Er gibt bei der Destillation mit Schwefelblei ein ölartiges, nach Knoblauch riechendes Product, welches nicht erhalten wird, wenn man in das Oel Schwefelwasserstoffgas einleitet. Diesen Körper fand er zusammengesetzt aus:

	Gefunden.	Atome.	Berechnet.
Kohlenstoff	57,59	5	57,94
Wasserstoff	8,73	9	8,50
Chlor	33,04	1	33,55.

Diese Zusammensetzung entspricht folglich der Formel C^5H^8+ClH, und das Copaivaöl hat gleiche Atomenzahlen mit Citronenöl, nämlich C^5H^8, eben so wie die salzsaure Verbindung isomerisch ist mit der des Citronenöls.

Zwei andere ganz gleich zusammengesetzte Oele fand Blanchett in dem Oele von Wachholderbeeren. Acht Pfund unreife Wachholderbeeren gaben, mit Salzwasser destillirt, zwei Unzen Oel, welches durch eine fractionsweise ausgeführte Destillation in ein flüchtigeres und in ein weniger flüchtiges zerlegt werden konnte. Dieselbe Menge reifer Wachholderbeeröl.

Wachholderbeeren gab nur eine halbe Unze Oel, welches blofs aus dem weniger flüchtigen bestand.

Das *flüchtigere* ist farblos, riecht nach Wachholderbeeren und etwas nach Fichtenöl. Beim Schütteln mit Salzwasser scheidet sich eine krystallinische Substanz, wahrscheinlich ein Hydrat des Oels, aus. Das aufschwimmende Oel wurde abgenommen, über gebranntem Kalk rectificirt, und durch Chlorcalcium von Wasser befreit. Dieses Oel gehört zu den am wenigsten haltbaren. Ein Tropfen auf Papier getropft, wird in einigen Augenblicken zähe und schnell in Harz verwandelt. Es hat ein spec. Gew. von 0,8392, kocht bei +155°, löst sich schwer in Alkohol von 0,85, gibt mit gleichen Theilen wasserfreiem Alkohol ein klares Gemisch, scheidet sich aber aus dieser Lösung nach und nach wieder ab, je mehr Alkohol zugefügt wird. Es löst sich in gewöhnlichem Aether, läfst sich aber in allen Verhältnissen mit alkoholfreiem Aether mischen.

Das *weniger flüchtige* Oel kann nicht farblos erhalten werden, auch wenn es dem Reinigungsprozesse des vorhergehenden unterworfen wird. Sein spec. Gewicht ist 0,8784 bei +25°, sein Kochpunkt ist bei +205°. Es ist schwerlöslich in Alkohol von 0,85, bedarf 8 Theile wasserfreien Alkohol zur Auflösung, löst sich in jedem Verhältnisse in reinem Aether, verpufft nicht mit Jod, und wird nicht durch Kalium zersetzt. Diese beiden Oele haben dieselbe Zusammensetzung, wie das Terpentinöl, nämlich $C^{10}H^{16}$. Wenn man zu dem mit dem Oele zugleich überdestillirten Wasser kaustisches Kali setzt, so fällt eine krystallinische Substanz nieder, welche Wachholderölhydrat $= C^{10}H^{16} + 2\dot{H}$ zu sein scheint. Dieselbe Verbindung bildet sich auch, wenn man das Oel mit Wasser mischt und in einem verkorkten Gefäfse einige Wochen lang aufbewahrt, wobei das Hydrat oberhalb des Oels krystallisirt.

Cajeputöl. Das Cajeputöl, welches unverfälscht ist, hat ein spec. Gewicht =0,9274 bei +25°, und kocht bei +175°. Seine grüne Farbe ging bei +120° in Gelb über, und das Destillat war farblos. Das zuerst übergehende hatte ein spec. Gewicht =0,9196 und kochte bei +173°. Das Letztere kochte bei 175°. Bei der Destillation blieb eine kleine Menge Harz zurück, welches nach dem Verbrennen keine Asche zurückliefs, das Oel enthielt also nicht Kupfer. In dem rectificirten Oele löste sich Jod ohne Verpuffung auf. Kalium wurde darin zu Kali oxydirt, ohne dafs das Oel dabei braun wurde. Schwefelsäure färbte das Oel in der Kälte gelb. Salpetersäure bewirkte dagegen damit keine Veränderung. Die Zusammensetzung ist:

	Gefunden.	Atome.	Berechnet.
Kohlenstoff	77,90 — 78,11	10	78,12
Wasserstoff	11,57 — 11,38	18	11,49
Sauerstoff	10,53 — 10,51	1	10,38.

Zimmtöl. Das ceylonische Zimmtöl, erhalten durch Destillation der Zimmtrinde mit Salzwasser, gab zwei Oele, ein leichteres und ein schwereres. Beide kommen im Handel mit einander vermischt vor. Das so gemischte Oel hat ein spec. Gew. =1,008 bei +25°, kocht bei +220°, und besteht aus 81,44 Kohlenstoff, 7,68 Wasserstoff und 10,88 Sauerstoff. Das eine derselben verbindet sich mit Baryt, und gibt damit eine lösliche, mit Kalk aber eine unlösliche Verbindung, woraus das Oel durch Säuren wieder abgeschieden wird.

Das Zimmtöl ist übrigens noch näher von Dumas und Peligot *) untersucht worden, von welcher Arbeit ebenfalls nur ein dürftiger Auszug bekannt geworden ist. Im Handel kommen zwei Sorten Zimmtöl vor, nämlich chinesisches, welches eine dunkelrothe Farbe und einen unangenehmen wandläuseähnlichen Geruch besitzt, und deshalb von geringerem Werthe ist, so dafs 36 bis 40 Franken für's Pfund bezahlt werden, und ceylonisches, von dem die Unze 30 bis 40 Franken kostet. Dieses ist aber dennoch nicht rein. Daher versuchten Dumas und Peligot, das Oel aus der Zimmtrinde durch Destillation mit Salzwasser selbst zu bereiten, was ihnen sehr hoch zu stehen kam. Es mufste völlig gesättigte Kochsalzlösung angewandt und bei raschem Feuer destillirt werden. Dabei ging ein milchiges Wasser über, woraus sich das Oel absetzte, welches hierauf mit Chlorcalcium von Wasser befreit, und nun als rein angesehen wurde.

Dieses Oel hat jetzt die Eigenschaft, sich sowohl mit Säuren, als auch mit Basen zu vereinigen, und damit krystallisirbare Verbindungen zu geben, wovon die mit Basen dasselbe mehr der Klasse der Säuren annähern. Da Zimmtöl die Eigenschaft besitzt, beim Erhitzen mit Kalihydrat, unter Entwickelung von Wasserstoffgas, ein Kalisalz zu bilden, wie solches mit dem Bittermandelöle geschieht, so halten sie es für wahrscheinlich, dafs dasselbe für eine Verbindung des Wasserstoffs mit einem Radikal, welches sie, in Uebereinstimmung mit Benzoyl, *Cinnamyl* nennen, erklärt werden müsse. Mit diesen Verhältnissen steht aber nicht das Verhalten des Oels gleich wie eine Basis gegen eine Säure in

*) Journ. für pract. Ch. III. 57.

Zusammenhange. Die Zusammensetzung des Zimmtöls fanden sie, wie folgt:

	Gefunden.	Atome.	Berechnet.
Kohlenstoff	81,8 — 81,3	18	82,1
Wasserstoff	6,4 — 6,1	16	5,9
Sauerstoff	11,8 — 12,6	2	12,0.

Die Verfasser bemerken, daſs man hiernach das Zimmtöl als eine Verbindung betrachten könne, von

1 Atom Benzoyl	$14C + 10H + 2O$, und
1 Atom Essigsäureradikal	$4C + 6H$
	$18C + 16H + 2O$,

woraus sich die Bildung der Benzoësäure, welche sich, wie wir weiter unten sehen werden, bei verschiedenen Gelegenheiten daraus erzeugt, erklären lasse.

Uebergieſst man das im Handel vorkommende, sowohl das chinesische als das ceylonische, Zimmtöl mit Salpetersäure, und schüttelt es damit zusammen, so vereinigen sie sich allmälig, und verwandeln sich in eine krystallisirte Verbindung, welche oft in langen, durchscheinenden, schiefen Prismen mit rhombischer Basis anschieſst. Ein Theil des Oels geht nicht mit in die Verbindung, und muſs dann durch Einsaugung in Papier davon getrennt werden, wohl aber ist der Zutritt von Wasser zu vermeiden. Bei der Verbrennung dieser Verbindung mit Kupferoxyd fanden sie, daſs sie besteht aus 1 Atom Zimmtöl, 1 Atom Salpetersäure und 1 Atom Wasser $= C^{18}H^{16}O^{2} + \dddot{\ddot{N}} + \dot{H}$. Wasser und Feuchtigkeit der Luft zersetzen diese Verbindung, wobei das Oel abgeschieden wird; aber das so erhaltene Oel krystallisirt sogleich mit Salpetersäure.

Salzsäure verbindet sich ebenfalls mit Zimmtöl, wenn man sie gasförmig hineinleitet. Die mit Salzsäuregas gesättigte Masse ist fest und grün, und entspricht der Formel $C^{18}H^{16}O^{2}+ClH$.

Mit Ammoniakgas vereinigt sich das Zimmtöl zu einem trocknen, festen Körper, welcher luftbeständig ist und sich leicht zu Pulver reiben läßt. Die Zusammensetzung $=C^{18}H^{16}O^{2}+NH^{3}$. Andere Verbindungen mit Basen finden sich nicht beschrieben.

Wird Zimmtöl lange aufbewahrt, so setzen sich daraus Krystalle ab. Diese Krystalle sind sauer und haben so viel Aehnlichkeit mit der Benzoësäure, dafs man sie dafür gehalten hat. In kochendem Wasser sind sie auflöslich und setzen sich beim Erkalten in farblosen Blättern wieder daraus ab. Diese Krystalle sind eine eigenthümliche Säure, welche sie Zimmtsäure genannt haben. In den Krystallen aber ist die Säure mit Wasser verbunden. Sie analysirten diese Säure und fanden dafür die Formel $C^{18}H^{14}O^{3}$. Es ist leicht einzusehen, dafs diese Säure durch Oxydation auf Kosten des Sauerstoffs der Luft entsteht, denn wenn das Oel nach der Formel $C^{18}H^{16}O^{2}$ zusammengesetzt ist, so ist die wasserhaltige krystallisirte Säure $=C^{18}H^{16}$... Wenn Zimmtöl ein Cinnamylwasserstoff ist, nämlich $=C^{18}H^{14}O^{2}+2H$, so ist es klar, dafs dabei das Cinnamyl mit einem Atom Sauerstoff die Säure bildet, und jene 2 Atome Wasserstoff mit einem Atom Sauerstoff Wasser erzeugen. Ist das Zimmtöl feucht, so geht die Bildung dieser Säure viel geschwinder vor sich, es wird Sauerstoff absorbirt, aber kein Nebenproduct dabei erzeugt.

Stärker oxydirende Substanzen, wie z. B. kochende Salpetersäure oder Chlorkalk, bewirken ...

Oxydation noch weiter, so daſs sich 4 Atome Kohlensäure neben 2 Atomen Wasser daraus bilden, und $C^{14}H^{10}$ mit 3 Atomen Sauerstoff und 1 Atom Wasser oder 1 Atom Kalkerde verbunden hinterbleibt, mit einem Wort, man erhält im ersteren Falle krystallisirte Benzoësäure, im letzteren aber benzoësaure Kalkerde. Dabei wird, zufolge ihrer Vermuthung, auch Ameisensäure gebildet. Wenn von 1 Atom Zimmtsäure

	18C + 16H + 4O
erhalten wird 1 At. Benzoësäure	14C + 12H + 4O
so bleiben übrig	4C + 4H,

welche mit 6 Atomen Sauerstoff 2 Atome Ameisensäure bilden. Die erhaltene Flüssigkeit hatte wirklich die Eigenschaft, nach Neutralisation metallisches Silber zu fällen, wenn sie mit salpetersaurem Silberoxyd vermischt und erwärmt wurde.

Auch mit Chlor verbindet sich das Zimmtöl, und wird es damit gesättigt, so bildet sich eine Substanz, welche in langen, weiſsen Nadeln sublimirt werden kann. Dabei bildet sich Salzsäure. Den neuen Körper nennen sie chloro-cinnor; er besteht aus $C^{18}H^{8}Cl^{8}O^{2}$. Er ist also Zimmtöl, worin die Hälfte seines Wasserstoffs durch eine gleiche Anzahl von Atomen Chlor ersetzt ist. Eine flüssige Verbindung mit Chlor soll sich vor der festen erzeugen, aber sie hat nicht rein erhalten werden können.

Herberger *) hat bemerkt, daſs aus Jasminöl, wenn es bis +7° abgekühlt ist, sich ein krystallisirtes Stearopten absetzt, theils in Gestalt von Blättchen, theils als körnige, talgartige Masse, welche auf Wasser schwimmt, bei +12° schmilzt, ange- Stearopten aus Jasminöl.

*) Buchners Repert. XLVIII. 108.

nehm riecht und campherähnlich schmeckt. Es ist wenig in Wasser löslich, leicht in Alkohol, Aether, fetten und flüchtigen Oelen löslich; es oxydirt nicht Kalium, löst Jod in Menge auf, und bildet damit eine anfänglich braune, nachher grüne Flüssigkeit, welche mit etwas Rückstand sich leicht überdestilliren läfst. Schwefelsäure löst davon einen Theil auf und scheidet eine rothgelbe, wachsähnliche Substanz aus, welche durch Kali gebleicht wird. Es verbindet sich mit Salpetersäure, wird anfangs dabei flüssig, und löst sich nachher ohne sichtbare Zersetzung darin auf. Salzsäure läfst auch eine wachsähnliche Substanz ungelöst. Es backt in Essigsäure und Ammoniak ohne sichtbare Lösung zusammen. Dasselbe geschieht mit verdünnten Lösungen des ätzenden und kohlensauren Kali's, aber etwas wird davon aufgelöst.

Stearopten von Nelkenöl. Bonatre *) hat eine krystallinische Substanz beschrieben, welche sich nach einiger Zeit in einem mit Nelkenöl gesättigten destillirten Wasser bildet. Diese Substanz ist nicht Caryophyllin, und ist daher von ihm *Eugenin* (von Eugenia caryophyllata) genannt worden. Sie krystallisirt in dünnen, weifsen, durchscheinenden, mehrere Linien breiten Schuppen, die aber mit der Zeit gelb werden. Sie besitzt einen schwachen Geruch des Oels, und hat wenig Geschmack. Sie löst sich in Alkohol und Aether in allen Verhältnissen. Sie färbt sich mit Salpetersäure blutroth, ganz eben so, wie das Nelkenöl, wodurch es sich von Caryophyllin unterscheidet, welches nicht dadurch gefärbt wird. Die Analyse dieser Substanz von Dumas wurde im letzten Jahresberichte, p. 294., angeführt, ohne dafs über

*) Journ. de Pharm. XX. 565.

die Eigenschaften derselben und ihren Namen, welcher ihr damals noch nicht gegeben war, etwas gesagt werden konnte. Anstatt dafs es, in Uebereinstimmung mit anderen, dem Wasser ausgesetzten Oelen, eine Verbindung von 1 Atom Nelkenöl mit 1 oder 2 Atomen Wasser hätte sein sollen, fand er, dafs es Nelkenöl war, welches 1 Atom Wasser verloren hatte.

Terpentinöl mit Schwefelsäure destillirt.

Boutigny *) hat gleiche Theile concentrirter Schwefelsäure und Terpentinöls zusammen destillirt. In die Vorlage gingen zwei Flüssigkeiten über, die sich nicht vermischten. Die schwerere war farblos und roch stark nach schwefliger Säure. Als diese Säure durch Kalkerde und Wasser daraus entfernt war, roch das Uebriggebliebene unerträglich. Die leichtere Flüssigkeit war gelb, enthielt freie Schwefelsäure, welche durch kohlensaures Kali weggewaschen werden konnte; dadurch wurde es ganz neutral, roch eigenthümlich, etwas nach Thymian. Gewöhnliche Reagentien wirkten nicht darauf. In der Retorte hinterblieb ein schwarzer Theer, welcher Schwefelsäure, die von Wasser ausgezogen wurde, enthielt. Die zähe Masse wurde von wasserfreiem Alkohol, mit Hinterlassung eines schwarzen unlöslichen Theils, aufgelöst. Beide enthielten Schwefel, und gaben bei der Destillation Schwefelwasserstoff, Schwefel und ein flüchtiges Oel, auf welches Kalium ohne Wirkung war. Dieses Verhalten der Schwefelsäure zu Terpentinöl verdient weiter verfolgt zu werden.

Fuselöl der Kartoffeln.

Dumas **) hat das Fuselöl der Kartoffeln untersucht. Er hatte es im rohen Zustande erhal-

*) Journ. de Ch. Med. X. 385.

**) Annales de Ch. et de Ph. LVI. 314.

ist demnach das Radikal mit 1 Atom-Sauerstoff, den von Rose untersuchten Harzen mit 2 und in dem Pastó-Harze mit 4 Atomen den. Auch dieses scheint ein electronegatives zu sein.

Caoutchouc. Beale und Enderby *) haben durch Destillation des Caoutchouc's 83⅓ Proc. seines wichts eines flüchtigen Oeles daraus erhalten, ches ein spec. Gewicht von 0,640 besafs, und Dumas aus 88,0 Kohlenstoff und 12,0 W bestand. Es ist farblos und klar, und riecht Die merkwürdigste Eigenschaft desselben ist die, es Copal und das Caoutchouc selbst auflöst.

Analyse des Opiums. Mulder **) hat 5 Opiumsorten von untersucht. Das Resultat dieser Untersu Zahlen ist folgendes:

Narcotin	6,808	8,150	9,360	7,702
Morphin	10,842	4,106	9,852	2,842
Codeïn	0,678	0,834	0,848	0,858
Narceïn	6,662	7,506	7,684	9,902
Meconin	0,804	0,846	0,314	1,380
Meconsäure	5,124	3,968	7,620	7,252
Fett	2,166	1,350	1,816	4,204
Caoutchouc	6,012	5,026	3,674	3,754
Harz	3,582	2,028	4,112	2,208
Gummiger Extractivstoff	25,200	31,470	21,834	22,606
Gummi	1,042	2,896	0,698	2,998
Pflanzenschleim	19,086	17,098	21,064	18,496
Wasser	9,846	12,226	11,422	13,044
Verlust	2,148	2,496	0,568	2,754

*) L'Institut, 1834, No. 69. p. 290.

**) G. J. Mulder's Natuur- en Scheikundig-Archief,

Schindler *) gibt folgendes Resultat vergleichender Analysen des Opiums aus verschiedenen Gegenden an:

	von Smirna.	von Konstantinopel.	von Egypten.
Morphin	10,30	4,50	7,00
Codeïn	0,25	0,52	
Meconin	0,08	0,30	
Narcotin	1,30	3,47	2,68
Narceïn	0,71	0,42	
Meconsäure	4,70	4,38	
Eigenthümliches Harz	10,93	8,10	
Kalkerde	0,40	0,02	
Talkerde	0,07	0,40	
Thonerde, Eisenoxyd, Kieselerde und phosphorsaure Kalkerde	0,24	0,22	
Salze und flüchtiges Oel, ungefähr	0,36	0,36	
Pflanzenschleim, Caoutchouc, saures Fett und Faserstoff	26,25	17,18	
Braune in Alkohol und Wasser lösliche Säure	1,04	0,40	
Braune, nur im Wasser lösliche Säure, Gummi und Verlust	40,13	56,49.	

Kuhlmann **) hat durch mehrere Versuche dargethan, dafs die bekannte Erscheinung der Reduction und Wiederoxydation des Indigo's auch bei

Mehrere Pflanzenfarben sind nur höhere Oxy-

*) Pharm. Centr. Bl. 1834, No. 60. p. 950. Vergl. hiermit die von Biltz angestellten Analysen, Jahresbericht 1833, p. 280.

**) Annales de Ch. et de Ph. LIV. 291.

dationsstufen, die reducirbar sind.

sehr vielen Pflanzenfarben, welche anfänglich im Pflanzenreiche im ungefärbten Zustande gefunden, allmälig aber durch den Einfluſs des Sauerstoffs der Luft gefärbt werden, hervorgebracht werden kann. Daſs einige Farben, welche wir aus Flechten erhalten, wie z. B. Lackmus und Orseille, sich so verhalten, ist schon länger bekannt. Kuhlmann führt an, daſs die braune, beinahe schwarze Farbe, welche der Saft von Kartoffeln und Runkelrüben in Berührung mit Luft annimmt, nicht in einem Gase entstehe, welches keinen Sauerstoff enthalte. Ist die Färbung einmal eingetreten, so kann sie durch Zinnoxydul wieder aufgehoben werden, so daſs die Flüssigkeit farblos wird, und eine Portion des Zinnoxyduls in Zinnsesquioxydul übergeht. Wurde ein Decoct von Campechenholz mit Salzsäure vermischt und nun ein wenig Zink zugesetzt, so veränderte sich die Farbe sehr bald, anfangs in Braun und dann in Gelb. Aehnliches findet in dem Inneren der Holzblöcke statt, bevor die Wirkung der Luft sich dahin erstrecken konnte. Nachher fallen daraus eine Menge kleiner, glänzender, weiſsgrauer Krystalle nieder, welche an der Luft sich wieder rothbraun färben. Sie sollen später näher untersucht werden. Die gelbe Auflösung absorbirte aus der Luft wieder Sauerstoff, wurde dadurch wieder roth, und setzte kleine karmoisinrothe Krystalle ab. Durch schwefelsaures Eisenoxydul und kaustisches Kali wurde das Decoct entfärbt, aber es erhielt seine Farbe nicht wieder an der Luft, obschon keine Spur des Farbstoffes mit dem neugebildeten Eisenoxyd niedergefallen war. In dem Decoct von Brasilienholz, in dem Safte von rothem Kohl, und in dem durch freie Säure gerötheten Safte der rothen Runkelrüben bewirkte sowohl Schwefelwasserstoff, als auch sich auflösendes Zink, dieselbe Reduction; aber die Farbe des rothen Kohls und der rothen Rüben erscheint, nach Reduction mit Ammonium-Sulfhydrat, an der Luft nicht wieder. Auch Cochenilleroth läfst sich auf diese Weise reduciren, besonders schnell durch auflösendes Zink, worauf die rothe Farbe durch Absorption von Sauerstoff wieder zum Vorschein kommt. Kuhlmann hat mehrere Versuche angestellt, um zu beweisen, dafs die bleichenden Wirkungen der schwefligen Säure auf einige Farbstoffe in einer Reduction bestehen, und glaubt es dadurch zu beweisen, dafs eine gewisse Portion Chlor die Farbe wieder herstellt. Aber, so viel Wahrscheinlichkeit dieses Raisonnement auch hat, so finden wir doch in älteren Versuchen keine Bestätigung, worin nämlich gezeigt ist, dafs ohne Zugabe von Sauerstoff die Farben wieder hergestellt werden durch eine stärkere Säure, wie z. B. durch Schwefelsäure, welche die schweflige Säure austreibt. Bis jetzt kennt man keine Reductions-Erscheinungen bei anderen Pflanzenfarben, als rothen oder blauen, aber nicht mit gelben oder grünen.

Mit dem Farbstoffe der Rhabarberwurzel sind theils von Brandes, theils von Geiger *) sehr interessante Versuche angestellt worden. Aus diesen Versuchen folgt, dafs dieser Farbstoff, gleichwie die Farbstoffe im Allgemeinen, ein electronegativer Körper ist, welcher sich gerne mit Basen verbindet. Brandes hat dafür den Namen *Rhein* vorgeschlagen, welcher sowohl wegen seiner Kürze als seines Wohlklangs dem von Geiger gewählten Rhabarbarin vorgezogen zu werden verdient.

---

*) Annal. der Pharm. IX. 85, 91, 304.

Das von Vaudin beschriebene Rheïn (Jahresb. 1828, p. 270.) ist völlig dieselbe Substanz. Ich werde 2 Bereitungsmethoden anführen, wovon die eine, von Brandes, zwar die kürzeste ist, aber nach welcher nicht alles gewonnen wird, und die andere, von Geiger, wiewohl sie umständlicher ist, jedoch die möglichst gröfste Ausbeute liefert, welche sich auf ½ Unze von 1 Pfund chinesischen Rhabarber beläuft.

1. Man zieht Rhabarberpulver mit Aether aus (am besten auf die von Pelouze beim Galläpfelpulver in Anwendung gebrachte Weise, Jahresb. 1835, p. 229.), destillirt den Aether wieder ab, so dafs davon nur wenig im Rückstande verbleibt, und überläfst die Flüssigkeit sich selbst, wobei sich daraus kleine braungelbe Krystallkörner absetzen; diese befreit man durch Pressen von der Mutterlauge, und löst sie dann in kochendem 75 procentigen Alkohol auf; beim Erkalten scheiden sie sich nun in reinerer Gestalt aus. Durch ein- oder mehrmaliges Auflösen und Umkrystallisiren erhält man das Rheïn völlig rein.

2. Die Rhabarberwurzel wird mit Alkohol ausgezogen, der Alkohol wieder abdestillirt, der Rückstand mit Wasser bis zur starken Trübung angerührt, mit ziemlich viel Salpetersäure vermischt, und unter öfterem Umrühren 4 Monate lang an einem temperirten Orte bei Seite gestellt. Nach dieser Zeit, wo die meisten der Reindarstellung des Rheïns hinderlichen Substanzen zerstört worden sind, mischt man so lange Wasser hinzu, bis dadurch keine Trübung mehr entsteht, worauf man das Gefällte, worin das Rheïn enthalten ist, auf einem Filter sammelt, und daraus die Säure auswäscht. Nach dem Trocknen behandelt man es his

zur völligen Erschöpfung mit Aether; hierbei wird eine dunkelgelbe Flüssigkeit erhalten, die man mit ein wenig frisch gefälltem Bleioxyd vermischt, welches daraus allen Gerbstoff aufnimmt, wobei aber nicht verhindert werden kann, dafs sich nicht auch Rheïn damit verbindet; wodurch es eine rothe und in Berührung mit Luft eine violette Farbe annimmt. Die Aetherlösung enthält indessen jetzt den reinen Farbstoff. Der gröfste Theil des Aethers wird abdestillirt, und der Rückstand auf einer flachen Schale der freiwilligen Verdunstung überlassen, wobei das Rheïn in hochgelben Krystallkörnern von ausgezeichneter Schönheit anschiefst, welche sich aber an den äufseren Rändern der Flüssigkeit etwas in's Purpurrothe ziehen. Aus dem Bleioxyde kann mit neuem Aether noch viel Rheïn ausgezogen werden. Zwischen den Krystallkörnern, welche so erhalten werden, bemerkt man mit einem Microscop kleine, durchscheinende, fast farblose Blättchen. Aber diese verhalten sich doch wie Rheïn, und scheinen sich durch nichts anderes zu unterscheiden, als durch eine durch deutlichere Auskrystallisirung bewirkte gröfsere Dichtigkeit. Zersetzt man das rothgefärbte Bleioxyd mit Aether und wenig Schwefelsäure, so erhält man noch mehr Rheïn, welches eben so rein ist, wie das Vorhergehende, dabei bleibt die Verbindung der Schwefelsäure mit dem Gerbstoff ungelöst zurück, und es scheint, als könne die Digestion der Bleiverbindung mit blofsem Aether erspart werden.

Die Masse, welche der Aether ungelöst zurückläfst, wird zu Pulver zerrieben und mit einem Gemisch von drei Theilen Wasser und einem Theile Salpetersäure behandelt, welche letztere dabei zersetzt wird; die Einwirkung unterstützt man gegen das Ende durch Wärme, bis die Salpetersäure keine Wirkung mehr ausübt. Wird das dabei ungelöst Gebliebene auf einem Filter gesammelt, ausgewaschen, getrocknet und mit Aether und Bleioxyd wie zuvor behandelt, so erhält man eine neue Portion Rheïn. Diese Operationsmethode gründet sich auf die Löslichkeit des Rheïns in Aether und seine Eigenschaft, durch Salpetersäure nicht zerstört zu werden; Eigenschaften, welche schon früher aus Vaudin's Arbeit, wobei derselbe sich ihrer bediente, bekannt waren.

Das Rheïn hat folgende Eigenschaften: Kleine Körner oder warzenförmige Auswüchse, welche beim Trocknen ein nicht krystallinisches Pulver hinterlassen, welches eine intensivere gelbe Farbe, als Rhabarber selbst besitzt. Es ist geruch- und geschmacklos. Im trocknen Zustande ist es an der Luft unveränderlich. Es schmilzt beim Erhitzen zuerst ohne Zersetzung zu einer klaren, gelben Flüssigkeit, färbt sich aber dann rothbraun und wird verkohlt, wobei sich aber kein Ammoniak erzeugt. Uebrigens kann es theilweise sublimirt werden. Es gibt einen gelben Rauch, welcher sich an kälteren Theilen zu einem gelben Anflug verdichtet, worin oft krystallinische Theile entdeckt werden können. Es ist sehr schwerlöslich in Wasser; kaltes Wasser löst ungefähr $\frac{1}{1000}$ auf, und färbt sich damit schwach gelb. Kochendes Wasser löst doppelt so viel auf, und färbt sich dadurch dunkler gelb. Alkohol von 75 Proc. löst sehr wenig davon auf, und in der Kälte ein wenig mehr als in der Wärme. Von wasserfreiem Alkohol bedarf es 112 Theile in der Siedhitze, in der Kälte aber 480 Theile zur Auflösung. Diese Lösungen röthen Lackmus. In Terpentin- und Mandelöl löst es sich in der

Kälte wenig, aber in gröfserer Menge, wenn man es damit kocht. Schwefelsäure und Salpetersäure färben es dunkelroth und lösen es auf; Wasser fällt es daraus aber unverändert und ohne einen Säuregehalt wieder aus. Salpetersäure kann darüber abdestillirt werden, ohne dafs dabei irgend eine Veränderung bewirkt wird. Mit Salzbasen bildet es schöne rothe Verbindungen; die Verbindungen mit den Erden und Metalloxyden werden durch doppelte Zersetzung aus den Verbindungen des Rheïns mit Alkalien dargestellt. Sie sind unlöslich und die mit Metalloxyden verschieden gefärbt. Kupferoxyd gibt z. B. eine violette Verbindung, die an der Luft fast wie Kornblumen blau wird. Uebrigens sind diese Verbindungen nicht näher untersucht. Nach Geiger's Versuchen ist das Rheïn der wirksame Bestandtheil der Rhabarberwurzel, und findet sich in einer Infusion derselben in sofern aufgelöst, als es sich vermittelst anderer Bestandtheile der Wurzel in einer auflöslichen Verbindung darin befindet.

Gelber Farbestoff in Boletus hirsutus.

Lasteyrie *) gibt an, dafs Boletus hirsutus (Bulliard) eine reichliche Menge eines gelben Farbstoffes enthalte, welcher sich nicht nur zum Färben der Zeuge, sondern auch zu Wasser- und Oelfarben eigne. Schon durch blofses Kochen von einer Unze des Schwammes mit 6 Pfund Wasser wird eine Farbebrühe erhalten, die zum Färben angewandt werden kann, was vorzüglich schön auf Seide ausfällt. Dieser Farbstoff ist noch nicht isolirt dargestellt worden, so wie auch seine übrigen Eigenschaften noch unbekannt sind.

---

*) Pharm. Centr. Bl. 1834, No. 33. p. 526.

Gelber Farbstoff der Parmelia parietina.

Bei einer Untersuchung der gelben Wandflechte, Parmelia parietina, hat Herberger *) mit dem von Schrader darin entdeckten krystallisirbaren gelben Farbstoff einige Versuche angestellt. Nach Herberger enthält diese Flechte 3½ Proc. davon. Er fand, dafs derselbe bis zu einem gewissen Grade unverändert sublimirt werden kann, jedoch nicht ohne Einmischung von Zersetzungsproducten. Concentrirte Schwefelsäure löst ihn mit karminrother Farbe auf, welche sich bald in Blutroth verändert. Das anfänglich dabei Ungelöstbleibende gleicht einem schwarzen Harze, wird aber allmälig von der Säure aufgelöst. Kohlensaure Alkalien und Ammoniak lösen ihn mit gelber Farbe auf, kaustisches Kali aber anfänglich mit karminrother, nachher violett werdender Farbe; durch Säuren wird es aber wieder gelb. Bleioxyd und Zinnoxydul geben damit gelbe Lackfarben.

Rother Farbstoff in derselben Flechte.

Herberger hat ferner einen karminrothen, krystallisirbaren Farbstoff gefunden, welcher durch anhaltendes Kochen des gelben Farbstoffes mit Wasser daraus ausgezogen wird und höchstens ½ Procent vom Gewichte der Flechte beträgt. Dieser Farbstoff ist unlöslich in kaltem Wasser, aber auflöslich in Alkohol, Aether und flüchtigen Oelen. Er löst sich in concentrirter Schwefelsäure, und so auch in kaustischen und kohlensauren Alkalien mit rother Farbe auf. Er gibt mit Bleioxyd, Zinnoxydul und Alaunerde röthliche Lackfarben.

Pectin. Bereitung desselben.

Simonins **) gibt folgende Bereitungsmethode für das Pectin an: Man vermischt den ausgepreſsten klaren Saft von Wein- oder Johannis-

*) Buchner's Repert. XLVII. 179.

**) Journ. de Pharm. XX. 467.

beeren mit dem ebenfalls klaren Safte von sauren Kirschen, worauf sich das Pectin in Menge absetzt. Man decantirt sodann den Saft und wäscht das Pectin so lange, als noch etwas Färbendes ausgezogen wird. (Mehrere Säfte von unseren Früchten gelatiniren einige Zeit nachher, wenn sie mit ein wenig Salmiak vermischt worden sind.) Ich führe diese Bereitungsmethode an, weil sie weniger kostbar ist, als die von Braconnot, (Jahresb. 1833, p. 205.).

Santonin.

Trommsdorff *), d. Sohn, hat das Santonin einer vollständigen Untersuchung unterworfen. Folgende ist seine Bereitungsmethode: 4 Theile gröblich gepulverter Wurmsamen (Sem. santonicae) werden mit 1½ Theilen trockner kaustischer Kalkerde gemischt und dreimal nach einander mit 16 bis 20 Theilen Branntwein von 0,93 bis 0,94 in Digestionswärme ausgezogen. Die gesammelten Alkoholauszüge werden destillirt, bis davon nur noch 12 bis 16 Theile übrig sind, welche nach dem Erkalten von dem durch Filtration getrennt werden, was sich dabei absetzte. Diese Lösung enthält nun eine Verbindung der Kalkerde mit Santonin; sie wird bis zur Hälfte abgedunstet, noch warm mit Essigsäure vermischt, so dafs davon ein deutlicher Ueberschufs vorhanden ist, und nun der Abkühlung übergeben. Das Santonin setzt sich jetzt in federähnlichen Krystallen ab, aber nicht rein, sondern vermischt mit einem braunen, harzartigen Körper, dessen Verbindung mit Kalk ebenfalls in der Lösung gefunden wird. Wird die Mutterlauge weiter zur Syrupsdicke verdunstet, und hierauf mit kaltem Wasser verdünnt, so entsteht ein mit Santoninkry-

*) Annal. der Pharm. XI. 190.

stallen untermischter Niederschlag. Beide Santoninfällungen werden nun mit einander vermischt und mit sehr kleinen Mengen kalten Alkohols wiederholt gerieben, so dafs dadurch das Harz mit dem möglichst kleinsten Verluste von Santonin aufgelöst wird; man sammelt das Santonin dann auf einem Filter, und wäscht es darauf mit kaltem und in kleinen Mengen aufgegossenem Alkohol so lange aus, bis er farblos abtropft. Das zurückbleibende Santonin wird in der 8- bis 10 fachen Menge 80 procentigen Alkohols in der Siedhitze aufgelöst, die Lösung mit etwas Blutlaugenkohle vermischt, kochendheifs filtrirt, und zum Abkühlen hingestellt. Man erhält dabei das Santonin in mehr oder weniger deutlichen, farblosen Krystallen angeschossen, welche sowohl im trocknen wie feuchten Zustande vor Lichtzutritt geschützt werden müssen.

Der Alkohol, womit das Santonin gewaschen, so wie der, woraus dasselbe krystallisirt worden ist, enthält davon noch etwas aufgelöst. Der Alkohol wird daher abdestillirt, der Rückstand in der Wärme in kaustischem Kali aufgelöst, die Lösung mit 6 bis 8 Mal so viel kaltem Wasser verdünnt, und bis zur sauren Reaction mit Essigsäure vermischt. Das Harz fällt dabei sogleich nieder, und die Flüssigkeit gibt nach Filtration und einiger Verdunstung eine Portion Santonin, welches ebenfalls mit Alkohol umkrystallisirt werden mufs.

Das Santonin besitzt folgende Eigenschaften: es krystallisirt in platten, sechsseitigen, an den Enden quer abgestumpften Prismen; auch bildet es lange Blätter, oder rectanguläre Tafeln und federförmige Krystalle mit Strahlen, die von der Mittellinie rechtwinklig ausgehen. Es ist farblos, ohne Geruch und Geschmack. Nach längerem Kauen bemerkt man etwas Bitteres. Es bricht das Licht sehr stark, und färbt sich, demselben ausgesetzt, in wenig Minuten gelb. Im Dunkeln erleidet es keine Veränderung. Das specifische Gewicht desselben ist =1,247 bei +21°. Es schmilzt zwischen +135° und 136° zu einer farblosen Flüssigkeit, die beim Erkalten krystallinisch erstarrt. Dabei verliert es nichts von seinem Gewichte. Erhält man es wenige Grade über +136°, so stöſst es einen weiſsen, dicken Rauch aus, und kann, bei groſser Sorgfalt, unverändert und ohne alle Zersetzung in Nadeln sublimirt werden; steigt aber die Temperatur höher, so wird das Sublimat gelb und nicht krystallinisch, es schmilzt dann leicht und flieſst wieder zurück. In offener Luft kann es entzündet werden, und brennt mit leuchtender, ruſsender Flamme. Von kaltem Wasser bedarf es 4- bis 5000 Theile, von kochendem aber nur 250 Theile zur Auflösung. Von Alkohol, dessen spec. Gewicht =0,848 ist, bedarf es zur Auflösung 43 Theile bei +15°, 12 Theile bei +50°, und nur 2,7 Theile bei +80°; von Branntwein, dessen spec. Gewicht =0,928 ist, 280 Theile bei +15°, und 10 Theile bei +84°. Es löst sich in 75 Theilen kaltem und und 42 Theilen kochendem Aether. Auch wird es von fetten und flüchtigen Oelen aufgelöst. Keine dieser Auflösungen reagirt auf Pflanzenfarben, aber die mit Alkohol schmeckt sehr bitter. In geschmolzenem Zustande verbindet es sich weder mit Schwefel noch Phosphor. Auch Chlor und Jod wirken wenig darauf, jedoch wird es dadurch, wenn gleichzeitig Erhitzung angewandt wird, zerstört.

Schwefelsäure löst das Santonin ohne alle Färbung auf, und Wasser scheidet es daraus sogleich unverändert aus; überläſst man aber die Lösung sich selbst, so färbt sie sich allmälig gelb, schwarzbraun, und Wasser fällt jetzt eine Substanz aus, welche nicht mehr unv tonin eingemischt enthält. Durch Kochen mit felsäure und Verdünnen mit gleichen Theile sers wird dieselbe Veränderung sogleich In der Kälte erfolgt keine Veränderung. säure wirkt wenig darauf. Verdünnte wirk wie Wasser. Salpetersäure von 1,35 spec. löst in der Wärme das Santonin auf, welches Erkalten größtentheils wieder auskrystallisirt. fortgesetztem Kochen erfolgt jedoch eine wobei sich Oxalsäure und eine bittere, d ser fällbare Substanz erzeugen. Phospho Salzsäure wirken in der Kälte nicht darauf, es aber beim Kochen auf, und verwandeln eine braune, harzähnliche Substanz. Co Essigsäure löst das Santonin schon in der auf, in der Wärme aber in der Menge, Lösung beim Erkalten krystallisirt. Dunstet die Essigsäure weg, so hinterbleibt das unverändert.

Mit Alkalien und Salzbasen vereinigt sich Santonin mit einer bestimmten aber schwachen wandtschaft. Die meisten dieser Verbindungen Metalloxyden sind bis zu einem gewissen Wasser löslich; die gesättigten Auflösungen nicht das Kochen, sondern die Basen scheiden dabei ab und fallen, wenn sie unlöslich sind, der, worauf dann das Santonin aus der erkalteten Flüssigkeit auskrystallisirt.

Die Verbindung des Santonins mit Kali durch Kochen desselben mit concentrirter erhalten. Hat dabei die Flüssigkeit eine Concentration erreicht, so scheidet sich das gelben, ölartigen Tropfen aus, welche nach dem Erkalten eine weiche, unkrystallisirbare, zerfliefsliche und in Alkohol lösliche Masse bilden. Am besten erhält man dieses Salz rein, wenn das Santonin in überschüssigem, kochendem kohlensauren Kali aufgelöst, die Lösung zur Trockne verdunstet, und das *Santonin-Kali* aus dem Rückstande mit wasserfreiem Alkohol ausgezogen wird. Nach dem Verdunsten des Alkohols hinterbleibt es dann in Gestalt einer weifsen oder gelblichen, undeutlich krystallisirten Masse, welche leicht zerfliefst, sich in Alkohol löst, und alkalisch reagirt und schmeckt. Wird es in Wasser gelöst, und die Lösung einige Minuten gekocht, so wird es in seine Bestandtheile zerlegt, und beim Erkalten krystallisirt Santonin aus. Wird das Santonin mit Kali und schwachem Alkohol behandelt, so wird die Flüssigkeit während der Auflösung carminroth; diese Färbung verschwindet wieder, sobald die Verbindung erfolgt ist. Sie kann auch mit anderen Basen hervorgerufen werden, aber nicht ohne Beihülfe von Alkohol. Das so erhaltene Santonin-Kali ist übrigens ganz dem gleich, welches ohne Zusatz von Alkohol erhalten wird. *Santonin-Natron* wird wie das Santonin-Kali bereitet; es krystallisirt in kleinen, farblosen, zusammengruppirten Prismen, und wird durch's Sonnenlicht nicht gelb gefärbt. *Santonin-Ammoniak* besteht blofs in Auflösung, das Alkali dunstet ab und läfst das Santonin zurück. *Santonin-Kalk* erhält man durch Kochen des Santonins mit ungelöschtem Kalk und Branntwein; die Lösung wird hierauf durch Kohlensäure von überschüssiger Kalkerde befreit, verdunstet, von dem noch niederfallenden kohlensauren Kalk abfiltrirt und der freiwilligen Verdunstung überlassen, wobei derselbe in seidenglänzenden Nadeln auskrystallisirt. Ist das Abdunsten zu weit fortgesetzt, so erstarrt die ganze Masse zu einer Anhäufung von Nadeln. Das Salz ist leicht in Wasser und Branntwein, aber schwer in Alkohol löslich. *Santonin-Baryt* verhält sich eben so, und wird auch auf ähnliche Weise erhalten. Die *Talkerde-Verbindung* ist löslich, aber in getrennter Gestalt noch nicht dargestellt. Die *Thonerde-Verbindung* wird durch doppelte Zersetzung als ein weißer Niederschlag erhalten, welcher sich beim Kochen zersetzt und im Ueberschusse der Alaunauflösung auflöst. Die Verbindungen mit Zinkoxyd, Eisenoxydul und Kupferoxyd sind in einer gewissen Menge Wasser löslich, aber sie scheiden sich, durch doppelte Zersetzung gebildet, aus concentrirten Lösungen ab. Die Zink-Verbindung ist farblos, krystallinisch; die Eisenoxydul-Verbindung weiß, fein zertheilt und schnell gelb werdend; die Kupfer-Verbindung flockig und blaßblau. Die Eisenoxyd-Verbindung isabellgelb und unlöslich. Diese Verbindungen sind auch in Alkohol löslich. Die Blei-Verbindung ist in kaltem Wasser unlöslich, in siedendem Wasser etwas löslich. Sie bildet feine, seidenglänzende Nadeln. Sie ist auflöslich in Alkohol, und krystallisirt aus der siedendheißen gesättigten Lösung beim Erkalten aus. Ueberschüssiger Bleizucker, damit gekocht, verwandelt sich in ein basisches Salz und läßt Santonin ungelöst zurück. Die Silber-Verbindung ist ein weißer, sowohl in Wasser, als auch in Alkohol löslicher Niederschlag. Die Quecksilberoxydul-Verbindung ist weiß, unlöslich in Wasser, aber auflöslich in Alkohol. Die Quecksilberoxyd-Verbindung ist so löslich, daß sie sich nur aus einer sehr concentrirten Flüssigkeit ausscheidet. Sie löst sich auch leicht in Alkohol. Eine in der Siedhitze gesättigte Lösung des Santonins im Wasser gibt mit Galläpfel-Infusion einen gelben, in Alkohol löslichen Niederschlag.

Das Santonin erleidet eine merkliche Aenderung bei seinem Gelbwerden im Sonnenlichte. Sie geht sowohl in der Luft als im luftleeren Raume und unter Wasser, Alkohol, Aether, Oelen u. s. w. vor. Sie besteht, wie es scheint, in einer Umsetzung seiner Bestandtheile. Während dieser Umsetzung zerspringen die Krystalle mit grofser Heftigkeit, so dafs die Theile weit umher geschleudert werden. Geschmolzenes Santonin bekommt Risse in allen Richtungen. Das violette Ende des Farbenbildes wirkt am kräftigsten, das rothe kaum merklich. Das gewöhnliche Tageslicht wirkt nur langsam. Wenn das Santonin diese Veränderung erlitten hat, entsteht keine rothe Farbe mehr, wenn dasselbe der Einwirkung von Alkohol und Basen ausgesetzt wird, sondern es wird gelb, und auch diese gelbe Farbe verschwindet wieder bei der Sättigung. Aus dieser Lösung wird es durch Säuren mit seinen ursprünglichen Eigenschaften gefällt, so dafs also die durch's Licht bewirkte Umsetzung durch Einwirkung der Basen wieder zurückgeht. Auch Alkohol bewirkt eine partielle Umsetzung, wenn darin das gelb gewordene Santonin aufgelöst wird. Die Farbe verschwindet nämlich, und nach dem Verdunsten und Abkühlen krystallisirt das Santonin, dem Anscheine nach wiederhergestellt, aus. Jedoch ist die Wiederherstellung noch nicht erfolgt, denn es färbt sich bei der Behandlung mit Alkohol und Alkalien nicht roth, sondern gelb. Diese Eigenschaft erhält es nicht eher wieder, als bis es mit einem Alkali verbunden, und aus dieser

Verbindung mit Säuren wieder abgeschieden w... den ist. Dieses Verhalten verdient alle Au... samkeit.

Das gelbe, nicht krystallinische Sublimat, w... ches bei der trocknen Destillation des Sant... erhalten wird, ist ebenfalls ein Körper, we... Aufmerksamkeit verdient. Es ist unlöslich in W... ser, löst sich aber leicht in Alkohol, Aether ... Alkali. Mit freien Alkalien bringt es eine so ... tensiv rothe Farbe hervor, dafs es dadurch ... nem der empfindlichsten Reagenzien für Alk... wird. Diese Reaction ist die Ursache, warum ... der gröfste Theil der Verbindungen des Sant... dunkelroth färbt, wenn sie bis zu einer gew... Temperatur erhitzt werden. Das Santonin w... nämlich dabei in diese Substanz verwandelt, ... auf die Basen damit jene Reaction bewirken. ... Färbung kann z. B. mit der Zink- und Blei-, ... nicht mit der Thonerde-Verbindung hervorge... werden. Zwischen diesem gelben Körper und ... vorhin angeführten Rheïn zeigt sich eine so a... lende Aehnlichkeit, dafs es wohl untersucht zu ... den verdiente, ob der gelbe Körper nicht kü... erzeugtes Rheïn sei. — Diese vortreffliche A... macht nicht allein dem Namen Trommsd... welcher bald ein Menschenalter hindurch in der ... mie geschätzt worden ist, Ehre, sondern läfst ... hoffen, dafs er es noch ein Menschenalter bl... werde.

Liebig *) hat das Resultat der theils ... ihm selbst, theils der unter seiner Leitung von ... ling und Laubenheimer angestellten Ana... mitgetheilt; und Alle stimmen darin mit ein...

---

*) Ann. der Pharm. XI. 207.

übereín, dafs die Zusammensetzung des Santonins durch $C^8 H^6 O$ ausgedrückt werden kann. Es enthält 73,63 Kohlenstoff, 7,21 Wasserstoff und 19,16 Sauerstoff. Die Sättigungs-Capacität wurde so gering gefunden, dafs das richtige Atomgewicht desselben nicht durch die angegebenen Atomzahlen ausgedrückt werden kann, sondern mit 12 Mal so grofsen Zahlen. Inzwischen bedürfte dieser Umstand wohl neuer Versuche, da es möglich sein könnte, dafs der untersuchte Sättigungsgrad nicht die theoretisch neutrale Verbindung war. Uebrigens bemerkt Liebig, dafs die Lösung des Santonins in Alkohol das Lackmus röthe, und sein ganzer Habitus den Fettsäuren gleiche.

Smilacin. In mehreren der vorhergehenden Jahresberichten habe ich eigenthümliche Substanzen anzuführen Gelegenheit gehabt, welche sich in der Wurzel von Smilax sassaparilla finden sollen. Pallota nannte das, was er gefunden hatte, Pariglin, Folchi Smilacin, Thubeuf Sasseparin; hierzu kommt aufserdem noch die Angabe von Batka *), dafs er darin eine eigenthümliche Säure, die er Parillinsäure genannt hat, gefunden habe. Dieser Körper wird aus dem Alkohol-Extract der Wurzel erhalten, wenn man dasselbe mit Wasser auszieht, die Lösung bis zur Trockne verdunstet, und das Hinterbliebene mit Salzsäure behandelt, wobei sich die Parillinsäure ausscheidet. Sie gleicht im wasserhaltigen Zustande den Fischschuppen, geschmolzen aber einem Harze. In höherer Temperatur wird sie zerstört. Sie löst sich schwer in Wasser, aber leicht in Alkohol, und krystallisirt daraus durch Verdunstung. Sie röthet Lackmus, löst sich in Salpeter-

*) Journ. de Pharm. XX. 43.

säure ohne Zersetzung auf, und bildet mit Basen Salze, deren Auflösungen wie Seifenwasser schäumen. Batka behauptet, daſs Thubeuf's Sasseparin nur parillinsaures Kali sei.

Poggiale *) hat alle diese Angaben einer kritischen Untersuchung unterworfen, indem er jene Substanzen nach der von einem jeden gegebenen Vorschrift bereitete, sie mit einander verglich und zum Schluſs analysirte, wodurch er zu dem Resultate gelangte, daſs alle jene 4 Substanzen nicht nur gleiche Zusammensetzung haben, sondern auch gleiche chemische Eigenschaften besitzen. Er hat es vorgezogen, diese Substanz Sasseperin zu nennen. Ich habe Folchi's Smilacin beibehalten, weil dieser Name kürzer und nicht, wie jener, ein verstümmeltes lateinisches Wort ist.

Die beste Bereitungsmethode des Smilacins ist, nach Poggiale, die von Thubeuf **) angewandte. Man zieht die Wurzel mit warmem Alkohol aus, destillirt ¾ von der Tinctur ab, digerirt den Rückstand mit Thierkohle 24 Stunden lang, filtrirt noch warm und läſst krystallisiren. Durch Wiederauflösung und Krystallisation erhält man es noch reiner. Werden die Mutterlaugen im Wasserbade zur Trockne verdunstet, der Rückstand mit heiſsem Wasser ausgezogen, wobei Harz und Fett zurückbleiben, die Lösungen in Wasser eingetrocknet, und das Hinterbliebene mit Alkohol behandelt, so gibt dieser nach der Verdunstung noch mehr Smilacin.

Das Smilacin hat, nach Poggiale, folgende

*) Journ. de Ch. medic. X. 577.

**) Journ. de Pharm. XX. 679.

Eigenschaften: es bildet eine weifse, pulverförmige Masse, welche, nach Auflösung in Alkohol und freiwilliger Verdunstung desselben, feine, nadelförmige Krystalle gibt, die farblos und, wenn sie sich nicht aufgelöst befinden, geschmacklos sind, im aufgelösten Zustande aber bitter und widrig schmecken; sie sind schwerer als Wasser, schwer in kaltem, mehr aber in kochendem Wasser löslich, auflöslicher in siedendheifsem, als in kaltem Alkohol. Die Lösung, sowohl im Wasser als im Alkohol, schäumt wie Seifenwasser; auch löst sie sich in kochendem Aether, in flüchtigen Oelen und etwas auch in fetten Oelen. Ohne dafs Smilacin auf Lackmus reagirt, soll es auf Curcuma und Veilchensaft eine alkalische Reaction ausüben, was wohl ein Irrthum sein dürfte. Es schmilzt zu einer gelben Flüssigkeit, verkohlt darauf, und wird, mit Hinterlassung einer metallisch-glänzenden Kohle, zerstört. Es ist löslich in verdünnten Säuren, so wie auch in alkalischen Flüssigkeiten, und wird aus diesen Lösungen durch Sättigung der Säuren oder Alkalien gefällt. Hiernach scheint es Aehnlichkeit mit Santonin zu haben. Durch aufgetropfte Schwefelsäure färbt es sich dunkelroth, violett und zuletzt gelb; zugefügtes Wasser scheidet aber das Smilacin unverändert wieder ab. Durch Salpetersäure wird es, obgleich langsam, zersetzt und gelb gefärbt; Wasser fällt übrigens unverändertes Smilacin. Löst man es in Salzsäure, und verdunstet diese Lösung im Wasserbade, so scheidet sich das Smilacin während der Verdunstung in besonders schönen Krystallen aus.

Die Krystalle enthalten 8,56 Proc. Wasser, welches beim Erhitzen fortgeht. Nicht weniger als 12 Analysen sind damit angestellt worden. Von diesen werde ich die beiden Extreme, so wie die zuletzt von O. Henry *) angestellte, anführen:

	P.	P.	H.	Atome.	Berechn.
Kohlenstoff	62,07	62,83	62,84	8	61,19
Wasserstoff	8,40	8,41	9,76	14	8,75
Sauerstoff	29,53	28,76	27,40	3	30,06.

Hiernach entwirft Poggiale dafür die Formel $C^8H^{14}O^3$; durch Verrechnung gibt er allenthalben 15 Atome Wasserstoff an. Aus den angeführten Analysen erkennt man ganz deutlich, dafs die Formel nicht richtig ist, weil jede der 13 Analysen über 62 Proc. Kohlenstoff ergeben hat, und folglich 1 bis $1\frac{1}{2}$ Proc. mehr, als hätte gefunden werden sollen. Was anstatt Poggiale's Formel substituirt werden mufste, kann unmöglich anders, als aus einer absolut richtigen Analyse, berechnet werden, und wäre auch eine von jenen 13 Analysen vollkommen richtig, so ist es doch eine Sache, welche von Niemanden erkannt werden kann.

Viscin. Macaire **) hat eine Substanz untersucht, welche aus dem Fruchtboden und dem Involucrum der Atractylis gummifera, einer in Sicilien wachsenden Pflanze, ausschwitzt. Er erkannte darin dieselbe klebrige Substanz, welche man durch einen besonderen Reinigungsprozefs aus den Mistelbeeren erhält, und Vogelleim genannt wird. Die Atractylis liefert sie rein. Macaire nennt sie *Viscin*, ein angemessener Name, welchen diese Substanz noch nicht erhalten hatte. Er gibt davon folgende Eigenschaften an: klebrig, so dafs es an den Händen haftet, trocknet nicht, halbdurchscheinend, Farbe ins

*) Journ. de Pharm. XX. 681.

**) Journ. für pract. Ch. I. 415.

Rothe sich ziehend. Erweicht beim Erhitzen, schmilzt sodann und bläht sich auf, besitzt aber nach dem Erkalten noch seine Klebrigkeit. Es kann entzündet werden, brennt mit leuchtender Flamme, und gibt dabei einen Rauch und Geruch, wie ein brennendes Oel. Unter den Destillationsproducten befindet sich kein Ammoniak. Lange unter Wasser verwahrt, wird seine Farbe gebleicht, es wird undurchsichtig, löst sich aber nicht darin auf. In kochendem Wasser wird es aber wieder durchsichtig, weicher, klebender und fadenziehend; es wird aber nicht im Mindesten darin aufgelöst. Kalter Alkohol löst es gar nicht auf, kochender nimmt ein wenig davon auf, was sich aber beim Erkalten in weifsen Flocken wieder ausscheidet. Von kochendem Aether wird es am besten aufgelöst, und beim Erkalten wird etwas wieder ausgeschieden. Diese Lösung ist grüngelb gefärbt, und läfst, nach dem Verdunsten des Aethers, das Viscin so klebend zurück, dafs man es kaum von den Fingern ablösen kann. Zum Terpentinöl verhält es sich, wie zum Aether. Das Terpentinöl dunstet nicht völlig davon weg, sondern hinterläfst es in einem aufserordentlich klebenden und durchsichtigen Zustande; kochender Alkohol zieht aber daraus das Terpentinöl aus. Fette Oele wirken weder kalt noch warm darauf. Schwefelsäure zerstört es und färbt sich damit langsam braun. In der Wärme wird die Masse schwarz und verkohlt. Salpetersäure löst es langsam auf und färbt sich dabei gelb. Nach Verdunstung bis zur Trockne hinterbleibt eine hellgelbe, nicht bittere Masse, welche keine Oxalsäure enthält und angezündet wie Zunder verglimmt. Von kaustischem Kali wird es mit rother Farbe aufgelöst. Von kochender Essigsäure wird das Viscin

Salzbildern verbunden werden kann, würde es ein Widerspruch sein, wenn man annehmen wollte, der Aether habe kein Hydrat, welches dann deutlich der Alkohol sein würde. Wenn aber hierin ein Widerspruch läge, was meines Erachtens nicht der Fall ist, so bietet die unorganische Natur dergleichen in zahlreicher Menge dar, so bilden z. B. die Oxyde von Antimon, Tellur und Blei keine Hydrate, die Alaunerde und das Eisenoxyd keine kohlensaure Salze. 2) Das specifische Gewicht des Alkoholgases bezeichnet kein besonderes Oxyd, indem es gleich ist mit dem des Aethergases, wozu das des Wassergases ohne Verdichtung gekommen ist. Aber dieser Umstand gibt keinen Beweis weder dafür, noch dagegen. 3) Würden wir zu der Annahme gezwungen, daſs die Bildung des Essigäthers, statt daſs sie eine bloſse Substitution des Wassers durch die Säure wäre, in einer Umsetzung der Elemente durch eine so schwache Verwandtschaft, wie die der Essigsäure, bestände, von der man sich doch wohl keine prädisponirende Wirkung vorstellen könnte; und es wäre dann ganz unwahrscheinlich, daſs die Affinität der Essigsäure es vermögen sollte, 2 Atome Wasserstoff des Alkohols mit 1 Atom seines Sauerstoffs zu Wasser zu verbinden. Dieser Einwurf erscheint auf den ersten Blick für die einfache Erklärung der Bildung des Essigäthers, nach der Ansicht, daſs der Alkohol das Hydrat des Aethers sei, von groſsem Gewicht. Aber es ist bekannt, daſs Essigsäure, wenn sie nicht eine gewisse Menge Schwefelsäure enthält, mit Alkohol entweder gar nicht, oder nur höchst unvollkommen Essigäther bilden kann. Daſs aber diese präsupponirte Zersetzung des Hydrats in Aether und Wasser nicht auf irgend einer electro-chemischen Verwandtschaft beruhe, sondern auf der vorhin erwähnten geheimnifsvollen katalytischen Kraft, welche Säuren auf den Alkohol ausüben, und welche von der Schwefelsäure vollständiger als von der Essigsäure bewirkt wird, haben wir in dem Vorhergehenden gesehen (p. 241.). Die Bildung des Essigäthers beruht also nicht auf Wahlverwandtschaft, sondern auf der Verbindung der Essigsäure mit dem Aether in statu nascenti, nachdem der Aether, durch eine andere Kraft, als Wahlverwandtschaft, hinzugekommen ist.

4) Die sogenannte weinphosphorsaure Baryterde, die mit Wassergehalt als alkoholphosphorsaures Salz betrachtet werden kann, verliert beim Erhitzen diesen Wassergehalt und wird zu ätherphosphorsaurem Salze. Allein dieses Salz enthält nicht blofs 1, sondern 2 Atome Wasser, was nur Krystallwasser ist.

Von den für meine Meinung angeführten Gründen ist jetzt der eine, zufolge dessen es eine besondere Alkoholschwefelsäure geben müfste, ganz weggefallen, wie ich sogleich zeigen werde. Diefs wirft jedoch nicht den andern Grund über den Haufen, nämlich die Veränderung der äufseren Eigenschaften, welche das Wasser beim Aether bewirken sollte, im Fall der Wasserstoff und Sauerstoff, welche der Alkohol mehr als der Aether enthält, in dem Atome des Ersteren so placirt wären, wie ein Atom Wasser in einem Hydrate. Es ist allgemein bekannt, dafs sowohl bei der Vereinigung des Aethers mit einer Sauerstoffsäure, als bei dem Austausch des Sauerstoffs gegen einen Salzbilder, die Aethercharactere, z. B. Geruch und Geschmack, dadurch nicht so geändert werden, dafs nicht ein jeder diese Verbindungen für eine Aetherart erkennen werde, welche characteristische Eigenschaften dagegen durch ein Atom Wasser gänzlich aufgehoben werden müfsten. Aufserdem müfsten Substanzen, welche grofse Verwandtschaft zum Wasser haben, wie z. B. die wasserfreie Kalkerde, dig Aether erzeugen, wenn der Alkohol das des Aethers wäre. Inzwischen räume ich gerne dafs die Meinung, nach welcher der Alkohol Hydrat des Aethers ist, in der Entwickelung Umsetzungen, wie solche bei der Erklärung meisten Operationen vorkommen, besondere fafslichkeit mit sich führt, und dafs sie dazu in Fällen vortheilhaft angewandt werden könnte, welchen sie mit der Theorie nicht geradezu im derspruche steht, z. B. wenn angenommen dafs stärkere Basen dem Alkohol das Hydra nicht zu entziehen im Stande wären.

Weinschwefelsäure. Marchand *) hat zu beweisen versucht, das Wasseratom, welches in der Weinschw mit dem Aether zu Alkohol verbunden sein soll leicht davon trennbar sei, dafs es in wasserfreier und im luftleeren Raume über Schwefelsäure bei gewöhnlicher Lufttemperatur davon v Es ist bekannt, dafs Hennel die weinschwef Salze zuerst als Verbindungen von 1 At. eines felsauren Salzes mit 1 At. schwefelsaurem Weinöl mehr oder weniger Krystallwasser betrachtete (resbericht 1830, p. 249.). Nachgehends zeigte Se las (ebend., p. 251.), dafs sie 1 At. Wasser ten, welches daraus ohne Zerstörung derselben entfernt werden könne, woraus dann zu f schien, dafs die Ansicht über dasselbe so werden müsse, dafs jene Salze aus 1 Atom

---

*) Poggend. Annal. XXXII. 454.

schwefelsauren Salzes und 1 Atom schwefelsaurem Aether zusammengesetzt wären. Hierauf zeigten Liebig und Wöhler, dafs, wenn man Krystalle von weinschwefelsaurer Baryterde einer Temperatur aussetze, bei welcher sie anfangen eine Portion ihres Wassers abzugeben, welches schon bei $+20^{\circ}$ beginnt, so dafs bei $+40^{\circ}$ das Salz schon teigig ist, dasselbe zugleich in der Art zersetzt werde, dafs wasserhaltige Schwefelsäure und ein schwefelsaures Salz erzeugt würden; daher die teigartige Beschaffenheit bei $+40^{\circ}$. Wird das Salz hierauf im Wasser aufgelöst, so hinterläfst es, im Verhältnisse der fortgeschrittenen Zersetzung, mehr oder weniger schwefelsaure Baryterde. Aus diesem Umstande zogen sie den Schlufs, dafs dieses Salz kein Krystallwasser enthalte, sondern aus schwefelsaurer Baryterde und schwefelsaurem Alkohol zusammengesetzt sein müsse.

Jetzt entsteht die Frage: ist die von Liebig und Wöhler beobachtete Zersetzung des Salzes eine Folge des Entweichens von Wasser, oder eine Wirkung der Wärme, die gleichzeitig mit Wasserverlust verbunden, aber nicht dadurch bedingt ist. Das Letztere ist es, was Marchand zu beweisen sucht. Er führt an, dafs weinschwefelsaure Kalkerde, durch Trocknen in einem Strom von wasserfreier Luft, oder im luftleeren Raume über Schwefelsäure, 10,914 Proc. Wasser verliere, und nach dem Glühen 41,981 Gyps liefere; diese Zahlen stimmen mit keiner anderen Zusammensetzung als mit $\dot{Ca}\dddot{S}+C^{4}H^{10}O\dddot{S}+2\dot{H}$ überein. Nach dieser Formel sollte der Gyps 41,784, und das Wasser 10,966 betragen. Ein ganz gleicher Versuch wurde mit dem Baryterde-Salz angestellt, und dabei 8,21 Wasser und 59,96 schwefelsaure Baryterde erhalten, was vollkommen zu derselben Formel führt, wenn darin $\dot{Ca}$ durch $\dot{Ba}$ ersetzt wird, so wie auch nach Verflüchtigung der beiden Atome Wasser ebenfalls eine Verbindung von 1 Atom schwefelsaurer Baryterde und 1 Atom schwefelsaurem Aether hinterblieb. Das Barytsalz war durch diese Verwitterung nicht zersetzt worden, es löste sich in Wasser ohne Rückstand, und nahm bei dem Umkrystallisiren wieder 2 Atome Krystallwasser auf. Auf gleiche Weise verhielt sich das Natronsalz, welches auch 2 Atome Wasser enthielt. Er gibt ferner an, daſs das Natronsalz, welches die Eigenschaft besitzt, zwischen +90° und +100° zu schmelzen, dabei zwar Wasser abgäbe, aber nur 1 Atom; ein Umstand, dessen vollkommene Richtigkeit er doch noch unentschieden gelassen hat. Der Hauptbeweis liegt jedoch in der Analyse des Kalisalzes. Dieses Salz bildet regelmäſsige Krystalle, welche weder beim Erwärmen, noch im luftleeren Raume über Schwefelsäure Wasser verlieren. Mit diesem Salze stellte er daher eine vollständige Analyse an, woraus sich die Zusammensetzung desselben ergab, wie folgt:

	Gefunden.	Atome.	Berechnet.
Schwefelsaures Kali	52,620	1	52,955
Schwefelsäure	24,590	1	24,323
Kohlenwasserstoff	16,914	$C^4 H^8$	17,263
Wasser	5,591	1	5,459.

Hieraus zeigt sich, daſs das krystallisirte Kalisalz aus 1 Atom schwefelsaurem Kali und 1 Atom schwefelsaurem Aether zusammengesetzt ist, ohne alles Wasser; verhält es sich aber damit so, was wohl nicht mehr zu bezweifeln ist, so ist die Annahme von einem schwefelsauren Alkohol erweis-

lich

lich unrichtig, und dieser Umstand, in Verbindung mit der Erfahrung, dafs jene Salze mit einem Alkali gekocht in ein schwefelsaures Salz und Alkohol zersetzt werden, würde sehr zu Gunsten der Ansicht sprechen, dafs der Alkohol das Hydrat des Aethers sei, wenn es nur möglich wäre, ihn durch Substanzen mit stärkerer Verwandtschaft zum Wasser zu trennen, was sich bekanntlich nicht bewirken läfst, da weder Kalihydrat, noch wasserfreie Baryt- oder Kalkerde dem Alkohol das Wasser zu entziehen, und den Aether in Freiheit zu setzen vermögen. Möglicherweise könnte hier das Alkali eine vereinigende Wirkung ausüben, gleichwie die Säure durch katalytischen Einflufs eine zersetzende ausübt.

Bis auf Weiteres haben wir also 3 isomerische Aethersäuren, die jetzt erwähnte Weinschwefelsäure und die beiden von Magnus entdeckten, nämlich Aethionsäure und Isäthionsäure. Jedoch dürfte es vorzuziehen sein, für die am längsten bekannte den Namen Weinschwefelsäure beizubehalten. Da wir keine isomerische Modificationen der Schwefelsäure kennen, so wäre es vielleicht möglich, dafs alle drei ungleiche isomerische Aetherinoxyde enthalten.

Aether. Bildung desselben.

Im Anfange des gegenwärtigen Berichts über die Fortschritte der Pflanzenchemie (p. 241.) habe ich Mitscherlich's merkwürdige Entwickelung der Aetherbildung, so wie die höchst wichtigen Schlufsfolgerungen, zu welchen dieselbe führen kann, bereits erwähnt. Hier werde ich das Nähere der Versuche mittheilen. — In ein tubulirtes Destillationsgefäfs werden 50 Theile wasserfreien Alkohols gegossen, und hierauf mit 100 Theilen einer Schwefelsäure vermischt, die durch Vermischung von 5 Theilen concentrirter Säure mit 1 Theil Wasser erhalten wird, die also ein wenig mehr als 2 Atome

Wasser auf 1 Atom Schwefelsäure enthält. Durch den Tubus geht ein Glasrohr, welches mit einer zur Seite stehenden Flasche, worin sich wasserfreier Alkohol befindet, in Verbindung steht, welchen letzteren man mittelst eines Hahns beliebig zufliefsen lassen kann. Dieses Rohr reicht nicht ganz auf den Boden des Destillationsgefäfses. Noch eine Oeffnung für die Einsenkung eines Thermometers macht den Versuch lehrreicher. Jetzt wird das Gemisch erhitzt, und die Temperatur mufs allmälig auf +140° steigen; nun bemerkt man, wie hoch die Flüssigkeit steht, und läfst Alkohol in einem dünnen Strahl zufliefsen. Das Feuer wird so unterhalten, dafs die Flüssigkeit nicht aufhört zu kochen, und das Zufliefsen des Alkohols so regulirt, dafs das Niveau der Flüssigkeit sich gleich bleibt. Die Destillationsproducte werden abgekühlt und gesammelt, wozu es nöthig ist, dafs sie durch ein Rohr gehen, welches durch auffliefsendes Wasser kalt erhalten wird, auf dieselbe Weise, wie bei der gewöhnlichen Kühlgeräthschaft. Das Ueberdestillirende besteht aus 2 Lagen, und bestimmt man das specifische Gewicht des Gemisches derselben, so findet man anfänglich =0,780, hierauf 0,788, und so nimmt es ferner zu bis 0,798, worüber es aber nicht geht, so lange der Versuch gehörig fortgesetzt wird. Man sieht nicht, dafs es eine Grenze für die Menge des Alkohols, welche durch die Flüssigkeit der Retorte in Aether verwandelt werden kann. Das specifische Gewicht, welches die Flüssigkeit, oder richtiger das Gemisch von beiden besitzt, ist genau dem des Alkohols gleich, und zeigt, dafs die Bestandtheile des Alkohols wieder erhalten und nichts davon zurückgehalten worden ist. Dafs die Flüssigkeit im Anfange ein geringeres specifisches Gewicht besitzt, kommt daher, daſs die Schwefelsäure bei + 140° ein wenig mehr Wasser zurückhalten kann, als ihr im Anfange beigemischt wurde, und welches also von ihr zurückgehalten wird, während Aether überdestillirt, und das Destillat specifisch leichter macht. Dieſs gibt Anlaſs zu vermuthen, daſs ein Gemisch von 1 Atom Schwefelsäure und 3 Atomen Wasser der eigentliche katalysirende Körper ist, daher also Aether ohne Wasser überdestillirt, bis die Säure diesen Verdünnungsgrad erreicht hat. Die zwei Flüssigkeiten, welche man erhält, sind 1) der leichtere Aether, welcher ein wenig Alkohol und Wasser aufgenommen hat, und 2) das neugebildete Wasser, vermischt mit unverändertem Alkohol, dessen Verdunstung mit den Dämpfen von Aether und Wasser nicht verhindert werden kann; auch ist in diesem Wasser ein wenig Aether aufgelöst. Den Aether trennt man durch Destillation, die man beendigt, wenn der Kochpunkt auf + 80° gestiegen ist, und reinigt ihn nach den gewöhnlichen Vorschriften von Wasser und Alkohol, welche noch darin zurückgeblieben sind. Nach Mitscherlich's Versuchen erhält man ungefähr 65 Theile Aether, 17 Theile Wasser und 18 Theile Alkohol. Jedoch beruht die zuletzt erwähnte Beimischung ganz und gar auf dem schnellen Fortgang der Operation, so daſs davon mehr erhalten wird, wenn sie rasch, und weniger, wenn sie langsamer betrieben wurde. Nach der Rechnung sollten 65 Aether und 15,4 Theile Wasser erhalten werden. Näher kann man wohl schwerlich durch den Versuch kommen. Mitscherlich fand, daſs, wenn man die Schwefelsäure vorher nicht mit Wasser verdünne, der übergehende Aether viel länger ein geringeres spec. Gewicht be-

safs, als 0,798, welches derselbe jedoch am
bekommt. Verdünnt man vorher die Säure,
mit ⅓ ihres Gewichts Wasser, so geht
verdünnter Alkohol von 0,926 spec. Ge
aber dieses erreicht doch am Ende 0,798,
was diesem vorangeht, enthält im Anfang
Aether, hierauf aber wird die Menge d
Verhältnifs der Verminderung des spec.
gröfsert. Wird Schwefelsäure mit Alkohol im
schufs vermischt, so destillirt Alkohol, bis de
punkt der Flüssigkeit auf 126° gestiegen
welchem Aether anfängt zu destilliren, von
gröfste Menge zwischen +140° und 150
ten wird. Bei +160° beginnt Entwick
schwefliger Säure, aber es destillirt doch
mer Aether in abnehmender Menge bis zu

Mitscherlich hat gezeigt, dafs die
sche Kraft der Schwefelsäure durch Co
und Temperaturerhöhung vermehrt wird,
der Alkohol, wenn man bekanntlich zur B
des ölbildenden Gases 1 Theil wasserfreie
hol mit 4 Theilen Schwefelsäure destillirt,
ölbildendes Gas und Wasser, theils in
und Wasser, und theils auch in Aether un
ser zerlegt wird. Läfst man das ölbild
durch eine abgekühlte Vorlage gehen, so
ten sich darin fortwährend das Weinöl un
ser, zum Beweis, dafs diese katalytische
auf einer Verwandtschaft der Schwef
Wasser beruht. Während aber ein
Schwefelsäure diese Wirkungen ausübt,
anderer Theil derselben zersetzt, wobei sich
lige Säure entwickelt, und Kohle in der
keit ausgeschieden wird. Hierbei könnte
sagen, dafs durch die Oxydation des W

Kosten des Sauerstoffs der Säure Wasser erzeugt le. Wäre dieses aber das Einzige, so müfste Schwefelsäure das Wasser zurückhalten, und Wirkung mit der Entwickelung der schwefli- Säure und Ausscheidung der Kohle aufhören. Mitscherlich vergleicht dieses Verhalten der refelsäure mit der Wirkung des Platins und nsteins auf Wasserstoffsuperoxyd, der Hefe auf Zuckerlösung, und mit der Verwandlung der ke in Zucker durch Schwefelsäure. Zur Un- heidung der gewöhnlichen chemischen Wirkun- nennt er dasselbe »Zersetzung und Verbindung h Contact.« Obgleich diese Bezeichnung auf einen Seite sehr treffend ist, so schliefst sie auf der andern Seite eine Unbestimmtheit weil alle Verbindungen und Trennungen durch verwandtschaft zwischen den Körpern, welche einander wirken, ebenfalls eine Berührung er- rn.

Auch Liebig *) hat über die Aetherbildung uche angestellt, in der Absicht, dadurch zu ei- Erklärung derselben zu gelangen. Seine facti- Resultate stimmen mit denen von Mitscher- in so weit, dafs er die gleichzeitige Destilla- von Aether und Wasser zwischen +127 und die Schwärzung der Masse bei +160°, und Entwickelung der schwefligen Säure bei +167° achtet hat. Er hält, doch nur vermuthungs- eine Temperatur von +124 bis +127° für rtheilhafteste. Ich übergehe seine Versuche, Aetherbildung und gleichzeitige Wassererzeu- aus der Bildung und Wiederzersetzung der schwefelsäure auf ungleichen Punkten zu er-

*) Poggend. Annal. XXXI. 321.

stallen ab, die in einer klebrigen Masse sind, welche mit liquidem Ammoniak eine kr nische Verbindung bildet.

Chlorkohlensäureäther.

Dumas *) hat eine Reihe höchst in Versuche über die Wirkung des Alkohols auf ve schiedene Körper mitgetheilt, die ihn zur Entdeckung neuer Verbindungen geführt haben.

Chlorkohlensäure-Aether (Ether oxichlorocarbonique). In einen Ballon, welcher 15 Liter Chlorkohlenoxydgas (Phosgengas) enthält, bringt man 30 Grammen wasserfreien Alkohols. Der Alkohol absorbirt das Gas unter Wärmeentwickelung. Man schwenkt ihn in dem Ballon umher, und öffnet ihn, damit die Luft die Stelle des absorbirten Gases wieder ausfülle. Nach einer Viertelstunde wird der Alkohol gesammelt und mit einem gleichen Volum Wassers vermischt. Hierbei theilt sich das Gemisch in zwei Flüssigkeiten, wovon die eine ölartig und schwer ist, und im Ansehen dem Oxaläther gleicht; die andere dagegen ist sauer und leichter. Wird die schwerere Flüssigkeit über Chlorcalcium und Bleiglätte rectificirt, so besitzt sie alle Eigenschaften eines wirklichen Aethers. Sie bildet ein farbloses Liquidum, welches nicht auf Lackmus reagirt. Sie riecht in der Entfernung angenehm, in der Nähe aber erstickend und zu Thränen reizend. Sie hat ein spec. Gew. von 1,133 bei +15°, und kocht bei +94° und 0m,773. Sie ist entzündlich, brennt mit grüner Flamme und einem Geruch nach Salzsäure. Durch warmes Wasser wird sie theilweise zersetzt, wobei sie sauer wird; von concentrirter Schwefelsäure wird sie aufgelöst. Erwärmt man diese Lösung gelinde, so entwickelt sich salzsaures Gas

*) Annales de Ch. et de Ph. LIV. 225.

bei stärkerer Erhitzung wird aber die Säure geschwärzt und ein brennbares Gas entwickelt. Die Analyse ergab folgendes Resultat:

	Gefunden.	Atome.	Berechnet.
Kohlenstoff	34,2	6	33,6
Wasserstoff	5,0	10	4,6
Chlor	30,7	2	32,0
Sauerstoff	30,1	4	29,4.

Zieht man hiervon 1 Atom Aether $= C^4 H^{10} O$ ab, so bleibt 1 Atom Oxalsäure $= C^2 O^3$, und 1 Doppelatom Chlor übrig, welches Doppelatom Chlor ein Aequivalent für 1 Atom Sauerstoff ist, und betrachtet man diesen durch das Chlor ersetzt, so hat man eine Säure, die nach der Formel $C^2 O^3 €l$ zusammengesetzt ist, und welche der electronegative Bestandtheil der zusammengesetzten Aetherart ist. Dumas betrachtet aufserdem in Uebereinstimmung mit seiner Meinung, dafs nämlich der Aether das Hydrat von Aetherin oder Weinöl sei, die Zusammensetzung nach der Formel $C^2 O^3 Cl^2 + C^4 H^8 + \dot{H}$. In Rücksicht auf die Zusammensetzung der Säure ist es übrigens klar, dafs sie auf mehrfache Weise betrachtet werden kann, wovon die einfachste vielleicht $= \ddot{C} + \dot{C}€l$, oder 1 Atom Kohlensäure und 1 Atom Chlorkohlenoxyd ist. Will man hiernach die Zusammensetzung des Aethers in einer verkürzten Formel vorstellen, und setzt $E = C^4 H^{10}$ als Radikal des Aethers, so wird die Formel sehr einfach $= \dot{E}\ddot{C} + \dot{C}€l$, wobei man die Existenz eines Kohlensäureäthers, der sich mit Chlorkohlenoxyd verbindet, voraussetzt, eine Ansicht, welche Dumas dabei jedoch nicht ausgesprochen hat. Wir werden weiter unten Umstände kennen lernen, welche derselben den Vorzug einzuräumen scheinen.

Das Gas dieses Aethers hat ein spec. Gewicht von 3,823. Addirt man die spec. Gewichte der einzelnen Bestandtheile, und dividirt die Summe durch 4, so erhält man 3,759; daraus folgt, dafs hier, wie bei den meisten entsprechenden Aetherarten, die Bestandtheile zu ¼ ihres Volums verdichtet sind.

Bei der Bildung dieses Aethers wirken gleiche Raumtheile der Gase von Chlorkohlenoxyd und Alkohol wechselseitig auf einander, woraus dann gleiche Raumtheile Salzsäuregas und des neuen Aethers hervorgehen, wie folgendes Schema zeigt:

Ein Atom Alkohol	$4C + 12H + 2O$
Zwei Atome Chlorkohlenoxyd	$2C + 2O + 4Cl$
	$6C + 12H + 4O + 4Cl$
Ein Atom des neuen Aethers	$6C + 10H + 4O + 2Cl$
Zwei Atome Salzsäure	$2H + 2Cl$
	$6C + 12H + 4O + 4Cl$

Urethan. *Urethan* nennt Dumas einen Körper, welcher entsteht, wenn der Chlorkohlensäureäther mit concentrirtem flüssigen Ammoniak behandelt wird. Die Wirkung derselben auf einander ist äufserst heftig. Ist das Ammoniak in zureichender Menge oder im Ueberschufs vorhanden, so wird der Chlorkohlensäureäther ganz in der Flüssigkeit aufgelöst. Dabei bilden sich Salmiak und Urethan. Dunstet man die Flüssigkeit in luftleerem Raume bis zur Trockne ab, bringt den Rückstand in eine von aller Feuchtigkeit befreiten Retorte, und destillirt im Oelbade, so geht Urethan über, während der Salmiak zurückbleibt, und zwar bei einer Temperatur, welche die des kochenden Wassers nicht viel zu übersteigen braucht. Das Urethan destillirt als Flüssigkeit über, erstarrt in der Vorlage aber zu einer wallrathähnlichen, blättrigen Masse. Wird die Auflösung desselben in Wasser durch salpetersaures Silber getrübt, so enthält das Urethan noch Salmiak, und mufs noch einmal rectificirt werden. Das Urethan ist farblos, unter 100° schmelzbar, und läfst sich, wenn es trocken ist, bei +108° unverändert überdestilliren; trifft es aber dabei mit Wasserdämpfen zusammen, so wird es, unter reichlicher Bildung von Ammoniak, zersetzt. Es löst sich sowohl in kaltem als warmem Wasser leicht auf, und die Lösung desselben in Alkohol reagirt nicht auf Silbersalze. Bei der freiwilligen Verdunstung der Auflösung krystallisirt es in so grofsen und regelmäfsigen Krystallen, dafs es in dieser Eigenschaft nicht leicht von einem andern Körper übertroffen wird. Die Analyse desselben ergab die folgende Zusammensetzung:

	Gefunden.	Atome.	Berechnet.
Kohlenstoff	40,5	3	40,8
Wasserstoff	7,9	7	7,7
Stickstoff	15,6	1	15,7
Sauerstoff	36,0	2	35,8.

Das spec. Gew. dieser Substanz in Gasform fand Dumas =3,14. Vorausgesetzt, dafs die Verdichtung der gasförmigen Bestandtheile darin zu $\frac{1}{4}$ erfolgt, so erhält man durch Rechnung =3,095.

Diese Substanz ist natürlicherweise nicht so einfach zusammengesetzt, wie das eben angeführte Resultat zu vermuthen Anlafs geben möchte. Im Allgemeinen gesagt, so hat man für die Berechnung der relativen Atome keinen eigentlich sicheren Stützpunkt.

In der vorhergehenden Verbindung wurde Chlor gefunden, von dem es möglich war, auszugehen, weil es nicht auf die Weise, wie die übrigen Elemente, zu einer gröſseren Anzahl von Atomen Verbindungen eingeht. Aber hier hat man keinen Ausgangspunkt, denn bei einer sehr kleinen Ungleichheit in dem analytischen Resultate und einem 3 bis 4 Mal gröſseren Atomgewichte bekommt man andere relative Verhältnisse, welche eben so gut zu der Analyse passen. Dumas hat versucht, die von ihm gefundenen Atomenzahlen auf folgende Weisen zusammen zu paaren: 1) Ein Atom zweifachkohlensaures Weinöl und 1 Atom zweifachkohlensaures Ammoniak ohne Wasser; 2) milchsaures Ammoniak ohne Wassergehalt; aber dieses ist eine Verrechnung, denn die Milchsäure enthält auf 6 Atome Kohlenstoff 5 Atome Sauerstoff, und also ist in der neuen Verbindung 1 Atom Sauerstoff zu wenig enthalten, auch fehlen dabei noch 2 Atome Wasserstoff; 3) eine Verbindung von Kohlensäureäther mit Harnstoff $=(C^4H^{10}O+CO^2)+(CO+N^2H^4)$. Bei dieser Zusammensetzung ist er stehen geblieben; er hält sie für die wahrscheinlichste, und hat auch danach den Namen dafür gebildet. Zieht man diese Formel zusammen $=\dot{E}\ddot{C}+\dot{C}NH^2$, und vergleicht sie mit der des Chlorkohlensäureäthers, so ergibt sich, daſs beide eine bis jetzt für sich noch unbekannte Aetherart, nämlich Kohlensäureäther, enthalten, welche in dem Ersteren mit Chlorkohlenoxyd, und in dem Letzteren mit Harnstoff verbunden ist, dessen Bildung durch die Einwirkung von Ammoniak darauf beruht, daſs das Chlor des Chlorkohlenoxyds ein Doppelatom Ammoniak auf Kosten eines andern Doppelatoms Ammoniak in Ammonium verwandelt, welches letztere

Doppelatom Ammoniak, dadurch in NH^2 verwandelt, an die Stelle des Chlors in der neuen Verbindung tritt. Diese Ansicht über die Wirkung des Ammoniaks zur Erzeugung des neuen Körpers scheint für die Richtigkeit der Formeln $\dot{E}\ddot{C}+\dot{C}Cl$ und $\dot{E}\ddot{C}+\dot{C}NH^2$ zu sprechen, und man kann sagen, dafs in der ersten ein Doppelatom Chlor durch ein Doppelatom Amid ersetzt werde, um die letztere zu bilden. Auch ist es ebenfalls klar, dafs beide Oxaläther enthalten könnten, welcher in der ersten Substanz mit 1 Doppelatom Chlor, und in der letzten mit 1 Doppelatom Amid verbunden wäre.

Oxamid aus Oxaläther.

Im Zusammenhange mit diesen Versuchen hat Dumas auch den Oxaläther einer neuen Analyse unterworfen und ihn so zusammengesetzt gefunden, wie er gemeinschaftlich mit Boullay (Jahresb. 1829, p. 290.) bereits angegeben hatte, nämlich $=C^4H^{10}O+C^2O^3=\dot{E}\ddot{C}$. Einige Zeit vorher hatte Liebig *) die Veränderungen dieser Aetherart mit Ammoniak angegeben, die vor ihm nicht bekannt gewesen waren. Bekanntlich hatte schon Bauhof vor langer Zeit gefunden, dafs diese Aetherart mit liquidem kaustischen Ammoniak ein eigenthümliches Salz von damals ungekannter Natur hervorbringt. Dumas und Boullay hatten Ammoniakgas in Oxaläther geleitet und dabei ein Salz erhalten, welches sie nach ihrer Untersuchung für weinoxalsaures Ammoniak erklärten. Unbekannt mit Bauhof's Salze hatten sie davon nichts erwähnt, und es entstand daher der natürliche Irrthum, Dumas's und Boullay's Salz mit dem, was Bauhof erhalten hatte, für identisch zu halten. Lie-

*) Poggend. Ann. XXXI. 331 und 359.

big fand jedoch, dafs dem nicht so ist, sondern daſs Bauhof's Salz nichts anders ist als Oxamid, in welches der Oxaläther auf die Weise verwandelt wird, dafs 1 Doppelatom Ammoniak dabei 1 Doppelatom Wasserstoff, und die Oxalsäure von 1 Atom Oxaläther 1 Atom Sauerstoff verliert, welche zu 1 Atom Wasser zusammentreten; es bleibt dann $\ddot{C}+NH^2$ übrig, was die Formel des Oxamids ist. Der von der Oxalsäure getrennte Aether aber und das erzeugte Wasser, welche in Statu nascenti sich unter dem Einflusse eines Alkali's befinden, vereinigen sich, wie es unter solchen Umständen gewöhnlich zu geschehen pflegt, und bilden 1 Atom Alkohol $C^4H^{12}O^2=\dot{E}\dot{H}$. Dabei zeigte Liebig, dafs das Oxamid, wenn es in Dampfform durch eine 2 Fufs lange glühende Röhre getrieben wird, eine nicht unbedeutende Menge Harnstoff, nebst kohlensaurem Ammoniak, Blausäure und Kohlenoxyd hervorbringt. Hierbei ist es wahrscheinlich, dafs die Zersetzung in 2 von einander ganz unabhängige Zersetzungen, wie solches sehr oft der Fall ist, besteht, nämlich in Kohlenoxydgas und Harnstoff $=\dot{C}NH^2$, weil das Oxamid, durch Verlust von 1 Atom Kohlenoxydgas, 1 Atom Harnstoff übrig läfst, und in kohlensaures Ammoniak und Blausäure. Dagegen fand Liebig, dafs wenn man Ammoniakgas, je vollständiger von Wasser befreit, desto besser, in trocknen Oxaläther leitet, dann nur sehr wenig Oxamid und der Hauptsache nach ätheroxalsaures Ammoniak erhalten werden, und dafs das Letztere ohne eine Spur von Oxamid erzeugt werde, wenn wasserfreier Alkohol mit trocknem Ammoniakgas gesättigt, darin dann Oxaläther aufgelöst, und die Auflösung zur Krystallisation verdunstet wird. Die

Aetheroxalsäure.

ses Salz ist sehr leicht in Wasser und Alkohol löslich, schmilzt leicht und kann unverändert überdestillirt werden. Die ätheroxalsauren Salze mit anderen Basen können sehr leicht erhalten werden, wenn man das Ammoniak durch eine andere Base ersetzt.

Auch Dumas *) hat seine Untersuchungen auf diesen Gegenstand ausgedehnt, wobei er zum Theil andere Resultate erhielt, wie Liebig. Er fand, wie Liebig, die Bildung des Oxamids aus liquidem Ammoniak und Oxaläther. Dagegen erhielt er aber bei der Behandlung des Oxaläthers mit trocknem Ammoniak nicht weinoxalsaures Ammoniak, sondern ein Salz, welches ihm unbekannt war, und welches Liebig entdeckt hatte. Die Substanz, welche Dumas erhielt, und welche ganz dieselbe ist, die er früher gemeinschaftlich mit Boullay analysirt hatte, besteht, nach Dumas's Ansicht, aus 2 Atomen Oxalsäure, 1 Atom Aetherin und 1 Atom Ammoniak, welche zusammengepaart betrachtet werden können $= C^4 H^8 \dddot{C} + NH^3 \dddot{C}$, d. h. ein wasserfreies Doppelsalz aus 1 Atom oxalsauren Aetherin und 1 Atom oxalsauren Ammoniak bestehend. Setzt man zu jedem dieser Salze 1 Atom Wasser, so entspricht das Ganze dem Liebig'schen Salze, welches aus 1 Atom oxalsauren Aether und 1 Atom oxalsauren Ammoniumoxyd besteht. Dumas nennt die neue Substanz Oxamethan, in der Meinung, dafs sie aus Oxalsäure, Ammoniak und Aetherin zusammengesetzt sei. Auch Mitscherlich **) hat diese Substanz analysirt, und dasselbe Resultat, wie Dumas, erhalten, was von um so viel gröfseren Werth

Oxamethan.

*) Annales de Ch. et de Ph. LIV. 239.

**) Poggend. Annal. XXXIII. 333.

ist, da sich bei Dumas's Angaben ein Druckfehler in der zur Analyse angegebenen Menge findet, wie sich aus Mitscherlich's Resultate ergibt. Die Versuche beider ergeben:

	Gefunden.	Atome.	Berechnet.
Kohlenstoff	41,50	8	41,4
Wasserstoff	6,06	14	5,9
Stickstoff	11,81	2	11,9
Sauerstoff	40,63	6	40,8.

Mitscherlich bemerkt, dafs die Zusammensetzung dieser Verbindung sich zum ätheroxalsauren Ammoniak verhalte, wie das Oxamid zum oxalsauren Ammoniak, und nennt sie daher Aetheroxamid. Dumas stimmt in so weit mit Mitscherlich überein, dafs er diese Verbindung vorzugsweise als 1 Atom Oxamid und 1 Atom Oxaläther zusammengesetzt betrachtet, auf folgende Weise:

1 Atom Oxamid	2C + 4H + 2N + 2O
1 Atom Oxalsäure	2C + 3O
1 Atom Aether	4C + 10H + 1O
	8C + 14H + 2N + 6O.

Aber dabei mufs auch zugegeben werden, dafs die von Mitscherlich vorgeschlagene Benennung vorgezogen zu werden verdient. Die verkürzte Zusammensetzungsformel wird $\dot{E}\ddot{C} + \ddot{C}NH^2$. Nach dieser Ansicht läfst sich die Bildung dieser Substanz leicht erklären; es verbindet sich nämlich das Oxamid in Statu nascenti mit dem Oxaläther, mit welchem es in Berührung sich befindet.

Aetheroxalsaures Kali.

Liebig hat keine Analyse des ätheroxalsauren Ammoniaks, welches er entdeckt hat, mitgetheilt; die Zusammensetzung desselben konnte daher nur theoretisch vorausgesetzt werden. Um so willkommener ist es gewesen, von Mitscherlich *) eine Analyse des ätheroxalsauren Kali's zu erhalten. Er fand die Zusammensetzung nach der Formel $\dot{E}\ddot{C}+\dot{K}\ddot{C}$ ohne Krystallwasser, welche also mit der theoretischen Voraussetzung zusammenstimmt. Nach Mitscherlich **) wird dieses Salz erhalten, wenn Oxaläther in wasserfreiem Alkohol aufgelöst, und zu dieser Lösung gerade so viel Kalihydrat, welches im wasserfreien Alkohol aufgelöst ist, gesetzt wird, als erforderlich ist, um die Hälfte der Oxalsäure im Aether zu neutralisiren. Kommt mehr Kali hinzu, so verwandelt sich dieses mit dem Oxaläther in oxalsaures Kali und Alkohol. Das neu erzeugte Salz scheidet sich dann, weil es in Alkohol unlöslich ist, in krystallinischen Blättchen aus. Man sammelt diese auf einem Filter, wäscht sie mit wasserfreiem Alkohol ab, und löst sie hierauf in einem wasserhaltigen Alkohol auf, wobei möglicherweise beigemischtes oxalsaures Kali ungelöst zurückbleibt, worauf das Salz, obgleich schwierig, durch freiwillige Verdunstung krystallisirt erhalten wird. Es wird nicht zersetzt in einer Temperatur, welche nicht +100° übersteigt. Dieses Salz ist übrigens sehr wenig beständig. Der Zusatz irgend einer, selbst schwachen Base oder eines Salzes der Kalkerde, oder irgend eines Metalloxydes, z. B. des Kobaltoxyds, Bleioxyds, Kupferoxyds, veranlafst allmälig die Bildung eines oxalsauren Salzes und Abscheidung des Aethers in Gestalt von Alkohol. Die beste Art, die Salze dieser Säure mit anderen Basen zu erhalten, ist, dafs man das in wasserhaltigem Alkohol gelöste Kalisalz mit Schwefelsäure (oder

*) Poggend. Annal. XXXIII. 332.

**) Dessen Lehrb. der Chem. 2. Aufl. I. 644.

Kieselfluorwasserstoffsäure) fällt, und die frei wordene Säure mit kohlensaurem Baryt oder lensaurem Kalk sättigt. Die Salze mit diesen sen erhält man durch Verdunstung bis zum woraus sie dann krystallisiren. Diese werde auf mit neutralen schwefelsauren Salzen Versucht man die freie Säure zu sättigen, z. B Kupferoxyd, so erhält man bloſs ein oxalsaures Man kann die Säure nicht durch Verdunstung centriren, weder im Wasserbade, noch im Raume, indem die Lösung dabei nur Oxalsäure stallisirt zurückläſst.

Aethersalze. Im Jahresb. 1833, p. 300., habe ich Ze Analysen einer neuen Reihe von Platin zen, welche den Namen Aethersalze erhielten geführt. Zeise fand, daſs diese merkwürdige bindungen neben einem gewöhnlichen Platin chlorür eine Verbindung von 1 Atom Pla mit 1 Atom Aetherin $= Pt Cl + C^4 H^8$ Nachdem die Ansichten über die Zusam des Aethers mehr entwickelt worden, und funden hat, daſs weder Aetherin noch Wei dern nur wirklicher Aether mit Säuren v werden und mit Salzen in Verbindung tret hat Liebig *) die Analysen von Zeise vision unterworfen, und gezeigt, daſs die A in dem Zustande, wie sie erhalten werden, Zersetzung wirklich eine sauerstoffhaltige, riechende, aber gröſstentheils aus Wasser Flüssigkeit liefern, woraus unbestreitbar daſs Sauerstoff sich mit in ihrer Mischung müsse. Durch Zusammenrechnung der anal Resultate Zeise's, insbesondere der von

*) Poggend. Annal. XXXI. 329.

stoff und Wasserstoff, und durch Berechnung der Mittelzahlen von 5 Analysen, in welchen der Kohlenstoffgehalt, und von 6 Analysen, in welchen der Wasserstoffgehalt bestimmt wurde, zeigte sich bei diesen Analysen ein Verlust von etwa $2\frac{1}{2}$ Procent. Würde dieser Verlust in Sauerstoff bestehen, so wäre z. B. das Kaliumäthersalz auf folgende Weise zusammengesetzt:

	Gefunden.	Atome.	Berechnet.
Platin	51,179	2	51,89
Chlor	18,363	4	18,62
Chlorkalium	20,059	1	19,62
Kohlenstoff	6,662	4	6,44
Wasserstoff	1,314	10	1,31
Sauerstoff	2,420	1	2,10.

Aus dieser Uebersicht folgt also deutlich, dafs die Salze 1 Atom Aether $= C^4 H^{10} O = \dot{E}$ enthalten, und dafs folglich die Zusammensetzung derselben durch die abgekürzte Formel $(K Cl + Pt Cl) + (Pt Cl + \dot{E})$ repräsentirt werden kann. Liebig's Absicht ist dabei gewesen, zu zeigen, dafs auch darin nicht die Verbindung $C^4 H^8$ oder Weinöl, sondern das Oxyd von $C^4 H^{10}$, Liebig's Aetheryl, einen Bestandtheil ausmache, womit er alle die Einwürfe gegen diese Ansicht über die Natur des Aethers hinwegzuräumen sucht, die zu Gunsten der Ansicht sprechen könnten, welche Dumas geltend zu machen sich bestrebt, dafs nämlich der Aether das Hydrat des Weinöls sei.

In dieser Beziehung hat Dumas *) noch eine Reihe höchst interessanter Untersuchungen mitge-

*) Annales de Ch. et de Ph. LVI. 113.

theilt, wofür ihm die Wissenschaft stets sehr verbindlich bleiben wird; bevor ich aber die Resultate, zu welchen er gekommen ist, mittheile, werde ich mich bei seiner Einleitung zu der Abhandlung einen Augenblick aufhalten, weil sie persönlich mich betrifft. Nachdem Dumas seine schon früher bekannt gemachten Ansichten wiederholt hat, daſs nämlich das ölbildende Gas, analog mit Ammoniak, die Rolle einer Base spiele, daſs Alkohol und Aether die Hydrate dieser Base wären, daſs ferner diese Base mit Wasserstoffsäuren wasserfreie Salze bilden, und daſs endlich diese Base mit Sauerstoff-säuren Salze liefern könne, worin 1 Atom Wa[illegible] enthalten ist, fügt er weiter unten noch Folgen[illegible] hinzu, was ich mit seinen eigenen Worten an[illegible] ren will: »Mr. Berzelius, après avoir repo[illegible] pendant longtems, toute interprétation de ce ge[illegible] s'est enfin laissé vaincre par l'evidence des faits, [illegible] il désigne aujourdhui, sous le nom de formules [illegible] tionelles, de formules analogues à celle que n[illegible] avons proposées. Mais parmi les deux opi[illegible] qui s'était offert à notre esprit et que nous av[illegible] comparées dans notre memoire, il préfère, en [illegible] développant, celle que nous avons abandonnée [illegible] rejette celle que nous avons admise.« Das [illegible] geführte, welches sich auf die Idee über die [illegible] sammensetzung der organischen Atome bezieht, [illegible] mit ich den Jahresbericht 1834, p. 185., über [illegible] Fortschritte in der Pflanzenchemie anfing, [illegible] ein Paar Unrichtigkeiten, welche anzumerken [illegible] mich verpflichtet fühle, unter welchen ich je[illegible] nicht die Beschuldigung verstehe, als hätte ich [illegible] langer Zeit alle Arten, die organischen Zusam[illegible] setzungen zu erklären, verworfen, in Betreff we[illegible] cher ich kein Wort zu meiner Vertheidigung [illegible] zuführen für nöthig erachte *). Sie betreffen die Aeufserungen, 1) dafs Dumas und Boullay schon vor mir die rationellen Formeln, welche ich gegeben habe, eingeführt hätten, und 2) dafs ich vorzugsweise das annehme, was von ihnen verworfen sei. Als Alternative stellte ich zwei Ansichten auf, die eine (wenn E bedeutet $=C^4H^8$) $E+\dot{H}$ **), die andere (wenn Ae bedeutet $=C^2H^5$) $\dot{A}e$ ***). Die erste, zufolge welcher der Aether eine Verbindung von Kohlenwasserstoff mit Wasser ist, wurde schon von Gay-Lussac aufgestellt, ehe noch Dumas's Namen irgendwo in den Wissenschaften erwähnt worden war, wie auch Dumas in allgemeinen Ausdrücken anerkennt. Und diese Ansicht habe ich bei der Erklärung der Zusammensetzung des Aethers in meinem Lehrbuche für die organische Chemie angenommen, welches noch früher gedruckt worden ist, als Dumas und Boullay ihre schöne Arbeit über die zusammengesetzten Aetherarten mit-

*) Dumas scheint die ernstliche Absicht zu haben, die Kurzsichtigkeit meiner Ansichten über die Zusammensetzung der organischen Natur nachzuweisen, indem er an einem anderen Orte in seinem Traité de chimie appliqué aux arts, bei der Abhandlung über die organische Zusammensetzung, nachdem er Unrichtigkeiten in der Meinung gewisser Mineralogen, dafs nämlich die Mineralien andere als gewöhnliche chemische Verbindungen seien, nachzuweisen gesucht hat, äufsert: „Mr. Berzelius, qui est si longtems à combattre ces opinions et qui en a si habilement triomphé en ce qui concerne les especes mineralogiques, s'est lui-même laissé préoccuper à l'égard de la chimie organique, ce me semble, précisement par le système d'idées qu'il avoit dejà renversé dans ce cas particulier." Ich enthalte mich aller weiteren Bemerkungen in Betreff dieser Aeufserung.

**) A. a. O. p. 192.

***) Ebendas. p. 196.

getheilt hatten. In Betreff der zweiten Formel, welche voraussetzt, dafs der Aether das Oxyd eines Radikals ist, dessen Atom aus 2 Atomen Kohlenstoff und 5 Atomen Wasserstoff besteht, von dem im Aether 2 Atome mit 1 Atom Sauerstoff verbunden sind, und welches Radikal mit Salzbildern Aetherarten bildet, die aus 1 Atom dieses Radikals und 1 Atom des Salzbilders bestehen, und mit Sauerstoffsäuren solche Aetherarten, die aus 1 Atom des Oxydes dieses Radikals und 1 Atom Säure bestehen, und zwar beide Aetherarten ohne Wasser; in Betreff dieser, sage ich, findet man in Dumas's und Boullay's Abhandlung über die Aetherarten und über die Theorie, welche sie sich von C^4H^8 als einer Salzbasis bildeten, durchaus nichts, was auf jene Vorstellung über die Constitution des Aethers gerechter Weise hindeuten könnte. Jeder kann sich davon leicht überzeugen, wenn er Dumas's und Boullay's gemeinschaftliche Abhandlung *) auf's Neue durchlesen will. Es ist wahr, dafs ich die Meinung, welche sie angenommen haben, weniger wahrscheinlich halte, aber zufolge dem eben Angeführten ist es auch wahr, dafs die Ansicht, welche ich am angeführten Orte aufgestellt habe, von ihnen weder genau untersucht, noch verworfen ist, weil sie sich nicht darüber äufsern, und wahrscheinlich auch keine solche Idee davon gehabt haben.

Formochlorid. Zuvörderst hat Dumas die Flüssigkeit analysirt, welche Liebig (Jahresb. 1833, p. 298.) und Soubeiran, jeder aber für sich, vorher untersucht hatten, und welche Liebig aus 2 Atomen Kohlen-

*) Annales de Ch. et de Ph. XXXVI. 15. Oder: Poggend. Annal. XII. 430.

stoff und 5 Atomen Chlor zusammengesetzt fand. Dumas fand dieselbe so zusammengesetzt:

	Gefunden.	Atome.	Berechnet.
Kohlenstoff	10,08	2	10,24
Wasserstoff	0,84	2	0,83
Chlor	89,08	6	88,93.

Hiernach ist dafür die Formel $=C^2H^2Cl^3$. Das spec. Gewicht des Gases dieser Substanz ist $=4,199$. Werden die spec. Gewichte der Bestandtheile zusammengerechnet und durch 2 dividirt, so erhält man 4,113, sie sind darin also zur Hälfte verdichtet. Dumas fand, dafs diese Verbindung von kaustischen concentrirten Alkalien in ein ameisensaures Alkali und in ein Chlorür des Alkali-Metalls zersetzt wird, und da die Ameisensäure nach der Formel $C^2H^2O^3$ zusammengesetzt ist, so ist es klar, dafs diese Substanz sich zur Ameisensäure verhält, wie der flüssige Chlorphosphor zur phosphorigen Säure. Hiernach hätte ihr der Name Chlorûre formique zukommen sollen; da er aber fand, dafs sie nicht saure Reaction besitzt, und dieser Umstand Dulongs geistreiche Idee über die wasserhaltigen Säuren wieder ins Gedächtnifs zurückrief, so nannte er sie *Chloroform*. Inzwischen kann nicht wohl eingesehen werden, was der Name mit den Prämissen für Gemeinschaft haben kann. Für uns würde sich sehr gut der Name *Formochlorid* eignen.

Formobromid.

Das *Bromoform* ist das entsprechende Bromûre formique oder *Formobromid*. Es ist von Löwig (Jahresb. 1834, p. 340.) entdeckt worden, und, mit Hinzufügung eines von diesem übersehenen Wasserstoffgehalts, hat Dumas dasselbe Resultat, wie Löwig, erhalten, nämlich 5,44 Kohlenstoff, 0,47 Wasserstoff und 94,09 Brom $=C^2H^2Br^3$.

Diese Substanz wird durch Behandlung des Bromkalks mit schwachem Alkohol oder Essiggeist erhalten.

Formojodid. *Formojodid*; Jodûre formique, Jodoform. Diese Verbindung wurde von Serullas entdeckt, welcher sie erhielt, als er eine Lösung von Jod in Alkohol mit einer Lösung von Natron in Alkohol vermischte. Sie ist ebenfalls für einen Jodkohlenstoff angesehen worden. Er fand darin 3,12 Kohlenstoff, 0,26 Wasserstoff und 96,62 Jod $= C^2 H^2 I^3$. Auch hat Mitscherlich *) diese Verbindung, deren geringer Wasserstoffgehalt zweideutig erschien, analysirt, aber er hat dasselbe Resultat erhalten. Mitscherlich, welcher, wie ich weiter unten zeigen werde, besondere Rücksicht auf das nimmt, was während einer Verbindung ausgeschieden wird, und eine beinahe überwiegende Rücksicht auf das, was zurückbleibt, nennt diesen Körper *Jodätherid*, aus dem Grunde, weil von 1 Volum ölbildenden Gases und 4 Volumen Jodgases das Jodätherid in der Art gebildet werde, daſs dabei 1 Volum Jodgas und 1 Volum Wasserstoffgas als Jodwasserstoffsäure ausgeschieden würden.

Sowohl das Formobromid, als auch das Formojodid, werden durch Kochen mit kaustischem Kali in ameisensaures Kali und Brom- oder Jodkalium, obwohl langsam, verwandelt.

Chloral. Das *Chloral*, welches zuerst von Liebig (Jahresbericht 1833, p. 294.) entdeckt und von diesem Chemiker nach der Formel $9C+12Cl+4O$ zusammengesetzt gefunden wurde, ist auch von Dumas untersucht worden, welcher dabei einige Vorschriften zur leichteren Bereitung und vollständ-

*) Poggend. Annal. XXXIII. 334.

geren Reinigung desselben gegeben hat. Zu dem, was Liebig darüber angegeben hat, mag noch hinzugefügt werden, dafs das spec. Gew. des Chlorals in Gasform =5,13 bei 0° C und 0‴,76 Druck ist. Die über die Zusammensetzung desselben angestellten Analysen gaben folgendes Resultat:

	Gefunden.	Atome.	Berechnet.
Kohlenstoff	16,61	4	16,6
Wasserstoff	0,79	2	0,7
Chlor	71,60	6	71,9
Sauerstoff	11,00	2	10,8.

$C^4 H^2 Cl^6 O^2$ ist also dafür die empyrische Formel. Summirt man die spec. Gewichte der einzelnen Bestandtheile, und dividirt das Resultat mit 4, so erhält man 5,061. — Die Bestandtheile sind also in dem gasförmigen Chloral zu $\frac{1}{4}$ verdichtet. Versucht man eine rationelle Formel für diese Verbindung aufzustellen, so erhält man $C^2 H^2 Cl^3 + 2CO$, oder 1 Atom Formochlorid und 2 Atome Kohlenoxyd, oder eines Körpers, welcher aus 2 Atomen Kohlenstoff und 2 Atomen Sauerstoff besteht. Setzt man hierzu 1 Atom Sauerstoff und 2 Atome Wasserstoff, dafs sich also 1 Atom Wasser mit diesem Körper vereinigen könnte, so haben wir $C^2 H^2 O^3$, d. h. Ameisensäure. Hieraus wird sogleich die Reaction der Alkalien auf Chloral, welche Liebig beobachtet hat, begreiflich, dafs nämlich Formochlorid und ein ameisensaures Salz dabei entstehen. Dumas hat gezeigt, dafs die Gewichtsmengen, welche Liebig von dem Formochlorid und dem ameisensauren Salze erhielt, sehr gut mit seiner Analyse übereinstimmen.

Das in Verbindung mit Wasser krystallisirte Chloral fand Dumas aus 1 Atome Chloral und 2 Atomen Wasser zusammengesetzt. Auch bestimmte er das spec. Gew. dieses Hydrats in Gasform, und erhielt = 2,76; es besteht also aus $\frac{1}{2}$ Volum Chloral und $\frac{1}{2}$ Volum Wassergas ohne Verdichtung.

Auch ist von Dumas der unlösliche Körper, in welchen das Chloral durch Wasser oder verdünnte Schwefelsäure verwandelt wird, untersucht worden. Liebig hielt ihn für isomerisch mit dem Chloralhydrat. Er verhält sich damit auch analog, wenn er destillirt wird. Ohne zu schmelzen verflüchtigt er sich zwischen +150° und 200°, und das, was sich verdichtet, wird flüssig und krystallisirt, wie Chloralhydrat. Das analytische Resultat ist:

	Gefunden.	Atome.	Berechnet.
Kohlenstoff	17,75	12	17,62
Wasserstoff	1,10	8	0,96
Chlor	67,74	16	67,98
Sauerstoff	13,41	7	13,44.

Für Chlorhydrat würde hiernach immer 1 Proc. Chlor und $\frac{1}{2}$ Proc. Kohlenstoff zu viel erhalten worden sein. Dumas hat nicht versucht, irgend eine rationelle Formel dafür aufzustellen; er fügt blofs hinzu, dafs diese Substanz 3 Atomen Chloral entspreche, worin 2 Atome Chlor durch 1 Atom Wasser ersetzt worden seien.

Dumas hat ferner eine Theorie für die Bildung des Chlorals aus Alkohol zu geben versucht. Im ersten Akte der Einwirkung wird 1 Atom Alkohol durch 4 Atome Chlor zersetzt. Diese 4 Atome Chlor verwandeln sich dabei mit 4 Atomen Wasserstoff des Alkohols in 4 Atome Chlorwasserstoffsäure. Dabei hinterbleibt der Alkohol mit 4 Atomen Wasserstoff weniger $= C^4 H^8 O^2$, welches die Formel für Essigäther ist. Bei der ferneren Einwirkung des Chlors wird der Essigäther zersetzt, und 12 Atome des ersteren wirken auf 1 Atom des letzteren. 6 Atome Chlor nehmen 6 Atome Wasserstoff auf und gehen als Salzsäure fort; das vom Essigäther übrig bleibende $= C^4 H^8 O^2$ vereinigt sich mit 6 Atomen Chlor, und bildet damit das Chloral. Es bedarf keiner Frage, daſs diese Erklärungsart ein richtiges Schluſsresultat vorstellt. Allein sie ist darum nicht richtig, wenigstens gibt sie keinen Grund zu einer Beurtheilung, was der sogenannte schwere Salzäther ist, welchen Wasser aus einem, bis zu einem gewissen Grade mit Chlor gesättigten Alkohol ausfällt.

Dumas hat auch den sogenannten Chloräther oder die ätherähnliche Flüssigkeit, welche durch Vereinigung des Chlors mit ölbildendem Gase entsteht, näher untersucht, und dabei folgendes Resultat erhalten: Chloräther.

	Gefunden.	Atome.	Berechnet.
Kohlenstoff	24,80	1	24,65
Wasserstoff	4,13	2	4,03
Chlor	71,07	1	71,32.

Er entspricht also der Formel $CH^2 + Cl$; nach welcher man ihn lange betrachtete, bis Morin und Liebig darüber zu anderen Resultaten gelangten. Dumas schlieſst seine Abhandlung mit verschiedenen theoretischen Speculationen über die Zersetzung organischer Substanzen durch den Einfluſs der Reagentien, in Betreff welcher ich auf seine Abhandlung selbst verweisen muſs.

Liebig *) hat eine Bereitungsmethode des Mercaptans (Jahrcsb. 1835, p. 331.) angegeben. Eine Kalilauge von 1,28 bis 1,30 spec. Gew. wird Mercaptan.

*) Annal. der Pharm. XI. 14.

mit Schwefelwasserstoff gesättigt, mit einem gleichen Volum einer Auflösung von weinschwefelsaurem Kalk von gleichem spec. Gew. vermischt und im Wasserbade destillirt, wobei man die Destillationsproducte stark abkühlt. Das Destillat wird Quecksilbermercaptid rectificirt, und hierauf Chlorcalcium von Wasser befreit. Es ist nun und hat bei +21° ein spec. Gew. =0,835. gibt den Kochpunkt desselben bei +62° h an. Liebig fand ihn bei 36°,2 bei 27" 7"' 8 Höhe, welcher bis zu Ende sich gleich blieb. big vermuthet, dafs Zeise's Angabe in einer Verschreibung entstandenen Umsetzung der beruhe. Zur mehreren Sicherheit analysirte er das Mercaptan und erhielt:

	Gefunden.	Atome.	
Kohlenstoff	39,26	4	39,050
Wasserstoff	9,63	12	9,563
Schwefel	51,11	2	51

Diefs ist also vollkommen dieselbe Z setzung des Mercaptans, welche Zeise fand. Liebig davon einen Tropfen auf das eine eines Glasrohres brachte, und dieses in der schwenkte, bemerkte er die Bildung einer b gen, butterartigen Masse, welche er für v Mercaptan, das sich durch eigene Verdunst stark abgekühlt hatte, hielt. Es schmolz und verdunstete. Da Zeise fand, dafs das captan noch nicht bei —21° erstarrt, so könnte möglicherweise Eis gewesen sein, welches sich der Luft absetzte, als das Glas durch die V stung des Mercaptans unter dem Gefrierpunkt gekühlt wurde. Gleichwie man Eis erhält, man Aether auf ein wenig Baumwolle tropft diese dann heftig schwenkt. Liebig fand, dafs

Quecksilbermercaptid in 12 bis 15 Theilen kochenden 80procentigen Alkohols auflöslich ist, und dafs dasselbe beim Erkalten in weichen, durchscheinenden, glänzenden Blättchen wieder auskrystallisirt, welche getrocknet den Glanz des polirten Silbers besitzen, und bei +85° zu einer klaren, kaum merklich gelblichen Masse schmelzen. Liebig hält es für die beste Methode, das Salz rein darzustellen, das unreine mit kochendem Alkohol zu krystallisiren. Leitet man die Dämpfe des Mercaptans über erhitztes, aber nicht glühendes Kupferoxyd, so werden Wasser und Kupfermercaptid gebildet, das letztere in Gestalt einer weifsen Salzmasse. Nach Liebig ist die rationelle Formel für die Mercaptüre, wenn M 1 Atom Metall bedeutet, $= C^4 H^{10} S + MS$, d. h. eine Verbindung von 1 Atom Schwefelmetall mit 1 Atom Schwefelätheryl.

Zeise *) hat eine Analyse des Xanthogenkaliums mitgetheilt, deren Resultat das folgende ist: *Xanthogenkalium.*

	Gefunden.	Atome.	Berechnet.
Kalium	24,2867	1	24,3062
Schwefel	39,5760	4	39,9217
Kohlenstoff	22,5650	6	22,7537
Wasserstoff	3,1153	10	3,0957
Sauerstoff	10,4570	2	9,9226.

Dies gibt die Formel $\dot{K} + 2\overset{''}{C} + \dot{E}$; aber wie sie mit einander verbunden betrachtet werden sollen, steht in weitem Felde.

Dumas und Peligot **) haben eine Untersuchung des Holzgeistes unternommen, welche, im Fall sich die dadurch erhaltenen Resultate bestäti- *Producte der trocknen Destillation. Holzgeist.*

*) Poggend. Annal. XXXII. 305.

**) L'Institut 1834, No. 78, 79 und 80.

gen sollten, was jedoch von Arbeiten so ausgezeichneter Chemiker vermuthet werden muſs, gewiſs nicht Liebig's und Wöhler's Untersuchung über das Bittermandelöl die schönste Arbeit in der Pflanzenchemie ist.

Nach diesen Chemikern wird der Holzgeist durch Umdestillirung des rohen Holzessigs gewonnen, indem man von jedem Hectoliter desselben die zuerst übergehenden 10 Liter besonders auffängt, und diese einer neuen Rectification unterwirft, etwa so, als wenn man Branntwein entwässern will; zuletzt rectificirt man ihn über ungelöschten Kalk. Der rohe Holzgeist, welchen man aus Fabriken erhält, enthält ein flüchtiges Oel, essigsaures Ammoniak und eine an der Luft sich braun färbende Substanz.

Der Holzgeist ist rein, wenn er sich an der Luft nicht mehr bräunt, sich mit Wasser in allen Verhältnissen ohne Trübung mischt, auf Lackmus keine Reaction hervorbringt, und das salpetersaure Quecksilberoxydul nicht schwarz fällt. Er kann wohl noch Wasser enthalten, wovon er aber durch Umdestillirung über Kalk befreit werden kann.

Bei dieser Bereitungsmethode des Holzgeistes muſs jeder, welcher der Geschichte dieses Körpers seit seiner Entdeckung gefolgt ist, einigen Verdacht schöpfen, ob derselbe nicht noch mit zwei einander sehr ähnlichen, aber doch verschiedenen Körpern verwechselt sei. Einige, welche den Holzgeist beschrieben haben, geben an, daſs er sich nicht in allen Verhältnissen im Wasser auflöst, Andere, daſs er sich damit in allen Verhältnissen mischt. Diese Verschiedenheit erklärte Reichenbach (Jahresb. 1835, p. ...) durch die Entdeckung des Mesits auf, welcher den französischen Chemikern unbekannt geblieben zu sein scheint. Mesit mischt sich nicht in allen Verhältnissen mit Wasser, was aber mit dem Holzgeiste, gleichwie mit Alkohol, geschieht. Eine Auflösung des Mesits im Holzgeist, worin der Holzgeist 2 bis 3 Mal so viel am Gewichte beträgt, wie der Mesit, wird nicht bei der Verdünnung getrübt, aber durch Auflösen von Chlorcalcium bis zur Sättigung wird der Mesit vom Holzgeist getrennt, und man erhält eine dicke Lösung von Chlorcalcium in Holzgeist, worauf eine leichtere schwimmt, die auch Chlorcalcium enthält, einen angenehmen, flüchtigen ätherartigen Geruch besitzt und Mesit ist. Man findet in den Angaben der französischen Chemiker kein Wort darüber, und es ist unmöglich, daſs, wenn sie dessen Dasein gekannt hätten, sie nicht gezeigt haben sollten, wie er davon zu trennen sei, was durch Destillation über ungelöschten Kalk nicht wohl möglich sein dürfte. Von dem Holzgeist, welcher jetzt aus der Holzessigfabrik der Herren Pasch und Cantzler, die Kanne *) zu etwa 20 gGr. verkauft wird, und dessen ich mich zu Spirituslampen im Laboratorio, anstatt Kornspiritus, bediene, wollte ich eine Portion reinen Holzgeist, als Präparat, bereiten, und wurde nicht wenig überrascht, als ich fand, daſs er, nachdem er das von Liebig für den Holzgeist angegebene specifische Gewicht nahe genug erhalten hatte, durch Chlorcalcium, welches ich bis zur Sättigung darin auflöste, sich in zwei Schichten vertheilte, wovon die obere, welche ungefähr $\frac{1}{4}$ des Ganzen betrug, ganz und gar einer Probe von Mesit gleich kam, welche Reichenbach mir zu senden die Güte gehabt hat. Auch muſs ich hinzufügen, daſs ich vor langer Zeit von Hermann in Schönebeck Holzgeist

*) Die schwed. Kanne = $2\frac{1}{4}$ Berl. Quart.

erhalten habe, welcher mit Chlorcalcium kein Mesit abscheidet. Wenn folglich der Mesit nicht immer gebildet wird, so könnte es sein, dafs Dumas
und Peligot einen mesitfreien Holzgeist gehabt
haben, was aber im entgegengesetzten Falle nicht
möglich ist, und über ihre schönen Resultate gewisse Unsicherheiten herausstellen würde, in sofern
als man nicht weifs, ob es Holzgeist oder Mesit
gewesen ist, womit sie die beschriebenen Aetherarten hervorgebracht haben.

Der Holzgeist, führen sie an, ist ein Alkohol,
d. i. ein dem Alkohol ähnlicher Körper, welcher aus
1 Atom Kohlenwasserstoff und 2 Atomen Wasser
besteht, und dessen Kohlenwasserstoff aus 2 Atomen Kohlenstoff und 4 Atomen Wasserstoff besteht.
Sie betrachten diesen Kohlenwasserstoff als eine
von den vielen isomerischen (eigentlich polymeri-
schen) Modificationen, welche mit dem ölbildenden
Gase gleiche Zusammensetzung haben. Dieser Körper, dessen factisches Vorhandensein, wie wir weiter unten sehen werden, nicht dargethan ist, hat
Methylen. doch einen Namen erhalten, nämlich *Methylen* (Mé-
thylène), hergeleitet von Methy, eine spirituöse Flüssigkeit, und hyle, Holz; eine Wortverbindung, welche misbilligt werden mufs, sie mag von dem Deut-
schen Meth (Mjöd), oder dem Griechischen μέθυ,
Wein, gebildet sein, abgesehen davon, dafs der
Name vielmehr Methyl hätte sein, und ὕλη, in seiner richtigen Bedeutung Materia, Stoff, genommen
werden sollen, da es das Radikal des Weins, aber
nicht Wein von Brennholz, als welches der Holzgeist betrachtet werden mufs, bedeutet. Bevor ich
jedoch fortfahre, mufs ich in Beziehung auf das
von Dumas und Peligot angewandte Nomenclaturprincip, welches sich weder für die schwedische

Spra-

Sprache, noch, wie es mir scheint, für die am meisten ungezwungene Erklärung der Erscheinungen eignet, die Nomenclatur anführen, welche ich anzuwenden gebildet habe. In Bezugnahme des wahrscheinlichen Umstandes, dafs noch mehrere dem Alkohol und Holzgeist analoge Körper entdeckt werden könnten, möge Alkohol die Art derselben bedeuten. Weinalkohol und Holzalkohol bedeuten dann die beiden nun bekannten Arten. Weinspiritus und Holzspiritus bezeichnen die Gemische derselben mit Wasser. Es ist klar, dafs, wo der Name der Art nicht hinzugefügt wird, immer Weinalkohol oder Weinspiritus verstanden wird. Auf dieselbe Weise können wir das Wort Aether für die Arten desselben gebrauchen, also Weinäther und Holzäther für die bekannten Arten. Statt Salpeteräther und Essigäther müssen wir zu einer correcteren Bezeichnung übergehen, und sagen z. B. salpetersaurer Holzäther, salpetrigsaurer Weinäther, essigsaurer Holzäther, ameisensaurer Weinäther. Wir können auch, obgleich es mit der Theorie streitet, sagen: Chlorwasserstoff-Weinäther, Chlorwasserstoff-Holzäther, wiewohl ich vorziehe, Weinäther-Chlorür, Weinäther-Jodür zu sagen. Ich setze voraus, dafs eine noch wissenschaftlichere Nomenclatur künftig unentbehrlich wird. Man mag dann den Aether-Radikalen Namen geben; man kann das ältere C^4H^{10}, Aethyl, das neuere C^2H^6, Methyl nennen, und die Aetherarten z. B. oxalsaures Aethyloxyd, essigsaures Methyloxyd, Aethylbromür, Methyljodür u. s. w. Ich halte es angemessen, bei Darstellungen einer Reihe von neuen Sachen die Auffassung durch Benennungen zu erleichtern, welche auf das bereits Bekannte hinweisen, so dafs nicht die Sache und die Worte zugleich neu sind.

Erhält die Reihe neuer Sachen einmal ihre völlig
Bestätigung, so kann man, wenn sie bekannt
bestätigt worden sind, die Nomenclatur streng
gelrecht ausführen.

Holzalkohol. *Holzalkohol,* Bihydrate de methylène. Di
bildet eine dünnflüssige, farblose Flüssigkeit,
eigenthümlichem, anfangs aromatischem, alkoh
gem und dem Essigäther nicht unähnlichem G
Er brennt mit einer Flamme, wie der Alk
kocht bei 66°,5 und 0ᵐ,761 Druck; sein spec. G
=0,798 bei +20°. Das spec. Gew. seines G
=1,120. Er ist schwer zu destilliren, indem
beständig stöſst, auch im Wasserbade, so daſs
Theil dabei in die Vorlage übergeworfen wird,
mag ihn für sich oder mit Kalk destilliren; die
Uebelstande kann abgeholfen werden, wenn
etwas Quecksilber mit in die Retorte schüttet,
auf die Destillation gleichmäſsig von Statten
Er besteht aus 37,97 Kohlenstoff, 12,40 Wa
stoff und 49,63 Sauerstoff, was jedoch das be
nete Resultat aus der Formel 2C+8H+2O
Die Resultate der Versuche sind noch nicht
geben. Ein Volumen desselben enthält folg
wenn wir nach dem spec. Gewichte desselben
Gasform urtheilen, 2 Volumen Wasserstoff, $\frac{1}{2}$
lumen Kohlenstoff und $\frac{1}{2}$ Volumen Sauerstoff.
theoretische Zusammensetzung ist $= C^2 H^4 + 2H$

*) Vergleicht man dieses Resultat mit dem, welches Li
big (Jahresb. 1834, p. 327.) mitgetheilt hat, so findet
eine groſse Verschiedenheit. Liebig's Holzspiritus kocht
+60°, hat bei +18° ein spec. Gew. =0,804, und en
54,75 Kohlenstoff, 10,75 Wasserstoff und 34,50 Sa
$= C^3 H^5 O$. Diese Ungleichheiten können natürlicher
einer Beimischung von Mesit zugeschrieben werden,
aber kann entschieden werden, wessen Holzalkohol das

anwenden. Das Gemisch wird dabei dunkler gefärbt und zuletzt schwarz, hat aber nicht dieselbe Neigung überzusteigen, wie solches beim Weinalkohol statt findet. Dabei entsteht ein Aether, welcher die Form eines beständigen Gases annimmt und als Gas über Quecksilber aufgefangen werden kann. Neben diesem Aether erhält man auch noch Kohlensäuregas und schwefligsaures Gas, jedoch nicht als wesentliche Nebenproducte der Operation, wovon derselbe durch Stückchen von Aetzkali befreit werden kann. Dieses Gas ist nicht sauer, hat einen ätherartigen Geruch, und brennt mit einer Flamme, wie Alkohol. Es verdichtet sich nicht bei -16°; Wasser löst davon bei $+18^{\circ}$ sein 37faches Volum auf, und erhält dabei einen Aethergeruch und brennenden Geschmack. Von Weinalkohol, und so auch von Holzalkohol, wird es in noch größerer Menge aufgenommen. Auch Schwefelsäure nimmt viel davon auf, läſst es aber beim Verdünnen wieder fahren. In dem citirten Auszuge der Abhandlung findet man nicht angeführt, ob dieser Aether analysirt, und das spec. Gew. des Gases durch Versuche bestimmt worden sei. Daſs es ein gleiches spec. Gew. mit Alkoholgas besitze, wird als ein theoretisches Resultat angeführt, wie auch daſs es ein merkwürdiges Beispiel von Isomerie sei, in sofern es die Zusammensetzung des Weinalkohols habe, nämlich C^2H^6O, was jedoch, zufolge des gewöhnlichen Atomgewichts des Alkohols $=C^4H^{12}O^2$ oder $C^4H^8+2\dot{H}$, nur die Hälfte davon ist. Nach der in der Abhandlung angeführten Theorie ist dieser Aether Methylenhydrat $=C^2H^4+\dot{H}$. Nach der Theorie der französischen Chemiker ist derselbe also nicht isomerisch mit Alkohol, eben so wenig, wie Milchsäure und Stärke (p. 29..; sie sind nicht einmal polymerische Modificatio.. von einer gleichen Zusammensetzungsformel, d.. der Holzäther enthält 1 Atom Wasser, und d.. Weinalkohol 2 Atome. Sie gehören also zu d.. metamerischen Modificationen derselben relati.. Atomenzahlen. Wirft man diese ungleichen V.. hältnisse in Eins zusammen, wie Dumas und P.. ligot es gethan haben, so hört die Isomerie a.. ihre eigenthümliche Bedeutung zu haben. Ri.. ausgedrückt mufs es heifsen, *sie haben gleiche pr.. centige Zusammensetzung*.

Schwefelsaurer Holzäther.

Schwefelsaurer Holzäther. Sulfate de m.. lène. Bekanntlich ist durch die über das We.. besonders von Serullas, angestellten Ver.. gefunden worden, dafs es eine Verbindung .. Weinöls mit Schwefelsäure gibt, welche Seru.. Sulfate neutre de carbure d'hydrogène nannte, .. che aber nicht schwefelsaurer Aether genannt w.. den kann, weil es 1 Atom Wasser zu wenig e.. hält. Serullas's Angaben sind auch von Lie.. (Jahresb. 1832, p. 305.) bestätigt worden. De.. ungeachtet erklären Dumas und Peligot, d.. diese Substanz nichts anders sei, als ein Gem.. von Weinöl und einer Verbindung, die eine hin.. chende Menge Wasser enthalte, um aus Schwe.. säure und Aether zusammengesetzt betrachtet w.. den zu können. Hierbei haben sie jedoch verg.. sen, dafs, wenn anders das Resultat der Analy.. nicht ganz und gar unrichtig angegeben worden .. ihrer Ansicht zufolge ein grofser Ueberschufs v.. Schwefelsäure vorhanden ist. Aber mit dem V.. hältnisse der Schwefelsäure zum Weinäther, es m.. dieses Verhältnifs sein, wie es wolle, kann die A.. logie darin fehlen, dafs sie gefunden haben, d..

es einen wirklichen schwefelsauren Holzäther gibt, welchen sie Sulfate de methylène nennen. Diese Verbindung wird erhalten, wenn Holzalkohol mit der 8 bis 10fachen Menge concentrirter Schwefelsäure vermischt, und das Gemisch bei beständig unterhaltenem, aber langsamem Kochen destillirt wird, bis man als Destillat etwa ein dem angewandten Holzalkohol gleiches Volum einer ölartigen Flüssigkeit erhalten hat, was ohne Aufschäumen der Masse geschehen kann. Das Destillat wird mit wenig Wasser geschüttelt, mit Chlorcalcium entwässert, über fein pulverisirte, wasserfreie kaustische Baryterde rectificirt, so dafs darin keine freie Schwefelsäure mehr gefunden wird, und hierauf in dem luftleeren Raume über Schwefelsäure erhalten, durch welche Operationen es von Schwefelsäure, schwefliger Säure, Wasser und Holzalkohol befreit wird. Der hierbei erhaltene Aether hat folgende Eigenschaften: Farbloses, ölartiges Liquidum, von knoblauchartigem Geruch; spec. Gew. =1,324 bei +22°. Er kocht bei +188° 0‴,76 Druck, destillirt unverändert über, und erträgt eine Temperatur von 200°, ohne zerstört zu werden. In Berührung mit Kalkwasser wird er langsam, und von kochendem Wasser augenblicklich in Holzäther-Schwefelsäure und Holzalkohol zersetzt. Wasserfreie Basen verändern ihn nicht, wie man dieses bei der Rectification über wasserfreiem Baryt findet, aber wasserhaltige Basen zersetzen ihn auf dieselbe Weise, wie kochend heifses Wasser. Er besteht, nach Dumas und Peligot, nach der Formel $\dddot{S}+C^2H^4+\dot{H}$; nach der von mir vorgezogenen Ansicht $=\dddot{S}+(C^2H^6+O)$. Als solche Verbindung wechselt er die Base durch die meisten Kali- und Natronsalze, und verwandelt sich dabei in Aetherarten mit andern Säuren; z. B. mit Kochsalz gibt er Chloräther, mit Cyankalium und Quecksilbercyanid Cyanäther, mit benzoësaurem und ameisensaurem Kali die entsprechenden Holzätherarten, u. s. w., wobei die Schwefelsäure sich mit der unorganischen Basis verbindet, und endlich mit den Schwefelalkalien erzeugt dessen Radikal dem Mercaptan ähnliche Schwefelverbindungen, deren Gestank jedoch abschreckend sein soll. Wird schwefelsaurer Holzäther in kleinen Mengen mit kaustischem Ammoniak vermischt und damit geschüttelt, so erfolgt sehr starke Erhitzung und damit verbundene Umsetzung der Elemente, wobei ein Körper gebildet wird, welcher, nach Verdunstung der Flüssigkeit zuerst in einem offenen Gefäſse, und hierauf über Schwefelsäure im luftleeren Raume, in groſsen, deutlichen, weiſsen Krystallen anschieſst. Diesen Körper nennen sie *Sulfomethylane*. So viel man schlieſsen kann, erfolgt die starke Erhitzung dadurch, daſs 2 Atome Wasserstoff des Ammoniaks mit 1 Atom Sauerstoff der Säure Wasser bilden, welches sich mit 1 Atom Holzäther zu Holzalkohol, der abgeschieden wird, vereinigt, das Uebrigbleibende entspricht der Formel $C^2H^6O\dot{\dot{\dot{S}}} + \dot{\dot{S}}NH^2$. Das erste Glied ist schwefelsaurer Holzäther, und das zweite ein neuer Körper, Sulfamid; daher die Verbindung hätte *Holzäther-Sulfamid* genannt werden können. Die Zusammensetzung ist dem Aetheroxamid analog.

Salpetersaurer Holzäther. *Salpetersaurer Holzäther*. Nitrate de methylène. Auch hier fehlt der entsprechende Aether von Weinalkohol, von dem bekanntlich nur mit salpetriger Säure ein Aether erhalten wird. Dieser Aether kann nicht direct aus Salpetersäure und Holzalkohol erhalten werden; aber aus Salpeter-

Schwefelsäure und Holzalkohol wird er leicht gewonnen, vermittelst des folgenden Apparats: An eine grofse tubulirte Retorte wird eine tubulirte Vorlage anlutirt, von welcher ein Rohr zu einer Flasche mit Salzwasser, und ein anderes Rohr zum Schornsteine führt. In die Retorte bringt man 50 Grammen zu Pulver zerriebenen Salpeters, giefst darauf ein eben bereitetes Gemisch von 100 Grammen concentrirter Schwefelsäure und 50 Grammen Holzalkohol, und verschliefst die Retorte. Die durch die Vermischung entstehende Wärme in der Flüssigkeit reicht für die ganze Operation hin. Die Masse geräth in's Kochen, es erscheinen wenig rothe Dämpfe, und die Operation geht ohne äufsere Wärme bis zu Ende von selbst vor sich. Da die Einwirkung heftig erfolgt, so mufs die Flasche mit Salzwasser im Anfange stark abgekühlt werden, um nicht viel Aether zu verlieren. Der gröfste Theil des Aethers hat sich in der Vorlage gesammelt, aus welcher er in die Flasche ausgegossen und mit deren Wasser umgeschüttelt wird. Er sammelt sich nun als eine schwere Flüssigkeit auf dem Boden, und wiegt ungefähr 50 Grammen. Aber das Destillat besteht nicht blofs in salpetersaurem Holzäther, sondern es enthält noch eine andere, nach Blausäure riechende Substanz, deren Natur noch nicht bestimmt ist. Man scheidet sie durch Destillation ab. Der Siedepunkt erhöht sich dabei allmälig von +60° bis zu +66°. Was nun destillirt, ist salpetersaurer Holzäther. Das zuerst Uebergehende ist ein Gemisch von beiden. Diese Aetherart ist farblos, riecht schwach ätherartig, ist vollkommen neutral, hat bei +22° ein spec. Gewicht von 1,182, und kocht bei +66°. Angezündet, brennt sie augenblicklich mit einer gelben Flamme.

Die Dämpfe derselben, bis etwa auf 120° erhitzt, verbrennen mit gewaltsamer Explosion. Diese Aetherart ist schwerlöslich in Wasser, aber leichtlöslich in Holzalkohol und Weinalkohol. Alkalien wirken in der Kälte langsam darauf ein; in der Wärme verwandelt sie sich aber damit in salpetersaure Salze und Holzalkohol, besonders wenn eine Lösung von Kali in Alkohol angewandt wird. Das Gas derselben hat ohne Gefahr durch Verbrennung mit Kupferoxyd analysirt werden können, und es ist dieser Aether nach der Formel $C^2H^4\overset{.....}{N} + \dot{H}$ oder $C^2H^6O + \overset{.....}{N}$ zusammengesetzt.

Aetherarten mit Salzbildern. Holzätherchlorür.

Mit Salzbildern vereinigt sich das Radikal dieses Aethers auf die Weise, dafs Wasser ausgeschieden wird, und der Salzbilder in Gestalt einer Wasserstoffsäure an dessen Stelle tritt. Entweder geschieht dieses durch Substitution der Wasserstoffsäure für Wasser, oder durch Substitution von 2 Atomen des Salzbilders für 1 Atom Sauerstoff, welches mit 2 Atomen Wasserstoff der Wasserstoffsäure Wasser bildet. Mit Salzsäure wird der Aether durch Austauschung der Bestandtheile des schwefelsauren Aethers mit Kochsalz gebildet, viel einfacher aber, wenn 2 Theile Kochsalz, 1 Theil Holzalkohol und 3 Theile concentrirter Schwefelsäure zusammen destillirt werden. Man erhält einen gasförmigen Aether, den man über Wasser auffängt und damit zur Entfernung der mit übergegangenen Salzsäure und schwefligen Säure auswäscht. Dieser Aether läfst sich bei —18° nicht verdichten, riecht ätherisch, schmeckt, auf die Zunge geblasen, zuckerartig, brennt mit einer weifsen, an den Rändern grünen Flamme. Bei +16° und 0",765 Pression löst Wasser sein 2,8faches Volum auf, welche Lösung nicht sauer reagirt und auch nicht Silber fällt. Er verhält sich also wie der entsprechende Weinäther. Sein specifisches Gewicht =1,7406, und er besteht aus 1 Volum Salzsäuregas und 1 Volum supponirtes Methylengas, verdichtet zu 1 Volum. Seine Zusammensetzung entspricht der Formel $C^2H^4 + Cl^2H^2$, oder C^2H^6Cl.

Wird dieser Aether durch ein glühendes Porzellanrohr geleitet, so wird er in Salzsäuregas und einen mit gelber Flamme verbrennenden gasförmigen Kohlenwasserstoff verwandelt, wobei sich die innere Seite der Röhre mit Kohle bedeckt. Chlor wirkt im Schatten nicht auf diesen Aether, vereinigt sich aber beim Einflufs des Sonnenlichtes damit. »Es ist wahrscheinlich,« fügen sie hinzu, »dafs, wenn man diese Zersetzung studiren würde, es möglich wäre, sich dabei reines Methylen zu verschaffen, sofern man die richtige Temperatur dabei treffen könnte.« Inzwischen finden wir hier keinen Umstand, welcher befriedigend beweist, dafs das *nicht reine* Methylen bereits schon entdeckt worden sei.

Holzätherjodür.

Mit Jodwasserstoffsäure erhält man einen Aether, wenn man in einer Retorte 8 Theile Jod in 12 bis 15 Theilen Holzalkohol auflöst, und 1 Theil Phosphor zusetzt, wovon man anfangs sehr wenig einträgt, und, wenn das dabei entstehende Kochen vorüber ist, mit Zusetzen des Restes fortfährt. Hierbei kommt das Gemisch wieder in's Kochen, was aber bald nachläfst, so dafs es dann durch äufsere Wärme unterhalten werden mufs, so lange noch eine ätherartige Flüssigkeit übergeht. Das Destillat besteht nun aus einer Lösung des Holzätherjodürs in Holzalkohol. Beim Verdünnen mit Wasser scheidet sich der Aether ab, den man hierauf im Wasserbade über Chlorcalcium und Massicot in großem Ueberschuſs rectificirt. Dieser Aether ist farblos, von 2,237 spec. Gew. bei +22°, und kocht bei +40° oder +50°. Geschmack und Geruch sind nicht angeführt. Brennt schwierig, fast nicht ohne Docht, und verbreitet dabei viele violettrothe Dämpfe. Die Zusammensetzung entspricht der Formel $=C^2H^4+IH$ oder C^2H^6+I. Der Rückstand in der Retorte ist farblos, und enthält, neben phosphoriger Säure und Phosphorsäure, auch eine Holzätherphosphorsäure.

Essigsaurer Holzäther.

Essigsaurer Holzäther, Acetate de methylène, wird leicht erhalten, wenn 2 Theile Holzalkohol, 1 Theil concentrirter Essigsäure und 1 Theil concentrirter Schwefelsäure zusammen destillirt werden. Das Destillat wird mit einer Lösung von Chlorcalcium gemischt, wobei sich bald sehr viel Aether abscheidet, der aber durch Schütteln mit ungelöschtem Kalk, und hierauf durch eine 24stündige Berührung mit entwässertem Chlorcalcium von Wasser und Schwefelsäure befreit werden muſs. Er ist farblos, riecht angenehm, ätherartig, dem Essigäther nicht unähnlich. Besitzt bei +22 ein spec. Gew. von 0,919; das spec. Gew. seines Gases =2,[illegible] Angenommen, daſs sich die Elemente darin zu [illegible] ihres Volumens verdichtet haben, ist es =2,57[illegible] Er besteht aus 49,15 Kohlenstoff, 8,03 Wasserstoff und 42,82 Sauerstoff $=C^2H^4+C^4H^6O^3+H^2O$ oder $C^2H^6O+\bar{A}$. Da 1 At. Essigsäure 2C+4H mehr enthält als 1 Atom Ameisensäure, und da Holzäther 2C+4H weniger enthält als der Weinäther, so ist es klar, daſs ameisensaurer Weinäther und essigsaurer Holzäther gleiche Zusammensetzung haben, in der Art, daſs C^2H^4, welche in dem Ersteren dem Aether angehören, in dem Letzten de[illegible]

Säure zukommen; ein in der That höchst interessantes Beispiel einer metamerischen Modification, welches vielleicht mehr als irgend ein anderes lehrt, wie entschieden die chemischen Eigenschaften eines zusammengesetzten Körpers auf der ungleichen relativen Ordnung, in welcher die einzelnen Atome vertheilt sind, beruhen.

Oxalsaurer Holzäther.

Oxalsaurer Holzäther. Oxalate de methylène. Man destillirt gleiche Theile Oxalsäure, Holzalkohol und Schwefelsäure mit einander. In dem Recipienten findet man dann eine Flüssigkeit, welche beim Verdunsten einen, in schönen rhomboidalen Tafeln krystallisirten Rückstand hinterläfst. Diese krystallisirte Substanz vermehrt sich im Verhältnifs, wie die Operation fortschreitet, so dafs die Masse am Ende erstarrt. Gegen das Ende der Destillation kann man noch eine Portion Holzalkohol in die Retorte nachgiefsen und wie zuvor destilliren. Die aus beiden Destillationsproducten erhaltenen Krystalle werden durch Trocknen im Oelbade von Wasser befreit, und hierauf, zur Reinigung von Oxalsäure, von Neuem über Massicot destillirt. Dieser Aether ist ein in rhombischen Tafeln krystallisirter farbloser Körper, welcher dem oxalsauren Weinäther etwas ähnlich riecht. Er schmilzt bei +51°, und kocht bei +161° und 0m,761 Druck. Er ist in kaltem Wasser auflöslich, zersetzt sich aber allmälig in dieser Auflösung in Holzalkohol und Oxalsäure. In diese Substanzen wird er augenblicklich verwandelt, wenn man die Auflösung erhitzt oder derselben eine Salzbase zumischt. In Holzalkohol, und so auch in Weinalkohol, ist er in Wärme löslicher als in der Kälte. Von wasserfreien Basen wird er nicht angegriffen. Dieser Umstand, welcher im Allgemeinen für die Aetherarten beiderlei Art, welche Sauerstoffsäuren enthalten, gültig ist, spricht nicht sehr zu Gunsten der von Dumas vorzugsweise erwählten Theorie, zufolge welcher die Aetherarten dieser Art 1 Atom Wasser enthalten. Man kann sich zwar denken, dafs die Wasser eine solche salzähnliche Verbindung dadurch zersetzt, dafs sowohl Säure als Base mit Wasser verbunden werden, oder, wenn eine andere Base zugegen war, dafs die Säure mit der Base und der Aether mit Wasser verbunden werde; dafs aber gerade die Verwandtschaft des Aetherhydrats zu mehr als 1 Atom Wasser hierbei eine solche Zugabe in der Attraction erhalten sollte, dafs die Basen für sich allein den zusammengesetzten Aether nicht in die Säure, welche von den Basen aufgenommen wird, und in Aetherhydrat, welches in Dumas's Theorie vorausgesetzt wird, zersetzen könnten, gehört wenigstens nicht zu den Erklärungsarten, die nicht ohne alle Gezwungenheit gegeben werden können.

Der oxalsaure Holzäther besteht aus 41,18 Kohlenstoff, 5,04 Wasserstoff und 53,78 Sauerstoff, $=C^4H^6O^4.=C^2H^4+C^2O^3+H^2O.=C^2H^6O+\ddot{C}$. Wird trocknes Ammoniakgas über geschmolzenen oxalsauren Holzäther geleitet, so wird es davon eingesogen, und die Masse wird am Ende, wenn sie gesättigt ist, in einen krystallinischen Körper verwandelt. Dieser ist *Holzätheroxamid* (Oxamethylane. D. und P.). Löst man ihn in kochendem Alkohol, so krystallisirt er beim Erkalten in perlmutterglänzenden Cuben. Die Zusammensetzung entspricht der Formel: $C^2H^6O\ddot{C}+\ddot{C}NH^2$. (Vergl. das Folg.)

Benzoësaurer Holzäther.

Benzoësaurer Holzäther, Benzoate de methylène, wird erhalten, wenn 2 Theile Benzoësäure,

1 Theil Schwefelsäure und 1 Theil Holzalkohol zusammen destillirt werden. Der Rückstand kann 2 bis 3 Mal noch mit neuem Holzalkohol vermischt und destillirt werden. Das Destillat wird mit Wasser vermischt, und der dabei sich abscheidende Aether mit Chlorcalcium geschüttelt, über Massicot destillirt und hierauf erhitzt, bis sein Siedepunkt unverändert bleibt, welcher ungefähr bei +198° eintrifft. Dieser Aether wird auch erhalten, wenn man schwefelsauren Holzäther mit wasserfreiem benzoësauren Kali oder Natron destillirt. Er ist ein farbloser, ölartiger Körper, von angenehmem balsamischen Geruch, ist unlöslich in Wasser, aber auflöslich in Weinalkohol, Holzalkohol und den Aetherarten. Spec. Gewicht desselben in Gasform =4,717 und, nach der Verdichtung der Bestandtheile von 4 zu 1 berechnet, =4,7500. Er besteht aus 83,15 Benzoësäure und 16,85 Holzäther $= C^2 H^4 + \dddot{B}z + \dot{H}$ oder $C^2 H^6 O + \dddot{B}z$.

Chlorkohlensaurer Holzäther.

Chlorkohlensaurer Holzäther, Oxichlorocarbonate de methylène, wird aus Holzalkohol und Chlorgas auf dieselbe Weise erhalten, wie der entsprechende Weinäther, wie solches vorhin schon erwähnt ist. Er bildet eine farblose, leichtflüssige Flüssigkeit, von durchdringendem Geruch. Er brennt mit grüner Flamme. Er besteht aus 25,9 Kohlenstoff, 3,1 Wasserstoff, 33,7 Sauerstoff und 37,3 Chlor $= C^4 H^5 O^4 Cl^2$. Die abgekürzte Formel für den entsprechenden Weinäther ist $= \dot{E}\ddot{C} + \dot{C}\,\overline{Cl}$. Nimmt man nun $C^2 H^4$, oder das, was den Weinäther von dem Holzäther unterscheidet, aus $\dot{E}$ im ersten Gliede weg, so hat man die oben angeführte Anzahl der einfachen Atome, auf folgende Weise $(C^2 H^6 + CO^2) + \ddot{C}\,\overline{Cl}$. Wird dieser Aether mit Ammoniak behandelt, so erhält man unter Erhitzung eine der entsprechenden Weinätherverbindung (C p. 358.) analoge Substanz, welche bei der V stung ihrer Lösung im luftleeren Raume in krystallisirt, aber an der Luft zerfliefst. nach der Formel $C^2 H^6 O\ddot{C} + \dot{C}NH^2$ setzt, d. h. sie besteht aus kohlensaurem und Harnstoff. Sie ist von **Dumas** und Pe *Urethylane* genannt worden.

Holzätherschwefelsäure.

Unter dem Namen Acidé sulfométique h ben **Dumas** und **Peligot** eine Aetherschwef Diese Säure, welche eine Verbindung von tiger Schwefelsäure und schwefelsaurem Ho $= H\dddot{S} + C^2 H^6 O\dddot{S}$ ist, wird auf dieselbe V wie die Weinschwefelsäure, erhalten. Man sie sogar krystallisirt, wenn ein Gemisch von alkohol und concentrirter Schwefelsäure er doch kann man sie auf diese Weise nicht erhalten. Am besten und sichersten erhält durch allmälige Vermischung von 1 Theil kohol mit 2 Theilen concentrirter Schwef wobei sehr starke Erhitzung statt findet. Man tigt dann die mit Wasser verdünnte Flüssigkeit Baryt, filtrirt, verdunstet zur Krystallisation, wieder im Wasser, fällt aus dieser Lösung die ryterde genau mit Schwefelsäure, und dunstet luftleeren Raume bis zur Syrupsdicke ab. diesem Syrup krystallisirt dann die Säure in fsen Nadeln. Sie wird leicht durch Reduction Schwefeläure zu schwefliger Säure zersetzt. gibt mit allen Basen leichtlösliche Salze, von nen jedoch nur die mit Kali, Kalkerde und erde untersucht worden sind. Das Kalisalz stallisirt in perlmutterglänzenden Tafeln, das erdesalz zerfliefst, das Baryterdesalz krystallisirt in grofsen, regelmäfsigen quadratischen Tafeln. Die Lösung des letzteren kann bis zu einer gewissen Concentration in der Wärme abgedunstet werden; hierauf geschieht die Verdunstung in einer Evaporationsglocke über ungelöschten Kalk (oder Schwefelsäure), wobei es bis auf den letzten Tropfen anschiefst. Es enthält Krystallwasser, welches es durch Fatesciren leicht verliert. Bei der trocknen Destillation gibt es 58,8 Proc. schwefelsaure Baryterde und schwefelsauren Holzäther, wovon jedoch ein Theil, unter Bildung von schwefliger Säure, Wasser und brennbaren Gasarten, zerstört wird. Die Zusammensetzung des krystallisirten Salzes entspricht der Formel $\dot{Ba}\dddot{S} + C^2H^6O\dddot{S} + 2\dot{\bar{H}}$. Welche Wasseratome 9,9 Procent ausmachen.

Paraffin.

Laurent *) hat gefunden, dafs mehrere Arten bituminöser Schiefer, welche in den jüngeren Kalkformationen (calcaire alpin) vorkommen, bei der Destillation ein Oel geben, welches zu Gasbeleuchtungen angewandt werden kann, und dafs in diesem Oel Paraffin enthalten sei, welches daraus durch Abkühlen und Auspressen gewonnen werden kann. Er fand das Paraffin aus 85,745 Kohlenstoff und 14,200 Wasserstoff zusammengesetzt, also genau so, wie es bereits schon gefunden worden ist.

Kreosot. Vereinfachte Bereitungsmethode desselben.

Simon **) hat folgende vereinfachte Bereitungsmethode des Kreosots angegeben, welche jedoch der Hauptsache nach auf Reichenbach's angegebenen Vorschriften beruhet. Er füllt eine

---

*) Annales de Ch. et de Ph. LIV. 394.

**) Poggend. Annal. XXXII. 119. Ein Paar andere Methoden findet man in den Annal. der Pharm. XII. 392.

kupferne Destillirblase, welche 80 Berliner (ungefähr 32 schwedische Kannen) fafst, ½ mit von harten Holzarten an, und destillirt. gehen die flüchtigeren Substanzen, welche sot enthalten, und daher für dessen nicht benutzt werden, über; wenn aber stärktem Feuer eine sehr saure Flüssigk geht, die durch zugemischtes Wasser g und Oel abscheidet, sammelt man das U auf und setzt die Destillation fort, bis Spritzen in der Blase bemerkt, wo man die lation unterbricht. Die überdestillirte saure sigkeit wird beinahe vollständig mit Kali wieder in die gereinigte Destillirblase geb jetzt zur Hälfte mit Wasser angefüllt wird, Destillation damit von Neuem begonnen. geht ein Oel über, welches auf Wasser und zum gröfsten Theil Eupion ist, dah Kreosotbereitung nicht gezogen wird. Oel anfängt, in dem mit übergehenden W terzusinken, ist es kreosothaltig und wird sammelt. Man giefst das übergegangene von Zeit zu Zeit durch einen Tubulus in stillirblase wieder zurück, und setzt die so lange fort, als das Uebergehende noch sich führt. Dieses ist ganz und gar die Re bach'sche Methode, wovon er nur d weicht, dafs er ein Metallgefäfs anwendet. – übergegangene ölartige Flüssigkeit wird nun lilauge von 1,120 spec. Gew. aufgelöst. W in der Kalilauge nicht auflöst, ist Eupion und abgenommen. Jedoch hat sich ein bedeutender davon mit in Kreosotkali aufgelöst. Das meis dessen kann aber daraus getrennt werden, man die Lösung mit ihrem gleichen oder 1½ V

Wasser verdünnt und destillirt, während von Zeit zu Zeit reines Wasser in die Blase gegossen wird, so lange das übergehende Wasser noch irgend etwas Eupion mit sich führt. Wenn dieses nicht mehr erfolgt, giefst man in die Blase genau so viel Schwefelsäure, dafs dadurch ¼ des angewandten Kali's gesättigt wird, und setzt die Destillation aufs Neue fort. Jetzt geht Kreosot über, wovon jedoch die ersten Portionen noch Eupion enthalten, worauf reines Kreosot folgt, d. h. ein solches, welches mit der 6- bis 8fachen Menge kaustischer Kalilauge eine Auflösung gibt, die durch Wasser, wie viel man auch zusetzen mag, nicht getrübt wird. — Die in der Destillirblase zurückgebliebene Kreosotverbindung vermischt man jetzt mit Schwefelsäure bis zum gelinden Ueberschufs, und destillirt aufs Neue. Das zugleich übergehende Wasser giefst man zuweilen in die Destillirblase zurück, und wenn mit dem Wasser kein Oel mehr übergeht, ist die Arbeit vollendet. — Das erhaltene Kreosot wird mit dem zugleich übergegangenen Wasser noch einmal umdestillirt, wobei man das dabei destillirende Wasser von Zeit zu Zeit in die Blase zurückgiefst. Jetzt erhält man das Kreosot farblos, aber es enthält sehr viel Wasser aufgelöst, wovon es durch Destillation aus einer Glasretorte befreit wird. Zuerst destillirt das Wasser, und hierauf das Kreosot, welches nach erfolgter Reinigung des Retortenhalses von Wasser in einer gewechselten, trocknen Vorlage aufgefangen wird. Wenn das Kreosot sich nach einiger Zeit in der Luft roth färbt, so wird es noch einmal umdestillirt, worauf es sich sehr wohl hält.

Marx *) hat gezeigt, dafs die bereits von Kreosot.

*) Journ. für pract. Ch. III. 244.

Anwendung seiner optischen Eigenschaften.

Reichenbach beobachtete Eigenschaft des
sots, das Licht zwar schwach zu brechen, aber
zu zerstreuen, für optische Zwecke von sch
ſsem Nutzen ist, wenn es in eine hohle
geschlossen wird, auf dieselbe Weise, wi
low mit dem Schwefelkohlenstoff v
Kreosot, in ein hohles Glasprisma
(nach Biot's Einrichtung, dess. Traité de
III. 220. Fig. 39.), zeigt ein Zerstreuungsv
$\acute{n}=1,5343$; mit einem Crown-Glasprisma (
Zerstreuungsverhältniſs $n=1,5190$) combinirt,
es ein Zerstreuungsverhältniſs

$$Z=0,5479 \text{ (oder } \acute{Z}=Z.\frac{n-1}{\acute{n}-1}=0,$$

Diese bisher noch fast bei keinem festen
sigen Körper gefundene Eigenschaft ist für di
sche Optik und für die Vervollkommnung
lescope von groſser Wichtigkeit.

Eupion.

Reichenbach *) ist es geglückt, das
in einem noch reineren Zustande, wie
zustellen, wobei er gefunden hat, daſs das
die leichteste aller Flüssigkeiten ist. In
Zustande der Reinheit erhält man es eig
aus den Destillationsproducten des Rüböls.
Oel wird aus einer eisernen Retorte bei
möglichst starken Feuer destillirt, so daſs
nicht übersteigen kann. Das im Anfange
gehende, so wie auch das zuletzt Des
man besonders auf, weil sie gewöhnlich
Substanzen enthalten. Das Uebrige ist
erhält sich auch flüssig, und das spec.
von ist 0,86. Durch Umdestillirung erhält

*) Journ. für pract. Ch. I. 377.

dünnflüssig wie Wasser, von blafsgelber Farbe
0,83 spec. Gewichte. Ohne alle Anwendung
Reagentien kann es durch bloße Rectificatio-
von 0,77 spec. Gewicht erhalten werden. Wird
Brandöl nun mit concentrirter Schwefelsäure
mischt, damit wohl geschüttelt, und wieder da-
abdestillirt, sodann mit Kalilauge gewaschen,
endlich, nach den bereits bekannten Vorschrif-
(Jahresb. 1833, p. 309.), mit Schwefelsäure,
ster und Kali mehrfach abwechselnd behandelt,
hkommt man es von einem spec. Gew. =0,70.
es hierauf bei einer +50° nicht übersteigenden
peratur destillirt, und aufs Neue bei +36° so
ficirt wurde, dafs in einer Minute höchstens
2 Tropfen übergingen, so wurde es von 0,685
Gewicht erhalten, und nach erneuerter Recti-
ion bei einem gleichen Wärmegrade über Chlor-
um, besafs es ein spec. Gew. =0,655. In die-
Zustande besitzt es folgende Eigenschaften: Es
arblos, wasserklar, besitzt eine sehr geringe
brechende Kraft und ein Lichtzerstreuungsver-
m, welches weit unter dem des Wassers liegt.
at einen angenehmen Blumengeruch, aber kei-
Geschmack. Man empfindet auf der Zunge
eine Kühlung. Es fühlt sich weder fettig noch
an. Seine Leichtflüssigkeit übertrifft die aller
ren Flüssigkeiten. Sein spec. Gew. =0,655
+20° und 0‴,716 Barom. Höhe. Bei demsel-
Drucke kocht es bei +47°. Es breitet sich
auf der Oberfläche des Wassers aus, und
Capillarität verhält sich zu der des Wassers,
37,83 : 100. Es ist ein Nichtleiter für die
tricität. Es ist vollkommen neutral, verändert
nicht bei der Aufbewahrung; auch Licht trägt
einer Zerstörung nichts bei. Es brennt mit ei-

ner hellen, leuchtenden Flamme. Es ist unlös[lich] im Wasser, mischt sich mit wasserfreiem Alk[ohol] in allen Verhältnissen, löst sich aber nur wen[ig in] Alkohol von 0,82 spec Gewicht. Eben so [mischt] sich das Eupion auch in allen Verhältnisse[n mit] den Aetherarten und einem grofsch Theile f[etter] und flüchtiger Oele.

Das Eupion löst ein wenig Schwefel und [Phos]phor auf, jedoch mehr in der Wärme als in [der] Kälte; Chlor, Brom und Jod verbinden sich [da]ohne dasselbe zu zersetzen, und die beiden le[tzte]ren werden von Eupion aus Wasser ausgez[ogen]. Kalium wird durch Eupion nicht verändert [und] kann darin verwahrt werden. Unorganische [con]centrirte Säuren wirken darauf weder lösend [noch] zersetzend. Alkalien lösen es nicht, wenn es [nicht] mit einem andern Körper, z. B. mit Kreosot, [ge]mischt ist. Leicht reducirbare Metalloxyde [ha]ben darauf keinen Einflufs. Das Eupion löst w[eder] Salze, noch vegetabilische Salzbasen, noch im [All]gemeinen Harze auf; mit Copaivabalsam läfst e[s sich] aber mischen. Caoutchouc schwellt darin sch[nell] auf, wird aber nicht davon aufgelöst. Caffein [und] Piperin werden davon aufgelöst, und können da[raus] krystallisirt erhalten werden. Im Allgemeinen [kann] gesagt werden, dafs das Eupion zu den indiff[eren]testen Körpern gehört, welches sich nur mit [ver]schiedenen fetten Substanzen und Aetherarten [mi]schen läfst, mit Ausschlufs der meisten übrigen [ein]fachen und zusammengesetzten Körper.

Kapnomor. Reichenbach *) hat ferner noch eine [an]dere ölartige, beinahe indifferente Substanz ent[deckt], welche er Kapnomor (von κάπνος, Rauch,

*) Journ. für pract. Ch. I. 1.

μοῖρα, Antheil, Theil des Rauchs) genannt hat. Es findet sich unter den gewöhnlichen ölartigen Producten der trocknen Destillation vegetabilischer und thierischer Substanzen, und wird daraus auf folgende Weise erhalten: Das durch die trockne Destillation gewonnene theerähnliche Oel wird einer fractionären Destillation unterworfen, wobei die zuerst übergehenden Portionen, welche auf Wasser schwimmen, nicht benutzt, sondern bloſs die darin untersinkenden aufgesammelt werden. Die in den zuletzt erwähnten Portionen enthaltene Essigsäure sättigt man genau mit kohlensaurem Kali. Das dabei sich abscheidende Oel wird mit einer Kalilauge von 1,20 spec. Gewichte vermischt und damit fleiſsig geschüttelt. Man läſst das Gemisch sich jetzt klären, und nimmt das Ungelöste, welches kein Kapnomor mehr enthält, ab. Die alkalische Lösung wird in einem offenen Gefäſse langsam bis zum Kochen erhitzt, und im Sieden kurze Zeit unterhalten, worauf sie abgekühlt und mit Schwefelsäure gelinde übersättigt wird. Hierbei scheidet sich ein schwarzbraunes Oel ab, welches man in eine Retorte bringt, mit ein wenig kaustischem Kali vermischt, so daſs das Gemisch nach dem Umschütteln alkalisch reagirt, und destillirt, jedoch nicht bis zur völligen Trockniſs. Das Destillat, ein klares, blaſsgelbes Oel, wird sodann in kaustischer Kalilauge von 1,16 spec. Gew. aufgelöst, und man verfährt mit der Auflösung genau so, wie vorhin, indem man also entfernt, was dabei nicht aufgelöst worden, die Lösung bis zum Kochen erhitzt, abkühlt, mit verdünnter Schwefelsäure bis zum gelinden Ueberschuſs versetzt, das dabei sich absondernde Oel trennt, und dieses, mit schwacher Kalilauge versetzt, aufs Neue destillirt. Dieselbe Operation wird noch 3 Mal wiederholt, das erste Mal mit einer Kalilauge von 1,12, das zweite Mal von 1,08, und das dritte Mal von 1,05 spec. Gewichte. Den rechten Punkt hat man erreicht, wenn sich das Oel in der schwachen Kalilauge ohne Rückstand auflöst. Die letzte Portion Oel, welche in der Kalilauge ungelöst zurückbleibt, ist nun das Product, welches so viel Kapnomor enthält, dafs es zur Ausziehung desselben angewandt werden kann. Sollte diese Portion Oel zu gering ausgefallen sein, so vermischt man dieselbe mit der vorletzten. Was die Kalilauge hierbei auflöst, ist Kreosot.

Wird jetzt das in der schwachen Kalilauge ungelöst gebliebene Oel mit einer Lauge von 1,[illegible] spec. Gew. behandelt und stark damit geschüttelt, so zieht dieselbe noch einen Rückhalt von Kreosot aus, worauf man das Oel wieder abtrennt und destillirt. Das Destillat, welches jetzt fast farblos ist, wird mit seinem gleichen Volum concentrirter Schwefelsäure vermischt, womit es sich erhitzt und [illegible] färbt. Scheidet sich dabei sogleich oder nach einiger Zeit kein Eupion ab, so ist die vorhergehende Arbeit richtig durchgeführt. Zeigt sich aber wieder Eupion, so kann man dem Präparate nicht mehr trauen, weil solches in den vorhergehenden Operationen nicht richtig abgeschieden worden ist. Sobald die Lösung in Schwefelsäure sich abgekühlt hat, wird sie mit ihrem doppelten Volum Wasser vermischt, wodurch sie sich erwärmt und trübe wird und ein wenig Oel abscheidet, was man abnimmt. Die saure Flüssigkeit wird mit Ammoniak gesättigt und das dabei sich Abscheidende entfernt, die klare Flüssigkeit aber destillirt. Zuerst geht jetzt ein ammoniakhaltiges Wasser mit wenig Oel über, hierauf erscheint blofs Wasser, welches alles weggossen wird. Gegen das Ende, wenn das Salz anfängt trocken zu werden, und die Hitze folglich stärker wird, scheidet sich daraus ein Oel ab und destillirt über. Dieses Oel, welches nun der Hauptsache nach Kapnomor ist, wird noch einmal in einer gleichen Menge Schwefelsäure aufgelöst, die Lösung verdünnt, mit Ammoniak gesättigt und, wie zuvor, destillirt, wobei das Kapnomor nicht eher als gegen das Ende übergeht, wo dasselbe sich von dem Ammoniaksalze trennt. Es wird nun mit kaustischer Kalilauge gewaschen, und ein oder ein paar Mal in der Art rectificirt, daſs man nicht das ganze Quantum überdestillirt, sondern die Destillation unterbricht, wenn das spec. Gew. des Uebergehenden auf 0,98 gekommen ist, und der Siedepunkt +185° übersteigen will. Das dabei Zurückbleibende ist eine geringe Menge eines fremden Oels. Jetzt wird das Destillat mit geschmolzenem Chlorcalcium behandelt und noch einmal in einem trocknen Apparate überdestillirt. Die Prüfung auf seine Reinheit besteht darin, daſs es, mit Salzsäure im Ueberschuſs vermischt, sich nicht blau färbt, und daſs auch sein Geruch nicht widrig, sondern gewürzhaft ist.

Das Kapnomor besitzt folgende Eigenschaften: Es bildet ein wasserklares, farbloses, flüchtiges Oel, von demselben Lichtbrechungsvermögen, wie das Kreosot; sein Geruch ist nicht stark, aber angenehm, gewürzhaft, besonders wenn man es in der Hand reibt, wobei es etwas Ingber- oder Ponschähnliches hat. Der Geschmack ist anfangs nicht bemerkbar, wird aber nach einigen Secunden unerträglich stechend, verschwindet jedoch bald und ohne Spur wieder. Fühlt sich fast gar nicht fettig an. Es besitzt ein spec. Gew. =0,9775 bei +20° und 0‴,718 Pression. Seine Capillarität verhält sich zu der des Wassers = 45,10 : 100. Es ist ein Nichtleiter der Electricität, reagirt neutral, gibt Fettflecke auf Papier, die aber ohne Rückstand verdunsten, verändert sich nicht in halbgefüllten Gefäfsen, kocht bei + 185° und 0‴,716 Pression, wird durch Umdestilliren nicht verändert, brennt nicht ohne Docht, und die Flamme ist rufsend. Auf Platinblech erhitzt, verbrennt es ohne Rückstand. Es ist fast ganz unlöslich im kalten Wasser, im heifsen Wasser löst sich jedoch so viel davon, dafs die Lösung sich beim Erkalten trübt. Dagegen löst das Kapnomor Wasser auf, aber mehr in der Wärme, wie in der Kälte, so dafs beim Erkalten Wasser abgeschieden wird. Gibt mit Alkohol und Spiritus eine Lösung, zu welcher man viel Wasser setzen kann, ohne getrübt zu werden. Mischt sich mit Aether in allen Verhältnissen, und scheidet Wasser aus wasserhaltigem Aether. Auch löst es sich in andern Aetherarten, in flüchtigen und fetten Oelen, und in Brandölen. Es löst Phosphor und Schwefel, in der Wärme bedeutend mehr als in der Kälte. Unter Beihülfe der Wärme löst sich auch ein wenig Selen darin auf, was aber beim Erkalten wieder ausgeschieden wird. Diese Lösung ist goldgelb gefärbt. Es löst Chlor, Brom und Jod. Dabei wird es jedoch zersetzt, es bilden sich Wasserstoffsäuren und eine ölartige Verbindung des Salzbilders, welche gewöhnlich farblos ist.

Mit Schwefelsäure von 1,85 spec. Gew. verbindet es sich, ohne zersetzt zu werden. Die Verbindung ist klar und purpurroth. In dieser Lösung wird es beim Erhitzen geschwärzt und zersetzt, aber nicht durch Wasser oder Salzbasen, weil das Kapnomor mit in die Mischung der Salze eingeht, woraus es bei einer gewissen Temperatur abdestillirt werden kann. Wird die saure Lösung nur bis zu einem gewissen Grade mit Kali gesättigt, so erhält man einen Niederschlag, welcher eine Verbindung des sauren schwefelsauren Kali's mit Kapnomor ist. Diese löst sich beim Erwärmen in der Flüssigkeit auf, krystallisirt aber beim Erkalten in blumenkohlähnlichen Vegetationen wieder aus. Das Verhalten mit dem Ammoniaksalze ist bereits angeführt. Wir haben alle Veranlassung, in diesen Salzen eine eigenthümliche Säure zu vermuthen, welche Kapnomorschwefelsäure genannt werden kann, durch Reinigung deren Salze mittelst Umkrystallisirung ein vollständigerer und einfacherer Reinigungsprozefs des Kapnomors möglich sein dürfte, als es der von Reichenbach angegebene ist. Durch Salpetersäure wird das Kapnomor zersetzt, besonders wenn diese Säure concentrirt ist und das Gemisch erhitzt wird. Dabei bilden sich Oxalsäure, Welterscher Bitterstoff und eine noch nicht untersuchte krystallisirte Substanz. Chlorsäure und Jodsäure wirken nicht darauf, und eben so auch nicht Wasserstoffsäuren. Von den organischen Säuren löst blofs die concentrirte Essigsäure ein wenig Kapnomor ($\frac{1}{300}$) auf, dagegen löst das Kapnomor selbst mehrere organische Säuren auf, als: Citronensäure, Traubensäure, Weinsäure, Oxalsäure, Bernsteinsäure, Benzoësäure, die Fettsäuren, Kohlenstickstoffsäure, Gallussäure. Aepfelsäure ist unlöslich darin. Die Mangansäure wird dadurch braun gefärbt.

Von Kalium und Natrium wird das Kapnomor nur unbedeutend verändert, und die Metalle überziehen sich darin allmälig mit einer braunen Kruste. Alkalien und alkalische Erden wirken nicht darauf, so wie auch leicht reducirbare Metalloxyde selbst beim Kochen nicht darauf wirken. Das Kapnomor löst mehrere Salze, mehrere vegetabilische Salzbasen, eine Menge fettiger und anderer Pflanzenstoffe, Harze, Farbstoffe, selbst Indigblau auf, welches letztere aus einer in der Wärme gesättigten Lösung beim Erkalten wieder ausgeschieden wird. Caoutchouc schwellt darin auf, wird in der Wärme davon aufgelöst, und bleibt nach Verdunstung des Kapnomors elastisch zurück. Diese Lösung kann mit viel wasserfreiem Alkohol vermischt werden, ohne das Caoutchouc fallen zu lassen.

Cedriret. Reichenbach *) hat noch einen Körper entdeckt, welcher zu den Producten der trocknen Destillation gehört. Das rectificirte Brandöl, welches durch Umdestillirung des Theers von Buchenholz erhalten wird, wird mit kohlensaurem Kali von Essigsäure befreit, und hierauf mit einer concentrirten Lauge von kaustischem Kali behandelt. Die alkalischen Lösungen werden von den ungelösten Theilen des Oels (Eupion, Kapnomor, Mesit) befreit, und darauf das Kali mit Essigsäure gesättigt. Hierbei scheidet sich wieder eine Portion des aufgelösten Oels aus, ein anderer Theil desselben aber verbleibt in Verbindung mit dem essigsauren Kali, woraus es durch Abdestilliren erhalten wird. Das, was dabei zuerst übergeht, wird, wenn etwa $\frac{1}{3}$ überdestillirt ist, abgenommen, und nun versucht man, ob ein Tropfen von dem jetzt Ueberdestillirenden in einer Lösung von schwefelsaurem Eisenoxyd einen rothen Niederschlag hervorbringt. Sobald dieses beobachtet wird, sammelt man auf, was dann noch übergeht. Dieses hat nun die Eigenschaft, mit einer Lösung des schwefelsauren Eisenoxyds, oder mit doppelt chromsaurem Kali und Weinsäure sich

*) Privatim mitgetheilt.

roth zu färben, und nach Verlauf von 5 Minuten einen rothen, aus Nadeln bestehenden krystallinischen Niederschlag hervorzubringen, welcher die ganze Flüssigkeit anfüllt, sich langsam daraus niedersetzt, und dieselbe farblos hinterläfst. Alle leicht Sauerstoff abgebende Substanzen bringen dieselbe Erscheinung hervor. Auch der Sauerstoff der Luft färbt diese Flüssigkeit roth. — Diese rothen Krystalle sind von Reichenbach *Cedriret* genannt worden (von Cedrium, ein alter Name für das saure Wasser, welches bei der Theerschwelerei erhalten wird, und von Rete, Netz, weil die Krystalle sich auf dem Filter wie ein Netz in einander weben).

Das Cedriret hat folgende Eigenschaften: Es krystallisirt in feinen, rothen Nadeln, läfst sich anzünden, lodert dabei stark auf und verbrennt ohne Rückstand. Allein schmilzt es nicht, wird aber in gelinder Hitze schon zersetzt und in noch höherer verkohlt. Schwefelsäure, welche frei von Salpetersäure ist, löst es mit indigblauer Farbe auf, die durch Erwärmung oder Verdünnung in Gelbbraun übergeht, wobei das Aufgelöste zersetzt wird. Verdünnte Salpetersäure wirkt nicht darauf, durch concentrirtere Salpetersäure wird es aber gänzlich zersetzt. Essigsäure von 1,07 spec. Gew. nimmt beim Kochen ein wenig auf, und dieses wird durch Sättigung der Essigsäure mit Ammoniak nicht wieder ausgeschieden. Es ist unlöslich in Schwefelkohlenstoff, Wasser, Alkohol, Aether und Aetherarten, Terpentinöl, Eupion, Pikamar, Kapnomor, Petroleum, Mandelöl und im geschmolzenen Paraffin. Dagegen löst es sich in der Kälte in Kreosot mit Purpurfarbe auf, und kann aus dieser Lösung mit Alkohol krystallinisch ausgefällt werden. Die Lösung wird sowohl durch's Sonnenlicht, wie durch Erhitzung in der Art zersetzt, dafs darin das Cedriret zerstört und gelb gefärbt wird. Reichenbach glaubt, dafs das Cedriret und dessen Löslichkeit in kreosothaltigen Flüssigkeiten, so wie seine leichte Zersetzbarkeit, den Schlüssel geben werde, die vielen an der Holzsäure und dem Theer beobachteten Farbenveränderungen, besonders die dabei entstehende rothe Farbe, welche nach einiger Zeit in's Braune übergeht, zu erklären.

Neue, von Runge beschriebene Producte der trocknen Destillation.

Runge *) hat sich mit Untersuchungen über verschiedene Producte der trocknen Destillation der Steinkohlen beschäftigt, und daraus verschiedene Substanzen von interessanten Eigenschaften abgeschieden, welche ich hier, so weit sie es mit einiger Deutlichkeit gestatten, aufführen werde.

Kyanol oder *Blauöl* (der Name hergeleitet von seiner Eigenschaft, durch Aufnahme von Sauerstoff mittelst basisch-unterchlorigsaurer Kalkerde blau gefärbt zu werden) ist eine ölartige, flüchtige Salzbase, die auf folgende Weise erhalten wird: Man vermischt 12 Theile Steinkohlenöl, 2 Theile Kalk und 50 Theile Wasser, und läfst das Gemisch 8 Stunden lang stehen, während man es häufigst durchschüttelt. Hierauf trennt man die Lösung in Wasser, mit der wir es hier eigentlich zu thun haben, von Oel, und destillirt sie, bis davon die Hälfte übergegangen ist. Aus dieser Hälfte wird nun das Kyanol von Ammoniak getrennt, so wie auch von drei anderen ölartigen Körpern, welche er Leukol, Karbolsäure und Pyrrol genannt hat, und von welchen besonders geredet werden soll.

Zu diesem Endzweck wird das Destillat, d

*) Poggend. Annal. XXXI. 65, 315. XXXII. 308.

wohl das Oel, wie das zugleich übergegangene Wasser, mit Salzsäure im Ueberschuſs versetzt. Durch Destillation werden jetzt Karbolsäure und Pyrrol abgeschieden, während Kyanol und Leukol, die beide Salzbasen sind, von der Säure zurückgehalten werden. Man muſs diese Destillation so lange fortsetzen, bis einige Tropfen des Uebergehenden sich nicht mehr roth, braun oder gelb färben, wenn man sie mit starker Salpetersäure vermischt.

Der Rückstand in der Retorte ist gelb. Man übersättigt ihn mit kaustischem Natron, und destillirt, wobei die Basen mit Wasser übergehen. Das Destillat wird mit Essigsäure übersättigt und wieder destillirt. Jetzt destilliren essigsaures Kyanol und essigsaures Leukol mit Wasser, während in der Flüssigkeit der Retorte essigsaures Ammoniak zurückbleibt. Man unterbricht die Destillation, wenn ein Tropfen des Ueberdestillirenden auf einem Stück Tannenholz keine gelbe Färbung mehr hervorbringt.

Um die beiden Basen von einander zu trennen, müssen sie in oxalsaure Salze verwandelt werden, was durch Destillation über Oxalsäure erreicht wird, von der man ein wenig weniger anwendet, als nöthig ist, oder man muſs neue Portionen der essigsauren Salze wieder aufgieſsen, so daſs alle Oxalsäure gesättigt wird. Hierbei destillirt zuerst Essigsäure allein, und dann, wenn die essigsauren Basen im Ueberschuſs zugesetzt werden, auch diese. Die in der Retorte fast eingetrocknete Salzmasse enthält nun einen braunen Farbestoff, vermischt mit salzsaurem Ammoniak, Kyanol und Leukol. Sie wird pulverisirt, mit sehr wenig 85 procentigem Alkohol behandelt und auf ein Filter gebracht. Der Alkohol löst den Farbestoff und läſst die Salze weiſs zurück, zu welchem Zweck man kleine

Mengen Alkohol noch auftropft, bis der durchfliessende fast farblos ist. Jetzt laugt man das Salz mit noch mehr Alkohol aus, und sammelt diesen besonders. In diesem Alkohol sind nun die beiden ölartigen Basen mit Oxalsäure verbunden aufgelöst und zweifach oxalsaures Ammoniak ist ungelöst zurückgeblieben. Beim Verdunsten des Alkohols krystallisiren jene oxalsauren Salze getrennt; um sie jedoch besser zu trennen, löst man das Salz in sehr wenig heifsem Wasser bis zur ...gung, und läfst die Lösung krystallisiren. ... schiefst ein Salz in schönen, farblosen Nadel... welche oxalsaures Leukol sind; und nach ... Zeit krystallisiren aus der rückständigen ... breite Blätter, deren Farbe sich in's Braun... und welche oxalsaures Kyanol sind. Man ... diese beiden Salze so vollständig, wie mögli... krystallisirt ein jedes für sich um. Das ... ist leicht von Kyanol zu befreien, aber ... ist die Scheidung der letzten Spuren des ... vom Kyanolsalze; als Probe, dafs dieses ... dig geschehen ist, gibt Runge an, dafs, wenn ... oxalsaure Salz auf der Haut gerieben werde, ... phosphorartiger Geruch entstehen dürfe, ... sonst durch das Leukolsalz bewirkt werd... braune Farbestoff wird am besten durch ... Alkohol getrennt, weil derselbe, gewöhnlich ... Efflorescenz, den Farbestoff beim Verdunsten ... äufsersten Kanten des Salzes führt. Werden ... oxalsauren Salze nun mit einer Lauge von ... schem Kali oder kohlensaurem Natron ...d ... gehen die Basen mit den Wasserdämpfen ü... grofser Theil derselben wird auch in dem ... teten Wasser aufgelöst, und kann daraus mit ausgezogen werden, welcher sie bei der freiwilligen Verdunstung zurückläfst.

Das Kyanol hat folgende Eigenschaften: Es ist eine farblose, ölartige Flüssigkeit, von einem schwachen, eigenthümlichen, nicht unangenehmen Geruch. Es ist flüchtig und verdunstet leicht in der Luft. Es enthält in seiner Mischung auch Stickstoff, den man leicht darin nachweisen kann, wenn man das schwefelsaure Salz desselben durch trockne Destillation zersetzt, wobei Ammoniak erzeugt wird. Es ist in Wasser, Alkohol und Aether löslich, und diese Auflösungen können nicht ohne Verlust an Kyanol verdunstet werden. Es besitzt keine Reaction auf Pflanzenfarben, und seine Dämpfe bilden mit den Dämpfen der Salzsäure keine weifse Nebel. Aber es verbindet sich mit Säuren zu neutralen Salzen, von welchen die meisten krystallisirt erhalten werden können. Seine basischen Eigenschaften sind jedoch nicht so stark, als dafs es aus den meisten Metalloxydsalzen die Oxyde ausscheiden könnte. Indessen wird dadurch sowohl das neutrale, wie basisch essigsaure Bleioxyd getrübt. Es wird durch Salpetersäure zerstört, aber nicht durch Schwefelsäure, wenigstens nicht bei einer Temperatur, die nicht +100° übersteigt. Alkalien zerstören es nicht. Von basisch unterchlorigsaurer Kalkerde wird das Kyanol durch Oxydation in eine Säure verwandelt, deren Verbindung mit überschüssiger Kalkerde eine prächtig veilchenblaue Farbe annimmt. Diese Farbe wird durch Säuren in Roth verwandelt, wie blaue Pflanzenfarben im Allgemeinen; durch mehr Kalkerde wird sie aber wieder blau. Durch zu viel Säure, so wie durch freies Chlor, wird die Säure zerstört und in eine braune Substanz verändert. (Mit 2 Theilen Kyanol, 1 Theil

Chlorkalk und 20 Theilen Wasser gelingt der V-
such am besten.) Eine andere characteristische
action besteht in der Eigenschaft, Tannenholz g
bis ins Dunkelgelbe zu färben. Ein fünfhunder
sendtel Gran Kyanol mit einem Tropfen W
bringt schon diese Färbung bemerkbar hervor.
kommt nicht der Holzfaser zu, sondern einer
thümlichen Substanz im Holze, welche daraus
kohol ausgezogen werden kann. Dieselbe S
findet sich auch im Fliedermark, welches d
eben so gefärbt wird. Auch kommt sie in
anderen Holzarten vor. Die gelbe Farbe
nicht durch Chlor zerstört. Eine Lösung de
nols in Aether bewirkt die gelbe Färbung a
nicht, wenn nicht Salzsäure zugefügt wird; aber
Lösung der Kyanolsalze bringt sie um so st
hervor, je stärker die mit dieser Base verb
Säure ist, und Wärme erhöht die Farbe. D
ist ein Gegensatz zu dem Verhalten zum Chlo
welcher von diesen Salzen nicht gelb wird;
die Base nicht im großen Ueberschuß vor
ist. Wenn zu einer Portion einer auf einer
zellanscheibe eingetrockneten Lösung von C
kalk ein Tropfen eines Kyanolsalzes gesetzt
so entsteht ein gelber Fleck, von einer Ky
sung aber ein blauer mit rosenrothen Flecken.

Kyanolsalze. Diese werden am besten
ten, wenn die Säuren mit dieser im Ueber
zugesetzten Base gesättigt, und die Lösung
willig verdunstet wird. Sie reagiren sauer.
schwefelsaure Kyanol erhält man in Gestalt
weifsen, an der Luft unveränderlichen Sal
Es erträgt +100°, ohne zersetzt zu werden
höherer Temperatur aber wird es unter Entwi
lung von Wasser, schwefliger Säure und sch

ligsaurem Ammoniak verkohlt. Das *salpetersaure Kyanol* krystallisirt in farblosen Nadeln, welche sich auch in feuchter Luft erhalten. Beim gelinden Erhitzen verpufft es, mit Hinterlassung einer kohligen Masse. Es löst sich leicht im Wasser, Alkohol und Aether. Wird die Lösung in Alkohol verdunstet, so hinterbleibt das Salz braun gefärbt. Durch Wiederauflösung in Wasser verschwindet diese Farbe wieder. Für sich allein erträgt das salpetersaure Kyanol eine Temperatur von + 100°; aber es wird bei dieser Temperatur zersetzt, wenn ein Kupferoxydsalz zugegen ist, wobei die Masse schwarzgrün wird. Das *salzsaure Kyanol* krystallisirt leicht, und kann durch Sublimation gereinigt werden, wobei ein geringer kohliger Rückstand bleibt. Es löst sich leicht in Wasser, Alkohol und Aether. In Berührung mit einem salpetersauren Salze oder mit einem Kupferoxydsalze wird es beim gelinden Erhitzen zersetzt. Es besteht aus 20,63 Salzsäure und 79,37 Kyanol. Das *oxalsaure Kyanol* krystallisirt aus Wasser in breiten Blättern, aus Alkohol in sternförmig gruppirten kurzen Nadeln. Es erträgt + 100°, ohne zersetzt zu werden. Bei höherer Temperatur gibt es Wasser und Kyanol aus, worauf dann saures oxalsaures Kyanol sublimirt wird, obwohl etwas gelb gefärbt. Es ist weniger in Wasser, Alkohol und Aether löslich, als das Vorhergehende. Ein Gran oxalsaures Kyanol ist hinreichend, wenn es im Wasser aufgelöst wird, eine Fläche von 20 Quadratfuſs Tannenholz gelb zu färben. Das *essigsaure Kyanol* krystallisirt nicht, läſst sich aber leicht mit Wasser überdestilliren. Mit Kohlensäure verbindet sich das Kyanol nicht, sondern die Salze desselben werden durch kohlensaure Alkalien, unter Entwickelung von Kohlensäure und Abscheidung von Kyanol, zersetzt.

Leukol. *Leukol.* Die Bereitung desselben ist oben bereits angegeben worden. Sein Name ist von λευκος, weifs, hergeleitet worden, weil es keine gefärbte Reactionen hervorbringt. Es ist nicht so studirt worden, wie das vorhergehende Kyanol. Es bildet eine ölartige Flüssigkeit von durchdringendem Geruch, welcher durch Sättigung mit Säuren verschwindet. Es gibt, besonders mit Oxalsäure, ein schön krystallisirtes Salz.

Pyrrol. *Pyrrol* ist ebenfalls ein etwas basischer, ölartiger Körper. Seine Isolirung ist besonders schwierig. Man erhält ihn aus Steinkohlenöl kaum rein, ungeachtet seine Gegenwart mit Reactionen dargethan werden kann. Runge erhielt es, obwohl nur in sehr kleinen Mengen, auf folgende Weise: Man befreit den Knochenspiritus durch Filtration von Oel, bringt ihn in eine Flasche und zersetzt ihn durch Schwefelsäure. Das Kohlensäuregas, was dabei fortgeht, fängt man entweder in kaustischer Kalilauge oder in Kalkmilch auf. Das Pyrrol dunstet mit der Kohlensäure weg und löst sich in der Flüssigkeit auf, woraus es durch Destillation erhalten werden kann, obwohl im Wasser aufgelöst, welches einen Rübengeruch besitzt. Das Destillat wird mit Salzsäure gesättigt und umdestillirt, wobei man eine farblose Flüssigkeit erhält, welche salzsaures Pyrrol ist. Aus dieser wird das Pyrrol durch Destillation mit kaustischem Kali abgeschieden.

Die unvollkommene Beschreibung, welche bis jetzt darüber mitgetheilt worden, enthält: dafs das Pyrrol in seinem reinen Zustande gasförmig ist und wie Märksche Rüben riecht. Es zeigt eine eig-

mliche characteristische Reaction, welche darin
tebt, dafs ein Tannenholzspahn, welcher mit Salz-
re befeuchtet und in einer Flasche über einer
rolhaltigen Flüssigkeit aufgehängt ist, davon dun-
purpurroth gefärbt wird, welche Farbe durch
lor nicht zerstört wird. Papier und Leinen wer-
ı unter gleichen Umständen nicht gefärbt, und
ist nicht die Faser, sondern dieselbe im Holze
haltende Substanz, welche mit Kyanol die gelbe
be gibt, die hier Ursache der Färbung ist. Die
genwart desselben im Steinkohlenöl entdeckt man,
m das Oel mit ein wenig Salzsäure geschüttelt,
diese Säure hierauf auf einen Spahn von Tan-
holz gestrichen wird, wodurch dieser sogleich
hroth gefärbt wird. Auch wird das Pyrrol schön
hroth durch Salpetersäure gefärbt.

Karbolsäure. Diese Säure wird erhalten, wenn Karbolsäure.
Theile Steinkohlenöl, 2 Theile Kalk und 50
ile Wasser, nach Art der angeführten Bereitung
Kyanols, zusammen oft durchgeschüttelt und
überlassen bleiben. Hierbei nimmt der Kalk
Karbolsäure auf, von dem sie durch Salzsäure
schieden wird, indem sie als braunes Oel dann
der Flüssigkeit niederfällt. Sie wird mit Was-
gewaschen und mit Wasser aufs Neue destillirt.
nn etwa $\frac{1}{3}$ von dem Oel übergegangen ist, wird
Destillation beendet. Das Uebergegangene ist
lich reine Karbolsäure, und das in der Retorte
ckgebliebene enthält andere Oele. Das Destil-
wird mit so viel Wasser vermischt, bis darin
Oel aufgelöst ist, und die erhaltene Lösung mit
sch essigsaurem Bleioxyd gefällt, der entstan-
e, dem Chlorsilber ähnliche, käseartige Nieder-
ag ist basisch karbolsaures Bleioxyd; man wäscht
mit Wasser und destillirt ihn mit einer für das

Bleioxyd äquivalenten und mit ein wenig Wasser verdünnten Schwefelsäure. Anfänglich geht ein milchiges Gemisch von Karbolsäure und Wasser über, worauf die reine Karbolsäure in ölartigen Tropfen folgt, die man für sich aufsammelt.

Man braucht selbst nicht mit basisch essigsaurem Bleioxyd zu fällen, indem dabei beabsichtigt wird, die Karbolsäure von Kreosot zu trennen, und solches, nach Runge, in dem Steinkohlenöl nicht enthalten sein soll. Man destillirt das oben erwähnte erste Drittheil nur noch einmal mit Wasser, und rectificirt es hierauf mit Zusatz von 5 Procent Kalihydrat, wobei zuerst ein milchiges Gemisch von Karbolsäure und Wasser übergeht, und hierauf reine Karbolsäure, die man besonders auffängt. Die Karbolsäure ist nun eine ölartige Flüssigkeit von starkem Lichtbrechungsvermögen. Oft erhält man sie, aus unbekannter Veranlassung, in 2 Zoll langen, durchscheinenden Nadeln, welche bei +[illegible] nicht schmelzen, aber diese Säure wird in verschlossenen Flaschen, aus unbekannten Ursachen, wieder flüssig. Sie besitzt einen durchdringenden Geruch, welcher im verdünnten Zustande mit Bibergeil Aehnlichkeit hat. Ihr Geschmack ist höchst brennend und fressend. Auf der Haut bewirkt sie [illegible] brennendes Gefühl, und die damit betupfte Stelle wird durch Befeuchten mit Wasser weifs und [illegible] geschwollen. Nach einigen Tagen fällt die Epi[illegible]

*) Bley (Annal. der Pharm. IX. 294) gibt an, dafs [illegible] durch Destillation der Braunkohlen von Preufslitz neben [illegible] kreosothaltigen Oele ein weiches Harz erhalte, welches [illegible] dem Bibergeil vollkommen ähnlichen Geruch besitzt. Es [illegible] möglich, dafs dieser von einer Verbindung der Karbol[illegible] herrührt, obgleich zugegeben werden mufs, dafs ein schw[illegible] Geruch von Kreosot ebenfalls an Bibergeil erinnert.

mis ab. Ihre Dämpfe beschweren weder die Lungen noch Augen. Die Karbolsäure hat ein spec. Gewicht von 1,062 bei +20°. Sie kocht bei +197°,5. Sie ist entzündbar, und brennt mit stark rufsender, gelber Flamme. Sie macht auf Papier Fettflecke, die aber allmälig wieder verschwinden. Sie röthet nicht Lackmus. Zeigt sie eine saure Reaction, so enthält sie Essigsäure. Die Karbolsäure ist auflöslich im Wasser, aber bei +20° nehmen 100 Wasser nur 3,26 Karbolsäure auf. Durch Kochsalz kann ein Theil des Aufgelösten wieder ausgefällt werden. Mit Alkohol und Aether mischt sie sich in allen Verhältnissen. Sie löst Schwefel mit gelber Farbe auf. Die in der Wärme gesättigte Flüssigkeit erstarrt beim Erkalten zu einer fast weifsen krystallinischen Masse. Chlor röthet dieselbe, wobei sie aber unter Entwickelung von Salzsäuregas verändert wird; durch Destillation wird sie zwar wieder farblos, ist aber nun eine andere Flüssigkeit. Jod löst sich in der Karbolsäure mit rothbrauner Farbe. In Schwefelsäure wird sie ohne Röthung und Schwärzung aufgelöst, und Wasser fällt sie daraus nicht. Wird die Lösung gekocht, so färbt sie sich blafsrosenroth. Durch Salpetersäure von 1,27 spec. Gewichte wird sie dunkelbraun, und beim Umschütteln bildet sich ein schwarzes Harz, welches sich aus einer rothen Flüssigkeit abscheidet. Mit Kalium verwandelt sie sich, unter Entwickelung von Wasserstoffgas, in karbolsaures Kali. Hiernach scheint sie chemisch gebundenes Wasser zu enthalten. Die Wirkung kann beim Schütteln leicht in Explosion übergehen. Eine eigenthümliche Reaction, welche dieser Säure angehört, besteht darin, dafs, wenn ein Tannenholzspahn in die Karbolsäure, oder in eine Lösung derselben in Wasser, und hierauf in Salzsäure getaucht wird, derselbe sich beim Trocknen dunkelblau färbt, und dass diese Farbe nicht durch Chlor zerstört wird.

Die *karbolsauren Salze* mit alkalischen Basen sind farblose, leichtlösliche, krystallisirende Verbindungen, die jedoch alkalisch reagiren. Alle karbolsauren Salze bringen auf Tannenholz, welches in Salzsäure oder Salpetersäure getaucht ist, jene blaue Farbe hervor, die nach einer halben oder ganzen Stunde ihre gröfste Schönheit erhält. Eine zu concentrirte Lösung der Salze gibt eine weniger schöne und mit Braun gemischte Farbe, wenn Salpetersäure angewandt wird. Die Karbolsäure treibt nicht die Kohlensäure aus. Das *karbolsaure Kali* wird durch Vermischen der Säure mit kaustischem Kali erhalten, oder wenn man Kalium in der Säure sich oxydiren läfst. Es krystallisirt beim Erkalten in feinen, weifsen Nadeln. Es ist in Alkohol und Wasser löslich. Bei der trocknen Destillation wird ein grofser Theil der Säure unverändert abgeschieden. Das *karbolsaure Ammoniak* wird durch Sättigung der Säure mit Ammoniakgas erhalten. Es ist ein farbloses, flüchtiges Salz. Die *karbolsaure Kalkerde* wird durch Schütteln der Säure mit Kalkmilch dargestellt. Mit dieser Base gibt es ein neutrales und ein basisches, in Wasser lösliches Salz. In dem basischen Salze sind 100 Theile Säure mit 48,35 Kalkerde verbunden. Kohlensäure zersetzt zwar die Lösungen derselben, scheidet aber nicht alle Kalkerde aus. Wird die Lösung des basischen Salzes im Wasser in einem offenen Gefäfse gekocht, so entweicht Karbolsäure, während kohlensaure und überbasisch-karbolsaure Kalkerde niederfällt und sich an das Gefäfs fest ansetzt. Hierauf soll die Lösung das neutrale Salz enthalten.

Es wird beim Abdunsten in offenen Gefäfsen zersetzt. Die concentrirte Lösung des basischen Salzes wird durch Alkohol gefällt, wenn dieser 90 Procent enthält und hinreichend zugesetzt wird. Der Niederschlag ist ein überbasisches Salz, und in der Lösung bleibt ein saures Salz. Mit dem *Bleioxyde* bildet die Karbolsäure ein saures, ein neutrales und ein basisches Salz. Das neutrale Salz wird durch Eintröpfeln von basisch essigsaurem Bleioxyd in eine Lösung der Karbolsäure in Spiritus erhalten, wobei man mit Eintröpfeln so lange fortfährt, als der sich bildende Niederschlag wieder aufgelöst wird, d. h. bis die Karbolsäure gerade gesättigt ist. Man übergibt dann die Lösung der freiwilligen Verdunstung, wodurch eine wasserhaltige Mutterlauge von neutralem essigsauren Bleioxyd, und ein leicht abzuscheidendes Oel erhalten wird, welches letztere das neutrale karbolsaure Bleioxyd ist. Von Alkohol wird es wieder aufgelöst, und durch Verdunstung daraus wieder erhalten; durch Wasser aber wird es zersetzt. Das Wasser nimmt nämlich fast bleifreie Karbolsäure auf, und scheidet ein weifses basisches Salz ab. Das saure Salz wird erhalten, wenn man das basische Salz in einem Ueberschufs von Karbolsäure auflöst. Dieses wird an der Luft nicht zersetzt, sondern trocknet zu einem glänzenden Firnifs ein, der völlig in Alkohol löslich ist, der aber von Wasser mit Hinterlassung von basischem Salze zersetzt wird. Durch Fällung einer Lösung der Karbolsäure mit basisch essigsaurem Bleioxyd wird das basische Salz erhalten. Es bildet einen weifsen, käseartigen Niederschlag, der nach dem Auswaschen zu einem weifsen Pulver eintrocknet. Bei +138° färbt es sich gelblich, und schmilzt bei +200° zu einer schwarzgrauen, glänzenden Masse. Bei noch stärkerer Hitze destillirt ein wenig zersetzte Karbolsäure, mit Hinterlassung eines schwarzen Rückstandes. Das bei +200° geschmolzene Salz enthält 65,08 Bleioxyd und 34,92 Karbolsäure.

Die Karbolsäure verhält sich zu mehreren organischen Substanzen auf eine eigenthümliche Art. Sie löst bei +100° ein wenig Indigblau auf, und dieses wird in der Auflösung nach einigen Tagen durch Einfluſs der Luft und des Lichts gebleicht. Alkohol fällt aus der Lösung den Farbstoff nicht, wenn nicht sehr viel zugesetzt wird. Mischt man die Lösung mit Aether, so verliert sie schon in ein Paar Stunden ihre Farbe. Caoutchouc schwellt weder darin auf, noch wird es darin aufgelöst, auch nicht beim Kochen. Bernstein wird zu einem sehr geringen Theile, Colophonium aber und Copal werden dagegen vollständig und leicht aufgelöst. Karbolsäure zu Alkohol gesetzt, macht Copal darin löslich, aber die Lösung hinterläſst ihn beim Eintrocknen als eine weiche und zu Firnissen nicht anwendbare Masse. Die in Wasser gelöste Karbolsäure ist für Pflanzen und Thiere schädlich. Ein Blutegel wird darin weiſs und stirbt innerhalb einigen Minuten. Eine concentrirte Lösung von Leim wird durch eine Lösung der Karbolsäure gefällt, anfänglich löst sich der Niederschlag wieder auf, aber am Ende scheidet sich der Leim in weiſsen Flocken ab. Trockner Leim schwellt nicht darin auf, sondern verwandelt sich in eine weiſse, zähe, klebrige Masse, welche mit Wasser zu einem Brei angerührt werden kann, sich aber weder in kaltem noch heiſsem Wasser auflöst. Sie läſst sich schmelzen und riecht dabei nach Karbolsäure, gelatinirt hierauf aber nicht, sondern ist zuerst fadenziehend, und trocknet sodann zu einer harten Masse ein.

welche aus Leim und Karbolsäure besteht. Eiweifsstoff wird durch Karbolsäure coagulirt, auch wenn eine Lösung nicht mehr als 1 Procent davon enthält. Das Coagulum ist in einem Ueberschufs von Eiweifsstoff löslich. Milch gerinnt davon nicht, aber es scheiden sich einige Flocken daraus ab. Eine aufgequollene Haut wird in einer Lösung der Karbolsäure in Wasser nicht gegerbt, aber die Haut fault nachher nicht mehr. Faule thierische Substanzen verlieren ihren stinkenden Geruch dadurch auf der Stelle. Die fleischigen Theile ziehen sich zusammen und erhärten. In allen diesen Fällen vereinigt sich die Karbolsäure mit den thierischen Substanzen, und die Gegenwart derselben darin kann mittelst Salpetersäure erkannt werden, welche damit sogleich die rothe Farbe hervorbringt, in welche die Karbolsäure durch diese Säure verwandelt wird.

Rosolsäure und Brunolsäure.

Der Rückstand, welcher bei der Bereitung der Karbolsäure (S. 417.), nach Abdestillirung bis zur Hälfte, in der Retorte zurückbleibt, ist schwarz, zähe, und besteht aus zwei Säuren, welche Runge *Rosolsäure* und *Brunolsäure* genannt hat. Der Rückstand wird mit Wasser gekocht, so lange noch der Geruch nach Karbolsäure beobachtet wird, hierauf in sehr wenig Spiritus aufgelöst, und diese Lösung mit Kalkmilch vermischt. Hierbei erhält man eine schöne rosenrothe Lösung, welche rosolsaurer Kalk ist, und eine braune Fällung, welche brunolsaurer Kalk ist. Aus der rothen Lösung wird die Rosolsäure durch Essigsäure ausgeschieden und wiederum mit Kalkmilch verbunden, wobei sich noch ein wenig brunolsaurer Kalk abscheidet. Dieses mufs noch mehrere Male wiederholt werden, bis bei einer neuen Lösung kein brunolsaurer Kalk mehr abgeschieden wird. Sodann fällt man sie mit Essigsäure, wäscht sie ab, und löst sie in Alkohol auf; beim Verdunsten desselben hinterbleibt sie in Gestalt einer festen, glasartigen, harten, orangerothen Masse. Sie verhält sich wie ein wahres Pigment, und gibt mit richtigen Beizmitteln Farbe und Lack, welche in der Schönheit mit denen von Safflor, Cochenille und Krapp wetteifern.

Die brunolsaure Kalkerde wird mit Salzsäure zersetzt. Die Brunolsäure bedarf mehrere Male mit Kalk verbunden und durch Salzsäure wieder ausgeschieden zu werden, um die Rosolsäure davon zu scheiden, die jedesmal von der Kalkmilch ausgezogen wird, bis diese zuletzt sich nicht mehr färbt. Die Brunolsäure wird dann in kaustischer Natronlauge aufgelöst, durch Salzsäure wieder gefällt und in Alkohol gelöst; nach Verdunstung des Alkohols hinterbleibt sie dann als eine asphaltähnliche, glasige, glänzende Masse, die sich leicht zu Pulver zerreiben läfst. Die Verbindungen derselben mit Salzbasen sind braun, und die meisten unlöslich.

Reichenbach *) hat zu beweisen gesucht, dafs mehrere von diesen Körpern keine andere wären, als welche er bereits in den Destillationsproducten von Holz entdeckt habe. Die Karbolsäure soll z. B. nichts anders als Kreosot sein. Runge **) hat sich gegen Reichenbach's Einwurf vertheidigt. Für den, welcher beiderlei Destillationsproducte nicht unmittelbar vergleichen kann, ist es unmöglich, sichere Ueberzeugung darüber zu erhalten. So viel scheint doch wahr, dafs wenn

*) Poggend. Annal. XXXI. 497.

**) A. a. O. XXXII. 328.

die Angaben nicht fehlerhaft sind, so können Runge's und Reichenbach's Producte wohl nicht identisch sein.

Essiggeist.

Dumas *) gibt an, dafs die Verbindung, welche durch Einleiten von Chlorgas in wasserfreien Essiggeist erhalten wird, und welche bereits von Liebig untersucht und analysirt worden ist (Jahresbericht 1833), auf die Weise gebildet werde, dafs 2 Atome Chlor aus der Flüssigkeit 2 Atome Wasserstoff aufnehmen und damit als Salzsäure fortgehen, während diese 2 Atome Wasserstoff von 2 anderen Atomen Chlor ersetzt werden, die mit der Flüssigkeit verbunden bleiben. Es ist dieses eine Substitution, als hätte der Essiggeist aus $C^3H^4O + H^2$ bestanden, und wäre nun durch Vertauschung des letzten Gliedes in $C^3H^4O + Cl^2$ verwandelt worden.

Benzinschwefelsäure.

In dem vorhergehenden Jahresberichte führte ich an, dafs Mitscherlich eine eigenthümliche Säure hervorgebracht habe, die von ihm *Benzinschwefelsäure* genannt worden ist. Ueber dieselbe sind nun von Mitscherlich **) nähere Details mitgetheilt worden. Sie wird erhalten, wenn man Benzin mit wasserfreier Schwefelsäure vereinigt; dabei erzeugen sich jedoch noch zwei andere Körper, welche ich hier auch anführen werde. Man setzt zu wasserfreier Schwefelsäure Benzin in kleinen Portionen, so lange die Säure noch etwas aufnimmt, oder bis das Ganze in eine zähe Flüssigkeit verwandelt ist, dessen eigentliche Natur noch nicht bestimmt ist, aus welcher aber Wasser folgende drei Verbindungen abscheidet:

---

*) Dumas, Traité de Chimie appliquée aux arts, V. 182.

**) Poggend. Annal. XXXI. 283., XXXII. 227.

Sulfobenzid.

1\. *Sulfobenzid.* Mischt man die zähe Flüssigkeit mit wenig Wasser, so löst sie sich darin auf; setzt man aber viel Wasser zu dieser Lösung, so scheidet sich daraus eine krystallinische Substanz aus, welche etwa 5 bis 6 Procent des angewandten Benzins beträgt. Sie ist schwerlöslich in Wasser, und kann daher damit gewaschen werden, um anhängende Säure abzutrennen. Durch Auflösung in Aether und freiwillige Verdunstung erhält man sie in deutlichen Krystallen. Das Sulfobenzid besitzt folgende Eigenschaften: Es ist ohne Farbe und Geruch, schmilzt bei +100°, geräth bei noch höherer Temperatur (zwischen dem Kochpunkte des Schwefels und Quecksilbers) ins Kochen, und sublimirt unverändert. Es wird von concentrirten Säuren aufgelöst, aber Wasser fällt es daraus wieder aus. Mit Alkalien vereinigt es sich nicht. Es ist nicht besonders brennbar, so daſs es über Salpeter und chlorsaures Kali abdestillirt werden kann. Wirft man es aber auf die geschmolzenen und Sauerstoff entwickelnden Salze, so entsteht eine detonirende Verbrennung desselben. Durch Chlor und Brom wird es bei gewöhnlicher Lufttemperatur nicht verändert, wird es aber in den Gasen derselben gekocht, so wird es zersetzt, wobei Chlor oder Brombenzin gebildet werden. Mitscherlich fand diese Substanz in folgender Art zusammengesetzt:

	Procente.	Atome.
Kohlenstoff	66,42	12
Wasserstoff	4,52	10
Schwefel	14,57	1
Sauerstoff	14,49	2.

Diese Zusammensetzung kann also durch $C^{12}H^{10}+\ddot{S}$, oder als eine Verbindung von 1 Atom schwefliger Säure mit 1 Atom eines Kohlenwasserstoffs $= C^{12} H^{10}$ vorgestellt werden. Da dieser Kohlenwasserstoff, welcher für sich aber noch nicht dargestellt worden ist, eine Menge Verbindungen, welche jetzt zu erwähnen sind, eingeht, so wurde dafür der Name *Benzid* vorgeschlagen. Bei der Bildung des Sulfobenzids liegt es vor Augen, dafs dabei 2 Atome Schwefelsäure auf 1 Atom Benzin eingewirkt haben, und zwar auf die Weise, dafs das eine Atom in wasserhaltige Säure übergeht, und das andere Atom 1 Atom Sauerstoff abgibt, welches mit 2 Atomen Wasserstoff des Benzins zu Wasser zusammentritt.

2. *Benzinschwefelsäure*. Sättigt man die Lösung in Wasser, woraus das Sulfobenzid abgeschieden worden ist, mit kohlensaurer Baryterde, so scheidet sich alle freie Schwefelsäure dadurch aus, und man erhält ein lösliches Barytsalz. Dieses wird dann durch schwefelsaures Kupferoxyd genau zersetzt, wobei man schwefelsaure Baryterde erhält, und in der Lösung bleiben zwei Kupfersalze zurück, wovon das eine nach hinreichender Concentrirung auskrystallisirt, das andere aber, welches in der Mutterlauge zurückbleibt, fällt bei fortgesetzter Concentrirung als Pulver nieder. Das krystallisirte Salz enthält die Säure, welche *Benzinschwefelsäure* genannt worden ist. Mitscherlich gibt noch eine andere, weniger kostbare Bereitungsmethode des krystallisirten Kupfersalzes an. Man löst das Benzin in rauchender Nordhäuser Schwefelsäure auf, so lange die Säure davon noch aufnimmt, wobei man das Gemisch öfters abkühlt, so dafs es sich nicht zu stark erhitzt. Wenn die Säure mit Benzin gesättigt ist, tropft man sie in Wasser, wobei sich etwa 1 bis 2 Procent Sulfobenzid vom Gewichte

des Benzins abscheiden; die saure Flüssigkeit wird nun mit kohlensaurer Baryterde gesättigt, genau mit schwefelsaurem Kupferoxyd gefällt, filtrirt und zur Krystallisation verdunstet. Man kann die Flüssigkeit freiwillig zur Trockne verdunsten lassen, und erhält jenes Salz bis auf den letzten Tropfen. Dieses Salz wird dann im Wasser aufgelöst, durch Schwefelwasserstoff zersetzt, und die Flüssigkeit zur Syrups-Consistenz verdunstet, woraus die Säure dann in Krystallen anschiefst. Die Säure erträgt keine höhere Temperatur, ohne zersetzt zu werden, aber die neutralen Salze halten eine Temperatur von +200° aus, ohne nach Wiederauflösung durch Barytsalze getrübt zu werden. Mitscherlich hat das Kupferoxydsalz dieser Säure analysirt, und gefunden, dafs darin 1 Atom Kupferoxyd mit 12 Atomen Kohlenstoff, 10 Atomen Wasserstoff, 2 Atomen Schwefel und 5 Atomen Sauerstoff verbunden ist, was auf 100 Theile der Säure beträgt:

		Atome.
Kohlenstoff	48,739	12
Wasserstoff	3,315	10
Schwefel	21,378	2
Sauerstoff	26,568	5.

Das Atomgewicht derselben ist 1881,978, und die Sättigungs-Capacität ist =5,314, oder $\frac{1}{5}$ ihres Sauerstoffgehalts. Diese Zusammensetzung stimmt mit 1 Atom Benzid und 1 Atom Unterschwefelsäure $=C^{12}H^{10}+\dddot{\bar{S}}$ überein, obwohl sie auch noch auf eine andere und vielleicht richtigere Weise repräsentirt werden kann, nämlich als 1 Atom Sulfobenzid und 1 Atom Schwefelsäure $=C^{12}H^{10}\ddot{S}+\dddot{S}$, was in der krystallisirten Säure 1 Atom wasserhaltige Schwefelsäure, und in den Salzen derselben 1 Atom

1 Atom von einer schwefelsauren Base giebt. Diese Zusammensetzungsart hat ferner auch noch das für sich, dafs das unter Beihülfe von Wärme in concentrirter Schwefelsäure aufgelöste Sulfobenzid sich wirklich in Benzinschwefelsäure verwandelt.

Wie man auch diese Säure zusammengesetzt betrachten mag, so ist dafür der Name Benzinschwefelsäure wohl nicht beizubehalten, da sie kein Benzin enthält. Sie mufs entweder *Benzidunterschwefelsäure* oder *Sulfobenzidschwefelsäure* genannt werden, wenn man correct in der Bezeichnung verfahren will. Will man keine grofse Veränderung mit dem von Mitscherlich gewählten Namen vornehmen, so kann sie wenigstens *Benzidschwefelsäure* genannt werden.

Die Salze dieser Säure sind nicht weiter untersucht und beschrieben, als dafs sie mit Kali, Natron, Ammoniak, Zinkoxyd, Eisenoxydul, Kupferoxyd und Silberoxyd krystallisirbare Verbindungen eingeben.

3. Die Säure des pulverförmigen Salzes ist noch nicht untersucht worden, obwohl die Kenntnifs derselben für die Erklärung der wechselseitigen Einwirkung der Schwefelsäure und des Benzins sehr wichtig sein würde, in sofern es scheint, als wäre die Säure des pulverförmigen Salzes das reichlichste Product derselben.

Nitrobenzid.

Mitscherlich hat mehrere Verbindungen entdeckt, welche durch Einwirkung anderer Körper auf Benzin entstehen. Er hat gefunden, dafs die höchst concentrirte reine Salpetersäure nicht auf das Benzin wirkt, dafs aber das Verhalten der rothen rauchenden Salpetersäure ein ganz anderes ist. Zwischen dieser und dem Benzin entsteht eine so heftige Einwirkung, dafs sich das Gemisch sehr stark erhitzt. Diese Einwirkung beginnt jedoch nicht eher, als bis die Säure gelinde erhitzt worden ist, worauf man ihr das Benzin in kleinen Portionen zusetzt. Dabei bildet sich eine neue Verbindung, welche sich in der Säure auflöst, aber beim Erkalten daraus in Gestalt eines Oeles abgeschieden wird und auf der Oberfläche der Flüssigkeit schwimmt. Noch mehr erhält man davon, wenn die Säure mit Wasser vermischt wird, wobei das Abgeschiedene zu Boden sinkt, weil es specifisch schwerer ist, als die verdünnte Säure. Dieses Oel wird nun mit Wasser geschüttelt und umdestillirt. Es ist von Mitscherlich *Nitrobenzid* genannt worden *). Es bildet eine gelbe Flüssigkeit, die einen intensiv süfsen Geschmack, und einen eigenthümlichen, zwischen Zimmt- und Bittermandelöl fallenden Geruch besitzt. Das spec. Gewicht derselben ist =1,209 bei +15°. Ihr Kochpunkt ist =+213°. Das spec. Gewicht des Gases variirte bei verschiedenen Versuchen zwischen 4,4 und 4,5. Es geht bei der Destillation über, ohne dabei im Geringsten zersetzt zu werden. Bis zu +3° abgekühlt, fängt es an in Nadeln zu krystallisiren. Es ist im Wasser fast ganz unlöslich, läfst sich aber in allen Verhältnissen mit Alkohol und Aether mischen. In gelinde erwärmten verdünnten Säuren löst es sich auf, wird aber durch Wasser daraus wieder abgeschieden. Ueber Salpetersäure und etwas verdünnte Schwefelsäure kann es abdestillirt werden. Concentrirte Schwefelsäure, damit erhitzt, färbt sich dunkel und entwickelt schwefligsaures Gas. Chlor und Brom wirken bei gewöhnlicher Lufttemperatur nicht darauf. Kali- und Kalkerde-

*) Poggend. Annal. XXXI. 625.

hydrat wirken nicht darauf, und es kann darüber unverändert abdestillirt werden. Das damit gelinde erwärmte Kalium bewirkt eine Explosion, wobei das Gefäfs zertrümmert wird. Mitscherlich hat es in folgender Art zusammengesetzt gefunden:

	Gefunden.	Atome.	Berechnet.
Kohlenstoff	58,53	12	58,93
Wasserstoff	4,08	10	4,01
Stickstoff	11,20	2	11,37
Sauerstoff	25,99	4	25,69.

Das Atom desselben wiegt =1556,84. Vergleicht man diese Zusammensetzung mit dem spec. Gewichte desselben in Gasform, so findet man, dafs das Gas 1 Volum Sauerstoffgas, ½ Volum Stickstoffgas, 2½ Volume Wasserstoffgas und 3 Volume Kohlenstoffgas zu 1 verdichtet enthält, und dafs das danach berechnete spec. Gewicht 4,294 ist. Es kann als eine Verbindung von 1 Atom Benzid und 1 Atom Stickstoffoxyd, welches aus 2 Atomen Stickstoff und 4 Atomen Sauerstoff besteht, also nach der Formel $C^{12}H^{10} + \overset{....}{N}$ zusammengesetzt betrachtet werden. Bei einem solchen Sauerstoffgehalt ist es schwer zu begreifen, wie diese Verbindung sich so indifferent gegen Alkalien verhält. Da der süfse Geschmack auf die Zusammensetzung einer ätherartigen Flüssigkeit hindeutet, so könnte man es für eine ätherartige Verbindung der salpetrigen Säure mit einem Oxyd des Benzids $=C^{12}H^{10}O + \overset{...}{N}$ halten. Dieses ist die Formel für den salpetrigsauren Weinäther, zu welcher 8 Atome Kohlenstoff hinzugefügt sind.

Mitscherlich hat noch einen hierhergehörigen Körper entdeckt, welchen er *Stickstoffbenzid* Stickstoffbenzid.

genannt hat *). Wird das Nitrobenzid in Alkohol aufgelöst, und diese Auflösung mit einer Lösung von Kali vermischt, und das Gemisch gelinde erwärmt, so entsteht eine heftige wechselseitige Einwirkung; es wird ein Kalisalz gebildet, welches nicht Salpetersäure enthält, dessen Säure aber noch nicht untersucht worden ist. Ueberschuſs von Kali übt keine Wirkung auf das Neugebildete aus. Die Flüssigkeit besitzt eine rothe Farbe. Unterwirft man sie der Destillation, so geht zuerst Alkohol über, und gegen das Ende ein rother Körper, welcher in groſsen Krystallen erstarrt, die man auf Flieſspapier legt, um sie von der zugleich mit übergegangenen Flüssigkeit zu befreien. Löst man sie jetzt in Aether, und überläſst die Auflösung der freiwilligen Verdunstung, so erhält man sehr gut ausgebildete Krystalle, welche Stickstoffbenzid sind. Dieser Körper ist unlöslich in kaltem Wasser; kochendes Wasser färbt sich aber davon gelb und trübt sich beim Erkalten. In Alkohol und Aether löst er sich leicht, und hinterbleibt nach deren Verdunstung krystallisirt. Sein Schmelzpunkt ist bei +65°, sein Kochpunkt bei +193°, und destillirt unverändert über; leitet man aber sein Gas durch ein glühendes Rohr, so wird es zersetzt. Mit Schwefelsäure und Salpetersäure gibt es eine Lösung, woraus es durch Wasser gefällt wird. Wird die Lösung in Schwefelsäure erhitzt, so findet Verkohlung und Entwickelung von schwefliger Säure statt. Die Zusammensetzung wurde gefunden, wie folgt:

---

*) Poggend. Annal. XXXII. 225.

		Atome
Kohlenstoff	79,30	12
Wasserstoff	5,30	10
Stickstoff	15,40	2

Das Atom desselben wiegt hiernach = 1156,678. Wir finden also, dafs das Benzid oder $C^{12}H^{10}$ die ganze Reihe durch dieselbe Rolle spielt; so finden wir es verbunden mit 1 Doppelatom Stickstoff, mit 1 Atom schwefliger Säure, mit 1 Atom Unterschwefelsäure und, wenn ich so sagen darf, mit 1 Atom Untersalpetersäure. Inzwischen ist die Austauschung oder Substitution einfacher Körper (in diesem Falle des Stickstoffs) gegen oxydirte ein nicht gewöhnliches Verhalten. Legt man aber die beim Nitrobenzid angeführte Zusammensetzung zu Grunde, nach welcher es ein Oxyd von Benzid $= C^{12}H^{10}O$ gibt, so ergibt sich, dafs dieses Atom Sauerstoff gegen 1 Doppelatom, d. i. ein Aequivalent, Stickstoff ausgetauscht wird. Dann ist das Nitrobenzid = salpetrigsaures Benzidoxyd, das Sulfobenzid = unterschwefligsaures Benzidoxyd, und es gehören diese Körper zu der Klasse der Aetherarten. Inzwischen mufs ich hinzufügen, dafs alles dieses nichts Anderes enthält, als eine Vorstellungsweise, wie die auf den ersten Blick ungewöhnliche Natur dieser Körper Uebereinstimmung und Analogie mit Körpern finden werde, welche wir als von uns bereits erkannt betrachten.

Benzin mit Chlor.

Mitscherlich *) hat später gefunden, dafs wenn man Benzin mit Chlorgas dem Sonnenlichte aussetzt, das Chlorgas absorbirt werde, wobei sich in dem Gefäfse ein Rauch bildet, und eine krystal-

*) Lehrbuch der Chemie von Mitscherlich. I. 667. 2te Auflage.

linische Verbindung darin absetzt. Diese Verbindung ist unlöslich in Wasser, aber löslich in Alkohol und Aether, und kann daraus durch deren Verdunstung in deutlichen Krystallen erhalten werden. Sie schmilzt in heifsem Wasser, und erstarrt ungefähr bei $+50°$. Bei $+150°$ geräth sie ins Kochen, entwickelt ein wenig Salzsäuregas, destillirt aber gröfstentheils unverändert und ohne Rückstand über. Durch Vermischung mit Kalkerde wird sie bei der Destillation theilweise zersetzt, das nicht Zersetzte krystallisirt, und das Zersetzte erhält sich flüssig. Peligot *) hat gefunden, dafs das Benzin noch mit mehr Chlor verbunden werden kann, wobei Chlorwasserstoffsäure abgeschieden und eine gelbe zähe Masse gebildet wird. Diese Masse enthält Krystalle von Chlorbenzin eingemischt, von denen sie durch ein wenig warmen Alkohol ausgegossen werden kann, indem dabei die Krystalle zurückbleiben. Die gelbe Verbindung fand Peligot folgendermafsen zusammengesetzt:

	Gefunden.	Atome.	Berechnet.
Kohlenstoff	25,50	1	25,16
Wasserstoff	2,06	1	2,06
Chlor	72,44	1	72,78

Weil das Benzin in Gasform 3 Volume Kohlenstoff und 3 Volume Wasserstoff enthält, so setzt die Analyse voraus, dafs diese Verbindung aus 3 Volumen Chlor und 1 Volum Benzingas gebildet werde.

Benzon. Peligot **) hat ferner gefunden, dafs der krystallisirte benzoësaure Kalk $= \dot{Ca}\,\bar{Bz} + \dot{H}$, durch

*) Annales de Ch. et de Ph. LV. 66.

**) A. a. O. pag. 59.

trockne Destillation bei ungefähr +300° ein braunes, ölartiges Liquidum gibt und kohlensauren Kalk zurückläfst. Wird dieses ölartige Liquidum aufs Neue destillirt, so gibt es Benzin; nachdem aber dieses überdestillirt ist, wird der Kochpunkt bis zu +250° erhöht, und dann geht ein ölartiges Liquidum über. Dieses Liquidum hat er *Benzon* genannt. Es enthält einen krystallisirten Kohlenwasserstoff aufgelöst, nämlich Naphthalin ($=C^5H^4$), welcher sich bei einer anhaltenden Aussetzung einer Temperatur von —20° absetzt. Das Benzon wird dann abgenommen und ist nun rein. Es ist ein farbloses, dickflüssiges Oel, welches jedoch schwierig von einem Stich ins Gelbe befreit werden kann. Der Geruch ist unangenehm und etwas brenzlich. Es kocht bei +250° und destillirt unverändert über. Es wird durch Schwefelsäure, aber nicht durch Salpetersäure zersetzt. Es verbindet sich nicht mit Kalihydrat. Es absorbirt Chlor unter Bildung von Salzsäure und einer krystallinischen Verbindung. Peligot fand es zusammengesetzt aus:

	Gefunden.	Atome.	Berechnet.
Kohlenstoff	87,1 — 87,6	13	86,5
Wasserstoff	5,6 — 5,7	10	5,4
Sauerstoff	7,3 — 6,7	1	8,1.

Die Abweichungen in dem berechneten Resultate von dem Gefundenen, welche z. B. beim Kohlenstoffgehalt von 0,6 bis zu 0,9 Procent steigen, sind gröfser als man erwarten mufs. Aber es können diese von einem Rückhalte von Naphthalin herrühren, welches nach der von Peligot angewandten Methode unmöglich vollständig davon getrennt worden sein kann. Dieser Körper ist also $=C^{13}H^{10}O$. Mit einem Atom Kohlenstoff weniger würde es Benzid, und mit 1 Atom mehr würde es der erste Oxydationsgrad des Radikals der Benzoësäure sein. Es kann als eine Verbindung von 1 Atom Benzid und 1 Atom Kohlenoxyd $= C^{12} H^{10} + \dot{C}$ betrachtet werden. Daher hat Mitscherlich diese Substanz *Carbobenzid* genannt. Die Richtigkeit der angegebenen Zusammensetzung hat Peligot noch durch den Umstand zu beweisen gesucht, dafs, wenn man völlig wasserfreies und neutrales benzoësaures Salz anwendet, 1 Atom Kohlensäure mit der Base verbunden zurückbleibt, und dafs, wenn man 1 Atom Kohlenstoff und 2 Atome Sauerstoff von $C^{14} H^{10} O^{3}$ abzieht, man $C^{13} H^{10} O$ übrig behält, welches die Formel des Benzons ist.

Das Verhältnifs mit diesen Destillationsproducten ist keineswegs erörtert worden. Peligot hatte nämlich ein wasserhaltiges Salz zu seiner Destillation angewandt. Die erste Wirkung der Hitze dürfte also die Abscheidung eines Theils des Wassers zur Folge gehabt haben, worauf dann die Zersetzung in dem Gemisch von wasserfreiem und wasserhaltigem Salze folgte. Wird das wasserhaltige Salz zersetzt, so bildet die Hälfte der Säure und das Krystallwasser kohlensauren Kalk und Benzin. Wie die übrig bleibende Hälfte verändert wird, sieht man nicht ein, aber sie sublimirt nicht unverändert. Wenn aber das wasserfreie Salz zersetzt wird, so kann man nichts anderes als kohlensauren Kalk und Benzon erhalten. Aber man erhält dabei zugleich Naphthalin, und der zurückbleibende kohlensaure Kalk ist schwarz und enthält abgeschiedenen Kohlenstoff. Die Entstehung des Naphthalins erklärt Peligot so, dafs von 2 Atomen Benzon, welche 1 Atom Kohlenstoff und 2 Atome Sauerstoff, das ist 1 Atom Kohlensäure, verlieren,

Atome Naphthalin entstehen. So lange jedoch dieser Operation nicht alle Producte bestimmt rden sind, als Kohle in dem zurückbleibenden ilensauren Kalk, Kohlensäuregas, und vielleicht h Kohlenoxydgas, was fortgeht, weil viel mehr hle aus den Verbindungen verschwindet, als der k als Kohlensäure aufnehmen kann, und end- Wasser, welches das Destillat begleitet, kann . Verlauf der Operation nicht als richtig erkannt gesehen werden.

Naphthalin.

Mitscherlich *) hat das Naphthalin einer en Analyse unterworfen. Das Resultat davon , dafs das Naphthalin aus 93,88 Kohlenstoff und 2 Sauerstoff $= C^5 H^4$ besteht, oder so, wie es änglich von Faraday zusammengesetzt gefun- worden ist, und wie es am besten mit den alysen der naphthalinschwefelsauren Salze über- stimmt.

Chlornaphthalin.

Zu dem, was bereits im letzten Jahresberichte, 366., über die Verbindung des Chlors mit Naph- lin mitgetheilt worden ist, füge ich auch noch folgende Angabe von Laurent **) hinzu. Der- lbe hat zwei Verbindungen desselben entdeckt, e feste $= C^5 H^4 + Cl^2$, und eine flüssige, welche der Destillation Salzsäure entwickelt und fest rd, und nach der Formel $C^5 H^3 + Cl$ zusam- engesetzt ist. Läfst man Chlorgas auf die letz- re in der Kälte einwirken, so erhält man eine e krystallisirte Verbindung $= C^5 H^3 + Cl^5$; läfst n aber das Chlor in der Wärme darauf einwir- n, so entsteht eine andere, ebenfalls krystallisirte

*) Poggend. Annal. XXXIII. 336.

**) A. a. O. XXXI. 320.

Substanz, deren Zusammensetzung durch C^6H^2+Cl ausgedrückt wird.

Läfst man Brom auf Naphthalin einwirken, entweicht Bromwasserstoffsäure, und man erhält einen krystallisirten Körper, welcher C^6H^3+Br Giefst man einige Tropfen Brom auf C^6H^3+Cl so wird die Hälfte des Chlors ausgetrieben, es bildet sich eine weifse krystallinische Masse welche nach der Formel $C^6H^3+ClBr^2$ zusammengesetzt ist.

Folgende Pflanzenkörper sind zergliedert worden: die Kockelkörner von Pelletier und Couërbe [1]); die Wurzel der Valeriana officinalis von Trommsdorff d. Aelt. [2]); die Beeren von Rhus coriaria von Demselben [3]); Cardamomum minus von Demselben [4]); der Krapp von Elsafs und Avignon von Schlumberger [5]); die Rinde von Galipoea off. von Husband [6]); die Wurzel von Astragalus exscapus von Fleurot [7]); die Rinde von Prunus virginiana von Proctor [8]); die Wurzel von Cimicifuga racemosa von Tilghmann [9]); die Blätter von Morus alba von Lassaigne [10]); die Wurzel von Dictamnus albus von Herberger [11]); die Samen von Lolium temulentum von Bley [12]); die Blätter der Digitalis purpurea von Welding [13]); Apocynum cannabinum von Gris-

1) Annales de Ch. et de Ph. LIV. 178. — 2) Annal. de Pharm. X. 218. — 3) A. a. O. pag. 328. — 4) A. a. O. XI. 25. — 5) Journ. für pract. Ch. II. 200. — 6) Journ. de Ch. medic. X. 334. — 7) A. a. O. pag. 656. — 8) A. a. O. pag. 674. — 9) A. a. O. pag. 676. — 10) A. a. O. pag. 676. — 11) Buchner's Repert. XLVIII. 1. — 12) A. a. O. pag. 169. — 13) Journ. de Pharm. XX. 88. —

... [1]); die Samen von Hibiscus abel-moschus ... Bonatre [2]); Chenopodium foetidum von ...eutzburg [3]); Parmelia parietina von Herberger [4]); die Früchte der Sicyos edulis von ...dannois [5]).

---

1) Journ. de Pharm. XX. 99. — 2) A. a. O. pag. 381. — 3) Kastner's Archiv für Chem. und Meteor. VII. 345. — 4) Buchner's Repert. XLVII. 179. — 5) Annal. der Pharm. ... 341. —

Thierchemie.

Einfluſs der Electricität auf die Erscheinungen des thierischen Lebens.

Donné hat gezeigt, daſs, wenn der eine Leitungsdraht des electromagnetischen Multiplicators mit der Schleimhaut im Munde, und der andere auswendig mit der Haut in Berührung gebracht werde, eine Abweichung der Magnetnadel entsteht, welche Donné richtig davon herleitet, daſs die Flüssigkeit im Munde alkalisch, und die auf der Haut sauer ist. Matteuci *) hat dieses Factum aufgenommen, und sucht es aus einem electrochemischen Gegensatze zwischen der Schleimhaut und der äuſseren Haut zu erklären, als ursprüngliche Ursache der ungleichen Beschaffenheit der auf beiden abgesonderten Flüssigkeiten; eine Meinung, welche er mit mehreren am Magen und an der Leber bei Kaninchen angestellten Versuchen zu befestigen sucht, in Betreff welcher ich auf seine Abhandlung verweise, zumal da ich nicht glaube, daſs sie irgend ein für die Physiologie anwendbares Resultat liefern.

Wilson Philip **) hat zu zeigen gesucht, daſs der electrische Einfluſs des Nervensystems auf das arterielle Blut die Ursache der thierischen Wärme sei, und glaubt, daſs dieses durch folgenden Versuch dargethan werden könnte: In ein Wasserbad von $36\frac{2}{3}°$ (98° F.) wurden zwei Tassen, die vorher bis zu derselben Temperatur erwärmt worden waren, eingesetzt, worin man das Blut aufsammelte,

*) Annales de Ch. et de Ph. LVI. 440.

**) Froriep's Notizen, No. 919.

elches aus den Arterien eines lebenden Kanin-
ens ausflofs. In die eine Tasse leitete man die Pol-
ähte einer electrischen Batterie, die andere liefs
an unberührt. So fand man, dafs in der Tasse,
elche unter dem Einflusse der electrischen Batte-
e stand, die Temperatur des Bluts nach einer Mi-
ute von 97° F. auf 100° gestiegen, nach $1\frac{1}{4}$ Mi-
uten auf 102°, worauf sie allmälig wieder sank;
dafs sie, ehe $3\frac{1}{4}$ Minuten, vom ersten Einfliefsen
gerechnet, verflossen waren, auf 98° gefallen
ar, worauf die Abkühlung weiter fortschritt. In
r andern Tasse fiel die Temperatur so, dafs sie
Minute nach dem Einfliefsen auf 96° gesunken
ar. Als auf dieselbe Weise das venöse Blut ver-
cht wurde, zeigte sich keine Wärmeentwickelung.
Venn diese Beobachtungen richtig sind, so sind
e ohne Zweifel von grofsem Interesse; schwerlich
öchten sie aber das beweisen, was Wilson Phi-
ip damit darzulegen beabsichtigt hat.

Marianini *) hat über den Einflufs der elec-
ischen Ströme auf die Muskeln zahlreiche Ver-
che mitgetheilt, in welchen gezeigt wird, dafs sie
rch den augenblicklichen Einflufs der electrischen
tröme, nachdem sie einige Zeit hindurch fortge-
tzt werden, das Vermögen verlieren, dadurch in
ewegung gesetzt zu werden, welches sie aber wie-
r erlangen, wenn die Ströme in entgegengesetzter
ichtung geleitet werden; aber nach einiger Zeit
ren auch diese wieder auf zu wirken, worauf sie
rch Umkehrung der Richtung aufs Neue wieder
Bewegung gesetzt werden, und es kann die Be-
egung auf diese Weise so lange abwechselnd her-
rgebracht werden, bis alle Lebenskraft darin er-

*) Annales de Ch. et de Ph. LVI. 387.

loschen ist. Marianini erklärt dieses Verhalten aus einer Anhäufung der Electricität in den Muskeln, welche durch die umgekehrte Richtung des Stromes zuerst aufgehoben wird, und dann in entgegengesetzter Ordnung vor sich geht. In Betreff aller Details mufs ich auf die Abhandlung verweisen.

Untersuchung des im Gehirn enthaltenen Fetts.

Couërbe *) hat mit dem im Gehirn enthaltenen Fett eine ausführliche Untersuchung vorgenommen. Bekanntlich hat man schon früher drei von einander trennbare Fettarten darin gefunden. Couërbe hat noch zwei daraus abgeschieden und untersucht, oder zusammen fünf besondere. Und diesen hat er neue Namen gegeben. Was wir bisher pulverförmiges Gehirnstearin, Kühn's Myelokonifs, nannten, nennt er Cérébrote, das blättrige Gehirnstearin Cholesterin, das rothe Oel, welches wir Gehirnelaïn nannten, Éléencéphol, und die beiden von ihm zuerst näher beobachteten gelben oder braunen Fettarten Céphalote und Stéaroconote.

Zur Abscheidung dieser Fettarten wird das zerriebene Gehirn zuerst mit Aether ausgezogen, so lange dieser noch etwas auflöst, wozu 4 Macerationen nöthig sind, sodann wird das Gehirn so lange mit kochendem wasserfreien Alkohol ausgezogen, bis neue Portionen Alkohol beim Erkalten sich nicht mehr trüben. Das von Alkohol Ausgeschiedene wird mit kaltem Aether gewaschen, welcher daraus blättriges Gehirnstearin oder Chlolesterin auszieht, und das Zurückbleibende ist dann Cérébrote. Durch Abdestillation des Alkohols scheidet sich noch mehr von diesen Fetten aus, die man dann mittelst Aether in gleicher Art in darin unlösliche Cérébrote und in Cholesterin, welches beim

*) Annales de Ch. et de Ph. LVI. 164.

Verdunsten des Aethers in Blättern auskrystallisirt, zerlegt. Die letzte Mutterlauge von Alkohol enthält noch etwas von den festen Fetten, gröſstentheils aber Gehirnelaïn, das Éléencéphol.

Um das Éléencéphol rein zu erhalten, bedient man sich der alkoholischen Mutterlauge, wenn sich daraus kein festes Fett mehr absetzt; nachdem man sie davon durch Leinen abfiltrirt hat, wobei sie getrübt durchgeht, setzt man ihr Aether zu, bis sie klar wird. Hierauf läſst man sie allmälig verdunsten; dabei bleiben die festen Fette in der ätherhaltigen Flüssigkeit zurück, während das Oel in Gestalt von rothen Tropfen zu Boden fällt, die abgeschieden werden können.

Die Lösung in Aether enthält hauptsächlich Cholesterin und Cérébrote. Der Aether wird gröſstentheils abdestillirt, worauf der Rückstand, an der Luft verdunstet, eine weiſse Masse zurückläſst. Aus dieser löst siedendheiſser Alkohol Cérébrote, Cholestérin und Éléencéphol, und hinterläſst ein festes gelbes Fett, welches Aehnlichkeit mit gelbem Wachs hat. Dieser Rückstand wird nun durch Aether zersetzt, welcher ein bräunliches Pulver, das Stéaroconote, ungelöst läſst, und durch Verdunstung ein schmutzig-gelbes Fett gibt, welches nie so hart wird, daſs es zu Pulver zerrieben werden kann, und das Céphalote ist.

Die in dem kochenden Alkohol aufgelösten Fette sind vorzüglich Cérébrote und Cholestérin, welche beide bei der Abkühlung des Alkohols in Pulverform niederfallen, während Éléencéphol aufgelöst verbleibt. Von den gefällten Fetten bleibt bei der Behandlung mit kaltem Aether Cérébrote ungelöst, weil dieses nur dann in Aether löslich ist, wenn Éléencéphol zugleich darin enthalten ist. Dagegen löst der Aether dabei das Cholestérin auf, und läfst es nach dem Verdunsten in Krystallen zurück. Nach dieser Mittheilung der zur Scheidung dieser Fettarten angewandten Operationsmethode, komme ich nun zur Beschreibung einer jeden Fettart.

Cérébrote. Cérébrote ist ein pulverförmiges, nicht schmelzbares und in Aether unlösliches Fett, welches nach dem Trocknen in gelinder Wärme zu Pulver zerrieben werden kann. Durch kaustische Alkalien kann es weder aufgelöst noch verseift werden. Es enthält in seiner Mischung sowohl Phosphor und Schwefel, welche mit Salpetersäure zu Säuren oxydirt werden können, als auch Stickstoff. Nach der darüber angestellten analytischen Untersuchung soll dieses Fett bestehen aus:

Kohlenstoff	67,818
Wasserstoff	11,100
Stickstoff	3,399
Schwefel	2,138
Phosphor	2,332
Sauerstoff	13,213.

Couërbe gibt als das Resultat wiederholter Versuche an, dafs das Cérébrote aus dem Gehirn von Wahnsinnigen unter übrigens unveränderter Mischung mehr Phosphor enthalte, nämlich von 3 zu 4½ Procent, dagegen das Cérébrote aus dem Gehirn von Blödsinnigen, oder durch hohes Alter abgestumpften Personen, weniger Phosphor enthalte, ungefähr nur 1 Procent oder darunter, und zieht daraus den allgemeinen Schlufs, dafs auf dem ungleichen Phosphorgehalt desselben Stumpfheit, grosse Geisteskraft oder die Ueberreizung, welche bei Rasenden statt findet, beruhen.

Céphalote. Céphalote ist ein gelbbraunes, festes Fett, welches

das

les sich nicht in Wasser und Alkohol, aber in Theilen kalten Aethers löst. Es erweicht in der Wärme, wird aber nicht flüssig, und ist nach dem rkalten zähe; so dafs es wie Caoutschouc ausgezogen werden kann, und hat damit so grofse Aehnlichkeit, dafs man es animalisches Caoutchouc nennen könnte. Kochender Alkohol löst davon kaum merkbare Spuren auf. Schwefelsäure greift es st beim Kochen an. Salpetersäure wirkt sehr ngsam, auch wenn sie damit erhitzt wird; Königswasser greift es rascher an und löst es auf. Wasr fällt aus dieser Lösung ein farbloses, in Alkol lösliches Fett. Das Céphalote wird von kaustischem Kali aufgelöst und verseift; es gibt gelbe, tte Säuren, welche durch eine angemessene Reinigung farblos erhalten werden. Er fand es so sammengesetzt:

Kohlenstoff	66,362
Wasserstoff	10,034
Stickstoff	3,250
Phosphor	2,544
Schwefel	1,959
Sauerstoff	15,851.

Der Phosphorgehalt desselben ist nicht solchen Änderungen unterworfen, wie der des vorhergehenden Fettes, doch ist er bei Tollen etwas gröfser als die angeführte Menge.

Stéaroconote hat eine schmutzig-braune Farbe, ohne Geschmack, unschmelzbar, und in reinem Stande unlöslich in Alkohol und Aether, auch in Siedhitze; aber es löst sich auf in fetten und flüchtigen Oelen. Vermuthlich beruht seine Ausziehung mit Aether auf seiner Löslichkeit in Aether, wenn es sich in Verbindung mit den anderen Fet- **Stéaroconote.**

ten befindet. Es ist unlöslich im Wasser. Salpeter-säure löst es in der Wärme auf; und wird die Lösung gekocht, so scheidet sich daraus ein weiß saures Fett aus, welches mit kochendem Alkohol eine Lösung gibt, aus welcher es beim Erkalten in weißen, glänzenden Blättern wieder niederfällt. Er fand es bestehend aus:

Kohlenstoff	59,832
Wasserstoff	9,352
Stickstoff	9,264
Phosphor	2,420
Schwefel	2,030
Sauerstoff	17,120.

Éléencéphol. Éléencéphol ist ein flüssiges, röthliches Oel, unangenehmem Geschmack, und in allen V sen in Aether und fetten und flüchtigen Oelen lich. In Alkohol ist es weit weniger löslich, als Aether. Es löst auch die übrigen Fettarten Gehirns auf. Seine Zusammensetzung soll v men mit der von Céphalote übereinstimmen, so Couërbe es damit für isomerisch erklärt.

Cholestérin. Cholestérin macht den gröfsten Theil der arten im Gehirn aus. Couërbe sieht es als lig identisch mit dem an, welches in Gall vorkommt. Es schmilzt bei +145°, erst nicht eher wieder, bis es zu +115° ab Berührt man es zwischen +120° und 115°, erstarrt es augenblicklich. Couërbe fand 5,2 bis 5,4 Procent chemisch gebundenes Wa Mit Salpetersäure gab es Cholesterinsäure; Schwefelsäure wurde es blutroth. Indessen es leichtlöslicher in Alkohol zu sein, als das lensteinfett, und krystallisirt auch daraus später in mehr in die Länge gezogenen Blättern. Gallen steinfett wird auch während des Schmelzens nicht undurchscheinend, wie dieses durch Wasserverlust wird, obwohl der Schmelzpunkt beider gleich ist. Auch ist die Zusammensetzung gleich.

	Couërbe.	Gallensteinfett. Chevreul.
Kohlenstoff	84,895	85,095
Wasserstoff	12,099	11,880
Sauerstoff	3,006	3,025

In Rücksicht auf die theoretische Zusammensetzung dieser Fettarten vermuthet Couërbe, dafs das Radikal derselben zusammengesetzt sein könnte z. B. aus 1 Atom Stickstoff mit einem Kohlenwasserstoff $=C^9 H^{18}=9(CH^8)$, und zwar mit 2, 3, u. s. w. Atomen davon, und dafs dieses Radikal sodann mit Sauerstoff zu einem Oxyd verbunden sei. Stéaroconote würde hiernach $C^9 H^{18} N+2O$, Cérébrote $=C^{21} H^{34} N+4O$, Céphalote $=C^{27} H^{34} N+5O$ sein. Nach diesen Vergleichungen trägt er einige theoretische Ansichten über die wahrscheinliche Zusammensetzung der vegetabilischen Salzbasen vor. Da in der ersteren Darstellung Phosphor und Schwefel nicht mit aufgenommen worden sind, und in Betreff der letzteren über die Pflanzenbasen die Analysen nicht wohl Theorien rechtfertigen, so lasse ich seinen Speculationen ihren Werth, ohne dafs ich etwas Näheres darüber anführe.

L. Gmelin und Tiedemann *) haben in Verbindung mit Mitscherlich einige Versuche angestellt, um damit die oft besprochene und auf verschiedene Weise beantwortete Frage zu entscheiden, ob das Blut freie Kohlensäure enthält oder nicht. Zu diesem Zweck liefsen sie sowohl

Versuche über einen Gehalt freier Kohlensäure im Blute.

*) Poggend. Annal. XXXI. 289.

arterielles wie venöses Blut aus den Adern eines lebenden Hundes durch ein Rohr direct in die Eprouvette über Quecksilber fliefsen, so dafs es nicht mit Luft in Berührung kam. Der ganze Quecksilberapparat wurde nun sogleich unter die Luftpumpe gebracht, und die Luft ausgepumpt; hierbei entstand über dem Blute in der Eprouvette ein luftleerer Raum, eine natürliche Folge davon, dafs er wie der Barometer an der Luftpumpe wirkte. Wurde wieder Luft eingelassen, so füllten sich die Eprouvetten vollkommen; ein Beweis, dafs sich bei aufhörendem Druck der Atmosphäre kein aus entwickelt hatte. Durch diesen Versuch kann also die Frage, ob im Blute freie Kohlensäure enthalten sei, ein für allemal vollkommen entschieden betrachtet werden. Dagegen fanden sie, dafs Blut, obwohl es langsam geschieht, freies Kohlensäuregas absorbiren kann. Innerhalb 5 Tagen hatte das Blut sein $1\frac{1}{2}$ faches Volum Kohlensäuregas eingesogen, und diese Absorption nahm während der folgenden 10 Wochen so zu, dafs sie nun bei + das 1,36 Volum vom Blute betrug. Da dieses ist, als was von dem Blutwasser hätte aufgenommen werden können, so ist sehr einleuchtend, dafs die erste Absorption (1,2) von einem Theil eines kohlensauren Alkali's herrührt; die letztere hat vermuthlich gleichzeitig mit der A dung statt gefunden. Um zu erkennen, ob das Alkali im Blute mit Kohlensäure verbunden sei, wiederholten sie die Versuche mit dem Blute im leeren Raume. Die eine Hälfte mischten sie mit Essigsäure, die vorher durch Kochen von aller Luft befreit worden war, und die andere wandten sie geradezu an. Aus der ersten entwickelten sich beim Auspumpen der Luft eine Menge von Blasen,

Die höchst wichtige Entdeckung von Dumas und Prevost (Jahresb. 1824., p. 202.), daſs man, wenn einem Thiere die Nieren weggeschnitten werden, ohne daſs das Thier dadurch getödtet wird, nach einigen Tagen im Blute Harnstoff findet, ist seitdem von keinem Physiologen factisch geprüft worden. Diese verdienstvolle Arbeit haben Gmelin und Tiedemann *) nun vorgenommen, und dabei die Richtigkeit von Dumas's und Prevost's Angabe vollkommen dargethan. Dagegen glückte es ihnen auf keine Weise, weder Harnstoff in dem Blute eines gesunden Hundes, noch Milchzucker in dem Blute einer milchgebenden Kuh aufzufinden, obwohl sie fanden, daſs $\frac{4}{10}$ Procent Harnstoff und 1 Procent Milchzucker mit Leichtigkeit entdeckt werden könnten, auch wenn man nur eine sehr geringe Menge Blut zur Untersuchung anwenden kann.

Harnstoff im Blute.

Hermann **) hat aufs Neue seine in den vorhergehenden Jahresberichten angeführte Meinung, daſs das venöse Blut das Lackmus röthet, zu vertheidigen gesucht. Diesesmal sucht er zu zeigen, daſs diese saure Reaction von freier Kohlensäure im Blute herrühre, und daſs das Serum sanguinis die Eigenschaft besitze, damit vermischte Lackmustinktur zu röthen, aber geröthetes Lackmuspapier blau zu färben.

Saure Reaction des Bluts.

Hegewisch ***) hat gefunden, daſs der mit venösem Blute vermischte Zucker dieselbe Eigenschaft habe wie einige neutrale Salze, die hochro-

Wirkung des Zuckers auf venöses Blut.

*) Poggend. Annal. XXXI. 303.

**) A. a. O. pag. 311.

***) Privatim mitgetheilt.

diese Weise fanden sie, dafs 10,000 Theile arterielles Blut 8,3 Theile Kohlensäure, und dieselbe Menge venöses Blut aber 12,3 oder 1½ mal so viel enthielt.

Was diese Theorie über die Bildung der Essigsäure in den Lungen anbetrifft, so kann sie wohl weder bestritten, noch als richtig angenommen werden. In Rücksicht auf den verschiedenen Kohlensäuregehalt im arteriellen und venösen Blute, so dürfte er noch durch fernere Versuche darzulegen sein. Die erhaltenen Mengen sind im Verhältnifs zum Blute zu geringe, als dafs nicht Beobachtungsfehler leicht einen Irrthum veranlafst haben könnten, wenn man nicht bei dem Blute von verschiedenen Individuen eine grofse Anzahl von Versuchen hat, deren Resultate dasselbe Verhältnifs ergeben. Der Unterschied im Kohlensäuregehalt, welcher auch zu Gunsten der nun angeführten Theorie spricht, kann jedoch auch andere Ursachen haben. Da man weifs, dafs die Flüssigkeiten in dem Muskelfleische, welche einen so grofsen Theil von den im Körper befindlichen Liquidis ausmachen, so viel Milchsäure enthalten, dafs sie auf Lackmuspapier stark sauer reagiren, und diese freie Säure als durch Excretion hineingekommen betrachtet werden kann, so erkennt man hinreichend, woher diese Säure in die Excretionen gekommen sein kann, ohne dafs es für die Bildung derselben der Annahme einer neuen Quelle bedarf. Gmelin und Tiedemann reden vorzüglich über die Bildung der Essigsäure; ein Umstand, der vorzüglich davon herrühren mufs, dafs ihre Abhandlung früher geschrieben worden ist, als die widersprechenden Meinungen über die Essigsäure und Milchsäure bei den thierischen Lebensprocessen durch neuere Versuche entschieden waren.

Die höchst wichtige Entdeckung von Dumas und Prevost (Jahresb. 1824., p. 202.), dafs man, wenn einem Thiere die Nieren weggeschnitten werden, ohne dafs das Thier dadurch getödtet wird, nach einigen Tagen im Blute Harnstoff findet, ist seitdem von keinem Physiologen factisch geprüft worden. Diese verdienstvolle Arbeit haben Gmelin und Tiedemann *) nun vorgenommen, und dabei die Richtigkeit von Dumas's und Prevost's Angabe vollkommen dargethan. Dagegen glückte es ihnen auf keine Weise, weder Harnstoff in dem Blute eines gesunden Hundes, noch Milchzucker in dem Blute einer milchgebenden Kuh aufzufinden, obwohl sie fanden, dafs $\frac{1}{20}$ Procent Harnstoff und 1 Procent Milchzucker mit Leichtigkeit entdeckt werden konnten, auch wenn man nur eine sehr geringe Menge Blut zur Untersuchung anwenden kann.

Harnstoff im Blute.

Hermann **) hat auf's Neue seine in den vorhergehenden Jahresberichten angeführte Meinung, dafs das venöse Blut das Lackmus röthet, zu vertheidigen gesucht. Diesesmal sucht er zu zeigen, dafs diese saure Reaction von freier Kohlensäure im Blute herrühre, und dafs das Serum sanguinis die Eigenschaft besitze, damit vermischte Lackmustinktur zu röthen, aber geröthetes Lackmuspapier blau zu färben.

Saure Reaction des Bluts.

Hegewisch ***) hat gefunden, dafs der mit venösem Blute vermischte Zucker dieselbe Eigenschaft habe wie einige neutrale Salze, die hochro-

Wirkung des Zuckers auf venöses Blut.

*) Poggend. Annal. XXXI. 303.

**) A. a. O. pag. 311.

***) Privatim mitgetheilt.

rischen Wärme, welche auf der ganzen Oberfläche des Thieres abnimmt, und es zeigt sich ein Zusammenhang zwischen der Wärme und dem Athmen.

4) Mangel an Stickstoff in den Nahrungsmitteln wird nicht durch irgend eine Absorption desselben aus der Luft ersetzt.

Magensaft. Verschiedene für die Physiologie des Verdauungsprozesses sehr wichtige Untersuchungen sind von Beaumont *) angestellt worden. Ein junger Mann in Canada hatte durch einen Unglücksfall mit einem Schiefsgewehr in der regio epigastrica einen Schaden erhalten, welcher endlich geheilt wurde, aber in der Art, dafs eine Oeffnung, welche direct in den Magen ging, hinterblieb. Diesen Zufall, wovon wir vorher schon Beispiele hatten, benutzte Beaumont, eine Menge Versuche über die verschiedene Leichtlöslichkeit verschiedener Nahrungsmittel in dem Magensafte anzustellen. Das Gesammtresultat, was Beaumont aus seinen 7 Jahre hindurch fortgesetzten Versuchen gezogen hat, kann in Folgendem zusammengefafst werden: Der Magensaft ist ein directes chemisches Lösungsmittel für Nahrungsstoffe. Thierstoffe werden leichter als Pflanzenstoffe verdaut; mehlige Pflanzenstoffe leichter als andere; vorher aufgeweichte Substanzen werden leichter aufgelöst, als nicht aufgeweichte. Der Einflufs des Magens und seiner Flüssigkeiten ist auf alle Nahrungsstoffe derselbe; die Leichtverdaulichkeit eines Nahrungsmittels beruht nicht auf der Menge seiner nährenden Theile; das Volum der Nahrungsmittel ist für die Verdauung eben so nothwendig

*) Neue Versuche und Beobachtungen über den Magensaft und die Physiologie der Verdauung von Dr. W. Beaumont. Leipzig 1834.

wie die ernährende Eigenschaft derselben; man verzehrt oft mehr Nahrungsstoffe, als der Magensaft aufzulösen vermag, daraus entsteht dann ein Uebelbefinden. Oel und Fett werden schwierig assimilirt; die Verdauung erfolgt gewöhnlich 3 bis 3½ Stunden nach der Mahlzeit, aber der Zustand des Magens und die Menge der Speisen bedingen Verschiedenheiten; die Nahrungsstoffe, welche direct in den Magen gebracht waren, wurden eben sowohl verdaut, als wenn sie gekaut und dann verschluckt worden wären. Eiweißstoff und Milch werden zuförderst vom Magensafte coagulirt, und hierauf das Coagulum darin aufgelöst. Die Lösung in dem Magensafte (Chymus) ist homogen, varirt aber in Betreff der Consistenz und Farbe; sie wird am Ende der Verdauung dünner, und geht dann schneller aus dem Magen. Wasser und spirituöse Getränke, überhaupt Flüssigkeiten, gehen sogleich aus dem Magen, ohne vom Magensafte verändert worden zu sein. Die Temperatur im Magen ist während des Verdauungsprozesses + 38°,5, das Minimum ist + 37°,7 und das Maximum + 39°,4. In der Gegend des Pylorus ist der Magen um 0,4 eines Grades wärmer als in den übrigen Theilen. Bei diesen Versuchen muß bemerkt werden, daß die durch den Magensaft erhaltenen Auflösungen der Nahrungsmittel niemals auf ihre Natur untersucht, sondern nur durchs Ansehen beurtheilt worden sind. Für eine solche ausführliche chemische Untersuchung besaß Beaumont nicht hinreichende chemische Kenntnisse. Das eigentlich Neue, was auf diesem Wege hervorgesucht werden kann, besteht jedoch in der Untersuchung der chemischen Natur dieser Lösungen, mit besonderer Berücksichtigung auf das, was dabei ungelöst bleibt, und auf die katalytischen Veränderungen, welche vielleicht mit den aufgelösten Substanzen vorgehen können.

Bei einigen von Dunglison und Silliman angestellten analytischen Versuchen mit dem oben angeführten Magensafte wird bestätigt, was wir bereits schon aus Prout's Versuchen wufsten, dafs nämlich der Magensaft sehr viele freie Salzsäure enthält. Das Wasser, welches bei Dunglison's Versuche davon abdestillirt worden war, wurde durch salpetersaures Silberoxyd käsig gefällt. Aufserdem gibt Dunglison an, der Magensaft enthalte Essigsäure, Salze von Kali, Natron, Kalkerde und Talkerde, eine thierische, in kochendem Wasser unlösliche Substanz, und eine andere, in kaltem Wasser lösliche thierische Substanz.

Professor Silliman hat auch mir eine Flasche, welche 260 Grammen dieses Magensaftes enthielt, mit der Bitte zugesandt, dafs ich ihn analysiren möge. Der Magensaft war im April von New-Haven abgegangen, kam aber erst im August 1834 nach Stockholm, und hatte den Weg in einem ungewöhnlich heifsen Sommer gemacht. Er war jedoch bei der Ankunft klar, ohne allen Geruch und reagirte stark auf freie Säure. Bei einer angefangenen Analyse desselben sah ich indessen bald die Unmöglichkeit ein, die darin enthaltenen unbekannten Substanzen, sowohl organischer wie unorganischer Natur, in einer so geringen Menge aufzusuchen und quantitativ zu bestimmen, indem, wenn ein Fehler begangen würde, kein neuer Magensaft mehr erhalten werden konnte. Die Untersuchung wurde daher deswegen unterbrochen, weil sich die Unmöglichkeit zeigte, sie vollbringen zu können. 100 Theile davon, im luftleeren Raum über Schwefelsäure verdunstet, hinterliefsen 1,269 Theile festen

Rückständen, welche aus Kochsalzkrystallen bestanden, die mit einer eingetrockneten graubraunen Substanz untermischt waren.

O. Rees *) hat angegeben, dafs er in den Salzen, welche aus den Nebennieren (capsulae suprarenales) erhalten werden, Titansäure gefunden habe. Aus den Versuchen, welche er zur Erkennung der Titansäure angestellt hat, scheint es deutlich hervorzugehen, dafs er diesen Mineralkörper unter den Händen gehabt habe. Das Auftreten desselben in der thierischen Oeconomie auf eine andere Art, als eine blofse Folge des Zufalls, ist jedoch so wenig wahrscheinlich, dafs man es durch neue Untersuchungen wohl kaum bestätigt erwarten wird.

Titan in den capsulae suprarenales.

Bei einer Untersuchung des Hammeltalgs glückte es Lecanu **), daraus ein festeres und schwerer schmelzbares Fett, als was Chevreul Stearin genannt hat, abzuscheiden. Ich erinnere dabei an die Angabe, welche sich in den älteren Arbeiten des Letztgenannten findet, dafs er nämlich die Fette im Allgemeinen aus Elain und Stearin zusammengesetzt fand, oder aus einem ölähnlichen und einem talgähnlichen Fett, welche bei der Saponification in Oelzucker und Oelsäure und Margarinsäure verwandelt werden; aber bei der Untersuchung des Hammeltalgs fand er noch eine dritte Säure, welche er Stearinsäure genannt hat. Lecanu's Entdeckung besteht nun darin, dafs er das Fett, welches zur Bildung dieser Säure Veranlassung gibt, gefunden hat. Um das aus dem Hammeltalg auszuscheiden, was Lecanu Stearin nennt, befolgt man

Lecanu's Untersuchung des Hammeltalgs.

*) L. and E. Phil. Mag. V. 398.

**) Annales de Ch. et de Ph. LV. 192.

folgende Methode: Man schmilzt in einer Flasche mit weitem Halse im Wasserbade 100 Grammen Hammeltalg, und nimmt es, sobald es geschmolzen ist, aus dem Wasserbade, mischt ein gleiches Gewicht Aether hinzu, verschliefst die Oeffnung, und schüttelt es damit wohl durch; setzt aufs Neue gleich viel Aether hinzu und schüttelt damit, und wiederholt dieses so oft, bis die Lösung nach völliger Abkühlung die Consistenz von Schmalz hat. Diese Lösung in Aether enthält nun Elaïn und Chevreul's Stearin, dessen breiartige Beschaffenheit von dem darin ungelösten neuen Stearin herkömmt. Man prefst sie jetzt in Leinwand mit den Händen aus; was dabei zurückbleibt, breitet man dünn auf mehrfach zusammengelegtes Fliefspapier aus, und prefst es vollständig in einer stärkeren Presse. Dies ist nun das, was Lecanu Stearin nennt. Es macht $\frac{1}{4}$ vom Gewichte des Hammeltalgs aus.

Um das Stearin vollständig von den zugleich im Aether aufgenommenen Substanzen zu reinigen, wird es noch ein Paar Mal in kochendem Aether aufgelöst und damit krystallisirt. Diese Krystalle sind vollkommen rein, wenn die verdunstete Mutterlauge beim Verdunsten einen Rückstand gibt, der bei +62° schmilzt. Das durch Pressen erhaltene schmilzt bei +53° bis 54°,5.

Das reine Stearin besitzt folgende Eigenschaften: Es bildet eine Masse von perlmutterglänzenden Blättchen, ähnlich wie Stearinsäure. Es schmilzt bei +62° und erstarrt beim Erkalten zu einer nicht krystallinischen, halb durchscheinenden Masse, die weissem Wachs gleicht, aber spröder ist und sich leicht zu Pulver zerreiben läfst. Bei der trocknen Destillation geht es wenig gefärbt über, und das hauptsächlichste Destillationsproduct ist Talgsäure.

Acide stearique. Alkohol von gewöhnlicher Stärke löst das Stearin nicht, und 97procentiger Alkohol nimmt es nur beim Kochen auf, worauf beim Abkühlen fast alles wieder in schneeweifsen Flocken herausfällt. Kochender Aether löst es in reichlicher Menge auf, aber beim Abkühlen bis zu +15° bleibt darin nicht mehr als $\frac{1}{125}$ von seinem Gewichte aufgelöst. Kali verwandelt das Stearin zu einer in Alkohol und Wasser löslichen Seife, und dabei bildet sich weiter nichts, als wasserhaltiger Oelzucker und Talgsäure; die letztere macht im wasserhaltigen Zustande =0,9866, und der erstere 8 Procent vom Gewichte des Stearins aus. Diese Talgsäure hat alle die von Chevreul angegebenen Eigenschaften, mit dem einzigen Unterschiede, dafs, während Chevreul den Schmelzpunkt der von ihm beschriebenen Talgsäure bei +70° fand, Lecanu ihn bei der so erhaltenen nicht höher als +64° fand. Durch Verbrennungsversuche fand er das Stearin so zusammengesetzt:

	Gefunden.	Atome.	Berechnet.
Kohlenstoff	78,029	73	78,02
Wasserstoff	12,387	140	12,20
Sauerstoff	9,584	7	9,78.

Dieses Verhältnifs stimmt überein mit

1 Atom Talgsäure	70C+134H+5O
1 Atom Oelzucker	3C+ 6H+2O
	73C+140H+7O;

woraus folgt, dafs bei der Verseifung durchaus nichts anderes vorgehen mufs, als dafs die Talgsäure sich mit der Base, und der Oelzucker mit 1 Atom Wasser zu wasserhaltigem Oelzucker vereinigt. — Diese Ansicht befestigt im hohen Grade die schon lange vorher von Chevreul aufgestellte

Meinung, dafs die Zusammensetzung der Oele den Aetherarten analog sein könne, und dafs sie Verbindungen von wasserfreien Fettsäuren mit ebenfalls wasserfreiem Oelzucker sein möchten. Lecanu sucht es dabei wahrscheinlich zu machen, dafs alle Fettsäuren, sowohl die feuerbeständigen wie die flüchtigen, mit Oelzucker eigne Arten von Fett bilden könnten, so dafs, wenn es z. B. nicht absolut glückt, ein Elain zu erhalten, welches nur in Oelsäure und Oelzucker, ohne Einmischung von Margarinsäure, zersetzt werde, oder ein Butyrin, welches blofs Buttersäure und Oelzucker liefert, die Ursache davon darin liege, dafs es uns an chemischen Mitteln fehlt, um sie vollkommen von andern beigemischten besonderen Fetten zu scheiden. Uebrigens hält Lecanu das Stearin für einen Mengungstheil der meisten thierischen Fettarten. Vielleicht wird es noch einmal in dem Pflanzenreiche gefunden, in welcher Beziehung er das feste Fett der Muskatennüsse als ein mögliches Beispiel heraushebt.

Was Chevreul Stearin genannt hat, enthält das nun Angeführte in Verbindung mit einem andern festen Fette, welches Lecanu Margarin zu nennen vorschlägt. Dieses Fett ist neben Elain in der abgeprefsten Aetherlösung enthalten, woraus es durch Verdunstung, bei welcher es sich absetzt, erhalten, und durch Auspressen von flüssigen Theilen befreit wird. Man kann es dann so erhalten, dafs sein Schmelzpunkt bei +47° bis 48° fällt. Bei der Verseifung beobachtete Lecanu jedoch nur Bildung von Talgsäure, aber nicht Margarinsäure. Er erklärt aber, dafs er dieses feste Fett zu wenig untersucht habe.

J. Müller und Magnus [1]) haben die Flüssigkeit untersucht, welche sie nach dem Tode in der Harnblase einer Landschildkröte, Testudo nigra, fanden. Beide fanden darin sehr viel Harnsäure, keine Harnbenzoësäure, und sehr wenig, aber sicher erkannten Harnstoff. Harn von Schildkröten.

Die Harnsäure ist aufs Neue sowohl von Liebig [2]), als auch von Mitscherlich [3]) analysirt worden. Die erhaltenen Resultate sind: Analyse der Harnsäure.

	Liebig.	Mitscherlich.	At.	Berechn.
Kohlenstoff	36,083	35,82	5	36,00
Wasserstoff	2,441	2,38	4	2,36
Stickstoff	33,361	34,60	4	33,37
Sauerstoff	28,126	27,20	3	28,27.

Das Atom derselben wiegt danach =1061,216. Die bisher für neutral gehaltenen harnsauren Salze würden nach diesem Atomgewichte saure Salze sein. Es ist also sehr wahrscheinlich, dafs das Atom der Säure doppelt so grofs ist $=C^{10}H^{8}N^{8}O^{6}$.

Die Harnbenzoësäure, Liebig's Hippursäure, ist von Liebig [4]), Mitscherlich [5]) und Dumas [6]) mit folgenden Resultaten analysirt worden:

	Liebig.	Mitscherl.	Dumas.	Atome.	Berechn.
Kohlenstoff	60,742	60,63	60,5	18	60,76
Wasserstoff	4,959	4,98	4,9	18	4,92
Stickstoff	7,816	7,90	7,7	2	7,82
Sauerstoff	26,483	26,49	26,9	6	26,50.

1) Archiv für Anatomie, Physiologie und wissensch. Medic. v. Müller, I. 244.

2) Annal. der Pharm. X. 47.

3) Poggend. Annal. XXXIII. 335.

4) Annal. der Pharm. XII. 20.

5) Poggend. Annal. XXXIII. 335.

6) Annales de Ch. et de Ph. LVII. 327.

In diesem Falle kann diese Säure zusammengesetzt betrachtet werden aus

1 Atom Benzoësäure	14C+10H	+3O
1 Atom eines Körpers	=4C+ 8H+2N+3O	
	18C+18H+2N+6O.	

Das Atom derselben wiegt 2266,8. Dumas bemerkt, dafs die Harnbenzoësäure durch unterchlorigsaure Salze in Benzoësäure, und, aller Wahrscheinlichkeit nach, in Ameisensäure und Ammoniak zersetzt werde. Daher seiner Meinung nach die Anwendung von Chlorkalk zur Reinigung eine Beimischung von neugebildeter Benzoësäure herbeiführt. Auch gibt er an, dafs, wenn der Harn von Rindvieh etwas rasch verdunstet werde, diese Säure sich in Benzoësäure verwandelt, welche dann das sei, was daraus durch Salzsäure gefällt würde, und vermuthet daraus, dafs Fourcroy und Vauquelin bei ihren analytischen Versuchen vielleicht Benzoësäure und nicht Harnbenzoësäure auf diese Weise erhalten hätten. Welchen Grad von Zuverlässigkeit diese letztere Verwandlung der Harnbenzoësäure haben kann, mag eine künftige Erfahrung entscheiden.

Nach Moschus riechende Substanz im Harn.

Chevallier *) hat einige Fälle erzählt, wo der Harn nach Moschus roch, welcher Geruch von diesen Flüssigkeiten noch lange zu erkennen war, wenn bereits der urinöse Geruch verschwunden war. Eine besondere Substanz, von welcher dieser Geruch hergeleitet werden könnte, ist nicht gefunden worden.

Ausbrüten

Schwann **) hat über das Ausbrüten des

*) Journ. de Ch. medic. X. 151.

**) Archiv für Anatomie, Physiologie u. s. w. von Müller, I. 121.

Eier in sauerstofffreien Gasarten, z. B. in Wasserstoffgas, Stickstoffgas, Kohlensäure und im luftleeren Raume Versuche angestellt. Aus diesen Versuchen, deren Resultate mehr dem Gebiete der eigentlichen Physiologie angehören, hat es sich gezeigt, dafs der Anfang der Ausbrütung 24 Stunden lang im Wasserstoffgas, Stickstoffgas, selbst im luftleeren Raume statt findet, und die Fortsetzung derselben hierauf in der Luft erfolgt. Nach 30 Stunden ist es nicht mehr möglich, die Lebenserscheinungen hervorzurufen. Während dessen fahren sie fort, Kohlensäuregas zu entwickeln.

Verhältnifs zwischen der Kalkerde der Eier und der Kalkerde neu ausgebrüteter Junge.

Im Jahresbericht 1825, p. 239., erwähnte ich Versuche von Prout *), welche zum Endzweck hatten, zu erforschen, woher die Knochenerde in die Knochen des neu ausgebrüteten Küchleins kommen möchte, wobei Prout in den Eiern keine entsprechende Menge von Kalkerde entdekken konnte, welcher Umstand ihn zu dem Schlufs führte, dafs sie vielleicht durch den Lebensprozefs gebildet werde. Lassaigne hat dieselben Versuche wiederholt, wiewohl mit weit weniger Sorgfalt, und ist dabei zu demselben Resultat gekommen, dafs nämlich die neu ausgebrüteten Küchlein weit mehr phosphorsauren Kalk enthalten, als die Eier, die Schalen abgerechnet, von welchen beide vermuthen, dafs sie zum Gebrauch für die Jungen keine Kalkerde abgeben. Aber gerade in dem Mangel [...] Untersuchung und Bestätigung dieses vorausge[...] [...]hältnisses, welches wahrscheinlich un[...] [...] die Unvollkommenheiten dieser [...] die Kalkerde der Eierscha[...] [...] durch die Flüssigke[...]

der Eier zugeführt werden kann, so ist das Räthsel auf eine sehr einfache Weise aufgelöst. Dieses letztere Verhältnifs ist gewifs nicht im Geringsten mehr unwahrscheinlich, als das constatirte Factum, dafs das Wasser, worin Eier gekocht worden sind, so viel kohlensauren Kalk aufgelöst enthält, dafs es nach dem Verdunsten einen pulverförmigen Ueberzug hinterläfst, welcher hauptsächlich daraus besteht.

Bizio *) gibt über den Farbstoff der Purpurschnecke (Murex brandaris) an, dafs er eine secernirte Flüssigkeit sei, deren Bereitung einem eigenen Organe angehöre. Es ist derselbe ein farbloses Liquidum, welches sich, wenn es in der Luft dem zerstreuten Tageslichte ausgesetzt wird, zuerst citronengelb, hierauf hellgrün, smaragdgrün, himmelblau, roth und am Ende, nach 48 Stunden, schön purpurroth färbt. Diese Veränderungen durchläuft es jedoch nur, sofern es nicht Gelegenheit hat auszutrocknen; legt man es z. B. auf Fliefspapier, welches die Feuchtigkeit mit Hinterlassung von Schleim einsaugt, so gehen die Farbenveränderungen nicht eher vor, bis der Schleim durch neues Wasser wieder aufgequollen ist. Im Dunkeln geschieht diese Farbenveränderung nicht, und sie geht schneller im zerstreuten Tageslichte, als im Sonnenscheine vor.

Nach dem Trocknen ist die Purpurfarbe schwarz, beinahe wie getrocknetes Blut. Das Pulver derselben ist hochroth gefärbt. Es riecht im Anfange nach Asa foetida. Die Purpurfarbe ist unlöslich in Wasser, Alkohol, Aether, Ammoniak und kaustischen Alkalien. Wird sie mit Kalihydrat gekocht, so zieht dasselbe eine schleimige Substanz und einen gelblichen Körper aus, aber der Farbstoff bleibt

---

*) Journ. de Ch. med. X. 99.

angelöst. Verdünnte Mineralsäuren verändern dieselbe auch nicht. Nur Salpetersäure färbt sie scharlachroth. Concentrirte Schwefelsäure läfst die Farbe mit allem ihren Glanze zurück, zieht aber fremde Körper aus, wobei es im Anfange aussieht, als wäre der Farbstoff zerstört. Concentrirte Salpetersäure verwandelt die Farbe in Goldgelb. Chlor zerstört und bleicht sie.

Uebrigens glaubt Bizio einen geringen Kupfergehalt in der Purpurschnecke gefunden zu haben.

Krebssteine.

Dulk *) hat die Krebssteine analysirt und darin gefunden: Im Wasser lösliche thierische Substanzen 11,43, eine knorpelartige Substanz 4,33, phosphorsaure Talkerde 1,30, basisch phosphorsaure Kalkerde 17,30, kohlensaure Kalkerde 63,16, kohlensaures Natron 1,41, und Verlust 1,07.

Derselbe Chemiker **) hat auch die Contenta des Magens eines Krebses untersucht, worin er eine freie Säure fand, welche er als Salzsäure erkannte.

Analyse der Käfer.

Hornung und Bley ***) haben den Carabus Auratus und den Scarabaeus nasicornis untersucht. In Betreff der Resultate dieser Analysen mufs ich auf die Abhandlung verweisen. Sie macht uns mit keinen den Insecten angehörigen besonderen Substanzen bekannt. Freie Ameisensäure fanden sie in beiden, und in dem Carabus ein flüchtiges Oel, welches die Ursache seines Geruchs ist.

Krankheits-Producte. Concretion in einem Menschenauge.

Wurzer †) hat eine in den Augen eines erblindeten Mannes gebildete Concretion analysirt. Sie enthält: Klares butterartiges Fett 11,9, lösliche

*) Journ. für pract. Ch. III. 309.

**) A. a. O. pag. 313.

***) A. a. O. pag. 289.

†) A. a. O. pag. 38.

thierische Substanz und Kochsalz 5,9, phosphorsaure Kalkerde in Verbindung mit einer thierischen Substanz 3,0, Schleim 20,3, phosphorsaure Kalkerde 44,9, kohlensaure Kalkerde 8,4, kohlensaure Talkerde 1,1, Eisenoxyd 0,9, Wasser 3,0 und Verlust 0,6.

Gallensteine. Bley *) hat Gallensteine untersucht, welche in einer breiartigen Masse schwammen. Die Gallensteine bestanden aus: Gallensteinfett 80,0, phosphorsaure Kalkerde 1,3, phosphorsaure Ammoniak-Talkerde 1,0, Kieselerde 0,5, Manganoxyd 0,3, Wasser 13,2. Die breiförmige Flüssigkeit war Speichelstoff (?!) mit phosphorsaurem und schwefelsaurem Kali, worin eine Varietät von Faserstoff (?) und ein gelbliches Fett schwamm.

Concretion in einer Balggeschwulst bei einem Pferde. Brandes **) hat den Inhalt von einem Tumor cysticus auf der Backe eines Pferdes untersucht. Er fand als Bestandtheile: kohlensaure Kalkerde 86,5, kohlensaure Talkerde 0,90, phosphorsaure Kalkerde (eisenhaltig) 5,70, eine im Wasser nicht lösliche schleimige Substanz 3,9, Wasser 2,5 und Verlust 0,55.

---

*) Journ. für pract. Ch. I. 115.

**) Annal. der Pharm. X. 229.

Geologie.

Eine der wichtigsten Fragen in der Geologie, welche die Basis der Theorie dieser Wissenschaft ist, ist die Verschiedenheit der Temperatur, welche die Erde in den verschiedenen Perioden ihres Daseins gehabt haben kann. Neuere Untersuchungen schienen es aufser allem Zweifel zu setzen, dafs die Erde einmal im glühenden Flufs, und ein selbst leuchtender Himmelskörper gewesen sei, welcher allmälig sein eigenes Licht verloren habe, und dessen früher flüssige Oberfläche erstarrt sei. Ueber diese Verhältnisse hat Arago *) eine auf astronomische und pflanzengeographische Principe fufsende Untersuchung mitgetheilt, welche in Rücksicht auf ihre Gründlichkeit, Klarheit und Beweisungskraft sicherlich wenige ihres Gleichen hat. Ich will in der Kürze die Punkte anführen, welche er darzulegen sucht: 1) Im Anfange der Dinge war die Erde wahrscheinlich glühend, und sie enthält im Innern noch eine bedeutende Menge von ihrer ursprünglichen Wärme, und 2) die Erde war damals im flüssigen Zustande. Diese beiden Punkte werden aus ihrer Applattung an den Polen bewiesen, gerade so, wie es sich verhalten würde, wenn ein flüssiger Körper vom specifischen Gewichte der Erdmasse und mit der, der Erde angehörigen Umdrehungsgeschwindigkeit um seine Axe rotiren würde. Wäre die Erde vor Beginn der Rotation ein fester

Temperatur der Erdkugel.

*) Ed. New Phil. Journ. XVI. 205.

Körper gewesen, so würde sie ihre vorher angenommene Gestalt behalten haben. Aber sie kann nach der neptunischen Behauptung in der Art flüssig gewesen sein, daſs sie ein breiförmiges Gemisch von festen Theilen und Wasser war, welches sich hierauf in Meer und festen Kern trennte. Nichts ist jedoch leichter, als zu ermitteln, ob es so gewesen sei. Die Temperatur der Erde würde damals niedriger gewesen sein, und müſste, wenn die Temperaturveränderungen auf der Erdoberfläche bloſs von der Sonne herrührten, in einer gewissen Tiefe, wohin der Einfluſs des Sonnenlichtes nicht mehr statt findet, und welcher für verschiedene Klimaten verschieden ist, unveränderlich sein, und fortfahren so zu sein, wenigstens für eine sehr lange Strecke des Radius der Erde. Nun trifft es sich wohl, daſs eine solche Stelle, deren Temperatur unveränderlich ist, überall gefunden wird, aber unter dieser Stelle befindet sich die Temperatur in steter Zunahme, was nicht mit den neptunischen Ansichten übereinstimmt, aber wohl eine nothwendige Folge von der sogenannten plutonischen Theorie ist. 3) die Bestimmung, wie viele Jahrhunderte hindurch die Temperatur der Erde im Abnehmen begriffen gewesen ist, muſs künftigen Zeiten vorbehalten bleiben. Aber man kann 4) durch eine von der Bahn des Mondes abgeleitete Demonstration bestimmen, daſs in den letzt verflossenen 2000 Jahren die Mitteltemperatur der Erde nicht um $\frac{1}{10}$ Grad der hundertheiligen Scala variirt habe. Arago zeigt hier, wie, als Folge der Verminderung des Durchmessers der Erde durch Temperaturabnahme, die Rotationsgeschwindigkeit der Erde vermehrt und mit derselben die Tag- und Nachtlänge verkürzt werden muſs, wodurch also diese Abkürzungen der letzteren ein

Maafs für die Abnahme der Temperatur werden kann. Aber zur Vergleichung der Tag- und Nachtlängen in einer entfernten Zeitepoche mit der Länge derselben in der gegenwärtigen Zeit, wird noch etwas mit beiden zu vergleichen erfordert, nämlich die Länge der Bahn des Mondes während eines astronomischen Tages, welche, wie man leicht einsieht, nicht auf der Rotation der Erde beruht. Vergleicht man dann den Bogen, welchen der Mond in einem astronomischen Tage, nach den, sowohl von griechischen Astronomen in Alexandrien, wie von den arabischen unter Calipherno, angestellten Beobachtungen durchlaufen hat, mit dem Bogen, welchen er jetzt noch in derselben Zeit durchläuft, so ist er *genau derselbe.* 5) Die ursprüngliche Temperatur, welche die Erde in einer bestimmten Tiefe noch beibehält, trägt auf keinerlei Weise dazu bei, die Temperatur auf der Oberfläche zu unterhalten oder zu bestimmen. Die Erdoberfläche, fügt er hinzu, welche im Anfange der Dinge wahrscheinlich weifsglühend war, hat sich im Verlauf der Zeiten so abgekühlt, dafs sie von ihrer ursprünglichen Temperatur keine Spur mehr behalten hat, ungeachtet sie in einer gewissen Tiefe noch aufserordentlich grofs sein mufs. Mit der Zeit wird ohne Zweifel die innere Temperatur viel verändert werden; auf der Erdoberfläche aber, und diese ist es nur, welche auf das Dasein lebender Geschöpfe Einflufs hat, sind die möglichen Veränderungen, auf Mitteltemperaturen reducirt, nur auf $\frac{1}{10}$ eines Thermometergrades. 6) Die Temperatur im Raume ist unveränderlich ungefähr —50°, höchstens —60°, und beruht auf der Radiation der leuchtenden Himmelskörper; mehrere derselben sind wohl verschwunden, andere zeigen deutliche Spuren von ihrem Erlöschen, andere nehmen in ihrem Glanze zu, aber dieses sind doch so seltene Fälle, dafs sie ohne Einflufs sind, und die Erdtemperatur bleibt daher unabhängig von der Temperatur im Raume. 7) Die Veränderungen, welche gewisse astronomische Elemente erleiden, können auf die Mitteltemperatur auch nicht einen bemerkbaren Einflufs haben, durch Veränderungen des Abstandes zwischen Sonne und Erde, je nachdem die Erdbahn in der Excentricität zu oder abnimmt, durch ungleiche Neigung der Erdaxe, u. s. w. 8) Die historischen Angaben über die klimatischen Verhältnisse verschiedener Stellen und Länder, sowohl der früheren wie der gegenwärtigen Zeit, bezeugen ebenfalls die Unveränderlichkeit der Erdtemperatur. Zu den schönen Beweisen dieses Satzes gehört Schouw's Bemerkung über das Zusammenfallen der südlichen Grenzen der Weintrauben mit den nördlichen der Dattelpalmen in Judäa zu Moses Zeiten, womit es sich jetzt noch eben so verhält. Arago führt noch viel mehr Beispiele dieser Art an; so ist z. B. die Grenze der Olivenbäume in Frankreich noch da, wo sie im Alterthume war, und er begleitet sie mit einem historischen Verzeichnisse über den Einflufs starker Winter im südlichen Europa vom Jahre 860 bis zum Jahre 1740, woraus hervorgeht, dafs das Klima früherhin nicht milder gewesen ist, und schliefst diese interessante Darstellung mit der Bemerkung, dafs, wenn in Frankreich einige Veränderungen bemerkt würden, diese darin bestehen, dafs die Winter weniger kalt, und die Sommer weniger heifs werden, gerade dieselbe Erfahrung, welche wir auch in Schweden gemacht zu haben glauben. Aber hierbei findet der Umstand statt, dafs die Mitteltemperatur, wenn sie nicht dieselbe ist, sich vielmehr ein wenig zu erhöhen scheint, jedoch nur um $\frac{1}{10}$ eines Grades in 50 Jahren, eine so geringe Menge, dafs sie fortgesetzten Beobachtungen zur Entscheidung überlassen bleiben mufs, ob es sich wirklich damit so verhält.

Temperatur der Quellen und Brunnen.

Spasky *) hat die Temperatur der Wasser untersucht, welche aus artesischen Brunnen von verschiedener Tiefe in der Nachbarschaft von Wien hervorspringen. Das Resultat davon ist die Zunahme der Temperatur des Wassers um 1 Grad Reaum. für jeden 85sten Fufs Wiener Maafs der zunehmenden Tiefe (=1 Grad der hunderttheiligen Scala auf 21 Meter).

Kupffer **) hat eine mathematische Formel mitgetheilt, um mittelst derselben die Mitteltemperatur eines Orts aus den verschiedenen Temperaturen ihrer Springquellen zu berechnen.

Temperatur in der Erdrinde.

Rudberg ***) hat auf Kosten der Akademie der Wissenschaften Beobachtungen angestellt über die Temperatur der oberen Erdrinde auf 1, 2 und 3 Fufs Tiefe, mittelst der für diesen Zweck eingerichteten und in den Hügel des Observatoriums eingesenkten Thermometer, indem er drei Mal täglich beobachtete. Aus diesen Beobachtungen ergab sich die Mitteltemperatur der Erdrinde in Stockholm zu +6°,61, und nach der Berechnung von allen drei Thermometern zeigte sich, dafs diese Temperatur bei Frühlings- und Herbsttagsgleiche unabhängig von der Tiefe, in welcher die Thermometer stehen, eintrifft. Die Mitteltemperatur der Luft ist nach den meteorologischen Beobachtungen, welche auf den

*) Poggend. Annal. XXXI. 365.

**) A. a. O. XXXII. 270.

***) A. a. O. XXXIII. 251.

Observatorien bereits seit längerer Zeit gemacht worden sind, +5°,7, also niedriger wie die Mitteltemperatur der Erdrinde.

Erhebung der Berge.

Elie de Beaumont's vortreffliche Theorie, über die Bildung der Berge und Thäler durch Erhebung in mehreren auf einander folgenden Perioden, fährt fort der Gegenstand für Forschungen und Prüfungen zu sein, und wird dadurch gewiß auch einmal zu demselben Grade von Zuverlässigkeit gebracht werden, wie die meisten anderen Theorien, die bloſs durch Induction errichtet werden können. Sehr gründliche Prüfungen derselben sind von Conybeare *) und Boué **) mitgetheilt worden. Auf diese vortrefflichen Abhandlungen kann ich jedoch nur hinweisen, indem ein Auszug daraus für Männer von Fach unzureichend, und für Dilettanten zu weitläufig sein würde.

Auch Greenough ***) hat sich über die Erhebung der Berge geäuſsert. Er verwirft alles, was von dem Vorhandensein einer höheren Temperatur im Inneren der Erde, die er mit Ausnahme der gewöhnlichen vulkanischen Erscheinungen für unerweiſslich und verwerflich hält, hergeleitet wird, indem er die Erhebungen von unbekannten, allmälig wirkenden Ursachen ableitet, zu welchen er als eine mögliche das Vorhandensein von groſsen, mit Wasser ausgefüllten Höhlungen rechnet, welche unter dem Drucke von Wasserzuströmungen aus hochliegenden Orten stehen, wodurch dieser Wasserdruck allmälig das in die Höhe treibt, was sich darüber

*) L. and E. Phil. Mag., mehrere Fortsetzungen in Vol. III. IV. und V.

**) Edinb. N. Phil. Journ. XVII. 133.

***) A. a. O. pag. 205.

befindet. Aus dieser Ursache glaubt er die Erhöhung der Küsten von Skandinavien herleiten zu können.

Die Brittische Association für die Fortschritte der Wissenschaften hat Untersuchungen veranstaltet, ob eine solche Veränderlichkeit des Niveau's zwischen dem Meere und der Küste in Großbritannien und Irland statt habe, wie wir sie längs den Küsten Skandinaviens noch vor sich gehend beobachten. Natürlicherweise konnten noch keine Resultate erhalten werden. Unterdessen hat einer der ausgezeichnetsten und eifrigsten Geologen Englands, Lyell, eine Reise nach Skandinavien gemacht, um sich selbst an Ort und Stelle von dem beobachteten Verhältniß zu überzeugen. Ich will hier den Schluß des von ihm an die vorerwähnte Association unterm 10ten September 1834 *) erstatteten mündlichen Berichts mittheilen. Er berichtet, daß er verschiedene Punkte der Ostseescheeren zwischen Stockholm und Gefle, und so auch zwischen Uddevalla und Götheborg besucht habe, weil diese Stellen von Celsius bei seinen älteren Beobachtungen über die Wasserverminderungen aufgeführt worden sind. Er fand, daß die von dem Obersten Brunkrona im Jahr 1820 ausgehauenen Zeichen bei Ruhe des Wassers mehrere Zolle über die Oberfläche des Wassers standen, welche sich nun mehrere Fuß unter den Zeichen befanden, die vor 70 bis 100 Jahren ausgehauen waren. Er erhielt damit übereinstimmende Resultate an den Küsten des atlantischen Meeres, wo außerdem die Einwohner noch immer in das einstimmten, was bereits Celsius angeführt hatte. Er fand Bestätigung der An-

*) Ed. New Phil. Journ. p. 395.

gabe von v. Buch, dafs mehr oder weniger hoch gelegene Muschellager sowohl auf der Ost-, als auch auf der Westseite auf dem Lande gefunden werden, mit Muscheln, deren Schnecken noch jetzt in diesem Wasser leben. Die fossilen Schnecken zwischen Stockholm und Gefle sind dieselben, welche jetzt in dem weniger salzigen Wasser der Ostsee leben, ausgezeichnet durch ihre Kleinheit im Verhältnifs zu denen, welche gefunden werden, wenn das Wasser seinen völligen Salzgehalt hat. Sie finden sich bis zu 5, 6 Meilen landeinwärts, zuweilen gegen 200 Fufs über dem Meere. Er sprach seine Ueberzeugung nun dahin aus, dafs gewisse Theile von Schweden einer allmälig erfolgten Erhebung, von 2 bis 3 Fufs aufs Jahrhundert, unterworfen gewesen wären, während andere mehr im Süden gelegene Stellen ihr Niveau nicht verändert zu haben scheinen.

Periodische Hebungen und Senkungen.

Auf dem Grund der Zeichen einer successiven Erhebung und Senkung unter die Oberfläche des Wassers, welche sich an dem bekannten Serapis-Tempel bei Puzzuoli zeigen, hat Babbage*) eine Idee über geologische Hebungen und Senkungen gebildet, welche durch diejenigen Hindernisse entstehen sollen, die sich an gewissen Stellen allmälig gegen die Mittheilung der inneren Erdwärme nach aufsen häufen, wodurch das Unterliegende nun eine höhere Temperatur erhält, ausgedehnt wird, und das hebt, was darüber liegt. Babbage's Theorie hierüber lautet etwa so: Zufolge der beständigen auf der Erdoberfläche vorgehenden Veränderungen müssen die Oberflächen, welche darunter befindliche Stellen von gleicher Temperatur bedecken, be-

*) L. and E. Phil. Mag. V. 215.

ständig ihre Form ändern, und dicke Erdlager an der Oberfläche ungleichen Temperaturen aussetzen, worauf die Ausdehnung, wenn sie ein hartes Gebirge ist, oder Contraction, wenn sie aus Lehmlagern besteht, Sprünge, Erhebungen und Senkungen veranlassen mufs. In Betreff dieser Hypothese kann jedoch die Erinnerung gemacht werden, dafs die Veränderungen auf der Erdoberfläche sich niemals wohl bis zu einer solchen Tiefe erstrecken können, dafs die innere Wärme der Erde auf irgend eine Weise darauf Einflufs haben könnte.

Successive Erzeugung von Verbindungen im Mineralreiche.

Becquerel *) hat auf künstlichem Wege einige im Wasser nicht lösliche krystallisirte Verbindungen, welche sich im Mineralreiche finden, nachzumachen gesucht, um dadurch einen Begriff zu erlangen, wie sie vielleicht in der Natur entstanden wären. Diese Versuche enthalten Verschiedenes von grofsem Interesse, sowohl für die geologische Bildungsweise, als auch für die Chemie. Im Allgemeinen gehen sie darauf hinaus, Doppelzersetzungen zwischen einem im Wasser unlöslichen und einem darin auflöslichen Salze zu bewirken, in der Voraussetzung, dafs das in den Rissen der Berge einfiltrirte Wasser Lösungen bildet, welche hierauf auf die damit in Berührung kommenden Zusammensetzungen unlöslicher Verbindungen Einflufs äufsern. So hat er z. B. eine Lösung von Kupferchlorid auf ein Stück Kreide einwirken lassen, wobei sich basisches Kupferchlorid in Krystallen an der Kreide absetzte. Die krystallisirten basischen Salze von schwefelsaurem und salpetersaurem Kupferoxyd hat er auf gleiche Weise erhalten. Die langsame Bildung ist hier die Ursache der Krystallisation. In

*) Annales de Ch. et de Ph. LIV. 155.

Betreff der übrigen Beispiele mufs ich auf die Abhandlung verweisen, worin sich die Bildung von phosphorsaurem Eisen, phosphorsaurem Kupfer, phosphorsaurer Kalkerde u. s. w. angegeben findet.

Gänge. Fournet *) hat die in den Bergen rings um Pontgibaud vorkommenden Gänge studirt. Obgleich diese, da sie gleichsam nur ein Localverhältnifs umfassen, sich nicht für den Zweck dieses kurzen Jahresberichts eignen möchten, so haben doch die Nachrichten, welche er geliefert hat, ein so allgemeines Interesse, dafs sie hier angeführt zu werden verdienen. Die Gegenden um Pontgibaud in der Auvergne haben zwei Arten von Gängen, wovon die eine deutlich von unten herauf mit Gebirgsarten ausgefüllt worden ist, die Silicate enthalten, welche im geschmolzenen Zustande ausgeflossen sind; die andere enthält aber von oben eingefallene eckige Stücke von Gebirgsarten, deren Zwischenräume mit Quarz, Schwefelkies, Arsenkies, Blende und Bleiglanz ausgefüllt worden sind. Die eingefallenen Gebirgsarten sind etwas verändert, und bestehen in Glimmerschiefer und Talkschiefer, worin der Talk und der Glimmer verwandelt sind, in eine graue abfärbende Masse, und aus Granit, dessen Feldspath in Kaolin übergegangen ist. Diese Gänge haben sich geöffnet oder vergröfsert in fünf verschiedenen Epochen; während der beiden ersten, wobei das hinzukommende Neue sich an die Seiten der vorher gebildeten Gangmassen abgelagert hat, hat dieselbe Gangmasse die Füllungen gebildet. — Fournet nimmt dabei an, dafs das, was die Zwischenräume der Gebirgsarten ausfüllt, von den aus dem

*) Annales de Ch. et de Ph. LIV. 155.

dem Innern herkommenden Quellwassern herrührt, aus welchen sich dasselbe abgesetzt hat. Inzwischen ist es doch immer schwer, auf diese Weise die Absetzung der Blende, des Bleiglanzes und des Mispickels einzusehen, obgleich gerne eingeräumt werden mufs, dafs solches aus einem plutonischen Gesichtspunkte nicht leichter begriffen wird. Nach dieser dritten Ausdehnung der Gangspalten kommt unter den eingestürzten Gebirgsarten nicht mehr Blende und Bleiglanz vor, sondern Lösungen von schwefelsaurer Baryterde oder Verbindungen, welche dieses Salz hervorgebracht haben, das sich mit den eingefallenen Gebirgsarten violett gefärbt hat, welche Farbe aber im kleinen Abstande davon wieder verschwindet. Nach dem vierten Aufbruch hat sich der leere Raum mit einem Gemenge der vorhergehenden Einfiltrirung ausgefüllt, und von aufsen kamen zähe, fette und mit Grus von der Gangmasse selbst vermischte Thone hinzu. Nach der fünften Epoche ist die Ausfüllung sehr mit den Hydraten von Eisenoxyd und Manganoxyd, mit freier Kieselerde und kohlensaurer Kalkerde untermischt worden. Fortgesetzte Untersuchungen von so beschaffenen Verhältnissen, wie diese, können für die Aufklärung der Ursachen der auf dem Erdball vorgegangenen geologischen Prozesse von grofsem Gewicht werden.

Granitgänge in tertiären Gebirgsarten.

Leonhard *) hat verschiedene Punkte untersucht, wo der Granit unwidersprechlich jüngerer Entstehung ist, als die tertiären, Petrefacten führenden Gebirgsarten, worin er Gänge bildet, die auf allen Seiten von eingefallenen Stücken, z. B. von Petrefacten führendem Kalk, umschlossen sind, wor-

*) N. Jahrb. für Min., Geogn. u. s. w. 1834. 2, 127.

aus folglich hervorzugehen scheint, dafs er, in einer späteren Epoche, wo dieser Kalkstein schon gebildet war, im flüssigen Zustande sich befunden habe. Dieses Verhältnifs ist nicht ganz neu. Die Abhandlungen der geologischen Gesellschaft in London haben einige Beispiele der Art schon vorher nachgewiesen, und Keilhau hat es an mehreren Stellen in Norwegen so gefunden; es ist indessen immer eine Sache von grofser Wichtigkeit, etwas von verschiedenen Naturforschern untersucht und bestätigt zu bekommen. Seitdem wir zu wissen glauben, dafs die innere Masse der Erde in glühendem Flufs sich befindet, wird sehr Vieles verstanden und naturgemäfs gefunden, was ohne diese Ansicht ganz unbegreiflich sein würde.

Petrefacten der Mark Brandenburg.

In den Feldern im nördlichen Deutschland, besonders in der Mark Brandenburg, werden nicht selten Petrefacten enthaltende Rollsteine oder Geschiebe von Uebergangsgebirgsarten gefunden. Die Petrefacten dieser Rollsteine sind mit vieler Sorgfalt in einer besonders herausgegebenen Schrift von Klöden *) beschrieben worden. Die aufgesammelten Rollsteine rührten vorzüglich aus der Umgegend von Berlin und Potsdam her. Diese Beschreibungen haben für die schwedischen Geologen ein um so viel höheres Interesse, da man in Deutschland lange der Meinung war, dafs wenigstens ein Theil derselben von Skandinavien dahin geführt worden sei, und sie vielleicht zeigen könnten, wohin die Massen von Uebergangsgebirgsarten gegangen sind, von denen wir deutlich sehen, dafs sie [illegible]

*) Die Versteinerungen der Mark Brandenburg, insonderheit diejenigen, welche sich in den Rollsteinen und Blöcken der Südbaltischen Ebene finden; von K. F. Klöden. Berlin 1834.

von Kinnekulle, Billingen, Mösseberg, Halle-, und Hunneberg u. s. w. losgerissen sein müssen, deren Uebergangslager möglicherweise bei ihrer ersten Bildung ein einziges Zusammenhängendes ausmachte. Da Klöden's Beschreibungen mit dem verglichen werden können, was wir jetzt noch bei uns antreffen; so kann diese Vermuthung dadurch Bestätigung oder Widerlegung erhalten. Was die Petrefacten selbst anbetrifft, so liegen sie aufserhalb der Grenzen meines Jahresberichts.

Fossile Menschenknochen sind postdiluvianisch.

In mehreren der vorhergehenden Jahresberichte habe ich anzuführen Gelegenheit gehabt, dafs Menschenknochen in solchen Grotten und Höhlen gefunden worden sind, in welchen zugleich Knochen von untergegangenen Thierarten vorkommen, woraus man zu dem Schlufs verleitet werden konnte, dafs die Menschen dieser Knochen mit diesen offenbar antediluvianischen Thierarten zugleich gelebt hätten. — Für eine solche Meinung haben sich Schlottheim, Marcel de Serres, Tournal und mehrere Andere ausgesprochen. Die Untersuchung dieser Frage, welche Cuvier sich vornahm, wurde durch den zu frühzeitigen Tod dieses ungewöhnlichen Mannes verhindert. Kürzlich hat jedoch Desnoyers *) eine solche Prüfung vorgenommen, deren Resultat deutlich das zu sein scheint, dafs diese Menschenknochen und die Kunstproducte, womit sie begleitet werden, von weit späterem Datum sind. Desnoyers hat nämlich seine Zuflucht zur Geschichte genommen, und gezeigt, dafs diese Höhlungen in den ältesten Zeiten theils von Menschen bewohnt, theils denselben im Kriege als Zufluchtsorte gedient haben. So sagt z. B. Florus, ein römi-

*) N. Edinb. Phil. Journ. XVI 302.

scher Geschichtschreiber: »Aquitani, callidum genus in speluncas se recipiebant, Caesar jussit includi,« und 600 Jahre später unter Carolus Magnus erzählen die Geschichtschreiber jener Zeit, dafs man mit bewaffneter Hand die Festen, Berge und Berghöhlen eingenommen habe, in welchen die Aquitanier Schutz gesucht hatten. Man kann es also als entschieden betrachten, dafs bis jetzt noch keine Menschenknochen gefunden worden sind, von denen mit einiger Sicherheit gesagt werden könnte, dafs sie der sogenannten antediluvianischen Periode angehörten.

Sättigung der unterirdischen Wasser mit Luft.

Bischoff *) hat eine sehr interessante Abhandlung über die Art mitgetheilt, wie die unterirdischen Wasser mit den Gasarten versehen werden, womit sie zu Tage kommen. Es kann dieses auf eine der drei folgenden Weisen geschehen:

1) Die Meteorwasser sickern durch poröse Lagen von Steinen oder Erde, bis sie auf undurchdringliche stofsen. Führen sie nun die letztgenannten bis zu Tage, so kommen sie daraus in Gestalt von Quellen und mit ihrem ursprünglichen Gehalt an Luft hervor.

2) Die Meteorwasser dringen durch mehr oder weniger tiefe Gebirgsspalten hinab ins Innere der Erde, füllen alle Spalten, welche damit in Verbindung stehen, aus, und wenn sie diese auf einer oder mehreren Stellen zu Tage führen, so fliefst das Wasser daraus in Gestalt von Springquellen. Berühren sie dabei grofse unterirdische Höhlungen, so können sie da eine über dem Wasser comprimirte Luftschicht antreffen, welche von dem Wasser absorbirt und fortgeführt wird. Geht das Was-

*) Poggend. Annal. XXXII. 241.

Lightning Source UK Ltd.
Milton Keynes UK
UKHW011159201118
332651UK00012B/1349/P